ENGENHARIA HIDRÁULICA

4.ª edição

R. J. HOUGHTALEN
Rose-Hulman Institute of Technology

Ned H. C. Hwang
University of Miami, professor emérito

A. Osman Akan
Old Dominion University

ENGENHARIA HIDRÁULICA

4.ª edição

Tradução
Luciana Teixeira

Revisão técnica
Fabiana Costa de Araujo Schütz
Doutoranda em Engenharia Agrícola pela Universidade Federal de Campina Grande (UFCG)
Mestra em Engenharia Agrícola pela Universidade estadual do Oeste do Paraná (UNIOESTE)
Professora da Universidade Tecnológica Federal do Paraná (UTFPR)

© 2013 Robert J. Houghtalen
Título original: *Fundamentals of Hydraulic Engineering Systems*, 4. ed.

Todos os direitos reservados. Nenhuma parte desta publicação poderá ser reproduzida ou transmitida de qualquer modo ou por qualquer outro meio, eletrônico ou mecânico, incluindo fotocópia, gravação ou qualquer outro tipo de sistema de armazenamento e transmissão de informação, sem prévia autorização, por escrito, da Pearson Education do Brasil.

Diretor editorial e de conteúdo	Roger Trimer
Gerente geral de projetos editoriais	Sabrina Cairo
Gerente de desenvolvimento editorial	Kelly Tavares
Gerente da central de conteúdos	Thaïs Falcão
Supervisora de produção editorial	Silvana Afonso
Supervisor de arte e produção gráfica	Sidnei Moura
Coordenador de produção editorial	Sérgio Nascimento
Editor de aquisições	Vinícius Souza
Editora de texto	Daniela Braz
Editores assistentes	Luiz Salla e Marcos Guimarães
Preparação	Renata Gonçalves
Revisão	Norma Gusukuma
Capa	Sidnei Moura
Diagramação	Globaltec Artes Gráficas

Printed in Brazil by Reproset RPPA 224012

Dados Internacionais de Catalogação na Publicação na Publicação (CIP)
(Câmara Brasileira do Livro, SP, Brasil)

Houghtalen, Robert J.
 Engenharia hidráulica/ Robert J. Houghtalen, A. Osman Akan, Ned H. C. Hwang; [tradução Luciana Teixeira]. – São Paulo: Pearson Education do Brasil, 2012.

 Título original: Fundamentals of hydraulic engineering systems
 4. ed. norte-americana.
 Bibliografia
 ISBN: 978-85-8143-088-1

 1. Engenharia hidráulica 2. Hidráulica I. Akan, A. Osman. II. Hwang, Ned H. C. III. Título.

12-11655   CDD-627

Índice para catálogo sistemático:
1. Engenharia hidráulica 627
2. Hidráulica : Engenharia 627

Direitos exclusivos cedidos à
Pearson Education do Brasil Ltda.,
uma empresa do grupo Pearson Education
Avenida Santa Marina, 1193
CEP 05036-001 - São Paulo - SP - Brasil
Fone: 11 2178-8609 e 11 2178-8653
pearsonuniversidades@pearson.com

Distribuição
Grupo A Educação
www.grupoa.com.br
Fone: 0800 703 3444

Sumário

Prefácio ix
Agradecimentos xiii
Introdução xvii

1 Propriedades fundamentais da água 1
    1.1 A atmosfera e a pressão atmosférica da Terra 1
    1.2 As três fases da água 1
    1.3 Massa (densidade) e peso (peso específico) 2
    1.4 Viscosidade da água 4
    1.5 Tensão superficial e capilaridade 5
    1.6 Elasticidade da água 6
    1.7 Forças em um campo fluido 6
    Problemas 7

2 Pressão da água e forças de pressão 9
    2.1 A superfície livre da água 9
    2.2 Pressão absoluta e pressão manométrica 9
    2.3 Superfícies de mesma pressão 11
    2.4 Manômetros 12
    2.5 Forças hidrostáticas sobre superfícies planas 13
    2.6 Forças hidrostáticas sobre superfícies curvas 17
    2.7 Flutuabilidade 19
    2.8 Estabilidade da flutuação 19
    Problemas 22

3 Escoamento da água em tubos 30
    3.1 Descrição do escoamento em tubos 30
    3.2 O número de Reynolds 30
    3.3 Forças no escoamento dos tubos 32
    3.4 Energia no escoamento dos tubos 33
    3.5 Perda de altura devida ao atrito no tubo 35
        3.5.1 Fator de atrito no fluxo laminar 35
        3.5.2 Fator de atrito no fluxo turbulento 36
    3.6 Equações empíricas para a perda da carga de atrito 40
    3.7 Perda de carga de atrito – relações de descarga 41
    3.8 Perda de carga em contrações de tubos 42
    3.9 Perda de carga em expansões de tubos 45
    3.10 Perda de carga na curvatura de tubos 45
    3.11 Perda de carga em válvulas de tubos 46
    3.12 Método de tubos equivalentes 49
        3.12.1 Tubos em série 49
        3.12.2 Tubos em paralelo 49
    Problemas 51

4. Tubulações e redes de tubos **54**
    4.1 Tubulações conectando dois reservatórios 54
    4.2 Cenários de pressão negativa (tubulações e bombas) 56
    4.3 Sistemas de tubos ramificados 59
    4.4 Redes de tubos 64
        4.4.1 O método de Hardy-Cross 64
        4.4.2 O método de Newton 72
    4.5 Fenômeno do martelo d'água em tubulações 74
    4.6 Tanques de compensação 80
    Problemas 82

5. Bombas de água **91**
    5.1 Bombas centrífugas (fluxo radial) 91
    5.2 Bombas propulsoras (fluxo axial) 94
    5.3 Bombas a jato (fluxo misto) 96
    5.4 Curvas características da bomba centrífuga 97
    5.5 Bomba simples e análise de tubulações 98
    5.6 Bombas em paralelo ou em série 100
    5.7 Bombas e tubos ramificados 103
    5.8 Bombas e redes de tubos 104
    5.9 Cavitação em bombas de água 106
    5.10 Velocidade específica e semelhança entre bombas 108
    5.11 Escolha da bomba 109
    Problemas 112

6. Fluxo de água em canais abertos **118**
    6.1 Classificações de fluxos em canais abertos 119
    6.2 Fluxo uniforme em canais abertos 119
    6.3 Eficiência hidráulica de seções de canais abertos 125
    6.4 Princípios de energia em fluxos de canais abertos 126
    6.5 Saltos hidráulicos 131
    6.6 Fluxo gradualmente variado 132
    6.7 Classificações de fluxos gradualmente variados 133
    6.8 Cálculo de perfis da superfície da água 135
        6.8.1 *Standard step method* 135
        6.8.2 *Direct step method* 137
    6.9 Projeto hidráulico de canais abertos 142
        6.9.1 Canais não revestidos 143
        6.9.2 Canais com limites rígidos 144
    Problemas 145

7. Hidráulica de águas subterrâneas **149**
    7.1 Movimento das águas subterrâneas 150
    7.2 Fluxo radial estável para um poço 152
        7.2.1 Fluxo radial estável em aquíferos confinados 153
        7.2.2 Fluxo radial estável em aquíferos não confinados 154
    7.3 Fluxo radial instável para um poço 155
        7.3.1 Fluxo radial instável em aquíferos confinados 155
        7.3.2 Fluxo radial instável em aquíferos não confinados 157
    7.4 Determinação em campo das características dos aquíferos 159
        7.4.1 Teste de equilíbrio em aquíferos confinados 159
        7.4.2 Teste de equilíbrio em aquíferos não confinados 160
        7.4.3 Teste de desequilíbrio 162
    7.5 Fronteiras de aquíferos 164
    7.6 Investigações de superfície de águas subterrâneas 168
        7.6.1 Método da resistividade elétrica 168
        7.6.2 Métodos de propagação de ondas sísmicas 168

7.7 Invasão da água do mar em áreas costeiras 169
7.8 Infiltração em fundações de barragens 172
7.9 Infiltração em barragens de terra 175
Problemas 176

8. Estruturas hidráulicas 182
8.1 Funções das estruturas hidráulicas 182
8.2 Barragens: funções e classificações 183
8.3 Estabilidade das barragens de gravidade e em arco 184
    8.3.1 Barragens de gravidade 184
    8.3.2 Barragens em arco 186
8.4 Pequenas barragens de aterro 187
8.5 Vertedouros 189
8.6 Vertedouro livre de lâmina aderente 192
8.7 Vertedouros de canais laterais 195
8.8 Vertedouros em sifão 196
8.9 Bueiros 198
8.10 Bacias de dissipação 200
Problemas 203

9 Medidas de pressão de água, velocidade e descarga 208
9.1 Medições de pressão 208
9.2 Medições de velocidade 210
9.3 Medição da descarga em tubos 211
9.4 Medições de descarga em canais abertos 214
    9.4.1 Vertedores de soleira delgada 214
    9.4.2 Vertedores de soleira espessa 216
    9.4.3 Calhas Venturi 217
Problemas 222

10 Semelhança hidráulica e estudos de modelos 225
10.1 Homogeneidade dimensional 225
10.2 Princípios da semelhança hidráulica 226
10.3 Fenômenos governados por forças viscosas: lei do número de Reynolds 229
10.4 Fenômenos governados pelas forças da gravidade: lei do número de Froude 230
10.5 Fenômenos governados pela tensão de superfície: lei do número de Weber 231
10.6 Fenômenos governados por forças gravitacionais e forças viscosas 231
10.7 Modelos para corpos flutuantes e submersos 232
10.8 Modelos de canais abertos 233
10.9 O teorema Pi 234
Problemas 236

11 Hidrologia para projetos hidráulicos 240
11.1 O ciclo hidrológico 240
11.2 Precipitação 243
11.3 Tempestade projetada 247
11.4 Escoamento de superfície e correntes de fluxo 251
11.5 Relações chuvas-escoamento: o hidrograma unitário 252
11.6 Relações chuva-vazão: procedimentos do Serviço de Conservação do Solo (SCS) 257
    11.6.1 Perdas e excessos da chuva 257
    11.6.2 Tempo de concentração 259
    11.6.3 Hidrograma unitário sintético do SCS 261
    11.6.4 Hidrograma de projeto do SCS 263
11.7 Roteamento de armazenamento 264
11.8 Projeto hidráulico: o método racional 270
    11.8.1 Projeto de sistemas de coleta de águas pluviais 271
    11.8.2 Projeto de tubos de águas pluviais 273
Problemas 276

12 Métodos estatísticos na hidrologia **285**
   12.1 Conceitos de probabilidade 285
   12.2 Parâmetros estatísticos 286
   12.3 Distribuições de probabilidade 288
      12.3.1 Distribuição normal 288
      12.3.2 Distribuição log-normal 288
      12.3.3 Distribuição Gumbel 288
      12.3.4 Distribuição log-Pearson do tipo III 289
   12.4 Período de retorno e risco hidrológico 290
   12.5 Análise de frequência 291
      12.5.1 Fatores de frequência 291
      12.5.2 Teste de aderência 293
      12.5.3 Limites de confiança 294
   12.6 Análise de frequência usando gráficos de probabilidade 296
      12.6.1 Gráficos de probabilidade 296
      12.6.2 Posições de plotagem 296
      12.6.3 Plotagem de dados e distribuição teórica 297
      12.6.4 Estimativa de magnitudes futuras 298
   12.7 Relação intensidade-duração-frequência das chuvas 298
   12.8 Aplicabilidade dos métodos estatísticos 299
   Problemas 301
Apêndice **305**
Simbologia **307**
Respostas para problemas selecionados **309**
Índice **313**

Prefácio

Este livro oferece um tratamento fundamental da engenharia hidráulica. Sua principal intenção é servir como livro-texto para estudantes de engenharia da graduação. Entretanto, ele pode ser uma referência muito útil para engenheiros atuantes que desejam rever princípios básicos e suas aplicações nos sistemas da engenharia hidráulica.

A engenharia hidráulica é uma extensão da mecânica de fluidos na qual são aplicadas muitas relações empíricas e são simplificadas muitas premissas de modo a alcançar soluções práticas de engenharia. A experiência mostrou que muitos estudantes de engenharia, possivelmente conhecedores da mecânica de fluidos básica, têm dificuldade em resolver problemas práticos na hidráulica. Este livro tem a intenção de diminuir a distância entre os princípios básicos e as técnicas aplicadas ao projeto e a análise de sistemas da engenharia hidráulica. Assim, são apresentados ao leitor muitos problemas comumente encontrados na prática, bem como vários cenários de solução, incluindo procedimentos de projeto eficientes, equações, gráficos/tabelas e programas de computador que podem ser utilizados em seu auxílio.

Este livro contém 12 capítulos. Os primeiros cinco capítulos abordam os fundamentos de estática dos fluidos, dinâmica dos fluidos e fluxo de tubos. O primeiro capítulo discute as propriedades fundamentais da água enquanto fluido. Nesse capítulo são discutidas as diferenças básicas entre o sistema SI (sistema internacional de medidas) e o sistema britânico. O segundo capítulo apresenta os conceitos de pressão da água e forças de pressão sobre superfícies em contato com a água. O Capítulo 3 introduz os princípios básicos do fluxo da água em tubos. Esses princípios são aplicados em problemas práticos de tubulações e redes de tubo no Capítulo 4, com ênfase nos sistemas hidráulicos. O Capítulo 5 discute a teoria, a análise e os aspectos de projeto relacionados às bombas de água. Novamente, enfatiza-se o aspecto dos sistemas com instruções detalhadas sobre a análise de bombas nas tubulações, sistemas de tubulação ramificados e redes de tubulações, assim como a escolha da bomba e as considerações de projeto.

Os três capítulos seguintes abordam o fluxo de canais, as águas subterrâneas e o projeto de diferentes estruturas hidráulicas. O fluxo da água em canais abertos é apresentado no Capítulo 6. Incluímos uma discussão detalhada a respeito de tópicos como fluxo uniforme (profundidade normal), fluxo rapidamente variável (saltos hidráulicos) e fluxo gradualmente variado (classificações e perfis de superfície da água), além de projeto de canais abertos. A hidráulica de poços e os problemas da infiltração são dois assuntos essenciais tratados no Capítulo 7, no qual se discute sobre águas subterrâneas. A hidráulica de poços inclui as condições de equilíbrio e desequilíbrio em aquíferos confinados e não confinados. O Capítulo 8 apresenta algumas das estruturas hidráulicas mais comuns, como represas, vertedouros, galerias e bacias de amortecimento. São fornecidos princípios hidráulicos, funcionalidades, considerações práticas e procedimentos de projeto.

O livro se encerra com quatro tópicos subsidiários: medições, estudos de modelo, hidrologia para projetos hidráulicos e métodos estatísticos na hidrologia. O Capítulo 9 discute a medição de pressão da água, a velocidade e a descarga em tubos e canais abertos. O uso apropriado de maquetes é uma parte essencial da engenharia hidráulica. Por isso, o uso de modelos hidráulicos e as leis da semelhança na engenharia são abordados no Capítulo 10. As taxas de fluxo são necessárias para o projeto de todas as estruturas hidráulicas; muitas delas são obtidas usando os princípios da hidrologia. Os dois últimos capítulos introduzem as técnicas comuns usadas na obtenção dos fluxos hidrológicos de projeto. Procedimentos determinísticos são abordados no Capítulo 11, e os métodos estatísticos são apresentados no Capítulo 12. Além disso, os sistemas de coleta, transporte e armazenamento de águas pluviais são discutidos no Capítulo 11.

Novidades desta edição

Revisões significativas foram feitas nesta nova edição com base em comentários de profissionais, professores universitários e revisores. As novidades incluem:

- Mais da metade dos problemas foram revisados ou criados para esta edição.
- O Capítulo 3 inclui duas novas seções sobre as relações de descarga na perda de altura de atrito e o método de tubos equivalentes.
- O Capítulo 4 inclui os procedimentos da análise de Hardy-Cross para redes de tubos com entradas múltiplas vindas de reservatórios (ou torres de água). Além disso, a análise da matriz das redes de tubo é introduzida com o uso do método de Newton.
- O Capítulo 5, sobre bombas, agora inclui os procedimentos de análise para sistemas de tubos ramificados e redes de tubos que contêm bombas.
- O projeto hidráulico (dimensionamento) de canais abertos agora está no Capítulo 6.
- O Capítulo 7 inclui uma abordagem mais completa das equações de poços (equilíbrio e desequilíbrio) tanto para aquíferos confinados quanto para aquíferos não confinados. Além disso, a determinação em campo das características do aquífero é tratada de maneira mais detalhada.
- O Capítulo 8 contém uma seção curta sobre segurança (correntes hidráulicas) em represas de altura baixa. Também há maior clareza na discussão dos princípios hidráulicos que governam o projeto de aquedutos.
- Dois capítulos sobre hidrologia estão disponíveis de modo a atender aos professores que ensinam hidrologia em conjunto com hidráulica. Os métodos hidrológicos comuns para obtenção dos fluxos de projeto, um requisito essencial no projeto hidráulico, são apresentados no Capítulo 11. O Capítulo 12, que é totalmente novo, contém os métodos estatísticos mais comuns na hidrologia.

Informações e recursos para professores

Este livro foi planejado para um semestre (16 semanas), com aulas semanais de três horas, no currículo da graduação. Esta edição continua a oferecer exemplos e problemas tanto em unidades internacionais quanto em unidades britânicas, mas está mais fortemente baseada no sistema internacional. Um pré-requisito em mecânica de fluidos não é necessário, mas bastante recomendado. Um dos autores utiliza este livro para um curso de engenharia hidráulica (mecânica de fluidos, como pré-requisito), iniciando no Capítulo 4, depois de uma rápida revisão dos primeiros três capítulos. Não é possível cobrir todo o livro em um semestre. Entretanto, muitos dos capítulos finais (águas subterrâneas, estruturas hidráulicas, estudo de modelos e hidrologia) podem ser abordados ou excluídos de um programa conforme as preferências do professor, sem que se perca a continuidade. Alguns professores utilizam este livro para uma sequência de dois semestres de hidráulica seguida de hidrologia.

Existem 115 exemplos e 560 problemas, abordando todos os principais tópicos no livro. Em geral, os problemas estão organizados de acordo com a taxonomia de Bloom: os primeiros problemas medem compreensão e aplicação, e os problemas finais medem análise e algum poder de síntese. Um **manual de soluções** está disponível para os professores que adotarem o livro em suas aulas. Três figuras significativas foram usadas quase exclusivamente na solução dos problemas. Além disso, um **manual de teste** está disponível aos professores para auxiliá-los na criação rápida de teste para avaliação dos alunos ou criação de problemas que não estão disponíveis no livro. O manual de teste inclui questões de respostas curtas e dois ou três problemas em cada seção principal do livro (178 problemas ao todo). Esse manual pode ser usado na distribuição de problemas extras a serem resolvidos fora da sala de aula. O manual de soluções e o manual de teste, assim como *slides* do PowerPoint para todas as imagens e tabelas deste livro, podem ser copiados eletronicamente do site dedicado ao professor localizado em <www.pearson.com.br/houghtalen>. O material disponível é oferecido somente para uso dos professores em seus cursos e avaliações do aprendizado de seus alunos. Todas as solicitações de acesso são verificadas em nossa base de dados de clientes e/ou através de contato com a instituição do professor. Contate seu representante de vendas local para assistência ou suporte adicional.

Os autores incluíram muitos tópicos nos quais o leitor faria bom uso de programas computacionais. Alguns desses tópicos incluem: equilíbrio de energia em tubulações (seções 3.4 a 3.12); tubulações, sistemas de tubulações ramificadas e redes de tubos (seções 4.1 a 4.4); análise de sistemas de bombas/tubulações (seções 5.4 a 5.8); escolha da bomba (Seção 5.11); profundidade normal e profundidade crítica em canais abertos (seções 6.2 a 6.4); perfis de superfície da água em canais abertos (Seção 6.8); análise de galerias (Seção 8.9); hidrogramas unitários, procedimentos do SCS e aplicações de roteamento de armazenamento (seções 11.5 a 11.7) e métodos estatísticos em hidrologia (Capítulo 12). Na prática da engenharia, existe uma enorme variedade de softwares disponível para essas áreas que visam acelerar e simplificar os processos de projeto e análise. Algumas empresas fazem uso de software proprietário escrito por seus especialistas em computação e/ou engenheiros; outras empresas utilizam software prontamente disponível em fornecedores particulares ou agências governamentais. Os autores escreveram planilhas para algumas áreas (expostas no manual de soluções e disponíveis para os professores que adotarem o livro) e ocasionalmente recorreram a algum software disponível para verificar os métodos usados no manual de soluções.

Os autores encorajam os professores a fazerem com que os alunos utilizem os programas disponíveis no mercado e, em alguns casos, programem suas próprias soluções em planilhas ou pacotes algébricos computacionais (por exemplo, MathCAD, Mapple ou Mathematica). Algumas recomendações de softwares não proprietários específicos para determinadas tarefas são EPANET (Agência de Proteção Ambiental) para redes de tubos, HEC-RAS (Corpo de Engenheiros do Exército norte-americano) para profundidades normal e crítica e para perfis de superfície da água, e HEC-HMS (Corpo de Engenheiros do Exército norte-americano) para hidrogramas unitários e roteamento de reservatórios. Existem programas gratuitos disponíveis na Internet para pressão de fluxo de tubos, fluxo em canais abertos e análise/projeto de bombas. Também estão disponíveis gratuitamente na Internet planilhas do MathCAD para resolver muitos problemas da engenharia hidráulica (por exemplo, <http://www2.latech.edu/~dmg/> – permissão concedida por D. M. Griffin, Jr., Ph.D., P.E., D.WRE). Além disso, existe uma enorme variedade de pacotes proprietários que resolvem problemas hidráulicos específicos que podem ser rapidamente encontrados na Internet. Quase todas as técnicas de solução podem ser implementadas em planilhas e/ou pacotes algébricos computacionais e resultariam em excelentes projetos para os alunos.

Um enorme número de problemas do livro encoraja o uso de software. Além disso, "exercícios computacionais para sala de aula" estão incluídos para introduzir o software adequado e seus recursos. Esses exercícios devem ser feitos durante a aula ou no tempo de laboratório. Eles têm a intenção de promover um ambiente de aprendizado colaborativo no qual equipes de alunos se engajem ativamente na análise e no projeto da engenharia e possivelmente promoverão algumas ricas discussões em sala de aula. O principal objetivo desses exercícios é desenvolver uma compreensão mais aprofundada dos assuntos em questão, mas eles não requerem um computador em sala de aula (ou laptops para os alunos) que tenham instalados os programas abordados. O autor mais experiente utiliza equipes de dois ou três alunos para estimular o diálogo e melhorar o processo de aprendizagem. Como alternativa, os alunos podem fazer os exercícios como trabalho extraclasse e trazer seus resultados impressos para discussão em turma.

Apesar de apresentar aos alunos programas hidrológicos e hidráulicos, o livro não é escravo deles. Conforme mencionado, diversos tópicos encorajam o uso de software. Os primeiros problemas ao final de cada uma dessas seções (tópicos) demandam cálculos feitos à mão. Uma vez que os alunos estejam conscientes dos algoritmos de solução, problemas mais complexos que podem ser resolvidos com o uso de software são introduzidos. Consequentemente, os alunos estarão em uma posição na qual poderão antecipar os dados dos quais o software precisa para resolver o problema e compreenderão o que o software está fazendo em termos computacionais. Fora isso, o professor pode fazer diversas perguntas do tipo "e se" relacionadas a esses problemas. Elas ajudarão muito na compreensão do tópico em estudo sem cansar os alunos com cálculos enfadonhos.

Material de apoio do livro

No site www.grupoa.com.br professores e alunos podem acessar os seguintes materiais adicionais:

Para o professor:

- Apresentações em PowerPoint
- Exercícios adicionais (problemas)
- Manual de soluções (em inglês)
- Banco de imagens em PowerPoint

Para o aluno:

- Exercícios de múltipla escolha autocorrigíveis

Esse material é de uso exclusivo para professores e está protegido por senha. Para ter acesso a ele, os professores que adotam o livro devem entrar em contato através do e-mail divulgacao@grupoa.com.br.

Agradecimentos

Tive o prazer de receber o convite de Ned Hwang para participar da terceira edição deste livro há mais de uma década. Ele agora está feliz de contar comigo e com nosso novo coautor, Osman Akan, na continuidade do projeto com esta quarta edição. Ned fez um grande trabalho na primeira edição, no início da década de 1980. Escrever um livro-texto é um trabalho árduo, e é mérito dele que o livro tenha sido usado em muitas faculdades e universidades por quase três décadas. De uma só vez, a terceira edição estava sendo usada em mais de 40 universidades norte-americanas com muitas vendas internacionais no Sudeste Asiático, no Canadá e na Europa.

Nosso novo coautor é uma grande aquisição para a equipe. Dr. Akan contribuiu bastante para a literatura nas áreas de hidrologia e hidráulica. Ele é um excelente professor e escritor e já publicou livros-texto nessas duas áreas. Tive a felicidade de ser coautor em outro livro com ele na área de gestão urbana de águas pluviais. Ele acrescenta um conteúdo significativo ao livro, em particular nas áreas de tubulações, redes de tubos, bombas, fluxo de canais abertos e fluxo de águas subterrâneas. Sou grato a Deus pela oportunidade de trabalhar com Osman e Ned ao longo dos anos; eles têm sido bons amigos e mentores para mim à medida que me desenvolvo como pessoa e profissional.

Acho que esqueci quanto tempo e esforço são necessários para revisar um livro-texto desde que lançamos a terceira edição em 1996. Sou grato à minha esposa, Judy, e aos meus três filhos pelo apoio que me deram nesses dois anos de esforço. Grande parte do trabalho foi feita enquanto eu estava no Sudão, em trabalho sabático pela organização humanitária de filtros bioareia. Meu filho mais velho, Jesse, passou muitas horas revisando os problemas e o manual de soluções. Ele acabou de obter o grau de bacharel em engenharia civil e sabe da importância de soluções corretas e bem explicadas para os alunos. Continuo sendo grato ao dr. Rooney Malcom, meu orientador no mestrado na Universidade da Carolina do Norte, pelo meu desenvolvimento profissional inicial. Sou grato também a Jerome Normann, meu amigo e mentor por muitos anos, que compartilhou comigo a fina arte da prática profissional em hidráulica e hidrologia. Entre 1995 e 1996, passei um ano sabático trabalhando na *Wright Water Engineers*, em Denver, Colorado, Estados Unidos, aprimorando minhas habilidades na engenharia hidráulica e hidrológica. Continuo a trabalhar com ele em projetos especiais e gostaria de agradecer aos mestres Jon Jones, Wayne Lorenz e Ken Wright por me ensinarem tanto sobre nossa honrosa e valorosa profissão.

Gostaria de agradecer também aos revisores: Forrest M. Holly Jr., University of Iowa; Keith W. Bedford, The Ohio State University; D. M. Griffin, Louisiana Tech; e Robert M. Sorensen, Lehigh University.

R. J. Houghtalen
Rose-Hulman Institute of Technology

Foi uma grande honra ser convidado por Robert e Ned para me juntar a eles na redação desta nova edição. Senti-me privilegiado, embora seja um desafio buscar maneiras de contribuir com um livro já excelente. Espero que os leitores achem minhas contribuições úteis e significativas.

Ned merece a maior parte do crédito pela existência deste livro. Ele escreveu as edições anteriores, com a participação de Robert na terceira edição. Muitos professores, incluindo eu mesmo, e alunos usaram essas edições como livro-texto ou como referência. Robert liderou os esforços da quarta edição e fez um trabalho excelente. Tive a oportunidade de ser coautor em outro livro com ele há pouco tempo. Ele é um verdadeiro estudioso, um educador dedicado e um indivíduo do bem. Sinto-me afortunado por tê-lo como colega de trabalho e amigo por anos.

Sou grato a todos os professores que tive na Middle East Technical University, Ankara, Turquia, como estudante de graduação, e na Universidade de Illinois, como estudante de pós-graduação. Entretanto, Ben C. Yen, meu orientador no mestrado e no doutorado, sempre teve um lugar especial no meu coração. Aprendi muito com ele. Dr. Yen, um estudioso e um homem gentil, foi sempre meu professor, orientador e amigo, até seu falecimento, em 2001.

Sou muito grato à minha esposa, Güzin, e ao meu filho, Doruk, ambos engenheiros, por seu amor e apoio durante este projeto e sempre.

A. Osman Akan
Old Dominion University

A primeira tentativa de organizar minhas anotações de palestras em um livro foi feita em 1974. Meus colegas da Universidade de Houston, em especial os professores Fred W. Rankin Jr. e Jerry Rogers, forneceram sugestões valiosas e apoio que serviram de base para este livro. Dr. Rogers também revisou cuidadosamente a primeira edição da obra após sua conclusão.

Também sou muito grato aos meus alunos e aos doutores Travis T. Stripling, John T. Cox, James C. Chang e Po-Ching Lu. Todos eles me deram assistência durante os vários estágios de preparação. Dr. Ahmed M. Sallam, que usou um primeiro rascunho deste livro em um curso de hidráulica, deu muitas sugestões. Dr. Carlos E. Hita, coautor da segunda edição, ofereceu sugestões valiosas e também disponibilizou muitos dos exemplos usados no texto.

Meu querido amigo, dr. David R. Gross, um fisiologista inquisidor (assim como foi Jean Louise Poiseuille, 1799-1869) com grande interesse nas questões hidráulicas, revisou a primeira edição e ofereceu muitas críticas irrefutáveis.

Durante a preparação da primeira edição, fiquei doente por algum tempo. O encorajamento contínuo, a fidelidade e o amor de Maria, Leon e Leroy me mantiveram "nos trilhos" durante as horas obscuras que se sucederam desde então. Dedico este livro a eles.

Ned H. C. Hwang
University of Miami, Professor Emérito

Agradecimentos — edição brasileira

Agradecemos a todos os profissionais que trabalharam na edição deste livro, em especial à professora Fabiana Costa de Araujo Schütz, da Universidade Tecnológica Federal do Paraná (UTFPR), pela dedicação e empenho na revisão técnica, e a Liliane Lazzari Albertin e Henrique Simas, pela rigorosa avaliação do material.

*Às nossas amadas famílias
Judy, Jesse, Jamin e Jared Houghtalen,
Güzin e Doruk Akan
e Maria, Leon e Leroy Hwang*

Introdução

Os sistemas hidráulicos são projetados para transportar, armazenar e regular a água. Todos os sistemas hidráulicos requerem a aplicação de princípios fundamentais da mecânica de fluidos. Contudo, muitos também demandam a compreensão sobre hidrologia, mecânica de solos, análise estrutural, economia da engenharia, sistemas de informação geográfica e engenharia ambiental para planejamento, projeto, construção e operação adequados.

Ao contrário de outras áreas da engenharia, cada projeto hidráulico se depara com um conjunto único de condições físicas com as quais deve estar em conformidade. Não existem soluções padronizadas ou respostas simples retiradas de livros. A engenharia hidráulica baseia-se no conhecimento fundamental que deve ser aplicado para atender às condições especiais de cada projeto.

A forma e as dimensões dos sistemas hidráulicos podem variar desde um pequeno medidor de caudal de poucos centímetros até uma barragem de centenas de quilômetros de comprimento. Em geral, as estruturas hidráulicas são imensas, se comparadas aos produtos de outras disciplinas da engenharia. Por essa razão, o projeto de grandes estruturas hidráulicas é específico do local. Nem sempre é possível selecionar a localização ou o material mais desejado para determinado sistema. Normalmente, um sistema hidráulico é projetado para se adequar às condições locais, que incluem topografia, geologia, ecologia, questões sociais e disponibilidade de materiais nativos.

A engenharia hidráulica é tão antiga quanto a civilização, o que demonstra a importância da água para a vida humana. Existem muitas evidências de que sistemas hidráulicos de tamanho considerável existiram há milhares de anos. Por exemplo, um sistema de drenagem e irrigação em larga escala construído no Egito pode datar de 3200 a.C. Sistemas de abastecimento de água complexos, incluindo diversas centenas de quilômetros de aquedutos, foram construídos para levar água à Roma antiga. Dujonyen, um enorme sistema de irrigação construído em Siechuan, China, há aproximadamente 2.500 anos, continua em funcionamento efetivo atualmente. O abundante conhecimento resultante dessas e de outras aplicações práticas da engenharia hidráulica é indispensável.

Além da abordagem analítica, o projeto e a operação de alguns sistemas hidráulicos modernos dependem de fórmulas empíricas que produzem resultados excelentes nos trabalhos com a água. Não se espera nenhum substituto melhor do que essas fórmulas no futuro. Infelizmente, grande parte dessas fórmulas empíricas não pode ser analisada ou provada teoricamente. Em geral, elas não são dimensionalmente homogêneas. Por isso, a conversão de unidades do sistema britânico para o sistema internacional e vice-versa é mais do que simplesmente uma questão de conveniência. Algumas vezes, a forma rigorosa (por exemplo, as equações de Parshall para medição do fluxo da água) precisa ser mantida em suas unidades originais. Nesses casos, para fins de cálculo, todas as quantidades devem ser convertidas para as unidades originais especificadas pela equação.

O livro enfatiza o uso do sistema internacional. Ele é o sistema de unidades mais amplamente utilizado no mundo e é particularmente dominante no comércio e na ciência. À medida que o mundo foi se planificando, para usar a linguagem de Thomas Friedman, o movimento rumo ao sistema internacional foi acelerado. Em 2010, a União Europeia começou a banir dos produtos importados indicações que não fossem feitas no sistema internacional (por exemplo, tubos, bombas etc.). Aproximadamente um terço dos problemas deste livro está escrito em unidades britânicas para acomodar a mistura de unidades (sistema britânico e sistema internacional) usada nos Estados Unidos. Entretanto, os capítulos sobre hidrologia usam quase exclusivamente o sistema britânico de unidades. Nos Estados Unidos, a transição para unidades do sistema internacional no campo da hidrologia parece não estar progredindo com muita rapidez. Para ajudar o leitor, uma tabela detalhada de conversões é fornecida no Apêndice.

1 | Propriedades fundamentais da água

A palavra "hidráulica" vem de duas palavras gregas: "*hydor*" (que significa "água") e "*aulos*" (que significa "tubo"). Ao longo dos anos, a definição de hidráulica ampliou-se para além do escoamento em tubos. Sistemas hidráulicos são projetados para acomodar a água em repouso ou em movimento. Os fundamentos dos sistemas de engenharia hidráulica, portanto, envolvem a aplicação dos princípios e métodos da engenharia nas etapas de planejamento, controle, transporte, conservação e utilização da água.

É importante que o leitor compreenda as propriedades físicas da água para resolver de maneira adequada os vários problemas existentes nos sistemas de engenharia hidráulica. Por exemplo, a densidade, a tensão superficial e a viscosidade variam com a temperatura da água. A densidade é uma propriedade fundamental que está diretamente relacionada à operação de grandes reservatórios. A alteração da densidade com a temperatura, por exemplo, faz que a água se estratifique no verão, com a água mais morna ficando sobre a mais fria. No final do outono, a temperatura da superfície da água cai rapidamente, e a água fria começa a descer em direção ao fundo do reservatório. A água mais quente perto do fundo sobe à superfície, resultando na "inversão de outono" em climas do norte. No inverno, a água da superfície congela enquanto a água mais fria se mantém isolada sob o gelo. Depois da estratificação de inverno acontece a "inversão de primavera". O gelo derrete, a temperatura da superfície da água alcança 4 graus Celsius (4°C) (maior densidade) e baixa para o fundo à medida que sobe a água mais quente que estava no fundo. De modo semelhante, a variação da tensão superficial afeta diretamente a perda de evaporação de um grande corpo de água em armazenamento. A variação da viscosidade da água devido à temperatura é importante para todos os problemas que envolvam a água em movimento.

Este capítulo discute as propriedades fundamentais da água que são importantes para problemas nos sistemas de engenharia hidráulica.

1.1 A atmosfera e a pressão atmosférica da Terra

A atmosfera terrestre é uma camada espessa (cerca de 1.500 km) de gases mistos. O nitrogênio forma aproximadamente 78 por cento da atmosfera; o oxigênio é responsável por 21 por cento; e o 1 por cento restante é formado basicamente por vapor de água, argônio e alguns outros gases. Cada gás possui determinada massa e, consequentemente, determinado peso. O peso total da coluna atmosférica exerce uma pressão sobre toda superfície com a qual entra em contato. No nível do mar e sob condições normais, a *pressão atmosférica* é aproximadamente igual a $1,014 \times 10^5$ N/m², ou 1 bar*. A unidade de pressão 1 N/m² também é conhecida como 1 *pascal*, em homenagem ao matemático francês Blaise Pascal (1623-1662).

As superfícies da água que entram em contato com a atmosfera estão sujeitas à pressão atmosférica. Na atmosfera, cada gás exerce uma pressão parcial independentemente de outros gases. Essa pressão parcial exercida pelo vapor da água na atmosfera é denominada *vapor de pressão*.

1.2 As três fases da água

A molécula de água é uma ligação química estável de átomos de oxigênio e hidrogênio. A quantidade de energia que mantém essas moléculas ligadas varia conforme a temperatura e a pressão presentes. Dependendo do conteúdo de energia, a água pode apresentar-se em estado sólido, líquido ou gasoso. Neve e gelo são formas sólidas de água; a forma líquida é a mais comumente reconhecida; e a umidade,

---

* 1 pressão atmosférica = $1,014 \times 10^5$ N/m² = $1,014 \times 10^5$ pascais
 = 1,014 bar = 14,7 lbf/pol²
 = 760 mm Hg = 10,33 m H_2O

que é o vapor da água no ar, representa o estado gasoso. As três formas distintas da água são denominadas *fases*.

Para fazer a água passar de uma fase à outra, é necessária a adição ou subtração de energia da água. A quantidade de energia necessária para alterar a fase da água é conhecida como *energia latente*. Essa quantidade de energia pode estar na forma de calor ou pressão. Uma das unidades mais comuns de energia térmica é a caloria (cal), sendo que 1 cal é a energia necessária para aumentar em 1°C a temperatura de 1 grama (g) de água em estado líquido. A quantidade de energia necessária para aumentar em 1°C a temperatura de uma substância é conhecida como *calor específico* da substância. O calor latente e o calor específico das três fases da água são discutidos a seguir.

Sob pressão atmosférica padrão, o calor específico da água e do gelo são, respectivamente, 1 e 0,465 cal/g · °C. Para vapor de água, o calor específico sob pressão constante é 0,432 cal/g · °C, e sob volume constante é 0,322 cal/g · °C. Esses valores podem variar ligeiramente em função da pureza da água. Para derreter 1 g de gelo, alterando a água da fase sólida para a líquida, é necessário um calor latente (*calor de fusão*) de 79,7 cal. Para congelar a água, é necessário que a mesma quantidade de energia térmica seja retirada de cada grama de água, de modo a reverter o processo. A *evaporação*, que é a mudança da água em estado líquido para o estado gasoso, requer um calor latente (*calor de evaporação*) de 597 cal/g.

A evaporação é um processo um tanto complexo. Sob pressão atmosférica padrão, a água ferve a 100°C. Em altas elevações, onde a pressão atmosférica é menor, a água ferve a temperaturas inferiores a 100°C. Esse fenômeno pode ser mais bem explicado pelo ponto de vista da troca de moléculas.

Na interface gás-líquido ocorre uma troca contínua entre moléculas deixando o líquido em direção ao gás e moléculas entrando no líquido vindas do gás. A evaporação líquida ocorre quando existem mais moléculas saindo do que entrando no líquido; a *condensação* líquida ocorre quando existem mais moléculas entrando do que saindo do líquido. O equilíbrio acontece quando a troca molecular na interface gás-líquido é igual ao longo de um intervalo considerado.

A pressão parcial exercida pelas moléculas de vapor no ar em qualquer superfície de contato é conhecida como *pressão de vapor*. Essa pressão parcial combinada à pressão parcial criada por outros gases na atmosfera forma a pressão atmosférica total.

Se a temperatura de um líquido aumenta, a energia molecular sobe, levando um grande número de moléculas a deixar o líquido, o que aumenta a pressão de vapor. Quando a temperatura alcança um ponto no qual a pressão de vapor é igual à pressão atmosférica ambiente, a evaporação aumenta significativamente, e acontece a ebulição do líquido. A temperatura na qual um líquido ferve é comumente conhecida como *ponto de ebulição*. Para água no nível do mar, o ponto de ebulição é 100°C. A pressão de vapor da água é apresentada na Tabela 1.1.

Em um sistema fechado (por exemplo, tubulações ou bombas), a água evapora rapidamente em regiões nas quais a pressão cai abaixo do valor de pressão. Esse fenômeno é conhecido como *cavitação*. As bolhas de vapor formadas na cavitação costumam estourar de modo violento quando se movem para regiões de pressões mais altas, o que pode causar danos consideráveis a um sistema. Em um sistema hidráulico fechado, a cavitação pode ser evitada mantendo-se a pressão acima da pressão de vapor em qualquer lugar do sistema.

1.3 Massa (densidade) e peso (peso específico)

No Sistema Internacional de Unidades (SI)*, a unidade de medida para massa é o grama ou o quilograma (kg).

TABELA 1.1 Pressão de vapor da água.

	Pressão de vapor			Pressão de vapor	
Temperatura (°C)	Atm	N/m²	Temperatura (°C)	Atm	N/m²
-5	0,004162	421	55	0,15531	15.745
0	0,006027	611	60	0,19656	19.924
5	0,008600	873	65	0,24679	25.015
10	0,012102	1.266	70	0,30752	31.166
15	0,016804	1.707	75	0,38043	38.563
20	0,023042	2.335	80	0,46740	47.372
25	0,031222	3.169	85	0,57047	57.820
30	0,041831	4.238	90	0,69192	70.132
35	0,055446	5.621	95	0,83421	84.552
40	0,072747	7.377	100	1,00000	101.357
45	0,094526	9.584	105	1,19220	120.839
50	0,121700	12.331	110	1,41390	143.314

* Do francês, *Le Système International d'Unités*.

A *densidade* de uma substância é definida como massa por volume de unidade e é uma propriedade inerente da estrutura molecular da substância. Isso significa que a densidade depende não só do tamanho e do peso das moléculas, mas também da mecânica que as une. Esse mecanismo costuma variar em função da temperatura e da pressão. Devido à sua estrutura molecular peculiar, a água é uma das poucas substâncias que se expandem ao congelar. Quando a água congelada é contida em um compartimento fechado, sua expansão causa tensões nas paredes do compartimento. Essas tensões são responsáveis pelo rompimento de tubos de água congelada, pela criação de rachaduras e buracos na pavimentação das estradas e pela alteração das rochas encontradas na natureza.

A água alcança a densidade máxima de 4°C e torna-se menos densa quando resfriada ou aquecida. A densidade da água é apresentada como uma função da temperatura na Tabela 1.2. Observe que, na mesma temperatura, a densidade do gelo é diferente da densidade da água líquida. Assistimos a esse fenômeno quando vemos gelo boiar sobre a água.

A água salgada (ou água do oceano) contém sal dissolvido. As moléculas que formam o sal possuem mais massa do que as moléculas que estas deslocam. Portanto, a densidade da água do mar é cerca de 4 por cento maior do que a da água doce. Assim, quando a água doce encontra a salgada sem a mistura apropriada, como na Baía Chesapeake, a salinidade aumenta com a profundidade.

No sistema SI, o peso de um objeto é definido pelo produto entre sua massa (m, em gramas, quilogramas etc.) e a aceleração gravitacional (g = 9,81 m/s² na Terra). A relação* pode ser escrita como

$$W = mg \tag{1.1}$$

O peso no sistema SI costuma ser expresso na unidade de força newton (N). Um newton é definido como a força necessária para acelerar 1 kg de massa a uma taxa de 1 m/s². O *peso específico* (peso por volume de unidade) da água (γ) pode ser determinado pelo produto entre a densidade (ρ) e a aceleração gravitacional (g). A razão entre o peso específico de qualquer líquido a uma determinada temperatura e a água a 4°C é denominada *gravidade específica* do líquido. Observe que o peso específico da água é mostrado como função da temperatura na Tabela 1.2.

A unidade de massa no sistema britânico é o *slug*. Um *slug* é definido como a massa de um objeto que requer 1 libra de força para alcançar uma aceleração de 1 pé/s².

Exemplo 1.1

Um aquário armazena 0,5 m³ de água. O peso do aquário é 5.090 N quando cheio e 200 N quando vazio. Determine a temperatura da água.

Solução

O peso da água no aquário é:

A (água) = 5.090 N − 200 N = 4.890 N

O peso específico da água é:

γ = 4.890 N/(0,5 m³) = 9.780 N/m³

A temperatura da água pode ser obtida na Tabela 1.2:

T ≈ 25°C

TABELA 1.2 Densidade e peso específico da água.

Temperatura (°C)	Densidade (ρ, kg/m³)	Peso específico (γ, N/m³)
0° (gelo)	917	8.996
0° (água)	999	9.800
4°	1.000	9.810
10°	999	9.800
20°	998	9.790
30°	996	9.771
40°	992	9.732
50°	988	9.692
60°	983	9.643
70°	978	9.594
80°	972	9.535
90°	965	9.467
100°	958	9.398

---

* No sistema britânico (imperial), a massa de um objeto é definida por seu peso (onça ou libra) e sua aceleração gravitacional (g = 32,2 pés/s² na Terra). A relação é escrita como

$$m = W/g \tag{1.1a}$$

1.4 Viscosidade da água

A água responde à tensão de corte apresentando uma deformação angular constante na direção do corte, conforme mostra a Figura 1.1. Esse processo leva ao conceito de *viscosidade*. O diagrama esquemático da Figura 1.1 representa a base física da viscosidade. Considere que a água preenche o espaço entre dois pratos paralelos (plástico de peso desprezível) que estão a uma distância y um do outro. Uma força horizontal T é aplicada ao prato superior e move-o para a direita a uma velocidade v enquanto o prato inferior permanece imóvel. A força de corte T é aplicada para superar a resistência da água R e deve ser igual a R, pois não existe aceleração envolvida no processo. Descobriu-se que a resistência por unidade de área do prato superior (tensão de corte, $\tau = R/A = T/A$) é proporcional à taxa de deformação angular no fluido, $d\theta > dt$. A relação pode ser escrita como

$$\tau \propto \frac{d\theta}{dt} = \frac{dx/dy}{dt} = \frac{dx/dt}{dy} = \frac{dv}{dy}$$

onde v = dx/dt é a velocidade do elemento fluido. Por outro lado,

$$\tau = \mu \left(\frac{dv}{dy}\right) \qquad (1.2)$$

A constante proporcional μ é a *viscosidade absoluta* do fluido. A Equação 1.2 é bastante conhecida com *lei de Newton da viscosidade*. Os líquidos, em sua maioria, seguem essa relação e são chamados *fluidos newtonianos*. Os líquidos que não apresentam essa relação linear são conhecidos como *fluidos não newtonianos*. Entre eles estão o sangue humano e grande parte das tintas.

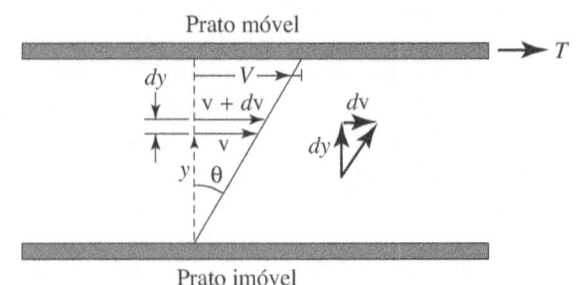

Figura 1.1 Tensões de corte em fluidos.

A viscosidade absoluta possui a dimensão da força por unidade de área (tensão) multiplicada pelo intervalo de tempo considerado. Ela costuma ser medida na unidade *poise* (em homenagem ao engenheiro e físico J. L. M. Poiseuille). A viscosidade absoluta da água em temperatura ambiente (20,2°C) é igual a 1 *centipoise* (cP), que equivale a um cem avos (1/100) de um *poise*:

1 *poise* = 0,1 N · s/m^2 = 100 cP ou (1 N · s/m^2 = 1.000 cP)

A viscosidade absoluta do ar é aproximadamente 0,018 cP (cerca de 2 por cento da água).

Na prática da engenharia, costuma ser conveniente conhecer o termo *viscosidade cinemática*, ν, a qual é obtida dividindo-se a viscosidade absoluta pela densidade de massa do fluido à mesma temperatura: $\nu = \mu/\rho$. A viscosidade cinemática é expressa em cm^2/s (na unidade de medida *stokes*, em homenagem ao matemático britânico G. G. Stokes). As viscosidades absolutas e as viscosidades cinemáticas da água pura e do ar são apresentadas na Tabela 1.3 como funções da temperatura.

TABELA 1.3 Viscosidades da água e do ar.

Temperatura (°C)	Água		Ar	
	Viscosidade (μ) N · s/m^2	Viscosidade cinemática (ν) m^2/s	Viscosidade (μ) N · s/m^2	Viscosidade cinemática (ν) m^2/s
0	1,781 × 10^{-3}	1,785 × 10^{-6}	1,717 × 10^{-5}	1,329 × 10^{-5}
5	1,518 × 10^{-3}	1,519 × 10^{-6}	1,741 × 10^{-5}	1,371 × 10^{-5}
10	1,307 × 10^{-3}	1,306 × 10^{-6}	1,767 × 10^{-5}	1,417 × 10^{-5}
15	1,139 × 10^{-3}	1,139 × 10^{-6}	1,793 × 10^{-5}	1,463 × 10^{-5}
20	1,002 × 10^{-3}	1,003 × 10^{-6}	1,817 × 10^{-5}	1,509 × 10^{-5}
25	0,890 × 10^{-3}	0,893 × 10^{-6}	1,840 × 10^{-5}	1,555 × 10^{-5}
30	0,798 × 10^{-3}	0,800 × 10^{-6}	1,864 × 10^{-5}	1,601 × 10^{-5}
40	0,653 × 10^{-3}	0,658 × 10^{-6}	1,910 × 10^{-5}	1,695 × 10^{-5}
50	0,547 × 10^{-3}	0,553 × 10^{-6}	1,954 × 10^{-5}	1,794 × 10^{-5}
60	0,466 × 10^{-3}	0,474 × 10^{-6}	2,001 × 10^{-5}	1,886 × 10^{-5}
70	0,404 × 10^{-3}	0,413 × 10^{-6}	2,044 × 10^{-5}	1,986 × 10^{-5}
80	0,354 × 10^{-3}	0,364 × 10^{-6}	2,088 × 10^{-5}	2,087 × 10^{-5}
90	0,315 × 10^{-3}	0,326 × 10^{-6}	2,131 × 10^{-5}	2,193 × 10^{-5}
100	0,282 × 10^{-3}	0,294 × 10^{-6}	2,174 × 10^{-5}	2,302 × 10^{-5}

Exemplo 1.2

Um prato plano de 50 cm² está sendo puxado sobre uma superfície plana fixa a uma velocidade constante de 45 cm/s (Figura 1.1). Um filme de óleo de viscosidade desconhecida separa o prato e a superfície fixa a uma distância de 0,1 cm. Estima-se que a força (*T*) necessária para puxar o prato é 31,7 N, e a viscosidade do fluido é constante. Determine a viscosidade (absoluta).

Solução

Assume-se que o filme de óleo é newtoniano, portanto a equação $\tau = \mu\,(dv/dy)$ equivale a:

$$\mu = \tau/(dv/dy) = (T/A)/(\Delta v/\Delta y)$$

já que $\tau = T/A$ e a relação velocidade-distância é considerada linear. Assim sendo,

$$\mu = [(31{,}7\ \text{N})/(50\ \text{cm}^2)] / [(45\ \text{cm/s})/0{,}1\ \text{cm}]$$

$$\mu = 1{,}41 \times 10^{-3}\ \text{N}\cdot\text{s}/\text{cm}^2\,[(100\ \text{cm})^2/(1\ \text{m})^2]$$

$$= 14{,}1\ \text{N}\cdot\text{s}/\text{m}^2$$

1.5 Tensão superficial e capilaridade

Mesmo a uma pequena distância abaixo da superfície de um corpo líquido, moléculas líquidas são atraídas umas às outras por forças iguais em todas as direções. As moléculas na superfície, entretanto, não conseguem se ligar em todas as direções e, por conseguinte, formam ligações mais fortes com as moléculas líquidas adjacentes. Isso faz que a superfície líquida busque uma área mínima possível, exercendo *tensão superficial* tangente à superfície ao longo de toda a área de superfície. Uma agulha de aço boiando na água, a forma esférica de gotas de orvalho e a elevação e a baixa de líquidos em tubos capilares são resultados de tensões de superfície.

A maioria dos líquidos adere a superfícies sólidas. A força de aderência varia em função da natureza do líquido e da superfície sólida. Se essa força for maior do que a coesão nas moléculas líquidas, então o líquido tende a se espalhar e molhar a superfície, conforme mostra a Figura 1.2 (a). Se a coesão for maior, forma-se uma pequena gota, como se vê na Figura 1.1. A água molha a superfície do vidro, mas o mercúrio não. Se pusermos um tubo de vidro vertical de diâmetro pequeno na superfície livre da água, veremos que a superfície de água no tubo se eleva. A mesma experiência feita com mercúrio mostrará que o líquido desce. Esses dois casos típicos são esquematicamente apresentados nas figuras 1.3 (a) e 1.3 (b). Esse fenômeno é conhecido como *ação capilar*. A magnitude da elevação (ou depressão) capilar, *h*, é determinada pelo equilíbrio da força de aderência entre o líquido e a superfície sólida e o peso da coluna de líquido acima (ou abaixo) da superfície livre de líquido.

O ângulo θ no qual o filme de líquido se encontra com o vidro depende da natureza do líquido e da superfície sólida. O movimento para cima (ou para baixo) no tubo será interrompido quando o componente vertical da força de

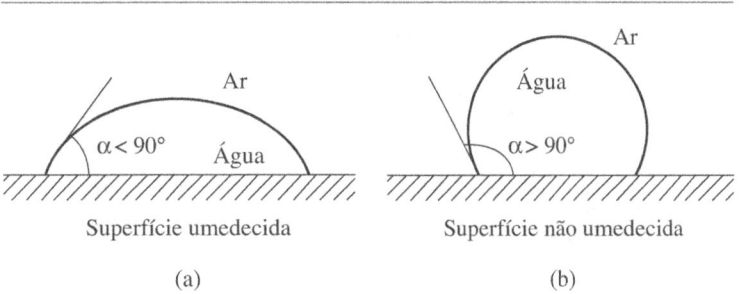

Figura 1.2 Superfícies umedecidas e não umedecidas.

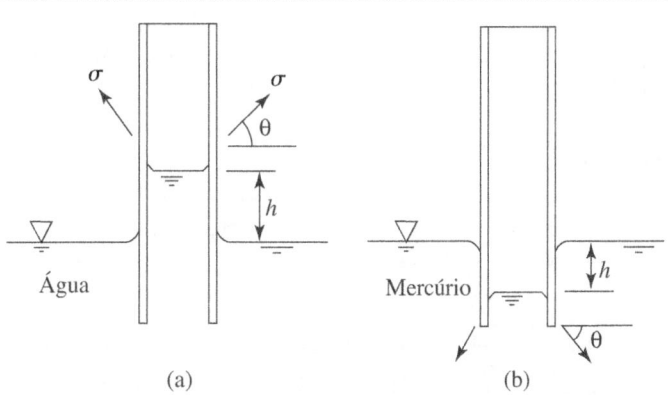

Figura 1.3 Ações capilares.

tensão da superfície ao redor da borda do líquido se igualar ao peso da coluna de líquido que se elevou (ou desceu). Quando o pequeno volume de líquido acima (ou abaixo) da base da meia-lua é negligenciado, a relação pode ser escrita como

$$(\sigma \pi D) \operatorname{sen} \theta = \frac{\pi D^2}{4}(\gamma h)$$

Portanto,

$$h = \frac{4\sigma \operatorname{sen} \theta}{\gamma D} \quad (1.3)$$

onde σ e γ representam a tensão superficial e a unidade de peso específico do líquido, respectivamente, e D é o diâmetro interno do tubo vertical.

A tensão superficial de um líquido costuma ser expressa em unidades de força por unidade de peso. Seu valor depende da temperatura e do conteúdo eletrolítico do líquido. Pequenas quantidades de sal dissolvidas em água tendem a aumentar o conteúdo eletrolítico e, por conseguinte, a tensão superficial. Materiais orgânicos (como sabão) diminuem a tensão superficial na água e permitem a formação de bolhas. A tensão superficial da água pura como função da temperatura é listada na Tabela 1.4.

1.6 Elasticidade da água

É comum se assumir que a água não pode ser comprimida sob condições normais. Na verdade, ela é cerca de cem vezes mais compressível do que o aço. É necessário considerar a *compressibilidade* da água quando golpes de aríete são possíveis (ver Capítulo 4). A compressibilidade da água é inversamente proporcional ao *módulo de elasticidade do volume*, E_b, também conhecido como *módulo de compressibilidade*. A relação pressão-volume pode ser escrita como

$$\Delta P = -E_b \left(\frac{\Delta Vol}{Vol} \right) \quad (1.4)$$

onde *Vol* é o volume inicial, e ΔP e ΔVol são as alterações correspondentes na pressão e no volume, respectivamente. O sinal negativo significa que uma mudança positiva na pressão (ou seja, seu aumento) fará que o volume diminua (ou seja, alteração negativa). O módulo de compressibilidade da elasticidade da água varia tanto com a temperatura quanto com a pressão. No escopo das aplicações práticas em sistemas hidráulicos típicos, pode ser utilizado um valor de $2,2 \times 10^9$ N/m² ou, conforme o sistema gravitacional britânico, $3,2 \times 10^5$ lb/pol² (psi).

Exemplo 1.3

No nível do mar, a densidade da água salgada é 1.026 kg/m³. Determine a densidade da água salgada no fundo do oceano, a 2.000 m de profundidade, onde a pressão é aproximadamente $2,02 \times 10^7$ N/m².

Solução

A mudança de pressão a uma profundidade de 2.000 m em relação à pressão na superfície da água é

$$\Delta P = P - P_{atm} = 2,01 \times 10^7 \text{ N/m}^2$$

Na Equação 1.4, vimos que

$$\Delta P = -E_b \left(\frac{\Delta Vol}{Vol_o} \right)$$

de modo que

$$\left(\frac{\Delta Vol}{Vol_o} \right) = \left(\frac{-\Delta P}{E_b} \right) = \frac{-2,01 \times 10^7}{2,20 \times 10^9} = -0,00914$$

Como

$$\rho = \left(\frac{m}{Vol} \right) \quad \therefore \quad Vol = \left(\frac{m}{\rho} \right)$$

então

$$\Delta Vol = \left(\frac{m}{\rho} \right) - \left(\frac{m}{\rho_o} \right) \quad \therefore \quad \frac{\Delta Vol}{Vol_o} = \left(\frac{\rho_o}{\rho} \right) - 1$$

de modo que

$$\rho = \left(\frac{\rho_o}{1 + \frac{\Delta Vol}{Vol_o}} \right) = \left(\frac{1.026 \text{ kg/m}^3}{1 - 0,00914} \right) = 1.040 \text{ kg/m}^3$$

1.7 Forças em um campo fluido

Diversos tipos de força podem atuar sobre um corpo de água em repouso ou em movimento. Na prática hidráulica, essas forças normalmente incluem os efeitos de gravidade, inércia, elasticidade, atrito, pressão e tensão superficial.

Essas forças podem ser classificadas em três categorias básicas, de acordo com suas características físicas:

TABELA 1.4 Tensão superficial da água.

Tensão superficial	Temperatura (°C)									
	0	10	20	30	40	50	60	70	80	90
σ ($\times 10^{-2}$ N/m)	7,416	7,279	7,132	6,975	6,818	6,786	6,611	6,436	6,260	6,071
σ (dina/cm)	74,16	72,79	71,32	69,75	68,18	67,86	66,11	64,36	62,60	60,71

1. forças do corpo;
2. forças de superfície;
3. forças lineares (ou forças sobre uma distância de contato sólido-líquido).

Forças do corpo são aquelas que agem em todas as partículas em um corpo de água como resultado de algum corpo externo ou forças externas, mas não devido ao contato direto. Um exemplo disso é a força gravitacional. Ela age sobre todas as partículas de um corpo de água em função do campo gravitacional da Terra, que pode não estar em contato direto com o corpo de água em questão. Outros tipos de força do corpo comuns na prática hidráulica incluem forças inertes e forças resultantes de efeitos elásticos. Forças do corpo costumam ser medidas em força por unidade de massa (N/kg) ou força por unidade de volume (N/m^3).

Forças de superfície atuam na superfície do corpo de água por meio do contato direto. Essas forças podem ser tanto internas quanto externas. As forças de pressão e atrito são exemplos de forças de superfície externas. A força viscosa dentro de um corpo fluido pode ser considerada uma força de superfície interna. Forças de superfície são medidas em força por unidade de área (N/m^2).

Forças lineares atuam sobre a superfície do líquido perpendicularmente a uma linha desenhada sobre ela. Elas costumam agir ao longo de uma interface linear entre um sólido e um líquido. Um exemplo dessa força é a tensão superficial. Forças lineares são medidas em força por unidade de comprimento (N/m).

PROBLEMAS

(Seção 1.2)

1.2.1 Quanta energia deve ser adicionada ao gelo a −20°C para produzir 250 litros de água a +20°C?

1.2.2 Calcule a energia térmica (em calorias) necessária na evaporação de 1.200 g de água a 45°C e sob pressão ambiente de 0,9 bars.

1.2.3 A 0°C e sob pressão absoluta de 911 N/m^2, 100 g de água, 100 g de vapor e 100 g de gelo estão em equilíbrio dentro de um compartimento térmico fechado. Determine a quantidade de energia a ser retirada para que a água e o vapor sejam congelados.

1.2.4 Que pressão deve ser mantida em um recipiente fechado para transformar totalmente 100 litros de água a 10°C em vapor utilizando somente 6,8 × 10^7 calorias de energia?

1.2.5 Uma panela grande contém, inicialmente, 5 kg de água a 25°C. Acende-se uma chama e acrescenta-se calor à água a uma taxa de 500 cal/s. Calcule quantos minutos serão necessários para que metade da massa evapore sob pressão atmosférica padrão.

1.2.6 Calcule a temperatura final de um banho de água com gelo que permite que se alcance o equilíbrio em um compartimento térmico. Esse banho é produzido quando 5 *slugs* de gelo (calor específico = 0,46 BTU/lbm ·°F) a 20 F são misturados com 10 *slugs* de água (calor específico = 1,0 BTU/lbm ·°F) a 120 F. (Observação: 1 *slug* = 32,2 lbm, e o calor de fusão é 144 BTU/lbm.)

(Seção 1.3)

1.3.1 Um contêiner pesa 863 N quando é preenchido com água e 49 N quando está vazio. Quanto de água (a 20°C) o contêiner armazena em metros cúbicos?

1.3.2 Demonstre a relação entre o peso específico e a densidade a partir da segunda lei de Newton ($F = ma$).

1.3.3 O mercúrio possui densidade de 13.600 kg/m^3. Quais são seu peso e sua gravidade específicos?

1.3.4 Um tanque cilíndrico de água (Figura P1.3.4) é suspenso verticalmente por suas laterais. O tanque possui diâmetro de 10 pés e é preenchido com 3 pés de água a 20°C. Calcule a força exercida sobre o fundo do tanque.

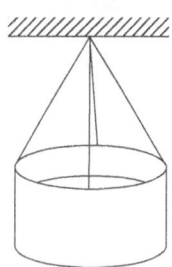

Figura P1.3.4

1.3.5 Um foguete carregando um tanque de água pesando 7,85 kN na Terra aterrissa na Lua, onde a aceleração gravitacional é um sexto da terrestre. Encontre a massa e o peso da água na Lua.

1.3.6 Determine o peso e a gravidade específica de um galão de líquido cuja massa é de 0,258 *slugs*.

1.3.7 Determine a alteração de volume sofrida por 100 m^3 de água quando aquecidos de 4°C (quando a água está mais densa) a 100°C (quando a água está menos densa).

1.3.8 A unidade de força no sistema SI é o newton. Converta uma unidade de força desse sistema para libras, no sistema britânico.

1.3.9 A unidade de energia no sistema SI é o newton-metro (ou joule). Converta uma unidade de energia desse sistema para o sistema britânico (pés-libras).

(Seção 1.4)

1.4.1. Compare as razões das viscosidades absoluta e cinemática do ar e da água a (a) 20°C e (b) 80°C. Discuta as diferenças.

1.4.2. Converta as viscosidades absoluta e cinemática da água (Tabela 1.3) a 68° F (20°C) para seu equivalente no sistema britânico. (Verifique seu resultado no Apêndice, ao final do livro.)

1.4.3 Estabeleça a equivalência entre:
(a) viscosidade absoluta em poises e lb · s/pés^2
(b) viscosidade cinemática em stokes e no sistema britânico.

1.4.4. Calcule a força necessária para se arrastar um pequeno barco (10 × 30 pés) em um canal raso (3 polegadas de profundidade) para que se mantenha uma velocidade de 5 pés/s. Assuma que o fluido esteja se comportando de modo newtoniano e que a temperatura da água seja 68° F.

1.4.5 Um líquido escoa com velocidade de distribuição $v = y^2 - 2y$, onde v é dada em pés/s e y, em polegadas. Calcule a tensão de corte quando y = 0, 1, 2, 3 e 4 se a viscosidade for 375 *centipoises* (cP).

1.4.6 Um prato plano pesando 220 N desliza para baixo a uma inclinação de 15° com velocidade de 2,5 cm/s. Um filme fino de óleo com viscosidade de 1,29 N · s/m² separa o prato da rampa. Considerando que o prato mede 50 cm × 75 cm, calcule a espessura do filme em cm.

1.4.7 Um pistão desliza para baixo com velocidade constante por dentro de um tubo vertical. O pistão possui 5,48 polegadas de diâmetro e 9,5 polegadas de comprimento. Um filme de óleo entre o pistão e a parede do tubo resiste ao movimento descendente. Se a espessura do filme for 0,002 pol e o cilindro pesar 0,5 libra, qual será a velocidade? (Assuma que a viscosidade do óleo é 0,016 lb · s/pés² e que a velocidade de distribuição no vácuo é linear.)

1.4.8 O óleo lubrificante SAE (0,065 lb · s/pés²) é usado para se preencher um espaço de uma polegada entre dois grandes pratos em repouso. Quanta força será necessária para se puxar um prato bem fino (com área de superfície de 2 pés²) entre os dois pratos em repouso a uma velocidade de 1 pé/s?

1.4.9 A viscosidade de um fluido pode ser medida por um viscosímetro rotativo, que consiste de dois cilindros concêntricos com um espaço uniforme entre eles. O líquido a ser medido é despejado no espaço entre os dois cilindros. Para um líquido em particular, o cilindro interno gira a 2.000 rpm, e o cilindro externo permanece parado e mede um torque de 1,50 N·m. O diâmetro do cilindro interno é 5 cm, a extensão do espaço vazio entre os cilindros é 0,02 cm, e o líquido preenche 4 cm desse espaço cilíndrico. Determine a viscosidade absoluta do líquido em N · s/m².

1.4.10 Um disco circular plano de raio 1 m é girado a uma velocidade angular de 0,65 rad/s sobre uma superfície plana fixa. Um filme de óleo separa o disco e a superfície. Se a viscosidade do óleo for 16 vezes a da água (20°C) e o espaço entre o disco e a superfície fixa for 0,5 mm, qual será o torque necessário para girar o disco?

(Seção 1.5)

1.5.1 Um experimento de capilaridade é proposto para uma turma de física no ensino médio. Os alunos são informados que, para a água em tubos de vidro limpos, o ângulo de contato entre o líquido e o vidro (θ) é de 90°. Pede-se aos alunos que meçam a elevação capilar em uma série de diâmetros de tubos (D = 0,05 cm; 0,1 cm; 0,15 cm; 0,2 cm etc.). Em seguida, pede-se que eles esbocem os resultados em gráficos e determinem os diâmetros aproximados que produziriam elevação capilar de 3 cm, 2 cm e 1 cm. Calcule os resultados considerando que a água utilizada no experimento está a 20°C.

1.5.2 A tensão superficial costuma ser considerada uma força linear (ou seja, unidades de força por unidade de comprimento), e não uma força de superfície (como a pressão, com unidades de força por unidade de área) ou força de corpo (como o peso específico, com unidade de força por unidade de volume). Examine o desenvolvimento da Equação 1.3 e explique por que o conceito de força linear é lógico.

1.5.3 Observa-se que um líquido se eleva a uma altura de 0,6 pol em um tubo de vidro de 0,02 pol. Verifica-se que o ângulo de contato é 54°. Calcule a tensão superficial do líquido em lb/pés quando a densidade é 1,94 *slug*/pés³.

1.5.4 Experimentos de laboratório estão sendo realizados utilizando muitos tanques opacos de água salgada. São usados tubos de vidro retos (com diâmetro interno de 0,25 cm montados no tanque) para se controlar a profundidade da água salgada durante o experimento. Calcule o erro de medida (em cm) resultante do uso dos tubos quando a tensão superficial da água salgada for 20 por cento maior do que a da água doce e o ângulo de contato for 30°. (Considere que a água salgada apresenta gravidade específica de 1,03 e está à temperatura de 35°C.)

1.5.5 Uma pequena quantidade de solvente é adicionada a uma lâmina de água de modo a alterar seu conteúdo eletrolítico. Como resultado, o ângulo de contato, θ, representando a aderência entre a água e o material do solo, é aumentado de 30° para 42°, enquanto a tensão superficial diminui em 10 por cento (Figura P1.5.5). O solo apresenta tamanho de poro uniforme de 0,7 mm. Determine a alteração na elevação capilar no solo.

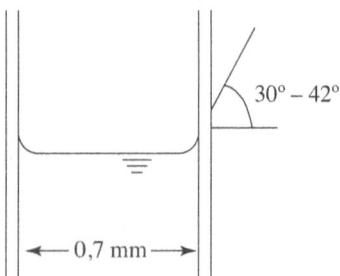

Figura P1.5.5

1.5.6 A pressão no interior de uma gota de água é maior do que a pressão externa. Divida uma gota ao meio e identifique as forças. A força da divisão é a diferença de pressão multiplicada pela área equilibrada pela tensão superficial agindo sobre a circunferência. Escreva uma expressão para a diferença de pressão.

(Seção 1.6)

1.6.1 Determine o módulo de compressibilidade (em N/m²) de um líquido com 1,1 por cento de diminuição de volume devido a um aumento na pressão de 1.000 N/cm² para 11.000 N/cm².

1.6.2 Determine o percentual de alteração na densidade da água a 20°C quando a pressão é bruscamente alterada de 25 bars para 450.000 N/m².

1.6.3 Um tanque de aço armazena 120 pés³ de água à pressão atmosférica (14,7 lbs/pol² e 68,4 F). A água é submetida a um aumento de cem vezes sua pressão. Determine o peso inicial e a densidade final da água se o volume diminuir em 0,545 pés³.

1.6.4 A pressão em um tubo de 150 cm de diâmetro e 2.000 m de comprimento é 30 N/cm². Calcule a quantidade de água que entrará no tubo se a pressão aumentar 30 bars. Considere que o tubo é rígido e não sofre alteração de volume.

2

Pressão da água e forças de pressão

2.1 A superfície livre da água

Quando a água preenche um compartimento, ela automaticamente procura uma superfície horizontal sobre a qual a pressão é constante em todos os pontos. Na prática, uma superfície livre da água é aquela que não está em contato com a tampa sobrejacente do compartimento. Esse tipo de superfície pode ser submetido à pressão atmosférica (compartimento aberto) ou a qualquer outra pressão exercida dentro do compartimento (compartimento fechado).

2.2 Pressão absoluta e pressão manométrica

Uma superfície de água em contato com a atmosfera terrestre está sujeita à pressão atmosférica, que é aproximadamente igual a uma coluna de água de altura 10,33 m no nível do mar. Na água em repouso, qualquer objeto abaixo da superfície da água está sujeito a uma pressão maior do que a atmosférica. Essa pressão adicional costuma ser chamada de *pressão hidrostática*. Mais precisamente, ela é a força por unidade de área que atua perpendicularmente sobre a superfície de um corpo imerso no fluido (neste caso, água).

Para determinar a variação da pressão hidrostática entre dois pontos na água (com peso específico de γ), podemos considerar dois pontos arbitrários A e B ao longo de um eixo x também arbitrário, conforme mostra a Figura 2.1. Considere que esses pontos estão localizados no final de um pequeno prisma de água com área de seção transversal dA e comprimento L. P_A e P_B são as pressões em cada extremidade e as áreas de seção transversal são normais ao eixo x. Como o prisma está em repouso, todas as forças agindo sobre ele devem estar em equilíbrio em todas as direções. Para os componentes de força na direção x, podemos representar

$$\Sigma F_x = P_A\, dA - P_B\, dA + \gamma L dA\, \text{sen}\, \theta = 0$$

Observe que $L \cdot \text{sen}\, \theta = h$ é a diferença na elevação vertical entre os dois pontos. A equação anterior pode ser reduzida a

$$P_B - P_A = \gamma h \quad (2.1)$$

Portanto, *a diferença de pressão entre dois pontos imersos em água em repouso é sempre igual ao produto do peso específico da água e à diferença na elevação entre os dois pontos.*

Se os dois pontos estiverem na mesma elevação, $h = 0$ e $P_A = P_B$. Em outras palavras, *para a água em repouso, a pressão em todos os pontos em um plano horizontal é igual.* Se o corpo de água possui uma superfície livre que é exposta à *pressão atmosférica*, P_{atm}, podemos posicionar o ponto A na superfície livre e escrever

$$(P_B)_{abs} = \gamma h + P_A = \gamma h + P_{atm} \quad (2.2)$$

Essa pressão, $(P_B)_{abs}$, é comumente denominada *pressão absoluta*.

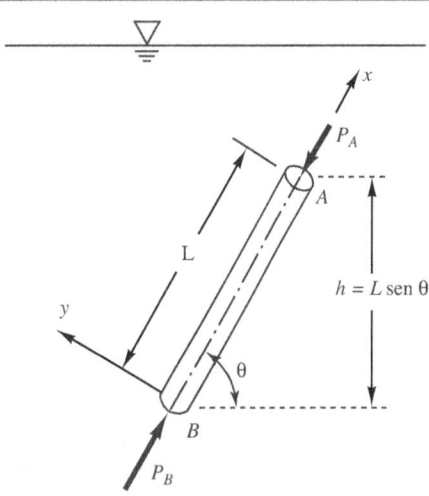

Figura 2.1 Pressão hidrostática sobre um prisma.

Manômetros costumam ser projetados para medir pressões acima ou abaixo da pressão atmosférica. O resultado obtido, utilizando a pressão atmosférica como base, é denominado *pressão manométrica*, P. A pressão absoluta é sempre igual ao somatório da pressão manométrica e da pressão atmosférica.

$$P = P_{abs} - P_{atm} \quad (2.3)$$

A Figura 2.2 apresenta graficamente a relação entre a pressão absoluta e a pressão manométrica e dois mostradores típicos de manômetros. Comparando as equações 2.2 e 2.3, temos que

$$P = \gamma h \quad (2.4)$$

ou

$$h = \frac{P}{\gamma} \quad (2.5)$$

Aqui, a pressão é escrita em termos de altura da coluna de água h. Na hidráulica, ela é conhecida como *altura de carga*.

Portanto, a Equação 2.1 pode ser reescrita de forma mais geral como

$$\frac{P_B}{\gamma} - \frac{P_A}{\gamma} = \Delta h \quad (2.6)$$

mostrando que a diferença na altura de carga em dois pontos na água em repouso é sempre igual à diferença na elevação entre os dois pontos. A partir dessa relação, podemos ver que qualquer alteração na pressão no ponto B causaria uma alteração idêntica no ponto A, já que a diferença na altura de carga entre os dois pontos deve permanecer o mesmo valor Δh. Em outras palavras, *uma pressão aplicada a qualquer ponto em um líquido em repouso é transmitida igualmente e sem redução para todas as direções para todos os outros pontos no líquido*. Esse princípio, também conhecido como *lei de Pascal*, vem sendo utilizado nos macacos hidráulicos que elevam cargas pesadas aplicando forças relativamente pequenas.

Exemplo 2.1

Dois pistões cilíndricos A e B apresentam diâmetros de 3 cm e 20 cm, respectivamente. As faces dos pistões estão na mesma elevação, e os espaços entre eles são preenchidos com um óleo hidráulico incompressível. Uma força P de 100 N é aplicada ao final da manivela, conforme mostra a Figura 2.3. Qual o peso W que o macaco hidráulico pode suportar?

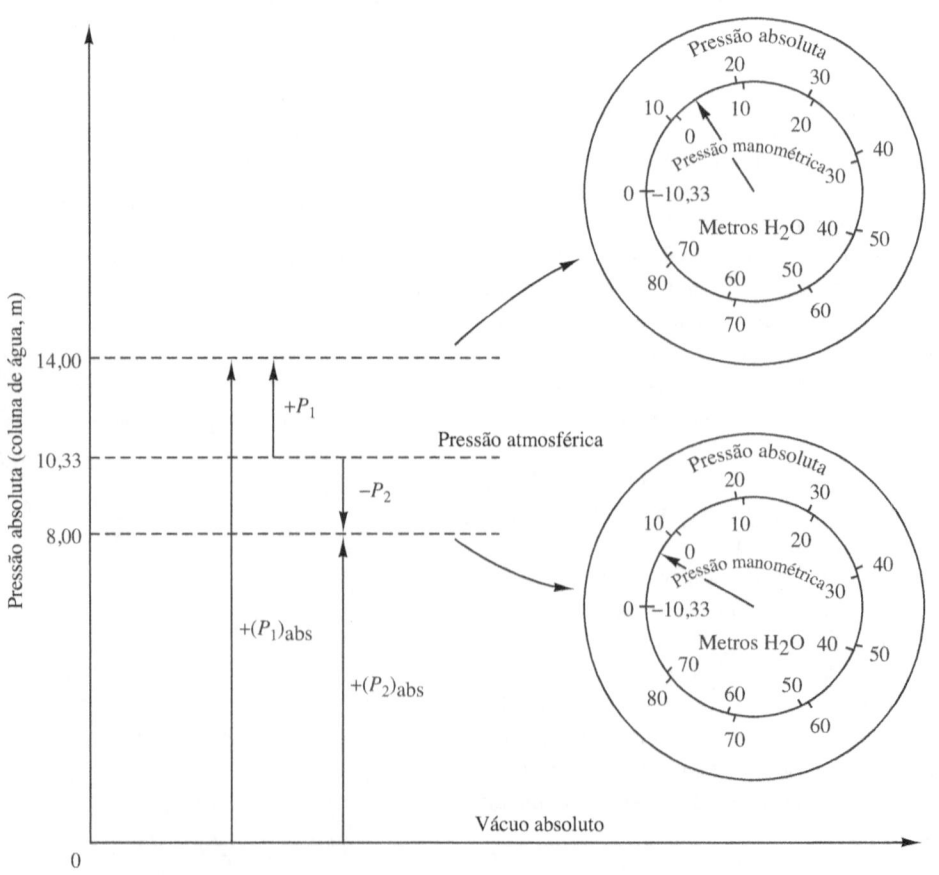

Figura 2.2 Pressão absoluta e pressão manométrica.

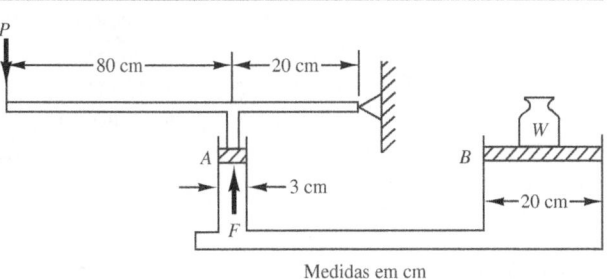

Figura 2.3 Macaco hidráulico.

Solução

Equilibrando os momentos produzidos por P e F em torno do pino de conexão, temos

$$(100\ \text{N})(100\ \text{cm}) = F(20\ \text{cm})$$

Logo,

$$F = 500\ \text{N}$$

A partir da lei de Pascal, a pressão P_A aplicada em A é a mesma que a pressão P_B aplicada em B. Portanto,

$$P_A = \frac{F}{[(\pi \cdot 3^2)/4]\ \text{cm}^2} \qquad P_B = \frac{W}{[(\pi \cdot 20^2)/4]\ \text{cm}^2}$$

$$\frac{500\ \text{N}}{7{,}07\ \text{cm}^2} = \frac{W}{314\ \text{cm}^2}$$

$$\therefore W = 500\ \text{N}\left(\frac{314\ \text{cm}^2}{7{,}07\ \text{cm}^2}\right) = 2{,}22 \times 10^4\ \text{N}$$

2.3 Superfícies de mesma pressão

A pressão hidrostática em um corpo de água varia com a distância vertical medida a partir da superfície livre da água. Em geral, todos os pontos sobre uma superfície horizontal em um corpo de água estático estão sujeitos à mesma pressão hidrostática, conforme demonstra a Equação 2.4. Por exemplo, na Figura 2.4 (a), os pontos 1, 2, 3 e 4 apresentam a mesma pressão, e a superfície horizontal que contém esses quatro pontos é uma *superfície de mesma pressão*. Entretanto, na Figura 2.4 (b), os pontos 5 e 6 estão sobre o mesmo plano horizontal, mas as pressões não são iguais. Isso ocorre porque a água nos dois tanques não está conectada, e as profundidades sobrejacentes às três superfícies são diferentes. A aplicação da Equação 2.4 produziria pressões distintas. A Figura 2.4 (c) apresenta tanques cheios de dois líquidos imiscíveis de densidades diferentes. (Observação: Líquidos imiscíveis não se misturam imediatamente sob condições normais.) A superfície horizontal (7, 8) que atravessa a interface entre os dois líquidos apresenta a mesma pressão. A aplicação da Equação 2.4 em ambos os pontos leva à mesma pressão; temos o mesmo fluido (água) em ambas as localizações (logo abaixo da interface no ponto 8), e ambos os pontos estão à mesma distância abaixo da superfície livre da água. Entretanto, os pontos 9 e 10 *não* estão sobre uma superfície de mesma pressão porque residem em líquidos distintos. A verificação pode ser obtida com a aplicação da Equação 2.4 utilizando diferentes profundidades entre a superfície livre e os pontos 9 e 10 e os pesos específicos diferentes dos fluidos.

Em resumo, uma superfície de mesma pressão requer que (1) os pontos sobre a superfície estejam no mesmo líquido, (2) os pontos estejam na mesma elevação (ou seja, estejam na superfície horizontal), e (3) o líquido que contém os pontos possa ser relacionado. O conceito de superfície de mesma pressão é um método útil na análise da força ou intensidade da pressão hidrostática em vários pontos em um contêiner, conforme demonstra a próxima seção.

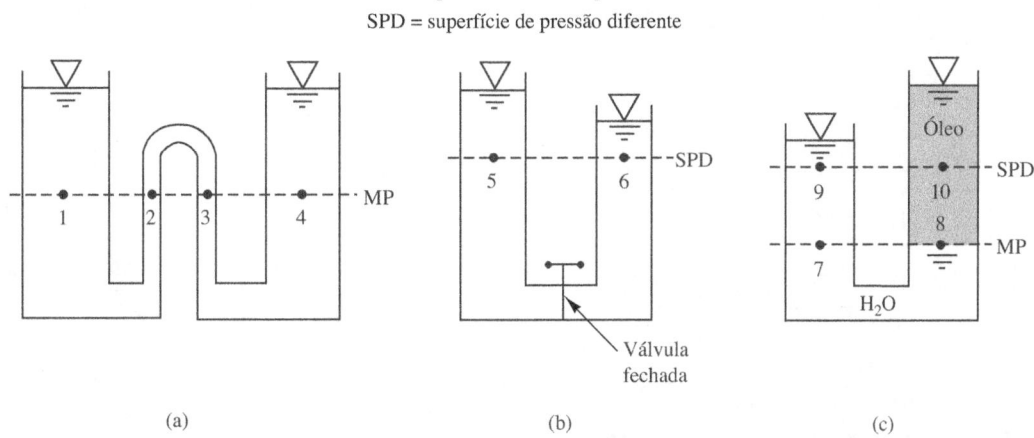

Figura 2.4 Pressão hidráulica em compartimentos.

2.4 Manômetros

Um *manômetro* é um dispositivo para medição de pressão. Ele costuma ser um tubo no formato de "U" que contém um fluido de gravidade específica desconhecida. A diferença nas elevações das superfícies do líquido sob pressão indica a diferença de pressão em duas extremidades. Basicamente, existem dois tipos de manômetros:

1. Um *manômetro aberto* possui uma extremidade aberta à pressão atmosférica e é capaz de medir a pressão manométrica em um compartimento.
2. Um *manômetro diferencial* possui cada uma de suas extremidades conectada a um fole de pressão distinta e é capaz de medir a diferença de pressão entre os dois foles.

O líquido utilizado em um manômetro costuma ser mais pesado do que os fluidos a serem medidos. Ele deve formar uma interface diferente – ou seja, não deve se misturar com os líquidos adjacentes (líquidos imiscíveis). Os líquidos mais comuns nos manômetros são mercúrio (gravidade específica = 13,6), água (gravidade específica = 1), álcool (gravidade específica = 0,9) e outros óleos comerciais para manômetros com gravidades específicas variadas.

A Figura 2.5 (a) mostra a imagem de um manômetro aberto típico, enquanto a Figura 2.5 (b) apresenta um manômetro diferencial típico. É óbvio que, quanto maior for a pressão no compartimento A, maior será a diferença, h, nas elevações das superfícies nos dois lados do manômetro. Um cálculo matemático da pressão em A, entretanto, envolve a densidade dos fluidos e a geometria de todo o sistema de medição.

Um procedimento passo a passo simples é sugerido para o cálculo da pressão.

Passo 1. Faça um esboço do sistema manométrico, semelhante ao da Figura 2.5, em escala aproximada.

Passo 2. Desenhe uma linha horizontal cruzando a superfície inferior do líquido do manômetro (ponto 1). A pressão nos pontos 1 e 2 deve ser a mesma, já que o sistema está em equilíbrio estático.

Passo 3. (a) Para manômetros abertos, a pressão em 2 é exercida pelo peso da coluna de líquido M acima de 2; e a pressão em 1 é exercida pelo peso da coluna de água acima de 1 mais a pressão no compartimento A. As pressões devem ser de igual valor. Essa relação pode ser escrita da seguinte forma:

$$\gamma_M h = \gamma y + P_A \quad \text{ou} \quad P_A = \gamma_M h - (\gamma y)$$

(b) Para manômetros diferenciais, a pressão em 2 é exercida pelo peso da coluna de líquido M acima de 2, pelo peso da coluna de água acima de D e pela pressão no compartimento B; e a pressão em 1 é exercida pelo peso da coluna de água acima de 1 mais a pressão no compartimento A. Essa relação pode ser escrita como:

$$\gamma_M h + \gamma(y - h) + P_B = \gamma y + P_A$$

ou

$$\Delta P = P_A - P_B = h(\gamma_M - \gamma)$$

Qualquer uma dessas equações pode ser utilizada para se encontrar P_A. É claro que, no caso do manômetro diferencial, P_B deve ser conhecida. O mesmo procedimento pode ser aplicado a qualquer geometria complexa, conforme demonstra o Exemplo 2.2, a seguir.

Exemplo 2.2

Um manômetro de mercúrio (gravidade específica = 13,6) é usado para medir a diferença de pressão nos compartimentos A e B, como demonstra a Figura 2.6. Determine a diferença de pressão em pascais (N/m²).

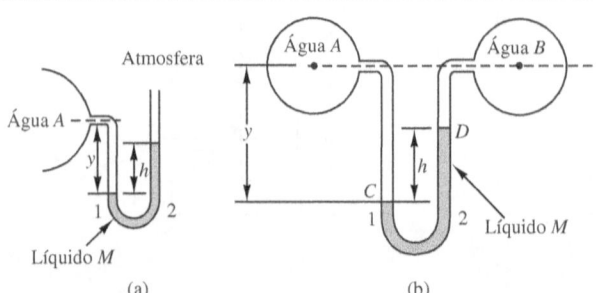

Figura 2.5 Tipos de manômetros: (a) manômetro aberto e (b) manômetro diferencial.

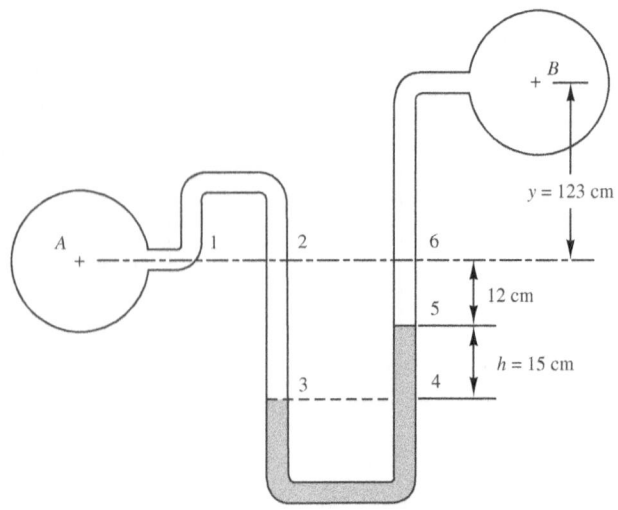

Figura 2.6

Solução

O esboço do sistema manométrico (passo 1) é apresentado na Figura 2.6. Os pontos 3 e 4 (P_3, P_4) estão em uma superfície de mesma pressão (passo 2), e o mesmo acontece no compartimento A com os pontos 1 e 2 (P_1, P_2):

$$P_3 = P_4$$
$$P_A = P_1 = P_2$$

As pressões nos pontos 3 e 4 são, respectivamente (passo 3),

$$P_3 = P_2 + \gamma(27\,cm) = P_A + \gamma(27\,cm)$$
$$P_4 = P_B + \gamma(135\,cm) + \gamma_M(15\,cm)$$

Agora,

$$P_3 = P_A + \gamma(27\,cm) =$$
$$P_4 = P_B + \gamma(135\,cm) + \gamma_M(15\,cm)$$

e observando que $\gamma_m = \gamma$ (gravidade específica)

$$\Delta P = P_A - P_B = \gamma(135\,cm - 27\,cm) + \gamma_M(15\,cm)$$
$$\Delta P = \gamma[108+(13,6)(15)]cm = (9790\,N/m^3)(3,12\,m)$$
$$\Delta P = 30.500\,N/m^2 \text{ (pascais) ou 30.6 quilopascais}$$

O manômetro aberto, ou tubo em "U", requer leituras dos níveis dos líquidos em dois pontos. Em outras palavras, qualquer alteração na pressão do compartimento acarreta diminuição da superfície do líquido em uma extremidade e elevação na outra. Um *manômetro de leitura única* pode ser criado introduzindo-se um reservatório com uma área de seção transversal maior do que a do tubo em um dos lados do manômetro. Esse tipo de manômetro é apresentado na Figura 2.7.

Em virtude da elevada razão de área entre o reservatório e o tubo, uma pequena baixa na elevação da superfície no reservatório acarretará uma elevação acentuada da coluna de líquido no outro lado. Se houver um aumento na pressão, ΔP_A fará a superfície do líquido no reservatório diminuir uma pequena quantidade Δy. Então,

$$A\Delta y = ah \quad (2.7)$$

onde A e a são áreas de seção transversal do reservatório e do tubo, respectivamente. Aplicando o passo 2 aos pontos 1 e 2, podemos escrever

$$\gamma_A(y + \Delta y) + P_A = \gamma_B(h + \Delta y) \quad (2.8)$$

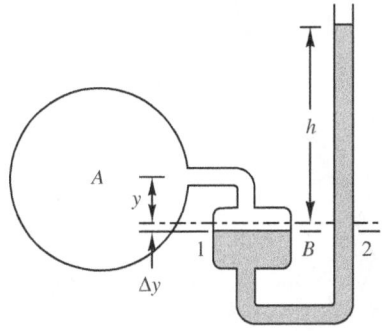

Figura 2.7 Manômetro de leitura única.

A solução simultânea das equações 2.7 e 2.8 dá-nos o valor de P_A, a pressão do compartimento, em termos de h. Todas as outras quantidades nas equações 2.7 e 2.8 – A, a, y, γ_A e γ_B– são quantidades predeterminadas no projeto do manômetro. Uma única leitura de h, portanto, define a pressão.

Como Δy pode se tornar desprezível ao ser introduzida uma razão A/a muito alta, a relação anterior pode ser simplificada para

$$\gamma_A y + P_A = \gamma_B h \quad (2.9)$$

Portanto, a altura h lida é uma medida da pressão no compartimento.

A solução de problemas hidráulicos práticos geralmente requer a diferença na pressão entre dois pontos em um tubo ou tubulação. Para isso, são frequentemente usados manômetros diferenciais. Um manômetro diferencial típico é mostrado na Figura 2.8.

As mesmas etapas de cálculo (passos 1, 2 e 3) sugeridas anteriormente podem ser prontamente aplicadas aqui. Quando o sistema está em equilíbrio estático, a pressão nos mesmos pontos de elevação, 1 e 2, deve ser igual. Podemos, assim, escrever

$$\gamma_A(y + h) + P_c = \gamma_B h + \gamma_A y + P_d$$

Logo, a diferença de pressão, ΔP, é representada como

$$\Delta P = P_c - P_d = (\gamma_B - \gamma_A)h \quad (2.10)$$

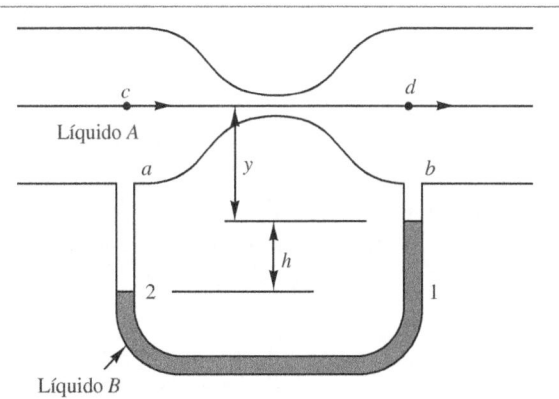

Figura 2.8 Um manômetro diferencial instalado em um sistema de medição de fluxo.

2.5 Forças hidrostáticas sobre superfícies planas

No projeto e na análise de engenharia, é sempre crítico determinar a força hidrostática total (ou resultante) sobre estruturas produzidas pela pressão hidrostática. Para determinar a magnitude dessa força, vamos examinar uma área arbitrária AB (Figura 2.9) na parte de trás de uma barragem que se inclina a um ângulo θ. Em seguida, posicione o eixo x sobre a linha onde a superfície da água encontra com a superfície da barragem (isto é, dentro da página) com o eixo y movendo-se para baixo ao longo da superfície ou lado da barragem. A Figura 2.9 (a) mostra a visão de um plano (frente) da área, e a Figura 2.9 (b) mostra a projeção de AB sobre a superfície da barragem.

Podemos assumir que a superfície plana AB é composta por um número infinito de faixas horizontais, cada uma com largura dy e área dA. A pressão hidrostática em cada faixa pode ser considerada constante, pois a largura de cada uma é muito pequena. Para uma faixa a uma profundidade h abaixo da superfície livre, a pressão é

$$P = \gamma h = \gamma y \, \text{sen} \, \theta$$

A força de pressão total na faixa é a pressão vezes a área

$$dF = \gamma y \, \text{sen} \, \theta \, dA$$

A força de pressão total (força resultante) em todo o plano de superfície AB é a soma da pressão em todas as faixas

$$F = \int_A dF = \int_A \gamma y \, \text{sen} \, \theta \, dA = \gamma \, \text{sen} \, \theta \int_A y \, dA$$
$$= \gamma \, \text{sen} \, \theta \, A\overline{y} \qquad (2.11)$$

onde $\overline{y} = \int_A y \, dA / A$ é a distância medida do eixo x até o centroide (ou centro de gravidade, C.G.) do plano AB (Figura 2.9).

Substituindo $\overline{h}$, a distância vertical do centroide abaixo da superfície da água, por $\overline{y} \, \text{sen} \, \theta$, temos

$$F = \gamma \overline{h} A \qquad (2.12)$$

Essa equação diz que *a força de pressão hidrostática total em qualquer superfície plana submersa é igual ao produto entre a área da superfície e a pressão agindo no centroide da superfície plana.*

Forças de pressão agindo sobre uma superfície plana são distribuídas por todas as partes da superfície. Elas são paralelas e atuam perpendicularmente à superfície. Essas forças paralelas podem ser analiticamente substituídas por uma única *força resultante F* da magnitude mostrada na Equação 2.12. A força resultante também atua perpendicularmente à superfície. O ponto na superfície plana no qual essa força resultante atua é conhecido como *centro de pressão* (C.P., Figura 2.9). Considerando a superfície plana como um corpo livre, vemos que as forças distribuídas podem ser substituídas pela única força resultante no centro de pressão sem alterar quaisquer das reações ou dos momentos no sistema. Definindo y_p como a distância medida do eixo x até o centro de pressão, podemos escrever

$$F y_p = \int_A y \, dF$$

Logo,

$$y_p = \frac{\int_A y \, dF}{F} \qquad (2.13)$$

Substituindo as relações $dF = \gamma y \, \text{sen} \, \theta \, dA$ e $F = \gamma \, \text{sen} \, \theta \, A\overline{y}$, podemos escrever a Equação 2.13 como

$$y_p = \frac{\int_A y^2 \, dA}{A\overline{y}} \qquad (2.14)$$

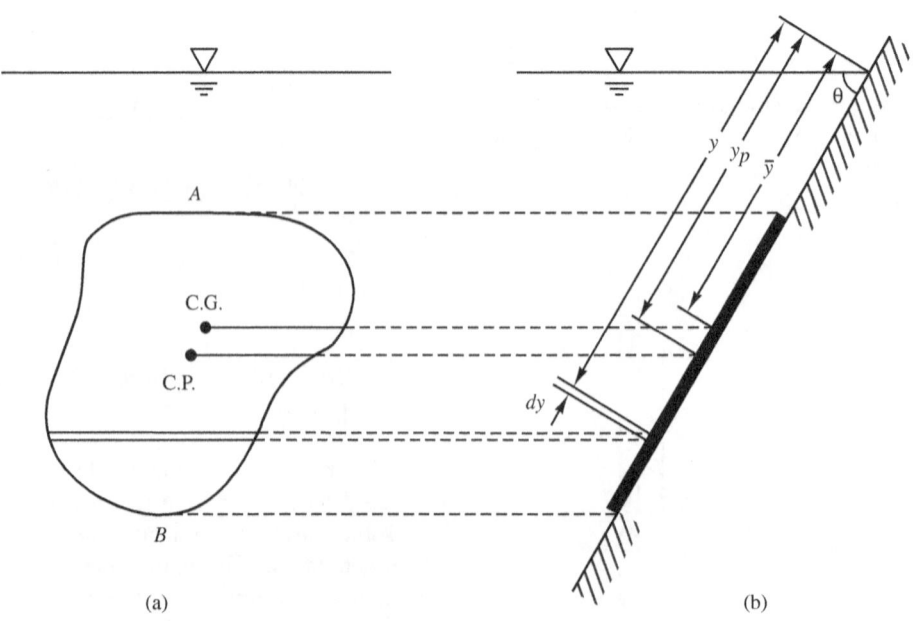

Figura 2.9 Pressão hidrostática em uma superfície plana.

em que $\int_A y^2 dA = I_x$ e $A\bar{y} = M_x$ são, respectivamente, o momento de inércia e o momento estático da superfície plana AB com relação ao eixo x. Portanto,

$$y_p = \frac{I_x}{M_x} \quad (2.15)$$

Com relação ao centroide do plano, a relação pode ser escrita como

$$y_p = \frac{I_0 + A\bar{y}^2}{A\bar{y}} = \frac{I_0}{A\bar{y}} + \bar{y} \quad (2.16)$$

onde I_0 é o momento de inércia do plano com relação ao seu próprio centroide, A é a área da superfície plana e $\bar{y}$ é a distância entre o centroide e o eixo x.

O centro de pressão de qualquer superfície plana submersa está sempre abaixo do centroide da área da superfície (ou seja, $y_p > \bar{y}$). Isso deve ser verdadeiro porque todas as três variáveis no primeiro termo no lado direito da Equação 2.16 são positivas, o que faz o termo positivo. Esse termo é acrescentado à distância centroidal ($\bar{y}$).

O centroide, a área e o momento de inércia em relação ao centroide de certas superfícies planas comuns são listados na Tabela 2.1.

Exemplo 2.3

Uma comporta vertical trapezoidal com extremidade superior localizada 5 m abaixo da superfície livre da água é mostrada na Figura 2.10. Determine a força de pressão total e o centro de pressão na comporta.

Solução

A força de pressão total é determinada a partir da Equação 2.12 e da Tabela 2.1.

$$F = \gamma \bar{h} A$$
$$= 9.790 \left[5 + \frac{2[(2)(1) + 3]}{3(1 + 3)} \right] \left[\frac{2(3 + 1)}{2} \right]$$
$$= 2.28 \times 10^5 \text{ N} = 228 \text{ kN}$$

A localização do centro de pressão é

$$y_p = \frac{I_0}{A\bar{y}} + \bar{y}$$

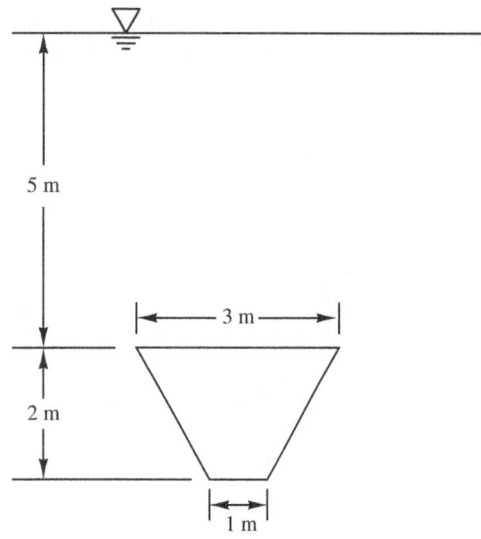

Figura 2.10

onde (conforme a Tabela 2.1)

$$I_0 = \frac{2^3[1^2 + 4(1)(3) + 3^2]}{36(1 + 3)} = 1,22 \text{ m}^4$$

$$\bar{y} = 5,83 \text{ m}$$

$$A = 4,00 \text{ m}^2$$

Logo,

$$y_p = \frac{1,22}{4(5,83)} + 5,83 = 5,88 \text{ m}$$

abaixo da superfície da água.

Exemplo 2.4

Uma comporta semicircular invertida (Figura 2.11) está instalada a 45° com relação à superfície livre da água. O topo da comporta está 5 pés abaixo da superfície da água na direção vertical. Determine a força hidrostática e o centro de pressão sobre a comporta.

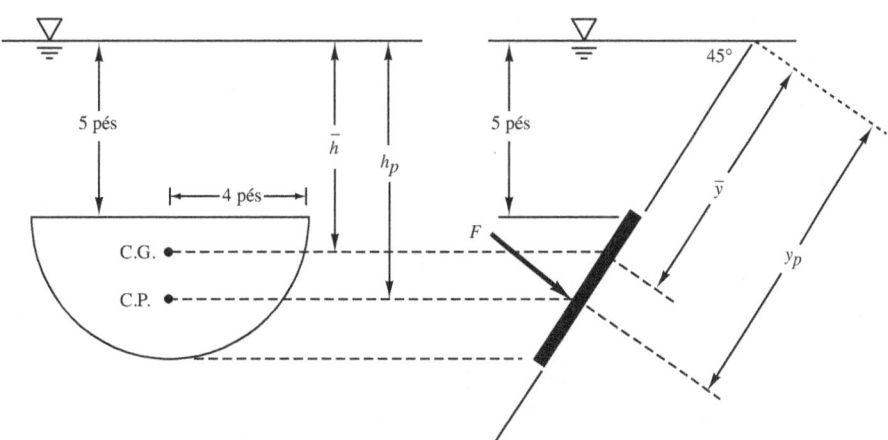

Figura 2.11

TABELA 2.1 Área de superfície, centroide e momento de inércia de certos planos geométricos simples.

Forma	Área	Centroide	Momento de inércia em relação ao eixo x neutro
Retângulo	bh	$\bar{x} = \dfrac{1}{2}b$ $\bar{y} = \dfrac{1}{2}h$	$I_0 = \dfrac{1}{12}bh^3$
Triângulo	$\dfrac{1}{2}bh$	$\bar{x} = \dfrac{b+c}{3}$ $\bar{y} = \dfrac{h}{3}$	$I_0 = \dfrac{1}{36}bh^3$
Círculo	$\dfrac{1}{4}\pi d^2$	$\bar{x} = \dfrac{1}{2}d$ $\bar{y} = \dfrac{1}{2}d$	$I_0 = \dfrac{1}{64}\pi d^4$
Trapezoide	$\dfrac{h(a+b)}{2}$	$\bar{y} = \dfrac{h(2a+b)}{3(a+b)}$	$I_0 = \dfrac{h^3(a^2 + 4ab + b^2)}{36(a+b)}$
Elipse	πbh	$\bar{x} = b$ $\bar{y} = h$	$I_0 = \dfrac{\pi}{4}bh^3$
Semielipse	$\dfrac{\pi}{2}bh$	$\bar{x} = b$ $\bar{y} = \dfrac{4h}{3\pi}$	$I_0 = \dfrac{(9\pi^2 - 64)}{72\pi}bh^3$
Seção parabólica	$\dfrac{2}{3}bh$	$\bar{y} = \dfrac{2}{5}h$ $\bar{x} = \dfrac{3}{8}b$	$I_0 = \dfrac{8}{175}bh^3$
Semicírculo	$\dfrac{1}{2}\pi r^2$	$\bar{y} = \dfrac{4r}{3\pi}$	$I_0 = \dfrac{(9\pi^2 - 64)r^4}{72\pi}$

Solução

A força de pressão total é

$$F = \gamma \bar{y} \operatorname{sen} \theta A$$

onde

$$A = \frac{1}{2}[\pi(4)^2] = 25{,}1 \text{ pés}^2$$

e

$$\bar{y} = 5 \sec 45° + \frac{44}{3\pi} = 8{,}77 \text{ pés}$$

Portanto,

$$F = 62{,}3 \,(\operatorname{sen} 45°)(8{,}77)(25{,}1) = 9.700 \text{ libras}$$

Esta é a força hidrostática total atuando sobre o portão. A localização do centro de pressão é

$$y_p = \frac{I_0}{A\bar{y}} + \bar{y}$$

onde (a partir da Tabela 2.1)

$$I_0 = \frac{(9\pi^2 - 64)}{72\pi} r^4 = 28{,}1 \text{ pés}^4$$

Portanto,

$$y_p = \frac{28{,}1}{25{,}1(8{,}77)} + 8{,}77 = 8{,}90 \text{ pés}$$

Essa é a distância inclinada medida entre a superfície da água e o centro de pressão.

2.6 Forças hidrostáticas sobre superfícies curvas

A força hidrostática em uma superfície curva pode ser analisada obtendo-se a força total de pressão na superfície para o interior de seus componentes horizontais e verticais. (Lembre-se de que a força hidrostática atua perpendicularmente à superfície submersa.) A Figura 2.12 apresenta uma parede curva da abertura de um contêiner que possui uma unidade de comprimento perpendicular ao plano da página.

Como o corpo de água no contêiner está imóvel, cada uma de suas partes deve estar em equilíbrio ou cada um dos componentes de força deve satisfazer as condições de equilíbrio – ou seja, $\Sigma F_x = 0$ e $\Sigma F_y = 0$.

No diagrama do corpo livre da água contida em ABA', o equilíbrio requer que a pressão horizontal exercida sobre a superfície plana $A'B$ (a projeção vertical de AB) seja igual e oposta ao componente horizontal de pressão F_H (a força que a parede da porta exerce sobre o fluido). Do mesmo modo, o componente vertical, F_V, deve ser igual ao peso total do corpo de água acima da porta AB. Então, as forças de pressão horizontal e vertical sobre a porta podem ser escritas como

$$\Sigma F_x = F_{A'B} - F_H = 0$$
$$\therefore F_H = F_{A'B}$$
$$\Sigma F_y = F_V - (W_{AA'} + W_{ABA'}) = 0$$
$$\therefore F_V = W_{AA'} + W_{ABA'}$$

Logo, podemos assumir que:

1. *O componente horizontal da força de pressão hidrostática total em qualquer superfície é sempre igual à pressão total na projeção vertical da superfície. A força resultante do componente horizontal pode ser localizada usando-se o centro de pressão dessa projeção.*

2. *O componente vertical da força de pressão hidrostática total em qualquer superfície é sempre igual ao peso de toda a coluna de água acima da superfície que se estende verticalmente até a superfície livre. A força resultante do componente vertical pode ser localizada usando-se o centroide dessa coluna.*

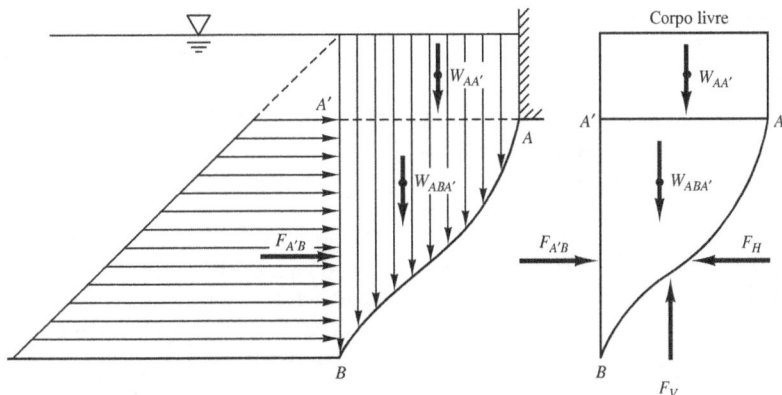

Figura 2.12 Pressão hidrostática sobre uma superfície curva.

Exemplo 2.5

Determine a pressão hidrostática total e o centro de pressão no quadrante da comporta que mede 5 m de comprimento e 2 m de altura e é exibida na Figura 2.13.

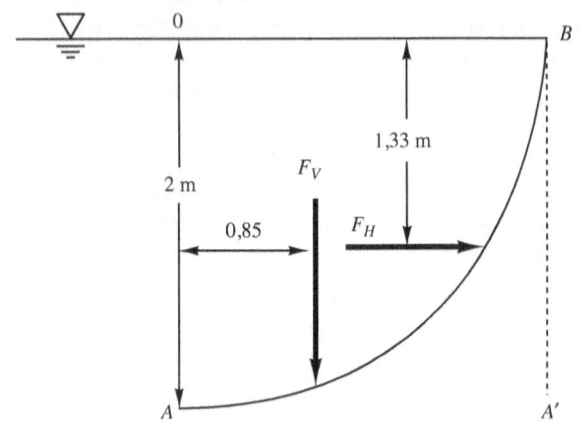

Figura 2.13

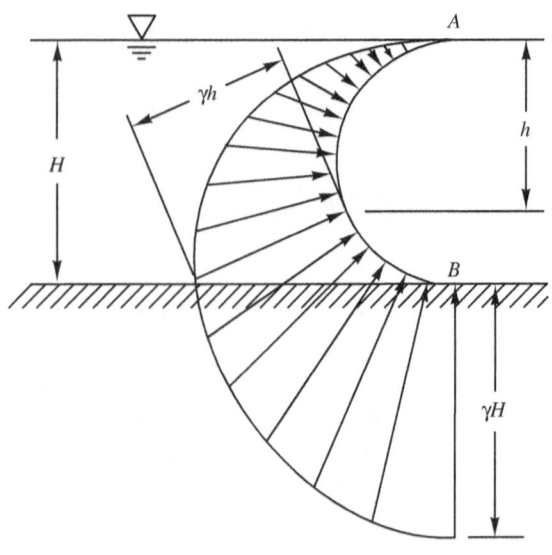

Solução

O componente horizontal é igual à força de pressão hidrostática no plano de projeção $A'B$.

$$F_H = \gamma \bar{h} A = (9.790 \text{ N/m}^3)\left(\frac{1}{2}(2 \text{ m})\right)[(2 \text{ m})(5 \text{m})] = 97.900 \text{ N}$$

A localização do componente horizontal é $y_p = I_0/A\bar{y} + \bar{y}$, onde $A = 10 \text{ m}^2$ (área projetada) e $I_0 = [(5 \text{ m})(2 \text{ m})^3]/12 = 3{,}33 \text{ m}^4$, $y_p = (3{,}33 \text{ m}^4)/[(10 \text{ m}^2)(1 \text{ m})] + 1 = 1{,}33$ m abaixo da superfície livre. O componente vertical é igual ao peso da água no volume AOB. A direção desse componente de pressão é descendente.

$$F_V = \gamma(Vol) = (9.790 \text{ N/m}^3)\left(\frac{1}{4}\pi(2 \text{ m})^2\right)(5 \text{ m}) = 154.000 \text{ N}$$

O centro de pressão está localizado a $4(2)/3\pi = 0{,}85$m (Tabela 2.1), e a força resultante é

$$F = \sqrt{(97.900)^2 + (154.000)^2} = 182.000 \text{ N}$$

$$\theta = \text{tg}^{-1}\left(\frac{F_V}{F_H}\right) = \text{tg}^{-1}\frac{154.000}{154.000} = 57{,}6°$$

Exemplo 2.6

Determine a pressão hidrostática total e o centro de pressão na comporta semicilíndrica mostrada na Figura 2.14.

Solução

O componente horizontal da força de pressão hidrostática no plano de projeção $A'B'$ por unidade de comprimento pode ser escrito como

$$F_H = \gamma \bar{h} A = \gamma\left(\frac{H}{2}\right)(H) = \frac{1}{2}\gamma H^2$$

O centro de pressão desse componente está localizado a uma distância de $H/3$ do fundo.

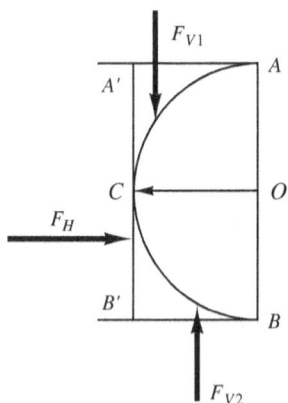

Figura 2.14

O componente vertical pode ser determinado conforme explicado a seguir. O volume $AA'C$ sobre a metade superior da abertura, AC, produz um componente de força de pressão vertical descendente:

$$F_{V_1} = -\gamma\left(\frac{H^2}{4} - \frac{\pi H^2}{16}\right)$$

O componente de força de pressão vertical exercido pela água na metade inferior da comporta, CB, é ascendente e equivalente ao peso da água substituído pelo volume $AA'CB$:

$$F_{V_2} = \gamma\left(\frac{H^2}{4} + \frac{\pi H^2}{16}\right)$$

Combinando esses dois componentes, é possível ver que a direção da força vertical resultante é ascendente e igual ao peso da água substituído pelo volume ACB.

$$F_V = F_{V_1} + F_{V_2} = \gamma\left[-\left(\frac{H^2}{4} - \frac{\pi H^2}{16}\right) + \left(\frac{H^2}{4} + \frac{\pi H^2}{16}\right)\right] = \gamma\frac{\pi}{8}H^2$$

A força resultante é, portanto,

$$F = \gamma H^2 \sqrt{\frac{1}{4} + \frac{\pi^2}{64}}$$

$$\theta = \text{tg}^{-1}\frac{F_V}{F_H} = \text{tg}^{-1}\left(\frac{\pi}{4}\right) = 38,1°$$

Como todas as forças de pressão são concorrentes no centro da abertura, ponto O, a força resultante também deve agir através do ponto O.

2.7 Flutuabilidade

Arquimedes descobriu (~250 a.C.) que *o peso de um corpo submerso é reduzido em um montante igual ao peso do líquido deslocado pelo corpo*. O *Princípio de Arquimedes*, como chamamos atualmente a descoberta, pode ser facilmente provado com a Equação 2.12.

Considere que um corpo sólido de forma arbitrária, AB, está submerso em água conforme se vê na Figura 2.15. Um plano vertical MN pode, então, ser desenhado através do corpo em direção perpendicular à página. Pode-se observar que os componentes de força de pressão horizontais na direção do papel, F_H e F'_H, devem ser iguais porque ambos são calculados usando a mesma área de projeção vertical MN. Os componentes de força de pressão horizontais perpendicularmente à página também devem ser iguais pelo mesmo motivo – eles compartilham a mesma projeção no plano da página.

O componente de força de pressão vertical pode ser analisado tomando-se um pequeno prisma vertical ab com área de seção transversal dA. A força de pressão vertical no topo do prisma ($\gamma h_1 dA$) atua em movimento descendente. A força vertical na base do prisma ($\gamma h_2 dA$) atua em movimento ascendente. A diferença nos dá o componente de força vertical resultante do prisma (*força de flutuabilidade*).

$$F_V = \gamma h_2 dA - \gamma h_1 dA = \gamma(h_2 - h_1)dA \uparrow$$

que é exatamente igual ao peso da coluna de água ab substituída pelo prisma. Em outras palavras, o peso do prisma submerso é reduzido em um montante igual ao peso do líquido substituído pelo prisma. Um somatório das forças verticais em todos os prismas que compõem o corpo submerso AB prova o princípio de Arquimedes.

O princípio de Arquimedes também pode ser visto como a diferença entre as forças de pressão vertical sobre as duas superfícies ANB e AMB. A força de pressão vertical na superfície ANB é igual ao peso da coluna de água hipotética (volume de $S_1 ANBS_2$) atuando em movimento ascendente; e a força de pressão vertical na superfície AMB é igual ao peso da coluna de água $S_1 AMBS_2$ atuando em movimento descendente. Como o volume de $S_1 ANBS_2$ é maior do que o de $S_1 AMBS_2$ em um montante exatamente igual ao volume do corpo submerso $AMBN$, a diferença líquida é uma força igual ao peso da água que estaria contida no volume $AMBN$ que atua para cima. Essa é a força de flutuabilidade atuando sobre o corpo.

Um corpo em flutuação é um corpo parcialmente submerso que é resultado de um equilíbrio do peso do corpo e da força de flutuabilidade.

2.8 Estabilidade da flutuação

A estabilidade de um corpo em flutuação é determinada pelas posições relativas do *centro de gravidade* do corpo G e o *centro de flutuabilidade B*, que é o centro de gravidade do volume líquido substituído pelo corpo, conforme mostra a Figura 2.16.

O corpo está em equilíbrio se seu centro de gravidade e seu centro de flutuabilidade estiverem sobre a mesma linha vertical, como na Figura 2.16 (a). Esse equilíbrio pode ser abalado por uma série de motivos (por exemplo, a ação do vento ou da onda), e o corpo em flutuação é feito para elevar-se ou declinar-se através de um ângulo θ, conforme

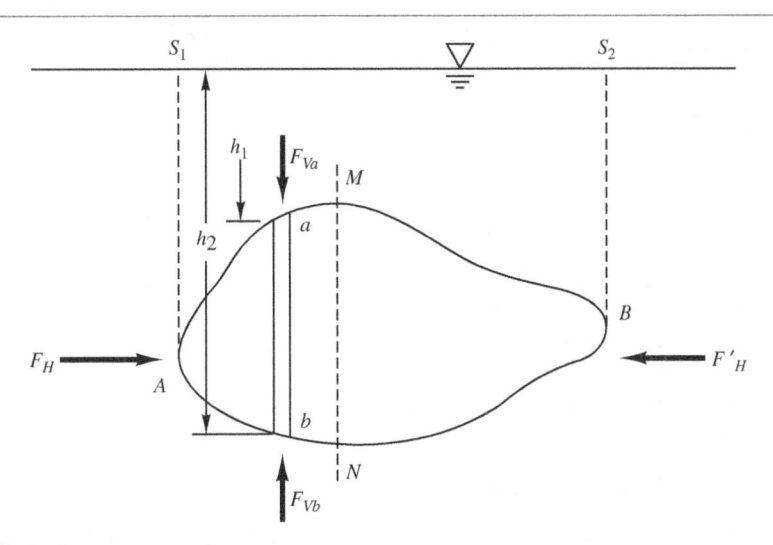

Figura 2.15 Flutuabilidade de um corpo submerso.

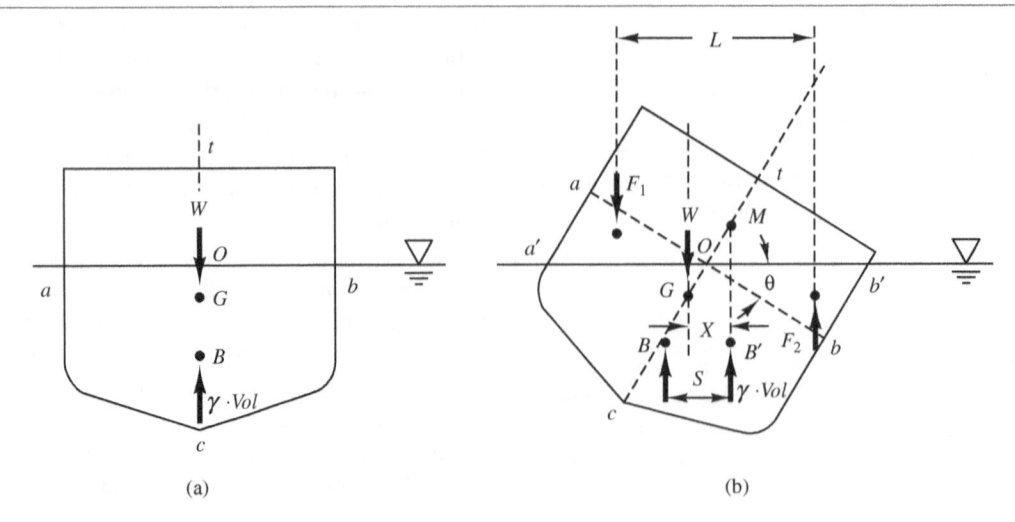

Figura 2.16 Centro de flutuabilidade e metacentro de um corpo flutuante.

mostrado na Figura 2.16 (b). Quando o corpo em flutuação está em posição de elevação, seu centro de gravidade permanece inalterado, mas o centro de flutuabilidade, que é agora o centro de gravidade da área $a'cb'$, foi alterado de B para B'. A força flutuante $\gamma \cdot Vol$, atuando de forma ascendente através de B', e o peso do corpo W, atuando de forma descendente através de G, constituem um par, $W \cdot x$, que resiste a futuras transformações e tende a restaurar o corpo à sua posição de equilíbrio original.

Estendendo a linha de ação da força flutuante através do centro de flutuabilidade B', vemos que a reta vertical intercepta o eixo original de simetria c-t em um ponto M. O ponto M é conhecido como *metacentro* do corpo flutuante, e a distância entre o centro de gravidade e o metacentro é conhecida como *altura metacêntrica*. A altura metacêntrica é a medida da estabilidade de flutuação do corpo. Quando o ângulo de inclinação é pequeno, a posição M não se altera materialmente com a inclinação. A altura metacêntrica e o momento de recuperação podem ser determinados conforme explicado a seguir.

Como a inclinação de um corpo flutuante não altera o peso total do corpo, o volume total de deslocamento não se altera. A rotação por um ângulo θ altera somente a forma do volume deslocado acrescentando a cunha de imersão bob' e subtraindo a cunha de emersão aoa'. Nessa nova posição, a força flutuante total ($\gamma \cdot Vol$) movimenta-se de S a B' ao longo de uma distância horizontal. Essa movimentação cria um par F_1 e F_2 devido às novas cunhas de imersão e emersão. O momento da força resultante ($\gamma \cdot Vol_B$), em relação ao ponto B deve ser igual à soma dos momentos das forças componentes:

$$\gamma Vol)_{B'}(S) = (\gamma Vol)_B(zero) + \text{momento do par de forças}$$
$$= 0 + \gamma Vol_{cunha} L$$

ou

$$(\gamma Vol)_{B'} S = \gamma Vol_{cunha} L$$
$$S = \frac{Vol_{cunha}}{Vol} L \quad \text{(a)}$$

onde Vol é o volume total submerso, Vol_{cunha} é o volume da cunha bob' (ou aoa'), e L é a distância horizontal entre os centros de gravidade das duas cunhas.

Segundo a relação geométrica, entretanto, temos

$$S = \overline{MB} \operatorname{sen} \theta \quad \text{ou} \quad \overline{MB} = \frac{S}{\operatorname{sen} \theta} \quad \text{(b)}$$

Combinando as equações (a) e (b), temos

$$\overline{MB} = \frac{Vol_{cunha} L}{Vol \operatorname{sen} \theta}$$

Para um ângulo pequeno, $\operatorname{sen} \theta \approx \theta$, a relação anterior pode ser simplificada para

$$\overline{MB} = \frac{Vol_{cunha} L}{Vol \, \theta}$$

A força flutuante produzida pela cunha bob', conforme mostrado na Figura 2.17, pode ser estimada consi-

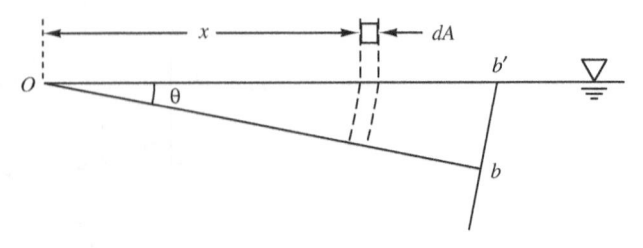

Figura 2.17

derando-se um pequeno prisma na cunha. Assuma que o prisma possui uma área horizontal, dA, e está localizado a uma distância x do eixo de rotação O. A altura do prisma é $x(\tg \theta)$. Para um pequeno ângulo θ, ele pode ser aproximado para $x\theta$. Desse modo, a força flutuante produzida por esse pequeno prisma é $\gamma x\theta dA$. O momento dessa força em relação ao eixo de rotação O é $\gamma x^2\theta dA$. A soma dos momentos produzidos por cada um dos prismas na cunha dá-nos o momento da cunha de imersão. O momento produzido pelo par de forças é, portanto,

$$\gamma Vol_{cunha} L = FL = \int_A \gamma x^2\, \theta dA = \gamma\theta \int_A x^2\, dA$$

Contudo, $\int_A x^2\, dA$ é o momento de inércia da área de seção transversal da linha de flutuação do corpo flutuante em relação ao eixo de rotação O.

$$I_0 = \int_A x^2\, dA$$

Assim, temos

$$Vol_{cunha} L = I_0\theta$$

Para pequenos ângulos de inclinação, o momento de inércia para a seção transversal perpendicular aob e a seção transversal inclinada $a'ob'$ podem ser aproximados por um valor constante. Portanto,

$$\overline{MB} = \frac{I_0}{Vol} \qquad (2.17)$$

A altura metacêntrica, definida como a distância entre o metacentro M e o centro de gravidade G, pode ser estimada em

$$\overline{GM} = \overline{MB} \pm \overline{GB} = \frac{I_0}{Vol} \pm \overline{GB} \qquad (2.18)$$

A distância entre o centro de gravidade e o centro de flutuabilidade $\overline{GB}$ na posição perpendicular, mostrada na Figura 2.16, pode ser determinada pela geometria secional ou dos dados de projeto do compartimento.

O sinal $\pm$ indica a posição relativa do centro de gravidade com relação ao centro de flutuabilidade. Para maior estabilidade de flutuação, vale a pena diminuir o máximo possível o centro de gravidade. Se G for mais baixo do que B, então $\overline{GB}$ será adicionado à distância de $\overline{MB}$ para produzir um valor maior para $\overline{GM}$.

Quando a inclinação acontece conforme a Figura 2.16 (b), o *momento de recuperação* é

$$M = W\overline{GM}\sen\theta \qquad (2.19)$$

A estabilidade de corpos flutuantes sob diversas condições pode ser resumida da seguinte maneira:

1. Um corpo flutuante está estável se o centro de gravidade está abaixo do metacentro. Senão, ele está instável.

2. Um corpo submerso está estável se o centro de gravidade está abaixo do centro de flutuabilidade.

Exemplo 2.7

Uma caixa retangular de 3 m × 4 m possui 2 m de profundidade (Figura 2.18). Quando flutua em posição perpendicular, ela tem afundamento de 1,2 m. Calcule (a) a altura metacêntrica e (b) o momento de recuperação na água do mar (gravidade específica = 1,03) quando o ângulo de inclinação (declinação) é 8°.

Solução

A partir da Equação 2.18

$$\overline{GM} = \overline{MB} - \overline{GB}$$

onde

$$\overline{MB} = \frac{I_0}{Vol}$$

e I_0 é o momento de inércia da área da linha de flutuabilidade da caixa em relação a seu eixo longitudinal até O. Portanto,

$$\overline{GM} = \frac{\frac{1}{12}Lw^3}{Lw(1,2)} - \left(\frac{h}{2} - \frac{1,2}{2}\right)$$

$$= 0,225\text{ m}$$

(Observação: $L = 4$ m, $w = 3$ m, $h = 2$ m)

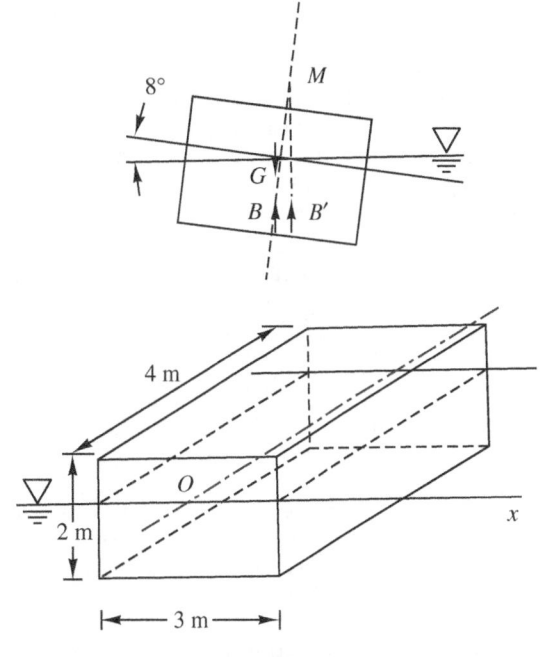

Figura 2.18

A gravidade específica da água do mar é 1,03. Com base na Equação 2.19, o momento de recuperação é

$M = W\overline{GM}\sen\theta$
$= [(9.790\text{ N/m}^3)(1,03)\{(4\text{ m})(3\text{ m})(1,2\text{ m})\}](0,225\text{ m})(\sen 8°)$
$= 4.550\text{ N}\cdot\text{m}$

PROBLEMAS

(Seção 2.2)

2.2.1 A profundidade de colapso é a profundidade de submersão que um submarino não pode exceder sem sofrer um colapso devido à pressão da água a seu redor. Nos submarinos modernos, essa profundidade não chega a 1 km (730 m). Considerando que a água do mar é incompressível (gravidade específica = 1,03), qual a profundidade de colapso em N/m^2 e psi ($lb/pés^2$)? A pressão calculada é absoluta ou manométrica?

2.2.2 Um tanque cilíndrico de água (Figura P2.2.2) é suspenso verticalmente por suas laterais. O tanque possui 10 pés de diâmetro e está cheio de água a 20°C a uma profundidade de 3 pés. Determine a força exercida sobre o fundo do tanque usando dois cálculos distintos: (a) com base no peso da água e (b) com base na pressão hidrostática no fundo do tanque.

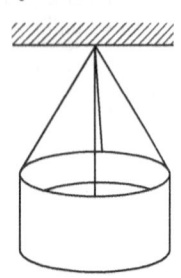

Figura P2.2.2

2.2.3 O barômetro simples na Figura P2.2.3 utiliza água a 30°C como indicador de líquido. A coluna de líquido alcança uma altura de 9,8 m a partir da altura original de 8,7 m no tubo vertical. Calcule a nova pressão atmosférica desprezando os efeitos da tensão superficial. Qual o percentual de erro se for utilizada a leitura direta e a pressão de vapor for ignorada?

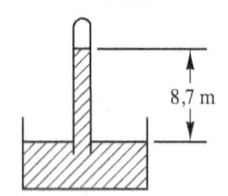

Figura P2.2.3

2.2.4 O mercúrio costuma ser utilizado em barômetros semelhantes ao mostrado na Figura P2.2.3. Isso porque a pressão de vapor do mercúrio é baixa o suficiente para ser ignorada e porque ele é tão denso (gravidade específica = 13,6) que o tubo pode ser consideravelmente encurtado. Com a pressão atmosférica calculada no Problema 2.2.3 (99,9 kN/m^2 a 30°C), determine a altura da coluna em metros (e pés) se o mercúrio for utilizado.

2.2.5 Um tanque de armazenamento (6 m × 6 m × 6 m) é preenchido com água. Determine a força no fundo e em cada lateral.

2.2.6 Um tubo de 30 pés de altura e 1 pé de diâmetro é soldado ao topo de um contêiner cilíndrico (3 pés × 3 pés × 3 pés). O contêiner e o tubo são preenchidos com água a 20°C. Determine o peso da água e as forças de pressão no fundo e nas laterais do contêiner.

2.2.7 Um tanque fechado contém um líquido sob pressão (gravidade específica = 0,80). O medidor de pressão mostrado na Figura P2.2.7 registra uma pressão de $4,5 \times 10^4$ N/m^2 (pascais). Determine a pressão no fundo do tanque e a altura da coluna de líquido que surgirá no tubo vertical.

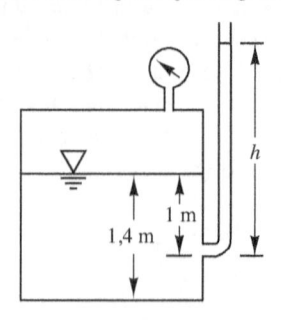

Figura P2.2.7

2.2.8 Um tanque submerso foi construído para armazenar gás natural em alto-mar. Determine a pressão de gás no tanque (em pascais e psi; $lb/pés^2$) quando a elevação da água no tanque estiver 6 m abaixo do nível do mar (Figura P2.2.8). A gravidade específica da água do mar é 1,03.

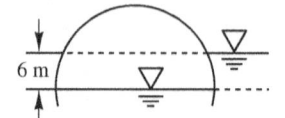

Figura P2.2.8

2.2.9 Um tanque fechado contém um óleo com gravidade específica igual a 0,85. Se a pressão manométrica em um ponto 10 pés abaixo da superfície do óleo for 23,7 psi ($lb/pés^2$), qual será a pressão absoluta e a pressão manométrica (em psi) no espaço de ar localizado no topo da superfície de óleo?

2.2.10 Um macaco hidráulico de múltiplos pistões possui dois pistões de saída, cada um com área de 250 cm^2. O pistão de entrada, com área de 25 cm^2, está conectado a uma manivela que possui uma vantagem mecânica de 9:1. Se for exercida uma força de 50 N na manivela, quanta pressão (kN/m^2) será gerada no sistema? Qual será a força (kN) exercida sobre cada pistão de saída?

(Seção 2.4)

2.4.1 Observe a Figura 2.4 (c). Se a altura da água (a 4°C) acima do ponto 7 for 52,3 cm, qual será a altura do óleo (gravidade específica = 0,85) acima do ponto 8? (Observação: o ponto 9 está 42,5 cm acima do ponto 7.)

2.4.2 Um montante significativo de mercúrio é despejado em um tubo em formato de "U" com ambas as extremidades abertas para a atmosfera. Se a água for colocada em um dos lados do tubo até que a coluna de água esteja 3 pés acima do menisco mercúrio-água, qual será a diferença em elevação entre as superfícies do mercúrio nos dois lados?

2.4.3 Um tanque aberto no laboratório de uma companhia de petróleo contém uma camada de óleo sobre uma camada de água. A altura da água é 4 vezes maior do que a do óleo (h). O óleo possui uma gravidade específica de 0,82.

Se a pressão manométrica no fundo do tanque indicar 26,3 cm de mercúrio, qual será a altura do óleo (*h*)?

2.4.4 Um manômetro de mercúrio (gravidade específica = 13,6) é utilizado para medir a pressão da água em um tubo. Voltando à Figura 2.5 (a), o valor de *y* é 3,40 cm, e o valor de *h* é 2,60 cm. Determine a pressão no tubo.

2.4.5 Um manômetro está montado na tubulação de fornecimento de água de uma cidade para monitorar a pressão da água, conforme mostra a Figura P2.4.5. Entretanto, a indicação de 3 pés (Hg) que se lê no manômetro pode estar incorreta. Se a pressão na tubulação for medida de forma independente e resultar em 16,8 lb/pés² (psi), qual será o valor lido para *h*?

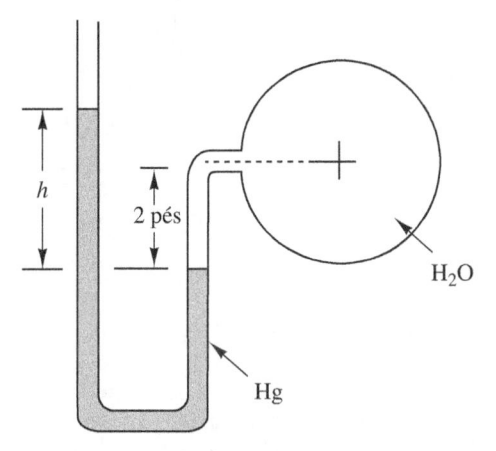

Figura P2.4.5

2.4.6 Um manômetro aberto, apresentado na Figura P2.4.6, foi instalado para medir a pressão em um tubo que transporta um óleo (gravidade específica = 0,82). Se o líquido do manômetro for tetracloreto de carbono (gravidade específica = 1,6), qual será a pressão no tubo (em metros de coluna de água)?

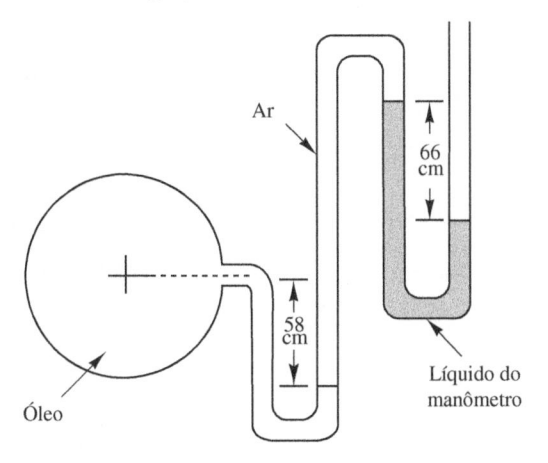

Figura P2.4.6

2.4.7 Na Figura P2.4.7, um manômetro de mercúrio de leitura simples é utilizado para medir a pressão da água em um tubo. Qual será a pressão (em psi) se $h_1 = 6,9$ pol. e $h_2 = 24$ pol.?

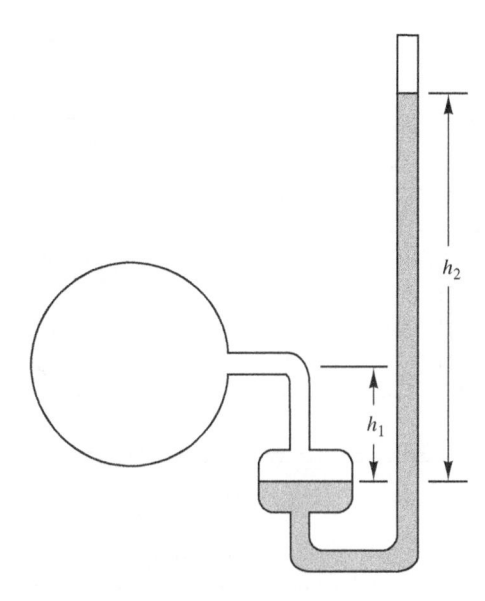

Figura P2.4.7

2.4.8 Na Figura P2.4.7, determine a pressão da água [em quilopascais (kPa)] no tubo se $h_1 = 20$ cm e $h_2 = 67$ cm. Determine também a alteração na altura do líquido h_1 para uma alteração de 10 cm em h_2 se o diâmetro do tubo do manômetro for 0,5 cm e o diâmetro do reservatório de fluidos for 5 cm.

2.4.9 Na Figura P2.4.9, água está escoando do tubo *A*, e óleo (gravidade específica = 0,82) está correndo no tubo *B*. Considere que seja utilizado mercúrio como líquido do manômetro e determine a diferença de pressão entre *A* e *B* em psi.

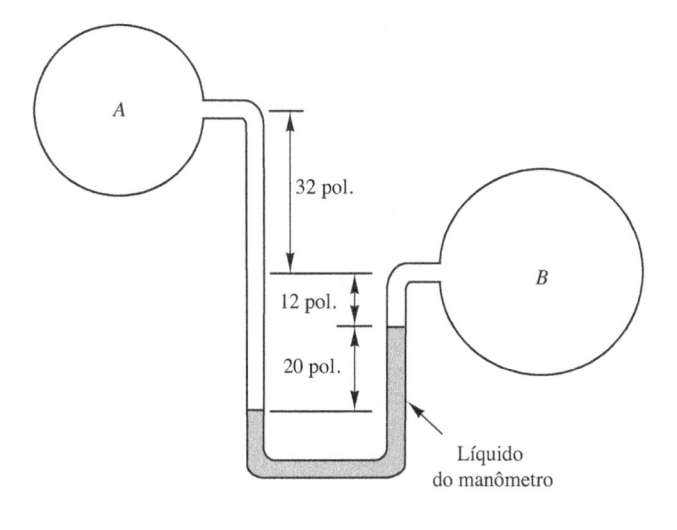

Figura P2.4.9

2.4.10 Um micromanômetro consiste de dois reservatórios e de um tubo em "U", conforme mostrado na Figura P2.4.10. Sabendo-se que as densidades dos dois líquidos são ρ_1 e ρ_2, determine uma expressão para a diferença de pressão $(\rho_1 - \rho_2)$ em termos de ρ_1, ρ_2, h, d_1 e d_2.

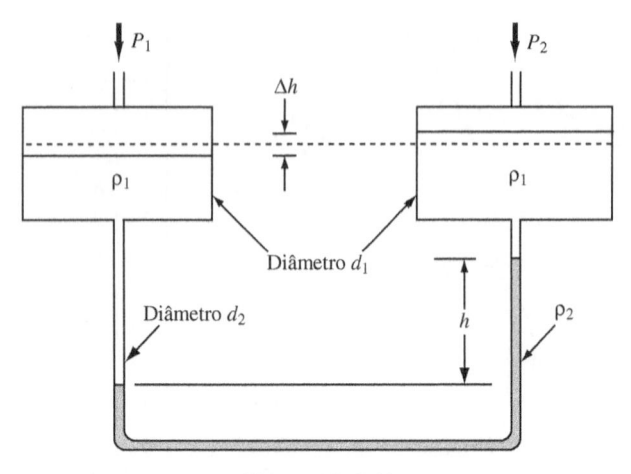

Figura P2.4.10

2.4.11 Para o sistema de manômetros apresentado na Figura P2.4.11, determine a leitura diferencial h. Dois fluidos manométricos distintos estão sendo utilizados com gravidades específicas distintas.

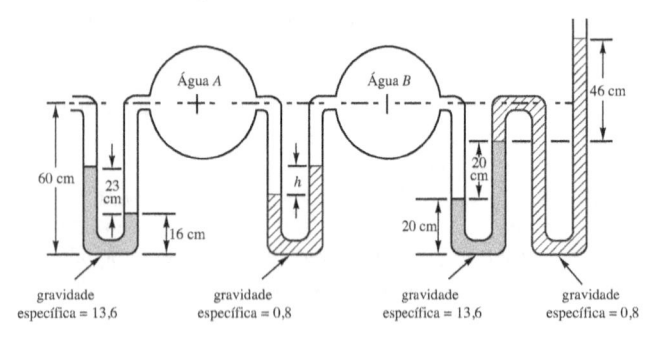

Figura P2.4.11

2.4.12 Determine a pressão do ar (kPa e cm de Hg) no tanque selado da esquerda (Figura P2.4.12) se $E_A = 32{,}5$ m.

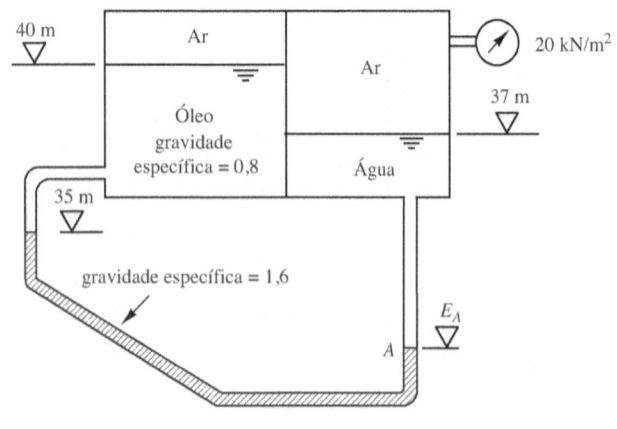

Figura P2.4.12

(Seção 2.5)

2.5.1 Uma comporta vertical impede que a água escoe em um canal de irrigação triangular. O canal tem 4 m de extensão e 3 m de profundidade. Se o canal estiver cheio, quais serão a magnitude e a localização da força hidrostática na comporta triangular?

2.5.2 Uma barragem de concreto com corte transversal triangular (Figura P2.5.2) foi construída para conter 30 pés de água. Determine a força hidrostática em uma unidade de comprimento da barragem e sua localização. Se a gravidade específica do concreto for 2,67, qual será o momento gerado com relação à base da barragem, A? A barragem é segura?

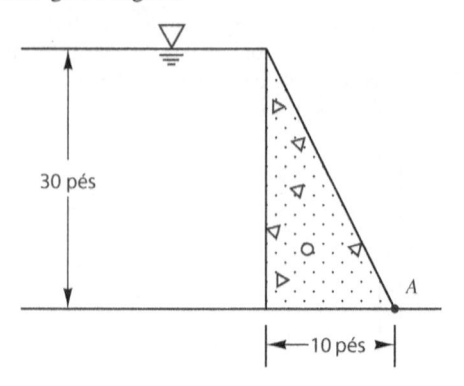

Figura P2.5.2

2.5.3 Uma comporta circular plana de 1 m de diâmetro é montada em uma parede inclinada (45°). O centro da comporta está localizado a 1 m (verticalmente) abaixo da superfície da água. Determine a magnitude da força hidrostática e sua localização com relação à superfície da água ao longo da inclinação.

2.5.4 Uma placa vertical composta de um quadrado e um triângulo está submersa de modo que seus cantos superiores coincidem com a superfície da água (Figura P2.5.4). Qual deve ser a altura até a proporção do comprimento para que a força de pressão sobre o quadrado seja igual à força de pressão sobre o triângulo?

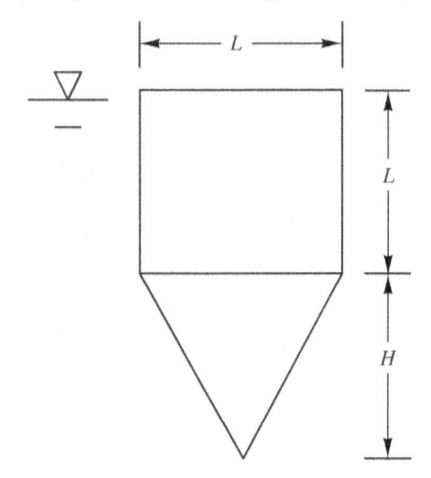

Figura P2.5.4 Visão frontal de uma placa verticalmente submersa.

2.5.5 Uma comporta retangular na Figura P2.5.5 é articulada com A e separa no reservatório a água do túnel de jusante. Se uma comporta de espessura uniforme possui uma dimensão de 2 m × 3 m e pesa 20 kN, qual a altura máxima h na qual uma comporta permanecerá fechada? (Dica: Considere que o nível de água h não passa da articulação.)

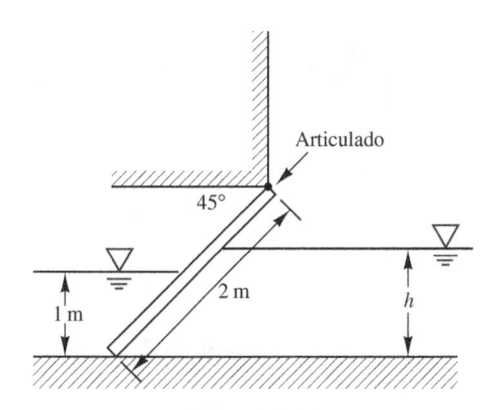

Figura P2.5.5

2.5.6 Uma comporta circular é instalada em uma parede vertical conforme mostra a Figura P2.5.6. Determine a força horizontal P necessária para sustentar a comporta fechada se seu diâmetro for de 6 pés e $h = 7$ pés. Despreze o atrito no eixo.

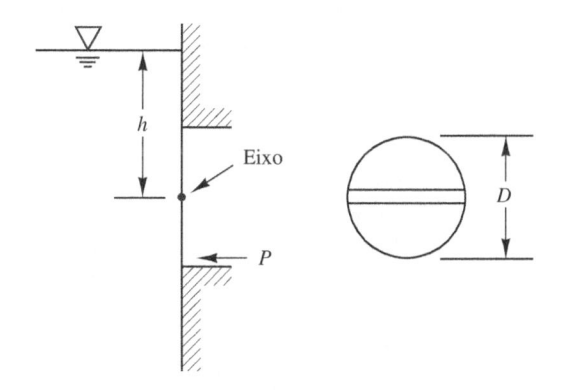

Figura P2.5.6

2.5.7 A Figura P2.5.7 apresenta uma comporta retangular vertical de 10 pés de altura (H). Ela se abre automaticamente quando h aumenta para 4 pés. Determine a localização do eixo horizontal de rotação 0-0′.

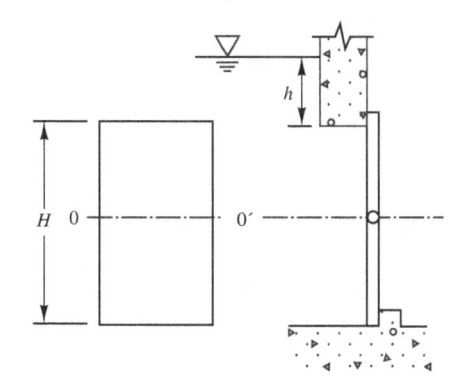

Figura P2.5.7

2.5.8 Calcule a magnitude e a localização da força de pressão resultante sobre a comporta anular mostrada na Figura P2.5.8.

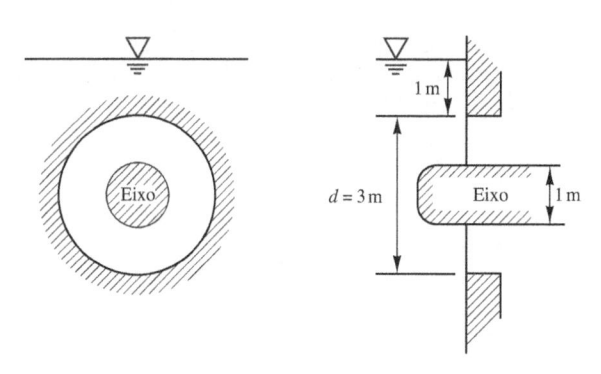

Figura P2.5.8

2.5.9 Calcule a magnitude e a localização da força de pressão resultante sobre a comporta anular apresentada na Figura P2.5.8 se o eixo circular central for substituído por um eixo quadrado (1 m × 1 m).

2.5.10 Na Figura P2.5.10, a abertura da barragem mede 5 m de altura e 3 m de largura e está ligada a seu centro. Determine a força de reação no membro de apoio AB.

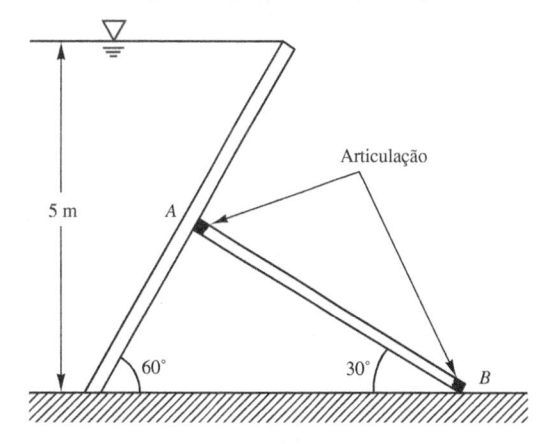

Figura P2.5.10

2.5.11 Determine a profundidade da água (d) na Figura P2.5.11 que fará com que a comporta se abra (repouse). A comporta é retangular e mede 8 pés de largura. Nos cálculos, despreze o peso da comporta. A que profundidade ela se fechará?

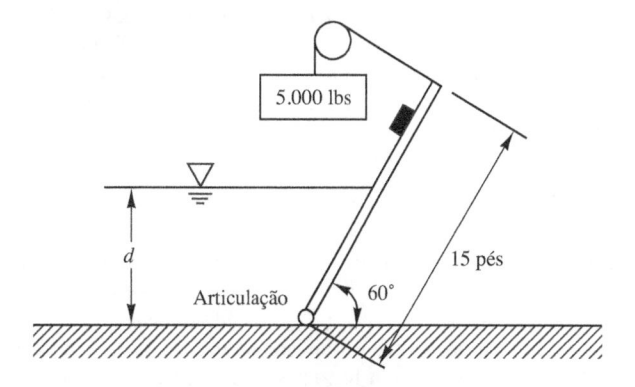

Figura P2.5.11

2.5.12 Desprezando o peso da comporta articulada, determine a profundidade *h* na qual a comporta apresentada na Figura P2.5.12 se abrirá.

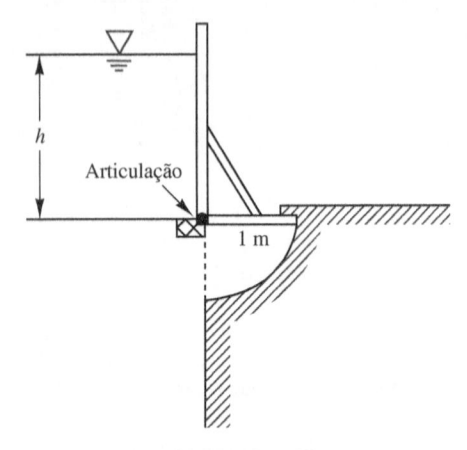

Figura P2.5.12

2.5.13 A comporta circular mostrada na Figura P2.5.13 está articulada junto ao diâmetro horizontal. Se estiver em equilíbrio, qual será a relação entre h_A e h_B como função de γ_A, γ_B e d?

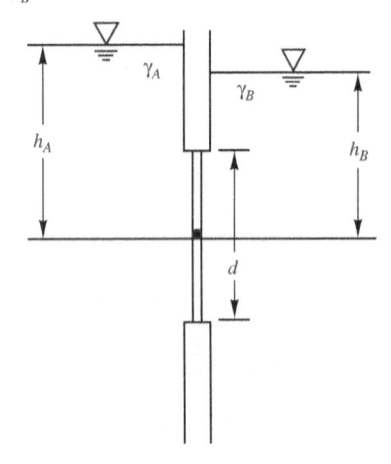

Figura P2.5.13

2.5.14 Uma comporta deslizante de 10 pés de largura e 6 pés de altura está instalada em um plano vertical e possui coeficiente de atrito contra as guias de 0,2. A comporta pesa 3 toneladas, e sua extremidade superior está 27 pés abaixo da superfície da água. Calcule a força vertical necessária para suspendê-la.

(Seção 2.6)

2.6.1 A abertura curva de 10 m de comprimento mostrada na Figura P2.6.1 contém um volume de água com 6 m de profundidade em um tanque de armazenamento. Determine a magnitude e a direção da força hidrostática total sobre a abertura. A força passa pelo ponto *A*? Explique.

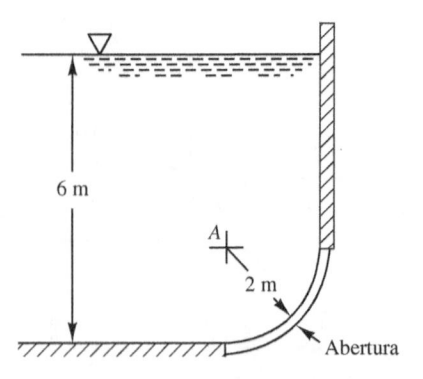

Figura P2.6.1

2.6.2 Uma porta hemisférica de visão em um museu marinho (Figura P2.6.2) possui 1 m de raio, e o topo da porta está 3 m abaixo da superfície da água (*h*). Determine magnitude, direção e localização da força hidrostática total na porta de visualização. (Considere que a gravidade específica da água salgada é 1,03.)

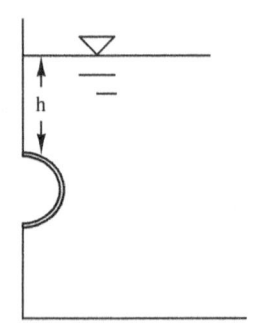

Figura P2.6.2

2.6.3 A concha hemisférica invertida de diâmetro *d* mostrada na Figura P2.6.3 é usada para cobrir um tanque repleto de água a 20°. Determine o peso mínimo para que a concha se mantenha na posição se seu diâmetro for de 6 pés.

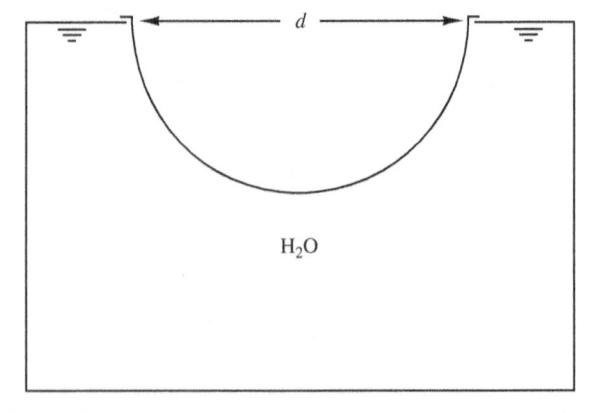

Figura P2.6.3

2.6.4 O ângulo da placa do casco de um navio é curvo, com raio de 1,75 m. O navio está vazando, e a profundidade de submersão (afundamento) é 4,75 m, conforme se vê na Figura P2.6.4. A água no interior alcançou um nível A, produzindo pressão hidrostática tanto no interior quanto no exterior. Determine as forças de pressão hidrostática horizontal e vertical resultantes sobre a placa AB por unidade de comprimento do casco.

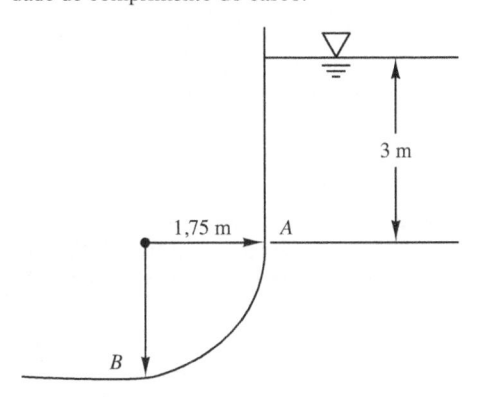

Figura P2.6.4

2.6.5 A seção de uma comporta tainter mostrada na Figura P2.6.5 possui uma superfície cilíndrica de 12 m de raio. Ela é sustentada por uma estrutura articulada em O. A porta tem 10 m de comprimento (na direção perpendicular à página). Determine a magnitude, a direção e a localização da força hidrostática total sobre a comporta. (Dica: Determine os componentes de força horizontal e vertical.)

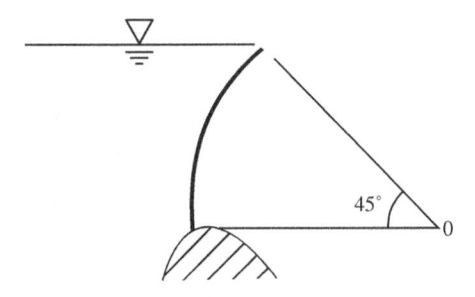

Figura P2.6.5

2.6.6 Calcule a magnitude, a direção e a localização da força de pressão hidrostática total (por unidade de comprimento) na comporta mostrada na Figura P2.6.6.

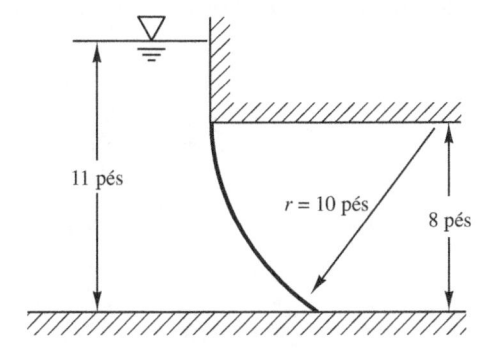

Figura P2.6.6

2.6.7 Um tanque de 4 pés de diâmetro repousa verticalmente ao seu eixo central horizontal. Um tubo de 1,5 pé de diâmetro sai do meio do tanque e estende-se verticalmente para cima. Há óleo (gravidade específica = 0,9) no tanque e no tubo a um nível de 8 pés acima do topo do tanque. Qual é a força hidrostática sobre uma extremidade do tanque? Qual será a força hidrostática total sobre uma lateral (semicírculo) se ela tiver 10 pés de comprimento?

2.6.8 Calcule as forças horizontal e vertical atuando sobre a superfície curva ABC na Figura P2.6.8.

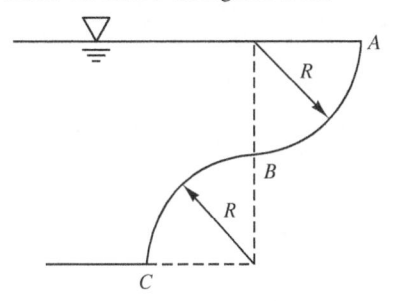

Figura P2.6.8

2.6.9 Calcule a magnitude e a localização dos componentes horizontal e vertical da força hidrostática sobre a superfície mostrada na Figura P2.6.9 (quadrante no topo do triângulo, ambos com unidade de comprimento). O líquido é água, e o raio é $R = 4$ pés.

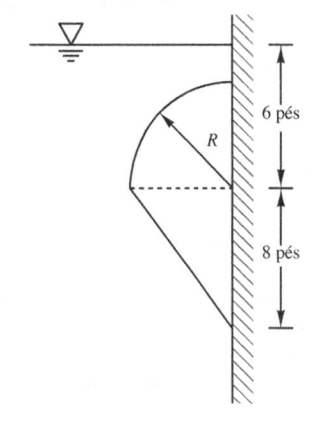

Figura P2.6.9

2.6.10 Na Figura P2.6.10, um cone homogêneo interliga, através de um orifício de 1 m de diâmetro, o reservatório A, que contém água, ao reservatório B, que contém óleo (gravidade específica = 0,8). Determine o peso específico do cone se ele se desconectar quando h_0 alcançar 1,5 m.

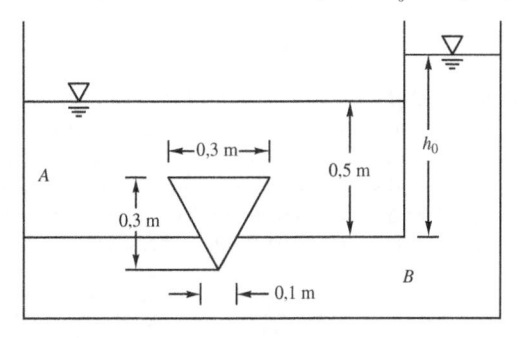

Figura P.2.6.10

2.6.11 Qual seria o peso específico do cone se o reservatório B na Figura P2.6.10 não contivesse óleo, mas ar a uma pressão de 8.500 N/m²?

2.6.12 O cilindro homogêneo (gravidade específica = 2) na Figura P2.6.12 possui 1 m de comprimento e $\sqrt{2}$ m de diâmetro e bloqueia uma abertura de 1 m² entre os reservatórios A e B (gravidade específica$_A$ = 0,8, gravidade específica$_B$ = 1,5). Determine a magnitude dos componentes horizontal e vertical da força hidrostática sobre o cilindro.

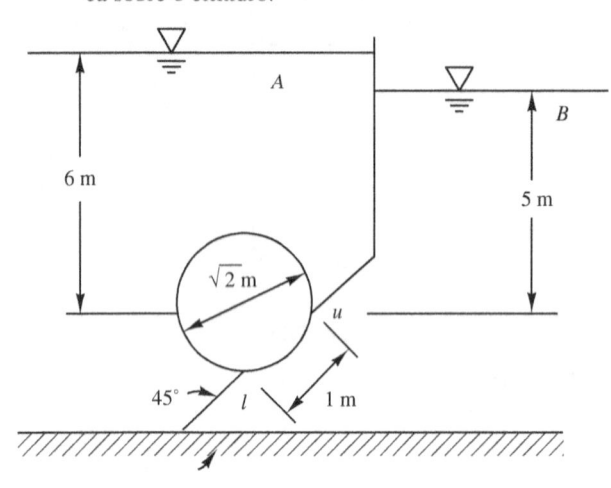

Figura P2.6.12

(Seção 2.8)

2.8.1 Um pedaço de metal de forma irregular pesa 301 N. Quando o metal está completamente submerso em água, ele pesa 253 N. Determine o peso específico e a gravidade específica do metal.

2.8.2 O prisma sólido flutuante mostrado na Figura P2.8.2 possui dois componentes. Determine γ_A e γ_B em termos de γ se $\gamma_B = 1,5 \cdot \gamma$.

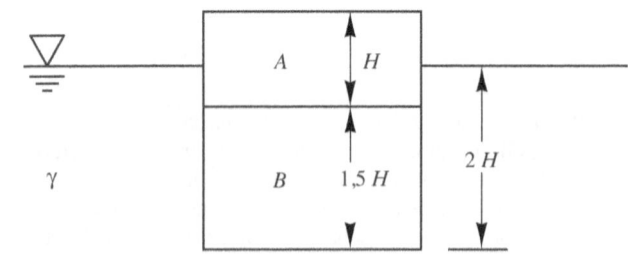

Figura P2.8.2

2.8.3 Uma esfera sólida de latão de 30 cm de diâmetro é utilizada para manter uma boia cilíndrica em sua posição (Figura P2.8.3) na água do mar (gravidade específica = 1,03). A boia (gravidade específica = 0,45) tem 2 m de altura e está amarrada a uma esfera em uma extremidade. Qual será a elevação de maré, h, necessária para suspender a esfera do fundo?

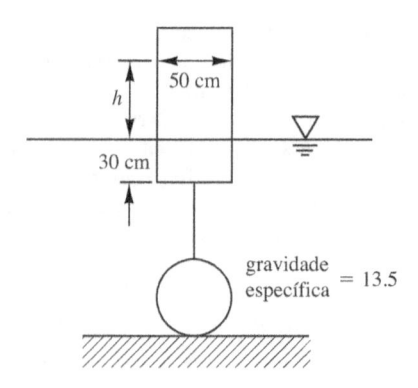

Figura P2.8.3

2.8.4 Três pessoas estão em um bote com uma âncora. Se a âncora for jogada para a água, o nível do lago subirá, descerá ou permanecerá o mesmo, teoricamente? Explique sua resposta.

2.8.5 Uma âncora cilíndrica de água doce (h = 1,2 pé e D = 1,5 pé) é feita de concreto (gravidade específica = 2,7). Qual a tensão máxima na linha da âncora antes de ela ser suspensa do fundo do lago se a linha da âncora estiver a um ângulo de 60° com o fundo?

2.8.6 Na Figura P2.8.6, a boia esférica de raio R abre a porta quadrada AB quando a água se eleva até a metade da altura da boia. Determine R se os pesos da boia e da porta forem desprezados.

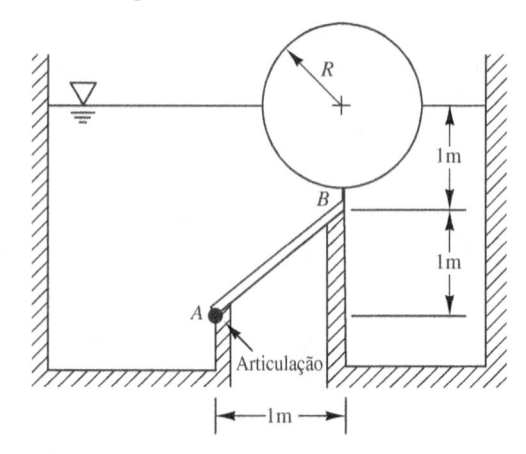

Figura P2.8.6

2.8.7 A haste flutuante mostrada na Figura P2.8.7 pesa 150 lb, e a superfície da água está 7 pés acima da articulação. Calcule o ângulo θ, considerando peso e distribuição de flutuação uniformes.

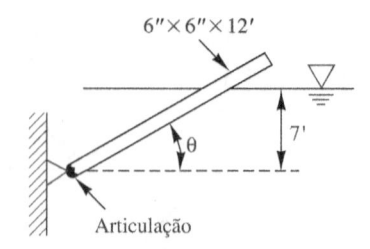

Figura P2.8.7

2.8.8 Um barco retangular tem 14 m de comprimento, 6 m de largura e 2 m de profundidade. O centro de gravidade está a 1 m do fundo, e o barco puxa 1,5 m de água salgada (gravidade específica = 1,03). Encontre a altura metacêntrica e os momentos de adriçamento para os seguintes ângulos de inclinação: 4°, 8° e 12°.

2.8.9 A Figura P2.8.9 mostra uma boia composta de uma haste de madeira de 25 cm de diâmetro e 2 m de comprimento com um peso esférico no fundo. A gravidade específica da madeira é 0,62, e a gravidade específica do esférico do fundo é 1,40. Determine: (a) quanto da haste de madeira está submersa na água; (b) a distância do centro de flutuabilidade até o nível da água; (c) a distância do centro de gravidade até o nível da água e (d) a altura metacêntrica.

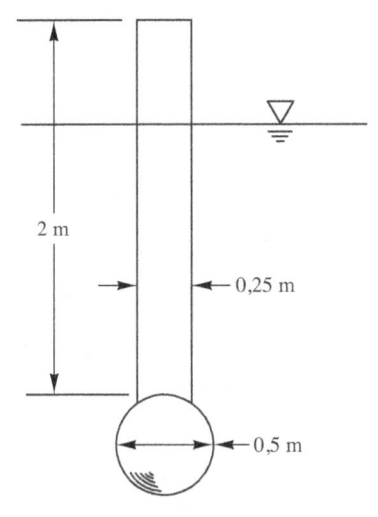

Figura P2.8.9

2.8.10 Um bloco de madeira possui 2 m de comprimento, 1 m de largura e 1 m de profundidade. O bloco flutuante estará estável se o metacentro estiver no mesmo ponto que o centro de gravidade? Explique.

2.8.11 Um túnel subterrâneo está sendo construído ao longo do fundo de um porto. O processo envolve rebocadores que puxam seções cilíndricas flutuantes (ou *tubos*, como costumam ser chamados) ao longo do porto e as afundam no local adequado, onde são soldadas à seção adjacente que já se encontra no fundo. Os tubos cilíndricos medem 50 pés de comprimento e possuem 36 pés de diâmetro. Quando prontos para os rebocadores, os tubos são submergidos verticalmente a uma profundidade de 42 pés, e 8 pés do tubo permanecem acima da água (gravidade específica = 1,02). Para conseguir isso, os tubos são preenchidos com 34 pés de água em seu interior. Determine a altura metacêntrica e estime o momento de adriçamento quando os tubos forem inclinados pelos rebocadores, formando um ângulo de 4°. (Dica: Considere que a localização do centro de gravidade pode ser determinada com base na água contida dentro dos tubos e que o peso do contêiner não é tão significativo.)

2.8.12 Considere um pontão retangular de 12 m de comprimento, 4,8 m de largura e 4,2 m de profundidade, que afunda 2,8 m na água salgada (gravidade específica = 1,03). Se a carga for uniformemente distribuída no fundo do pontão a uma profundidade de 3,4 m, e o ângulo máximo projetado da inclinação for 15°, determine a distância que o centro de gravidade pode ser movido a partir do eixo em direção à aresta do pontão.

3
Escoamento da água em tubos

3.1 Descrição do escoamento em tubos

Conforme os conhecimentos da área de hidráulica, o termo *pressão do escoamento em tubos* refere-se ao fluxo total de água em condutos fechados de seção transversal circular sob determinado gradiente de pressão. Para uma dada descarga (Q), o escoamento em qualquer localização pode ser descrito pela seção transversal, a elevação do tubo, a pressão e a velocidade do escoamento no tubo.

A *elevação* (h) de uma seção particular no tubo costuma ser medida em relação a linhas de referência horizontais, tais como o *nível médio do mar* (NMM). A *pressão* em um tubo costuma variar de um ponto a outro, mas o nível médio geralmente é usado em determinada seção transversal. Em outras palavras, a variação da pressão regional em uma dada seção transversal costuma ser negligenciada quando não se define o contrário.

Na maioria dos cálculos de engenharia, a seção *velocidade média* (V) é definida como a descarga (Q) dividida pela área de seção transversal (A):

$$V = \frac{Q}{A} \quad (3.1)$$

A distribuição da velocidade em uma seção transversal em um tubo, entretanto, possui significado especial em hidráulica. Veja a discussão a seguir.

3.2 O número de Reynolds

Perto do final do século XIX, o engenheiro britânico Osborne Reynolds realizou um experimento cuidadosamente preparado com um tubo. A Figura 3.1 mostra o esquema típico da configuração do experimento de Reynolds. Um longo tubo de vidro reto com uma pequena perfuração foi instalado em um grande tanque com laterais e vidro. Uma válvula de controle (C) foi instalada na saída do tubo de vidro para regular a saída do escoamento. Um pequeno frasco (B) cheio de água colorida e uma válvula reguladora no gargalo do frasco foram utilizados para introduzir um pequeno fio de água colorida na entrada do tubo de vidro quando o escoamento começou. A água no tanque permaneceu diversas horas em repouso, para que a água de todos os pontos estivesse totalmente estática. Então, a válvula C foi parcialmente aberta para permitir um pequeno escoamento no tubo. Nesse momento, a água colorida surgiu como um pequeno fio estendendo-se no sentido do fluxo, indicando *fluxo laminar* no tubo. A válvula foi vagarosamente aberta de modo a permitir que a taxa de escoamento no tubo aumentasse gradualmente até que uma determinada velocidade fosse alcançada. Então, o fio colorido se rompeu e se misturou à água adjacente, o que demonstrou que o fluxo do tubo se tornou *turbulento*.

Reynolds descobriu que a transição de fluxo laminar para fluxo turbulento em um tubo na verdade depende não só da velocidade, mas também do diâmetro do tubo e da viscosidade do fluido. Além disso, ele postulou que o início da turbulência estava relacionado a um número-índice em particular. Essa taxa adimensional é comumente conhecida como *número de Reynolds* (N_R) (veja também o Capítulo 10) e pode ser escrita como

$$N_R = \frac{DV}{v} \quad (3.2)$$

Na expressão do número de Reynolds para o escoamento nos tubos, D é o diâmetro do tubo, V é a velocidade média, e v é a viscosidade cinemática do fluido, definida pela taxa de viscosidade absoluta (μ) e a densidade do fluido (ρ).

$$v = \frac{\mu}{\rho} \quad (3.3)$$

Descobriu-se, e verificou-se em muitos experimentos cuidadosamente preparados com tubos, que para tubos circulares o *número de Reynolds crítico* é aproximadamente 2.000. Nesse ponto, o fluxo laminar do tubo passa a ser turbulento. A transição de fluxo laminar para fluxo turbulento não acontece exatamente quando N_R = 2.000, e varia de aproximadamente 2.000 a 4.000, com base nas dife-

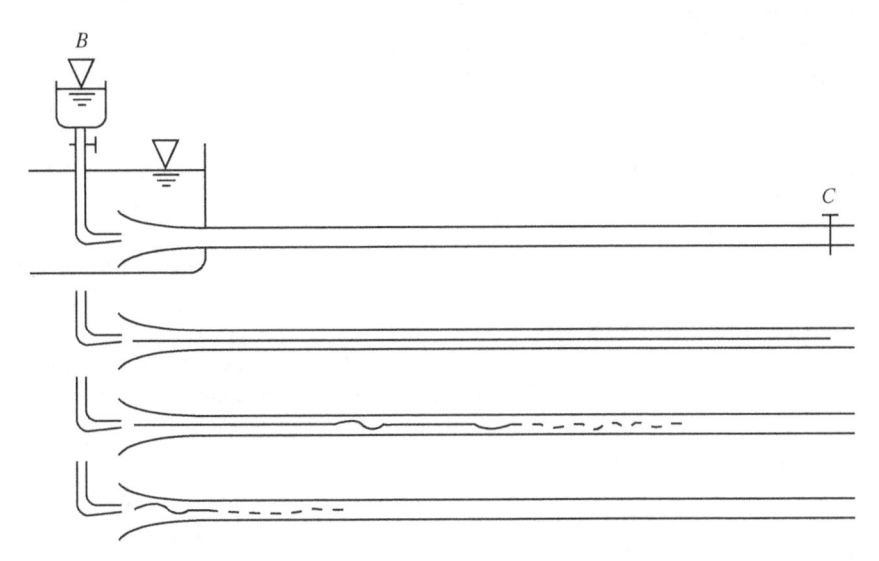

Figura 3.1 Equipamento de Reynolds.

renças nas condições experimentais. Costuma-se chamar essa faixa no número de Reynolds entre os fluxos laminar e turbulento de *zona crítica*, e será discutida mais adiante.

O fluxo laminar ocorre em um tubo circular quando o escoamento ocorre de forma laminar ordenada, o que é análogo ao encurtamento de um grande número de tubos concêntricos finos. O tubo externo adere à parede do tubo enquanto o tubo próximo a ele se move a uma velocidade bastante lenta. A velocidade de cada tubo sucessivo aumenta gradativamente e alcança uma velocidade máxima próximo ao centro do tubo. Nesse caso, a distribuição da velocidade assume a forma de um paraboloide de revolução com velocidade média V igual à metade da velocidade máxima da linha de centro, conforme mostra a Figura 3.2.

No fluxo turbulento, o movimento turbulento faz as partículas de água mais lentas adjacentes à parede do tubo se misturarem continuamente com as partículas em alta velocidade que estão no meio. Como resultado, as partículas mais lentas próximas à parede do tubo são aceleradas devido à transferência do ímpeto. Por essa razão, a distribuição de velocidade no fluxo turbulento é mais uniforme do que no fluxo laminar. Comprovou-se que os perfis de velocidade nos fluxos turbulentos dos tubos tomam a forma geral de uma curva logarítmica em revolução. As atividades turbulentas de mistura aumentam com o número de Reynolds; portanto, a distribuição de velocidade se estabiliza quando o número de Reynolds diminui.

Em condições normais, a água perde energia à medida que escoa ao longo de um tubo. Grande parte da perda de energia é causada por:

1. atrito contra as paredes do tubo;
2. dissipação da viscosidade ao longo do escoamento.

O atrito contra a parede em uma coluna de água em movimento depende da rugosidade do material da parede (e) e do gradiente de velocidade $[(dV/dr)|_{r=D/2}]$ na parede (veja a Equação 1.2). Para a mesma taxa de fluxo, a Figura 3.2 deixa evidente que o fluxo turbulento apresenta maior gradiente de velocidade da parede do que o fluxo laminar; portanto, maior perda de atrito pode ser esperada conforme o número de Reynolds aumenta. Ao mesmo tempo, a transferência do ímpeto das moléculas de água entre camadas se intensifica quando o fluxo se torna mais turbulento, o que indica uma taxa de aumento da dissipação da viscosidade nos fluxos. Como consequência, a taxa de perda de energia varia como função do número de Reynolds e da rugosidade da parede do tubo. As ramificações disso nas aplicações da engenharia serão discutidas adiante.

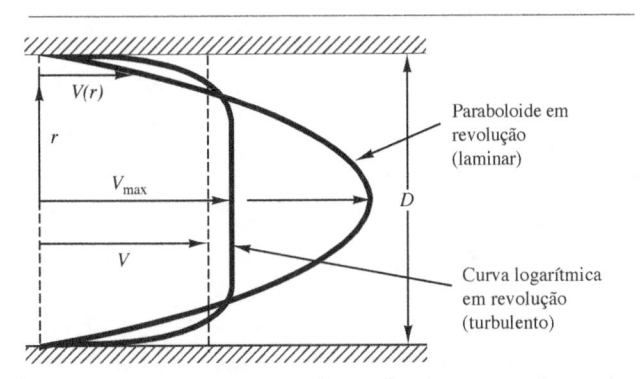

Figura 3.2 Perfis de velocidade dos fluxos laminar e turbulento em tubos circulares.

Exemplo 3.1

Um tubo circular de 40 mm de diâmetro transporta água a 20°C. Calcule a maior taxa de fluxo na qual pode ser esperado fluxo laminar.

Solução

A viscosidade cinemática da água a 20°C é $v = 1 \times 10^{-6}$ m²/s (Tabela 1.3). Tomando $N_R = 2.000$ como o limite conservador superior para o fluxo laminar, a velocidade pode ser determinada como:

$$N_R = \frac{DV}{v} = \frac{(0,04 \text{ m})V}{1,00 \times 10^{-6} \text{ m}^2/\text{s}} = 2.000$$

$$V = 2000(1,00 \times 10^{-6}/0,04) = 0,05 \text{ m/s}$$

A taxa de fluxo é:

$$Q = AV = \frac{\pi}{4}(0,04)^2(0,05) = 6,28 \times 10^{-5} \text{ m}^3/\text{s}$$

3.3 Forças no escoamento dos tubos

A Figura 3.3 mostra o fluxo de água em um tubo circular. Para uma descrição geral do fluxo, permite-se que a área de seção transversal e a elevação do tubo variem ao longo da direção axial do fluxo.

Um *volume de controle* é considerado entre as seções 1–1 e 2–2. Após um pequeno intervalo de tempo, dt, a massa que originalmente ocupava o volume de controle avança para uma nova posição, entre as seções 1'–1' e 2'–2'.

Para fluxos incompressíveis estáveis, o fluxo de massa (massa fluida) que entra o volume de controle, $\rho d\,Vol_{1-1'}$, deve se igualar ao fluxo de massa que deixa o volume de controle, $\rho d\,Vol_{2-2'}$. Este é o princípio da *conservação da massa*:

$$Vol_{1-1'}$$

ou

$$A_1 V_1 = A_2 V_2 = Q \qquad (3.4)$$

A Equação 3.4 é conhecida pelos engenheiros hidráulicos como *equação de continuidade* para fluxos incompressíveis estáveis.

A aplicação da segunda lei de Newton à massa em movimento no volume de controle resulta em:

$$\Sigma \vec{F} = m\vec{a} = m\frac{d\vec{V}}{dt} = \frac{m\vec{V}_2 - m\vec{V}_1}{\Delta t} \qquad (3.5)$$

Nessa equação, tanto as forças quanto as velocidades são quantidades vetoriais. Elas devem ser equilibradas em todas as direções consideradas. Ao longo da direção axial do fluxo, as forças externas exercidas sobre o volume de controle podem ser escritas como:

$$\Sigma F_x = P_1 A_1 - P_2 A_2 - F_x + W_x \qquad (3.6)$$

onde V_1, V_2, P_1 e P_2 são as velocidades e pressões nas seções 1–1 e 2–2, respectivamente. F_x é a força de direção axial exercida sobre o volume de controle através da parede do tubo. W_x é o componente axial do peso do líquido no volume de controle.

Na Equação 3.5, considerando $m/\Delta t$ como a taxa de fluxo de massa (ρQ), o princípio de *conservação do ímpeto* (ou a equação impulso-quantidade) para a direção axial pode ser escrito como:

$$\Sigma F_x = \rho Q(V_{x_2} - V_{x_1}) \qquad (3.7a)$$

Para outras direções,

$$\Sigma F_y = \rho Q(V_{y_2} - V_{y_1}) \qquad (3.7b)$$

$$\Sigma F_z = \rho Q(V_{z_2} - V_{z_1}) \qquad (3.7c)$$

Em geral, podemos escrever em quantidades vetoriais:

$$\Sigma \vec{F} = \rho Q(\vec{V}_2 - \vec{V}_1) \qquad (3.7)$$

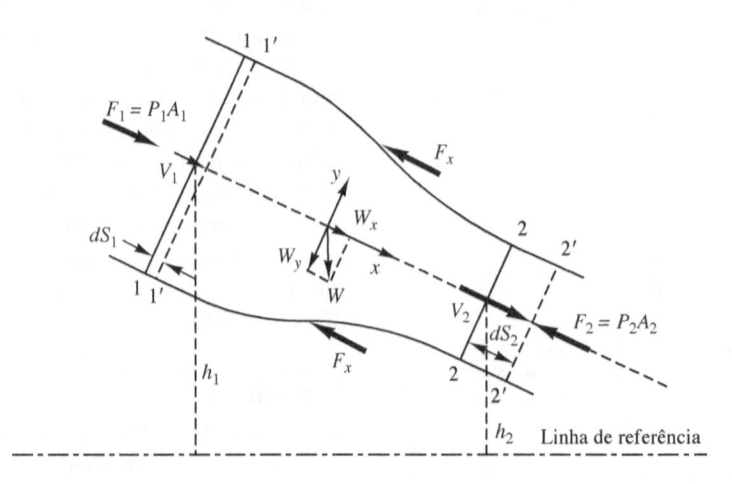

Figura 3.3 Descrição geral do fluxo em tubos.

Exemplo 3.2

Um bocal horizontal (Figura 3.4) descarrega 0,01 m³/s de água a 4°C no ar. O diâmetro do tubo de abastecimento (d_A = 40 mm) é duas vezes maior do que o diâmetro do bocal (d_B = 20 mm). O bocal é mantido na posição por um mecanismo de articulação. Determine a magnitude e a direção da força de reação na articulação, se o medidor de pressão em A indicar 500.000 N/m². (Considere que o peso suportado pela articulação é desprezível.)

Solução

A força de articulação resiste à alteração da pressão e do ímpeto no sistema. Essa força pode ser calculada a partir da equação de conservação do ímpeto. As forças hidrostáticas são:

$F_{x,A} = PA_A = (500.000 \text{ N/m}^2)[(\pi/4)(0,04 \text{ m})^2] = 628 \text{ N}$
$F_{y,A} = 0$ (todo o fluxo na direção x); $F_{x,B} = F_{y,B} = 0$ (pressão atmosférica)
$V_A = Q/A_A = (0,01 \text{ m}^3/\text{s})/[(\pi/4)(0,04 \text{ m})^2] = 7,96 \text{ m/s} = V_{x,A}, V_{y,A} = 0$
$V_B = Q/A_B = (0,01 \text{ m}^3/\text{s})/[(\pi/4)(0,02 \text{ m})^2] = 31,8 \text{ m/s}$
$V_{x,B} = (31,8 \text{ m/s})(\cos 60°) = 15,9 \text{ m/s}$
$V_{y,B} = (31,8 \text{ m/s})(\text{sen } 60°) = 27,5 \text{ m/s}$

Agora,

$$\Sigma F_x = \rho Q(V_{x_B} - V_{x_A})$$

com a convenção de sinal ($\rightarrow$ +). Considerando que F_x é negativo e substituindo, temos:

$628 \text{ N} - F_x = (998 \text{ kg/m}^3)(0,01 \text{ m}^3/\text{s})[(15,9 - 7,96) \text{ m/s}];$
$F_x = 549 \text{ N} \leftarrow$

Tanto as forças quanto as velocidades são quantidades vetoriais que devem aderir à convenção de sinais. Como o sinal de F_x terminou positivo, a direção assumida estava correta. Assim sendo,

$$\Sigma F_y = \rho Q(V_{y_B} - V_{y_A})$$

com a convenção de sinal ($\uparrow$+). Considerando que F_y é negativo e substituindo, temos:

$-F_y = (998 \text{ kg/m}^3)(0,01 \text{ m}^3/\text{s})[(-27,5 - 0) \text{ m/s}];$
$F_y = 274 \text{ N} \downarrow$

A força resultante é:

$F = [(549 \text{ N})^2 + (274 \text{ N})^2]^{1/2} = 614 \text{ N}$

e sua direção é:

$$\theta = \text{tg}^{-1}(F_y/F_x) = 26,5°$$

3.4 Energia no escoamento dos tubos

A água que escoa nos tubos pode conter energia de diversas formas. A maior porção de energia está contida em três formas básicas:

1. energia cinemática;
2. energia potencial;
3. energia de pressão.

As três formas de energia podem ser demonstradas por meio da avaliação do fluxo em uma seção comum do tubo, conforme mostrado na Figura 3.3. Essa seção do fluxo no tubo pode representar o conceito de um tubo que é uma passagem cilíndrica com toda a superfície paralela à velocidade do fluxo; portanto, o fluxo não pode cruzar a superfície.

Considere o volume de controle apresentado na Figura 3.3. No intervalo de tempo dt, as partículas de água na seção 1–1 movem-se para 1'–1' na velocidade V_1. No mesmo intervalo de tempo, as partículas de água na seção 2–2 movem-se para 2'–2' na velocidade V_2. Para satisfazer a condição de continuidade,

$$A_1 V_1 dt = A_2 V_2 dt$$

O trabalho realizado pela força de pressão atuando na seção 1–1 no tempo dt é o produto entre a força de pressão total e a distância através da qual ela age, ou:

$$P_1 A_1 dS_1 = P_1 A_1 V_1 dt \qquad (3.8)$$

Analogamente, o trabalho realizado pela força de pressão na seção 2–2 é:

$$-P_2 A_2 dS_2 = -P_2 A_2 V_2 dt \qquad (3.9)$$

e é negativo, pois P_2 está na direção oposta à distância dS_2 viajada.

O trabalho realizado pela gravidade em toda a massa de água em movimento de 1122 para 1'1'2'2' é o mesmo realizado quando 111'1' se move para 222'2', e a massa 1'1'22 permaneceu não distribuída. A força de gravidade atuando sobre a massa 111'1' é igual ao volume $A_1 V_1 dt$ multiplicado pelo peso específico $\gamma = \rho g$. Se h_1 e h_2 representam as elevações do centro de massa de 111'1' e 222'2' acima de uma determinada linha de referência horizontal, respectivamente, o trabalho realizado pela força da gravidade para mover a massa de h_1 para h_2 é:

$$\rho g A_1 V_1 dt (h_1 - h_2) \qquad (3.10)$$

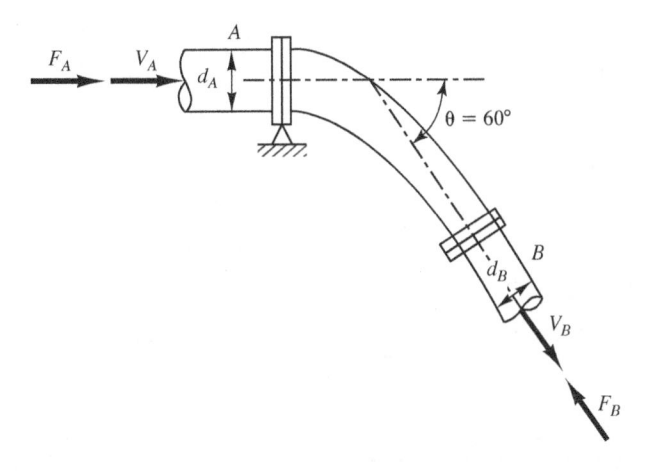

Figura 3.4 Fluxo através de um bocal horizontal.

O ganho líquido em energia cinética de toda a massa é

$$\frac{1}{2}mV_2^2 - \frac{1}{2}mV_1^2 = \frac{1}{2}\rho A_1 V_1 dt(V_2^2 - V_1^2) \quad (3.11)$$

Como o trabalho total realizado em uma determinada massa por todas as forças é igual à alteração na energia cinética, as equações 3.8 a 3.11 podem ser combinadas de modo a resultar em:

$$P_1 Qdt - P_2 Qdt + \rho g Qdt(h_1 - h_2) = \frac{1}{2}\rho Qdt(V_2^2 - V_1^2)$$

A divisão de ambos os lados por $\rho g Qdt$ resulta na *equação de Bernoulli*, expressa em termos de energia por unidade de peso da água, referenciada como *desnível*. Assim,

$$\frac{V_1^2}{2g} + \frac{P_1}{\gamma} + h_1 = \frac{V_2^2}{2g} + \frac{P_2}{\gamma} + h_2 \quad (3.12)$$

Portanto, a soma algébrica entre a *altura de velocidade*, a *altura de carga* e a *altura de elevação* é responsável por quase toda a energia contida em uma unidade de peso de água escoando em determinada seção do tubo. Na verdade, contudo, um determinado volume de perda de energia ocorre quando a massa de água escoa de uma seção a outra. O significado dessa perda para as aplicações de engenharia é discutido a seguir.

A Figura 3.5 apresenta graficamente as alturas em duas localizações ao longo da tubulação. Na seção 1, a seção superior, as três alturas são $V_1^2/2g$, P_1/γ e h_1. (Observe que a energia por unidade de peso de água resulta dimensionalmente em um comprimento ou altura.) A soma algébrica dessas três alturas nos dá o ponto a acima da linha de referência de energia. A distância medida entre os pontos a e b representa a altura total, ou a energia total contida em cada unidade de peso de água que passa pela seção 1.

$$H_1 = \frac{V_1^2}{2g} + \frac{P_1}{\gamma} + h_1 \quad (3.13)$$

Durante o percurso entre as seções superior e inferior, um determinado montante de energia hidráulica é perdido devido ao atrito (ou seja, primeiro, convertido em calor). A energia restante em cada unidade de peso de água na seção 2 é representada pela distância entre os pontos a' e b' na Figura 3.5. Novamente, essa é a altura total e é a soma entre a altura de velocidade, a altura de carga e a altura de elevação.

$$H_2 = \frac{V_2^2}{2g} + \frac{P_2}{\gamma} + h_2 \quad (3.14)$$

A diferença de elevação entre os pontos a' e a'' representa a *perda de altura* (h_L) entre as seções 1 e 2. A relação de energia entre as duas seções pode ser descrita da seguinte forma:

$$\frac{V_1^2}{2g} + \frac{P_1}{\gamma} + h_1 = \frac{V_2^2}{2g} + \frac{P_2}{\gamma} + h_2 + h_L \quad (3.15)$$

Essa relação é conhecida como *equação de energia*, mas, por vezes, é erroneamente chamada de *equação de Bernoulli* (que não inclui perdas, tampouco assume que elas são desprezíveis). Para um tubo horizontal de tamanho uniforme, pode-se demonstrar que a perda de altura resulta na diminuição de pressão no tubo porque as alturas de velocidade e as alturas de elevação são iguais.

$$\frac{P_1 - P_2}{\gamma} = h_L \quad (3.15a)$$

A Figura 3.5 apresenta alguns outros conceitos importantes da engenharia hidráulica. Por exemplo, pode-se desenhar uma linha passando por todos os pontos que representam a energia total ao longo do tubo. Isso se chama *linha de energia* (do inglês, *energy grade line* – EGL). A inclinação dessa linha representa a taxa na qual a energia é perdida ao longo do tubo. A uma distância $V^2/2g$ abaixo da linha de energia está a *linha hidráulica* (do inglês *hydraulic grade line* – HGL). Esses conceitos serão discutidos adiante.

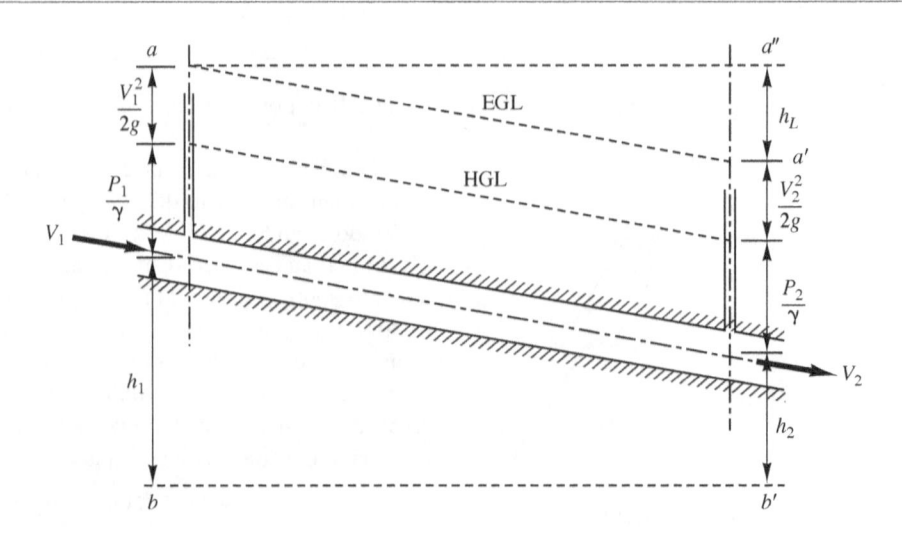

Figura 3.5 Energia total e perda de altura no fluxo de um tubo.

Exemplo 3.3

Um tubo circular de 25 cm transporta 0,16 m³/s de água sob pressão de 200 Pa. O tubo está posicionado a uma elevação de 10,7m acima do nível do mar em Freeport, Texas. Qual é a altura total medida com relação ao nível médio do mar?

Solução

A condição de continuidade (Equação 3.4) exige que

$$Q = AV$$

Portanto,

$$V = \frac{Q}{A} = \frac{0{,}16 \text{ m}^3/\text{s}}{(\pi/4)(0{,}25 \text{ m})^2} = 3{,}26 \text{ m/s}$$

A altura total medida com relação ao nível médio do mar é:

$$\frac{V^2}{2g} + \frac{P}{\gamma} + h = \frac{(3{,}26 \text{ m/s})^2}{2(9{,}81 \text{ m/s}^2)} + \frac{200 \text{ N/m}^2}{9.790 \text{ N/m}^3} + 10{,}7 \text{ m} = 11{,}3 \text{ m}$$

Exemplo 3.4

O tanque suspenso mostrado na Figura 3.6 está sendo drenado para um local de armazenamento subterrâneo através de um tubo de 12 pol. de diâmetro. A taxa de escoamento é de 3.200 galões por minuto (gpm), e a perda total de altura é de 11,5 pés. Determine a elevação de água no tanque.

Solução

Uma relação de energia (Equação 3.15) pode ser estabelecida entre a seção 1, na superfície do reservatório, e a seção 2, no final do tubo.

$$\frac{V_1^2}{2g} + \frac{P_1}{\gamma} + h_1 = \frac{V_2^2}{2g} + \frac{P_2}{\gamma} + h_2 + h_L$$

A velocidade da água no reservatório, que é pequena, se comparada à velocidade no tubo, pode ser desprezada. Além disso, ambas as seções estão expostas à pressão atmosférica tal que

$$P_1 = P_2 = 0$$

A velocidade média é:

$$V = \frac{Q}{A} = \frac{3.200 \text{ gpm}}{\pi r^2} = \left[\frac{3.200 \text{ gpm}}{\pi(0{,}5 \text{ pé})^2}\right]\left[\frac{1 \text{ pé}^3/\text{s}}{449 \text{ gpm}}\right] = 9{,}07 \text{ pés/s}$$

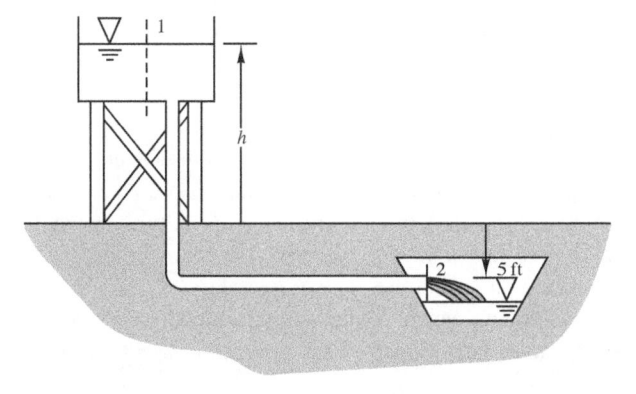

Figura 3.6 Escoamento a partir de um tanque suspenso de água.

Resolvendo a relação de energia com a definição da linha de referência na elevação do solo, temos:

$$h = h_1 = \frac{V_2^2}{2g} + h_2 + h_L = \frac{(9{,}07 \text{ pés/s})^2}{2(32{,}2 \text{ pés/s}^2)} - 5 \text{ pés} + 11{,}5 \text{ pés} = 7{,}78 \text{ pés}$$

3.5 Perda de altura devida ao atrito no tubo

A perda de energia causada pelo atrito em uma tubulação é comumente denominada *perda de altura de atrito* (h_f). Trata-se da perda de altura causada pelo atrito entre a parede do tubo e a dissipação da viscosidade na água que flui. Algumas vezes, a perda de atrito é denominada *perda primária*, devido à sua magnitude, e todas as outras perdas são denominadas *perdas secundárias*. No último século foram realizados diversos estudos sobre as leis que governam a perda de altura devida ao atrito. A partir deles, descobriu-se que a resistência do escoamento em um tubo é:

1. independente da pressão sob a qual a água escoa;
2. linearmente proporcional ao comprimento do tubo (L);
3. inversamente proporcional a alguma força do diâmetro do tubo (D);
4. proporcional a alguma força da velocidade média (V);
5. relacionada à rugosidade do tubo, se o fluxo for turbulento.

Diversas equações experimentais foram desenvolvidas no passado. Algumas delas foram utilizadas de maneira confiável em diferentes aplicações da engenharia hidráulica.

A equação de fluxo em tubos mais popular foi criada por Henri Darcy (1803-1858), Julius Weisbach (1806-1871) e outros por volta da metade do século XIX. A equação tem a seguinte forma:

$$h_f = f\left(\frac{L}{D}\right)\frac{V^2}{2g} \qquad (3.16)$$

Essa equação é conhecida como *equação de Darcy-Weisbach*. Ela está convenientemente expressa em termos da altura de velocidade no tubo. Além disso, é dimensionalmente uniforme, visto que, na prática da engenharia, o *fator de atrito* (f) é tratado como um fator numérico adimensional; h_f e $V^2/2g$ são unidades de comprimento.

3.5.1 Fator de atrito no fluxo laminar

No fluxo laminar, pode-se determinar f pelo equilíbrio entre a força de viscosidade e a força de pressão nas duas seções finais separadas por uma distância L em um tubo horizontal. Em uma seção de um tubo cilíndrico de raio r (Figura 3.7), a diferença na força de pressão entre as duas extremidades do cilindro é $(P_1 - P_2)\pi r^2$, e a força

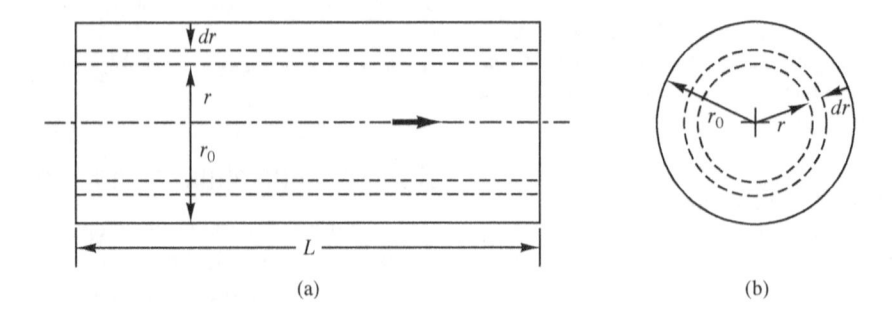

Figura 3.7 Geometria de um tubo circular.

de viscosidade no cilindro é igual a $(2\pi rL)\,\tau$. Na Equação 1.2, demonstrou-se que os valores de tensão de corte τ são $\left(\mu\dfrac{dv}{dr}\right)$. Em condições de equilíbrio, quando a força de pressão e a força de viscosidade no cilindro de água estão balanceadas, temos como resultado a seguinte expressão:

$$-2\pi rL\left(\mu\dfrac{dv}{dr}\right) = (P_1 - P_2)\pi r^2$$

O sinal negativo é usado porque a velocidade diminui à medida que a posição radial (r) aumenta (ou seja, dv/dr é sempre negativa no fluxo de tubos). Essa equação pode ser integrada de modo a resultar na expressão geral da velocidade do fluxo em termos de r:

$$v = \left(\dfrac{P_1 - P_2}{4\mu L}\right)(r_0^2 - r^2) \qquad (3.17)$$

onde r_0 é o raio interno do tubo, e a equação demonstra que a distribuição de velocidade no fluxo laminar do tubo é uma função parabólica de raio r. A descarga total ao longo do tubo pode ser obtida por meio da integração da descarga ao longo da área elementar $(2\pi r)dr$.

$$Q = \int dQ = \int v\,dA = \int_{r=0}^{r=r_0} \dfrac{P_1 - P_2}{4\mu L}(r_0^2 - r^2)(2\pi r)\,dr$$

$$= \dfrac{\pi r_0^4(P_1 - P_2)}{8\mu L} = \dfrac{\pi D^4(P_1 - P_2)}{128\mu L} \qquad (3.18)$$

Essa relação também é conhecida como *lei Hagen-Poiseuille** do fluxo laminar. A velocidade média é:

$$V = \dfrac{Q}{A} = \dfrac{\pi D^4(P_1 - P_2)}{128\mu L}\left(\dfrac{1}{(\pi/4)D^2}\right)$$

$$V = \dfrac{(P_1 - P_2)D^2}{32\mu L} \qquad (3.19)$$

Para um tubo horizontal uniforme, a equação de energia (3.15) nos leva a

$$h_f = \dfrac{P_1 - P_2}{\gamma}$$

Assim sendo, a equação de Darcy-Weisbach pode ser escrita como:

$$\dfrac{P_1 - P_2}{\gamma} = f\left(\dfrac{L}{D}\right)\dfrac{V^2}{2g} \qquad (3.20)$$

Combinando as equações 3.19 e 3.20, temos:

$$f = \dfrac{64\,\mu g}{\gamma\, VD} \qquad (3.20a)$$

Como $\gamma = \rho g$,

$$f = \dfrac{64\mu}{\rho V D} = \dfrac{64}{N_R} \qquad (3.21)$$

que indica uma relação direta entre o fator de atrito (f) e o número de Reynolds (N_R) para o fluxo laminar no tubo. Ele independe da rugosidade da superfície do tubo.

3.5.2 Fator de atrito no fluxo turbulento

Quando o número de Reynolds se aproxima de um valor mais alto — ou seja, $N_R \gg 2.000$ —, o fluxo no tubo se torna praticamente turbulento, e o valor de f se torna menos dependente do número de Reynolds, porém mais dependente da *rugosidade relativa* (e/D) do tubo. A quantidade e é uma medida da altura da rugosidade relativa das irregularidades da parede do tubo, e D é o diâmetro do tubo. A altura da rugosidade de tubos comerciais é geralmente descrita por meio de um valor para e conforme o material do tubo. Isso significa que o tubo selecionado possui o mesmo valor de f em números de Reynolds altos do que aquele obtido quando um tubo liso é revestido de grãos de areia de tamanho uniforme e. A altura da rugosidade para determinados materiais de tubos comerciais é fornecida na Tabela 3.1.

Definiu-se que imediatamente próximo à parede do tubo deve existir uma camada bem fina de fluxo, denominada,

---

* Derivada experimentalmente por G. W. Hagen (1839) e, mais tarde, obtida de maneira independente por J. L. M. Poiseuille (1840).

TABELA 3.1 Alturas de rugosidade, e, para materiais comuns de tubos.

Material do tubo	e (mm)	e (pés)
Latão	0,0015	0,000005
Concreto		
Formas de aço, liso	0,18	0,0006
Boas articulações, normal	0,36	0,0012
Áspero, marcas visíveis na forma	0,6	0,002
Cobre	0,0015	0,000005
Metal corrugado (CMP)	45	0,15
Ferro (comum em linhas de água antigas, exceto dutos ou DIP, que é amplamente utilizado atualmente)		
Linha asfaltada	0,12	0,0004
Molde	0,26	0,00085
Flexível; DIP – revestimento em argamassa de cimento	0,12	0,0004
Galvanizado	0,15	0,0005
Fundido	0,045	0,00015
Cloreto de polivinilo (PVC)	0,0015	0,000005
Polietileno, alta densidade (HDPE)	0,0015	0,000005
Aço		
Esmaltado	0,0048	0,000016
Rebitado	0,9 ~ 9	0,003 a 0,03
Inteiriço	0,004	0,000013
Comercial	0,045	0,00015

em geral, *subcamada laminar*, mesmo quando o fluxo do tubo é turbulento. A espessura da subcamada laminar δ' diminui com um aumento no número de Reynolds do tubo. Diz-se que um tubo é *hidraulicamente liso* se a altura média da rugosidade é menor do que a espessura da subcamada laminar. No fluxo do tubo hidraulicamente liso, o fator de atrito não é afetado pela rugosidade da superfície do tubo.

Com base em dados de experimentos de laboratório, descobriu-se que $\delta' > 1{,}7e$; portanto, o efeito da rugosidade da superfície é completamente submerso pela subcamada laminar, e o fluxo do tubo é hidraulicamente liso. Para esse caso, Theodore Von Kármán* desenvolveu uma equação para o fator de atrito:

$$\frac{1}{\sqrt{f}} = 2\log\left(\frac{N_R\sqrt{f}}{2{,}51}\right) \quad (3.22)$$

Em números de Reynolds altos, δ' torna-se muito pequeno. Descobriu-se que, se $\delta' < 0{,}08e$, f se torna independente do número de Reynolds e dependente somente da altura da rugosidade relativa. Nesse caso, o tubo comporta-se como um *tubo hidraulicamente áspero*, e Von Kármán descobriu que f pode ser escrito como:

$$\frac{1}{\sqrt{f}} = 2\log\left(3{,}7\frac{D}{e}\right) \quad (3.23)$$

Entre esses dois casos extremos, se $0{,}08e < \delta' < 1{,}7e$, o tubo não se comporta nem como um tubo liso nem como um tubo totalmente áspero. C. F. Colebrook** esboçou uma relação aproximada para essa faixa intermediária:

$$\frac{1}{\sqrt{f}} = -\log\left(\frac{\frac{e}{D}}{3{,}7} + \frac{2{,}51}{N_R\sqrt{f}}\right) \quad (3.24)$$

No início da década de 1940, era um tanto complicado utilizar qualquer uma dessas equações implícitas nas aplicações de engenharia. Um diagrama útil foi preparado por Lewis F. Moody*** (Figura 3.8); ele é usualmente denominado *diagrama de Moody para fatores de atrito em fluxos de tubos*.

---

* Theodore Von Kármán, "Mechanische Ähnlichkeit und Turbulenz" (Similitude e turbulência mecânicas), *Proceedings of the 3rd International Congress for Applied Mechanics*, Estocolmo, vol. I, 1930.
** C. F. Colebrook, "Turbulent flow in pipes, with particular reference to the transition region between smooth and rough pipe laws" (Fluxo turbulento em tubos, com referência especial à área de transição entre as leis para tubos lisos e ásperos), *Jour. 1st. Civil Engrs.*, Londres, fev. 1939.
*** L. F. Moody, "Friction factors for pipe flow", *Trans. ASME*, vol. 66, 1944.

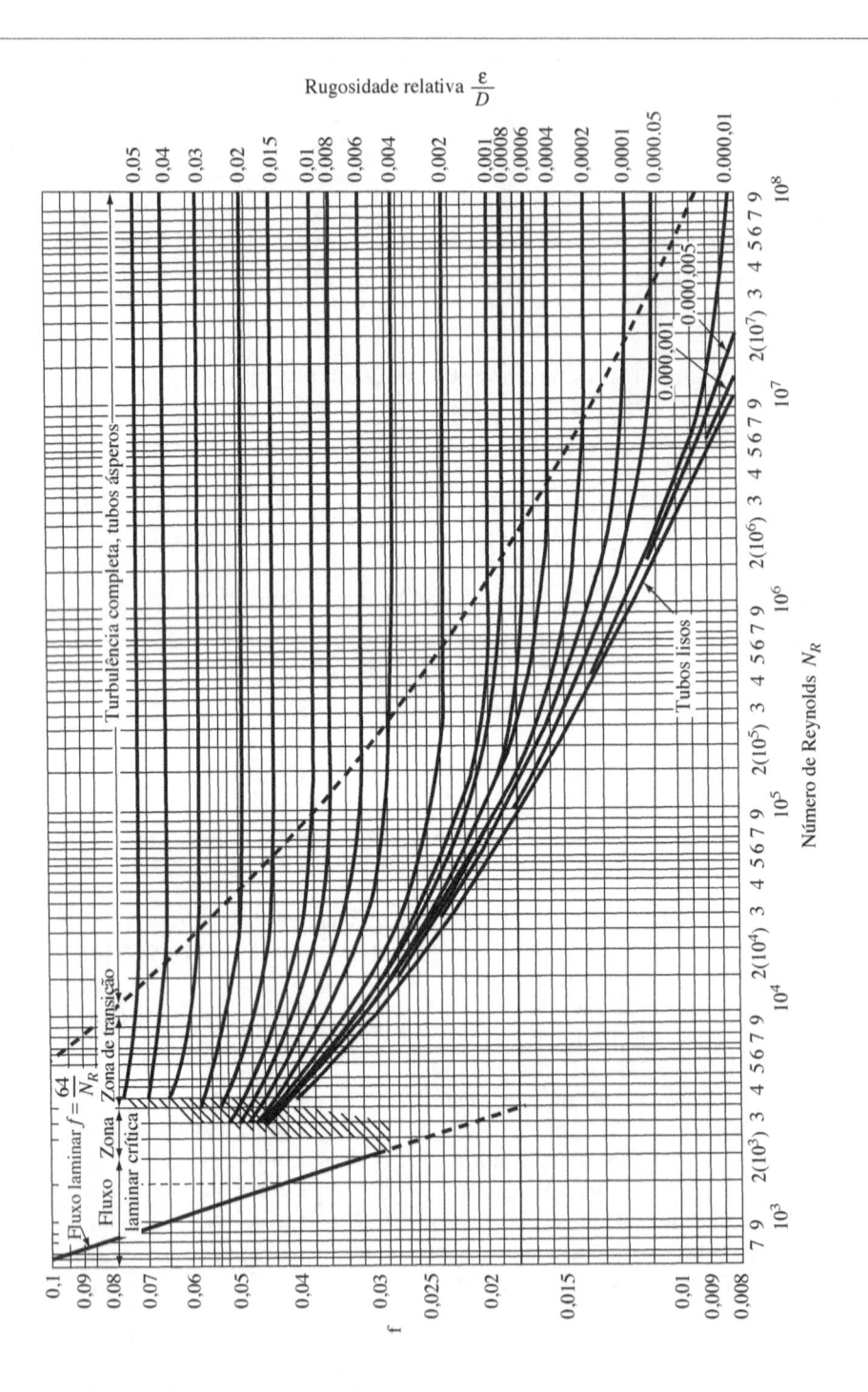

Figura 3.8 Fatores de atrito para fluxos em tubos: o diagrama de Moody.
Fonte: L. F. Moody, "Friction factors for pipe flow", Trans. ASME, vol. 66, 1944.

O diagrama mostra claramente as quatro zonas de fluxo de tubos:

1. Uma zona de fluxo laminar onde o fator de atrito é uma função linear simples do número de Reynolds;

2. Uma zona crítica onde os valores são incertos porque o fluxo pode não ser nem laminar nem verdadeiramente turbulento;

3. Uma zona de transição onde f é uma função tanto do número de Reynolds quanto da rugosidade relativa do tubo;

4. Uma zona de turbulência totalmente desenvolvida na qual o valor de f depende unicamente da rugosidade relativa e é independente do número de Reynolds.

A Figura 3.8 pode ser utilizada em conjunto com a Tabela 3.1 para se obter o fator de atrito f para tubos circulares.

Depois do desenvolvimento do diagrama de Moody, foi proposta a equação de Swamee-Jain* para resolver o fator de atrito quando N_R é conhecido.

$$f = \frac{0,25}{\left[\log\left(\dfrac{e/D}{3,7} + \dfrac{5,74}{N_R^{0,9}}\right)\right]^2} \quad (3.24a)$$

Supõe-se que essa equação explícita fornece uma estimativa bastante precisa (dentro de 1 por cento) da equação implícita de Colebrook-White para $10^{-6} < e/D < 10^{-2}$ e $5.000 < N_R < 10^8$.

Exemplo 3.5

Calcule a capacidade de descarga de um tubo áspero de concreto com 3 m de comprimento e transportando água a 10°C. É permitida uma perda de altura de 2 m/km do comprimento do tubo.

Solução

A partir da Equação 3.16, a perda de altura de atrito no tubo é:

$$h_f = f\left(\frac{L}{D}\right)\frac{V^2}{2g}$$

Portanto,

$$2\,\text{m} = f\left(\frac{1000\,\text{m}}{3\,\text{m}}\right)\frac{V^2}{2(9,81\,\text{m/s}^2)}$$

$$V^2 = \frac{0,118\,\text{m}^2/\text{s}^2}{f} \quad (1)$$

A partir da Tabela 3.1, tomando e = 0,6 mm, para o tubo de 3 m de ferro de molde, obtemos

$$\frac{e}{D} = 2,00 \times 10^{-4} = 0,0002$$

A 10°C, a viscosidade cinemática da água é v = 1,31 × 10⁻⁶ m²/s. Logo,

$$N_R = \frac{DV}{v} = \frac{3V}{1,31 \times 10^{-6}} = (2,29 \times 10^6)V \quad (2)$$

Utilizando a Figura 3.8, as equações (1) e (2) são resolvidas por iteração até que ambas as condições sejam satisfeitas. O procedimento de iteração é demonstrado a seguir.

O diagrama de Moody (Figura 3.8) é utilizado para se encontrar f. Entretanto, V não está disponível; logo, N_R não pode ser resolvido. O valor de e/D e o diagrama de Moody, contudo, podem ser usados para se obter um valor f-teste assumindo-se que o fluxo está em total regime de turbulência. Essa costuma ser uma boa premissa para sistemas de transmissão de água, pois a viscosidade da água é baixa e as velocidades são altas, resultando em valores altos de N_R. Assim sendo, com e/D = 0,0002 se obtém um valor f = 0,014 a partir do diagrama de Moody, assumindo-se turbulência completa (ou seja, lendo-se diretamente do diagrama de Moody a partir da rugosidade relativa à direita até o valor f associado à esquerda). Utilizando esse fator de atrito na Equação (1), obtemos V = 2,9 m/s; e, na Equação (2), obtemos N_R = 6,64 × 10⁶. Esse número de Reynolds e o valor de e/D são, então, levados ao diagrama de Moody para que se tenha um novo fator de atrito f = 0,014, que é inalterável a partir do fator de atrito considerado. (Se o fator de atrito fosse diferente, iterações adicionais seriam realizadas até que o f-teste e o f calculado fossem essencialmente iguais.)

Agora, utilizando-se a velocidade final do fluxo, a descarga é calculada como

$$Q = AV = [(\pi/4)(3\,\text{m})^2](2,90\,\text{m/s}) = 20,5\,\text{m}^3/\text{s}$$

Observação: A equação de Darcy-Weisbach para perda da altura de fricção (Equação 3.16), número de Reynolds (Equação 3.2), relação do fator de atrito de Colebrook (Equação 3.24) ou relação Swamee-Jain (Equação 3.24a) pode ser resolvida simultaneamente por um sistema computacional algébrico (como Mathcad, Maple ou Mathematica) e deve fornecer o mesmo resultado. Entretanto, as relações são altamente não lineares, e uma boa estimativa inicial pode ser necessária para se evitar instabilidade numérica.

Exemplo 3.6

Estime o tamanho de um tubo horizontal uniforme fundido em aço instalado para transportar 14 pés³/s de água a 70°F (aproximadamente 20°C). A perda de pressão permitida resultante do fator de atrito é 17 pés/mi do comprimento do tubo.

Solução

A equação de energia pode ser aplicada a duas seções do tubo distantes 1 milha:

$$\frac{V_1^2}{2g} + \frac{P_1}{\gamma} + h_1 = \frac{V_2^2}{2g} + \frac{P_2}{\gamma} + h_2 + h_L$$

Para um tubo horizontal de tamanho uniforme sem perdas (secundárias) de altura localizadas,

$$V_1 = V_2;\, h_1 = h_2;\, h_L = h_f$$

e a equação de energia é reduzida para

$$\frac{P_1}{\gamma} - \frac{P_2}{\gamma} = h_f = 17\,\text{pés}$$

A partir da Equação 3.16,

$$h_f = f\frac{L}{D}\frac{V^2}{2g} = f\frac{L}{D}\frac{Q^2}{2g(\pi D^2/4)^2} = \frac{8fLQ^2}{g\pi^2 D^5}$$

Portanto,

$$D^5 = \frac{8fLQ^2}{g\pi^2 h_f} = 1.530f \quad (a)$$

---

* P. K. Swamee e A. K. Jain, "Explicit equations for pipe-flow problems", *Journal of the Hydraulics Division*, ASCE, vol. 102, n. 5, p. 657-64, 1976.

onde $L = 5.280$ pés e $h_f = 17$ pés. A 20°C, $v = 1,08 \times 10^{-5}$ pés²/s. Assumindo que a rugosidade da fundição em aço esteja na faixa inferior de aço rebitado, $e = 0,003$ pés, o diâmetro pode então ser encontrado utilizando-se o diagrama de Moody (Figura 3.8) pelo procedimento de iteração a seguir.

Seja $D = 2,5$ pés, então

$$V = \frac{Q}{A} = \frac{14 \text{ pés}^3/\text{s}}{\pi(1,25 \text{ pés})^2} = 2,85 \text{ pés/s}$$

e

$$N_R = \frac{VD}{v} = \frac{(2,85 \text{ pés/s})(2,5 \text{ pés})}{1,08 \times 10^{-5} \text{ pés}^2/\text{s}} = 6,60 \times 10^5$$

$$e/D = \frac{0,003 \text{ pés}}{2,5 \text{ pés}} = 0,0012$$

Entrando com esses valores no diagrama de Moody, temos $f = 0,021$. Uma melhor estimativa de D pode ser obtida com a substituição do fator de atrito na Equação (a), que nos dá

$$D = [(1.530)(0,021)]^{1/5} = 2,0 \text{ pés}$$

Uma segunda iteração resulta em $V = 4,46$ pés/s, $N_R = 8,26 \times 10^5$, $e/D = 0,0015$, $f = 0,022$ e $D = 2,02$ pés ≈ 2 pés. Mais iterações produzirão o mesmo resultado. Mais uma vez, um sistema computacional algébrico (como Mathcad, Maple ou Mathematica) deve fornecer o mesmo resultado.

3.6 Equações empíricas para a perda da carga de atrito

Ao longo da história da civilização, engenheiros hidráulicos construíram sistemas para distribuição de água a ser utilizada pelas pessoas. No século XX, o projeto hidráulico desses sistemas foi significativamente auxiliado por equações empíricas, que, na verdade, são fórmulas. De modo geral, essas equações de projeto foram desenvolvidas a partir de mensurações experimentais do fluxo do fluido sob determinada gama de condições. Algumas não contam com uma base analítica sólida. Por isso, as equações empíricas podem não ser dimensionalmente corretas; quando muito, elas podem somente ser aplicáveis às condições e faixas determinadas. As duas equações discutidas a seguir contêm coeficientes empíricos de rugosidade que dependem da rugosidade da tubulação testada, e não da rugosidade relativa, o que limita sua utilidade.

Um dos melhores exemplos é a *equação de Hazen-Williams*, desenvolvida para o fluxo de água em tubos maiores ($D \geq 5$ cm), aproximadamente 2 pol.) dentro de uma faixa moderada de velocidade ($V \leq 3$ m/s), aproximadamente 10 pés/s). Essa equação foi amplamente utilizada no projeto de sistemas de fornecimento de água nos Estados Unidos. A equação de Hazen-Williams, originalmente desenvolvida para o sistema britânico de medidas, foi escrita na forma

$$V = 1,318 C_{HW} R_h^{0,63} S^{0,54} \quad (3.25)$$

onde S é a inclinação da *linha de energia*, ou a perda de carga por unidade do tubo ($S = h_f/L$), e R_h é o *raio hidráulico*, definido como a área de seção transversal da água (A) dividida pelo *perímetro molhado* (P). Para um tubo circular, com $A = \pi D^2/4$ e $P = \pi D$, o raio hidráulico é

$$R_h = \frac{A}{P} = \frac{\pi D^2/4}{\pi D} = \frac{D}{4} \quad (3.26)$$

O coeficiente de Hazen-Williams, C_{HW}, não é uma função das condições do fluxo (ou seja, o número de Reynolds). Seus valores variam de 140 para todo tubo liso plano até 90, ou mesmo 80, para as tubulações antigas corrugadas sem revestimento. Em geral, o valor 100 é considerado para as condições normais. Os valores de C_{HW} para os condutores de água comumente utilizados são apresentados na Tabela 3.2.

Observa-se que o coeficiente na equação de Hazen-Williams demonstrada na Equação 3.25, 1,318, possui unidade de pés^{0,37}/s. Portanto, a Equação 3.25 é aplicável *somente* para as unidades britânicas nas quais a velocidade é medida em pés por segundo e o raio hidráulico (R_h) é medido em pés. Como 1,318 pés^{0,37}/s = 0,849 m^{0,37}/s, a equação de Hazen-Williams no sistema internacional de medidas pode ser escrita da seguinte maneira:

$$V = 0,849 C_{HW} R_h^{0,63} S^{0,54} \quad (3.27)$$

onde a velocidade é medida em metros por segundo, e R_h é medido em metros.

Exemplo 3.7

Uma tubulação de 100 m de comprimento, com $D = 20$ cm e $C_{HW} = 120$, carrega uma descarga de 30 L/s. Determine a perda no tubo.

Solução

Área: $\quad A = \dfrac{\pi D^2}{4} = \dfrac{\pi}{4}(0,2)^2 = 0,0314 \text{ m}^2$

Perímetro molhado: $\quad P = \pi D = 0,2\pi = 0,628 \text{ m}$

Raio hidráulico: $\quad R_h = A/P = \dfrac{0,0314}{0,628} = 0,0500 \text{ m}$

Aplicando a Equação 3.27,

$$V = \frac{Q}{A} = 0,849 C_{HW} R_h^{0,63} S^{0,54}$$

$$\frac{0,03}{0,0314} = 0,849(120)(0,05)^{0,63}\left(\frac{h_f}{100}\right)^{0,54}$$

$$h_f = 0,579 \text{ m}$$

Outra popular equação empírica é a *equação de Manning*, originalmente desenvolvida em unidades métricas. Essa equação foi amplamente utilizada para projetos de canais abertos (discutidos em detalhes no Capítulo 6). Também é comumente utilizada em fluxos de tubos. A equação de Manning pode ser escrita da seguinte forma:

TABELA 3.2 Coeficiente de Hazen-Williams, C_{HW}, para diferentes tipos de tubos.

Material do tubo	C_{HW}
Latão	130 a 140
Ferro de molde (comum em linhas de água antigas)	
Novo, sem revestimento	130
10 anos de idade	107 a 113
20 anos de idade	89 a 100
30 anos de idade	75 a 90
40 anos de idade	64 a 83
Concreto ou revestido em concreto	
Liso	140
Normal	120
Áspero	100
Cobre	130 a 140
Ferro flexível (revestimento em argamassa de cimento)	140
Vidro	140
Polietileno de alta densidade (HDPE)	150
Plástico	130 a 150
Cloreto de polivinilo (PVC)	150
Aço	
Comercial	140 a 150
Rebitado	90 a 110
Fundido (inteiriço)	100
Argila vitrificada	110

$$V = \frac{1}{n} R_h^{2/3} S^{1/2} \quad (3.28)$$

onde a velocidade é medida em metros por segundo, e o raio hidráulico é medido em metros. O n é o *coeficiente de rugosidade de Manning*, especialmente conhecido pelos engenheiros hidráulicos como o *n de Manning*.

Em unidades britânicas, a equação de Manning é escrita como

$$V = \frac{1{,}486}{n} R_h^{2/3} S^{1/2} \quad (3.29)$$

onde R_h é medido em pés, e a velocidade é medida em unidades de pés por segundo. O coeficiente na Equação 3.29 serve como fator de conversão de unidade, 1 m$^{1/3}$/s = 1,486 pés$^{1/3}$/s. A Tabela 3.3 apresenta valores típicos de n para o fluxo de água em materiais comuns em tubos.

Exemplo 3.8

Um tubo horizontal (ferro de molde antigo) com diâmetro uniforme de 10 cm possui 200 m de comprimento. Se a diminuição da pressão medida for igual a 24,6 m de água, qual será a descarga?

Área: $A = \frac{\pi}{4} D^2 = \frac{\pi}{4}(0{,}1)^2 = 0{,}00785 \text{ m}^2$

Perímetro molhado: $P = \pi D = 0{,}1\pi = 0{,}314 \text{ m}$

Raio hidráulico: $R_h = A/P = \dfrac{0{,}00785}{0{,}314} = 0{,}0250 \text{ m}$

Inclinação de energia: $S = h_f/L = \dfrac{24{,}6 \text{ m}}{200 \text{ m}} = 0{,}123$

Substituindo as quantidades anteriores na equação de Manning (Equação 3.28), temos:

$$V = \frac{Q}{A} = \frac{1}{n} R_h^{2/3} S^{1/2}$$

$$Q = \frac{1}{0{,}015}(0{,}00785)(0{,}025)^{2/3}(0{,}123)^{1/2} = 0{,}0157 \text{ m}^3/\text{s}$$

3.7 Perda de carga de atrito – relações de descarga

Muitos problemas de engenharia envolvem a determinação da perda de carga de atrito em um tubo a partir da descarga. Portanto, expressões que relacionem a perda de altura de atrito à descarga são convenientes. Observando que $A = \pi D^2/4$ e $g = 32{,}2$ pés/s^2 para o sistema britânico

TABELA 3.3 Coeficiente de rugosidade de Manning, *n*, para fluxos de tubos.

Tipo de tubo	n de Manning	
	Mínimo	Máximo
Latão	0,009	0,013
Ferro de molde	0,011	0,015
Superfícies de argamassa de cimento	0,011	0,015
Superfícies de cascalho de cimento	0,017	0,03
Condutos de barro (drenagem)	0,011	0,017
Concreto pré-moldado	0,011	0,015
Cobre	0,009	0,013
Metal corrugado (CMP)	0,02	0,024
Ferro flexível (revestimento em argamassa de cimento)	0,011	0,013
Vidro	0,009	0,013
Polietileno de alta densidade (HDPE)	0,009	0,011
Cloreto de polivinilo (PVC)	0,009	0,011
Aço comercial	0,01	0,012
Aço rebitado	0,017	0,02
Tubo de esgoto vitrificado	0,01	0,017
Ferro forjado	0,012	0,017

de unidades, podemos reorganizar a equação de Darcy-Weisbach (Equação 3.16), como

$$h_f = fL \frac{0,0252\, Q^2}{D^5} \quad (3.30)$$

Conforme discutido anteriormente, o fator de atrito geralmente depende do tamanho do tubo, de sua rugosidade e do número de Reynolds. Entretanto, uma consulta ao diagrama de Moody (Figura 3.8) revela que as linhas desenhadas se tornam horizontais em números de Reynolds altos nos quais o fator de atrito dependa somente da razão *e/D* para fluxos totalmente turbulentos. Esse costuma ser o caso da maioria dos sistemas de transmissão de água, pois a viscosidade da água é baixa e as velocidades são altas, o que resulta em altos valores para N_R. Para fins práticos, a Equação 3.30 é escrita como

$$h_f = KQ^m \quad (3.31)$$

onde $K = (0,052 \cdot f \cdot L)D^5$ e $m = 2$. Outras equações para a perda da carga de atrito também podem ser escritas como a Equação 3.31, resumida na Tabela 3.4. Observa-se que, na Equação 3.31, *m* é adimensional e a dimensão de *K* depende da equação de atrito e do sistema de unidades escolhido.

Existe uma vasta gama de programas computacionais disponíveis para a solução das equações de fluxos em tubos já discutidas (ou seja, Darcy-Weisbach, Hazen-Williams e Manning). Alguns desses programas são gratuitos e estão disponíveis na Internet como calculadoras de fluxo em tubos. Outros são particulares, como FlowMaster, PIPE FLO e Pipe Flow Wizard (Grã-Bretanha); estes tendem a ser mais robustos e dispõem de opções de impressão mais interessantes para relatórios técnicos. Para a maioria desses programas computacionais, são necessárias quatro das cinco variáveis (*L*, *D*, *Q*, h_f e o coeficiente de perda) para a obtenção da variável desejada. Programas de planilhas eletrônicas podem ser facilmente escritos para se alcançar o mesmo objetivo.

3.8 Perda de carga em contrações de tubos

Uma contração brusca em um tubo costuma causar uma diminuição na pressão no tubo, tanto devido ao aumento na velocidade quanto à perda de energia pela turbulência. O fenômeno de contração brusca é representado graficamente na Figura 3.9.

A distância vertical medida entre a linha de energia e o eixo central do tubo representa a altura total em um determinado local ao longo do tubo. A distância vertical medida entre a linha hidráulica e o eixo central do tubo representa a altura de pressão (P/γ), e a distância entre EGL e HGL é a altura de velocidade ($V^2/2g$) naquela localização. Depois do ponto *B*, a HGL começa a diminuir à medida que a corrente toma velocidade, e uma região de água estagnada surge na extremidade da contração *C*. No sentido da corrente, a partir da contração, o fluido se separa da parede do tubo e forma um jato de alta velocidade que se reconecta à parede no ponto *E*. O fenômeno que acontece entre *C* e *E* é conhecido pelos engenheiros hi-

TABELA 3.4 Equações de atrito expressas na forma $h_f = KQ^m$.

Equação	m	K (Sistema britânico)	K (Sistema internacional)
Darcy-Weisbach	2	$\dfrac{0{,}0252\,fL}{D^5}$	$\dfrac{0{,}0826\,fL}{D^5}$
Hazen-Williams	1,85	$\dfrac{4{,}73\,L}{D^{4{,}87}C_{HW}^{1{,}85}}$	$\dfrac{10{,}7\,L}{D^{4{,}87}C_{HW}^{1{,}85}}$
Manning	2	$\dfrac{4{,}64n^2L}{D^{5{,}33}}$	$\dfrac{10{,}3n^2L}{D^{5{,}33}}$

dráulicos como *vena contracta*, e é discutido em detalhes no Capítulo 9. Grande parte da perda de energia em uma contração de tubo acontece entre C e D, onde a velocidade do jato é alta, e a pressão, baixa. Certo volume de pressão se recupera entre D e E à medida que o jato se dissipa e o fluxo volta ao normal. No sentido da corrente a partir de E, as linhas EGL e a HGL tornam-se novamente paralelas umas às outras, mas assumem uma inclinação mais acentuada (do que a do tubo acima da contração), onde é esperada uma taxa de dissipação de energia (resultante do atrito) maior no tubo pequeno.

A perda de carga em uma contração brusca pode ser representada em termos da altura da velocidade no tubo menor

$$h_c = K_c\left(\frac{V_2^2}{2g}\right) \qquad (3.32)$$

Aqui, K_c é o coeficiente de contração. Seu valor varia com a taxa de contração, D_2/D_1, e a velocidade do tubo, conforme mostrado na Tabela 3.5.

A perda de carga pela contração do tubo pode ser largamente diminuída por meio da introdução de uma transição gradual de tubos conhecida como *redutor*, conforme mostra a Figura 3.10. A perda de carga nesse caso pode ser escrita como

$$h'_c = K'_c\left(\frac{V_2^2}{2g}\right) \qquad (3.33)$$

Os valores de K'_c variam com o ângulo de transição α e a razão de área A_2/A_1, conforme mostra a Figura 3.11.

A perda de carga na entrada de um tubo de um grande reservatório é um caso especial de perda de carga resultante da contração. Como a área da seção transversal de água no reservatório é muito grande se comparada à do tubo, pode-se assumir uma razão de contração igual a zero. Para uma entrada quadrada, na qual a entrada do tubo está nivelada com a parede do reservatório, conforme se vê na Figura 3.12(a), são usados os valores de K_c apresentados para $D_2/D_1 = 0$ na Tabela 3.5.

A equação geral para uma *perda de carga na entrada* também é escrita em termos da altura de velocidade do tubo:

$$h_e = K_e\left(\frac{V^2}{2g}\right) \qquad (3.34)$$

Os valores aproximados para o *coeficiente de perda na entrada* (K_e) para diferentes condições de entrada são mostrados na Figura 3.12 (a-d).

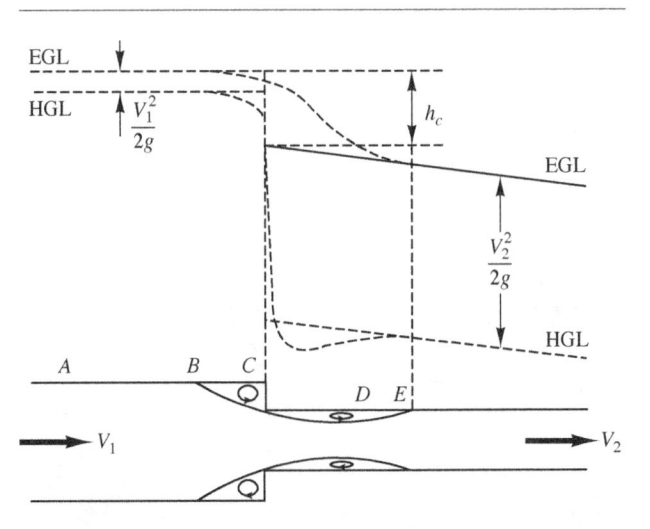

Figura 3.9 Perda de carga e variação de pressão resultantes da contração brusca.

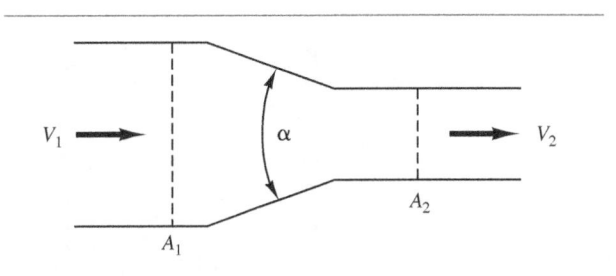

Figura 3.10 Redutor do tubo.

TABELA 3.5 Valores do coeficiente K_C para contrações bruscas.

Velocidade em um tubo menor (m/s)	Coeficientes de contrações bruscas, K_C (Razão para diâmetros do tubo, do menor para o maior, D_2/D_1)									
	0,0	0,1	0,2	0,3	0,4	0,5	0,6	0,7	0,8	0,9
1	0,49	0,49	0,48	0,45	0,42	0,38	0,28	0,18	0,07	0,03
2	0,48	0,48	0,47	0,44	0,41	0,37	0,28	0,18	0,09	0,04
3	0,47	0,46	0,45	0,43	0,4	0,36	0,28	0,18	0,1	0,04
6	0,44	0,43	0,42	0,4	0,37	0,33	0,27	0,19	0,11	0,05
12	0,38	0,36	0,35	0,33	0,31	0,29	0,25	0,2	0,13	0,06

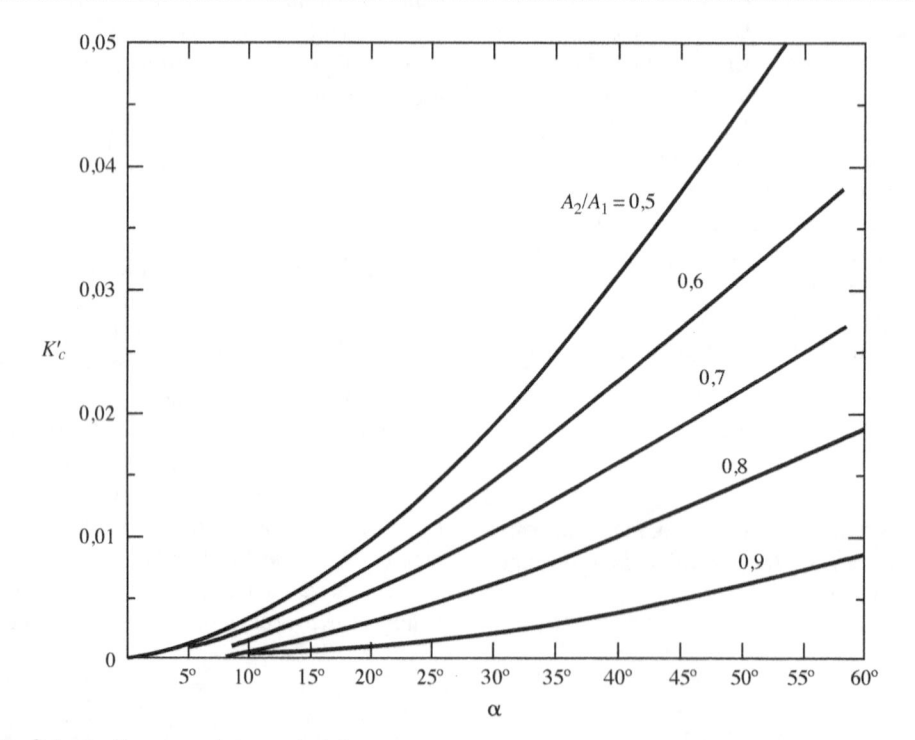

Figura 3.11 Coeficiente K_C para redutores de tubos.
Fonte: Chigong Wu et al. *Hydraulics*. Chengdu, Sichuan, China: The Chengdu University of Science and Technology Press, 1979.

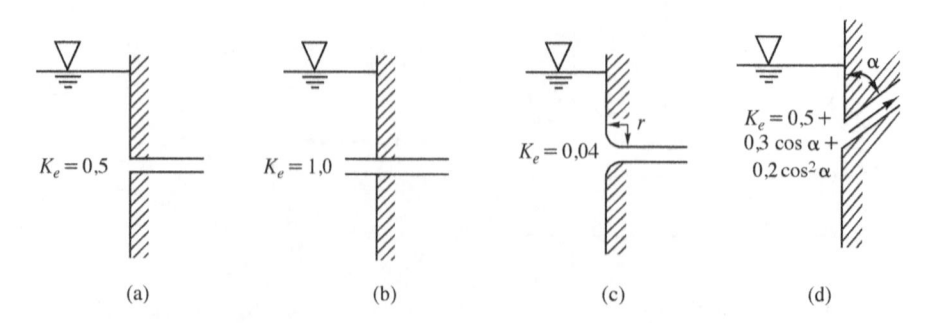

Figura 3.12 Coeficiente K_e para entradas de tubos.

3.9 Perda de carga em expansões de tubulações

O comportamento da linha de energia e da linha hidráulica na proximidade de uma expansão brusca da tubulação está graficamente representado na Figura 3.13. No canto de uma expansão brusca A, a linha do fluxo se separa da parede do tubo maior e deixa uma área de estagnação relativa entre A e B, na qual se forma um redemoinho para preencher o espaço. Grande parte da energia perdida em uma expansão brusca acontece entre A e B, onde as linhas de fluxo se reconectam à parede. Uma recuperação de pressão pode acontecer como resultado da diminuição de velocidade no tubo. O jato em alta velocidade diminui gradativamente e alcança equilíbrio em C. A partir desse ponto, voltam as condições normais de fluxo do tubo, e a linha de energia assume uma inclinação menor do que a do tubo que se aproxima, conforme esperado.

A perda de carga acarretada por uma expansão brusca de uma tubulação pode ser derivada das considerações do momento (Daugherty e Franzini, 1976*). A magnitude da perda de carga pode ser escrita como

$$h_E = \frac{(V_1 - V_2)^2}{2g} \quad (3.35)$$

Fisicamente, essa equação demonstra que a alteração nas velocidades escritas como altura de velocidade é a perda de carga na expansão brusca.

A perda de carga resultante das expansões nos tubos pode ser largamente reduzida com a introdução de uma transição gradual de tubos, conhecida como *difusor* e apresentada na Figura 3.14. A perda de altura nesse caso de transição pode ser escrita como

$$h'_E = K'_E \frac{(V_1^2 - V_2^2)}{2g} \quad (3.36)$$

Os valores de K'_E variam com o ângulo difusor (α):

α	10°	20°	30°	40°	50°	60°	75°
K'_E	0,08	0,31	0,49	0,6	0,67	0,72	0,72

Um tubo submerso descarregando em um grande reservatório é um caso especial de perda de altura causada pela expansão. A velocidade do fluxo (V) no tubo é descarregada a partir do final do tubo em um reservatório que é tão grande que a velocidade dentro dele é desprezível. A partir da Equação 3.35, vemos que a altura de velocidade total do fluxo do tubo é dissipada e que a *perda de altura na saída* (*descarga*) é

$$h_d = K_d \frac{V^2}{2g} \quad (3.37)$$

onde o coeficiente de perda na saída (descarga) $K_d = 1$. O fenômeno de perda na saída é mostrado na Figura 3.15.

3.10 Perda de altura na curvatura de tubos

O fluxo do tubo no entorno de uma curvatura experimenta um aumento de pressão ao longo da parede externa e uma diminuição de pressão ao longo da parede interna. No sentido do fluxo e a certa distância da curvatura, a velocidade e a pressão assumem distribuições normais. Para isso, a pressão da parede interior deve retornar ao valor normal. A velocidade próxima à parede interna é menor do que a da parede externa; e ela também deve aumentar até o valor normal. A demanda simultânea de energia pode causar a separação entre a corrente e a parede interna, conforme mostra a Figura 3.16(a). Além disso, o desnível de pressão na curvatura cria uma corrente secundária, como se vê na Figura 3.16(b). Essa corrente transversa e a velocidade axial formam um par de fluxos espirais que persistem ao longo de 100 diâmetros no sentido do fluxo a partir da curvatura. Logo, a perda de altura na curvatura é combinada às condições do fluxo destorcido até que os fluxos espirais sejam dissipados pelo atrito viscoso.

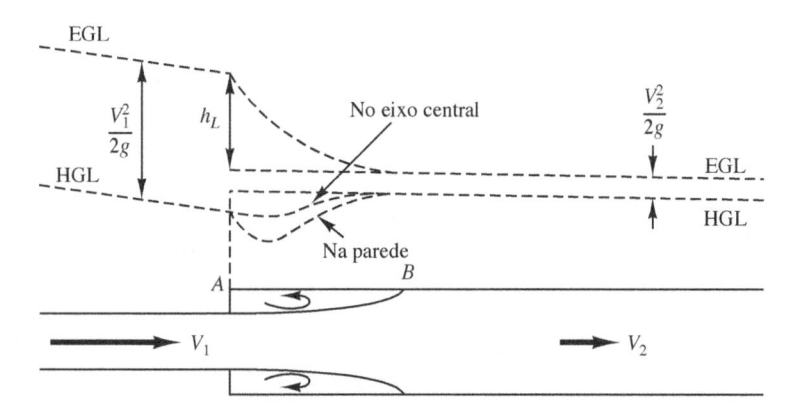

Figura 3.13 Perda de altura a partir de uma expansão brusca.

* R. L. Daugherty e J. B. Franzini, *Fluid Mechanics with Engineering Applications*, Nova York, McGraw-Hill Book Company, 1977.

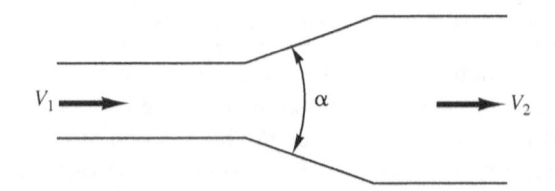

Figura 3.14 Difusor do tubo.

Descobriu-se que a perda de altura produzida na curvatura é dependente da razão entre o raio da curvatura (R) e o diâmetro do tubo (D) (Figura 3.16). Como o fluxo espiral produzido por uma curvatura se estende a certa distância no sentido do fluxo, a perda de altura produzida por diferentes curvaturas agrupadas não pode ser tratada simplesmente adicionando-se as perdas de cada uma isoladamente. A perda total de uma série de curvaturas agrupadas depende não apenas do espaço entre as curvas, mas também da direção delas. A análise detalhada da perda de altura produzida por uma série de curvaturas não é uma questão simples, e somente pode ser avaliada com base em casos individuais.

No projeto hidráulico, a perda de altura causada por uma curvatura, com exceção daquela que ocorre em um tubo liso de igual comprimento, pode ser escrita em termos da altura da velocidade como

$$h_b = K_b \frac{V^2}{2g} \qquad (3.38)$$

Para uma curvatura lisa de 90°, os valores de K_b para vários valores de R/D conforme determinado por Beij* estão listados na tabela a seguir. Descobriu-se também que a perda da curvatura é aproximadamente proporcional ao seu ângulo (α) para curvaturas com ângulos diferentes de 90° em tubos de aço e tubos corrugados. Os fabricantes de tubo não se opõem a fornecer aos possíveis compradores os coeficientes de perda para curvaturas, contrações, redutores, expansões e difusores.

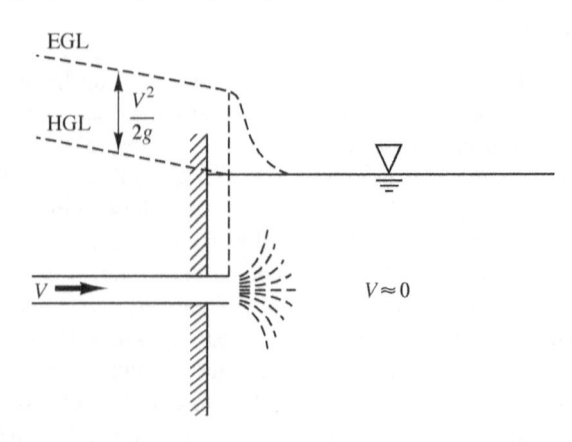

Figura 3.15 Perda de carga na saída (descarga).

R/D	1	2	4	6	10	16	20
K_b	0,35	0,19	0,17	0,22	0,32	0,38	0,42

3.11 Perda de carga em válvulas de tubos

As válvulas são instaladas nos tubos para controlar o fluxo por meio da imposição de elevadas perdas de altura. Dependendo do projeto da válvula, determinado montante de perda de energia costuma ocorrer, mesmo quando a válvula está totalmente aberta. Assim como outras perdas em tubos, a perda de altura através das válvulas também pode ser escrita em termos da altura de velocidade no tubo:

$$h_v = K_v \frac{V^2}{2g} \qquad (3.39)$$

Os valores de K_v variam com o tipo e o projeto das válvulas. No projeto de sistemas hidráulicos, é necessário determinar as perdas de altura em qualquer que seja a válvula presente. Os fabricantes de válvulas costumam fornecer aos compradores os coeficientes de perda. Os valores de K_v para as válvulas mais comuns estão listados na Tabela 3.6.

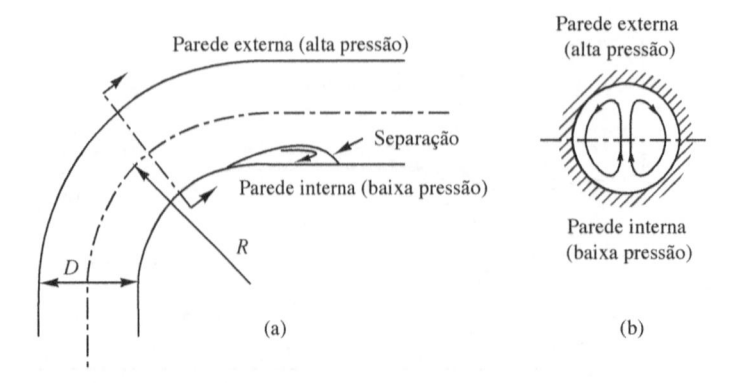

Figura 3.16 Perda de altura na curvatura. (a) Separação do fluxo em uma curvatura. (b) Fluxo secundário na curvatura.

* K. H. Beij, "Pressures Losses for Fluid Flow in 90° Pipe Bends", *Jour. Research Natl. Bur. Standards*, vol. 21, 1938.

TABELA 3.6 Valores de K_v para válvulas hidráulicas comuns.

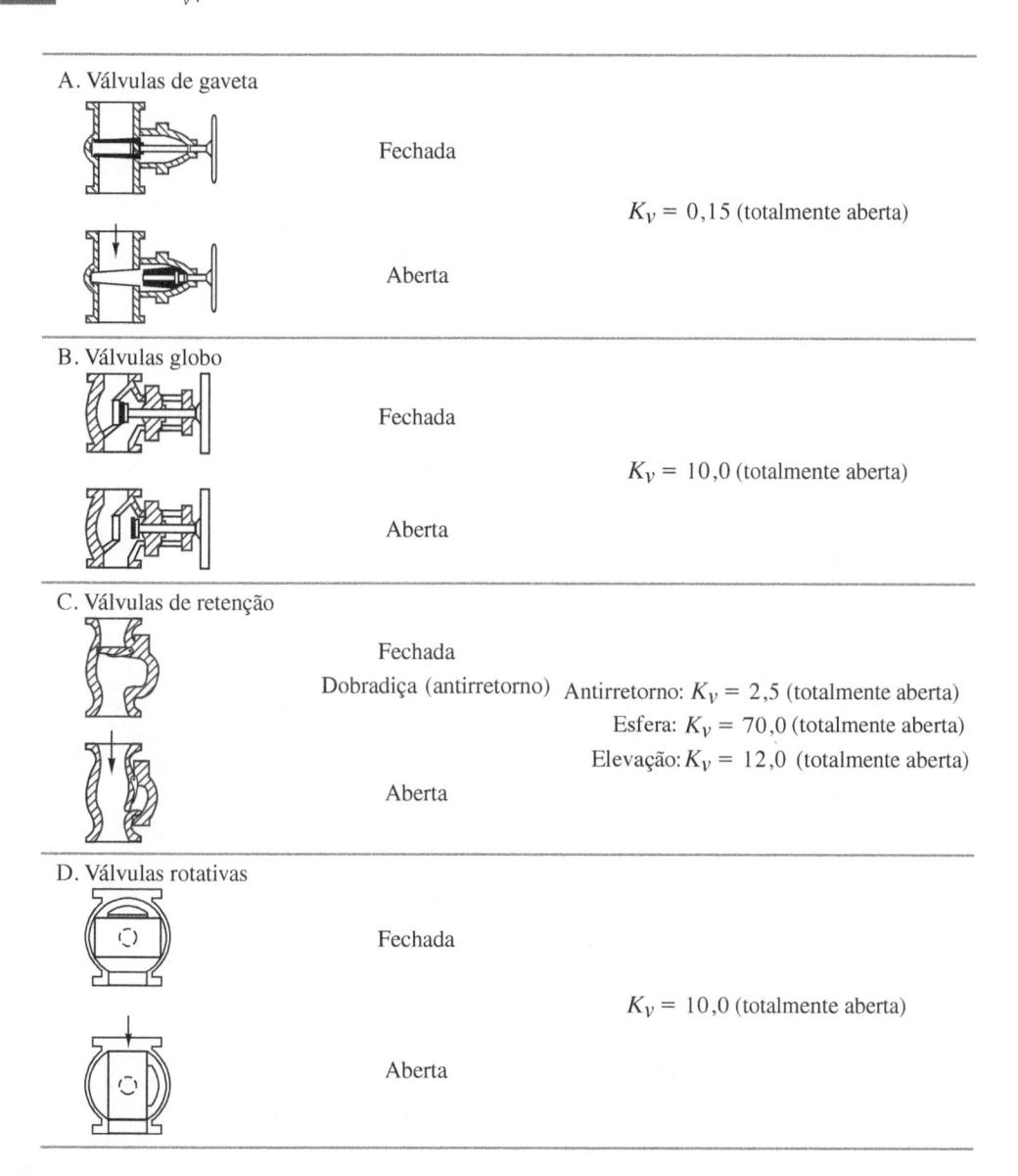

A. Válvulas de gaveta

Fechada

$K_v = 0{,}15$ (totalmente aberta)

Aberta

B. Válvulas globo

Fechada

$K_v = 10{,}0$ (totalmente aberta)

Aberta

C. Válvulas de retenção

Fechada

Dobradiça (antirretorno) — Antirretorno: $K_v = 2{,}5$ (totalmente aberta)

Esfera: $K_v = 70{,}0$ (totalmente aberta)

Elevação: $K_v = 12{,}0$ (totalmente aberta)

Aberta

D. Válvulas rotativas

Fechada

$K_v = 10{,}0$ (totalmente aberta)

Aberta

Exemplo 3.9

A Figura 3.17 apresenta duas seções de tubo de ferro fundido conectadas em série que transportam água de um reservatório e descarregam ao ar livre por meio de uma válvula rotativa localizada 100 m abaixo da elevação da superfície da água. Se a temperatura da água for 10°C e forem utilizadas conexões quadradas, qual será a descarga?

Solução

A equação de energia pode ser escrita para a seção 1 na superfície do reservatório e para a seção 3 na extremidade de descarga como

$$\frac{V_1^2}{2g} + \frac{P_1}{\gamma} + h_1 = \frac{V_3^2}{2g} + \frac{P_3}{\gamma} + h_3 + h_L$$

Selecionando a linha de referência na seção 3, temos $h_3 = 0$. Como tanto o reservatório quanto a extremidade de descarga estão expostos à pressão atmosférica, e a altura de velocidade no reservatório pode ser desprezada, temos

$$h_1 = 100 = \frac{V_3^2}{2g} + h_L$$

A energia total disponível, em 100 m de coluna de água, é igual à altura de velocidade na extremidade de descarga mais as perdas de carga no sistema de tubulação. Essa relação, conforme mostra a Figura 3.17, pode ser escrita como (observando $V_3 = V_2$):

$$h_e + h_{f1} + h_c + h_{f2} + h_v + \frac{V_2^2}{2g} = 100$$

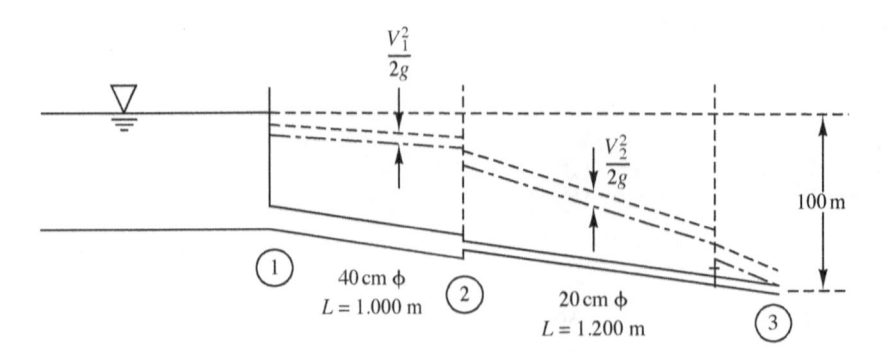

Figura 3.17 Fluxo em uma tubulação.

onde h_e é a perda de carga na entrada. Para uma entrada quadrada, a Equação 3.34 e a Figura 3.12 resultam em:

$$h_e = (0{,}5)\frac{V_1^2}{2g}$$

A perda de carga por atrito na seção 1–2 do tubo é h_{f_1}. A partir da Equação 3.16, temos

$$h_{f_1} = f_1 \frac{1.000}{0{,}40}\frac{V_1^2}{2g}$$

A perda de carga causada pela contração brusca na seção 2 é h_c. A partir da Tabela 3.5 e da Equação 3.32 (considerando $K_c = 0{,}33$ para o primeiro teste),

$$h_c = K_c \frac{V_2^2}{2g} = 0{,}33\frac{V_2^2}{2g}$$

A perda de carga pelo atrito na seção 2–3 do tubo é h_{f_2}:

$$h_{f_2} = f_2 \frac{1.200}{0{,}20}\frac{V_2^2}{2g}$$

A perda de carga na válvula é h_v. A partir da Tabela 3.6 e da Equação 3.39,

$$h_v = K_v \frac{V_2^2}{2g} = (10)\frac{V_2^2}{2g}$$

Portanto,

$$100 = \left(1 + 10 + f_2\frac{1.200}{0{,}20} + 0{,}33\right)\frac{V_2^2}{2g} + \left(f_1\frac{1.000}{0{,}40} + 0{,}5\right)\frac{V_1^2}{2g}$$

A partir da equação de continuidade (Equação 3.4), temos

$$A_1 V_1 = A_2 V_2$$

$$\frac{\pi}{4}(0{,}4)^2 V_1 = \frac{\pi}{4}(0{,}2)^2 V_2$$

$$V_1 = 0{,}25 V_2$$

Substituir V_1 na relação anterior resulta em

$$V_2^2 = \frac{1.960}{11{,}4 + 156 f_1 + 6.000 f_2}$$

Para calcular f_1 e f_2, temos

$$N_{R_1} = \frac{D_1 V_1}{\nu} = \frac{0{,}4}{1{,}31 \times 10^{-6}} V_1 = (3{,}05 \times 10^5) V_1$$

$$N_{R_2} = \frac{D_2 V_2}{\nu} = \frac{0{,}2}{1{,}31 \times 10^{-6}} V_2 = (1{,}53 \times 10^5) V_2$$

onde $\nu = 1{,}31 \times 10^{-6}$ a 10°C. Para o tubo de 40 cm, $e/D = 0{,}00065$, o que resulta em $f_1 \approx 0{,}018$ (considerando turbulência total). Para o tubo de 20 cm, $e/D = 0{,}0013$ e, portanto, $f_2 \approx 0{,}021$. Resolvendo a equação anterior para V_2, temos o seguinte:

$$V_2^2 = \frac{1.960}{11{,}4 + 156(0{,}018) + 6.000(0{,}021)}$$

$$V_2 = 3{,}74 \text{ m/s} \quad \text{e} \quad V_1 = 0{,}25(3{,}74 \text{ m/s}) = 0{,}935 \text{ m/s}$$

Assim sendo,

$$N_{R_1} = 3{,}05 \times 10^5 (3{,}74) = 1{,}14 \times 10^6; \quad f_1 = 0{,}018$$
$$N_{R_2} = 1{,}53 \times 10^5 (0{,}935) = 1{,}43 \times 10^5; \quad f_2 = 0{,}0225$$

Esses valores de f não combinam com os valores assumidos, e, portanto, um segundo teste deve ser feito. Nesse segundo teste, assumimos que $K_c = 0{,}35$, $f_1 = 0{,}018$ e $f_2 = 0{,}0225$. Repetindo os cálculos anteriores, temos $V_2 = 3{,}62$ m/s, $V_1 = 0{,}905$ m/s, $N_{R_1} = 1{,}1 \times 10^6$, $N_{R_2} = 1{,}38 \times 10^5$. A partir da Figura 3.8, $f_1 = 0{,}018$ e $f_2 = 0{,}0225$. Logo, a descarga é:

$$Q = A_2 V_2 = \frac{\pi}{4}(0{,}2 \text{ m})^2 (3{,}62 \text{ m/s}) = 0{,}114 \text{ m}^3/\text{s}$$

Observação: A equação de energia, as expressões do número de Reynolds, a relação do fator de atrito de Colebrook, a equação de Swamee-Jain e a equação de continuidade podem ser simultaneamente resolvidas por um sistema algébrico computacional (como Mathcad, Maple ou Mathematica) e devem resultar nos mesmos valores. Entretanto, as relações são não lineares, o que pode demandar uma boa estimativa inicial para se evitar a instabilidade numérica.

3.12 Método de tubos equivalentes

O método de tubos equivalentes é utilizado para facilitar a análise dos sistemas compostos por diversos tubos em série ou em paralelo. Um tubo equivalente é um tubo hipotético que produz a mesma perda de carga que dois ou mais tubos em série ou em paralelo para a mesma descarga. As expressões apresentadas para tubos equivalentes consideram somente as perdas causadas por atrito.

3.12.1 Tubos em série

O método de tubos equivalentes economiza muito pouco tempo de cálculos quando aplicado a tubos em série. Entretanto, o método está aqui incluído para que se garanta a completude da matéria.

Considere os tubos 1 e 2 apresentados na Figura 3.18. Imagine que os diâmetros, comprimentos e fatores de atrito sejam conhecidos. Desejamos encontrar um único tubo, E, que seja hidraulicamente equivalente aos tubos 1 e 2 em série. Para que os dois sistemas apresentados na Figura 3.18 sejam equivalentes, desprezando a perda de carga causada pelas expansões e contrações do tubo, devemos ter

$$Q_1 = Q_2 = Q_E \quad (3.39)$$

e

$$h_{f_E} = h_{f_1} + h_{f_2} \quad (3.40)$$

Suponha que empreguemos a equação de Darcy-Weisbach para resolver o problema dos tubos em série. Em termos de descarga (Q), a Equação 3.16 torna-se

$$h_f = f \frac{8LQ^2}{g\pi^2 D^5} \quad (3.41)$$

Então, escrevendo a Equação 3.41 para os tubos 1, 2 e E, substituindo na Equação 3.40 e simplificando com $Q_E = Q_1 = Q_2$, obtemos

$$f_E \frac{L_E}{D_E^5} = f_1 \frac{L_1}{D_1^5} + f_2 \frac{L_2}{D_2^5} \quad (3.42)$$

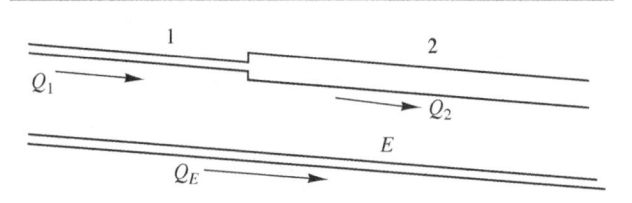

Figura 3.18 Tubos em série.

Qualquer combinação de f_E, L_E e D_E que satisfaça a Equação 3.42 é aceitável. Para encontrar as características do tubo equivalente hipotético, escolhemos arbitrariamente dois dos três desconhecidos (f_E, L_E e D_E) e calculamos o terceiro a partir da Equação 3.42. Em outras palavras, um número infinito de tubos hipotéticos é hidraulicamente equivalente a dois tubos em série. Para N tubos em série, um tubo equivalente pode ser encontrado utilizando-se

$$f_E \frac{L_E}{D_E^5} = \sum_{i=1}^{N} f_i \frac{L_i}{D_i^5} \quad (3.43)$$

Devemos observar que as equações 3.42 e 3.43 são válidas somente para a equação de Darcy-Weisbach. As relações de tubos equivalentes para as equações de Hazen-Williams e de Manning são dadas na Tabela 3.7. Essas relações são válidas tanto para o sistema britânico quanto para o sistema internacional de unidades.

3.12.2 Tubos em paralelo

O método de tubos equivalentes é uma ferramenta muito poderosa para análise de sistemas de tubulações que contenham tubos em paralelo. Considere o sistema apresentado na Figura 3.19. Imagine que desejamos determinar um único tubo que seja equivalente aos tubos 1 e 2 em paralelo. Os dois sistemas serão equivalentes se

$$h_{f_1} = h_{f_2} = h_{f_E} \quad (3.44)$$

e

$$Q_E = Q_1 + Q_2 \quad (3.45)$$

TABELA 3.7 Equações para tubos equivalentes.

Equação	Tubos em série	Tubos em paralelo
Darcy-Weisbach	$f_E \dfrac{L_E}{D_E^5} = \sum_{i=1}^{N} f_i \dfrac{L_i}{D_i^5}$	$\sqrt{\dfrac{D_E^5}{f_E L_E}} = \sum_{i=1}^{N} \sqrt{\dfrac{D_i^5}{f_i L_i}}$
Manning	$\dfrac{L_E n_E^2}{D_E^{5,33}} = \sum_{i=1}^{N} \dfrac{L_i n_i^2}{D_i^{5,33}}$	$\sqrt{\dfrac{D_E^{5,33}}{n_E^2 L_E}} = \sum_{i=1}^{N} \sqrt{\dfrac{D_i^{5,33}}{n_i^2 L_i}}$
Hazen-Williams	$\dfrac{L_E}{C_{HWE}^{1,85} D_E^{4,87}} = \sum_{i=1}^{N} \dfrac{L_i}{C_{HWi}^{1,85} D_i^{4,87}}$	$\sqrt[1,85]{\dfrac{C_{HWE}^{1,85} D_E^{4,87}}{L_E}} = \sum_{i=1}^{N} \sqrt[1,85]{\dfrac{C_{HWi}^{1,85} D_i^{4,87}}{L_i}}$

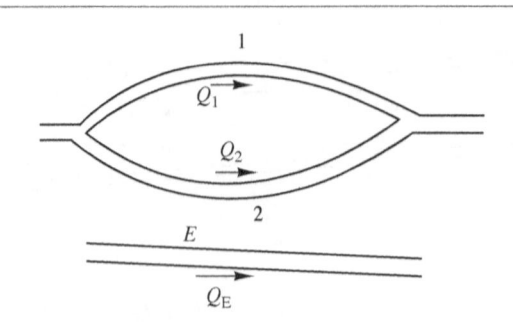

Figura 3.19 Tubos em paralelo.

Considerando os dois requisitos para fluxo em tubos paralelos (equações 3.44 e 3.45), a equação do fluxo é a mais intuitiva. Contudo, a igualdade da perda de atrito é a mais crítica para o processo de solução. Basicamente, a igualdade da perda de atrito diz que o fluxo de uma junção a outra produz perdas de carga iguais independentemente do percurso escolhido. Esse conceito é importante na solução dos problemas de redes de tubos que serão abordados no próximo capítulo.

Para resolver o problema do tubo em paralelo, podemos reorganizar a Equação 3.41 da seguinte maneira:

$$Q = \left\{ \frac{g\pi^2 D^5 h_f}{8f L} \right\}^{1/2} \quad (3.46)$$

Escrevendo a Equação 3.46 para os tubos 1, 2 e E, substituindo na Equação 3.45 e simplificando com $h_{f_1} = h_{f_2} = h_{f_E}$, obtemos

$$\sqrt{\frac{D_E^5}{f_E L_E}} = \sqrt{\frac{D_1^5}{f_1 L_1}} + \sqrt{\frac{D_2^5}{f_2 L_2}} \quad (3.47)$$

Para N tubos em paralelo, a Equação 3.47 pode ser generalizada de modo a se obter

$$\sqrt{\frac{D_E^5}{f_E L_E}} = \sum_{i=1}^{N} \sqrt{\frac{D_i^5}{f_i L_i}} \quad (3.48)$$

Novamente, escolhemos arbitrariamente dois dos três desconhecidos (f_E, L_E e D_E) e calculamos o terceiro a partir da Equação 3.48. Observe, ainda, que as equações 3.47 e 3.48 são aplicáveis à equação de Darcy-Weisbach. Consulte a Tabela 3.7 para as equações de Hazen-Williams e Manning.

Exemplo 3.10

Os tubos AB e CF na Figura 3.20 têm diâmetro de 4 pés, possuem um fator de atrito de Darcy-Weisbach de 0,02 e carregam uma descarga de 120 pés cúbicos por segundo (*cubic feet per second* – cfs). O comprimento de AB é 1.800 pés, e o de CF é 1.500 pés. A seção 1 possui 1.800 pés de comprimento, diâmetro de 3 pés e fator de atrito de 0,018. A seção 2 possui 1.500 pés de comprimento, diâmetro de 2 pés e fator de atrito de 0,015. Determine (a) a perda de carga total resultante do atrito entre os pontos A e F; e (b) a descarga em cada uma das duas seções (1 e 2).

Solução

(a) Primeiro, determinaremos o tubo hipotético que é hidraulicamente equivalente aos dois tubos em paralelo, nas seções 1 e 2. Vamos arbitrariamente escolher um diâmetro de 4 pés e um fator de atrito de 0,02 para o tubo equivalente. Utilizando a Equação 3.47,

$$\sqrt{\frac{4^5}{0,02\, L_E}} = \sqrt{\frac{3^5}{(0,018)(1.800)}} + \sqrt{\frac{2^5}{(0,015)(1.500)}}$$

Resolvendo L_E, obtemos $L_E = 3.310$ pés. Portanto,

$$h_{f_{AF}} = h_{f_{AB}} + h_{f_{BC}} + h_{f_{CF}}$$

e, utilizando a Equação 3.30,

$$h_{f_{AF}} = (0,02)(1.800)\frac{0,0252\,(120)^2}{4^5} + (0,02)(3.310)\frac{0,0252\,(120)^2}{4^5}$$
$$+ (0,02)(1.500)\frac{0,0252\,(120)^2}{4^5}$$

$h_{f_{AF}} = 12,8 + 23,5 + 10,6 = 46,9$ pés

(b) Para a seção 1,

$$h_{f_{BC}} = 23,5 = (0,018)(1.800)\frac{0,0252\,Q_1^2}{3^5}$$

Resolvendo Q_1, obtemos $Q_1 = 83,6$ cfs. Analogamente, para a seção 2,

$$h_{f_{BC}} = 23,5 = (0,015)(1.500)\frac{0,0252\,Q_2^2}{2^5}$$

e obtemos $Q_2 = 36,4$ cfs. Observe que $Q_1 + Q_2 = 120$ cfs, que satisfaz o equilíbrio de massa.

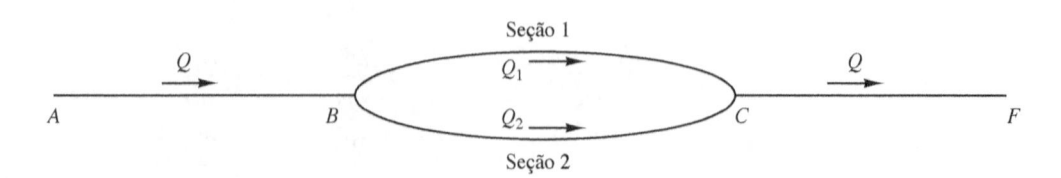

Figura 3.20 Fluxo em tubos paralelos.

PROBLEMAS

(Seção 3.3)

3.3.1 Um jato de água sai de um esguicho na direção positiva x e bate em uma placa plana a um ângulo de 90°. A água então se espalha, formando um arco de 360° (direções y e z) saído da placa. Se o esguicho tem 20 cm de diâmetro e o fluxo apresenta uma velocidade de 3,44 m/s, qual é a força exercida pela água sobre a placa?

3.3.2 Em uma convenção de bombeiros, uma competição coloca dois competidores em um combate simulado. Cada um deles está armado com uma mangueira de incêndio e um escudo. O objetivo é empurrar o oponente para trás com o jato por certa distância. Existem dois tipos de escudo disponíveis para escolha: um deles é uma tampa de lixo plana, e o outro é uma tampa hemisférica que direciona o jato de água de volta ao oponente. Qual escudo você escolheria? Por quê?

3.3.3 Um jato de 1 polegada de diâmetro na direção negativa x bate em uma lâmina fixa que desvia a água em um ângulo de 180°. Se a força na lâmina for de 233 lbs, qual será a velocidade do jato? (Assuma que a lâmina não sofre atrito.)

3.3.4 No final de um tubo de 0,6 m de diâmetro, a pressão é 270.000 N/m². O tubo está conectado a um esguicho de 0,3 m de diâmetro. Se a taxa de escoamento é 1,1 m³/s na direção positiva x, qual é a força total na conexão?

3.3.5 Em um tubo horizontal de 0,5 m de diâmetro escoa água a 0,9 m³/s. Ela é ejetada do tubo através de um esguicho de 0,25 m de diâmetro. Se a força que mantém o esguicho em seu lugar for 43,2 kN, qual será a pressão da água no tubo exatamente anterior ao esguicho?

3.3.6 A água escoa na direção positiva x, passa por um cotovelo de 90° em um tubo de 6 polegadas de diâmetro e segue na direção positiva y a uma velocidade de 3,05 pés³/s. Calcule a magnitude e a direção da força exercida pelo cotovelo. A pressão acima do cotovelo é 15,1 psi, e abaixo dele é 14,8 psi.

3.3.7 Calcule a magnitude e a direção da força de reação em uma curva de 90° em um tubo que passa uma taxa de escoamento de massa de 985 kg/s. O diâmetro da curva é 60 cm, e a altura de pressão é 10 m acima da curva e 9,8 m abaixo dela. (Considere que a água está escoando na direção positiva x na entrada da curva e na direção positiva y na saída dela.)

3.3.8 A água escoa em uma curva de redução e é desviada 30° em um plano horizontal. A velocidade é 4 m/s na entrada do tubo (15 cm de diâmetro) com pressão de 250 kPa. A pressão na saída da curva é 130 kPa (7,5 cm de diâmetro). Determine a força de ancoragem necessária para manter a curva no lugar. (Considere que a água está escoando na direção positiva x na entrada da curva e continua na direção positiva x e na direção positiva y depois dela.)

(Seção 3.5)

3.5.1 Um tubo comercial de aço de 1,5 m de diâmetro transporta 3,5 m³/s de água a 20°C. Determine o fator de atrito e o regime do fluxo (ou seja, laminar–área crítica; turbulento–área de transição; turbulento–tubo liso ou turbulento–tubo áspero).

3.5.2 Água a 68°F escoa a uma taxa de 628 cfs (pés³/s) através de um tubo horizontal de metal corrugado medindo 100 pés de comprimento e 10 pés de diâmetro. Determine o fator de atrito e o regime do fluxo (ou seja, laminar, zona crítica, turbulento; área de transição, turbulento, tubo liso; ou turbulento, tubo áspero).

3.5.3 Uma dona de casa está interessada em fornecer água (20°C) para sua loja que fica a 30 m de sua casa. Entretanto, ela está preocupada com a falta de pressão da água. Calcule a queda de pressão esperada para uma taxa de escoamento de 10 litros por segundo em um tubo de cobre de 1,5 cm. Considere que as perdas menores são desprezíveis.

3.5.4 Um tubo de ferro galvanizado de 15 polegadas está instalado em um aclive de 1/50 e transporta água a 68°F (20°C). Qual será a queda de pressão no tubo de 65 pés de comprimento quando a descarga for 18 cfs (pés³/s)? Considere que as perdas menores são desprezíveis.

3.5.5 O tubo de aço comercial (sem emendas) mostrado na Figura P3.5.5 tem 100 m de comprimento e 0,4 m de diâmetro. Calcule a altura da torre de água (h) se a velocidade do fluxo for 7,95 m/s. Considere que as perdas menores são desprezíveis e que a temperatura da água é 4°C.

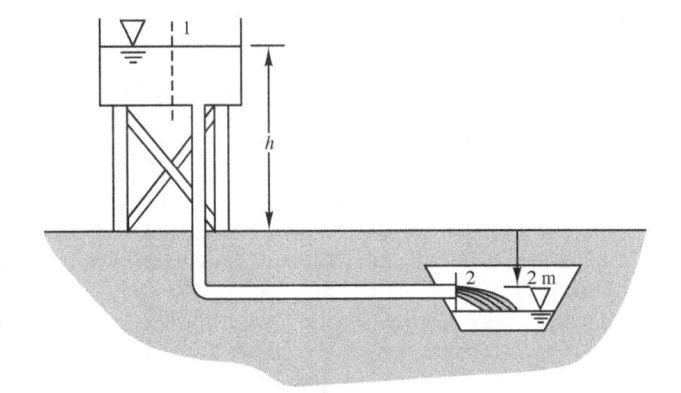

Figura P3.5.5

3.5.6 Uma tubulação circular de ferro fundido de 30 cm de diâmetro e 2 km de extensão transporta água a 10°C. Qual será a descarga máxima se for permitida uma perda de carga de 4,6 m?

3.5.7 Duas seções, A e B, estão a 4,5 km de distância ao longo de um tubo de aço rebitado de 4 m de diâmetro em seu melhor estado. A seção A está 100 m mais alta do que a seção B. Se a pressão da água for 20°C e as alturas de pressão medidas em A e em B forem 8,3 m e 76,7 m, respectivamente, qual será a taxa de escoamento? Considere que as perdas menores são desprezíveis.

3.5.8 Um tubo de concreto liso (1,5 pés de diâmetro) transporta água de um reservatório para uma base de tratamento industrial a 1 milha de distância e a despeja no ar para um tanque de armazenamento. O tubo que sai do reservatório está 3 pés abaixo da superfície da água e corre em posição de declive a uma inclinação de 1:100. Determine a taxa de escoamento (em pés³/s) se a temperatura da água for 40°F (4°C) e as perdas menores forem desprezíveis.

3.5.9 As plantas de uma antiga tubulação enterrada se perderam. Na entrada e na saída do tubo, dois medidores de pressão indicam uma queda de 16,3 psi (lb/pol²). Se o tubo de ferro galvanizado de 6 polegadas transporta água a 68°F com taxa de escoamento de 1,34 cfs (pés³/s), qual é o comprimento da tubulação horizontal subterrânea? Ignore as perdas menores.

3.5.10 Água a 20°C é transportada através de um tubo de ferro forjado de 200 m de comprimento com uma perda de altura de 9,8 m. Determine o diâmetro do tubo necessário para transportar 10 L/s.

3.5.11 Um encanamento central feito de concreto áspero perde 43 psi (lb/pol²) de pressão ao longo de 1 milha de extensão horizontal. Estime o tamanho do tubo necessário para transportar 16,5 cfs (pés³/s) de água a 68°F (20°C). Considere que as perdas menores são desprezíveis.

3.5.12 A companhia de água da cidade deseja transportar 1.800 m³ de água por dia para uma base que está a 8 km de distância do reservatório. A elevação da superfície de água está 6 m acima da entrada do tubo, e a superfície da água no tanque de armazenamento está 1 m acima da saída do tubo. O tubo será colocado sobre uma inclinação de 1/500. Qual é o diâmetro mínimo de um tubo de concreto (boas articulações) que pode ser utilizado se a temperatura da água variar entre 4°C e 20°C? Considere que as perdas menores são desprezíveis.

3.5.13 A Equação 3.19 define a velocidade média para o fluxo laminar usando a lei de Hagen-Poiseuille. A Equação 3.20 mostra a equação de Darcy-Weisbach aplicada a um tubo horizontal uniforme. Derive a Equação 3.20a mostrando todas as etapas do processo.

3.5.14 Água a 20°C escoa em um tubo de aço comercial de 20 cm. A taxa de escoamento é de 80 litros por segundo, e a pressão é constante ao longo da extensão do tubo. Determine a inclinação do tubo. Considere que as perdas menores são desprezíveis.

3.5.15 Um tubo antigo para fornecimento de água contém um longo segmento horizontal e possui 30 cm de diâmetro (ferro fundido). É muito provável que exista um vazamento ao longo de uma parte inacessível da tubulação subterrânea. Um par de medidores de pressão localizados na parte anterior ao vazamento indica uma queda de pressão de 23.000 N/m². Outro par de medidores de pressão localizados depois do vazamento indica uma queda de pressão de 20.900 N/m². A distância entre os medidores de cada par é de 100 m. Determine a magnitude do vazamento. Considere que as perdas menores são desprezíveis e que a temperatura da água é 20°C.

(Seção 3.7)

3.7.1 Uma tubulação nova de ferro fundido com 6 km de extensão transporta 320 L/s de água a 30°C. Considerando que o diâmetro do tubo é de 30 cm, compare a perda de altura calculada a partir de: (a) equação de Darcy-Weisbach, (b) equação de Hazen-Williams e (c) equação de Manning. Utilize um software para comparar seus resultados.

3.7.2 Foi sugerida uma tubulação de 2 milhas para transportar 77,6 pés³/s de água a 4°C (39°F) entre dois reservatórios. O reservatório receptor está localizado próximo a Denver, Colorado, com uma elevação na superfície da água de 5.280 pés NMM. O reservatório de fornecimento está sendo construído em uma região montanhosa com uma elevação na superfície da água estimada em 5.615 pés NMM. Com base nas demandas de escoamento, determine a elevação na superfície da água necessária do reservatório de fornecimento utilizando: (a) equação de Hazen-Williams e (b) equação de Manning. A tubulação de 2,5 pés de diâmetro será feita de aço rebitado (liso). Ignore as perdas menores e verifique seus resultados com um software.

3.7.3 Dois reservatórios a 1.200 m de distância um do outro são conectados por um tubo de concreto liso de 50 cm. Se os dois reservatórios apresentam uma diferença de elevação de 5 m, determine a descarga (20°C) no tubo utilizando: (a) equação de Darcy-Weisbach, (b) equação de Hazen-Williams e (c) equação de Manning. Considere que as perdas menores são desprezíveis e verifique seus resultados com um software.

3.7.4 Realize uma pesquisa para encontrar mais duas ou três equações empíricas envolvendo a perda da altura em tubulações. Liste os autores e as limitações de cada equação.

3.7.5 Utilize a equação de Hazen-Williams e a equação de Manning para calcular a taxa de escoamento para o Problema 3.5.7, resolvido utilizando-se a equação de Darcy-Weisbach e que resultou em $Q = 78,8$ m³/s. Compare os resultados e discuta as diferenças. Considere que as perdas menores são desprezíveis e verifique seus resultados em um software.

3.7.6 Uma tubulação subterrânea horizontal de concreto ($n = 0,012$) de extensão desconhecida precisa ser substituída. A extensão é desconhecida porque as plantas originais da tubulação foram perdidas. A queda na altura de pressão ao longo do segmento que precisa ser substituído é de 29,9 pés. Se a taxa de escoamento for 30,0 cfs (pés³/s), que extensão deve ter o novo tubo? Qual seria a modificação na resposta se fosse difícil determinar o valor de n e a ele fosse atribuído 0,013 em vez de 0,012? Considere que as perdas menores são desprezíveis e verifique seus resultados em um software.

3.7.7 A diferença em elevação entre dois reservatórios a 2.000 m de distância um do outro é de 20 m. Calcule a taxa de escoamento se: (a) uma tubulação de aço comercial de 30 cm conectar os dois reservatórios ($C_{HW} = 140$) e (b) forem utilizadas duas tubulações de aço comercial de 20 cm. Considere que as perdas menores são desprezíveis e verifique seus resultados em um software.

3.7.8 Um túnel de concreto ($n = 0,013$) com uma seção transversal semicircular (raio = 1 pé) segue cheio com uma descarga de 15 cfs (pés³/s). Qual é a perda de altura em 1.200 pés? É possível verificar seus resultados com um software?

3.7.9 Uma tubulação horizontal de ferro fundido foi instalada há 20 anos com um coeficiente de Hazen-Williams de 130. A tubulação tem 2.000 m de extensão e diâmetro de 30 cm. Uma significativa formação de tubérculos ocorreu desde sua instalação, e testes estão sendo aplicados para determinar o C_{HW} existente. Uma queda de pressão de 366.000 pascais foi verificada ao longo da extensão da tubulação para uma taxa de escoamento de 0,136 m³/s. Determine o coeficiente de Hazen-Williams existente. Considere que as perdas menores são desprezíveis e verifique seus resultados em um software.

(Seção 3.11)

3.11.1 Um tubo de 30 cm de diâmetro transporta água a uma taxa de 106 L/s. Determine a perda de altura de contração se o diâmetro for bruscamente reduzido para 15 cm. Compare o resultado com a perda de altura que ocorre quando os 15 cm são repentinamente expandidos para 30 cm.

3.11.2 No Problema 3.11.1, a perda de altura causada pela contração e expansão abruptas foi calculada em 0,606 m e 1,03 m, respectivamente. Com as mesmas taxa de escoamento e geometria, determine as perdas de altura correspondentes se um redutor de 15° e um difusor de 15° forem utilizados para diminuir as perdas de altura.

3.11.3 Os fabricantes de válvulas desejam poder fornecer os coeficientes de perda de seus produtos a seus possíveis compradores. Eles normalmente realizam experimentos para determinar esses coeficientes. Calcule o coeficiente de perda para uma válvula se a água escoar por uma válvula de 8 cm a 0,04 m^3/s e produzir uma queda de pressão de 100 kPa.

3.11.4 Uma válvula de retenção (antirretorno) e uma válvula globo estão instaladas em série em um tubo de 8 polegadas. Determine a taxa de escoamento se a queda de pressão ao longo das válvulas for de 5,19 psi (lbs/pol^2). Considere que as perdas de atrito são desprezíveis devido à pequena extensão do tubo.

3.11.5 Água escoa por uma contração repentina em um plano horizontal, passando de um tubo de 60 cm para outro de 30 cm. A pressão no lado superior da contração é de 285 kPa, e no lado inferior, de 265 kPa. Determine a taxa de escoamento.

3.11.6 Água escoa em uma tubulação horizontal de ferro forjado de 4 cm do ponto A ao ponto B. A tubulação possui 50 m de extensão e contém uma válvula de passagem totalmente aberta e dois cotovelos ($R/D = 4$). Se a pressão em B (área inferior) for de 192 kPa e a taxa de escoamento for de 0,006 m^3/s, qual será a pressão no ponto A?

3.11.7 Água escoa de um tanque de armazenamento através de um tubo horizontal de 6 polegadas (ferro fundido) que descarrega a água (20°C) na atmosfera. O tubo tem 500 pés de extensão, contém duas curvas de raio de 1 pé, uma válvula de passagem totalmente aberta e entrada quadrada. Calcule a taxa de escoamento se a profundidade da água no tanque de armazenamento estiver 60,2 pés acima da entrada (e da saída) do tubo.

3.11.8 Um tubo de ferro fundido de 75 m de comprimento e 15 cm de diâmetro conecta dois tanques (abertos) que apresentam uma diferença de 5 m na elevação da superfície da água (20°C). A entrada do tubo no tanque de abastecimento é quadrada, e o tanque contém uma curva de 90° com raio agudo de 15 cm. Determine a taxa de escoamento no tubo.

3.11.9 Um tanque cilíndrico de 5 m de diâmetro está cheio de água com profundidade de 3 m. Um pequeno tubo horizontal de 20 cm de diâmetro e uma válvula rotatória estão sendo utilizados para drenar o tanque a partir do fundo. Quanto tempo será necessário para drenar 50 por cento do tanque?

3.11.10 Uma torre de 34 m de altura fornece água para uma área residencial através de uma tubulação comercial de aço com 800 m de extensão e 20 cm de diâmetro. Para aumentar a altura de pressão no ponto de distribuição, engenheiros estão pensando em substituir 94 por cento da extensão da tubulação por tubos de aço mais largos (30 cm de diâmetro) conectados por um redutor de 30° à parte remanescente menor da tubulação. Se o pico de demanda de água (20°C) fosse de 0,10 m^3/s, qual altura de pressão se ganharia com essa estratégia?

3.11.11 Um tubo sofre uma contração brusca e passa a ter metade de seu diâmetro e, em seguida, por uma expansão que o faz retornar ao tamanho original. Qual a maior perda – a de contração ou a de expansão? Prove sua resposta.

(Seção 3.12)

3.12.1 Derive uma expressão para N tubos em paralelo utilizando a equação de Manning.

3.12.2 Derive uma expressão para N tubos em paralelo utilizando a equação de Hazen-Williams.

3.12.3 Refaça o Exemplo 3.10 utilizando a equação de Manning considerando que $n = 0,013$ para todos os tubos.

3.12.4 Refaça o Exemplo 3.10 utilizando a equação de Hazen-Williams considerando que $C_{HW} = 100$ para todos os tubos.

3.12.5 Os tubos AB e CF na Figura P3.12.5 têm um diâmetro de 3 m e um fator de atrito de Darcy-Weisbach de 0,02. O comprimento de AB é de 1.000 m e o de CF é de 900 m. A descarga no tubo AB é 60 m^3/s. A seção 1 tem 1.000 m de extensão, 2 m de diâmetro e fator de atrito de 0,018. A seção 2 tem 800 m de extensão, 3 m de diâmetro e fator de atrito de 0,02. Uma descarga de 20 m^3/s é adicionada ao fluxo no ponto B e 10 m^3/s são eliminados no ponto C, conforme mostra a figura. (a) Determine a perda de altura total causada pelo atrito entre as seções A e F. (b) Determine a descarga nas seções 1 e 2.

3.12.6 O método de tubos equivalentes pode ser utilizado para se encontrar um único tubo hipotético que seja equivalente ao sistema de tubos no Exemplo 3.10? Se sua resposta for positiva, determine o tubo equivalente. Se sua resposta for negativa, justifique.

3.12.7 O método de tubos equivalentes pode ser utilizado para encontrar um único tubo hipotético que seja equivalente ao sistema de tubos no Problema 3.12.5? Se sua resposta for positiva, determine o tubo equivalente. Se sua resposta for negativa, justifique.

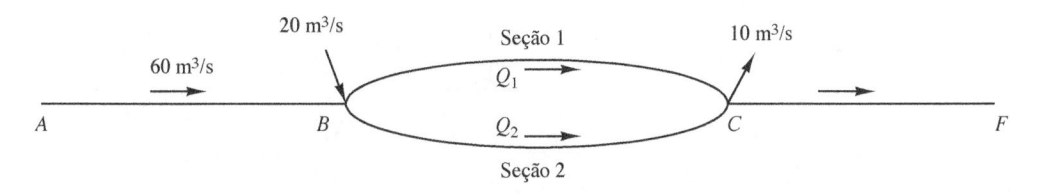

Figura P3.12.5

4 Tubulações e redes de tubos

Em geral, quando um conjunto de tubos está interligado para transportar água para determinado projeto, tem-se um sistema que pode incluir tubos em série, em paralelo, tubos de distribuição, cotovelos, válvulas, medidores e outros dispositivos. Essa organização é conhecida como *tubulação*, se todos os elementos estiverem conectados em série. Caso contrário, essa organização é conhecida como *rede de tubos*.

Embora o conhecimento básico sobre fluxo em tubos discutido no Capítulo 3 seja aplicável a cada tubo individual no sistema, certos problemas complexos únicos ao sistema são criados com o projeto e a análise de uma tubulação ou rede de tubos. Isso é particularmente verdade se o sistema for composto por um grande número de tubos, como acontece nas redes de distribuição de água de grandes áreas metropolitanas.

Os fenômenos e problemas físicos pertinentes às tubulações e redes de tubos, bem como as técnicas especiais desenvolvidas para análise e projeto de tais sistemas, são discutidos nas seções a seguir.

4.1 Tubulações conectando dois reservatórios

Uma *tubulação* é um sistema de um ou mais tubos conectados em série e projetados para transportar água de uma localização (em geral, um reservatório) a outra. Existem três tipos principais de problemas de tubulações.

1. Dadas a taxa de fluxo e as combinações de tubos, determinar a perda total de altura.
2. Dadas a perda total de altura permitida e as combinações de tubos, determinar a taxa de fluxo.
3. Dadas a taxa de fluxo e a perda total de altura permitida, determinar o diâmetro do tubo.

O primeiro tipo de problema pode ser resolvido por uma abordagem direta, mas o segundo e o terceiro tipos envolvem procedimentos iterativos, conforme mostram os exemplos a seguir.

Exemplo 4.1

Dois tubos de ferro fundido em série interligam dois reservatórios (Figura 4.1). Ambos têm 300 m de comprimento e possuem diâmetros de 0,6 m e 0,4 m, respectivamente. A elevação da superfície da água (WS) no reservatório A é 80 m. A descarga de água a 10°C do reservatório A para o reservatório B é 0,5 m³/s. Encontre a elevação da superfície do reservatório B. Considere uma contração brusca na junção e uma entrada quadrada.

Solução

Aplicando a equação de energia (Equação 3.15) entre as superfícies dos reservatórios A e B,

$$\frac{V_A^2}{2g} + \frac{P_A}{\gamma} + h_A = \frac{V_B^2}{2g} + \frac{P_B}{\gamma} + h_B + h_L$$

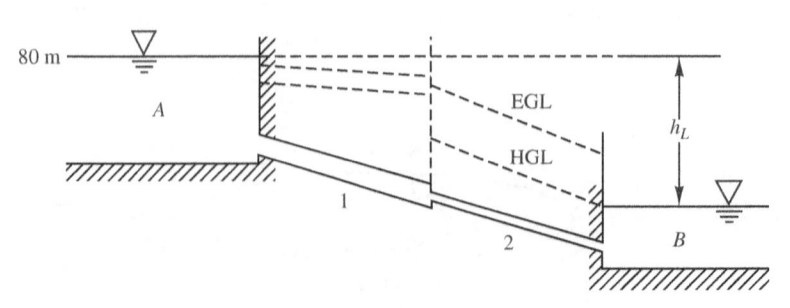

Figura 4.1

Como $P_A = P_B = 0$, e as alturas cinéticas podem ser desprezadas em um reservatório,

$$h_B = h_A - h_L$$

Considerando o trecho 1 como o tubo superior e o trecho 2 como o tubo inferior para calcular a perda de altura, podemos escrever

$$V_1 = \frac{Q}{A_1} = \frac{0,5}{(\pi/4)(0,6)^2} = 1,77 \text{ m/s}$$

$$V_2 = \frac{Q}{A_2} = \frac{0,5}{(\pi/4)(0,4)^2} = 3,98 \text{ m/s}$$

$$N_{R_1} = \frac{V_1 D_1}{\nu} = \frac{1,77(0,6)}{1,31 \times 10^{-6}} = 8,11 \times 10^5$$

$$N_{R_2} = \frac{V_2 D_2}{\nu} = \frac{3,98(0,4)}{1,31 \times 10^{-6}} = 1,22 \times 10^6$$

A partir da Tabela 3.1, temos

$$\frac{e}{D_1} = \frac{0,26}{600} = 0,00043$$

$$\frac{e}{D_2} = \frac{0,26}{400} = 0,00065$$

A partir do diagrama de Moody (Figura 3.8), temos

$$f_1 = 0,017 \text{ e } f_2 = 0,018$$

Para a perda total de altura,

$$h_L = h_e + h_{f_1} + h_c + h_{f_2} + h_d.$$

A partir das equações 3.16, 3.32, 3.34 e 3.37, podemos escrever

$$h_L = \left(0,5 + f_1 \frac{L_1}{D_1}\right)\frac{V_1^2}{2g} + \left(0,21 + f_2 \frac{L_2}{D_2} + 1\right)\frac{V_2^2}{2g} = 13,3 \text{ m}$$

A elevação da superfície do reservatório B é

$$h_B = h_A - h_L = 80 - 13,3 = 66,7 \text{ m}.$$

Exemplo 4.2

A tubulação AB conecta dois reservatórios. A diferença na elevação entre os dois reservatórios é de 33 pés. A tubulação é composta por uma seção superior, $D_1 = 30$ pol. e $L_1 = 5.000$ pés, e uma seção inferior, $D_2 = 21$ pol. e $L_2 = 3.500$ pés. Os tubos são de concreto liso e estão conectados de ponta a ponta com uma redução brusca de área. Considere que a temperatura da água é 68°F. Calcule a capacidade de descarga.

Solução

A equação de energia pode ser escrita como se vê a seguir entre as superfícies de reservatórios:

$$\frac{V_A^2}{2g} + \frac{P_A}{\gamma} + h_A = \frac{V_B^2}{2g} + \frac{P_B}{\gamma} + h_B + h_L$$

Eliminando os zeros e os pequenos termos, podemos reescrever a equação da seguinte maneira

$$h_L = h_A - h_B = 33 \text{ pés}$$

Como a descarga ainda é desconhecida, pode-se assumir que a velocidade em cada tubo é V_1 e V_2, respectivamente. A equação da energia total conforme se vê, conterá essas duas quantidades assumidas. Ela não pode ser resolvida diretamente, portanto utiliza-se um procedimento de iteração. Para a temperatura da água a 68°F, $\nu = 1,08 \times 10^{-5}$ pés²/s. O número de Reynolds correspondente pode ser escrito como

$$N_{R_1} = \frac{V_1 D_1}{\nu} = \frac{V_1(2,5)}{1,08 \times 10^{-5}} = (2,31 \times 10^5)V_1 \quad (1)$$

$$N_{R_2} = \frac{V_2 D_2}{\nu} = \frac{V_2(1,75)}{1,08 \times 10^{-5}} = (1,62 \times 10^5)V_2 \quad (2)$$

A partir da condição de continuidade, $A_1 V_1 = A_2 V_2$, temos

$$\frac{\pi}{4}(2,5)^2(V_1) = \frac{\pi}{4}(1,75)^2(V_2)$$

$$V_2 = 2,04 V_1 \quad (3)$$

Substituindo a Equação (2) pela Equação (3), temos

$$N_{R_2} = (1,62 \times 10^5)(2,04 V_1) = (3,30 \times 10^5)V_1$$

A equação de energia pode ser escrita como

$$33 = \left[0,5 + f_1\left(\frac{5.000}{2,5}\right)\right]\frac{V_1^2}{2g}$$

$$+ \left[0,18 + f_2\left(\frac{3.500}{1,75}\right) + 1\right]\frac{V_2^2}{2g}$$

$$33 = (0,084 + 31,1 f_1 + 129 f_2)V_1^2$$

A partir da Tabela 3.1, $e/D_1 = 0,00024$ e $e/D_2 = 0,00034$. Como primeira tentativa, faça $f_1 = 0,014$ e $f_2 = 0,015$ (considerando turbulência total, geralmente uma boa premissa para sistemas de transmissão de água porque a viscosidade da água é baixa e as velocidades ou diâmetros dos tubos são grandes, o que resulta em valores altos para N_R). Assim,

$$33 = [0,084 + 31,1(0,014) + 129(0,015)]V_1^2$$

$$V_1 = 3,67 \text{ pés/s}$$

$$N_{R_1} = 2,31 \times 10^5(3,67) = 8,48 \times 10^5$$

$$N_{R_2} = 3,30 \times 10^5(3,67) = 1,21 \times 10^6$$

A partir da Figura 3.8, $f_1 = 0,0155$ e $f_2 = 0,016$. Esses valores não coincidem com os valores assumidos previamente. Para a segunda tentativa, considere $f_1 = 0,0155$ e $f_2 = 0,016$.

$$V_1 = 3,54 \text{ pés/s} \quad N_{R_1} = 8,17 \times 10^5 \quad N_{R_2} = 1,17 \times 10^6$$

A partir da Figura 3.8, obtivemos $f_1 = 0,0155$ e $f_2 = 0,016$. Esses valores são iguais aos valores assumidos, sugerindo que $V_1 = 3,54$ pés/s é a velocidade real no tubo superior. Logo, a descarga é

$$Q = A_1 V_1 = \frac{\pi}{4}(2,5)^2(3,54) = 17,4 \text{ cfs (pés}^3/\text{s)}$$

Exemplo 4.3

Uma tubulação de concreto está instalada para distribuir 6 m³/s de água (10°C) entre dois reservatórios que estão a 17 km de distância um do outro. Se a diferença de elevação entre os dois reservatórios é de 12 m, que tamanho o tubo deve ter?

Solução

Assim como nos exemplos anteriores, a relação de energia entre os dois reservatórios é

$$\frac{V_A^2}{2g} + \frac{P_A}{\gamma} + h_A = \frac{V_B^2}{2g} + \frac{P_B}{\gamma} + h_B + h_L$$

Assim,

$$h_L = h_A - h_B = 12 \text{ m}$$

A velocidade média pode ser obtida utilizando-se a condição de continuidade, Equação 3.4:

$$V = \frac{Q}{A} = \frac{6}{(\pi/4)D^2} = \frac{7{,}64}{D^2}$$

e

$$N_R = \frac{DV}{\nu} = \frac{D\left(\dfrac{7{,}64}{D^2}\right)}{1{,}31 \times 10^{-6}} = \frac{5{,}83 \times 10^6}{D}$$

Despreze as pequenas perdas (para tubos longos de $L/D \gg 1.000$, as pequenas perdas podem ser desprezadas). Portanto, a perda de energia contém somente o termo da perda de atrito. A Equação 3.16 resulta em

$$12 = f\left(\frac{L}{D}\right)\frac{V^2}{2g} = f\left(\frac{L}{D}\right)\frac{Q^2}{2gA^2}$$

$$= f\left(\frac{17.000}{D}\right)\left(\frac{6^2}{2(9{,}81)(\pi/4)^2 D^4}\right)$$

Simplificada,

$$0{,}000237 = \frac{f}{D^5} \quad \text{(a)}$$

Para tubos de concreto, $e = 0{,}36$ mm (média), e considere que $D = 2{,}5$ m para a primeira tentativa,

$$\frac{e}{D} = \frac{0{,}36}{2500} = 0{,}00014$$

e $N_R = 2{,}33 \times 10^6$. A partir da Figura 3.8, obtemos $f = 0{,}0135$. Substituindo esses valores na Equação (a), vemos que

$$D = \left(\frac{0{,}0135}{0{,}000237}\right)^{1/5} = 2{,}24$$

Logo, um diâmetro de tubo diferente deve ser utilizado para a segunda iteração. Utilize $D = 2{,}24$ m. Assim, $e/D = 0{,}00016$ e $N_R = 2{,}6 \times 10^6$. A partir da Figura 3.8, obtemos $f = 0{,}0136$. A partir da Equação (a), temos, agora,

$$D = \left(\frac{0{,}0136}{0{,}000237}\right)^{1/5} = 2{,}25 \text{ m}$$

O valor à direita é considerado próximo o suficiente daquele visto na iteração anterior, e o diâmetro do tubo de 2,25 m é o escolhido.

Observação: Para todos esses problemas de tubulações, equações simultâneas podem ser definidas e resolvidas utilizando-se um software algébrico computacional (como Mathcad, Maple ou Mathematica). As equações necessárias incluem a equação de energia, a equação de Darcy-Weisbach para perda de altura de atrito, equações de pequenas perdas, equação de continuidade, número de Reynolds e relação de fator de atrito de Colebrook ou a equação de Swamee-Jain. Entretanto, as relações são altamente não lineares, e uma boa estimativa inicial pode ser necessária para evitar instabilidade numérica.

4.2 Cenários de pressão negativa (tubulações e bombas)

Tubulações utilizadas para transportar água de uma localização a outra em distâncias longas geralmente seguem o contorno natural do terreno. Ocasionalmente, uma seção da tubulação pode ser elevada a uma altura acima da linha de altura piezométrica (HGL), como mostra a Figura 4.2. Conforme discutido no Capítulo 3, a distância vertical medida entre a linha de energia (EGL) e a linha hidráulica (HGL) em qualquer ponto ao longo da tubulação é a altura de pressão local (P/γ). Nos arredores do ponto mais alto da tubulação (S na Figura 4.2), a altura de pressão pode assumir um valor negativo.

Os cenários de pressão negativa nas tubulações não são difíceis de serem compreendidos à luz dos princípios da altura hidráulica. Lembre-se de que a altura total

$$H = \left(\frac{V^2}{2g} + h\right) + \frac{P}{\gamma}$$

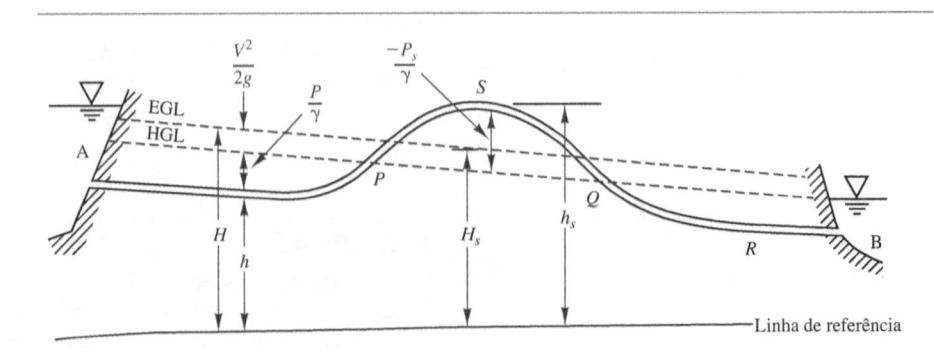

Figura 4.2 Seção elevada em uma tubulação.

deve ser igual à distância vertical entre a linha de referência e a linha de energia em qualquer localização na tubulação. No ponto mais alto, por exemplo, a altura de elevação (h_S) é a distância vertical entre a linha de referência e a linha central da tubulação. A altura cinética ($V^2/2g$) também é um valor positivo fixo. O somatório $V^2/2g + h_S$ pode tornar-se maior do que H_S, a altura total no ponto mais alto. Se isso acontecer, a altura de pressão (P_S/γ) deve assumir um valor negativo. *A pressão medida será negativa* (em relação à pressão atmosférica igual a zero, $P_{atm} = 0$) *em qualquer parte onde o tubo esteja acima da linha hidráulica* (entre P e Q na Figura 4.2). Essa pressão negativa alcança um valor máximo no ponto mais alto, $-(P_S/\gamma)$. O fluxo de água de S a R deve fluir contra o gradiente de pressão. Em outras palavras, ele flui de um ponto com pressão inferior rumo a um ponto com pressão mais alta. Isso é possível porque a água sempre flui em direção aos locais com energia mais baixa, e, nos canais fechados, a altura de elevação diminui mais do que compensa pelo aumento da altura de pressão. Por exemplo, se uma unidade de peso de água escoando de S a R experimentar um aumento de pressão de 3 m de coluna de água, a elevação de S deverá ser pelo menos 3 m superior à elevação de R. Na verdade, a diferença na elevação entre S e R deve ser igual a 3 m mais a perda de altura entre S e R. Ou, mais genericamente, a diferença na elevação entre dois pontos quaisquer 1 e 2 em uma tubulação é

$$\Delta h_{1-2} = \left(\frac{P_2}{\gamma} - \frac{P_1}{\gamma} \right) + h_f \quad (4.1)$$

Para fins de projeto, é importante manter a pressão em todos os pontos em uma tubulação acima da pressão de vapor da água. Conforme discutido no Capítulo 1, a pressão de vapor (manométrica) da água é aproximadamente igual a uma altura negativa de coluna de água de 10 m a 20°C. Quando a pressão no tubo fica abaixo desse valor, a água evapora localmente e forma bolhas de vapor que separam a água no tubo. Essas bolhas estouram nas regiões de pressão mais alta. A ação de estouro das bolhas é muito violenta, causando sons e vibrações capazes de provocar grandes danos à tubulação. Todo esse processo é denominado *cavitação*. É importante observar que a vaporização (ebulição) da água em tubulações ocorre mesmo em temperaturas atmosféricas normais se a queda de pressão for de magnitude suficiente.

Teoricamente, uma tubulação pode ser projetada para permitir que a pressão caia até o nível da pressão de vapor em determinadas seções da própria. Por exemplo, a pressão de vapor da água a 20°C é 2.335 N/m² (Tabela 1.1). Essa é uma pressão absoluta; a pressão manométrica é encontrada subtraindo-se a pressão atmosférica (1,014 × 10⁵ N/m²) ou, em termos de altura de pressão, $(P_{vapor} - P_{atm})/\gamma = (2.335 - 101.400)/9.790 = -10,1$ m. Entretanto, na prática, costuma não ser aceitável se permitir que a pressão caia até os níveis da pressão de vapor. A água normalmente contém gases dissolvidos que evaporam bem antes de a pressão de vapor ser alcançada. Esses gases retornam ao estado líquido muito lentamente. Eles costumam se mover com a água em forma de grandes bolhas que reduzem a área efetiva de fluxo e, assim, atrapalham o escoamento. Por essa razão, não se deve permitir que a pressão negativa exceda aproximadamente dois terços da altura de pressão atmosférica padrão (10,3 m de H_2O) em qualquer que seja a seção da tubulação (ou seja, cerca de –7 m de H_2O, pressão manométrica).

Exemplo 4.4

Uma tubulação de PVC de 40 cm de diâmetro e 2.000 m de extensão transporta água a 10°C entre dois reservatórios, conforme mostra a Figura 4.2. Os dois reservatórios possuem uma diferença na elevação de superfície da água de 30 m. Na metade de seu comprimento, a tubulação precisa ser suspensa para transportar a água por uma pequena elevação. Determine a altura máxima de elevação da tubulação (no ponto mais alto, S) acima da elevação da superfície de água mais baixa do reservatório de modo a evitar a cavitação.

Solução

Os problemas relacionados à tubulação são quase sempre resolvidos utilizando-se a equação de energia. Contudo, dois pontos devem ser escolhidos para equilibrar a energia. Ao escolher os pontos, é esperado que você identifique onde são necessárias mais informações e onde está disponível a maioria das informações acerca da energia. Neste problema, deseja-se descobrir a elevação no ponto mais alto, e a maioria das informações disponíveis está relacionada às superfícies da água (ou seja, onde a altura de velocidade e as alturas de pressão são desprezíveis). Como se deseja saber a elevação do ponto mais alto em relação ao reservatório mais baixo (B), comece equilibrando a energia entre esses dois pontos, o que resulta em

$$\frac{V^2}{2g} + \frac{P_S}{\gamma} + h_S = \frac{V_B^2}{2g} + \frac{P_B}{\gamma} + h_B + h_L$$

Definindo os dados da superfície de água do reservatório B, todos os termos do lado direito da equação desaparecem, exceto o termo da perda de altura, que inclui a perda de atrito (h_f) e a perda na saída (h_d). Reescrevendo a equação e substituindo os valores conhecidos, temos

$$\frac{V^2}{2g} - 10,2 \text{ m} + h_S = \left(f \frac{1.000 \text{ m}}{0,4 \text{ m}} + 1,0 \right) \frac{V^2}{2g} \quad (1)$$

onde é utilizada uma altura permitida de pressão de vapor de –10,2 m (manométrica). A pressão de vapor da água a 10°C é 1.266 N/m² (Tabela 1.1) ou, em termos de altura de pressão, $(P_{vapor} - P_{atm})/\gamma = (1.266 - 101.400)/9.800 = -10,2$ m. Fica evidente, a partir da Equação (1), que a taxa de escoamento na tubulação, que nos permite determinar a velocidade da tubulação, terá de ser definida para que seja descoberta a altura permitida para o ponto mais alto, h_S.

Na seção anterior, as taxas de escoamento da tubulação entre os dois reservatórios foram determinadas pelo equilíbrio da energia entre as superfícies dos reservatórios. Nesse caso, a perda de altura total entre os dois reservatórios é de 30 m, que inclui a perda na entrada (h_e), a perda de atrito (h_f) e a perda na descarga (h_d). Portanto, podemos escrever

$$h_A - h_B = 30 = \left(K_e + f\frac{L}{D} + K_d\right)\frac{V^2}{2g}$$

Consideremos uma entrada quadrada e turbulência completa, $e/D = 0,0015$ mm/400 mm = 0,00000375, basicamente, um tubo liso que requer N_R. Podemos, assim, experimentar $f = 0,015$, que está no meio do diagrama de Moody (Figura 3.8) para tubos lisos. Substituindo na equação de energia, temos

$$30 = \left(0,5 + (0,015)\frac{2.000}{0,4} + 1\right)\frac{V^2}{2(9,81)}$$

Então, $V = 2,77$ m/s. Precisamos verificar o fator de atrito assumido (f) utilizando a velocidade. A rugosidade relativa permanece a mesma, e o número de Reynolds é

$$N_R = \frac{VD}{\nu} = \frac{(2,77)(0,4)}{1,31 \times 10^{-6}} = 8,46 \times 10^5$$

No diagrama de Moody, agora se lê $f = 0,012$, o que é diferente do valor considerado. A relação de energia é reescrita da seguinte maneira:

$$30 = \left(0,5 + (0,012)\frac{2.000}{0,4} + 1\right)\frac{V^2}{2(9,81)}$$

na qual $V = 3,09$ m/s. Agora, $N_R = 9,44 \times 10^5$, e o diagrama de Moody nos dá $f = 0,012$, que combina com o valor anterior. Reorganizando a Equação (1) e substituindo V e f resulta na altura máxima (h_s) de elevação da tubulação (no ponto mais alto) acima da elevação de superfície do reservatório mais baixo de modo a evitar a cavitação:

$$h_s = 10,2 + \left(0,012\frac{1.000}{0,4} + 1,0\right)\frac{V^2}{2g} - \frac{V^2}{2g}$$

$$= 10,2 + \left[(0,012)\frac{1.000}{0,4}\right]\frac{(3,09)^2}{2(9,81)} = 24,8 \text{ m}$$

Observe que outros gases dissolvidos podem evaporar se for permitido que a pressão manométrica fique abaixo de –7 m, que é um projeto mais conservador do que o valor –10,2 m utilizado aqui.

Bombas podem ser necessárias em uma tubulação para elevar a água de um ponto mais baixo ou simplesmente para aumentar a taxa de escoamento. As bombas acrescentam energia à água nas tubulações aumentando a altura de pressão. Os detalhes relacionados ao projeto e à escolha das bombas serão discutidos no Capítulo 5, mas a análise da altura de pressão e da energia (na forma de altura) fornecidas por uma bomba para um sistema de tubulações é feita neste capítulo. Os cálculos para instalação de bombas em tubulações costumam ser realizados separando-se o sistema de tubulações em duas partes sequenciais: o *lado de sucção* e o *lado de descarga*.

A Figura 4.3 mostra uma instalação típica de bomba em uma tubulação, bem como a EGL e a HGL associadas. A altura causada pela bomba ao sistema (H_p) é representada pela distância vertical entre o ponto mais baixo (L) e o ponto mais alto (M) na linha de energia (na entrada e na saída da bomba). A elevação de M representa a altura total na saída da bomba que distribui a água ao reservatório receptor (R). Uma equação de energia pode ser escrita entre o reservatório fornecedor (S) e o reservatório receptor

$$H_S + H_P = H_R + h_L \qquad (4.2)$$

onde H_S e H_R são as alturas de posição nos reservatórios de fornecimento e recebimento, respectivamente (ou seja, geralmente, as elevações de superfície da água). H_p é a altura adicionada pela bomba, e h_L é a perda de altura total no sistema.

Informações adicionais ficam evidentes na EGL e na HGL mostradas na Figura 4.3. O lado de sucção do sistema a partir do reservatório de fornecimento (seção 1–1) até a entrada da bomba (seção 2–2) é submetido à pressão negativa, enquanto o lado de descarga da saída da bomba (seção 3–3) até o reservatório de recebimento (seção 4–4) é submetido à pressão positiva. A mudança de pressão negativa à pressão positiva é o resultado da existência da bomba adicionando energia à água, principalmente na forma de altura de pressão. Observe também que a EGL cai significativa e rapidamente na saída do reservatório de fornecimento. Isso se deve à perda de atrito na parte vertical do tubo de sucção, à perda na entrada e na descarga e à curva de 90°. Observe ainda que as curvas de 135° na linha de descarga têm perdas desprezíveis, conforme observado pela ausência de descontinuidades na EGL. Cabe ao leitor comentar se a inclinação da EGL na linha de descarga deve ser uniforme com base no fato de que uma parte do tubo não é horizontal.

Exemplo 4.5

Uma bomba é necessária para elevar água de um poço limpo (reservatório) em uma área de tratamento de água para uma torre de armazenamento de 50 pés de altura. Será necessária uma taxa de escoamento de 15 pés cúbicos por segundo (cfs) (68°F). O tubo de 15 polegadas ($e/D = 0,00008$) entre os dois reservatórios tem 1.500 pés de comprimento e apresenta perdas que totalizam 15 vezes a altura de velocidade. Determine a altura de pressão necessária a partir da bomba. Determine também a altura de pressão do lado de sucção da bomba se ela estiver 10 pés acima da superfície da água do poço e 100 pés abaixo da tubulação.

Solução
A partir da Equação 4.2, temos

$$H_p = H_R - H_S + h_L = 50 \text{ pés} + h_L$$

onde

$$h_L = \left(f\frac{L}{D} + 15\right)\frac{V^2}{2g}$$

Para a taxa de escoamento solicitada, a velocidade e o número de Reynolds são

$$V = \frac{Q}{A} = \frac{4(15)}{(\pi/4)(1,25)^2} = 12,2 \text{ pés/s}$$

$$N_R = \frac{VD}{\nu} = \frac{12,2(1,25)}{1,08 \times 10^{-5}} = 1,41 \times 10^6$$

E com $e/D = 0,00008$, o diagrama de Moody informa que $f = 0,013$. A perda de energia na tubulação é

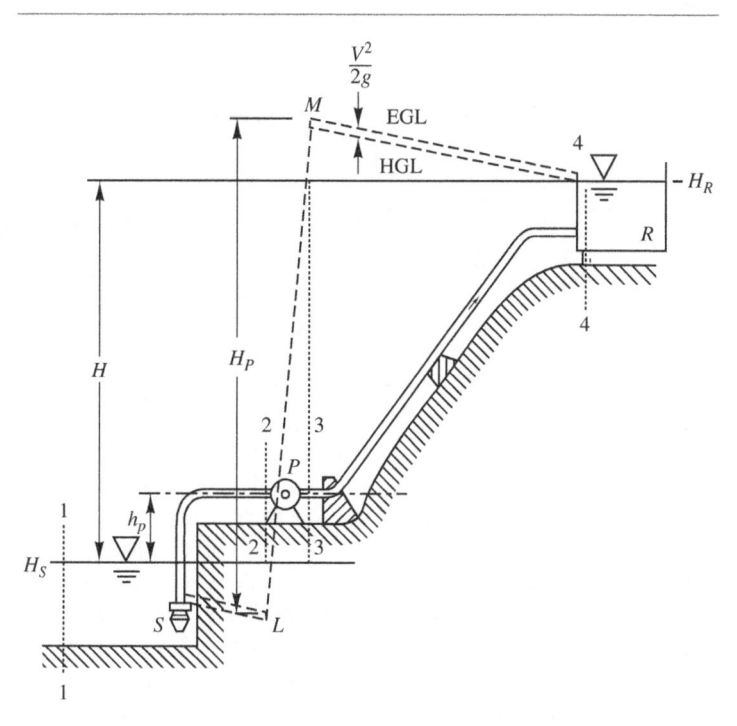

Figura 4.3 Linha de energia e linha piezométrica de uma estação de bombeamento.

$$h_L = \left((0{,}013)\frac{1.500}{1{,}25} + 15\right)\frac{(12{,}2)^2}{2(32{,}2)} = 70{,}7 \text{ pés}$$

A altura de pressão mínima a ser fornecida pela bomba é

$$H_P = 70{,}7 + 50 = 120{,}7 \text{ pés}$$

(*Observação:* Determinado volume de altura de pressão deve ser adicionado para compensar a perda de energia que ocorre na bomba quando ela está em operação.)

Equilibrando a energia entre o poço e o lado de sucção da bomba (seções 1—1 e 2—2 na Figura 4.3), tem-se

$$H_s = h_2 + \frac{V_2^2}{2g} + \frac{P_2}{\gamma} + h_L$$

onde $H_s = 0$ (dado) e a perda de energia é

$$h_L = \left(K_e + f\frac{L}{D}\right)\frac{V^2}{2g}$$

Assumindo $K_e = 4{,}0$ (perda de entrada com peneira), temos

$$h_L = \left(4{,}0 + 0{,}013\frac{100}{1{,}25}\right)\frac{(12{,}2)^2}{2(32{,}2)} = 11{,}6 \text{ pés}$$

Portanto, a altura de pressão do lado da sucção da bomba é

$$\frac{P_2}{\gamma} = 0{,}0 - 10 - \frac{(12{,}2)^2}{2(32{,}2)} - 11{,}6 = -23{,}9 \text{ pés}$$

Isso está acima da pressão de vapor da água de 0,344 lb/pol² (a 68°F, encontrado na Tabela 1.1) que equaciona a uma pressão manométrica de –14,4 lb/pol² ($P_{vapor} - P_{atm} = 0{,}344$ lb/pol² – 14,7 lb/pol²) e se converte a uma altura de pressão de –33,3 pés de água [($P_{vapor} - P_{atm})/\gamma = (-14{,}4$ lb/pol²)(144 pol²/pés²)/62,3 lb/pés³]. Portanto, a água na tubulação não irá evaporar. Contudo, está no limiar do que é permitido na prática (–7 m = –23 pés) com base em outros gases dissolvidos na água que poderiam evaporar.

4.3 Sistemas de tubos ramificados

Os sistemas de tubos ramificados são o resultado de duas ou mais tubulações que convergem em uma junção. Esses sistemas devem satisfazer simultaneamente a duas condições básicas: (1) o volume total de água transportado pelos tubos até a junção deve ser sempre igual àquele transportado a partir da junção pelos outros tubos (conservação da massa) e (2) todos os tubos que se encontram na junção devem compartilhar do mesmo nível de energia na junção (conservação da energia).

A hidráulica dos sistemas de tubos ramificados em uma junção pode ser mais bem demonstrada pelo clássico *problema dos três reservatórios*, no qual três reservatórios de elevações diferentes são conectados a uma junção comum J, conforme mostra a Figura 4.4. Dados os diâmetros, as alturas e o material de todos os tubos envolvidos, bem como a elevação da água em cada um dos três reservatórios, as descargas de cada reservatório (Q_1, Q_2 e Q_3) podem ser determinadas. Se um tubo vertical de extremidade aberta (piezômetro) for instalado na junção, a elevação da água no tubo subirá até a elevação P. A distância vertical entre P e J é uma leitura direta da altura de pressão na junção. A elevação de P é o nível total de energia (altura de posição mais altura de pressão) se a altura de velocidade for considerada desprezível na junção na qual todos os fluxos estão se encontrando. Portanto, a diferença na

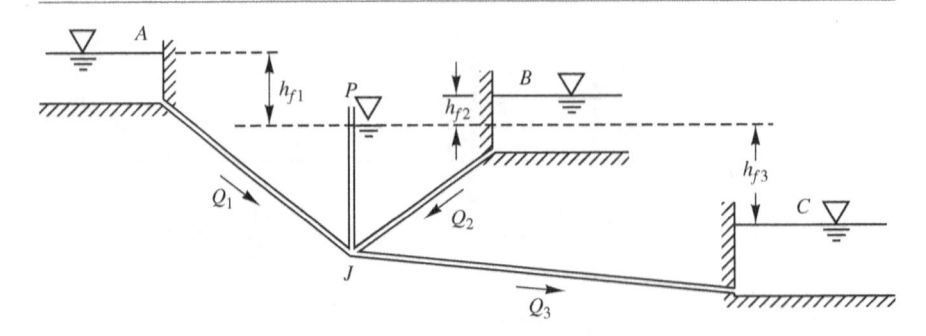

Figura 4.4 Tubos ramificados interligando três reservatórios.

elevação entre a superfície da água no reservatório A e a elevação P representa as perdas de atrito no transporte da água de A a J, conforme indicado por h_{f_1}. (As perdas menores são desprezadas; as perdas de atrito sempre dominam nos grandes sistemas de transporte de água.) De maneira análoga, a diferença de elevação entre os reservatórios B e P (h_{f_2}) representa as perdas de atrito no transporte da água de B a J; h_{f_3} representa as perdas de atrito no transporte da água de J a C.

Como a massa da água transportada até a junção deve ser igual à massa da água retirada da junção, podemos simplesmente escrever

$$Q_3 = Q_1 + Q_2 \quad (4.3)$$

ou

$$\Sigma Q = 0$$

na junção (assumindo que a densidade permanece constante).

Esses tipos de problema podem ser resolvidos iterativamente. Sem saber qual é a descarga em cada tubo, podemos assumir uma elevação da energia total, P, na junção. Essa elevação assumida estabelece as perdas na altura de atrito h_{f_1}, h_{f_2} e h_{f_3} para cada um dos três tubos. A partir desse conjunto de perdas de altura e dos diâmetros, comprimentos e materiais fornecidos, as equações de perda de atrito fornecem um conjunto de valores para as descargas Q_1, Q_2 e Q_3. Se a elevação de energia total P estiver correta, então os Q calculados devem satisfazer à condição de equilíbrio de massa anterior, ou seja,

$$\Sigma Q = Q_1 + Q_2 - Q_3 = 0 \quad (4.4)$$

Se não, assume-se uma nova elevação P para a segunda iteração. Realiza-se o cálculo de um novo conjunto de Q até que a condição anterior seja satisfeita. Os valores corretos da descarga em cada tubo são, então, obtidos.

Observe que, se o valor considerado para a elevação da superfície da água no piezômetro for maior do que a elevação no reservatório B, Q_1 deve ser igual a $Q_2 + Q_3$; se for menor, então $Q_1 + Q_2 = Q_3$. O erro na tentativa indica a direção na qual a elevação do piezômetro assumida (P) deve ser atribuída para a próxima tentativa. Técnicas numéricas como o método da bisseção podem ser programadas e aplicadas ao erro para que rapidamente se obtenha o resultado correto.

Para compreender o conceito, pode ser útil comparar os valores calculados para P com os de ΣQ. O fluxo resultante restante (ΣQ) pode ser negativo ou positivo em cada tentativa. Entretanto, com os valores obtidos nas tentativas, pode-se traçar uma curva conforme demonstra o Exemplo 4.6. A descarga correta é indicada pela interseção da curva com o eixo vertical. O procedimento de cálculo é demonstrado no exemplo a seguir.

Exemplo 4.6

Na Figura 4.5, os três reservatórios A, B e C estão interligados por tubos que levam a uma junção comum, J. O tubo AJ tem 1.000 m de comprimento e 30 cm de diâmetro; o tubo BJ tem 4.000 m de comprimento e 50 cm de diâmetro; e o tubo CJ tem 2.000 m de comprimento e 40 cm de diâmetro. Os tubos são feitos de concreto, para o qual se pode assumir $e = 0,6$ mm. Determine a descarga em cada tubo se a temperatura da água for 20°C. (Considere que as perdas menores são desprezíveis.)

Solução

Considere que os subscritos 1, 2 e 3 representam, respectivamente, os tubos AJ, BJ e CJ. Como primeira tentativa, assuma que a altura de pressão em J, representada pela elevação P, é 110 m. Q_1, Q_2 e Q_3 podem ser calculados conforme explicado a seguir.

Equilibrando a energia entre o reservatório A e a junção (J) e utilizando a equação de Darcy-Weisbach para calcular a perda de altura resultante do atrito, temos

$$h_{f_1} = 120 - 110 = f_1\left(\frac{L_1}{D_1}\right)\frac{V_1^2}{2g} = f_1\left(\frac{1.000}{0,3}\right)\frac{V_1^2}{2(9,81)}$$

Assumindo fluxo turbulento totalmente desenvolvido,

$$\frac{e_1}{D_1} = \frac{0,6}{300} = 0,002$$

e, a partir do diagrama de Moody, $f_1 = 0,024$, o que resulta em $V_1 = 1,57$ m/s a partir da equação de energia. Portanto, $N_R = V_1 D_1/\nu = 4,71 \times 10^5$. Consultando novamente o diagrama de Moody, $f_1 = 0,024$ está correto, logo

$$Q_1 = V_1 A_1 = (1,57)\left[\frac{\pi}{4}(0,3)^2\right] = 0,111 \text{ m}^3/\text{s}$$

Da mesma forma, para o reservatório B,

$$h_{f_2} = 110 - 100 = f_2\left(\frac{L_2}{D_2}\right)\frac{V_2^2}{2g} = f_2\left(\frac{4.000}{0,5}\right)\frac{V_2^2}{2(9,81)}$$

$$\frac{e_2}{D_2} = \frac{0,6}{500} = 0,0012$$

e, a partir do diagrama de Moody, $f_2 = 0,0205$, o que resulta em $V_2 = 1,09$ m/s e $N_R = 5,45 \times 10^5$. A partir do diagrama de Moody, obtém-se uma melhor estimativa para f: $f = 0,021$. Isso resulta em $V_2 = 1,08$ m/s e $N_R = 5,4 \times 10^5$. Como nenhuma outra aproximação é necessária, podemos escrever

$$Q_2 = V_2 A_2 = (1,08)\left[\frac{\pi}{4}(0,5)^2\right] = 0,212 \text{ m}^3/\text{s}$$

Para o reservatório C,

$$h_{f_3} = 110 - 80 = f_3\left(\frac{L_3}{D_3}\right)\frac{V_3^2}{2g} = f_3\left(\frac{2.000}{0,4}\right)\frac{V_3^2}{2(9,81)}$$

$$\frac{e_3}{D_3} = \frac{0,6}{400} = 0,0015$$

e, a partir do diagrama de Moody, $f_3 = 0,022$, o que resulta em $V_3 = 2,31$ m/s e $N_R = 9,24 \times 10^5$. Como $f_3 = 0,022$ está correto,

$$Q_3 = V_3 A_3 = (2,31)\left[\frac{\pi}{4}(0,4)^2\right] = 0,290 \text{ m}^3/\text{s}$$

Assim sendo, o somatório dos fluxos até a junção (J) é

$$\Sigma Q = Q_1 - (Q_2 + Q_3) = -0,391 \text{ m}^3/\text{s}$$

Na segunda tentativa, assumimos $P = 100$ m. Cálculos semelhantes são feitos para obtermos

$$Q_1 = 0,157 \text{ m}^3/\text{s} \qquad Q_2 = 0 \text{ m}^3/\text{s} \qquad Q_3 = 0,237 \text{ m}^3/\text{s}$$

Então,

$$\Sigma Q = (Q_1 + Q_2) - Q_3 = -0,080 \text{ m}^3/\text{s}$$

Os cálculos são novamente repetidos para $P = 90$, de modo a obtermos

$$Q_1 = 0,193 \text{ m}^3/\text{s} \qquad Q_2 = 0,212 \text{ m}^3/\text{s} \qquad Q_3 = 0,167 \text{ m}^3/\text{s}$$

Logo,

$$\Sigma Q = (Q_1 + Q_2) - Q_3 = 0,238 \text{ m}^3/\text{s}$$

Com os valores calculados anteriormente, podemos construir um gráfico comparando P com os valores correspondentes de ΣQ, conforme mostra a Figura 4.5. A curva intercepta $\Sigma Q = 0$ em $P = 99$ m, que é utilizado para calcular o conjunto final de descargas. Obtemos

$$Q_1 = 0,161 \text{ m}^3/\text{s} \qquad Q_2 = 0,065 \text{ m}^3/\text{s} \qquad Q_3 = 0,231 \text{ m}^3/\text{s}$$

Portanto, a condição $\Sigma Q = (Q_1 + Q_2) - Q_3 = 0$ é satisfeita (com margem de erro de $-0,005$ m³/s).

Observação: A equação de energia para cada tubo, a equação de Darcy-Weisbach para perda de altura de atrito (ou, como alternativa, a equação de Hazen-Williams ou a equação de Manning),

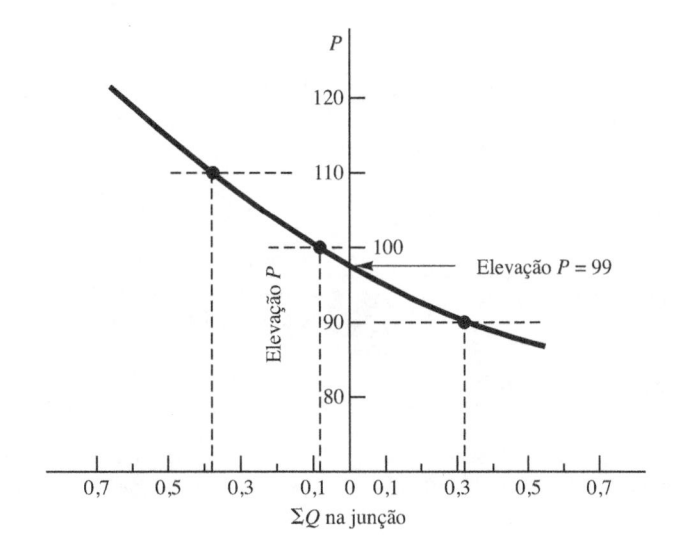

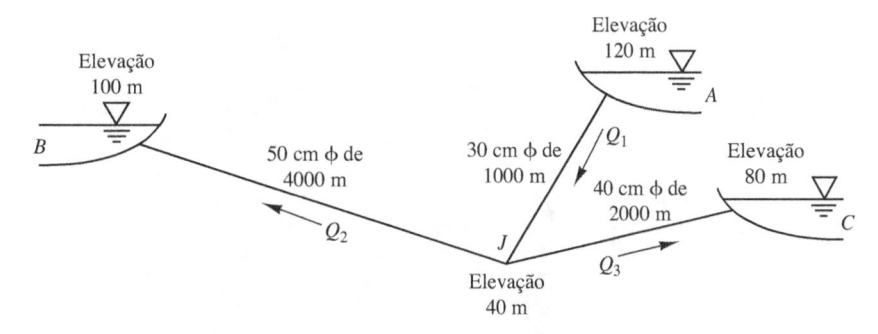

Figura 4.5 Problema dos três reservatórios.

a expressão do número de Reynolds, a equação de Von Kármán para o fator de atrito assumindo turbulência completa, a equação implícita de Colebrook para o fator de atrito quando N_R está disponível (ou, como alternativa, a equação explícita de Swamee-Jain) e o equilíbrio de massa na junção podem ser simultaneamente resolvidos com o uso de um software computacional algébrico (como Mathcad, Maple ou Mathematica) e devem resultar nos mesmos valores. Do mesmo modo, um programa simples de planilha eletrônica pode ser programado para executar as iterações. (Ver Problema 4.3.1.)

Exemplo 4.7

Um sistema horizontal de tubos de ferro galvanizado é composto por um tubo principal de 10 polegadas de diâmetro e 12 pés de comprimento que conecta duas junções 1 e 2, conforme mostra a Figura 4.6. Uma válvula de passagem está instalada na extremidade inferior exatamente antes da junção 2. O tubo da ramificação tem 6 polegadas de diâmetro e 20 pés de comprimento. Ele é composto por dois cotovelos de 90° ($R/D = 2$) e uma válvula globo. O sistema transporta uma descarga total de 10 cfs de água a 40°F. Determine a descarga em cada um dos tubos quando ambas as válvulas estiverem totalmente abertas.

Solução

As áreas de seção transversal dos tubos a e b são, respectivamente,

$$A_a = \frac{\pi}{4}\left(\frac{10}{12}\right)^2 = 0{,}545 \text{ pés}^2 \quad A_b = \frac{\pi}{4}\left(\frac{6}{12}\right)^2 = 0{,}196 \text{ pés}^2$$

O equilíbrio de massa exige que

$$10 \text{ cfs} = A_a V_a + A_b V_b = 0{,}545 V_a + 0{,}196 V_b \quad \text{(a)}$$

onde V_a e V_b são as velocidades nos tubos a e b, respectivamente. A perda de altura entre as junções 1 e 2 ao longo do tubo principal é

$$h_a = f_a\left(\frac{L_a}{D_a}\right)\frac{V_a^2}{2g} + 0{,}15\frac{V_a^2}{2g}$$

O segundo termo é responsável pela válvula de passagem totalmente aberta (Tabela 3.6). A perda de altura entre as junções 1 e 2 ao longo do tubo principal é

$$h_b = f_b\left(\frac{L_b}{D_b}\right)\frac{V_b^2}{2g} + 2(0{,}19)\frac{V_b^2}{2g} + 10\frac{V_b^2}{2g}$$

O segundo termo é responsável pelas perdas dos cotovelos; o terceiro termo corresponde à válvula globo totalmente aberta (Tabela 3.6).

Como as perdas de altura ao longo de ambos os tubos devem ser iguais, $h_a = h_b$, temos

$$\left[f_a\left(\frac{12}{0{,}833}\right) + 0{,}15\right]\frac{V_a^2}{2g} = \left[f_b\left(\frac{20}{0{,}5}\right) + 0{,}38 + 10\right]\frac{V_b^2}{2g}$$

ou

$$(14{,}4 f_a + 0{,}15) V_a^2 = (40 f_b + 10{,}4) V_b^2 \quad \text{(b)}$$

As equações (a) e (b) podem ser resolvidas simultaneamente para V_a e V_b uma vez que os fatores de atrito tenham sido definidos. Para o ferro galvanizado, a Tabela 3.1 nos diz que

$$\left(\frac{e}{D}\right)_a = \frac{0{,}0005}{0{,}833} = 0{,}00060$$

e

$$\left(\frac{e}{D}\right)_b = \frac{0{,}0005}{0{,}50} = 0{,}0010$$

Assumindo turbulência completa, o diagrama de Moody fornece os seguintes valores para f:

$$f_a = 0{,}0175 \quad \text{e} \quad f_b = 0{,}020$$

como uma primeira aproximação.

Substituindo os valores anteriores na Equação (b), temos

$$[14{,}4(0{,}0175) + 0{,}15]V_a^2 = [40(0{,}020) + 10{,}4]V_b^2$$

$$0{,}402 V_a^2 = 11{,}2 V_b^2$$

$$V_a = \sqrt{\frac{11{,}2}{0{,}402}} V_b = 5{,}28 V_b$$

Substituindo V_a na Equação (a), encontramos

$$10 = 0{,}545(5{,}28 V_b) + 0{,}196 V_b = 3{,}07 V_b$$

$$V_b = \frac{10}{3{,}07} = 3{,}26 \text{ pés/s}$$

Portanto, $V_a = 5{,}28 V_b = 17{,}2$ pés/s. Os números de Reynolds correspondentes são calculados para verificar os fatores de atrito assumidos. Para o tubo a,

$$N_{R_a} = \frac{V_a D_a}{\nu} = \frac{17{,}2(0{,}833)}{1{,}69 \times 10^{-5}} = 8{,}48 \times 10^5$$

O diagrama de Moody dá $f = 0{,}0175$, valor que combina com a premissa original. Para o tubo b,

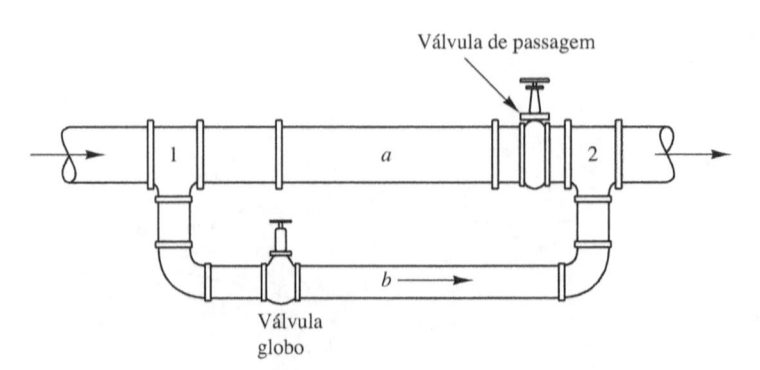

Figura 4.6

$$N_{R_b} = \frac{V_b D_b}{v} = \frac{3,26(0,5)}{1,69 \times 10^{-5}} = 9,65 \times 10^4$$

O diagrama de Moody dá $f_b = 0,0225 \neq 0,020$.
As equações (a) e (b) são resolvidas novamente utilizando o novo valor de f_b:

$$[14,4\,(0,0175) + 0,15]V_a^2 = [40(0,0225) + 10,4]V_b^2$$

$$V_a = 5,30\,V_b$$

Substituindo V_a na Equação (a),

$$10 = 0,545(5,30V_b) + 0,196V_b$$

$$V_b = 3,24 \text{ pés/s} \quad \text{e} \quad V_a = 5,30\,(3,24) = 17,2 \text{ pés/s}$$

Portanto, as descargas são

$$Q_a = A_a V_a = 0,545\,(17,2) = 9,37 \text{ cfs}$$

e

$$Q_b = A_b V_b = 0,196\,(3,24) = 0,635 \text{ cfs}$$

Tubos ramificados conectando mais do que três reservatórios a uma junção (Figura 4.7) não são comuns na engenharia hidráulica. Entretanto, problemas de múltiplos reservatórios (mais de três) podem ser resolvidos com base nos mesmos princípios.

Assuma que a elevação da água no piezômetro alcance o nível P na junção J. As diferenças nas elevações de superfícies da água entre os reservatórios A e B, A e C e entre A e D são, respectivamente, H_1, H_2 e H_3. As perdas de altura entre os reservatórios A, B, C e D na junção são, respectivamente, h_{f_1}, h_{f_2}, h_{f_3} e h_{f_4}, conforme mostra a Figura 4.7. Um conjunto de quatro equações independentes pode ser escrito da seguinte forma geral para os quatro reservatórios:

$$H_1 = h_{f_1} - h_{f_2} \tag{4.5}$$

$$H_2 = h_{f_1} + h_{f_3} \tag{4.6}$$

$$H_3 = h_{f_1} + h_{f_4} \tag{4.7}$$

$$\Sigma Q_j = 0 \tag{4.8}$$

Para cada uma das ramificações dos tubos, a perda de altura pode ser expressa na forma da equação de Darcy-Weisbach,* Equação 3.16, da seguinte maneira:

$$h_{f_1} = f_1\left(\frac{L_1}{D_1}\right)\frac{V_1^2}{2g} = f_1\left(\frac{L_1}{D_1}\right)\frac{Q_1^2}{2gA_1^2}$$

$$h_{f_2} = f_2\left(\frac{L_2}{D_2}\right)\frac{V_2^2}{2g} = f_2\left(\frac{L_2}{D_2}\right)\frac{Q_2^2}{2gA_2^2}$$

$$h_{f_3} = f_3\left(\frac{L_3}{D_3}\right)\frac{V_3^2}{2g} = f_3\left(\frac{L_3}{D_3}\right)\frac{Q_3^2}{2gA_3^2}$$

$$h_{f_4} = f_4\left(\frac{L_4}{D_4}\right)\frac{V_4^2}{2g} = f_4\left(\frac{L_4}{D_4}\right)\frac{Q_4^2}{2gA_4^2}$$

A substituição dessas relações nas equações 4.5, 4.6 e 4.7 resulta em

$$H_1 = \frac{1}{2g}\left(f_1\frac{L_1}{D_1}\frac{Q_1^2}{A_1^2} - f_2\frac{L_2}{D_2}\frac{Q_2^2}{A_2^2}\right) \tag{4.9}$$

$$H_2 = \frac{1}{2g}\left(f_1\frac{L_1}{D_1}\frac{Q_1^2}{A_1^2} + f_3\frac{L_3}{D_3}\frac{Q_3^2}{A_3^2}\right) \tag{4.10}$$

$$H_3 = \frac{1}{2g}\left(f_1\frac{L_1}{D_1}\frac{Q_1^2}{A_1^2} + f_4\frac{L_4}{D_4}\frac{Q_4^2}{A_4^2}\right) \tag{4.11}$$

e

$$\Sigma Q_j = 0 \tag{4.8}$$

As equações de 4.8 a 4.11 podem ser resolvidas simultaneamente para as quatro incógnitas: Q_1, Q_2, Q_3, Q_4. Esses valores são as taxas de escoamento para cada uma das ramificações demonstradas. Esse procedimento poderia ser aplicado a qualquer número de reservatórios conectados a uma junção comum.

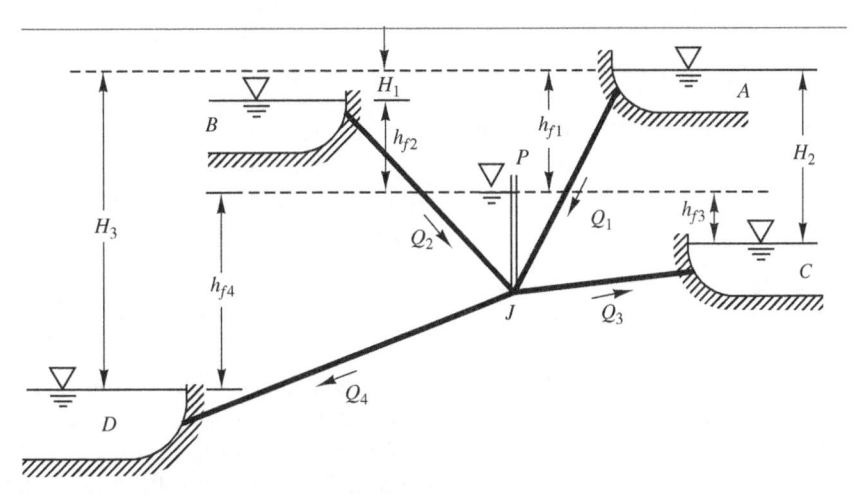

Figura 4.7 Múltiplos reservatórios conectados em uma junção.

---

* Equações empíricas para a perda de altura de atrito, tais como a equação de Hazen-Williams e a equação de Manning, podem ser aplicadas utilizando-se expressões análogas.

4.4 Redes de tubos

Os sistemas de distribuição de água em distritos municipais costumam ser construídos com um grande número de tubos interconectados de modo a formar ciclos e seções. Embora os cálculos de fluxo em uma rede envolvam um grande número de tubos e possam se tornar entediantes, o cenário de solução baseia-se nos mesmos princípios que governam o fluxo em tubulações e tubos ramificados anteriormente discutidos. Em geral, uma série de equações simultâneas pode ser escrita para a rede. Essas equações são escritas para satisfazer às seguintes condições:

4. Em qualquer junção, $\Sigma Q = 0$ com base na conservação da massa (**equação da junção**).
5. Entre duas junções quaisquer, a perda de altura total é independente do percurso realizado com base na conservação de energia (**equação do ciclo**).

Dependendo do número de incógnitas, costuma ser possível definir um número suficiente de equações independentes para resolver o problema. Um problema típico seria determinar a distribuição do fluxo em cada tubo da rede (Figura 4.8) quando os influxos (Q_1 e Q_2) e os escoamentos (Q_3 e Q_4) são conhecidos. Essas equações podem, então, ser resolvidas simultaneamente.

Para a rede simples apresentada na Figura 4.8, um conjunto de 12 equações independentes (oito equações de junção e quatro equações de ciclo) é necessário para resolver a distribuição do fluxo nos 12 tubos. Como regra geral, uma rede com m ciclos e n junções fornece um total de $m + (n-1)$ equações independentes. Para redes mais complexas, o número de equações aumenta proporcionalmente. Em um determinado ponto, ficará óbvio que a solução algébrica das equações da rede se torna impraticável. Para a maioria das aplicações da engenharia, as soluções para as redes de tubos são obtidas utilizando-se um software computacional especificamente projetado para essa função. Dois algoritmos comumente utilizados na análise de rede de tubos são descritos a seguir.

4.4.1 O método de Hardy-Cross

O método de Hardy-Cross utiliza aproximações sucessivas de fluxo com base nas duas condições descritas anteriormente para cada junção e ciclo na rede de tubos. No ciclo A, mostrado na Figura 4.8, duas setas indicam a direção presumida do fluxo. Esse ciclo deve satisfazer às condições de equilíbrio de massa e de energia.

1. Em cada junção (b, c, d e e), o influxo total deve ser igual ao escoamento total.
2. A perda de altura do fluxo no sentido anti-horário ao longo dos tubos bc e cd deve ser igual à perda de altura do fluxo no sentido horário ao longo dos tubos be e ed.

Para iniciar o processo, a distribuição dos fluxos em cada tubo é estimada de maneira que o influxo total seja igual ao escoamento total em cada junção ao longo da rede. Para uma rede com n junções, $(n-1)$ equações de junção podem ser estabelecidas para determinar as taxas de fluxo no sistema. Uma vez que tenham sido definidos os fluxos para as primeiras $(n-1)$ junções, os fluxos para a última junção e dela oriundos são fixados e, portanto, dependentes. Os fluxos estimados, juntamente com os diâmetros, comprimentos, fatores de atrito dos tubos e outros dados da rede (por exemplo, conectividade e elevações das junções) são necessários no método de Hardy-Cross. A perda de altura resultante das taxas de fluxos estimadas em todos os tubos é, então, calculada para a rede.

A possibilidade de a distribuição assumida dos fluxos satisfazer às m equações de ciclo é pequena. Invariavelmente, os fluxos estimados para os tubos precisam ser ajustados até que as perdas de altura no sentido horário sejam iguais às perdas de altura no sentido anti-horário dentro de cada ciclo. O procedimento de cálculos sucessivos utiliza as equações de ciclo, uma de cada vez, para corrigir os fluxos assumidos e, assim, equalizar as perdas de altura no ciclo. Como o equilíbrio do fluxo em cada junção deve ser mantido, uma determinada correção no fluxo de qualquer um dos tubos (por exemplo, no tubo be) no sentido horário demanda uma correção de fluxo correspondente da mesma magnitude no sentido horário nos outros tubos (tubos bc, cd e ed). As correções sucessivas no fluxo para equalizar a perda de altura são discutidas a seguir.

Conhecendo o diâmetro, o comprimento e a rugosidade de um tubo, vemos que a perda de altura é uma função da taxa de fluxo, Q. Aplicando a equação de Darcy-Weisbach (3.16), podemos escrever

$$h_f = f\left(\frac{L}{D}\right)\frac{V^2}{2g} = \left[f\left(\frac{L}{D}\right)\frac{1}{2gA^2}\right]Q^2 = KQ^2 \quad (4.12)$$

Em qualquer ciclo da rede, tal como o ciclo A, a perda de altura total no sentido horário (aqui designado pelo subscrito c) é a soma das perdas de altura em todos os tubos que transportam o fluxo no sentido horário ao redor do ciclo:

$$\Sigma h_{fc} = \Sigma K_c Q_c^2 \quad (4.13)$$

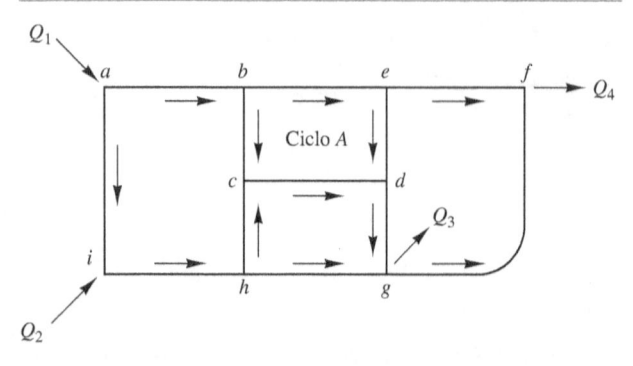

Figura 4.8 Esquema de uma rede de tubos.

De maneira análoga, a perda de altura no sentido anti-horário (subscrito cc) é

$$\Sigma h_{fcc} = \Sigma K_{cc} Q_{cc}^2 \quad (4.14)$$

Utilizando as taxas de fluxo assumidas, Q, não se espera que esses dois valores sejam iguais durante a primeira tentativa, conforme mencionado anteriormente. A diferença

$$\Sigma K_c Q_c^2 - \Sigma K_{cc} Q_{cc}^2$$

é o *erro de fechamento* da primeira tentativa.

Precisamos determinar uma correção de fluxo ΔQ que, quando subtraída de Q_c e adicionada a Q_{cc}, equalize as duas perdas de altura. Assim, a correção ΔQ deve satisfazer à seguinte equação:

$$\Sigma K_c (Q_c - \Delta Q)^2 = \Sigma K_{cc} (Q_{cc} + \Delta Q)^2$$

Expandindo os termos entre parênteses de ambos os lados, temos

$$\Sigma K_c (Q_c^2 - 2Q_c \Delta Q + \Delta Q^2) = \Sigma K_{cc} (Q_{cc}^2 + 2Q_{cc} \Delta Q + \Delta Q^2)$$

Assumindo que o termo de correção é pequeno se comparado tanto a Q_c quanto a Q_{cc}, podemos simplificar a expressão anterior retirando o último termo de cada lado da equação e escrever

$$\Sigma K_c (Q_c^2 - 2Q_c \Delta Q) = \Sigma K_{cc} (Q_{cc}^2 + 2Q_{cc} \Delta Q)$$

A partir dessa relação, podemos resolver ΔQ:

$$\Delta Q = \frac{\Sigma K_c Q_c^2 - \Sigma K_{cc} Q_{cc}^2}{2(\Sigma K_c Q_c + \Sigma K_{cc} Q_{cc})} \quad (4.15)$$

Se tomarmos a Equação 4.12 e a dividirmos por Q em ambos os lados, temos

$$KQ = \frac{h_f}{Q} \quad (4.16)$$

As equações 4.13, 4.14 e 4.16 podem ser substituídas na Equação 4.15 para obtermos

$$\Delta Q = \frac{(\Sigma h_{fc} - \Sigma h_{fcc})}{2\left(\Sigma \dfrac{h_{fc}}{Q_c} + \Sigma \dfrac{h_{fcc}}{Q_{cc}}\right)} \quad (4.17a)$$

A Equação 4.17a é apropriada quando a equação de Manning (3.28), e não a equação de Darcy-Weisbach, é utilizada para determinar as perdas de altura de atrito. Entretanto, quando a equação de Hazen-Williams (3.27) é utilizada, a equação deve ser

$$\Delta Q = \frac{\Sigma h_{fc} - \Sigma h_{fcc}}{1{,}85\left(\Sigma \dfrac{h_{fc}}{Q_c} + \Sigma \dfrac{h_{fcc}}{Q_{cc}}\right)} \quad (4.17b)$$

Uma vez estabelecida a magnitude do erro, uma segunda iteração faz uso dessa correção para determinar uma nova distribuição do fluxo. Espera-se que os resultados dos cálculos da segunda iteração ofereçam um valor mais próximo para as duas perdas de altura ao longo das direções c e cc no ciclo A. Observe que os tubos bc, cd e ed no ciclo A são comuns a dois ciclos e, portanto, precisam ser submetidos a uma correção dupla, uma para cada ciclo. O procedimento sucessivo de cálculos é repetido até que cada ciclo da rede esteja equilibrado (massa e energia) e as correções se tornem desprezíveis.

O método de Hardy-Cross pode ser mais bem descrito utilizando um problema de exemplo. Mesmo que existam programas de computador disponíveis para a realização desses trabalhosos cálculos, o aluno deve percorrer o procedimento algumas vezes com redes pequenas. Familiarizando-se com os algoritmos, pode-se esperar um uso mais inteligente e compreensivo do software computacional.

Exemplo 4.8

Um sistema de distribuição de água para um parque industrial é mostrado na Figura 4.9(a). As demandas do sistema estão atualmente nas junções C, G e F, com taxas de fluxo dadas em litros por segundo. A água entra no sistema na junção A vinda de um tanque de armazenamento em uma colina. A elevação da superfície da água no tanque está 50 m acima da elevação do ponto A no parque industrial. Todas as junções possuem a mesma elevação do ponto A. Todos os tubos são de ferro flexível antigo ($e = 0{,}26$ mm) com comprimentos e diâmetros fornecidos na tabela a seguir. Calcule a taxa de fluxo em cada tubo. Determine também se a pressão na junção F será alta o suficiente para satisfazer o cliente. A pressão necessária é de 185 kPa.

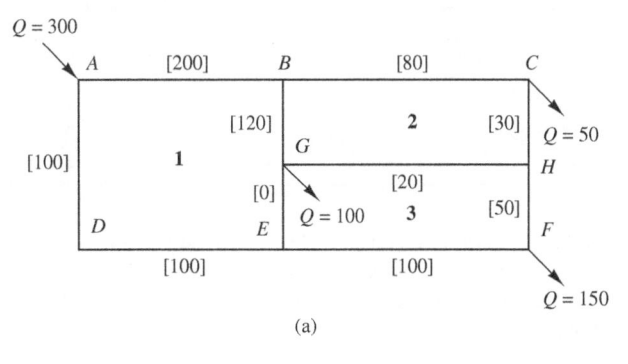

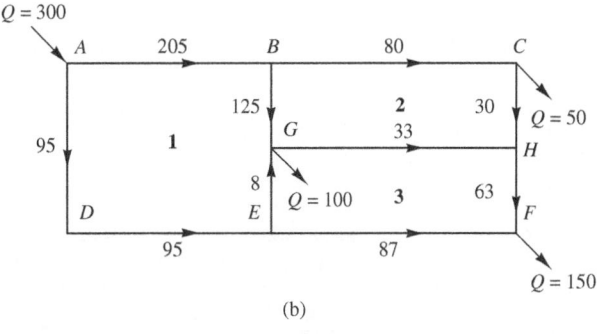

Figura 4.9

Uma tabela da geometria dos tubos e do sistema é uma maneira conveniente de organizar as informações disponíveis e de realizar alguns cálculos preliminares. A tabela a seguir foi criada para esse fim. A primeira coluna identifica todos os tubos na rede. A segunda coluna contém as taxas de fluxo para cada tubo, que foram estimadas para iniciar o algoritmo de Hardy-Cross. Essas taxas de fluxo estimadas são apresentadas entre colchetes na Figura 4.9(a). Observe que o equilíbrio de massa foi mantido em cada junção. Na tabela, a direção do fluxo é indicada utilizando-se as letras das junções que definem o tubo. Por exemplo, o fluxo no tubo *AB* é da junção *A* para a junção *B*. Os fatores de atrito (coluna 6) são encontrados assumindo turbulência total e são lidos no diagrama de Moody utilizando-se *e/D* ou, como alternativa, a partir da Equação 3.23. O coeficiente "*K*" (coluna 7) é utilizado mais adiante, no procedimento para obter a perda de altura em cada tubo, conforme a Equação 4.12.

Tubo	Fluxo (m³/s)	Comprimento (m)	Diâmetro (m)	e/D	f	K (s²/m⁵)
AB	0,20	300	0,30	0,00087	0,019	194
AD	0,10	250	0,25	0,00104	0,020	423
BC	0,08	350	0,20	0,00130	0,021	1.900
BG	0,12	125	0,20	0,00130	0,021	678
GH	0,02	350	0,20	0,00130	0,021	1.900
CH	0,03	125	0,20	0,00130	0,021	678
DE	0,10	300	0,20	0,00130	0,021	1.630
GE	0,00	125	0,15	0,00173	0,022	2.990
EF	0,10	350	0,20	0,00130	0,021	1.900
HF	0,05	125	0,15	0,00173	0,022	2.990

Solução

O método de Hardy-Cross utiliza uma técnica de relaxamento (método de aproximações sucessivas). Com a utilização das taxas de fluxo estimadas, as perdas de altura para cada tubo são encontradas aplicando-se a Equação 4.12, um ciclo por vez. A Equação 4.17a é, então, utilizada para determinar uma correção de fluxo e, assim, melhorar a estimativa de fluxo. O mesmo procedimento é aplicado a todos os ciclos remanescentes, e o ciclo então se repete. O processo termina quando as correções de fluxo se tornam aceitavelmente pequenas. Nesse ponto, a conservação da massa é satisfeita para cada junção, e a perda de altura ao redor de cada ciclo é a mesma para os fluxos horário e anti-horário (conservação de energia).

Continuaremos os cálculos utilizando uma série de tabelas. Explicações serão dadas após cada uma delas. Vamos começar com o primeiro ciclo.

Ciclo	Tubo	Q (m³/s)	K (s²/m⁵)	h_f (m)	h_f/Q (s/m²)	Novo Q (m³/s)
1	AB	0,200	194	7,76	38,8	0,205
	BG	0,120	678	9,76	81,3	0,125
	GE	0,000	2.990	0,00	0,0	0,005
	AD	(0,100)	423	(4,23)	(42,3)	(0,095)
	DE	(0,100)	1.630	(16,3)	(163,0)	(0,095)

Os fluxos listados na coluna 3 são as estimativas originais. Os fluxos no ciclo 1 que estão no sentido anti-horário são colocados entre parênteses. As perdas de altura são calculadas a partir da fórmula:

$$h_f = KQ^2$$

A correção do fluxo é encontrada com a aplicação da Equação 4.17a.

$$\Delta Q = \frac{\Sigma h_{fc} - \Sigma h_{fcc}}{2\left[\Sigma(h_{fc}/Q_c) + \Sigma(h_{fcc}/Q_{cc})\right]} =$$

$$= \frac{(7,76 + 9,76) - (4,23 + 16,3)}{2\left[(38,8 + 81,3) + (42,3 + 163,0)\right]} = -0,005 \text{ m}^3/\text{s}$$

O sinal negativo no ajuste do fluxo indica que as perdas de carga no sentido anti-horário dominam ($\Sigma h_{fcc} > \Sigma h_{fc}$). Portanto, a correção do fluxo de 0,005 m³/s é aplicada no sentido horário [coluna 7 ("Novo Q")]. Isso ajudará a equalizar as perdas na próxima iteração. Agora, continuemos com o ciclo 2.

Ciclo	Tubo	Q (m³/s)	K (s²/m⁵)	h_f (m)	h_f/Q (s/m²)	Novo Q (m³/s)
2	BC	0,080	1.900	12,2	152,5	0,078
	CH	0,030	678	0,61	20,3	0,028
	BG	(0,125)	678	(10,6)	(84,8)	(0,127)
	GH	(0,020)	1.900	(0,76)	(38,0)	(0,022)

Como o tubo BG é compartilhado pelos ciclos 1 e 2, o fluxo revisto no cálculo do ciclo 1 é utilizado aqui. Observe que no ciclo 1 o fluxo de BG está no sentido horário, ao passo que no ciclo 2 o fluxo está no sentido anti-horário. A correção do fluxo é

$$\Delta Q = \frac{\Sigma h_{fc} - \Sigma h_{fcc}}{2\left[\Sigma(h_{fc}/Q_c) + \Sigma(h_{fcc}/Q_{cc})\right]}$$

$$= \frac{(12{,}2 + 0{,}61) - (10{,}6 + 0{,}76)}{2\left[(152{,}5 + 20{,}3) + (84{,}8 + 38{,}0)\right]} = +0{,}002 \text{ m}^3/\text{s}$$

O fluxo horário domina a perda, e, portanto, a correção de 0,002 m³/s é acrescida à direção anti-horária. Completamos a primeira iteração corrigindo os fluxos no ciclo 3.

Ciclo	Tubo	Q (m³/s)	K (s²/m⁵)	h_f (m)	h_f/Q (s/m²)	Novo Q (m³/s)
3	GH	0,022	1.900	0,92	41,8	0,035
	HF	0,050	2.990	7,48	149,6	0,063
	GE	(0,005)	2.990	(0,07)	(14,0)	0,008
	GH	(0,100)	1.900	(19,0)	(190,0)	(0,087)

$$\Delta Q = \frac{\Sigma h_{fc} - \Sigma h_{fcc}}{2\left[\Sigma(h_{fc}/Q_c) + \Sigma(h_{fcc}/Q_{cc})\right]} = \frac{(0{,}92 + 7{,}48) - (0{,}07 + 19{,}0)}{2\left[(41{,}8 + 149{,}6) + (14{,}0 + 190{,}0)\right]}$$
$$= -0{,}013 \text{ m}^3/\text{s}$$

As perdas de altura no sentido anti-horário dominam, e, por isso, a correção de fluxo é adicionada na direção horária. Observe que essa é uma correção grande o suficiente para reverter a direção do fluxo em GE, que será identificada por EG na próxima vez. Procedemos, então, à segunda iteração com o ciclo 1.

Ciclo	Tubo	Q (m³/s)	K (s²/m⁵)	h_f (m)	h_f/Q (s/m²)	Novo Q (m³/s)
1	AB	0,205	194	8,15	39,8	0,205
	BG	0,127	678	10,9	85,8	0,127
	AD	(0,095)	423	(3,82)	(40,2)	(0,095)
	DE	(0,095)	1.630	(14,7)	(154,7)	(0,095)
	EG	(0,008)	2.990	(0,19)	(23,8)	(0,008)

$$\Delta Q = \frac{\Sigma h_{fc} - \Sigma h_{fcc}}{2\left[\Sigma(h_{fc}/Q_c) + \Sigma(h_{fcc}/Q_{cc})\right]} = \frac{(8{,}15 + 10{,}9) - (3{,}82 + 14{,}7 + 0{,}19)}{2\left[(39{,}8 + 85{,}8) + (40{,}2 + 154{,}7 + 23{,}8)\right]}$$
$$= +0{,}000 \text{ m}^3/\text{s}$$

A correção é muito pequena (< 0,0005 m³/s). Continuamos com o ciclo 2.

Ciclo	Tubo	Q (m³/s)	K (s²/m⁵)	h_f (m)	h_f/Q (s/m²)	Novo Q (m³/s)
2	BC	0,078	1.900	11,6	148,7	0,080
	CH	0,028	678	0,53	18,9	0,030
	BG	(0,127)	678	(10,9)	(85,8)	(0,125)
	GH	(0,035)	1.900	(2,33)	(66,6)	(0,033)

$$\Delta Q = \frac{\Sigma h_{fc} - \Sigma h_{fcc}}{2\left[\Sigma(h_{fc}/Q_c) + \Sigma(h_{fcc}/Q_{cc})\right]} = \frac{(11{,}6 + 0{,}53) - (10{,}9 + 2{,}33)}{2\left[(148{,}7 + 18{,}9) + (85{,}8 + 66{,}6)\right]} = -0{,}002 \text{ m}^3/\text{s}$$

Mais uma vez, a correção parece ser aceitavelmente pequena. Por fim, verificamos o ciclo 3.

Ciclo	Tubo	Q (m³/s)	K (s²/m⁵)	h_f (m)	h_f/Q (s/m²)	Novo Q (m³/s)
3	GH	0,033	1.900	2,07	62,7	0,033
	HF	0,063	2.990	11,9	188,9	0,063
	EG	0,008	2.990	0,19	23,8	0,008
	EF	(0,087)	1.900	(14,4)	(165,5)	(0,087)

$$\Delta Q = \frac{\Sigma h_{fc} - \Sigma h_{fcc}}{2\left[\Sigma(h_{fc}/Q_c) + \Sigma(h_{fcc}/Q_{cc})\right]} = \frac{(2{,}07 + 11{,}9 + 0{,}19) - (14{,}4)}{2\left[(62{,}7 + 188{,}9 + 23{,}8) + (165{,}5)\right]}$$
$$= -0{,}000 \text{ m}^3/\text{s}$$

Como a correção é muito pequena em todos os três ciclos, as taxas de fluxo são aceitas, e o processo termina. Os fluxos finais aparecem na Figura 4.9(b).

A tabela a seguir resume as informações acerca do sistema de tubos. As perdas de alturas finais são determinadas utilizando os fluxos finais na Equação 4.12. A perda de altura é convertida em uma queda de pressão na última coluna ($\Delta P = \gamma h_f$).

Ciclo	Q (L/s)	Comprimento (m)	Diâmetro (cm)	h_f (m)	ΔP (kPa)
AB	205	300	30	8,2	80,3
AD	95	250	25	3,8	37,2
BC	80	350	20	12,2	119,4
BG	125	125	20	10,6	103,8
GH	33	350	20	2,1	20,6
CH	30	125	20	0,6	5,9
DE	95	300	20	14,7	143,9
EG	8	125	15	0,2	2,0
EF	87	350	20	14,4	141,0
HF	63	125	15	11,9	116,5

Agora, vamos determinar se a pressão na junção F é alta o suficiente para satisfazer ao cliente daquele local. Para tanto, utilizaremos um equilíbrio de energia. Primeiro, entretanto, como a elevação da superfície da água no tanque está 50 m acima da junção A, a pressão no ponto é

$$P = \gamma h = (9790 \text{ N/m}^3)(50 \text{ m}) = 489{,}5 \text{ kPa}$$

A pressão na junção F pode agora ser determinada por meio da subtração das quedas de pressão nos tubos AD, DE e EF ou em qualquer rota alternativa de A a F. (Nesse caso, todas as junções estão na mesma elevação, e as variações nas alturas de velocidade são desprezíveis, de modo que o equilíbrio de energia envolve perdas nas alturas de pressão e nas alturas de atrito.)

$$P_F = P_A - \Delta P_{AD} - \Delta P_{DE} - \Delta P_{EF} =$$
$$= 489{,}5 - 37{,}2 - 143{,}9 - 141{,}0 = 167{,}4 \text{ kPa}$$

Como a pressão é inferior a 185 kPa, o cliente industrial possivelmente não ficará satisfeito. As perdas no sistema não foram consideradas, e, por isso, pode ser que a pressão seja ainda mais baixa quando o sistema estiver funcionando com a demanda total especificada. Cabe ao aluno sugerir modificações ao sistema de modo a atender às solicitações do cliente (Problema 4.4.1). Observe também que a pressão em F poderia ter sido determinada subtraindo-se as perdas de altura da altura total em A e convertendo-se a altura de pressão em pressão.

O procedimento descrito anteriormente para o método de Hardy-Cross é válido se todos os influxos que entram na rede forem conhecidos. Na prática, isso ocorre quando existe somente uma fonte de influxo. Nesse caso, a taxa de influxo é igual à soma das taxas conhecidas de saída em todas as junções. Entretanto, se o fluxo for fornecido à rede por duas ou mais fontes, conforme mostra a Figura 4.10(a), as taxas de influxo entrando na rede não serão conhecidas *a priori*. Logo, é preciso adicionar ao procedimento os cálculos dos *percursos de influxo*. O número de percursos de influxos a ser considerado é igual ao número de fontes de influxos menos um. Na Figura 4.10(a), existem dois reservatórios fornecendo fluxos à rede. Assim, somente um percurso de influxo precisa ser considerado. Esse percurso pode ser qualquer um que conecte os dois reservatórios. Por exemplo, pode-se escolher o percurso de influxo ABCDG na Figura 4.10(a). Existem diversas outras possibilidades, como ABFEDG, GDCFBA etc. Os resultados não serão afetados pela escolha do percurso de influxo.

Uma vez escolhido o percurso de influxo, seus cálculos são efetuados de maneira semelhante aos cálculos de ciclo. Utilizando o subscrito p (percurso) para representar os fluxos na mesma direção, como o percurso de influxo seguido, e cp (percurso contrário) para representar os fluxos na direção oposta, a correção de descarga ΔQ é calculada como

$$\Delta Q = \frac{(\Sigma h_{fp} - \Sigma h_{fcp}) + H_d - H_u}{2\left(\Sigma \dfrac{h_{fp}}{Q_p} + \Sigma \dfrac{h_{fcp}}{Q_{cp}}\right)} \quad (4.18a)$$

onde H_u e H_d são as alturas totais no ponto inicial (parte superior) do percurso do influxo e em seu ponto final (parte inferior). Para o percurso ABCDG na Figura 4.10(a),

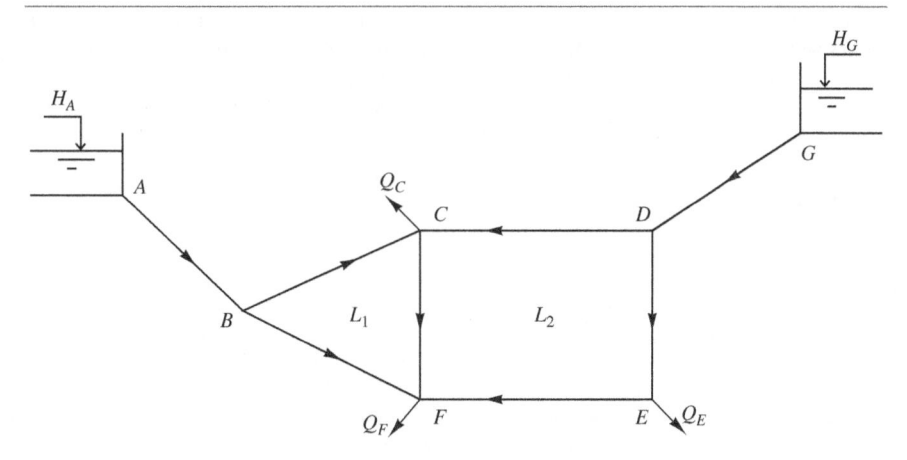

Figura 4.10 (a) Rede de tubos com duas fontes de reservatórios.

$H_u = H_A$ e $H_d = H_G$. Um valor positivo de ΔQ indica que as perdas na direção do percurso são as dominantes. Assim, a correção seria aplicada no sentido horário. Em outras palavras, os fluxos ao longo do sentido do percurso do influxo seriam diminuídos no valor absoluto, e aqueles no sentido oposto seriam aumentados em ΔQ.

A Equação 4.18a pode ser utilizada em conjunto com a equação de Manning (3.28), bem como com a equação de Darcy-Weisbach (3.16). Contudo, quando a equação de Hazen-Williams (3.27) é utilizada, a equação é reformulada da seguinte maneira:

$$\Delta Q = \frac{(\Sigma h_{fp} - \Sigma h_{fcp}) + H_d - H_u}{1{,}85\left(\Sigma \dfrac{h_{fp}}{Q_p} + \Sigma \dfrac{h_{fcp}}{Q_{cp}}\right)} \quad (4.18b)$$

Exemplo 4.9

Considere a rede de tubos mostrada na Figura 4.10(a), que contém duas fontes de reservatórios. Suponha que $H_A = 85$ m, $H_G = 102$ m, $Q_c = 0{,}1$ m³/s, $Q_F = 0{,}25$ m³/s e $Q_E = 0{,}10$ m³/s. As características dos tubos e das junções estão tabuladas a seguir. Também estão tabuladas as estimativas iniciais das taxas de fluxo em todos os tubos. As direções dos tubos são mostradas na Figura 4.10(a). Determine a descarga em cada tubo e a altura de pressão em cada junção.

Tubo	Comprimento (m)	Diâmetro (m)	e/D	f	K (s²/m⁵)	Q (m³/s)	Junção	Elevação (m)
AB	300	0,30	0,00087	0,019	194	0,200	A	48
BC	350	0,20	0,00130	0,021	1.900	0,100	B	46
BF	350	0,20	0,00130	0,021	1.900	0,100	C	43
CF	125	0,20	0,00130	0,021	678	0,050	D	48
DC	300	0,20	0,00130	0,021	1.630	0,050	E	44
EF	300	0,20	0,00130	0,021	1.630	0,100	F	48
DE	125	0,20	0,00130	0,021	678	0,200	G	60
GD	250	0,25	0,00104	0,020	423	0,250		

Solução

Utilizando as taxas de fluxo estimadas, as perdas de altura em cada tubo são encontradas utilizando-se a Equação 4.12, um ciclo de cada vez. Em seguida, a Equação 4.17a é utilizada para determinar a correção do fluxo e melhorar sua estimativa. O mesmo procedimento é aplicado a todos os ciclos remanescentes, e a Equação 4.18a é aplicada ao percurso do influxo *ABCDG* que conecta o reservatório *A* ao *G*. O procedimento então se repete. O processo termina quando as correções de fluxo se tornam aceitavelmente pequenas. Nesse ponto, a condição de conservação da massa é satisfeita para cada junção, e a perda de altura ao longo de cada ciclo é a mesma tanto para o fluxo horário quanto para o fluxo anti-horário (conservação da energia).

Continuaremos os cálculos utilizando uma série de tabelas. Explicações serão dadas após cada uma delas. Vamos começar com o ciclo 1 (L_1).

Ciclo	Tubo	Q (m³/s)	K (s²/m⁵)	h_f (m)	h_f/Q (s/m²)	Novo Q (m³/s)
1	BC	0,100	1.900	19,00	190,00	0,098
	CF	0,050	678	1,70	33,90	0,048
	BF	(0,100)	1.900	(19,00)	(190,00)	(0,102)

Os fluxos listados na coluna 3 são as estimativas originais. Os fluxos no ciclo 1 que estão no sentido anti-horário são listados entre parênteses. As perdas de altura são calculadas como

$$h_f = KQ^2$$

A correção do fluxo em m³/s é encontrada utilizando-se a Equação 4.17a:

$$\Delta Q = \frac{\Sigma h_{fc} - \Sigma h_{fcc}}{2\left[\Sigma(h_{fc}/Q_c) + \Sigma(h_{fcc}/Q_{cc})\right]} =$$

$$= \frac{(19,00 + 1,70) - (19,00)}{2\left[(190,0 + 33,9) + (190,0)\right]} = 0,002 \text{ m}^3/\text{s}$$

O sinal positivo no ajuste do fluxo indica que as perdas de altura no sentido horário dominam ($\Sigma h_{fcc} > \Sigma h_{fc}$). Portanto, a correção do fluxo de 0,002 m³/s é aplicada no sentido horário [coluna 7 ("Novo Q")]. Isso ajudará a equalizar as perdas na próxima iteração. Agora, continuemos com o ciclo 2 (L_2).

Ciclo	Tubo	Q (m³/s)	K (s²/m⁵)	h_f (m)	h_f/Q (s/m²)	Novo Q (m³/s)
2	DE	0,200	678	27,12	135,60	0,154
	EF	0,100	1.630	16,30	163,00	0,054
	DC	(0,050)	1.630	(4,08)	(81,50)	(0,096)
	CF	(0,048)	678	(1,56)	(32,54)	(0,094)

Como o tubo CF é compartilhado pelos ciclos 1 e 2, o fluxo revisto no cálculo do ciclo 1 é utilizado aqui. Observe que no ciclo 1 o fluxo de CF está no sentido horário, ao passo que no ciclo 2 o fluxo está no sentido anti-horário. A correção do fluxo é

$$\Delta Q = \frac{\Sigma h_{fc} - \Sigma h_{fcc}}{2\left[\Sigma(h_{fc}/Q_c) + \Sigma(h_{fcc}/Q_{cc})\right]} =$$

$$= \frac{(27,12 + 16,30) - (4,08 + 1,56)}{2\left[(135,60 + 163,00) + (81,50 + 32,54)\right]} =$$

$$= +0,046 \text{ m}^3/\text{s}$$

O fluxo horário domina a perda e, portanto, a correção de 0,046 m³/s é acrescida à direção anti-horária.

Completamos a primeira iteração corrigindo os fluxos ao longo do percurso ABCDG. Observe que os fluxos em DC e GD estão na direção oposta à direção do percurso de influxo e são listados entre parênteses.

Percurso do influxo	Tubo	Q (m³/s)	K (s²/m⁵)	h_f (m)	h_f/Q (s/m²)	Novo Q (m³/s)
ABCDG	AB	0,200	194	7,76	38,80	0,198
	BC	0,098	1.900	18,25	186,20	0,096
	DC	(0,096)	1.630	(15,02)	(156,48)	(0,098)
	GD	(0,250)	423	(26,44)	(105,75)	(0,252)

Utilizando a Equação 4.18a,

$$\Delta Q = \frac{\Sigma h_{fp} - \Sigma h_{fcp} + H_G - H_A}{2\left[\Sigma(h_{fp}/Q_p) + \Sigma(h_{fcp}/Q_{cp})\right]} = \frac{(7,76 + 18,25) - (15,02 + 26,44) + 102 - 85}{2\left[(38,80 + 186,20) + (156,48 + 105,75)\right]}$$

$$= 0,002 \text{ m}^3/\text{s}$$

Descobrimos que as perdas de altura dominam ao longo do percurso de influxo designado; portanto, adicionamos a correção de fluxo à direção contrária ao percurso. O primeiro conjunto de iterações está concluído.

Seguimos para o segundo conjunto de iterações utilizando a taxa de fluxo mais recente para cada tubo. Os cálculos para os ciclos 1 e 2 e para o percurso ABCDG para o segundo conjunto de iterações são os seguintes:

Ciclo	Tubo	Q (m³/s)	K (s²/m⁵)	h_f (m)	h_f/Q (s/m²)	Novo Q (m³/s)
1	BC	0,096	1.900	17,51	182,40	0,092
	CF	0,094	678	5,99	63,73	0,090
	BF	(0,102)	1.900	(19,77)	(193,80)	(0,106)

$$\Delta Q = \frac{\Sigma h_{fc} - \Sigma h_{fcc}}{2\left[\Sigma(h_{fc}/Q_c) + \Sigma(h_{fcc}/Q_{cc})\right]} = \frac{(17,51 + 5,99) - (19,77)}{2\left[(182,4 + 63,73) + (193,8)\right]} = 0,004 \text{ m}^3/\text{s}$$

Ciclo	Tubo	Q (m³/s)	K (s²/m⁵)	h_f (m)	h_f/Q (s/m²)	Novo Q (m³/s)
2	DE	0,154	678	16,08	104,41	0,154
	EF	0,054	1.630	4,75	88,02	0,054
	DC	(0,098)	1.630	(15,65)	(159,74)	(0,098)
	CF	(0,090)	678	(5,49)	(61,02)	(0,090)

$$\Delta Q = \frac{\Sigma h_{fc} - \Sigma h_{fcc}}{2\left[\Sigma(h_{fc}/Q_c) + \Sigma(h_{fcc}/Q_{cc})\right]} = \frac{(16,08 + 4,75) - (15,65 + 5,49)}{2\left[(104,41 + 88,02) + (159,74 + 61,02)\right]}$$
$$= 0,000 \text{ m}^3/\text{s}$$

Percurso do influxo	Tubo	Q (m³/s)	K (s²/m⁵)	h_f (m)	h_f/Q (s/m²)	Novo Q (m³/s)
ABCDG	AB	0,198	194	7,61	38,41	0,200
	BC	0,092	1.900	16,08	174,80	0,094
	DC	(0,098)	1.630	(15,65)	(159,74)	(0,096)
	GD	(0,252)	423	(26,86)	(106,60)	(0,250)

$$\Delta Q = \frac{\Sigma h_{fp} - \Sigma h_{fcp} + H_G - H_A}{2\left[\Sigma(h_{fp}/Q_p) + \Sigma(h_{fcp}/Q_{cp})\right]} = \frac{(7,61 + 16,08) - (15,65 + 26,86) + 102 - 85}{2\left[(38,41 + 174,80) + (159,74 + 106,60)\right]}$$
$$= -0,002 \text{ m}^3/\text{s}$$

Cálculos semelhantes são realizados para mais um conjunto de iterações, quando todas as correções se tornam desprezíveis. Os resultados finais são tabulados a seguir e mostrados na Figura 4.10(b). Também estão listados os valores para a altura total e a altura de pressão para todos os pontos. Uma vez encontradas as descargas dos tubos, a equação de energia é usada para calcular as alturas totais. Por exemplo,

$$H_B = H_A - h_{fAB} = 85,00 - 7,76 = 77,24 \text{ m}$$

e

$$H_C = H_B - h_{fbc} = 77,24 - 16,79 = 60,45 \text{ m}$$

Observe que diversos percursos podem ser utilizados para determinar a altura total em determinado ponto. Por exemplo, H_C pode ser calculada como $H_C = H_A - h_{fAB} - h_{fBF} + h_{fCF}$. Os resultados obtidos a partir dos diferentes percursos devem ser os mesmos, exceto quando houver erro de arredondamento. A altura de pressão em um ponto é igual à altura total menos a elevação do ponto.

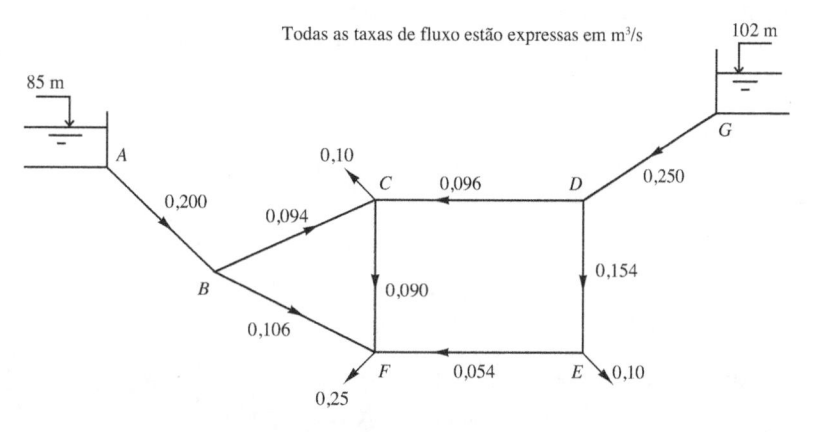

Tubo	Q (m³/s)	h_f (m)	Junção	Elevação (m)	Altura total (m)	Altura de pressão (m)
AB	0,200	7,76	A	48,00	85,00	37,00
BC	0,094	16,79	B	46,00	77,24	31,24
BF	0,106	21,34	C	43,00	60,45	17,45
CF	0,090	5,49	D	48,00	75,56	27,56
DC	0,096	15,02	E	44,00	59,48	15,48
EF	0,054	4,75	F	48,00	55,90	7,90
DE	0,154	16,08	G	60,00	102,00	42,00
GD	0,250	26,44				

Figura 4.10 (b) Resultados do Exemplo 4.9.

Exercícios computacionais para sala de aula – Redes de tubos

Pesquise ou escreva um programa de computador apropriado para resolução de problemas de redes de tubos. Pode ser EPANET (domínio público da Agência de Proteção Ambiental dos Estados Unidos), WaterCAD e WaterG EMS (proprietários da empresa Haestad Methods-Bentley) e KYPipe (proprietário da KYPipe LLC). Você também pode escrever seu próprio programa de planilha. Responda às perguntas a seguir executando uma análise computadorizada da rede de tubos descrita no Exemplo 4.8 e suas modificações.

a. Antes de utilizar o software, de quais dados você acredita que o programa precisará para analisar a rede de tubos do Exemplo 4.8?

b. Agora, utilize o software para analisar o Exemplo 4.8. Insira os dados solicitados pelo programa e execute a análise da rede. Compare as taxas de fluxo geradas pelo modelo computadorizado com aquelas listadas no exemplo. Por que as soluções não são exatamente as mesmas? (*Observação*: Alguns modelos computadorizados requerem o material do tubo e atribuem um valor "f" baseado no material e no número de Reynolds. Pode ser necessário "manipular" o modelo para que ele se ajuste aos valores de "f" no Exemplo 4.8.)

c. O que aconteceria com a taxa de fluxo no tubo EF se o fator de atrito fosse reduzido? O que aconteceria com a pressão em F? Escreva suas respostas e, depois, diminua "f" em EF de 0,021 para 0,014 e execute uma nova análise da rede. Liste as taxas de fluxo originais e novas no tubo EF e a pressão original e nova no ponto F. (*Dica*: Talvez o software não lhe permita alterar diretamente o fator de atrito, mas pode ser que ele permita modificações no valor do material do tubo ou da rugosidade. Pode ser necessário assumir turbulência total no diagrama de Moody e, voltando ao valor da rugosidade ou do material do tubo, será preciso diminuir o fator de atrito no tubo EF para 0,014.) Uma vez concluída a análise, restaure o tubo EF a seu fator de atrito original e siga para a próxima questão.

d. O que aconteceria com a taxa de fluxo no tubo HF se o diâmetro fosse o dobro? O que aconteceria com a pressão em F? Estime a magnitude dessas modificações e anote-as. Agora, dobre o diâmetro e analise a rede. Sua resposta para a primeira pergunta foi correta? Liste a nova taxa de fluxo e a taxa de fluxo original no tubo HF, bem como a nova pressão e a pressão original no ponto F. Em seguida, restaure HF a seu tamanho original e siga para a próxima pergunta.

e. O que aconteceria com a pressão em F se a demanda de água naquele ponto aumentasse 50 L/s? Estime a magnitude dessas mudanças e anote-as. Agora, aumente a demanda de água em F e execute uma nova análise da rede. Sua resposta para a primeira pergunta foi correta? Liste a nova pressão e a pressão original no ponto F. Em seguida, restaure a demanda em F para seu valor original e siga para a próxima pergunta.

f. O que aconteceria com a taxa de fluxo no tubo EF se um novo tubo fosse adicionado ao sistema do ponto G até a metade dos pontos A e D? O que aconteceria com a pressão em F? Acrescente esse novo tubo, com as mesmas características do tubo DE, e execute uma nova análise da rede. Sua resposta para a primeira pergunta foi correta? Agora, restaure a configuração original da rede.

g. Realize outras modificações solicitadas por seu professor.

4.4.2 O método de Newton

O método de Newton é um procedimento apropriado e conveniente para a análise de redes contendo um grande número de tubos e ciclos. De modo geral, o método de iterações de Newton foi criado para resolver um conjunto de N equações simultâneas, F_i, escrito como

$$F_i[Q_1, Q_2, \ldots, Q_i, \ldots, Q_N] = 0$$

onde $i = 1$ até N, e Q_i são as N incógnitas. Os cálculos para o procedimento iterativo começam com a definição de um conjunto de valores para as tentativas com as incógnitas Q_i para $i = 1$ até N. A substituição desses valores nas N equações resultará nos $F_1, F_2, \ldots F_N$ residuais. É provável que esses resíduos sejam diferentes de zero, pois os valores atribuídos às incógnitas são, possivelmente, diferentes das soluções atuais. Novos valores para Q_i para $i = 1$ até N para a iteração seguinte são estimados para fazer que os resíduos se aproximem de zero. Conseguimos isso calculando correções ΔQ_i para $i = 1$ até N de modo que os diferenciais totais das funções F_i sejam iguais ao valor negativo dos resíduos calculados. Em forma de matriz,

$$\begin{bmatrix} \dfrac{\partial F_1}{\partial Q_1} & \dfrac{\partial F_1}{\partial Q_2} & \dfrac{\partial F_1}{\partial Q_3} & \cdots & \dfrac{\partial F_1}{\partial Q_{N-2}} & \dfrac{\partial F_1}{\partial Q_{N-1}} & \dfrac{\partial F_1}{\partial Q_N} \\ \dfrac{\partial F_2}{\partial Q_1} & \dfrac{\partial F_2}{\partial Q_2} & \dfrac{\partial F_2}{\partial Q_3} & \cdots & \dfrac{\partial F_2}{\partial Q_{N-2}} & \dfrac{\partial F_2}{\partial Q_{N-1}} & \dfrac{\partial F_2}{\partial Q_N} \\ \dfrac{\partial F_3}{\partial Q_1} & \dfrac{\partial F_3}{\partial Q_2} & \dfrac{\partial F_3}{\partial Q_3} & \cdots & \dfrac{\partial F_3}{\partial Q_{N-2}} & \dfrac{\partial F_3}{\partial Q_{N-1}} & \dfrac{\partial F_3}{\partial Q_N} \\ \vdots & \vdots & \vdots & \cdots & \vdots & \vdots & \vdots \\ \dfrac{\partial F_{N-1}}{\partial Q_1} & \dfrac{\partial F_{N-1}}{\partial Q_2} & \dfrac{\partial F_{N-1}}{\partial Q_3} & \cdots & \dfrac{\partial F_{N-1}}{\partial Q_{N-2}} & \dfrac{\partial F_{N-1}}{\partial Q_{N-1}} & \dfrac{\partial F_{N-1}}{\partial Q_N} \\ \dfrac{\partial F_N}{\partial Q_1} & \dfrac{\partial F_N}{\partial Q_2} & \dfrac{\partial F_N}{\partial Q_3} & \cdots & \dfrac{\partial F_N}{\partial Q_{N-2}} & \dfrac{\partial F_N}{\partial Q_{N-1}} & \dfrac{\partial F_N}{\partial Q_N} \end{bmatrix} \begin{bmatrix} \Delta Q_1 \\ \Delta Q_2 \\ \Delta Q_3 \\ \vdots \\ \Delta Q_{N-1} \\ \Delta Q_N \end{bmatrix} = \begin{bmatrix} -F_1 \\ -F_2 \\ -F_3 \\ \vdots \\ -F_{N-1} \\ -F_N \end{bmatrix} \quad (4.19)$$

A solução da Equação 4.19 por qualquer método de matriz inversa oferece as correções para os valores experimentais de Q_i para a próxima iteração. Assim sendo, em forma de equação,

$$(Q_i)_{k+1} = (Q_i)_k + (\Delta Q_i)_k$$

onde k e $(k+1)$ indicam números de iteração consecutivos. Esse procedimento é repetido até que as correções sejam reduzidas a magnitudes aceitáveis. O número de iterações necessárias para se alcançar a solução correta depende de quão próximos da solução correta estão os valores experimentais. Se as tentativas iniciais forem muito diferentes dos resultados reais, então o procedimento pode não convergir.

No método de Newton, os valores experimentais iniciais para Q_i não precisam satisfazer ao equilíbrio de massa em todas as junções. Essa é uma grande vantagem sobre o método de Hardy-Cross, em especial quando se trata de grandes redes de tubos. Além disso, as equações são formuladas com base nas direções dos fluxos inicialmente escolhidos. Um resultado positivo para uma taxa de fluxo indicará que a direção inicialmente escolhida está correta. Um valor negativo indicará que o fluxo naquele tubo em particular está em direção oposta àquela inicialmente suposta. Como as taxas de fluxo podem assumir valores positivos e negativos nessa formulação, a perda de atrito é escrita como

$$h_f = KQ|Q|^{m-1}$$

para garantir que as alterações na altura sejam consistentes com as direções dos fluxos.

A aplicação do método de Newton em um problema de análise de rede de tubos pode ser mais bem apresentada através de um exemplo.

Exemplo 4.10

Analise a rede de tubos do Exemplo 4.9 utilizando o método de Newton.

Solução

Atribuiremos números às junções conforme mostra a Figura 4.10(c). Por exemplo, a junção B do Exemplo 4.9 é denominada J_1. Nas aplicações do método de Newton, uma junção representa pontos nos quais dois ou mais tubos se encontram. Existem oito tubos na rede. Vamos designar as taxas de fluxo nesses tubos por Q_i com $i = 1, 2, ..., 8$. Por exemplo, a taxa de fluxo no tubo AB é designada por Q_1 com direção de fluxo de A para B. A solução é formulada utilizando as direções de fluxo escolhidas.

Primeiro, escreveremos as equações de junção. Os valores corretos são aqueles que farão o lado direito dessas equações ser igual a zero desde que a soma de todas as taxas de fluxo entrando e saindo da junção seja zero.

$$F_1 = -Q_1 + Q_2 + Q_3$$
$$F_2 = -Q_2 - Q_4 + Q_5 + Q_C$$
$$F_3 = Q_4 + Q_7 - Q_8$$
$$F_4 = Q_6 - Q_7 + Q_E$$
$$F_5 = -Q_3 - Q_5 - Q_6 + Q_F$$

Em seguida, observando o fato de que a soma das perdas de atrito em torno de um ciclo fechado deve ser igual a zero, escreveremos as equações de ciclo para os ciclos 1 e 2, respectivamente, como

$$F_6 = K_2Q_2|Q_2| - K_3Q_3|Q_3| + K_5Q_5|Q_5|$$
$$F_7 = -K_4Q_4|Q_4| - K_5Q_5|Q_5| + K_6Q_6|Q_6| + K_7Q_7|Q_7|$$

Mais uma vez, os valores corretos das taxas de fluxo farão o lado direito das equações ser igual a zero.

Por fim, a equação do percurso do influxo entre os reservatórios A e G é escrita como

$$F_8 = H_A - K_1Q_1|Q_1| - K_2Q_2|Q_2| +$$
$$+ K_4Q_4|Q_4| + K_8Q_8|Q_8| - H_G$$

Muitos membros da matriz de coeficientes são iguais a zero porque somente alguns poucos Q aparecem em cada equação. Os valores diferentes de zero são avaliados como

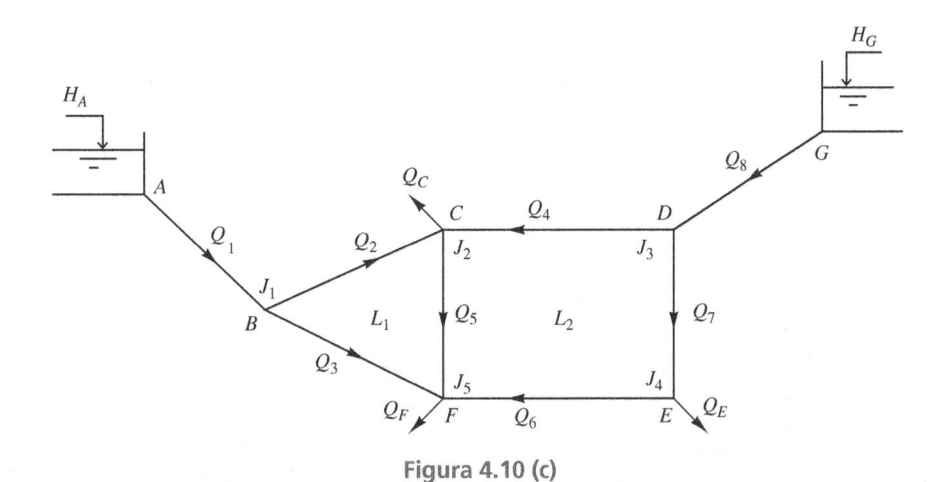

Figura 4.10 (c)

$$\frac{\partial F_1}{\partial Q_1} = -1 \qquad \frac{\partial F_1}{\partial Q_2} = 1 \qquad \frac{\partial F_1}{\partial Q_3} = 1$$

$$\frac{\partial F_2}{\partial Q_2} = -1 \qquad \frac{\partial F_2}{\partial Q_4} = -1 \qquad \frac{\partial F_2}{\partial Q_5} = 1$$

$$\frac{\partial F_3}{\partial Q_4} = 1 \qquad \frac{\partial F_3}{\partial Q_7} = 1 \qquad \frac{\partial F_3}{\partial Q_8} = -1$$

$$\frac{\partial F_4}{\partial Q_6} = 1 \qquad \frac{\partial F_4}{\partial Q_7} = -1$$

$$\frac{\partial F_5}{\partial Q_3} = -1 \qquad \frac{\partial F_5}{\partial Q_5} = -1 \qquad \frac{\partial F_5}{\partial Q_6} = -1$$

$$\frac{\partial F_6}{\partial Q_2} = 2K_2 Q_2 \qquad \frac{\partial F_6}{\partial Q_3} = -2K_3 Q_3 \qquad \frac{\partial F_6}{\partial Q_5} = 2K_5 Q_5$$

$$\frac{\partial F_7}{\partial Q_4} = -2K_4 Q_4 \qquad \frac{\partial F_7}{\partial Q_5} = -2K_5 Q_5 \qquad \frac{\partial F_7}{\partial Q_6} = 2K_6 Q_6 \qquad \frac{\partial F_7}{\partial Q_7} = 2K_7 Q_7$$

$$\frac{\partial F_8}{\partial Q_1} = -2K_1 Q_1 \qquad \frac{\partial F_8}{\partial Q_2} = -2K_2 Q_2 \qquad \frac{\partial F_8}{\partial Q_4} = 2K_4 Q_4 \qquad \frac{\partial F_8}{\partial Q_8} = 2K_8 Q_8$$

As taxas de fluxo (experimentais) iniciais selecionadas para os tubos são $Q_1 = 0,2$ m³/s, $Q_2 = 0,5$ m³/s, $Q_3 = 0,1$ m³/s, $Q_4 = 0,05$ m³/s, $Q_5 = 0,5$ m³/s, $Q_6 = 0,1$ m³/s, $Q_7 = 0,3$ m³/s e $Q_8 = 0,25$ m³/s.

As direções dos fluxos são apresentadas na Figura 4.10(c). Substituindo esses valores nas equações formuladas anteriormente para este exemplo, obtemos

$$\begin{bmatrix} -1,0 & 1,0 & 1,0 & 0,0 & 0,0 & 0,0 & 0,0 & 0,0 \\ 0,0 & -1,0 & 0,0 & -1,0 & 1,0 & 0,0 & 0,0 & 0,0 \\ 0,0 & 0,0 & 0,0 & 1,0 & 0,0 & 0,0 & 1,0 & -1,0 \\ 0,0 & 0,0 & 0,0 & 0,0 & 0,0 & 1,0 & -1,0 & 0,0 \\ 0,0 & 0,0 & -1,0 & 0,0 & -1,0 & -1,0 & 0,0 & 0,0 \\ 0,0 & 1900,0 & -380,0 & 0,0 & 678,0 & 0,0 & 0,0 & 0,0 \\ 0,0 & 0,0 & 0,0 & -163,0 & -678,0 & 326,0 & 406,8 & 0,0 \\ -77,6 & -1900,0 & 0,0 & 163,0 & 0,0 & 0,0 & 0,0 & 211,5 \end{bmatrix} \begin{bmatrix} \Delta Q_1 \\ \Delta Q_2 \\ \Delta Q_3 \\ \Delta Q_4 \\ \Delta Q_5 \\ \Delta Q_6 \\ \Delta Q_7 \\ \Delta Q_8 \end{bmatrix} = \begin{bmatrix} -0,4000 \\ -0,0500 \\ -0,1000 \\ 0,1000 \\ 0,4500 \\ -625,5000 \\ 96,2550 \\ 469,2475 \end{bmatrix}$$

Resolvendo a equação da matriz utilizando um programa de computador, obtemos as correções de descarga como $\Delta Q_1 = 0,0419$ m³/s, $\Delta Q_2 = -0,2513$ m³/s, $\Delta Q_3 = -0,1068$ m³/s, $\Delta Q_4 = 0,0233$ m³/s, $\Delta Q_5 = -0,278$ m³/s, $\Delta Q_6 = -0,0652$ m³/s, $\Delta Q_7 = -0,1652$ m³/s e $\Delta Q_8 = -0,0419$ m³/s. Assim, para a segunda iteração utilizaremos

$Q_1 = 0,2419$ m³/s, $Q_2 = 0,2487$ m³/s, $Q_3 = -0,0068$ m³/s, $Q_4 = 0,0733$ m³/s, $Q_5 = 0,2220$ m³/s, $Q_6 = 0,0348$ m³/s, $Q_7 = 0,1348$ m³/s e $Q_8 = 0,2081$ m³/s. O mesmo procedimento será repetido até que todas as correções se tornem desprezíveis. A tabela a seguir resume os valores de Q obtidos pelo processo de iteração.

	Taxas de fluxo(m³/s)							
Número da iteração	Q_1	Q_2	Q_3	Q_4	Q_5	Q_6	Q_7	Q_8
Inicial	0,2000	0,5000	0,1000	0,0500	0,5000	0,1000	0,3000	0,2500
1	0,2419	0,2487	0,0068	0,0733	0,2220	0,0348	0,1348	0,2081
2	0,2511	0,1226	0,1286	0,0821	0,1047	0,0168	0,1168	0,1989
3	0,1989	0,0938	0,1051	0,0925	0,0863	0,0585	0,1585	0,2511
4	0,2007	0,0932	0,1075	0,0961	0,0894	0,0532	0,1532	0,2493
5	0,2008	0,0933	0,1075	0,0961	0,0894	0,0531	0,1531	0,2492
6	0,2008	0,0933	0,1075	0,0961	0,0894	0,0531	0,1531	0,2492

Os resultados são obtidos em seis iterações. Esses resultados são essencialmente os mesmos daqueles do Exemplo 4.9, exceto pelo arredondamento. As alturas totais resultantes são $H_A = 85$ m, $H_B = 77,18$ m, $H_C = 60,65$ m, $H_D = 75,72$ m, $H_E = 59,83$ m, $H_F = 55,23$ m e $H_G = 102$ m. As alturas de pressão resultantes nos pontos A, B, C, D, E, F e G são, respectivamente, 37 m, 31,18 m, 17,65 m, 27,72 m, 15,83 m, 7,23 m e 42 m. Mais uma vez, esses resultados são praticamente os mesmos do Exemplo 4.9. As discrepâncias devem-se às diferenças no arredondamento.

4.5 Fenômeno do martelo d'água em tubulações

Uma mudança repentina na taxa de fluxo em uma grande tubulação (causada pelo fechamento de uma válvula ou de uma bomba etc.) pode afetar uma grande massa de água em movimento dentro do tubo. A força resultante da alteração da velocidade da massa de água poderia causar um aumento de pressão no tubo com magnitude inúmeras vezes maior do que a pressão estática normal no interior do tubo. Esse fenômeno é comumente conhecido como *fenômeno do martelo d'água*. A pressão excessiva pode rachar as paredes do tubo ou causar danos ao sistema de tubulações. A possível ocorrência de um martelo d'água, sua magnitude e a propagação da onda de pressão devem ser cuidadosamente investigadas em conjunto com o projeto da tubulação.

A mudança repentina de pressão causada pelo fechamento de uma válvula pode ser vista como consequência da força desenvolvida no tubo e necessária para interromper o escoamento da coluna de água. A coluna possui massa total m e modifica sua velocidade na taxa dV/dt. De acordo com a segunda lei de Newton para o movimento,

$$F = m\frac{dV}{dt} \quad (4.20)$$

Se a velocidade de toda a coluna de água puder ser reduzida a zero instantaneamente, a Equação 4.20 pode tornar-se

$$F = \frac{m(V_0 - 0)}{0} = \frac{mV_0}{0} = \infty$$

A força resultante (portanto, pressão) seria infinita. Felizmente, uma mudança tão instantânea é impossível porque uma válvula mecânica requer um determinado tempo para concluir uma operação de fechamento. Além disso, nem as paredes do tubo nem a coluna de água envolvida são perfeitamente rígidas sob grande pressão. A elasticidade de ambos tem um papel muito importante no fenômeno do martelo d'água.

Para examinar mais a fundo o fenômeno do martelo d'água, imagine um tubo de comprimento L com diâmetro interno D, espessura da parede e e módulo de elasticidade E_p. Além disso, assuma que a água está escoando dentro do tubo vinda de um reservatório e que existe uma válvula no final do tubo, conforme mostra a Figura 4.11(a). Considerando que as perdas são desprezíveis (inclusive o atrito), a linha de energia é apresentada como uma linha horizontal. Imediatamente depois do fechamento da válvula, a água próxima da válvula entra em repouso. A mudança brusca na velocidade da massa de água causa um aumento local de pressão. Como resultado desse aumento, a coluna de água nessa seção sofre compressão, e as paredes do tubo se expandem um pouco devido ao aumento de tensão nelas.

Ambos os fenômenos ajudaram a provocar um pequeno volume extra, permitindo que a água entrasse continuamente na seção até parar por completo.

A seção posterior exatamente acima está envolvida no mesmo procedimento um instante mais tarde. Desse modo, uma onda de pressão crescente propaga-se no tubo em direção ao reservatório, conforme mostra a Figura 4.11(b). Quando essa *onda de pressão* alcança o reservatório superior, todo o tubo se expande, e a coluna de água em seu interior é comprimida pela pressão crescente. Nesse mesmo instante, toda a coluna de água dentro do tubo para completamente.

O estado provisório não pode ser mantido porque a EGL no tubo é muito maior do que a EGL no reservatório aberto. Como as diferenças de energia criam fluxos, a água parada no tubo escoa de volta para o reservatório assim que a onda de pressão chega ao reservatório. Esse processo se inicia na extremidade final do tubo do reservatório, e uma onda de pressão reduzida viaja em direção à válvula, conforme mostra a Figura 4.11(d). Durante esse período, a água atrás da frente da onda move-se contra o fluxo à medida que o tubo se contrai continuamente e a coluna se descomprime. O tempo necessário para que a onda de pressão retorne à válvula é $2L/C$, onde C é a velocidade da onda viajando pelo tubo. Ela também é conhecida como *celeridade*.

A velocidade da viagem da onda de pressão no tubo depende do módulo de elasticidade da água, E_b, e do módulo de elasticidade do material da parede do tubo, E_p. A relação pode ser escrita como

$$C = \sqrt{\frac{E_c}{\rho}} \quad (4.21)$$

onde E_c é o módulo composto de elasticidade do sistema de tubos de água e ρ é a densidade da água. E_c é uma função da elasticidade das paredes do tubo e a elasticidade do fluido interno. Ele pode ser calculado pela seguinte relação:

$$\frac{1}{E_c} = \frac{1}{E_b} + \frac{Dk}{E_p e} \quad (4.22a)$$

O módulo de elasticidade da água, E_b, e a densidade da água são fornecidos no Capítulo 1. O módulo de elasticidade de diversos materiais de tubo comuns está listado na Tabela 4.1; a constante k depende do método de ancoragem da tubulação, e e é a espessura das paredes dos tubos.

TABELA 4.1 Módulo de elasticidade (E_p) de matérias comuns para tubos.

Material do tubo	E_p (N/m²)	E_p (psi)
Alumínio	$7,0 \times 10^{10}$	$1,0 \times 10^7$
Latão bronze	$9,0 \times 10^{10}$	$1,3 \times 10^7$
Concreto reforçado	$1,6 \times 10^{11}$	$2,5 \times 10^7$
Cobre	$9,7 \times 10^{10}$	$1,4 \times 10^7$
Vidro	$7,0 \times 10^{10}$	$1,0 \times 10^7$
Ferro fundido	$1,1 \times 10^{11}$	$1,6 \times 10^7$
Ferro flexível	$1,6 \times 10^{11}$	$2,3 \times 10^7$
Chumbo	$3,1 \times 10^8$	$4,5 \times 10^4$
Acrílico	$2,8 \times 10^8$	$4,0 \times 10^4$
Borracha vulcanizada	$1,4 \times 10^{10}$	$2,0 \times 10^6$
Aço	$1,9 \times 10^{11}$	$2,8 \times 10^7$

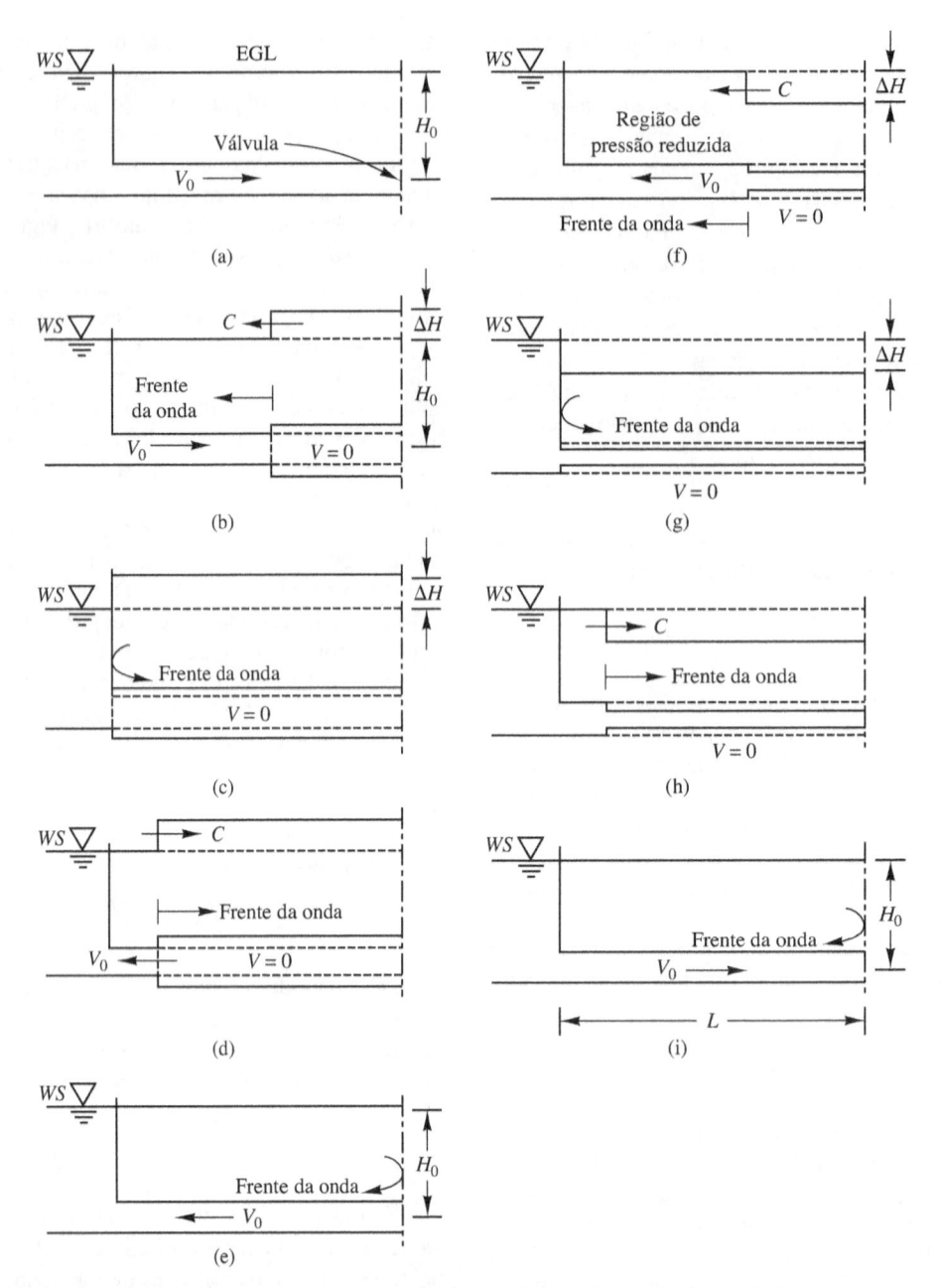

Figura 4.11 Propagação das ondas de pressão do martelo d'água (atrito desprezível no tubo).

(a) Estado estacionário anterior ao movimento da válvula
(b) Condições provisórias em $t < L/C$
(c) Condições provisórias em $t = L/C$
(d) Condições provisórias em $L/C < t < 2L/C$
(e) Condições provisórias em $t = 2L/C$
(f) Condições provisórias em $2L/C < t < 3L/C$
(g) Condições provisórias em $t = 3L/C$
(h) Condições provisórias em $3L/C < t < 4L/C$
(i) Condições provisórias em $t = 4L/C$.

Observação: O símbolo ↻ ou ↺ é utilizado para representar a direção da reflexão da frente da onda.

Os valores típicos de k são

$k = (1 - \varepsilon^2)$ para tubos ancorados em ambas as extremidades contra movimento longitudinal,

$k = \left(\dfrac{5}{4} - \varepsilon\right)$ para tubos livres para movimentação longitudinal (estresse desprezível) e

$k = (1 - 0{,}5\varepsilon)$ para tubos com junções de expansão,

onde ε é o *coeficiente de Poisson* do material da parede do tubo. Para materiais comuns, costuma ser usado $\varepsilon = 0{,}25$.

Se o estresse longitudinal no tubo pode ser desprezado — ou seja, $k = \left(\dfrac{5}{4} - \varepsilon\right) = 1{,}0$ — a Equação 4.22a pode ser simplificada para

$$\frac{1}{E_c} = \frac{1}{E_b} + \frac{D}{E_p e} \qquad (4.22b)$$

A Figura 4.11(e) mostra que, no momento em que a onda de pressão reduzida chega até a válvula, toda a coluna de água dentro do tubo está em movimento em direção contrária ao fluxo. Esse movimento não consegue arrastar mais água para além da válvula fechada e é interrompido quando a onda chega à válvula. A inércia dessa massa de água em movimento faz que a pressão na válvula diminua, ficando abaixo da pressão estática normal. Um terceiro período de oscilação tem início quando a onda de pressão negativa se propaga em direção ao reservatório, como mostra a Figura 4.11(f). No momento em que a pressão negativa chega ao reservatório, a coluna de água dentro do tubo volta a entrar em repouso, e a EGL do tubo é menor do que a do reservatório [Figura 4.11(g)]. Por conta da diferença de energia, a água escoa pelo tubo, iniciando um quarto período de oscilação.

O quarto período de oscilação é marcado por uma onda de pressão estática normal que se movimenta no sentido do fluxo em direção à válvula, como se vê na Figura 4.11(h). A massa de água atrás da frente da onda também se movimenta na direção do fluxo. Essa onda do quarto período chega até a válvula no momento $4L/C$, todo o tubo retorna à EGL original, e a água no tubo está escoando na direção do fluxo. Por um instante, as condições ao longo do tubo são um tanto semelhantes às condições do momento de fechamento da válvula (início da onda do primeiro período), exceto pelo fato de que a velocidade da onda no tubo foi reduzida. Esse é um resultado das perdas de energia para o calor por conta do atrito e do comportamento viscoelástico das paredes do tubo e da coluna de água.

Um novo ciclo instantaneamente se inicia. As ondas sequenciais do quarto ciclo viajam para cima e para baixo no tubo exatamente da mesma maneira descrita no primeiro ciclo, exceto no que diz respeito às ondas de pressão correspondentes, que são menores em magnitude. A oscilação da onda de pressão continua com cada conjunto de ondas diminuindo sucessivamente até que uma onda morra por completo.

Conforme já mencionado, o fechamento de uma válvula requer certo tempo t para que seja concluído. Se t for menor do que $2L/C$ (o fechamento da válvula está concluído antes que a primeira onda de pressão retorne à válvula), o aumento resultante na pressão deverá ser o mesmo que o do fechamento instantâneo. Entretanto, se t for maior do que $2L/C$, então a primeira onda de pressão retornará à válvula antes que ela esteja completamente fechada. A onda de pressão negativa retornada pode compensar o aumento de pressão resultante do fechamento final da válvula.

Conhecer o aumento máximo de pressão criado pelo fenômeno do martelo d'água é crucial para a segurança e a confiabilidade do projeto de diversos sistemas de tubulações. As equações de projeto adequadas baseiam-se em princípios fundamentais e são derivadas conforme explicado a seguir.

Considere um tubo com uma válvula de fechamento rápido ($t \leq 2L/C$); o volume extra de água (ΔVol) que entra no tubo durante o primeiro período ($t = L/C$) – Figura 4.11(c) – é:

$$\Delta \text{Vol} = V_0 A\left(\frac{L}{C}\right) \qquad (4.23)$$

onde V_0 é a velocidade inicial da água escoando no tubo, e A é a área de seção transversal do tubo. O aumento de pressão resultante ΔP está relacionado a esse volume extra por

$$\Delta P = E_c\left(\frac{\Delta \text{Vol}}{\text{Vol}}\right) = \frac{E_c(\Delta \text{Vol})}{AL} \qquad (4.24)$$

onde Vol é o volume original da coluna de água no tubo, e E_c é o módulo composto de elasticidade conforme definido pela Equação 4.22a. Substituindo a Equação 4.23 na Equação 4.24, podemos escrever

$$\Delta P = \frac{E_c}{AL}\left[V_0 A\left(\frac{L}{C}\right)\right] = \frac{E_c V_0}{C} \qquad (4.25a)$$

À medida que a onda de pressão se propaga contra o fluxo, ao longo do tubo, na velocidade C, a água atrás da frente da onda é imediatamente parada a partir da velocidade inicial V_0. A massa total de água envolvida na mudança repentina de velocidade de V_0 a zero no tempo Δt é $m = \rho A C\,\Delta t$.

$$\Delta P(A) = m\frac{\Delta V}{\Delta t} = \rho A C\,\Delta t\,\frac{(V_0 - 0)}{\Delta t} = \rho A C V_0$$

ou

$$\Delta P = \rho C V_0 \qquad (4.25b)$$

(*Observação*: A Equação 4.21 pode ser derivada da Equação 4.25b; consulte o Problema 4.5.10.) Resolvendo a Equação 4.25b para C e substituindo C na Equação 4.25a, temos

$$\Delta P = E_c V_0 \frac{\rho V_0}{\Delta P}$$

ou

$$\Delta P = V_0 \sqrt{\rho E_c} \qquad (4.25c)$$

Também,

$$\Delta H = \frac{\Delta P}{\rho g} = \frac{V_0}{g} \sqrt{\frac{E_c}{\rho}} = \frac{V_0}{g} C \qquad (4.26)$$

onde ΔH é o aumento da altura de pressão causado pelo martelo d'água. Essas equações são aplicáveis somente para o fechamento rápido de válvulas ($T \leq 2L/C$).

Para fechamentos de válvulas que não são rápidos (ou seja, $t > 2L/C$), o aumento de pressão previamente discutido (ΔP) não se desenvolverá completamente porque a onda negativa refletida, ao chegar à válvula, reduzirá o aumento de pressão. Para esse fechamento de válvula lento, a pressão máxima do martelo d'água pode ser calculada pela equação de Allievi,* que é escrita como

$$\Delta P = P_0 \left(\frac{N}{2} + \sqrt{\frac{N^2}{4} + N} \right) \qquad (4.27)$$

onde P_0 é a pressão no tubo em estado estático, e

$$N = \left(\frac{\rho L V_0}{P_0 t} \right)^2$$

Antes de aplicar as equações do martelo d'água aos problemas de fluxo em tubos, a linha de energia e a linha piezométrica para o sistema sob condições de fluxo em repouso devem ser determinadas, conforme mostra a Figura 4.12. Conforme a onda de pressão se movimenta contrária ao fluxo, a energia é armazenada na forma de pressão no tubo atrás da frente da onda. A pressão máxima é alcançada quando a frente da onda chega ao reservatório

$$P_{\max} = \gamma H_0 + \Delta P \qquad (4.28)$$

onde H_0 é a altura total antes do fechamento da válvula, conforme indicado pela elevação da superfície da água no reservatório. A localização exatamente depois do reservatório no sentido do fluxo costuma ser a mais vulnerável aos danos nos tubos e junções, pois a pressão inicial é maior nesse ponto do que no restante da tubulação.

Exemplo 4.11

Um tubo de aço de 5.000 pés de comprimento posicionado sobre uma inclinação uniforme possui 18 polegadas de diâmetro e 2 polegadas de espessura das paredes. O tubo transporta água de um reservatório e a descarrega no ar a uma elevação 150 pés abaixo do reservatório de superfície livre. Uma válvula instalada na extremidade inferior do tubo (sentido do fluxo) permite um coeficiente de fluxo de 25 cfs. Supondo que a válvula esteja totalmente fechada em 1,4 s, calcule a pressão máxima do martelo d'água na válvula. Assuma que as tensões longitudinais na tubulação são desprezíveis.

Solução

A partir da Equação 4.22b,

$$\frac{1}{E_c} = \frac{1}{E_b} + \frac{D}{E_p e}$$

onde $E_b = 3{,}2 \times 10^5$ psi (conforme Capítulo 1) e $E_p = 2{,}8 \times 10^7$ psi (Tabela 4.1). A equação anterior pode, então, ser escrita como

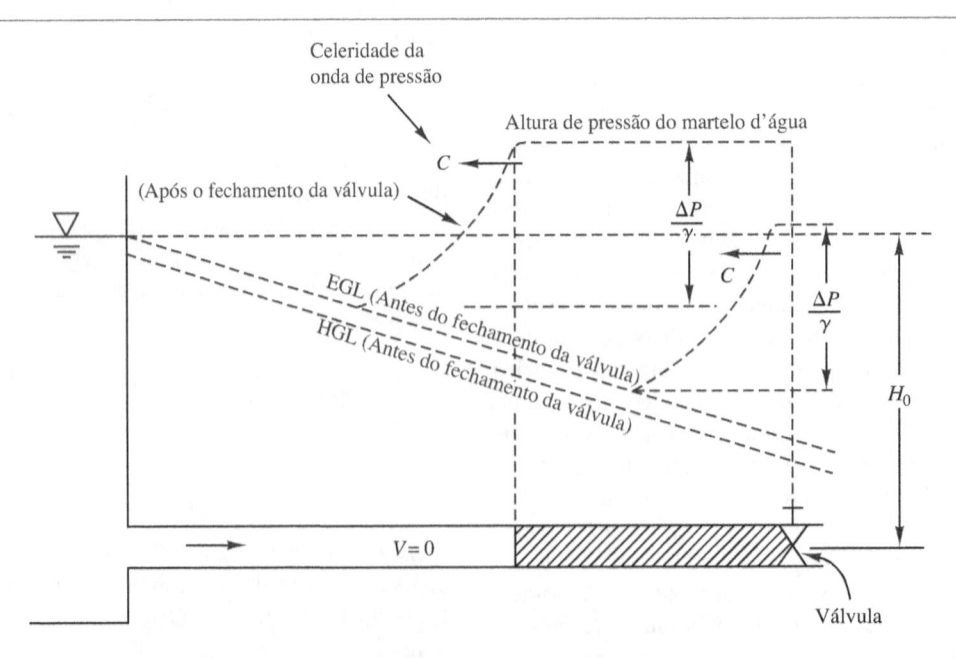

Figura 4.12 Pressão do martelo d'água em uma tubulação.

* L. Allievi, "The theory of water hammer", traduzido por E. E. Halmos, *Trans. ASME*, 1929.

$$\frac{1}{E_c} = \frac{1}{3,2 \times 10^5} + \frac{18}{(2,8 \times 10^7)2,0}$$

Logo,

$$E_c = 2,90 \times 10^5 \text{ psi}$$

A partir da Equação 4.21, podemos obter a velocidade da propagação da onda ao longo do tubo

$$C = \sqrt{\frac{E_c}{\rho}} = \sqrt{\frac{2,90 \times 10^5(144)}{1,94}} = 4.640 \text{ pés/s}$$

O tempo necessário para que a onda retorne à válvula é

$$t = \frac{2L}{C} = \frac{2(5.000)}{4.640} = 2,16 \text{ s}$$

Como a válvula fecha em 1,4 s (< 2,16 s), podem ser aplicadas equações para o fechamento rápido de válvulas. Portanto, a velocidade da água no tubo antes do fechamento da válvula é

$$V_0 = \frac{25}{\frac{\pi}{4}(1,5)^2} = 14,1 \text{ pés/s}$$

e a pressão máxima do martelo d'água na válvula pode ser calculada utilizando a Equação 4.25b como

$$\Delta P = \rho C V_0 = 1,94\,(4.640)(14,1) =$$
$$= 1,27 \times 10^5 \text{ lb/pés}^2 \,(881 \text{ psi})$$

Exemplo 4.12

Um tubo de ferro flexível com 20 cm de diâmetro e 15 mm de espessura está transportando água quando a saída é bruscamente fechada. Considerando que a descarga planejada é de 40 L/s, calcule o aumento na altura de pressão pelo martelo d'água se
  (a) a parede do tubo for rígida;
  (b) o tubo estiver livre para movimentar-se longitudinalmente (tensão desprezível);
  (c) a tubulação possuir junções de expansão ao longo de seu comprimento.

Solução

$$A = \frac{\pi}{4}(0,2)^2 = 0,0314 \text{ m}^2$$

logo,

$$V_0 = \frac{Q}{A} = \frac{0,04}{0,0314} = 1,27 \text{ m/s}$$

(a) Para paredes de tubo rígidas, $Dk/E_p e = 0$, a Equação 4.22a nos dá a seguinte relação:

$$\frac{1}{E_c} = \frac{1}{E_b} \quad \text{ou} \quad E_c = E_b = 2,2 \times 10^9 \text{ N/m}^2$$

A partir da Equação 4.21, podemos calcular a velocidade da onda de pressão:

$$C = \sqrt{\frac{E_c}{\rho}} = \sqrt{\frac{2,2 \times 10^9}{998}} = 1.480 \text{ m/s}$$

A partir da Equação 4.26, podemos calcular a elevação na altura de pressão causada pelo martelo d'água como

$$\Delta H = \frac{V_0 C}{g} = \frac{1,27(1.480)}{9,81} = 192 \text{ m } (\text{H}_2\text{O})$$

(b) Para tubos sem tensão longitudinal, $k = 1$, podemos usar a Equação 4.22b:

$$E_c = \frac{1}{\left(\dfrac{1}{E_b} + \dfrac{D}{E_p e}\right)} =$$
$$= \frac{1}{\left(\dfrac{1}{2,2 \times 10^9} + \dfrac{0,2}{(1,6 \times 10^{11})(0,015)}\right)} = 1,86 \times 10^9$$

e

$$C = \sqrt{\frac{E_c}{\rho}} = 1.370 \text{ m/s}$$

Portanto, a elevação na altura de pressão causada pelo martelo d'água pode ser calculada como

$$\Delta H = \frac{V_0 C}{g} = \frac{1,27(1.370)}{9,81} = 177 \text{ m } (\text{H}_2\text{O})$$

Observe que uma vez que o tubo esteja livre para se movimentar longitudinalmente, em oposição ao tubo rígido considerado na parte (a), parte da energia de pressão é absorvida pelo tubo em expansão, e a velocidade da onda é reduzida. Em contrapartida, isso reduz a magnitude do aumento de altura de pressão associado ao martelo d'água.

(c) Para tubos com junções de expansão, $k = (1 - 0,5 \times 0,25) = 0,875$. A partir da Equação 4.22a,

$$E_c = \frac{1}{\left(\dfrac{1}{E_b} + \dfrac{Dk}{E_p e}\right)} =$$
$$= \frac{1}{\left(\dfrac{1}{2,2 \times 10^9} + \dfrac{(0,2)(0,875)}{(1,6 \times 10^{11})(0,015)}\right)} = 1,90 \times 10^9$$

e

$$C = \sqrt{\frac{E_c}{\rho}} = 1.380 \text{ m/s}$$

Novamente, podemos calcular a elevação na altura de pressão causada pelo martelo d'água como

$$\Delta H = \frac{V_0 C}{g} = \frac{1,27 \cdot 1.380}{9,81} = 179 \text{ m } (\text{H}_2\text{O})$$

que é essencialmente a mesma que a do caso (b) (tubo livre para movimentar-se longitudinalmente).

Na análise do martelo d'água, o histórico da oscilação de pressão em uma tubulação é instrutivo. Por conta do atrito entre a massa de onda oscilante e a parede do tubo, o padrão pressão-tempo é modificado, e a oscilação diminui gradativamente até desaparecer. Uma oscilação de pressão típica é apresentada na Figura 4.13.

Na realidade, uma válvula não pode ser fechada instantaneamente. O tempo necessário para fechamento de uma válvula é um determinado período, t_c. A pressão do

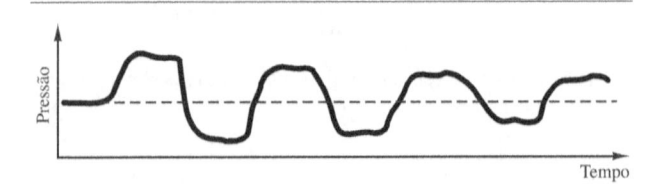

Figura 4.13 Efeitos do atrito no padrão pressão-tempo de um martelo d'água.

martelo d'água aumenta gradativamente com o coeficiente de fechamento da válvula. Uma curva típica para o fechamento de uma válvula é exibida na Figura 4.14.

Se t_c for menor do que o tempo necessário para que a frente da onda faça uma viagem de ida e volta ao longo da tubulação e retorne ao local da válvula ($t_c < 2L/C$), a operação é definida como *fechamento rápido*. A pressão do martelo d'água (ou choque) alcançará seu valor máximo. O cálculo de uma operação de fechamento rápido é o mesmo que o do fechamento instantâneo. Para manter a pressão do martelo d'água dentro dos limites aceitáveis, as válvulas costumam ser projetadas com tempos de fechamento consideravelmente maiores do que $2L/C$. Em uma operação de fechamento lento ($t_c > 2L/C$), a onda de pressão retorna ao local da válvula antes que o fechamento seja concluído. Um montante de água passa continuamente pela válvula quando a onda de pressão retorna. Como resultado, o padrão de onda de pressão será alterado. Um tratamento completo para o fenômeno do martelo d'água, considerando o atrito e a operação de fechamento lento da válvula, pode ser encontrado em Chaudhry (1987)* e Popescu et al. (2003).**

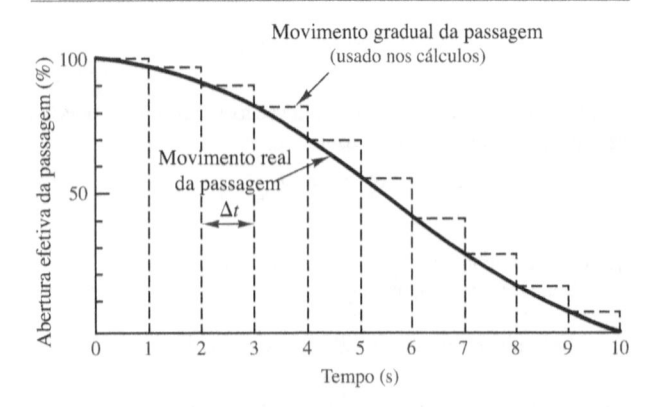

Figura 4.14 Efeitos do atrito no padrão pressão-tempo de um martelo d'água.

4.6 Tanques de compensação

Existem muitas maneiras de eliminar os impactos prejudiciais causados pelo martelo d'água às tubulações. Um método é o fechamento lento de válvulas, que foi discutido na seção anterior. Outros métodos que são eficientes incluem válvulas de alívio (ou desviadores) e tanques de compensação. As válvulas de alívio contam com o martelo d'água para abrir uma válvula e desviar grande parte do fluxo por um curto período. Embora possam ser uma solução simples para o problema, as válvulas de alívio podem causar o desperdício de água.

A inclusão de um tanque de compensação perto da estação de controle (Figura 4.15) de uma tubulação minimizará as forças produzidas quando uma massa de água é parada ou tem sua velocidade diminuída. Um tanque de compensação é definido como um tubo ereto ou um reservatório de armazenamento colocado na extremidade final de uma longa tubulação para prevenir aumentos repentinos de pressão (causados pelo fechamento rápido de válvulas) ou quedas bruscas de pressão (causadas pela abertura rápida de válvulas). Quando uma válvula está sendo fechada, a grande massa de água em movimento na longa tubulação leva tempo para se ajustar. A diferença de fluxo entre a tubulação e a válvula sendo fechada causa um aumento no nível da água no tanque de compensação. À medida que a água se eleva e passa do nível do reservatório, gera-se um desequilíbrio de energia de modo que a água na tubulação escoa de volta para o reservatório e o nível da água no tanque de compensação diminui. O procedimento é repetido com *oscilação de massa* de água na tubulação e no tanque de compensação até que seja atenuado pelo atrito.

A segunda lei de Newton pode ser aplicada para se analisar o efeito do tanque de compensação na coluna de água *AB*, entre as duas extremidades da tubulação. Em qualquer momento do fechamento ou da abertura da válvula, a aceleração da massa de água é sempre igual às forças atuando sobre ela; ou seja,

$$\rho L A \frac{dV}{dt} = \text{(força de pressão na coluna em } A\text{)}$$
$$+ \text{(componente de peso da coluna na direção}$$
$$\text{da tubulação)}$$
$$- \text{(força de pressão atuando sobre a coluna}$$
$$\text{em } B\text{)}$$
$$\pm \text{(perdas de atrito)}$$

A força de pressão em *A* é o resultado da diferença na elevação entre a superfície de água no reservatório e a entrada da tubulação, modificada pela perda na entrada. A força de pressão atuando sobre a coluna em *B* depende da elevação da superfície de água no tanque de compensação, também modificada pelas perdas que ocorrem na entrada do tanque (pode ser uma válvula reguladora restritiva).

---

* M. Hanif Chaudhry, *Applied Hydraulic Transients*, 2. ed., Nova York, Van Nostrand Reinhold, 1987.
** M. Popescu, D. Arsenie e P. Vlase, *Applied Hydraulic Transients: For Hydropower Plants and Pumping Stations*, Londres, Taylor & Francis, 2003.

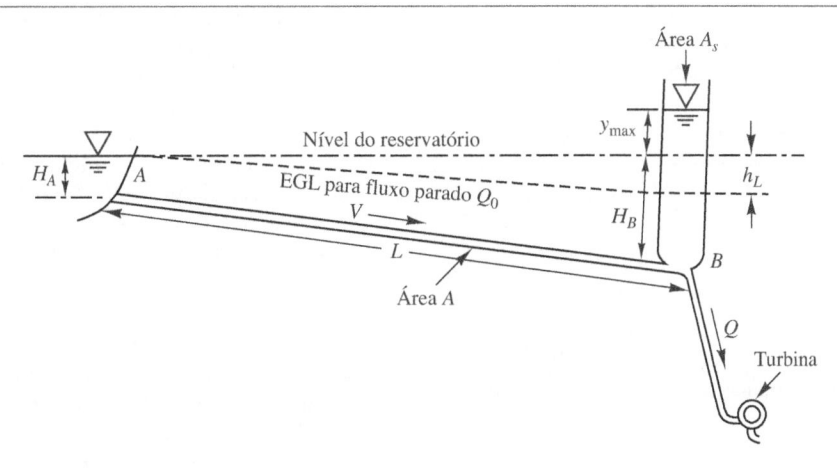

Figura 4.15 Tanque de compensação.

Logo,

$$\rho LA \frac{dV}{dt} = \rho g A [(H_A \pm \text{perda na entrada}) + (H_B - H_A)$$
$$- (H_B + y \pm \text{perda na válvula reguladora}) \pm$$
$$\pm (\text{perdas na tubulação})] \quad (4.29)$$

O sinal das perdas na tubulação depende da direção do fluxo. As perdas sempre ocorrem na direção do fluxo.

Se introduzirmos a forma de módulo, $h_L = K_f V|V|$ e $H_T = K_T U|U|$, onde

$$U = \frac{dy}{dt} \quad (4.30)$$

e representa a velocidade ascendente da superfície da água no tanque, o sinal das perdas estaria sempre correto. Aqui, K_f é o fator de atrito da tubulação $K_f = fL/(2gD)$ e h_L é a perda de altura total na tubulação entre A e B. H_T é a perda na válvula reguladora.

Substituindo esses valores na Equação 4.29 e simplificando, temos a equação dinâmica para o tanque de compensação:

$$\frac{L}{g}\frac{dV}{dt} + y + K_f V|V| + K_T U|U| = 0 \quad (4.31)$$

Além disso, a condição de continuidade em B deve ser satisfeita

$$VA = UA_s + Q \quad (4.32)$$

onde Q é a descarga permitida para passar a válvula fechada em qualquer instante t.

A combinação das equações de 4.30 a 4.32 produz equações diferenciais de segunda ordem que somente podem ser resolvidas explicitamente para casos específicos. Uma solução especial pode ser obtida por algo frequentemente denominado *método logarítmico*.* Esse método oferece uma análise teórica simples das alturas de compensação que estão próximas daquelas observadas na prática se a área de seção transversal A_s permanecer constante.

A solução para uma área constante simples (irrestrita) de um tanque de compensação (Figura 4.15) pode ser expressa como

$$\frac{y_{\text{máx}} + h_L}{\beta} = \ln\left(\frac{\beta}{\beta - y_{\text{máx}}}\right) \quad (4.33)$$

onde β é o fator de descarga, definido como

$$\beta = \frac{LA}{2gK_f A_s} \quad (4.34)$$

A Equação 4.33 é implícita e pode ser resolvida para a altura de compensação (y) por meio de aproximações sucessivas ou com o uso de de um software (Mathcad, Maple ou Mathematica), conforme demonstrado no exemplo a seguir.

Exemplo 4.13

Um tanque de compensação simples de 8 m de diâmetro está localizado na extremidade inferior de um longo tubo de 1.500 m de comprimento e 2,2 m de diâmetro. A perda de altura entre o reservatório superior e o tanque de compensação é 15,1 m quando a taxa de fluxo é 20 m³/s. Determine a elevação máxima da água no tanque de abastecimento se a válvula inferior for fechada de repente.

Solução

Para uma entrada estável onde a perda de altura pode ser desprezada, podemos escrever

$$h_L \cong h_f = K_f V^2$$

ou

$$K_f = \frac{h_L}{V^2} = \frac{15,1}{(5,26)^2} = 0,546 \text{ s}^2/\text{m}$$

e o fator de descarga, a partir da Equação 4.34, é

$$\beta = \frac{LA}{2gK_f A_s} = \frac{(1.500)(3,80)}{2(9,81)(0,546)(50,3)} = 10,6 \text{ m}$$

---
* John Pickford, *Analysis of Water Surge*, Nova York, Gordon e Beach, 1969, p. 111–124.

Aplicando a Equação 4.33,

$$\frac{y_{max} + 15{,}1}{10{,}6} = \ln\left(\frac{10{,}6}{10{,}6 - y_{máx}}\right)$$

A solução é obtida por processo iterativo.

$y_{máx}$	LHS	RHS
9,50	2,32	2,27
9,60	2,33	2,36
9,57	2,33	2,33

A elevação máxima da água no tanque de compensação está 9,57 m acima do nível do reservatório. A mesma solução é obtida se utilizarmos calculadoras ou programas de computador que resolvam equações implícitas.

Problemas
(Seção 4.1)

4.1.1 Examine a EGL e a HGL na Figura 4.1 e explique:
(a) a localização da EGL nos reservatórios;
(b) a queda na EGL que se move do reservatório A para o tubo 1;
(c) a inclinação da EGL no tubo 1;
(d) a distância de afastamento entre a EGL e a HGL;
(e) a diminuição da EGL que se move do tubo 1 para o tubo 2;
(f) a inclinação acentuada da EGL no tubo 2 (maior do que a do tubo 1);
(g) a diminuição da EGL que se move do tubo 2 para o reservatório B.

4.1.2 Esboce a linha de energia e a linha piezométrica para a tubulação mostrada na Figura P4.1.2. Considere todas as perdas e alterações de velocidade e alturas de pressão.

4.1.3 Em geral, o procedimento iterativo encontrado nos problemas de tubulações pode ser reduzido assumindo-se turbulência completa no tubo (se e/D estiver disponível) para se obter um fator de atrito preliminar. Essa premissa costuma ser válida para sistemas de transmissão de água porque a viscosidade da água é menor e as velocidades ou diâmetros dos tubos são grandes, o que resulta em valores mais altos para N_R. Consulte o diagrama de Moody e determine de três a cinco combinações de velocidades e tamanhos de tubos que produziriam turbulência completa com um fator de atrito de 0,02 (considerando água a 20°C).

4.1.4 Em uma planta de tratamento de água, a água (68°F) escoa do tanque A para o tanque B a uma taxa de 0,5 cfs através de um tubo de ferro fundido de 3 polegadas de diâmetro e 200 pés de comprimento. Determine a diferença na elevação de superfície da água entre os tanques (abertos) se houver na tubulação duas curvas (R/D = 2) e uma válvula de passagem totalmente aberta.

4.1.5 Determine a elevação do reservatório superior (A) na Figura P4.1.2 se o reservatório inferior (B) estiver a 750 m, sendo a taxa de escoamento (água a 20°C) através da tubulação de concreto liso de 1,2 m³/s, considerando:
tubos 1 e 2: 100 m de comprimento (D = 0,5 m)
válvulas 1-2: válvulas globo totalmente abertas
expansão 2-3: D = 0,5 a 1 m
tubo 3: 100 m de comprimento (D = 1 m)
redutor 4: coeficiente de perda de 0,3
tubo 5: 50 m de comprimento (D = 0,5 m)
curva 5-6: coeficiente de perda de 0,2
tubo 6: 50 m de comprimento (D = 0,5 m)

4.1.6 O tubo de aço comercial de 4 polegadas de diâmetro e 40 m de comprimento conecta os reservatórios A e B, conforme mostra a Figura P4.1.6. Determine a pressão em cada

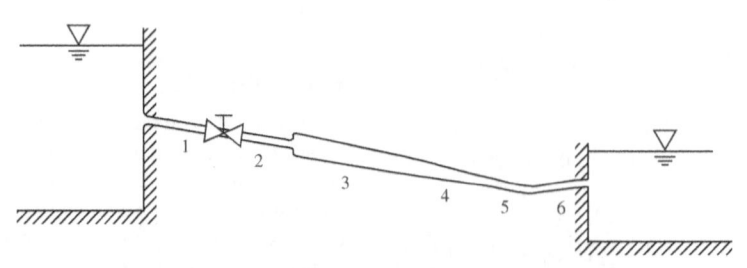

Figura P4.1.2

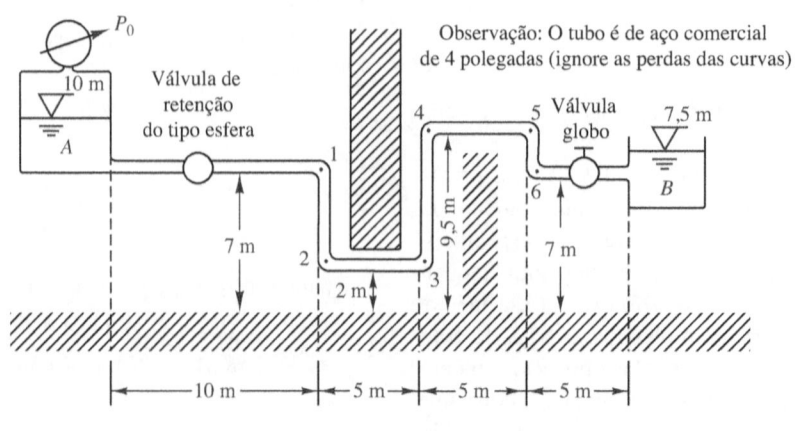

Figura P4.1.6

ponto designado na figura se o fluxo de água for de 10,1 L/s (20°C), o reservatório A for submetido a uma pressão de 9,79 kPa (manométrica), todas as válvulas estiverem totalmente abertas e as perdas nas curvas forem desprezíveis.

4.1.7 Um tubo de aço comercial de 4 polegadas de diâmetro e 40 m de comprimento conecta dois reservatórios, A e B, conforme mostrado na Figura P4.1.6. A temperatura da água é de 20°C. Determine a taxa de fluxo (litros/segundo) se o reservatório A estiver sujeito à pressão atmosférica, a válvula globo estiver totalmente aberta e as perdas nas curvas forem desprezíveis.

4.1.8 Um tubo reto de 40 cm é utilizado para transportar água a 20°C do reservatório A para o reservatório B, que está a 0,7 km de distância. Existe uma diferença de elevação de 9 m entre os dois reservatórios. Determine a descarga para os seguintes tubos: (a) aço comercial, (b) ferro fundido e (c) concreto liso. Determine o percentual de ganho de fluxo se o material de mais alta capacidade fosse escolhido no lugar do de capacidade mais baixa.

4.1.9 A água escoa do tanque A para o tanque B (Figura P4.1.9), e a diferença na elevação de superfície da água é de 60 pés. Considere que a temperatura da água é de 68°F, o material do tubo é ferro fundido, e a tubulação apresenta as seguintes características:
tubo mais longo: 1.000 pés de comprimento (D = 16 polegadas)
curvas: quatro (R/D = 4 em tubos maiores)
tubo mais curto: 1.000 pés de comprimento (D = 8 polegadas)
expansão: brusca
Determine a taxa de fluxo existente no sistema. Qual será o percentual de aumento no fluxo se a linha de 8 polegadas for totalmente substituída por uma tubulação de 16 polegadas?

4.1.10 Uma companhia de irrigação precisa transportar $5,71 \times 10^{-1}$ m³/s de água (20°C) do reservatório A para o reservatório B. Os reservatórios estão a 600 m de distância um do outro e apresentam 18,4 m de diferença na elevação. Determine o diâmetro requerido para o tubo se a rugosidade relativa do material do tubo for 0,36 mm. (Inclua as perdas.) A solução seria diferente se as perdas menores fossem desprezadas?

4.1.11 Um tubo de 75 pés precisa transportar 2,5 cfs de água a 40°F de um tanque coletor a um tanque de resfriamento. A diferença de elevação entre os dois tanques é de 4,6 pés. Determine o tamanho do tubo de aço comercial necessário. Assuma que as conexões são quadradas e inclua uma válvula globo na tubulação.

4.1.12 É preciso distribuir 5 L/min de uma solução de água glicerinada (gravidade específica = 1,1; $v = 1,03 \times 10^{-5}$ m²/s) sob uma altura de pressão de 50 mm Hg. Um tubo de vidro é utilizado (e = 0,003 mm). Determine o diâmetro do tubo se seu comprimento for de 2,5 m. Assuma que a altura de pressão (50 mm Hg) é necessária para compensar a perda de atrito no tubo horizontal; nenhuma outra perda é considerada.

4.1.13 Um tubo de aço comercial de 40 m de comprimento e 4 polegadas de diâmetro conecta os reservatórios A e B, conforme mostra a Figura P4.1.6. Se a pressão no ponto 1 for 39,3 kPa, qual será a pressão P_0 no reservatório A? Assuma que a água está a 20°C, que todas as válvulas estão totalmente abertas e que as perdas nas curvas são desprezíveis.

4.1.14 Todos os tubos na Figura P4.1.14 possuem um coeficiente de Hazen-Williams de 100. O tubo AB possui 3.000 pés de extensão e um diâmetro de 2 pés. O tubo BC_1

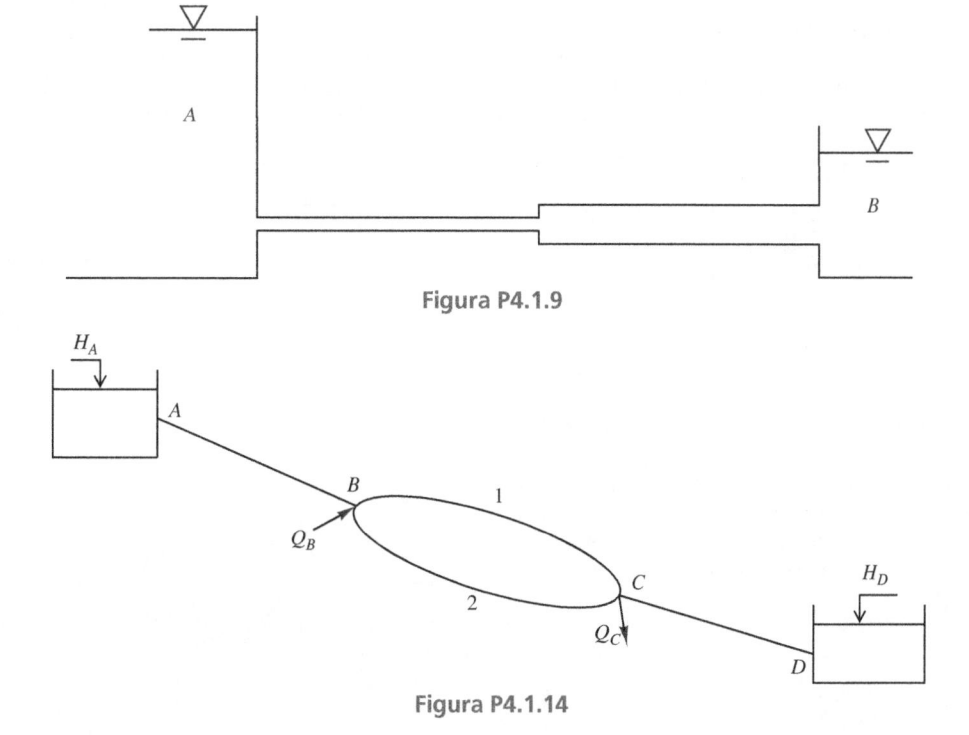

Figura P4.1.9

Figura P4.1.14

tem 2.800 pés de comprimento e diâmetro de 1 pé, e o tubo BC_2 possui 3.000 pés de extensão e 1,5 pé de diâmetro. O tubo CD tem 2.500 pés de comprimento e 2 pés de diâmetro. A elevação na superfície da água do reservatório A é de 230 pés (H_A) e 100 pés no reservatório D (H_D). Determine a descarga em cada tubo e a altura total nos pontos B e C se $Q_B = 0$ e $Q_C = 0$. Ignore as perdas menores.

4.1.15 Refaça o Problema 4.1.14 com $Q_B = 8$ cfs e $Q_C = 8$ cfs. Neste caso, a descarga em AB deve ser maior ou menor do que a do Problema 4.1.14? Por quê?

(Seção 4.2)

4.2.1 Água escoa em um tubo de ferro flexível novo com 20 cm de diâmetro e 300 m de comprimento entre os reservatórios A e B, conforme mostra a Figura P4.2.1. O tubo está a uma elevação S, 150 m abaixo do reservatório A. A superfície de água no reservatório B está 25 m abaixo da superfície de água no reservatório A. Se $\Delta s = 7$ m, a cavitação é uma preocupação?

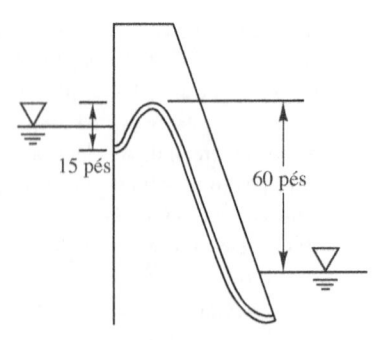

Figura P4.2.3

4.2.4 Todos os sifões encontram pressão negativa em seu ponto mais alto? Prove sua resposta utilizando a linha de energia e a linha piezométrica traçadas na Figura P4.2.2.

4.2.5 Um redutor está instalado em um tubo de 40 cm. Antes do redutor, a pressão é 84.000 N/m². Determine o diâmetro mínimo da saída do redutor que manterá a altura de pressão na saída acima de –8 m quando a taxa de fluxo for 440 L/s. (*Observação*: A pressão manométrica de –8 m é o limiar para que os gases dissolvidos na água comecem a evaporar e perturbar o fluxo.)

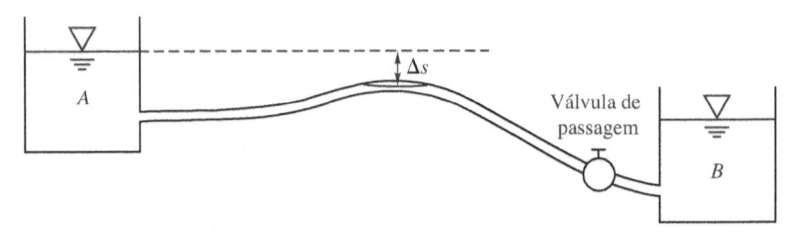

Figura P4.2.1

4.2.2 Um tubo de 12 cm de diâmetro tem 13 m de comprimento e é utilizado para drenar água de um reservatório e descarregá-la no ar, conforme mostra a Figura P4.2.2. Se a perda de altura total entre a entrada do tubo e o ponto mais alto, S, for 0,8 m e entre S e a extremidade de descarga for de 1,8 m, quais serão a descarga do tubo e a pressão em S?

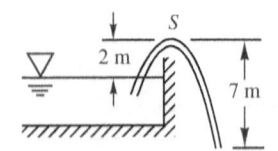

Figura P4.2.2

4.2.3 Um vertedor tipo sifão, mostrado na Figura P4.2.3, possui 200 pés de comprimento e 2 pés de diâmetro. Ele é usado para descarregar água (68°F) para um reservatório posterior 50 pés abaixo do reservatório superior. As perdas de atrito no sifão de concreto áspero estão igualmente distribuídas ao longo de seu comprimento. Se o ponto mais alto do sifão estiver 5 pés acima do reservatório superior e 60 pés da entrada do sifão, a cavitação é uma preocupação?

4.2.6 Uma bomba puxa água do reservatório A e a eleva até um reservatório B, conforme mostra a Figura P4.2.6. A perda de altura de A até a bomba é quatro vezes a altura da velocidade no tubo de 10 cm, e a perda de altura da bomba até B é sete vezes a altura de velocidade. A altura de pressão na entrada da bomba é –6 m. Calcule a altura de pressão a ser entregue pela bomba. Por que a altura de pressão a ser entregue pela bomba deve ser maior do que 50 m, a diferença em elevação entre os dois reservatórios? Desenhe a EGL e a HGL.

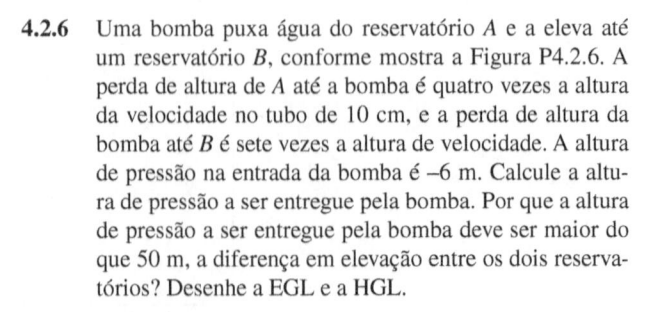

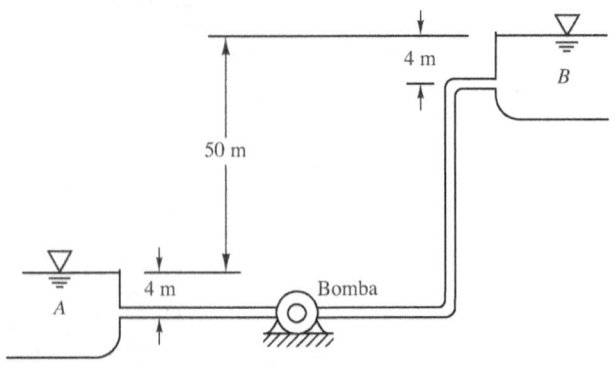

Figura P4.2.6

4.2.7 Uma bomba está instalada em uma tubulação de 100 m para elevar água a 20°C do reservatório A para o reservatório B (veja a Figura P4.2.6). O tubo é de concreto áspero, com diâmetro de 80 cm. A descarga projetada é de 5 m³/s. Determine a distância máxima entre o reservatório A e o local de instalação da bomba sem que haja problemas de cavitação.

4.2.8 Uma bomba instalada a uma elevação de 10 pés distribui 8 cfs de água (68°F) através de um sistema horizontal de tubos até um tanque pressurizado. A elevação na superfície da água no tanque de recebimento é de 20 pés, e a pressão no topo do tanque é 32,3 psi. O tubo de ferro flexível possui 15 polegadas de diâmetro no lado de sucção da bomba e 12 polegadas de diâmetro (e 130 pés de comprimento) do lado de descarga da bomba. Se a bomba distribui 111 pés de altura, qual é a altura de pressão no lado de descarga da bomba (em psi)? A cavitação deve ser uma preocupação do lado de sucção da bomba? Esboce o sistema e desenhe a EGL e a HGL.

4.2.9 Uma bomba de emergência está instalada no sistema de tubulações do Exemplo 4.4 a 500 m de distância do reservatório A. A bomba é utilizada para aumentar a taxa de fluxo quando necessário. Determine a altura de pressão que a bomba deve adicionar à tubulação para dobrar a taxa de fluxo.

4.2.10 Água escoa em um tubo novo de ferro flexível com 20 cm de diâmetro e 300 m de comprimento entre os reservatórios A e B, conforme mostrado na Figura P4.2.1. O tubo está elevado em S, que está a 150 m de distância do reservatório A. A diferença na elevação de superfície da água entre os dois reservatórios é de 25 m. Determine a altura a ser fornecida pela bomba que está a 100 m de distância do reservatório A se Δs for 3 m e a altura de pressão na localização precisar se manter acima de –6 m por conta de preocupações com a cavitação. Esboce a EGL e a HGL para a tubulação.

4.2.11 Um tubo de aço comercial de 40 m de comprimento e 4 polegadas de diâmetro conecta dois reservatórios, A e B, conforme mostrado na Figura P4.1.6. Determine a pressão mínima (P_0) que manteria a altura de pressão positiva ao longo do tubo. Assuma que todas as válvulas estão totalmente abertas, as perdas nas curvas são desprezíveis e a temperatura da água é 20°C.

(Seção 4.3)

4.3.1 Durante a resolução do problema dos três reservatórios, é vantajoso definir a elevação total de energia, P, na junção de modo a combinar exatamente com a elevação do reservatório do meio para a primeira iteração.
(a) Qual a vantagem de fazer isso? Se a resposta não for imediatamente aparente, revise a solução do Exemplo 4.6 com base nessa premissa.
(b) Utilize um software algébrico computacional ou um programa de planilha eletrônica para formular o clássico problema dos três reservatórios e verificar sua precisão usando o Exemplo 4.6. [*Dica*: Se utilizar uma planilha, use a equação de Von Kármán (Equação 3.23) para a estimativa inicial do fator de atrito de Darcy-Weisbach assumindo turbulência total. Em seguida, utilize a equação de Swamee-Jain* (Equação 3.24a demonstrada a seguir) para resolver o fator de atrito, sendo o valor de N_R conhecido.]

$$f = \frac{0,25}{\left[log\left(\frac{e}{3,7D} + \frac{5,74}{N_R^{0,9}}\right)\right]^2}$$

(Recuperada do endereço <http://en.wikipedia.org/wiki/Swamee-Jain_equation>.)

4.3.2 Determine as taxas de fluxo no sistema de tubos ramificados demonstrado na Figura P4.3.2 dadas as elevações de superfície da água (WS) e informações sobre tubos (comprimentos e diâmetros) a seguir:

WS1 = 5.200 pés   L1 = 6.000 pés   D1 = 4 pés
WS2 = 5.150 pés   L2 = 2.000 pés   D2 = 3 pés
WS3 = 5.100 pés   L3 = 8.000 pés   D3 = 5 pés

Todos os tubos alinhados são de ferro maleável (DIP, e = 0,0004 pé) e a temperatura da água é 68°F. Determine também a elevação da junção (J) se a altura de pressão (Pγ) na junção medida por um piezômetro (altura de P a J) for 30 pés.

4.3.3 Determine as taxas de fluxo no sistema de tubos ramificados demonstrado na Figura P4.3.2, dadas as elevações

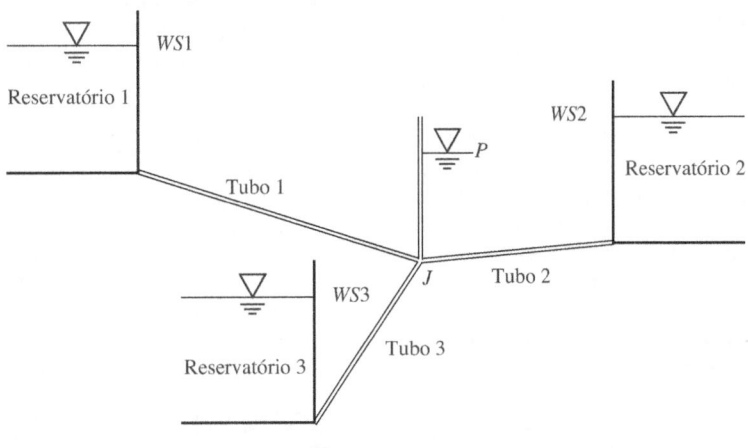

Figura P4.3.2

de superfície da água (WS) e informações sobre tubos (comprimentos e diâmetros) a seguir:

WS1 = 2.100 m	L1 = 5.000 m	D1 = 1 m
WS2 = 2.080 m	L2 = 4.000 m	D2 = 0,3 m
WS3 = 2.060 m	L3 = 5.000 m	D3 = 1 m

Todos os tubos são de aço comercial (e = 0,045 mm), e a temperatura da água é 20°C. Determine também a altura de pressão ($P\gamma$) na junção (altura de J a P) se a altura da junção (J) for 2.070 m. Por fim, é possível estimar a altura de velocidade na junção? (Lembre-se de que a altura de velocidade na junção foi considerada desprezível nos problemas de tubos ramificados.)

4.3.4 Em vez de utilizar a equação de Darcy-Weisbach, resolva o Problema 4.3.2 usando a equação de Hazen-Williams (C_{HW} = 140 para ferro maleável alinhado) para perdas de atrito.

4.3.5 Em vez de utilizar a equação de Darcy-Weisbach, resolva o Problema 4.3.2 usando a equação de Manning (n = 0,011 para ferro maleável).

4.3.6 Depois de uma tempestade, o terceiro reservatório de um sistema ramificado está inacessível. Determine a elevação de superfície desse reservatório dadas as elevações de superfície da água (WS) e as informações sobre tubos (comprimentos e diâmetros) a seguir:

WS1 = ?	L1 = 2.000 m	D1 = 0,3 m
WS2 = 4.080 m	L2 = 1.000 m	D2 = 0,2 m
WS3 = 4.060 m	L3 = 3.000 m	D3 = 0,5 m

Todos os tubos são de concreto áspero (e = 0,6 mm), e, portanto, assume-se turbulência completa. A elevação atual da junção (J) é 4.072, e a pressão na junção é 127 kPa.

4.3.7 Uma tubulação longa transporta 75 cfs de água do reservatório 1 até a junção J, onde é distribuída para os tubos 2 e 3 e transportada para os reservatórios 2 e 3. Determine a elevação de superfície do reservatório 3, dadas as elevações WS e as informações sobre tubos (comprimentos e diâmetros) a seguir:

WS1 = 3.200 pés	L1 = 8.000 pés	D1 = 3 pés
WS2 = 3.130 pés	L2 = 2.000 pés	D2 = 2,5 pés
WS3 = ?	L3 = 3.000 m	D3 = 2 pés

Todos os tubos são feitos de PVC e possuem um coeficiente de Hazen-Williams de 150.

4.3.8 Duas cisternas de telhado abastecem um bangalô tropical com água para banho. A superfície de água na cisterna mais elevada (A) está 8 m acima do solo, e a superfície de água na cisterna mais baixa (B) está 7 m acima do solo. Ambas fornecem água para uma junção abaixo da superfície de água da cisterna mais baixa através de tubos de PVC de 3 cm (n = 0,011). Cada tubo possui 2 m de comprimento. Uma linha de abastecimento de 5 m sai da junção e vai até outro tubo de PVC de 3 cm que chega a uma bandeja de chuveiro (um reservatório com orifícios no fundo) 3 m acima do solo. Que taxa de fluxo pode ser esperada na bandeja em litros por segundo?

(Seção 4.4)

4.4.1 Consulte o Exemplo 4.8 para responder às perguntas a seguir:

(a) Determine a pressão na junção F considerando as quedas de pressão nos tubos AB, BC, CH e HF. (Lembre-se de que no Exemplo 4.8 chegamos à pressão em F por uma sequência diferente de quedas de pressão.) Comente sua resposta.

(b) Onde está a energia total mais baixa no sistema? Como ela pode ser determinada através da inspeção (sem cálculos)?

(c) No Exemplo 4.8, foi determinado que a pressão em F seria muito baixa para satisfazer ao cliente. Quais mudanças no sistema poderiam ser feitas para aumentar a pressão na junção F? (*Dica*: Examine os componentes da equação de Darcy-Weisbach, a qual foi usada para calcular a perda de altura.)

(d) Obtenha um software apropriado para a resolução de problemas de redes de computadores (por exemplo, EPANET, WaterCAD ou WaterGEMS ou KYPipe) ou escreva seu próprio programa de planilha eletrônica e verifique se as sugestões para aumento da pressão em F funcionam. Verifique primeiro os fluxos e pressões para o sistema existente para certificar-se de que está incluindo os dados corretamente.

4.4.2 A descarga total de A a B na Figura P4.4.2 é 50 cfs (pés³/s). O tubo 1 tem 4.000 pés de extensão, com diâmetro de 1,5 pé; e o tubo 2 tem 3.000 pés de comprimento e 2 pés de diâmetro. Utilizando (a) os princípios de Hardy-Cross e (b) o método de tubos equivalentes, determine a perda de altura entre A e B e a taxa de fluxo em cada tubo se tubos de concreto (médios) forem utilizados a 68°F. Ignore as perdas menores.

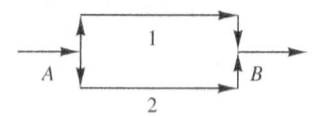

Figura P4.4.2

4.4.3 A descarga total de A a B na Figura P4.4.2 é de 12 litros/segundo. O tubo 1 tem 25 m de comprimento e 4 cm de diâmetro, e o tubo 2 tem 30 m de comprimento e 5 cm de diâmetro. Usando (a) os princípios de Hardy-Cross e (b) o método de tubos equivalentes, determine a perda de altura entre A e B e a taxa de fluxo em cada tubo se forem utilizados tubos de ferro fundido a 10°C. Assuma que as perdas nas curvas são importantes e que K_b = 0,2.

4.4.4 Um sistema industrial de distribuição de água está esquematicamente demonstrado na Figura P4.4.4. As demandas no sistema estão atualmente sobre as junções D (0,55 m³/s) e E (0,45 m³/s). A água entra no sistema na junção A vinda de um tanque de armazenamento (elevação de superfície de 355 m). Todos os tubos são de concreto (e = 0,36 mm) com comprimento e diâmetros fornecidos na tabela a seguir, juntamente com as elevações das junções. Calcule a taxa de fluxo em cada tubo (fluxos iniciais estimados são fornecidos). Verifique também se a pressão em cada junção excede 185 kPa, um requisito da empresa de água para o parque industrial.

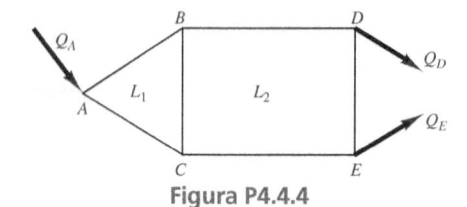

Figura P4.4.4

Tubo	Fluxo (m³/s)	Comprimento (m)	Diâmetro (m)	e/D	Junção	Elevação (m)
AB	0,500	300	0,45	0,00080	A	355,0
AC	0,500	300	0,45	0,00080	B	315,5
BD	0,530	400	0,40	0,00090	C	313,8
CE	0,470	400	0,40	0,00090	D	313,3
CB	0,030	300	0,20	0,00180	E	314,1
ED	0,020	300	0,20	0,00180		

4.4.5 Em vez da equação de Darcy-Weisbach, resolva o Problema 4.4.4 utilizando a equação de Hazen-Williams para as perdas de atrito. Considere C_{HW} = 120 para tubos de concreto.

4.4.6 O sistema de distribuição de águas de três ciclos mostrado no Exemplo 4.8 não está funcionando de maneira eficiente. A demanda de água na junção F está sendo atendida, mas não com a pressão solicitada pelo cliente industrial. A companhia de água resolveu aumentar em 5 cm o diâmetro de um tubo na rede. Determine o tubo que deve ser substituído para que haja maior impacto na pressão do sistema, especificamente na pressão do ponto F. (*Dica*: Examine a tabela de saídas do Exemplo 4.8 para as perdas de altura, taxas de fluxo e tamanhos de tubos. Um dos tubos se apresenta como a melhor escolha, embora exista um segundo tubo que é somente um pouco pior.) Substitua o tubo de sua escolha (aumente o diâmetro em 5 cm) e determine o aumento de pressão na junção F. Um software para análise da rede de tubos pode ser útil.

4.4.7 A Figura P4.4.7 apresenta um sistema de distribuição de águas de três ciclos. As demandas do sistema estão, atualmente, sobre as junções C (6 cfs), D (8 cfs) e E (11 cfs). A água entra no sistema na junção A vinda de um tanque de armazenamento com pressão de 45 psi. Utilizando os dados da rede listados na tabela a seguir, calcule a taxa de fluxo de cada tubo (estimativas iniciais são fornecidas). Determine também a pressão da água em cada junção (os clientes desejam 30 psi). Um software para análise da rede de tubos pode ser útil.

4.4.8 O sistema de distribuição de águas de dois ciclos mostrado no Exemplo 4.9 não está funcionando de maneira eficiente. A demanda de água na junção F está sendo atendida, mas não com a pressão solicitada pelo cliente industrial. (O cliente gostaria de contar com uma altura de pressão de 14 m na água distribuída.) A companhia de água resolveu aumentar em 5 cm o diâmetro de um tubo na rede. Determine o tubo que deve ser substituído para que haja maior impacto na pressão do sistema, especificamente na pressão do ponto F. (*Dica*: Examine a tabela de saídas do Exemplo 4.9 para as perdas de altura, taxas de fluxo e tamanhos de tubos. Um dos tubos se apresenta como a melhor escolha, embora exista um segundo tubo que é somente um pouco pior.) Substitua o tubo de sua escolha (aumente o diâmetro em 5 cm) e determine o aumento de pressão na junção F. Um software para análise da rede de tubos pode ser útil.

4.4.9 Verifique se a Equação 4.17b é apropriada para a equação de correção do fluxo quando, no lugar da fórmula de Darcy-Weisbach, a fórmula de Hazen-Williams é utilizada para perda de altura de atrito (ou seja, derive a Equação 4.17b).

4.4.10 Utilizando um programa de computador, determine a taxa de fluxo (água a 10°C) e a perda de altura em cada tubo de ferro fundido na rede apresentada na Figura P4.4.10. As demandas no sistema atualmente estão sobre as junções C (0,03 m³/s), D (0,25 m³/s) e H (0,12 m³/s). A água entra no sistema na junção A (0,1 m³/s) e F (0,3 m³/s). Os comprimentos e diâmetros dos tubos na rede são fornecidos na tabela a seguir.

Tubo	Comprimento (m)	Diâmetro (m)
AB	1.200	0,50
FA	1.800	0,40
BC	1.200	0,10
BD	900	0,30
DE	1.200	0,30
EC	900	0,10
FG	1.200	0,60
GD	900	0,40
GH	1.200	0,30
EH	900	0,20

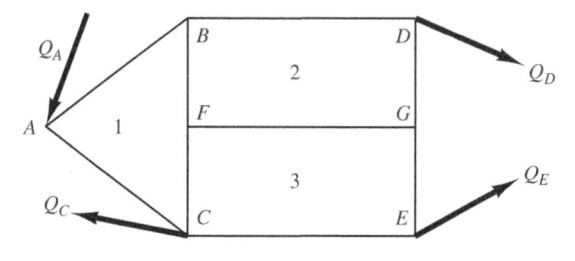

Figura P4.4.7

Tubo	Fluxo (pés³/s)	Comprimento (pés)	Diâmetro (pés)	C_{HW}	Junção	Elevação (pés)
AB	11,00	600	1,50	120	A	325,0
AC	14,00	600	1,50	120	B	328,5
BD	7,00	800	1,25	120	C	325,8
CE	7,00	800	1,25	120	D	338,8
BF	4,00	400	1,00	120	E	330,8
CF	1,00	400	1,00	120	F	332,7
FG	5,00	800	1,25	120	G	334,8
GD	1,00	400	1,00	120		
GE	4,00	400	1,00	120		

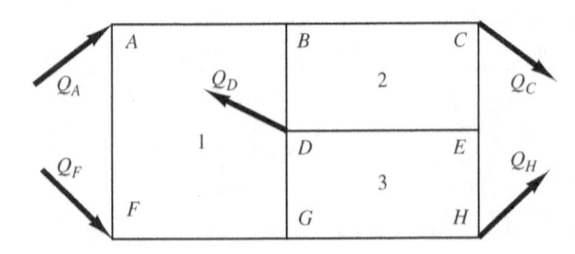

Figura P4.4.10

4.4.11 Para o Problema 4.4.10, utilize um software e, no lugar da equação de Darcy-Weisbach, use a equação de Hazen-Williams para resolver os fluxos.

4.4.12 Um estudo de planejamento está sendo proposto para a rede de tubos do Exemplo 4.10. Em particular, a companhia de água deseja determinar o impacto de aumento do fluxo de saída na junção F (de 0,25 m³/s para 0,3 m³/s). Embora exista um fornecimento adequado de água para atender a essa demanda, há uma preocupação de que as alturas de pressão resultantes se tornem muito baixas. Utilizando o método de Newton e um software adequado, determine se a rede de tubos pode acomodar esse aumento de modo satisfatório se um mínimo de 10,5 m de altura de pressão for necessário em cada ponto.

4.4.13 Utilizando o método de Newton e um software adequado, analise a rede de tubos da Figura P4.4.13 quando H_A = 190 pés, H_E = 160 pés, H_G = 200 pés, Q_B = 6 cfs, Q_C = 6 cfs, Q_D = 6 cfs e Q_F = 12 cfs. Suponha que K = 1 s²/pés⁵ para os tubos 1, 7 e 8, e 3 s²/pés⁵ para os outros tubos. Use as seguintes estimativas iniciais: Q_1 = 10 cfs, Q_2 = 1 cfs, Q_3 = 2 cfs, Q_4 = 1 cfs, Q_5 = 10 cfs, Q_6 = 4 cfs, Q_7 = 10 cfs e Q_8 = 10 cfs.

(Seção 4.5)

4.5.1 O aumento da altura de pressão causado pelo martelo d'água pode ser avaliado utilizando-se a Equação 4.26. Reveja a derivação e responda às perguntas a seguir:
(a) Quais conceitos (princípios fundamentais) são usados na derivação?
(b) Quais limitações existem no uso da equação?

4.5.2 Uma tubulação de 500 m de comprimento transporta óleo (gravidade específica = 0,85) de um tanque de armazenamento para um tanque de óleo. O tubo de aço de 0,5 m de diâmetro possui junções de expansão e uma espessura de 2,5 cm. A taxa normal de descarga é de 1,45 m³/s, mas ela pode ser controlada por uma válvula no final da tubulação. A superfície do óleo no tanque de armazenamento está 19,5 m acima da saída do tubo. Determine o tempo máximo de fechamento da válvula que a colocaria na categoria de *fechamento rápido*.

4.5.3 Uma tubulação de 2.400 pés de comprimento e 2 pés de diâmetro transporta água de um reservatório no topo de uma colina até uma área industrial. O tubo é feito de ferro flexível, apresenta diâmetro externo de 2,25 pés e possui junções de expansão. A taxa de fluxo é de 30 cfs. Determine a pressão máxima do martelo d'água (em psi) que é passível de ocorrer se a válvula de fluxo for fechada em 1,05 segundo. Determine também a redução do martelo d'água (em psi) se um desviador for incluído e reduzir a taxa de fluxo de 30 cfs para 10 cfs quase instantaneamente no fechamento da válvula.

4.5.4 Um tubo horizontal de 30 cm de diâmetro e 420 m de comprimento apresenta 1 cm de espessura de parede. O tubo é de aço comercial. Ele transporta água de um reservatório a um nível de 100 m abaixo e a descarrega

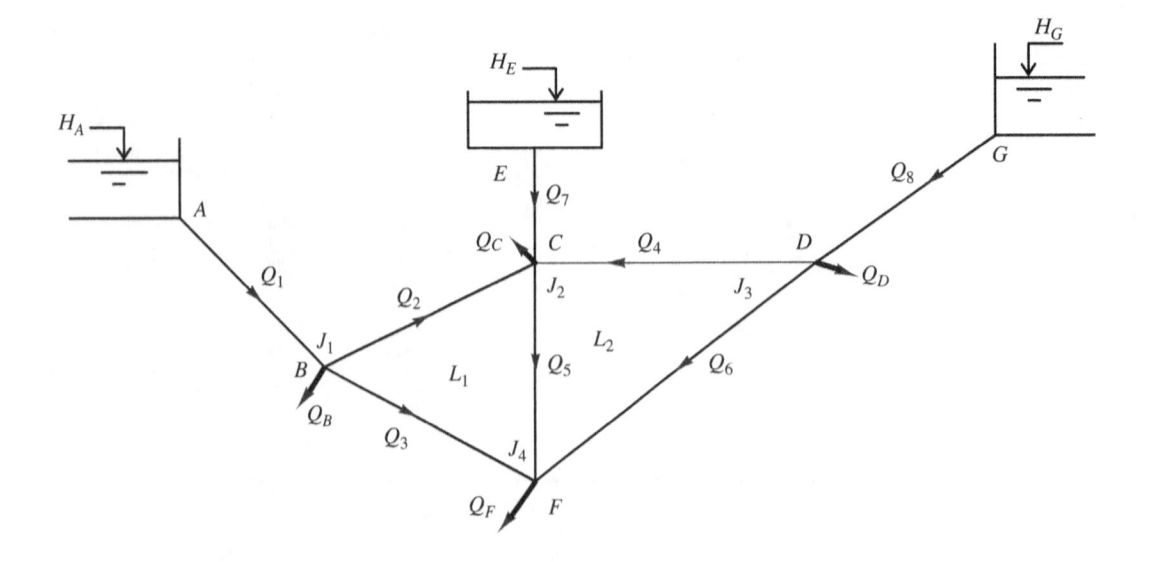

Figura P4.4.13

ao ar livre. Uma válvula rotatória está instalada na extremidade inferior. Calcule a pressão máxima do martelo d'água que pode ser esperada na válvula se ela fechar em um período de 0,5 segundo (tensão longitudinal desprezível). Determine também a pressão (máxima) total à qual a tubulação será exposta durante o fenômeno do martelo d'água.

4.5.5 Um tubo de concreto de 0,5 m de diâmetro (5 cm de espessura de paredes rígidas) transporta água por 600 m antes de descarregá-la em outro reservatório. A elevação da superfície do reservatório posterior é 55 m menor do que a do reservatório de fornecimento. Uma válvula de passagem acima do reservatório posterior controla a taxa de fluxo. Se a válvula fechar em 0,65 s, qual será a pressão máxima do martelo d'água?

4.5.6 Uma estrutura emergencial de abaixamento para um reservatório é formada por um tubo de aço (comercial) de 1.000 pés de extensão e 1 pé de diâmetro com espessura de 0,5 polegada. Uma válvula de passagem está localizada no final do tubo. Se a válvula for bruscamente fechada, qual será a pressão máxima do martelo d'água desenvolvida na tubulação? O tubo está livre para movimento longitudinal, e o nível da água no reservatório está 98,4 pés acima da saída.

4.5.7 Uma tubulação está sendo projetada para suportar uma pressão máxima total de $2,13 \times 10^6$ N/m². A tubulação de 20 cm é de ferro maleável e transporta 40 L/s de água. Determine a espessura necessária para a parede do tubo se a altura operacional na tubulação for de 40 m e se ele estiver sujeito a um martelo d'água caso a válvula de controle de fluxo na extremidade inferior seja bruscamente fechada. Considere que a tensão longitudinal será desprezível quando o tubo for instalado.

4.5.8 Uma comporta de aço de 700 m de comprimento e 2 m de diâmetro transporta água de um reservatório até uma turbina. A superfície de água do reservatório está 150 m acima da turbina, e a taxa de fluxo é de 77,9 m³/s. Uma válvula de passagem está instalada na extremidade inferior da tubulação. Determine a espessura da parede do tubo se a válvula de passagem for fechada rapidamente. Utilize a equação $(PD = 2\tau e)$ para determinar a pressão que o tubo consegue aguentar com base na teoria das tensões tangenciais com $\tau = 1,1 \times 10^8$ N/m². Despreze a tensão longitudinal e assuma que a pressão operacional é mínima se comparada à pressão máxima do martelo d'água.

4.5.9 Determine a espessura da parede no Problema 4.5.8 se a válvula fechar em 60 segundos e as paredes do tubo forem consideradas rígidas.

4.5.10 Derive a Equação 4.21 a partir da Equação 4.25b.

(Seção 4.6)

4.6.1 Utilizando a lógica, esboços e equações de projeto relevantes, responda às perguntas a seguir sobre os tanques de compensação.
  (a) Um tanque de compensação elimina as pressões elevadas causadas por martelos d'água em toda a tubulação? Se não, quais partes da tubulação ainda estarão sujeitas a algum aumento de pressão? Consulte a Figura 4.15.
  (b) Quais conceitos (princípios fundamentais) são utilizados na derivação da Equação 4.31?
  (c) Quais as limitações do uso da Equação 4.31?

4.6.2 Revise o Exemplo 4.13. Determine o tamanho do tanque de compensação necessário se a superfície de água permitida subir 7,5 m.

4.6.3 Um tubo de aço comercial de 425 m de comprimento e 0,9 m de diâmetro transporta água para irrigação entre um reservatório e uma junção de distribuição. O fluxo máximo é de 2,81 m³/s. Um tanque de compensação simples está instalado exatamente acima da válvula de controle para proteger a tubulação dos danos do martelo d'água. Calcule a elevação máxima da água se o tanque de compensação tiver 2 m de diâmetro.

4.6.4 Água escoa de um reservatório de fornecimento (elevação de superfície de 450 pés, NMM) através de uma tubulação horizontal de 2.500 pés a uma taxa de 350 cfs. É necessário instalar um tanque de compensação na tubulação antes da válvula de passagem. A tubulação é feita de concreto liso e possui 6 pés de diâmetro. Determine a altura necessária para um tanque de 20 pés de diâmetro se a tubulação estiver 50 pés abaixo do reservatório de fornecimento.

4.6.5 Determine o diâmetro mínimo do tanque de compensação do Problema 4.6.3 se a elevação da superfície de água permitida for 5 m acima do nível da água do reservatório de fornecimento.

4.6.6 Um processo judicial envolvendo danos a uma tubulação depende da informação sobre a taxa de fluxo no momento de fechamento da válvula. Um tanque de abastecimento simples estava funcionando em uma tubulação de 1.500 m de extensão para proteger uma turbina, mas o medidor de fluxo estava com problemas. A tubulação tem 2 m de diâmetro e é feita de concreto áspero. Se foi medido um aumento de 5 m em um tanque de compensação de 10 m de diâmetro, qual era a taxa de fluxo na tubulação quando a água parou repentinamente? (*Dica*: Assuma turbulência total na tubulação.)

Problema de projeto

4.6.7 De um reservatório a 1.200 m de distância, um tubo principal de 15 cm de diâmetro fornece água para seis prédios de múltiplos andares em um parque industrial. O reservatório está 80 m acima da linha de referência da elevação. As posições dos prédios são mostradas na Figura P4.6.7. A altura e a demanda de água de cada edifício são as seguintes:

Edifício	A	B	C	D	E	F
Altura (m)	9,4	8,1	3,2	6,0	9,6	4,5
Demanda de água (L/s)	5,0	6,0	3,5	8,8	8,0	10,0

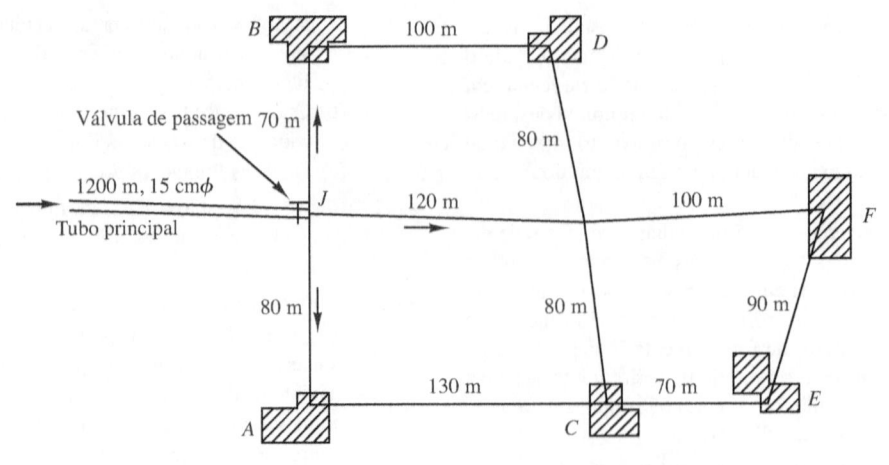

Figura P4.6.7

Se tubos de aço comercial forem utilizados na rede (no sentido do fluxo, a partir da junção J), qual deve ser o tamanho correto de cada tubulação? Uma válvula de passagem ($K = 0,15$ quando totalmente aberta) está instalada no tubo principal imediatamente antes da junção J. Determine o material a ser utilizado no tubo principal. Determine a pressão do martelo d'água se a válvula for bruscamente fechada. Qual deve ser a espessura mínima da parede do tubo para que ele aguente a pressão?

5
Bombas de água

As bombas de água são dispositivos projetados para converter energia mecânica em energia hidráulica. Em geral, as bombas de água podem ser classificadas em duas categorias básicas:

1. Bombas turbo-hidráulicas;
2. Bombas de deslocamento positivo.

As *bombas turbo-hidráulicas* movimentam fluidos com uma palheta rotativa ou outro fluido em movimento. A análise das bombas turbo-hidráulicas envolve princípios fundamentais da hidráulica. Os tipos mais comuns de bombas turbo-hidráulicas são as bombas centrífugas, as bombas propulsoras e as bombas a jato. As *bombas de deslocamento positivo* movimentam fluidos estritamente através do deslocamento preciso de máquinas, tais como sistemas de engrenagens girando em um invólucro fechado (bombas parafuso) ou um pistão movendo-se em um cilindro selado (bombas recíprocas). A análise de bombas de deslocamento positivo envolve conceitos puramente mecânicos e não requer um conhecimento detalhado de hidráulica. Este capítulo abordará somente a primeira categoria de bombas, que engloba a maioria das bombas de água utilizadas nos sistemas hidráulicos modernos.

5.1 Bombas centrífugas (fluxo radial)

O fundamento principal da bomba centrífuga foi demonstrado pela primeira vez por Demour, em 1730. O conceito envolve uma "bomba" simples composta por dois tubos retos conectados de modo a formar um "T", conforme mostra a Figura 5.1. O "T" é inicializado (preenchido com água), e sua extremidade inferior é submersa. Em seguida, os braços horizontais são girados com velocidade suficiente para impulsionar a água das extremidades do "T" (aceleração normal). A água que sai reduz a pressão nas extremidades do "T" (criando sucção) e é suficiente para superar a perda da altura de atrito da água em movimento e a diferença na altura de posição entre as extremidades do "T" e o reservatório de fornecimento.

As bombas centrífugas modernas são construídas com base no mesmo princípio hidráulico, mas com novas configurações, projetadas para melhorar a eficiência. Essas bombas são em geral formadas por duas partes:

1. O elemento rotativo, que costuma ser chamado de *impulsor*, e
2. O *invólucro*, que abriga o elemento rotativo e sela o líquido pressurizado no interior.

A força requerida pela bomba é fornecida por um motor conectado ao eixo do impulsor. O movimento de rotação do impulsor cria uma força centrífuga que permite que o líquido entre na bomba na região de menor pressão próxima ao centro (*olho*) do impulsor e se movimente ao longo da direção das palhetas do impulsor rumo à região de mais alta pressão próxima ao exterior do invólucro ao redor do impulsor, conforme mostra a Figura 5.2(a). O invólucro é projetado em forma de espiral que se expande gradativamente de modo que o líquido que entra é levado

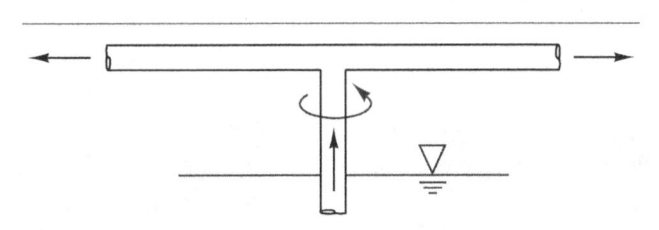

Figura 5.1 Bomba centrífuga de Demour.

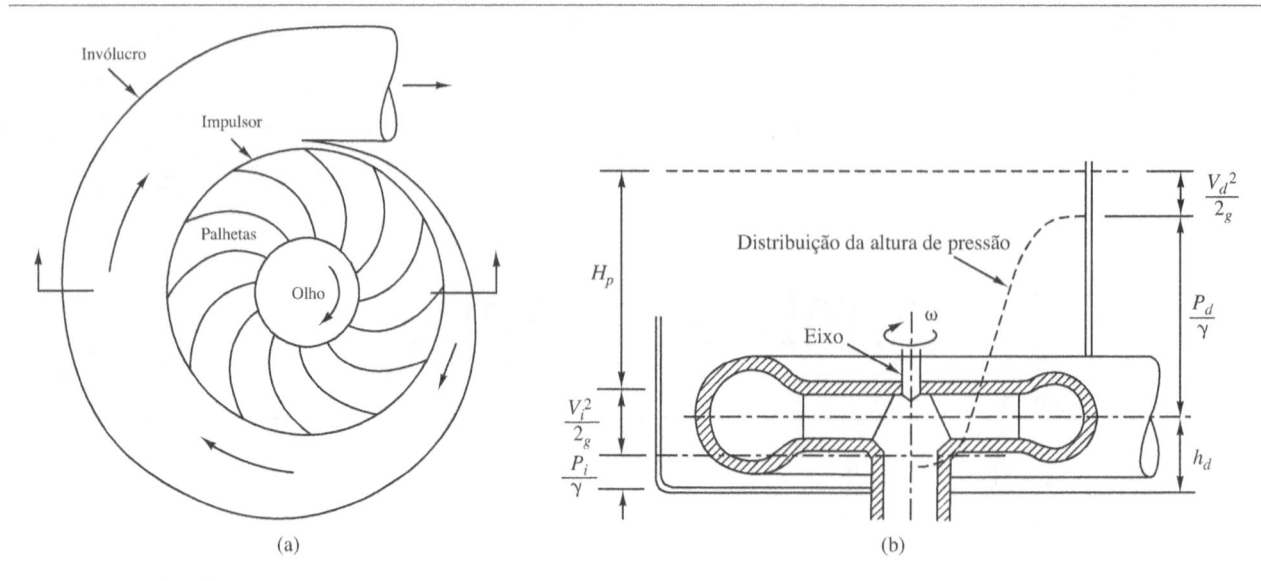

Figura 5.2 (a, b) Áreas transversais de uma bomba centrífuga.

em direção ao tubo de descarga com perda mínima, como se observa no esquema da Figura 5.2(b). Em essência, a energia mecânica da bomba é convertida em pressão de energia no líquido.

A teoria das bombas centrífugas baseia-se no *princípio da conservação do momentum angular*. Fisicamente, o termo *momentum*, que normalmente se refere ao *momentum* linear, é definido como o produto entre uma massa e sua velocidade, ou

$$\text{momentum} = (\text{massa})(\text{velocidade})$$

O *momentum* angular (momento do *momentum*) com relação ao eixo fixo de rotação pode, assim, ser definido como o momento do *momentum* linear com relação ao eixo:

$$\text{momentum angular} = (\text{raio})(\text{momentum})$$
$$= (\text{raio})(\text{massa})(\text{velocidade})$$

O princípio da conservação do *momentum* angular requer que *o coeficiente de tempo de mudança no momentum angular em um corpo de fluido seja igual ao torque resultante da força externa atuando sobre o corpo*. Essa relação pode ser escrita como

$$\text{torque} = \frac{(\text{raio})(\text{massa})(\text{velocidade})}{\text{tempo}}$$

$$= (\text{raio})\,\rho\left(\frac{\text{volume}}{\text{tempo}}\right)(\text{velocidade})$$

O diagrama na Figura 5.3 pode ser utilizado para analisar essa relação.

O *momentum* angular (ou momento do *momentum*) para uma pequena massa de fluido por unidade de tempo (ρdQ) é

$$(\rho dQ)(V\cos\alpha)(r)$$

onde ($V\cos\alpha$) é o componente tangencial da velocidade absoluta mostrada na Figura 5.3. Para a massa total de fluido que entra na bomba por unidade de tempo, o *momentum* angular pode ser avaliado pela seguinte integral:

$$\rho\int_Q rV\cos\alpha\, dQ$$

O torque aplicado ao impulsor da bomba deve ser igual à diferença do *momentum* angular na entrada e na saída do impulsor. Ele pode ser escrito da seguinte maneira:

$$\rho\int_Q r_o V_o \cos\alpha_o\, dQ - \rho\int_Q r_i V_i \cos\alpha_i\, dQ \quad (5.1)$$

Para o fluxo contínuo e as condições uniformes ao redor do impulsor da bomba, $r_o V_o \cos\alpha_o\, dQ$ e $r_i V_i \cos\alpha_i\, dQ$ possuem valores constantes. A Equação 5.1 pode ser simplificada para

$$\rho Q(r_o V_o \cos\alpha_o - r_i V_i \cos\alpha_i) \quad (5.2)$$

Seja ω a velocidade angular do impulsor. A entrada de força da bomba ($\boldsymbol{P}_i$, em negrito para diferenciar da pressão, P) pode ser calculada como

$$\boldsymbol{P}_i = \omega T = \rho Q\omega(r_o V_o \cos\alpha_o - r_i V_i \cos\alpha_i) \quad (5.3)$$

A força de saída da bomba costuma ser expressa em termos da descarga da bomba e da altura de energia total que a bomba transmite ao líquido (H_p). Conforme já discutido, a altura de energia de um fluido geralmente pode ser expressa como a soma das três formas de altura de energia hidráulica:

1. cinética ($V^2/2g$);
2. usual piezométrica (P/γ);
3. elevação (h).

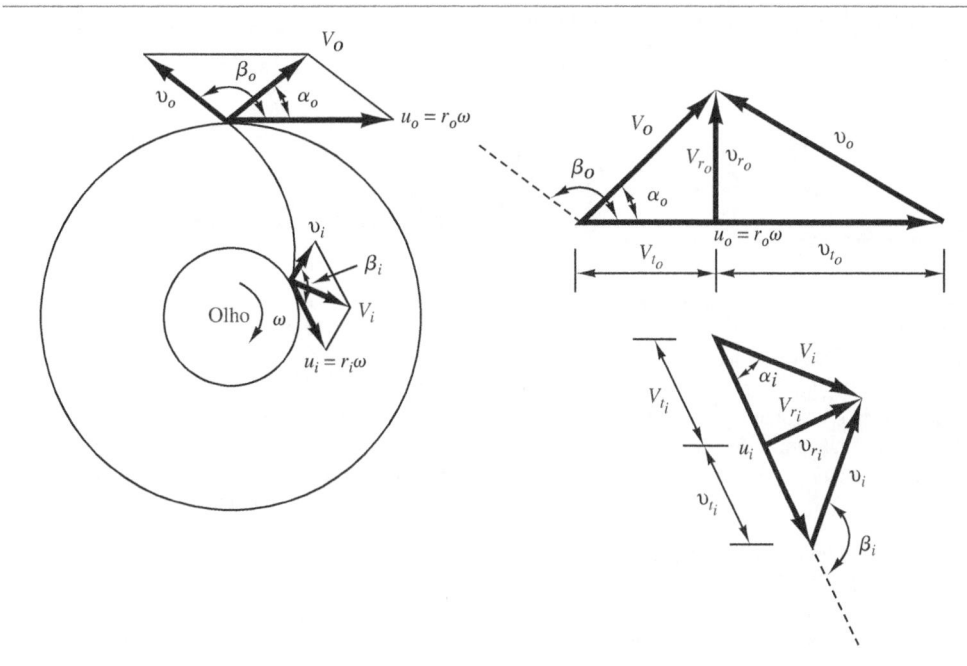

Figura 5.3 Diagrama do vetor de velocidade; entrada na parte inferior e saída na parte superior. (*Observação:* u é a velocidade da palheta do impulsor ($u = r\omega$); v é a velocidade relativa do líquido com relação à *palheta*; V é a velocidade absoluta do líquido, uma soma vetorial de u e v. β_o é o ângulo da palheta na saída; β_i é o ângulo da palheta na entrada, $r = r_i$ é o raio do olho do impulsor na entrada, e $r = r_o$ é o raio do olho do impulsor na saída.)

Voltando à Figura 5.2(b), podemos ver que a altura de energia total que a bomba transmite para o líquido é:

$$H_p = \frac{V_d^2 - V_i^2}{2g} + \frac{P_d - P_i}{\gamma} + h_d$$

(Consulte a Seção 4.2 para ver uma maneira alternativa de determinar H_p quando a bomba opera entre dois reservatórios.) A *força de saída da bomba* pode ser escrita como

$$P_o = \gamma Q H_p \quad (5.4)$$

O *diagrama vetorial polar* (Figura 5.3) costuma ser usado na análise da geometria da palheta e sua relação com o fluxo. Conforme definido anteriormente, os subscritos *i* e *o* são usados, respectivamente, para as condições de fluxo de entrada e de saída; *u* representa a velocidade periférica ou tangencial do impulsor ou a velocidade da palheta; *v* representa a velocidade relativa da água em relação à lâmina da palheta (portanto, na direção da lâmina); e *V* é a velocidade absoluta da água. V_t é o componente tangencial da velocidade absoluta, e V_r é o componente radial. Teoricamente, a energia total na entrada alcança seu valor mínimo quando a água entra no impulsor sem girar. Isso é possível quando o impulsor opera a uma velocidade tal que a velocidade absoluta da água na entrada está na direção radial.

A eficiência de uma bomba centrífuga depende, em grande parte, do projeto particular das lâminas da palheta e do invólucro. Depende também das condições sob as quais a bomba opera. A eficiência de uma bomba é definida pelo coeficiente entre a força na saída e a força na entrada da bomba:

$$e_p = P_o/P_i = (\gamma Q H_p)/(\omega T) \quad (5.5)$$

Uma bomba hidráulica costuma ser movida por um motor. A eficiência do motor é definida como o coeficiente de força aplicado à bomba pelo motor (P_i) e a força de entrada do motor (P_m):

$$e_m = P_i/P_m \quad (5.6)$$

A *eficiência geral* do sistema da bomba é, portanto,

$$e = e_p e_m = (P_o/P_i)(P_i/P_m) = P_o/P_m \quad (5.7)$$

ou

$$P_o = e P_m \quad (5.8)$$

Os valores de eficiência são sempre menores do que a unidade devido ao atrito e a outras perdas de energia que ocorrem no sistema.

Na Figura 5.2, a altura de energia total na entrada da bomba é representada por

$$H_i = \frac{P_i}{\gamma} + \frac{V_i^2}{2g}$$

e a altura de energia total no local de descarga é

$$H_d = h_d + \frac{P_d}{\gamma} + \frac{V_d^2}{2g}$$

A diferença entre as duas é o montante de energia que a bomba transmite ao líquido:

$$H_p = H_d - H_i$$
$$= \left(h_d + \frac{P_d}{\gamma} + \frac{V_d^2}{2g}\right) - \left(\frac{P_i}{\gamma} + \frac{V_i^2}{2g}\right) \quad (5.9)$$

Exemplo 5.1

Uma bomba centrífuga possui as seguintes características: $r_i = 12$ cm, $r_o = 40$ cm, $\beta_i = 118°$, $\beta_o = 140°$. As palhetas do impulsor medem 10 cm e são uniformes. Na velocidade angular de 550 rpm, a bomba distribui 0,98 m³/s de água entre dois reservatórios com 25 m de diferença de elevação. Se for usado um motor de 500 kW para impulsionar a bomba, qual será a eficiência dela e a eficiência geral do sistema nesse estágio de operação?

Solução

As velocidades periféricas (tangenciais) das palhetas na entrada e na saída do impulsor são, respectivamente,

$$u_i = \omega r_i = 2\pi \frac{550}{60}(0,12\text{ m}) = 6,91\text{ m/s}$$

$$u_o = \omega r_o = 2\pi \frac{550}{60}(0,40\text{ m}) = 23,0\text{ m/s}$$

e a velocidade radial da água pode ser obtida por meio da aplicação da equação de continuidade: $Q = A_i V_{r_i} = A_o V_{r_o}$, onde $A_i = 2\pi r_i B$ e $A_o = 2\pi r_o B$. (Observação: B é o comprimento da palheta do impulsor, que impacta diretamente a taxa de fluxo.) Portanto,

$$V_{r_i} = \frac{Q}{A_i} = \frac{Q}{2\pi r_i B} = \frac{0,98}{2\pi (0,12)(0,1)} = 13,0\text{ m/s}$$

$$V_{r_o} = \frac{Q}{A_o} = \frac{Q}{2\pi r_o B} = \frac{0,98}{2\pi (0,4)(0,1)} = 3,90\text{ m/s}$$

e, na Figura 5.3, vemos que $V_{r_i} = v_{r_i}$ e $V_{r_o} = v_{r_o}$. Dadas as informações agora disponíveis, podemos construir diagramas vetoriais específicos para essa bomba. Os diagramas vetoriais mostrados na Figura 5.3 representam a entrada (parte inferior) e a saída (parte superior) do impulsor. Cada um dos três vetores principais (u, v e V) é formado por componentes. Os componentes de v e V são componentes radiais e tangenciais e formam triângulos retângulos. Utilizando os valores calculados para u_i, u_o, V_{r_i}, V_{r_o}, v_{r_i} e v_{r_o} e os diagramas vetoriais, os vetores e ângulos restantes podem ser calculados como:

$$v_{t_i} = \frac{v_{r_i}}{\text{tg } \beta_i} = \frac{13,0}{\text{tg } 118°} = -6,91\text{ m/s}$$

$$v_{t_o} = \frac{v_{r_o}}{\text{tg } \beta_o} = \frac{3,90}{\text{tg } 140°} = -4,65\text{ m/s}$$

e

$$V_i = \sqrt{V_{r_i}^2 + (u_i + v_{t_i})^2} = \sqrt{(13,0)^2 + (0,00)^2}$$
$$= 13,0\text{ m/s}$$

$$\alpha_i = \text{tg}^{-1}\frac{V_{r_i}}{(u_i + v_{t_i})} = \text{tg}^{-1}\left(\frac{13,0}{0,00}\right) = 90°$$

Assim sendo, cos $\alpha_i = 0$ (Observe que a velocidade absoluta da água está completamente na direção radial, o que minimiza a perda de energia na entrada). Continuando a análise do vetor,

$$V_o = \sqrt{V_{r_o}^2 + (u_o + v_{t_o})^2} = \sqrt{(3,90)^2 + (18,4)^2}$$
$$= 18,8\text{ m/s}$$

$$\alpha_o = \text{tg}^{-1}\frac{V_{r_o}}{(u_o + v_{t_o})} = \text{tg}^{-1}\left(\frac{3,90}{18,4}\right) = 12,0°$$

Assim sendo, cos $\alpha_o = 0,978$.
Aplicando a Equação 5.3, temos

$$P_i = \rho Q \omega (r_o V_o \cos \alpha_o - r_i V_i \cos \alpha_i)$$

$$P_i = (998)(0,98)\left(2\pi \frac{550}{60}\right)[(0,40)(18,8)(0,978) - 0]$$

$$= 414.000\text{ watts}$$

$$P_i = 414\text{ kW} \quad (Observação: 1\text{ N}\cdot\text{m/s} = 1\text{ watt})$$

Aplicando a Equação 5.4 e assumindo que a única altura de energia adicionada pela bomba é a elevação (despreze as perdas na Equação 4.2), temos que $H_p = H_R - H_S$

$$P_o = \gamma Q H_p = (9,79\text{ kN/m}^3)(0,98\text{ m}^3/\text{s})(25\text{ m})$$
$$= 240\text{ kW}$$

A partir da Equação 5.5, a eficiência da bomba é:

$$e_p = P_o/P_i = (240)/(414) = 0,580\ (58,0\%)$$

A partir da Equação 5.7, a eficiência geral do sistema é:

$$e = e_p e_m = (P_o/P_i)(P_i/P_m)$$
$$= (0,580)(414/500) = 0,480\ (48,0\%)$$

5.2 Bombas propulsoras (fluxo axial)

Não está disponível uma análise matemática rigorosa para projeto de propulsores com base estritamente na relação energia–*momentum*. Entretanto, a aplicação do *princípio básico do* momentum *de impulso* oferece uma maneira simples de descrever essa operação.

O *impulso linear* é definido como a integral do produto da força e do tempo, dt de t' a t'', durante o qual a força atua no corpo:

$$I = \int_{t'}^{t''} F\, dt$$

Se uma força constante estiver envolvida durante o período, T, então o impulso pode ser simplificado para

(impulso) = (força)(tempo)

O princípio do *momentum* de impulso requer que *o impulso linear de uma força (ou sistema de forças) atuando sobre um corpo durante um intervalo de tempo seja igual à mudança no* momentum *linear no corpo durante o tempo*.

(força)(tempo) = (massa)(mudança na velocidade)

ou

$$(\text{força}) = \frac{(\text{massa})(\text{mudança na velocidade})}{(\text{tempo})} \quad (5.10)$$

A relação pode ser aplicada a um corpo de fluido em movimento constante tomando-se um volume de controle entre duas seções, conforme mostra a Figura 5.4. As forças representam todas as forças atuando sobre o volume de controle. O fator (massa)/(tempo) pode ser expresso como a massa envolvida por unidade de tempo (ou seja, coeficiente de massa de fluxo) ou

$$\frac{(massa)}{(tempo)} = \frac{(densidade)(volume)}{(tempo)}$$

$$= (densidade)(descarga) = \rho Q$$

e a mudança de velocidade é, portanto, a mudança na velocidade do fluido entre as duas extremidades do volume de controle:

$$(mudança\ na\ velocidade) = V_f - V_i$$

Substituindo a relação anterior na Equação 5.10, temos

$$\Sigma F = \rho Q (V_f - V_i) \qquad (5.11)$$

A Figura 5.4 apresenta esquematicamente uma bomba propulsora instalada em posição horizontal. Quatro seções são selecionadas ao longo do canal de fluxo dos tubos para demonstrar como o sistema pode ser prontamente analisado pelo princípio de *momentum* de impulso.

À medida que o fluido se movimenta da seção 1 para a seção 2, a velocidade aumenta e a pressão diminui segundo o princípio de equilíbrio de energia de Bernouilli:

$$\frac{P_1}{\gamma} + \frac{V_1^2}{2g} = \frac{P_2}{\gamma} + \frac{V_2^2}{2g}$$

Entre as seções 2 e 3, a energia é adicionada ao fluxo pelo propulsor. A energia é acrescentada ao fluido na forma de altura de pressão, o que resulta em uma pressão mais alta no sentido do fluxo imediatamente a partir do propulsor. Na saída da bomba (seção 4), a condição de fluxo é mais estável, e pode acontecer uma pequena queda na altura de pressão devido tanto à perda da altura entre as seções 3 e 4 quanto ao pequeno aumento na velocidade média da corrente.

Aplicando a relação do *momentum* de impulso, Equação 5.11, entre as seções 1 e 4, podemos escrever a seguinte equação:

$$P_1 A_1 + F - P_4 A_4 = \rho Q (V_4 - V_1) \qquad (5.12)$$

onde F é a força exercida sobre o fluido pelo propulsor. O lado direito da Equação 5.12 é excluído quando a bomba é instalada em um canal de fluxo de diâmetro uniforme, resultando em

$$F = (P_4 - P_1) A$$

Nesse caso, a força transmitida pela bomba é totalmente utilizada para gerar pressão. Ignorando as perdas e aplicando o princípio de Bernoulli entre as seções 1 e 2, temos:

$$\frac{P_1}{\gamma} + \frac{V_1^2}{2g} = \frac{P_2}{\gamma} + \frac{V_2^2}{2g} \qquad (5.13)$$

e entre as seções 3 e 4, podemos escrever

$$\frac{P_3}{\gamma} + \frac{V_3^2}{2g} = \frac{P_4}{\gamma} + \frac{V_4^2}{2g} \qquad (5.14)$$

Subtraindo a Equação 5.13 da Equação 5.14 e observando que $V_2 = V_3$ para a mesma área de seção transversal, temos

$$\frac{P_3 - P_2}{\gamma} = \left(\frac{P_4}{\gamma} + \frac{V_4^2}{2g}\right) - \left(\frac{P_1}{\gamma} + \frac{V_1^2}{2g}\right) = H_p \qquad (5.15)$$

onde H_p é a altura de energia total transmitida ao fluido pela bomba. A saída de força total da bomba pode ser escrita como

$$\boldsymbol{P_o} = \gamma Q H_p = Q(P_3 - P_2) \qquad (5.16)$$

A eficiência da bomba pode ser calculada pela razão entre a força de saída da bomba e a força de entrada do motor.

As bombas propulsoras costumam ser usadas em aplicações de alturas baixas (até 12 m) e de alta capaci-

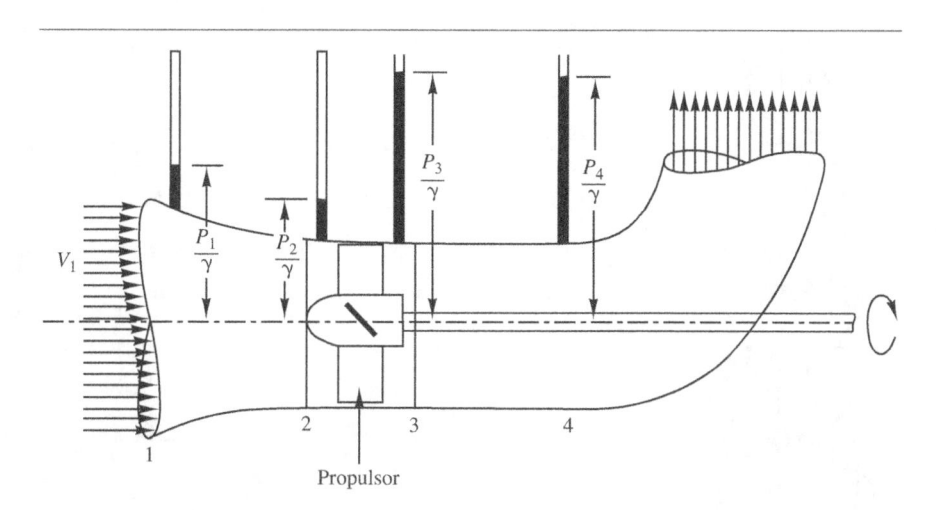

Figura 5.4 Bomba propulsora.

dade (20 L/s). Contudo, mais de um conjunto de lâminas de propulsores pode ser montado sobre o mesmo eixo de rotação em um invólucro comum para formar uma *bomba propulsora multiestágio*, conforme mostra a Figura 5.5. Nessa configuração, as bombas propulsoras são capazes de distribuir uma grande quantidade de água sobre uma diferença de elevação bastante acentuada. Elas costumam ser projetadas para operações de autoativação e são usadas com muita frequência no bombeamento de poços de águas profundas.

Exemplo 5.2

Uma bomba propulsora de 10 pés de diâmetro está instalada para distribuir uma grande quantidade de água entre dois reservatórios com diferença de 8,5 pés na elevação da superfície da água. A força de eixo fornecida à bomba é de 2.000 hp. A bomba opera com 80 por cento de sua eficiência. Determine a taxa de descarga e a pressão anterior à bomba se a pressão depois da bomba for de 12 psi. Assuma que o comprimento do turbo se mantém uniforme.

Solução

A energia gerada pela bomba e transmitida ao fluxo é dada na Equação 5.5:

$$P_o = e_p P_i = 0,8 \,(2.000 \text{ hp}) = 1.600 \text{ hp}$$
$$= 8,80 \times 10^5 \text{ pés-lb/s}$$

Considerando que as perdas de atrito são desprezíveis para esse curto tubo, temos

$$P_o = \gamma Q H_p = \gamma Q \left[h + \Sigma K \left(\frac{V^2}{2g} \right) \right]$$

Para $K_e = 0,5$ (coeficiente de entrada) e $K_d = 1$ (coeficiente de saída), temos

$$P_o = \gamma Q H_p = \gamma Q \left[h + 1,5 \left(\frac{Q^2}{2gA^2} \right) \right]$$

e

$$8,80 \times 10^5 \text{ pés} \cdot \text{lb/s} = 62,3 Q \left[8,5 + 1,5 \left(\frac{Q^2}{2g(25\pi)^2} \right) \right]$$

Resolver as equações anteriores resulta em

$$Q = 1.090 \text{ cfs}$$

Utilizando a Equação 5.16, descobrimos que a pressão anterior à bomba é

$$P_o = Q(P_3 - P_2)$$
$$8,80 \times 10^5 \text{ pés} \cdot \text{lb/s} = 1.090 \text{ pés}^3/\text{s} \,(P_3 - 12)144$$
$$P_3 = 17,6 \text{ psi}$$

5.3 Bombas a jato (fluxo misto)

As bombas a jato exploram a energia contida em uma corrente de fluxo de alta pressão. O fluido pressurizado é ejetado por um esguicho a alta velocidade em uma tubulação, transferindo sua energia para o fluido a ser distribuído, como se vê na Figura 5.6. As bombas a jato costumam ser utilizadas em conjunto com uma bomba centrífuga, que fornece o fluxo de alta pressão e pode ser usada para elevar líquidos em poços profundos. As bombas costumam ser

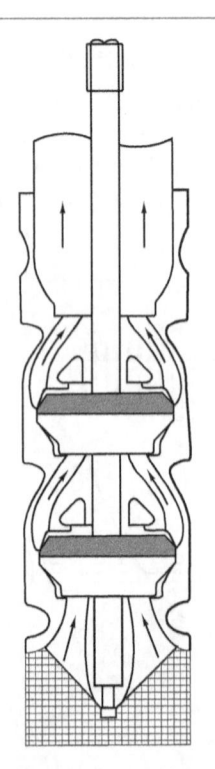

Figura 5.5 Bomba propulsora multiestágio.

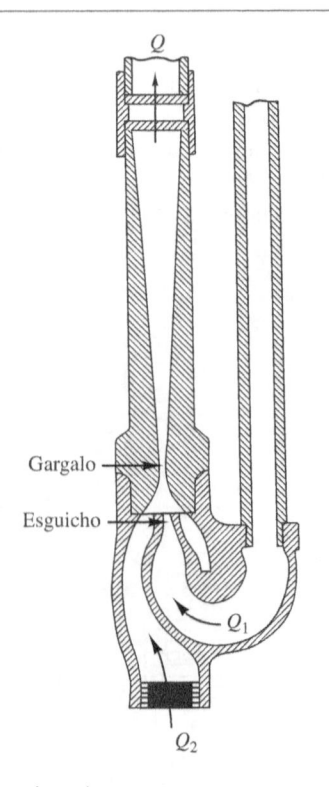

Figura 5.6 Bomba a jato.

leves e de tamanho compacto. Às vezes, elas são usadas em construções para drenar o local de trabalho. Como a perda de energia durante o procedimento é significativa, a eficiência de uma bomba a jato costuma ser muito baixa (dificilmente superior a 25 por cento).

Uma bomba a jato também pode ser instalada como uma bomba *booster* em série com uma bomba centrífuga. A bomba a jato pode ser construída no invólucro da linha de sucção da bomba centrífuga para aumentar a elevação da superfície da água na entrada da bomba centrífuga, como mostra a Figura 5.7. Essa configuração evita instalações desnecessárias de peças que se movimentem na tubulação, que costuma estar enterrada muito abaixo da superfície.

5.4 Curvas características da bomba centrífuga

As curvas características das bombas (ou *curvas de desempenho*), que são produzidas e fornecidas por fabricantes respeitados, são representações gráficas do desempenho operacional esperado para a bomba. Esses fabricantes testam suas bombas em laboratório e até em campo para analisar seus resultados, de modo a garantir o desempenho operacional da bomba. Diferentes formatos são empregados por diferentes fabricantes de bombas. Entretanto, essas curvas geralmente apresentam a variação da *altura da bomba*, da *potência de freio* e da *eficiência* com a taxa de fluxo gerada pela bomba. A Figura 5.8 apresenta as curvas características típicas para uma bomba centrífuga (fluxo radial). Curvas semelhantes estão disponíveis para

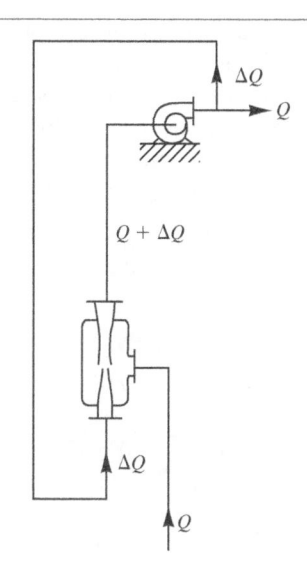

Figura 5.7 Bomba a jato como *booster*.

bombas de fluxos axiais e fluxos mistos, embora o formato de suas curvas costume ser diferente. A *altura da bomba* é a altura de energia adicionada ao fluxo pela bomba. A *potência de freio* é a entrada de força exigida pela bomba em unidades de força, e a *eficiência* é a razão entre a força de saída e a força de entrada. Uma altura manométrica em descarga zero é denominada *altura de desligamento*. A descarga correspondente à eficiência máxima é denominada *capacidade nominal*. Para bombas de velocidade variável, alguns fabricantes apresentam as características para várias velocidades na mesma figura.

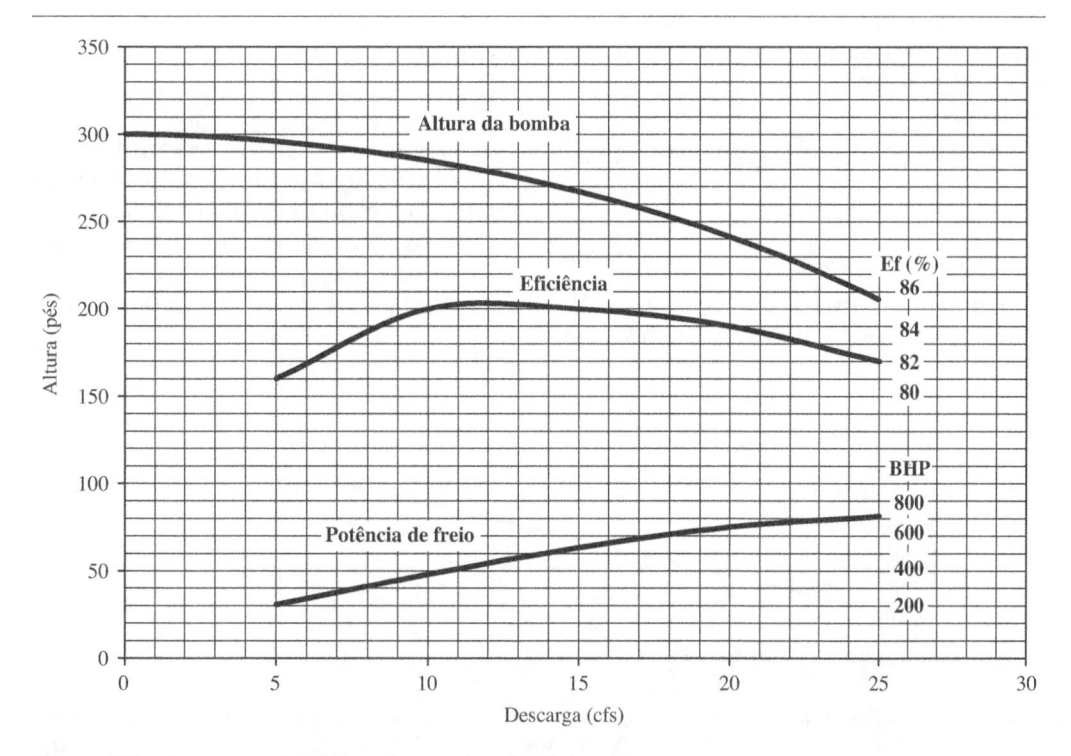

Figura 5.8 Curvas características de uma bomba típica.

As características de determinada bomba variam com a velocidade rotacional. Contudo, se as características forem conhecidas para uma velocidade rotacional, então as características para qualquer outra velocidade rotacional com o mesmo tamanho de impulsor pode ser obtida utilizando-se as leis de afinidade (Seção 5.10):

$$\frac{Q_2}{Q_1} = \frac{N_{r2}}{N_{r1}} \quad (5.17a)$$

$$\frac{H_{p2}}{H_{p1}} = \left(\frac{N_{r2}}{N_{r1}}\right)^2 \quad (5.17b)$$

$$\frac{BHP_2}{BHP_1} = \left(\frac{N_{r2}}{N_{r1}}\right)^3 \quad (5.17c)$$

onde Q = descarga, H_p = altura da bomba, BHP = potência de freio e N_r = velocidade rotacional. A curva de eficiência não é significativamente afetada pela velocidade rotacional.

5.5 Bomba simples e análise de tubulações

Uma bomba simples colocada em uma tubulação para movimentar água de um reservatório para outro ou para um ponto de demanda representa o cenário mais comum para a aplicação de uma bomba. A determinação da taxa de fluxo produzida nesses sistemas de tubulação com bombas requer tanto o conhecimento acerca da operação das bombas quanto das tubulações hidráulicas.

Considere o sistema de tubulação com bombas mostrado na Figura 5.9. Suponha que as características dos tubos e das bombas são dadas, bem como as elevações da superfície da água das partes superior e inferior, mas que a taxa de fluxo é desconhecida. Para analisar esse sistema, desprezando as perdas menores, podemos escrever a equação de energia como

$$E_A + H_p = E_B + h_f \quad (5.18a)$$

ou

$$H_p = (E_B - E_A) + h_f \quad (5.18b)$$

onde H_p é a altura da bomba exigida e E_A e E_B são as elevações da superfície de água dos dois reservatórios. Essa expressão pode ser explicada da seguinte maneira: Parte da energia adicionada ao fluxo pela bomba é gasta no transporte da água da elevação E_A até E_B, e outra parte é gasta na superação da resistência do fluxo. Com $H_s = E_B - E_A$ = aumento na elevação (altura estática),

$$H_p = H_s + H_f \quad (5.19)$$

A Equação 5.19 pode ser analisada para determinarmos a taxa de fluxo da bomba. Observe que, nessa equação, H_s é uma constante, enquanto h_f depende de Q. Se um fluxo maior entrar no sistema, então acontecerão mais perdas de atrito e uma maior altura manométrica será necessária. Assim, o lado direito da equação pode ser calculado para várias taxas de fluxo; por causa disso, ele é chamado de *altura do sistema*, representado por H_{SH}. Substituir qualquer equação de perda de atrito (Darcy-Weisbach, Hazen-Williams, Manning etc.) por h_f resultará em uma relação entre H_{SH} e Q. Um esboço dessa relação é denominado *curva de altura do sistema*. Entretanto, nosso objetivo é determinar a taxa de fluxo real na tubulação com a bomba existente, não é determinar alturas manométricas hipotéticas necessárias a diferentes taxas de fluxo. Para determinar a taxa de fluxo real, podemos sobrepor um esboço da curva característica da bomba existente (H_p e Q) sobre a curva de altura do sistema. A interseção das duas curvas (geralmente denominada *ponto de encontro*) representa a taxa de fluxo daquela bomba específica operando naquele sistema de tubulações em particular. Em essência, duas equações em duas incógnitas estão sendo resolvidas graficamente.* Uma vez determinada a descarga, podemos calcular a velocidade e outras características do fluxo, assim como a linha de energia. O problema a seguir ajudará na compreensão do processo de solução.

Exemplo 5.3

Considere o sistema de tubulação com bomba mostrado na Figura 5.9. As elevações nas superfícies de água dos reservatórios são conhecidas: E_A = 100 pés e E_B = 220 pés. O tubo de 2 pés de diâmetro conectando os dois reservatórios possui 12.800 pés de extensão e um coeficiente de Hazen-Williams (C_{HW}) de 100.

(a) As características da bomba são conhecidas (colunas 1 e 2 da tabela a seguir) e estão representadas na Figura 5.10(a). Determine a descarga na tubulação, a velocidade do fluxo e a linha de energia.

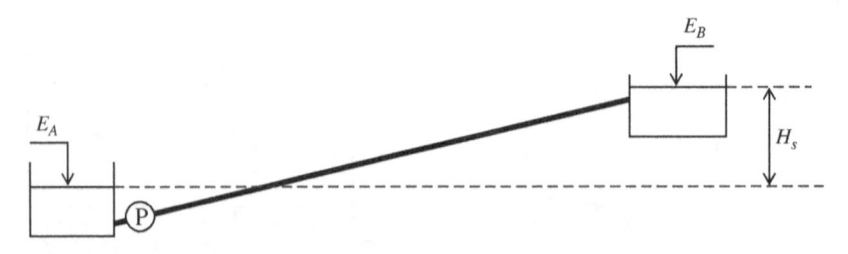

Figura 5.9 Bomba simples e tubulação.

* Uma solução gráfica é necessária porque a relação $H_p \times Q$ para a bomba costuma estar disponível no formato gráfico. Se estiver disponível ou puder ser calculada em forma de equação, então a equação das características da bomba é resolvida simultaneamente com a equação da altura do sistema para produzir uma solução idêntica.

Q (cfs)	H_p (pés)	h_f (pés)	H_s (pés)	H_{SH} (pés)
0	300,0	0,0	120,0	120,0
5	295,5	8,1	120,0	128,1
10	282,0	29,2	120,0	149,2
15	259,5	61,9	120,0	181,9
20	225,5	105,4	120,0	225,4
25	187,5	159,3	120,0	279,3
30	138,0	223,2	120,0	343,2
35	79,5	296,8	120,0	416,8

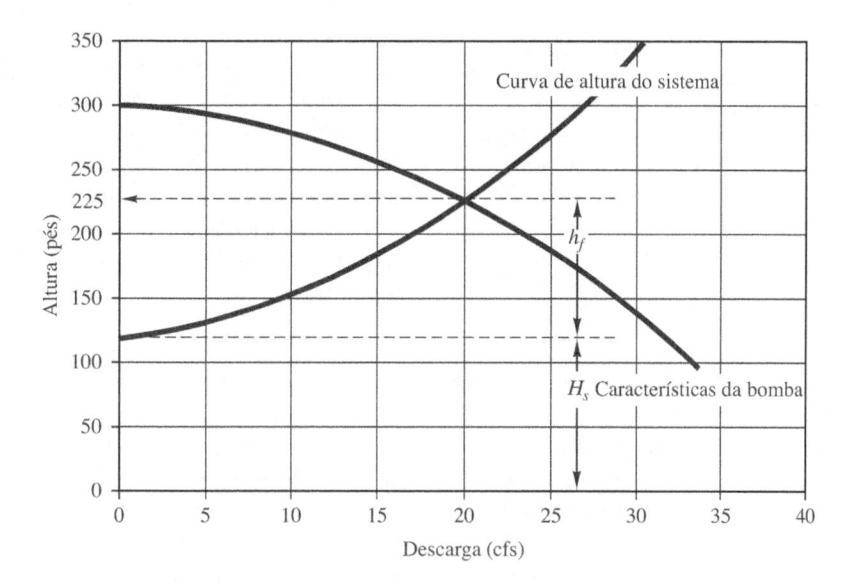

Figura 5.10 (a) Bomba simples e análise da tubulação.

(b) Suponha que as características da bomba fornecidas na parte (a) estão em velocidade rotacional de 2.000 rpm. Determine a descarga na tubulação e a altura da bomba se ela funcionar a 2.200 rpm.

Solução

(a) Para esse sistema, $H_s = E_B - E_A = 220 - 100 = 120$ pés. Utilizaremos a fórmula de atrito de Hazen-Williams para calcular as perdas resultantes do atrito. Conforme a Tabela 3.4, a fórmula de Hazen-Williams no sistema britânico pode ser escrita como

$$h_f = KQ^{1,85}$$

onde

$$K = \frac{4{,}73 L}{D^{4{,}87} C_{HW}^{1{,}85}} = \frac{4{,}73(12.800)}{(2)^{4{,}87}(100)^{1{,}85}}$$
$$= 0{,}413 \text{ s}^{1,85}/\text{pés}^{4,55}$$

O fator de atrito e a altura do sistema são calculados para diferentes valores de Q, conforme resumidos na tabela anteriormente apresentada. A altura do sistema é então representada na Figura 5.10(a). A interseção da curva da altura do sistema com as característica da bomba resulta em $Q = 20$ cfs e $H_p \approx 225$ pés. A partir da tabela exposta, também é possível ver que a perda de atrito é cerca de 105 pés.

A velocidade é encontrada como

$$V = \frac{Q}{A} = \frac{Q}{\pi D^2/4} = \frac{20}{\pi(2{,}0)^2/4} = 6{,}37 \text{ pés/s}$$

A altura de energia antes da bomba é $E_A = 100$ pés (ignorando-se perdas no lado de sucção da bomba) e depois da bomba é $E_A + H_p = 100 + 225 = 325$ pés. A altura de energia diminui linearmente ao longo do tubo até $E_B = 220$ pés no reservatório B. (*Observação*: Esses problemas podem ser resolvidos de maneira rápida e precisa com planilhas eletrônicas.)

(b) Para obtermos as características da bomba em 2.200 rpm, usamos as equações 5.17a e 5.17b com $N_{r1} = 2.000$ rpm, $N_{r2} = 2.200$ rpm, $N_{r2}/N_{r1} = 1{,}10$ e $(N_{r2}/N_{r1})_2 = 1{,}21$. Os cálculos são resumidos na tabela a seguir.

N_{r1} = 2.000 rpm		N_{r2} = 2.200 rpm	
Q_1 (cfs)	H_{p1} (pés)	Q_2 (cfs)	H_{p2} (pés)
0,0	300,0	0,0	363,0
5,0	295,5	5,5	357,6
10,0	282,0	11,0	341,2
15,0	259,5	16,5	314,0
20,0	225,5	22,0	272,9
25,0	187,5	27,5	226,9
30,0	138,0	33,0	167,0
35,0	79,5	38,5	96,2

Os valores de Q_2 são obtidos multiplicando-se os valores de Q_1 por 1,1. Analogamente, os valores de H_{p2} são obtidos multiplicando-se os valores de H_{p1} por 1,21. Um esboço de Q_2 em relação a H_{p2} resultará na curva característica da bomba em 2.200 rpm, conforme apresenta a Figura 5.10(b). A curva de altura do sistema será a mesma da parte (a). O ponto de interseção das duas curvas resulta em Q = 23,4 cfs e H_p = 261 pés.

5.6 Bombas em paralelo ou em série

Conforme discutido na Seção 5.1, a eficiência de uma bomba varia em função de sua taxa de descarga e da altura total compensada pela bomba. A eficiência ótima de uma bomba pode ser obtida somente para um escopo limitado de operação (ou seja, descargas e alturas totais). Portanto, costuma ser vantajoso instalar diversas bombas em paralelo ou em série em estações de bombeamento para operar de modo eficiente ao longo de um largo escopo de taxas de fluxo e alturas de sistema esperadas.

Quando duas bombas são instaladas em paralelo, desprezando as perdas menores em suas linhas ramificadas existentes, a altura de energia adicionada ao fluxo pelas duas bombas deve ser a mesma para satisfazer a equação de energia do sistema residente de tubulações. A descarga nas duas bombas, contudo, será diferente, a menos que as duas bombas sejam idênticas. A descarga total será dividida entre as duas bombas de modo que $H_{p1} = H_{p2}$, onde H_{p1} e H_{p2} representam as alturas para a primeira bomba e a segunda, respectivamente. Para obter as curvas características da bomba para a configuração de duas bombas em paralelo, somamos as taxas de fluxo (abscissa) das curvas características das bombas individuais para cada valor de altura manométrica, conforme ilustra a Figura 5.11. Se as duas bombas forem idênticas, simplesmente dobramos o valor da descarga para cada valor de altura manométrica. Entretanto, isso não significa que a descarga real será dobrada quando as duas bombas forem operadas em paralelo (veja o Exemplo 5.4). Os mesmos princípios são aplicados para determinar as curvas características das bombas do sistema quando mais de duas bombas estão instaladas em paralelo.

Quando duas bombas estão instaladas em série, a descarga nessas bombas deve ser a mesma. Contudo, a menos que as bombas sejam idênticas, suas alturas serão diferentes. Para obter as curvas características para a configuração de duas bombas em série, adicionamos as alturas das bombas (ordenadas) das curvas características individuais para cada valor de fluxo de bomba, como vemos na Figura 5.12. Se as duas bombas forem idênticas, simplesmente dobramos os valores das alturas para cada valor de fluxo. Contudo, isso não significa que a altura real será dobrada quando as duas bombas forem operadas em série (veja o Exemplo 5.4). Os mesmos princípios são aplicados para determinar as curvas características do sistema quando mais de duas bombas estão instaladas em série.

Combinações de bombas acrescentam flexibilidade de fluxo e altura aos sistemas de tubulação que as utilizam, enquanto mantêm uma alta eficiência operacional. Por exemplo, quando os requisitos de fluxo são muito variáveis, diversas bombas podem ser conectadas em paralelo

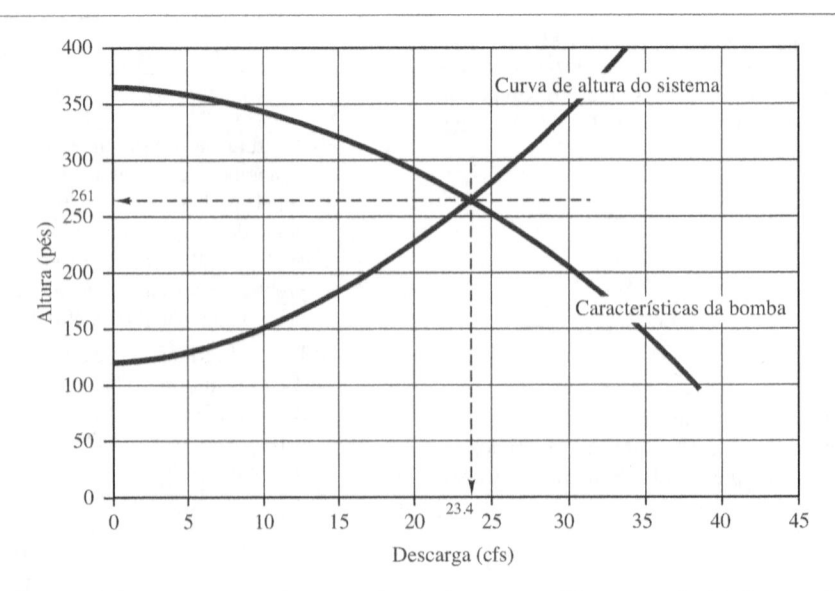

Figura 5.10 (b) Bomba simples e análise da tubulação para diferentes velocidades rotacionais.

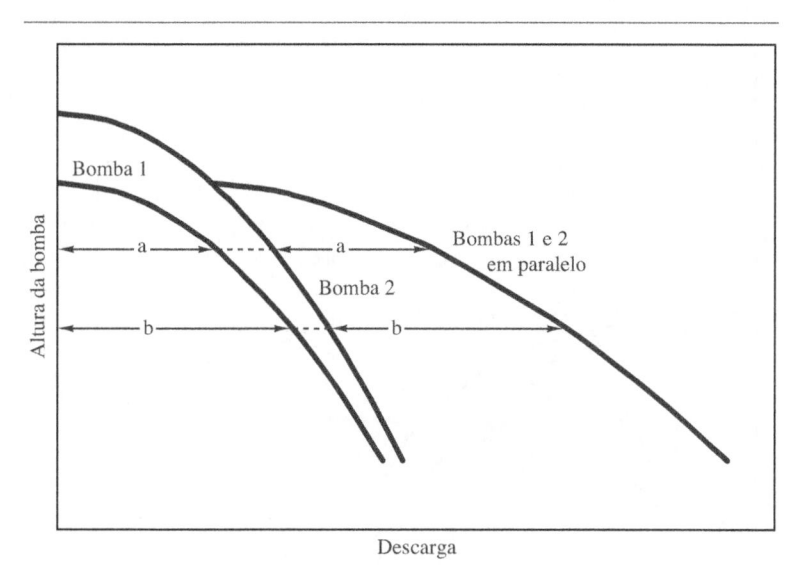

Figura 5.11 Características da bomba para duas bombas em paralelo.

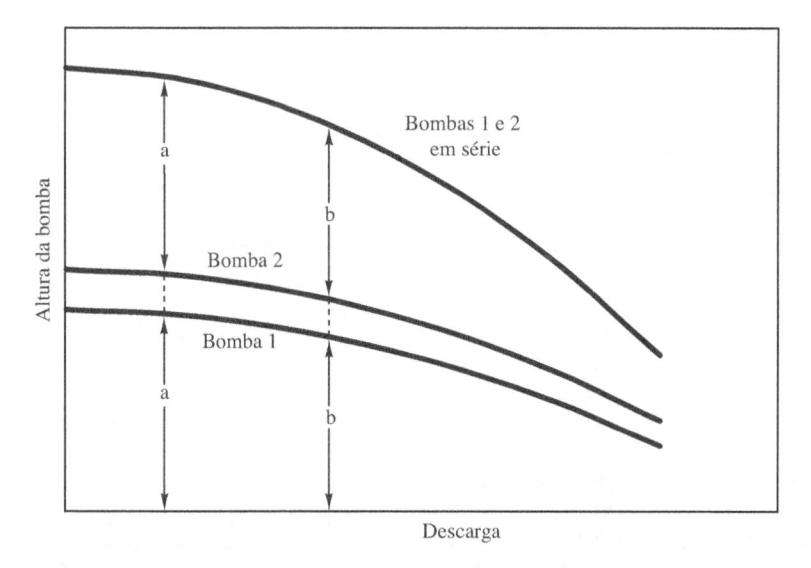

Figura 5.12 Características da bomba para duas bombas em série.

e ligadas e desligadas de modo a atender à demanda variável. Mais uma vez, observe que duas bombas idênticas operando em paralelo podem não dobrar a descarga na tubulação, visto que a perda da altura total é proporcional à segunda força de descarga: $H_p \propto Q^2$. A resistência adicional na tubulação causará uma redução na descarga total. A curva *B* na Figura 5.13 apresenta esquematicamente a operação de duas bombas idênticas em paralelo. A descarga da junção das duas bombas é sempre menor do que duas vezes a descarga de uma bomba simples.

Combinações de bombas também podem oferecer flexibilidade quando os requisitos de altura manométrica se alteram. Por exemplo, na instalação de tubulação na qual as perdas ou as elevações de altura são variáveis, bombas podem ser conectadas em série e ligadas e desligadas para atender à demanda variável. A curva *C* na Figura 5.13 apresenta esquematicamente a operação de duas bombas idênticas conectadas em série.

A eficiência de duas (ou mais) bombas idênticas operando em paralelo ou em série é essencialmente igual à de uma bomba simples baseada na descarga. A instalação pode dar-se por meio de um motor separado para cada bomba ou com um único motor operando as duas (ou mais) bombas. Instalações multibombas podem ser projetadas para atuar em operações em série ou em paralelo com o mesmo conjunto de bombas. A Figura 5.14 é um esquema típico de tal instalação. Para operações em série, a válvula *A* fica aberta enquanto as válvulas *B* e *C* permanecem fechadas. Para operações em paralelo, a válvula *A* fica fechada enquanto as válvulas *B* e *C* permanecem abertas.

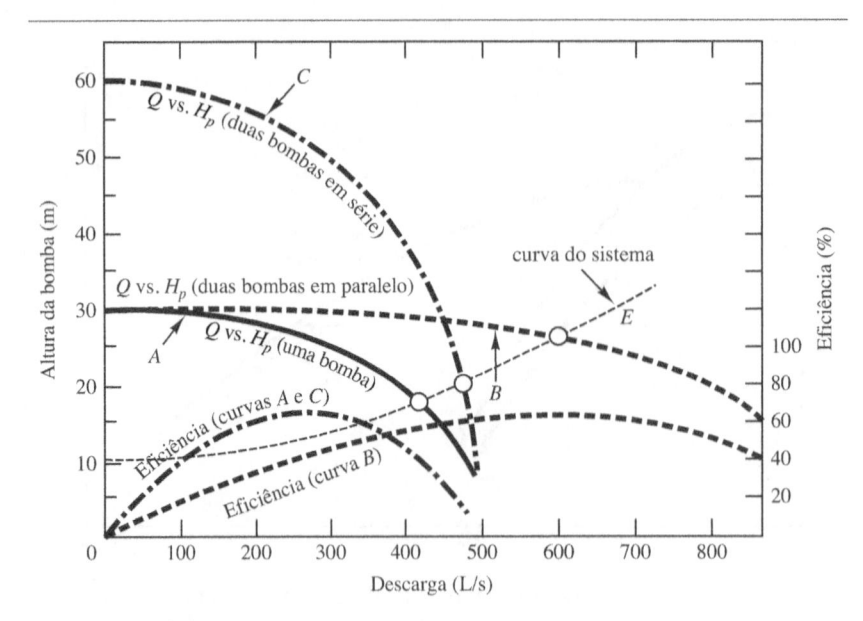

Figura 5.13 Curvas de desempenho típicas de duas bombas conectadas em paralelo (B) e em série (C).

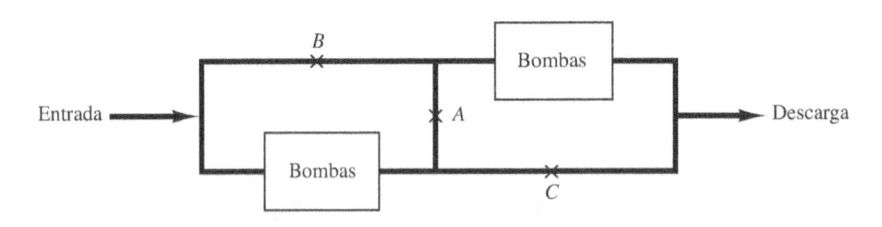

Figura 5.14 Esquema da operação de bombas em série ou em paralelo.

Exemplo 5.4

Dois reservatórios estão conectados por uma tubulação de ferro fundido revestida de asfalto com 300 m de comprimento e 40 cm de diâmetro. As perdas menores incluem a entrada, a saída e a válvula de passagem. A diferença de elevação entre os dois reservatórios é de 10 m, e a temperatura da água é 10°C. Determine a descarga, a altura e a eficiência utilizando: (a) uma bomba; (b) duas bombas em série; (c) duas bombas em paralelo. Use a bomba com as características descritas na Figura 5.13.

Solução

Para distribuir a água, o sistema de bombas deve oferecer uma altura total de energia (H_{SH}) de

$$H_{SH} = H_s + \left(f\frac{L}{D} + \Sigma K\right)\frac{V^2}{2g} = 10 + (750f + 1{,}65)\frac{V^2}{2g}$$

com base na Equação 5.19 com perdas consideradas. Fazendo $v = 1{,}31 \times 10^{-6}$ m²/s (Tabela 1.3) e $e/D = 0{,}0003$, os seguintes valores são calculados para uma variação de descarga dentro da qual se pode esperar que o sistema de cada bomba opere. Uma curva de Q versus H_{SH} é construída com base nos valores calculados na tabela a seguir (curva E, Figura 5.13).

Q (L/s)	V (m/s)	N_R	f	H_{SH} (m)
0	0	—	—	10,0
100	0,80	$2{,}44 \times 10^5$	0,0175	10,5
300	2,39	$7{,}30 \times 10^5$	0,0160	14,0
500	3,98	$1{,}22 \times 10^6$	0,0155	20,7
700	5,57	$1{,}70 \times 10^6$	0,0155	31,0

A partir da curva E na Figura 5.13 (utilizando uma grade mais refinada), obtemos o seguinte:

(a) Para uma bomba:

$$Q \approx 420 \text{ L/s}, H_p \approx 18 \text{ m e } e_p \approx 40\%$$

(b) Para duas bombas em série:

$$Q \approx 470 \text{ L/s}, H_p \approx 20 \text{ m e } e_p \approx 15\%$$

(c) Para duas bombas em paralelo:

$$Q \approx 590 \text{ L/s}, H_p \approx 26 \text{ m e } e_p \approx 62\%$$

Observação: Com base nos requisitos do sistema, duas bombas em paralelo são a melhor escolha de operação em alta eficiência.

5.7 Bombas e tubos ramificados

Considere o sistema de tubulações ramificadas simples representado na Figura 5.15, no qual uma única bomba distribui o fluxo do reservatório A para dois reservatórios (B e C) através dos tubos 1 e 2. As alturas do sistema, H_{SH1} e H_{SH2}, respectivamente, para os tubos 1 e 2 podem ser expressas como

$$H_{SH1} = H_{s1} + h_{f1}$$
$$H_{SH2} = H_{s2} + h_{f2}$$

onde $H_{s1} = E_B - E_A$ e $H_{s2} = E_C - E_A$. A descarga total será dividida entre os dois tubos, de modo que $H_{SH1} = H_{SH2} = H_p$. Essas três alturas devem ser iguais para satisfazer a equação de energia para ambos os tubos. Quando os dois tubos são considerados juntos como um único sistema, a curva de altura do sistema combinado pode ser obtida somando-se as taxas de fluxo (abscissa) das curvas de altura dos sistemas individuais para cada valor de altura.

Para analisar as taxas de fluxo de um sistema de tubulações ramificadas, esboçamos as curvas de altura individuais e do sistema combinado, bem como a curva característica da bomba. O ponto de interseção da curva da bomba com a do sistema mostra a descarga total e a altura manométrica. A descarga em cada tubo é obtida a partir das curvas de altura do sistema individual no valor da altura manométrica. Para verificar, a soma das duas descargas deve ser igual à descarga total do sistema já determinada. Os problemas dos exemplos a seguir ajudarão a esclarecer o procedimento.

Exemplo 5.5

Na Figura 5.15, $E_A = 110$ pés, $E_B = 120$ pés e $E_C = 140$ pés. Todos os tubos possuem fator de atrito de Darcy-Weisbach de 0,02. O tubo 1 possui 10.000 pés de extensão, o tubo 2 tem 15.000 pés de extensão e ambos possuem diâmetro de 2,5 pés. As características da bomba são dadas na tabela a seguir e esboçadas na Figura 5.16. Determine a descarga em cada tubo.

Q (cfs)	0	10	20	30	40	50	60
H_p (pés)	80	78,5	74	66,5	56	42,5	26

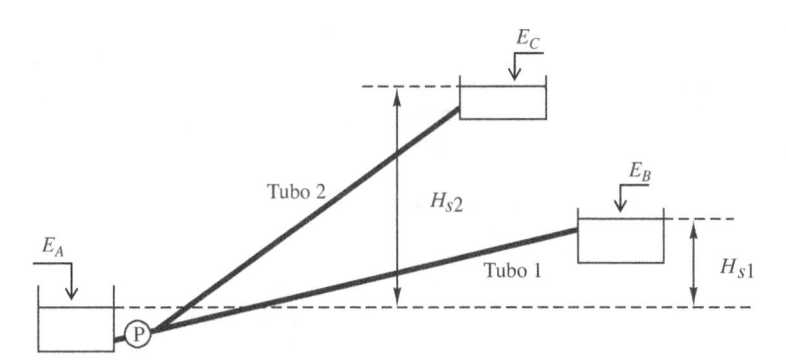

Figura 5.15 Bomba simples e dois tubos.

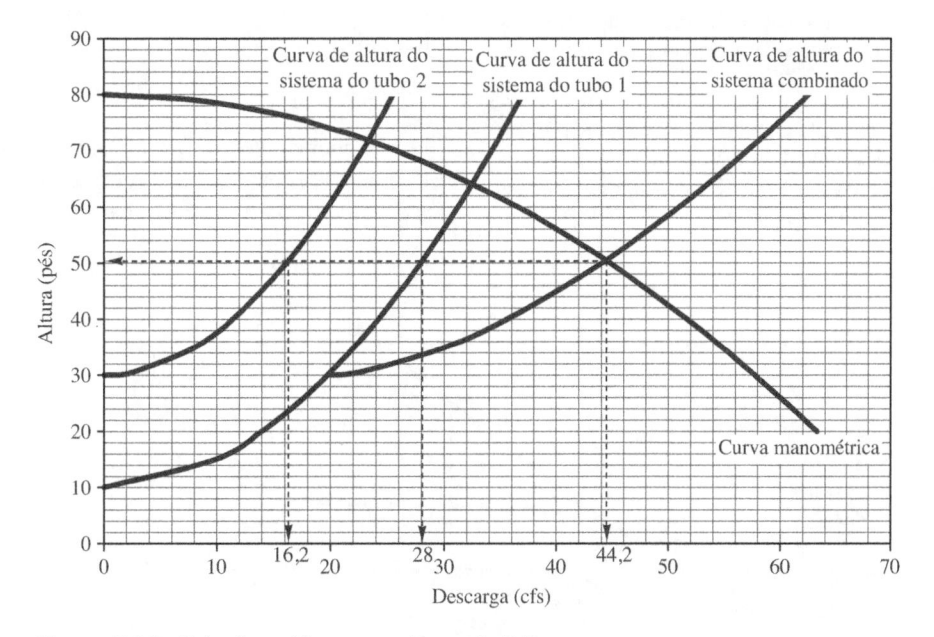

Figura 5.16 Solução gráfica para o Exemplo 5.5.

Solução

Para este sistema, $H_{S1} = 120 - 110 = 10$ pés e $H_{S2} = 140 - 110 = 30$ pés. Fazendo referência à Tabela 3.4, a fórmula do atrito de Darcy-Weisbach pode ser escrita como

$$h_f = KQ^2, \text{ onde } K = \frac{0{,}025fL}{D^5}$$

Para o tubo 1,

$$K = \frac{0{,}025(0{,}02)(10.000)}{2{,}5^5} = 0{,}0512 \text{ s}^2/\text{pés}^5$$

e para o tubo 2,

$$K = \frac{0{,}025(0{,}02)(15.000)}{2{,}5^5} = 0{,}0768 \text{ s}^2/\text{pés}^5$$

Em seguida, as curvas de altura do sistema para os tubos 1 e 2, respectivamente, são calculadas como

$$H_{SH1} = 10 + 0{,}0512Q_1^2$$

$$H_{SH2} = 30 + 0{,}0768Q_2^2$$

com a atribuição de vários valores a Q, resolvendo as equações anteriores para H_{SH} e esboçando-os na Figura 5.16. A curva de altura do sistema combinado é obtida somando-se as descargas nessas curvas para a mesma altura. O ponto de interseção da curva de altura do sistema combinado com a curva característica da bomba resulta em uma descarga total de 44,2 cfs e uma altura manométrica de 50,1 pés. Para essa altura manométrica, lemos $Q_1 = 28$ cfs e $Q_2 = 16{,}2$ cfs a partir das respectivas curvas de altura do sistema. O leitor deve verificar esses resultados checando se a equação de energia é satisfeita separadamente para os tubos 1 e 2.

Exemplo 5.6

Considere a bomba e o sistema de tubos ramificados mostrados na Figura 5.17. As elevações de água dos reservatórios e as características dos tubos 1 e 2 são as mesmas do Exemplo 5.5. O tubo 3 possui fator de atrito de Darcy-Weisbach de 0,02, diâmetro de 3 pés e extensão de 5.000 pés. Determine a descarga em cada tubo.

Solução

Podemos resolver este exemplo da mesma maneira que o Exemplo 5.5 se incorporarmos as perdas de atrito no tubo 3. O modo mais fácil é subtrair as perdas no tubo 3 das alturas da curva de bomba para as respectivas descargas.

Para o tubo 3,

$$K = \frac{0{,}025(0{,}02)(5.000)}{3^5} = 0{,}0103$$

Então, a perda de altura para o tubo 3 é calculada como

$$h_f = 0{,}0103Q^2$$

Calculando a perda de altura para os valores tabulados de Q e subtraindo dos respectivos valores de H_p, encontramos os valores líquidos de H_p.

Q (cfs)	0	10	20	30	40	50
H_p (pés)	80,0	78,5	74,0	66,5	56,0	42,5
h_f (pés)	0,0	1,0	4,1	9,3	16,5	25,8
H_p líquido (pés)	80,0	77,5	69,9	57,2	39,5	16,7

Podemos, então, resolver o problema da mesma maneira que o Exemplo 5.5, exceto que agora esboçamos as alturas manométricas totais conforme mostra a Figura 5.18. A interseção da curva de altura do sistema combinado com curva característica da bomba total (ponto de encontro) mostra a descarga total de 38,2 cfs e uma altura manométrica total de 42,8 pés. Para essa altura manométrica total, lemos $Q_1 = 25{,}3$ cfs e $Q_2 = 12{,}9$ cfs a partir das respectivas curvas de altura do sistema. A altura manométrica real é $42{,}8 + 0{,}0103 \, (38{,}2)^2 = 57{,}8$ pés. O leitor deve analisar esses resultados verificando se a equação de energia é satisfeita separadamente para os percursos de fluxo ao longo dos tubos 1 e 2.

5.8 Bombas e redes de tubos

As bombas são parte integrante de muitas redes de tubos. Os métodos de Hardy-Cross e de Newton, apresentados no Capítulo 4, podem ser facilmente modificados para analisarmos as redes de tubos que contêm bombas. A modificação é aplicada à equação de energia para o percurso (ou fluxo) que contém a bomba. Para facilitar, as características da bomba são expressas em forma polinomial como

$$H_p = a - bQ|Q| - cQ$$

Os coeficientes a, b e c são padrões de adequação. Eles podem ser determinados com a utilização de três pontos de dados a partir da curva característica da bomba.

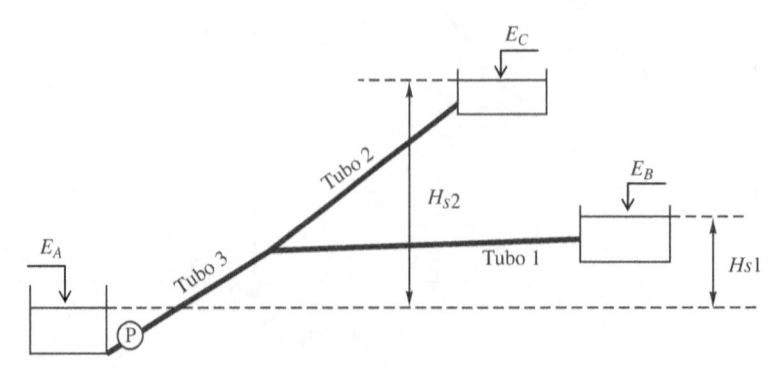

Figura 5.17 Sistema de tubos ramificados do Exemplo 5.6.

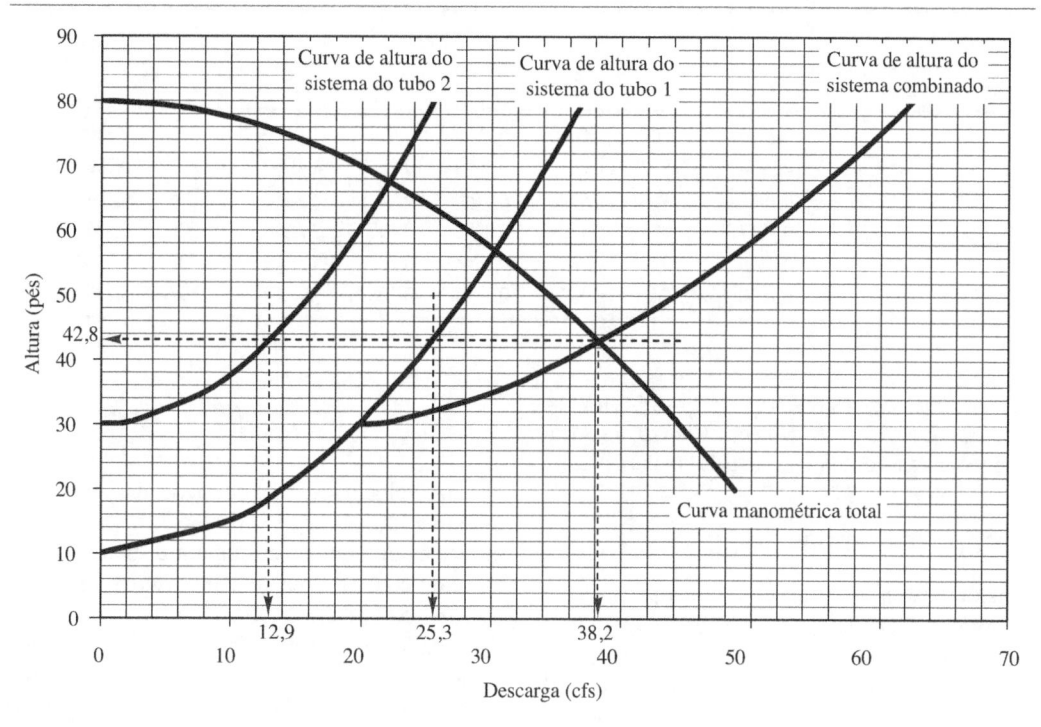

Figura 5.18 Solução gráfica para o Exemplo 5.6.

Exemplo 5.7

O sistema de tubos mostrado na Figura 5.19 é idêntico ao dos exemplos 4.9 e 4.10. Entretanto, a demanda aumentou na junção F ($Q_F = 0{,}3$ m³/s, não 0,25 m³/s), o que cria a necessidade de inclusão de uma bomba ao sistema logo após o reservatório A. As características da bomba podem ser escritas como

$$H_p = 30 - 50Q^2 - 5Q$$

onde H_p está em m e Q está em m³/s. Determine a descarga em cada tubo usando os mesmo valores iniciais do Exemplo 4.10.

Solução

Vamos utilizar as mesmas equações do Exemplo 4.10, exceto

$$F_8 = H_A + a - bQ_1|Q_1| - cQ_1 - K_1Q_1|Q_1| - K_2Q_2|Q_2| + K_4Q_4|Q_4| + K_8Q_8|Q_8| - H_G$$

e

$$\frac{\partial F_8}{\partial Q_1} = -2bQ_1 - c - 2K_1Q_1$$

onde $a = 30$ m, $b = 50$ s²/m⁵ e $c = 5$ s/m².

Os resultados são obtidos em cinco iterações, conforme resume a tabela a seguir.

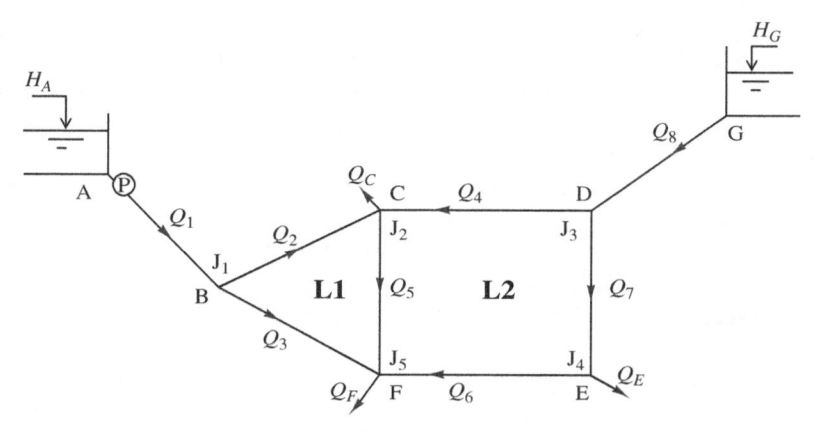

Figura 5.19 Rede de tubos do Exemplo 5.7.

	(m³/s)							
Número da iteração	Q_1	Q_2	Q_3	Q_4	Q_5	Q_6	Q_7	Q_8
Inicial	0,2000	0,5000	0,1000	0,0500	0,5000	0,1000	0,3000	0,2500
1	0,2994	0,2577	0,0417	0,0659	0,2236	0,0347	0,1347	0,2006
2	0,2955	0,1464	0,1492	0,0760	0,1223	0,0285	0,1285	0,2045
3	0,2647	0,1253	0,1394	0,0829	0,1081	0,0524	0,1524	0,2353
4	0,2650	0,1245	0,1405	0,0843	0,1088	0,0507	0,1707	0,2350
5	0,2650	0,1245	0,1405	0,0843	0,1088	0,0507	0,1507	0,2350

As alturas de energia resultantes são $H_A = 85$ m, $H_B = 96,5$ m, $H_C = 67,1$ m, $H_D = 78,6$ m, $H_E = 63,2$ m, $H_F = 59$ m e $H_G = 102$ m. Além disso, a altura de energia adicionada ao fluxo pela bomba é 25,2 m.

5.9 Cavitação em bombas de água

Uma consideração muito importante nos projetos de instalação de bombas é a elevação relativa entre a bomba e a superfície da água no reservatório de fornecimento. Sempre que uma bomba é posicionada acima desse reservatório, a água na linha de sucção fica sob uma pressão menor do que a atmosférica. O fenômeno da cavitação torna-se um perigo potencial sempre que a pressão da água em qualquer localização do sistema de bombeamento diminui significativamente abaixo da pressão atmosférica. Para piorar a situação, a água entra na linha de sucção através de um *ralo* projetado para manter a sujeira fora. Essa perda de energia adicional na entrada reduz ainda mais a pressão.

Um lugar comum para a cavitação é próximo das pontas das palhetas do impulsor, onde a velocidade é muito alta. Em regiões de altas velocidades, grande parte da energia de pressão é convertida em energia cinética. Ela é adicionada à diferença de elevação entre a bomba e o reservatório de fornecimento, a h_p e à inevitável perda de energia na tubulação entre o reservatório e a bomba, h_L. Na instalação de uma bomba, todos esses três itens contribuem para a *altura total de sucção*, H_S, conforme mostra esquematicamente a Figura 5.20.

O valor de H_S deve ser mantido dentro do limite de modo que a pressão em todas as localizações da bomba esteja sempre acima da pressão de vapor da água; senão, a água evaporará e ocorrerá cavitação. A água evaporada forma pequenas bolhas de vapor no fluxo que estouram quando chegam à região de maior pressão na bomba. Vibrações violentas podem acontecer devido ao estouro das bolhas na água. A explosão sucessiva de bolhas com força de impacto considerável pode causar forte tensão local na superfície de metal das lâminas das palhetas e no invólucro. Essas tensões podem causar danos à superfície e danificam rapidamente a bomba.

Para evitar a cavitação, a bomba deve ser instalada a uma elevação na qual a altura total de sucção (H_S) seja menor do que a diferença entre a altura atmosférica e a altura da pressão de vapor da água, ou

$$H_S < \left(\frac{P_{atm}}{\gamma} - \frac{P_{vapor}}{\gamma}\right)$$

A velocidade máxima perto da ponta das palhetas do impulsor não é passível de medição pelos usuários. Os fabricantes de bombas costumam disponibilizar um valor conhecido comercialmente como o *saldo positivo da carga na sucção* (NPSH, em inglês, *net positive suction head*), ou H'_S. (O NPSH pode ser exibido como parte da curva característica da bomba, conforme mostra a Figura 5.24 na seção sobre escolha da bomba.) O NPSH representa a queda de pressão entre o olho da bomba e a ponta das palhetas do impulsor. Dado o valor do NPSH, a elevação máxima da bomba acima do reservatório de fornecimento pode ser facilmente determinada considerando-se todos os componentes de energia que compõem H_S na Figura 5.20. A expressão resultante é

$$h_p \leq \left(\frac{P_{atm}}{\gamma} - \frac{P_{vapor}}{\gamma}\right) - \left(H'_S + \quad + \frac{V^2}{2g} + h_L\right) \quad (5.20)$$

onde h_L é a perda total de energia do lado de sucção da bomba. Ela geralmente inclui a perda da entrada no ralo e a perda de atrito no tubo, além de outras perdas menores.

Outro parâmetro comumente utilizado para expressar o potencial de cavitação em uma bomba é o *parâmetro de cavitação*, σ, que é definido como

$$\sigma = \frac{H'_S}{H_p} \quad (5.21)$$

onde H_p é a altura total desenvolvida pela bomba e o numerador é o NPSH. O aumento na velocidade através das palhetas do impulsor é responsável pelo parâmetro σ. O valor de σ para cada tipo de bomba costuma ser fornecido pelo fabricante e baseia-se em dados de teste da bomba.

Aplicando a Equação 5.21 às relações descritas na Figura 5.20, podemos escrever

$$H'_S = \sigma H_p = \frac{P_{atm}}{\gamma} - \frac{P_{vapor}}{\gamma} - \left(\frac{V_i^2}{2g} + h_p + h_L\right) \quad (5.22)$$

onde V_i é a velocidade da água na entrada do impulsor. Reorganizando a Equação 5.22, temos

$$h_p = \frac{P_{atm}}{\gamma} - \frac{P_{vapor}}{\gamma} - \frac{V_i^2}{2g} - h_L - \sigma H_p \quad (5.23)$$

que define a elevação máxima permitida na entrada da bomba (entrada do impulsor) acima da superfície do reservatório de

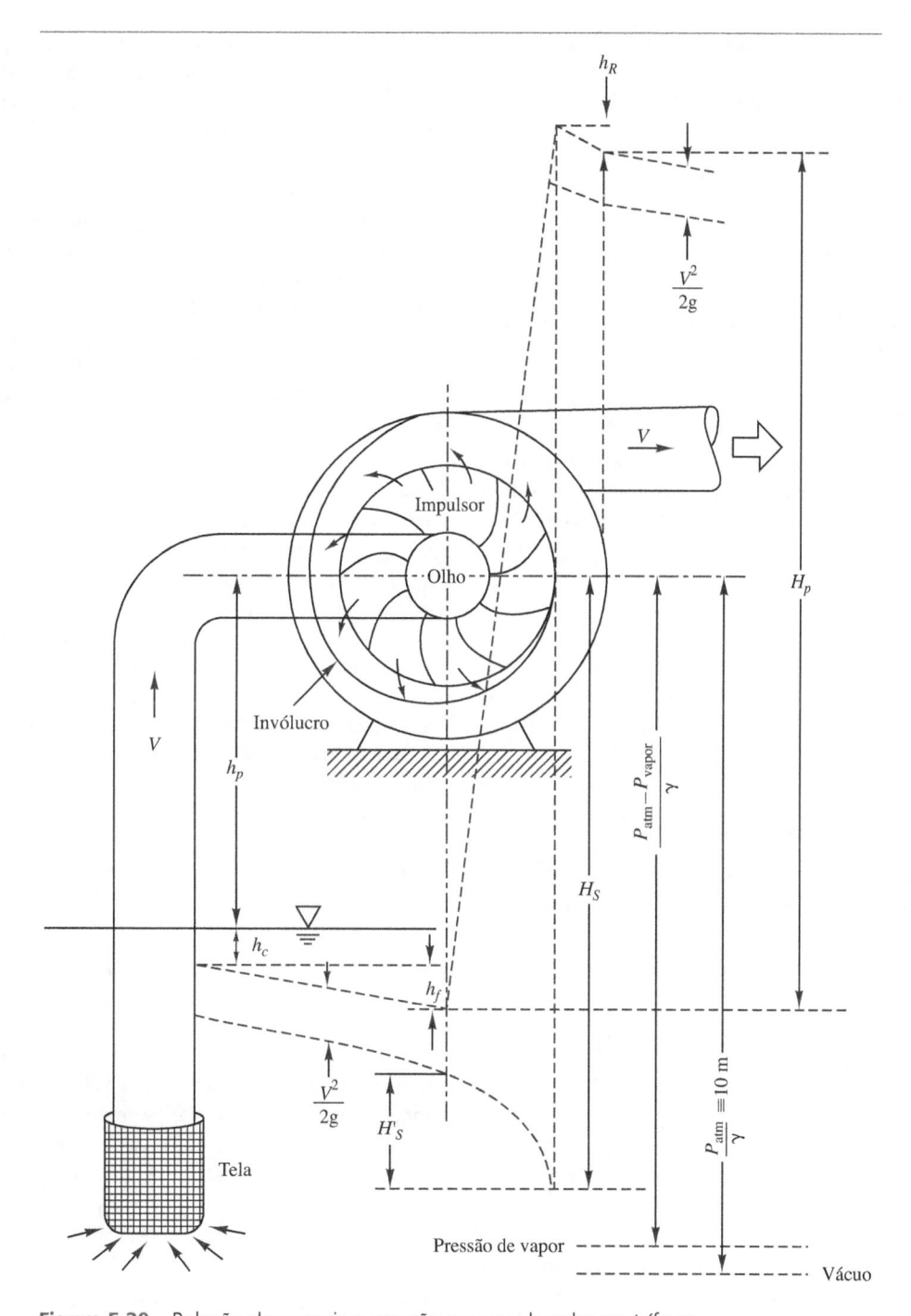

Figura 5.20 Relação de energia e pressão em uma bomba centrífuga.

fornecimento. As perdas (h_L) estão do lado de sucção da bomba. Se o valor determinado pela Equação 5.23 for negativo, então a bomba deve ser colocada a uma elevação abaixo da elevação da superfície de água no reservatório de fornecimento.

Exemplo 5.8

Uma bomba está instalada em uma tubulação de 300 m de comprimento e 15 cm de diâmetro para bombear 0,06 m³/s de água a 20°C. A diferença na elevação entre o reservatório de fornecimento e o reservatório de recebimento é de 25 m. O diâmetro de entrada do impulsor da bomba é de 18 cm, o parâmetro de cavitação $\sigma = 0{,}12$, e ocorre uma perda de altura total de 1,3 m do lado de sucção. Determine a distância máxima permitida entre a entrada da bomba e a elevação da superfície da água no tanque de fornecimento. Considere que a tubulação possui $C_{HW} = 120$.

Solução

A perda de atrito na tubulação pode ser determinada a partir da Equação 3.31 e da Tabela 3.4 como

$$h_f = KQ^m = [(10{,}7\,L)/(D^{4,87}\,C^{1,85})]Q^{1,85}$$

$$h_f = [10{,}7\,(300)/\{(0{,}15)^{4,87}\,(120)^{1,85}\}](0{,}06)^{1,85} = 25{,}8\text{ m}$$

A única perda menor na linha de descarga é a perda de altura na saída (descarga), onde $K_d = 1$.

As velocidades no tubo de entrada e na tubulação principal são, respectivamente,

$$V_i = \frac{Q}{A_i} = \frac{0{,}06}{\pi(0{,}09)^2} = 2{,}36 \text{ m/s}$$

$$V_d = \frac{Q}{A_d} = \frac{0{,}06}{\pi(0{,}075)^2} = 3{,}40 \text{ m/s}$$

A altura manométrica total pode ser determinada aplicando-se a equação de energia como

$$\frac{V_1^2}{2g} + \frac{P_1}{\gamma} + h_1 + H_p = \frac{V_2^2}{2g} + \frac{P_2}{\gamma} + h_2 + h_L$$

onde os subscritos 1 e 2 se referem aos reservatórios na extremidade de fornecimento e na extremidade de distribuição, respectivamente. Na superfície dos reservatórios, podemos escrever $V_1 \cong V_2 \cong 0$ e $P_1 = P_2 = P_{atm}$, portanto

$$H_p = (h_2 - h_1) + h_L$$
$$= 25 + \left(1{,}3 + 25{,}8 + (1)\frac{(3{,}40)^2}{2g}\right) = 52{,}7 \text{ m}$$

A pressão de vapor é encontrada na Tabela 1.1:

$$P_{vapor} = 0{,}023042 \text{ bar} = 2.335 \text{ N/m}^2$$

considerando que

$$P_{atm} = 1 \text{ bar} = 101.400 \text{ N/m}^2$$

Por fim, aplicando a Equação 5.23, obtemos a altura máxima permitida para a bomba acima do reservatório de fornecimento:

$$h_p = \frac{P_{atm}}{\gamma} - \frac{P_{vapor}}{\gamma} - \frac{V_i^2}{2g} - \Sigma h_{L_s} - \sigma H_p$$

$$= \frac{101.400}{9.790} - \frac{2.335}{9.790} - \frac{(2{,}36)^2}{2(9{,}81)} - 1{,}3 - (0{,}12)(52{,}7)$$

$$= 2{,}21 \text{ m}$$

5.10 Velocidade específica e semelhança entre bombas

A escolha de uma bomba para um propósito particular baseia-se na taxa de descarga necessária e na altura contra a qual a descarga é distribuída. Para elevar um grande volume de água sobre uma elevação relativamente pequena (por exemplo, remover a água de um canal de irrigação e descarregá-la em uma plantação), é necessária uma bomba de estágio baixo de alta capacidade. Para bombear uma quantidade relativamente pequena de água em grandes alturas (por exemplo, fornecer água para um edifício muito alto), é necessária uma bomba de alto estágio de baixa capacidade. Os projetos dessas bombas são muito diferentes.

De modo geral, impulsores de raios relativamente grandes e passagens estreitas para o fluxo transferem mais energia cinética da bomba para a altura de pressão do fluxo do que impulsores de raios pequenos e passagens de fluxo amplas. Bombas projetadas com uma geometria que permita que a água saia do impulsor em uma direção radial geram mais aceleração centrífuga para o fluxo do que aquelas que permitem que a água saía axialmente ou em um ângulo. Assim, a geometria relativa do impulsor e do invólucro da bomba determina seu desempenho e seu campo de aplicação.

A análise dimensional, um procedimento computacional descrito no Capítulo 10, mostra que as bombas centrífugas construídas com proporções idênticas, mas com tamanhos diferentes, apresentam características de desempenho dinâmico semelhantes que são consolidadas em um número denominado *número da forma*. O número da forma de um projeto particular de bomba é um número adimensional definido como

$$S = \frac{\omega\sqrt{Q}}{(gH_p)^{3/4}} \quad (5.24)$$

onde ω é a velocidade angular do impulsor em radianos por segundo, Q é a descarga da bomba em metros cúbicos por segundo, g a aceleração gravitacional em metros por segundo ao quadrado e H_p é a altura manométrica total em metros.

Na prática da engenharia, entretanto, o número da forma adimensional não é comumente utilizado. Em vez dele, a maioria das bombas comerciais é especificada por um termo denominado *velocidade específica*. A velocidade específica de um determinado projeto de bomba (ou seja, o tipo de impulsor e a geometria) pode ser definida de duas maneiras distintas.

Alguns fabricantes definem a velocidade específica de um projeto de bomba como a velocidade de giro de um impulsor se seu tamanho fosse reduzido o suficiente para distribuir uma unidade de descarga a uma unidade de altura. Desse modo, a velocidade específica pode ser escrita como

$$N_s = \frac{\omega\sqrt{Q}}{H_p^{3/4}} \quad (5.25)$$

Outros fabricantes definem a velocidade específica para um projeto de bomba como a velocidade de giro de um impulsor se seu tamanho fosse reduzido o suficiente para distribuir uma unidade de força a uma unidade de altura. Desse modo, a velocidade específica pode ser escrita como

$$N_s = \frac{\omega\sqrt{P_i}}{H_p^{5/4}} \quad (5.26)$$

Atualmente, a maioria das bombas comerciais fabricadas nos Estados Unidos é definida com unidades norte-americanas: galões por minuto (gpm), potência de freio (bhp), pés (ft) e revoluções por minuto (rpm). No sistema internacional, as unidades normalmente utilizadas nos cálculos são metro cúbico por segundo (m³/s), quilowatts (kW), metros (m) e radianos por segundo (rad/s). As convenções de velocidade específica norte-americanas, inglesas, métricas e internacionais são arroladas na Tabela 5.1.

Normalmente, a velocidade específica é definida como o ponto ótimo de eficiência operacional. Na prática, as bombas com altas velocidades específicas costumam ser utilizadas para grandes descargas a alturas de baixa pressão, enquanto as bombas com baixa velocidade específica

Tabela 5.1 Conversão da velocidade específica.

Unidades	Unidades de descarga	Unidades de altura	Velocidade da bomba	Equação	Símbolo	Conversão	
Norte-americana	U.S. gal/min	pés	rev/min	(5.25)	N_{s1}	$N_{s1} = 45{,}6\,S$	$N_{s1} = 51{,}6\,N_{s3}$
Inglesa	Imp-gal/min	pés	rev/min	(5.25)	N_{s2}	$N_{s2} = 37{,}9\,S$	$N_{s2} = 43{,}0\,N_{s3}$
Métrica	m³/s	m	rev/min	(5.25)	N_{s3}	$N_{s3} = 0{,}882\,S$	$N_{s3} = 0{,}019\,N_{s1}$
SI (sistema internacional)	m³/s	m	rad/s	(5.24)	S	$S = 0{,}022\,N_{s1}$	$S = 1{,}134\,N_{s3}$

são usadas para distribuir pequenas descargas a alturas de pressão altas. As bombas centrífugas com proporções geométricas idênticas e tamanhos diferentes possuem a mesma velocidade específica. A velocidade específica varia conforme o tipo do impulsor. Sua relação com a descarga e a eficiência da bomba é mostrada na Figura 5.21.

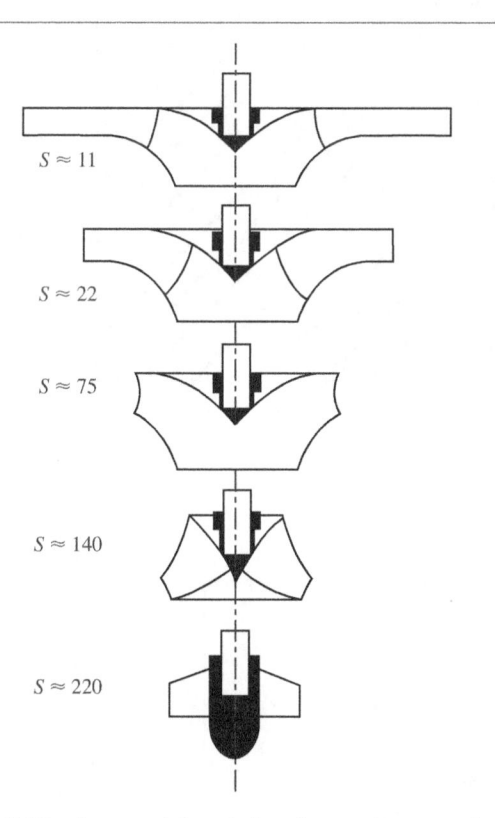

Figura 5.21 Formas relativas do impulsor e valores aproximados dos números da forma, S, conforme definido na Tabela 5.1.

($S \approx 11$, $S \approx 22$, $S \approx 75$, $S \approx 140$, $S \approx 220$)

Exemplo 5.9

Uma bomba de água centrífuga operando em sua eficiência ótima distribui 2,5 m³/s a uma altura de 20 m. A bomba possui um impulsor de 36 cm de diâmetro e gira a 300 rad/s. Calcule a velocidade específica da bomba em termos de: (a) descarga e (b) força se a eficiência máxima da bomba for de 80 por cento.

Solução

As condições dadas são $Q = 2{,}5$ m³/s, $H_p = 20$ m e $\omega = 300$ rad/s. Aplicando a Equação 5.25, temos

$$N_s = \frac{300\sqrt{2{,}5}}{(20)^{3/4}} = 50$$

A 80 por cento de eficiência, a potência do eixo é

$$P_i = (\gamma Q H_p)/e_p = [(9.790)(2{,}5)(20)]/0{,}80$$
$$= 6{,}12 \times 10^5\,\text{W}\,(612\,\text{kW})$$

Aplicando a Equação 5.26, temos

$$N_s = \frac{300\sqrt{612}}{(20)^{5/4}} = 175$$

Exemplo 5.10

O impulsor da bomba do Exemplo 5.9 possui diâmetro de 0,36 m. Que diâmetro o impulsor de uma bomba geometricamente semelhante deveria ter para distribuir metade da descarga de água à mesma altura? Qual a velocidade da bomba?

Solução

Aplicando a Equação 5.25, a partir do Exemplo 5.9, temos

$$N_s = \frac{\omega\sqrt{\frac{1}{2}(2{,}5)}}{(20)^{3/4}} = 50$$

$$\omega = \frac{50(20)^{3/4}}{(1{,}25)^{1/2}} = 423\,\text{rad/s}$$

Por definição, duas bombas são geometricamente similares se possuem o mesmo coeficiente de velocidade de descarga em relação à velocidade periférica da ponta da palheta. Quando este for o caso, a seguinte relação será satisfeita:

$$\frac{Q_1}{\omega_1 D_1^3} = \frac{Q_2}{\omega_2 D_2^3} \quad (a)$$

Logo,

$$\frac{2{,}5}{300\,(0{,}36)^3} = \frac{1{,}25}{423\,(D_2)^3}$$

O diâmetro: $D_2 = 0{,}255$ m $= 25{,}5$ cm.

5.11 Escolha da bomba

Existem muitos tipos diferentes de bombas de água, e os engenheiros hidráulicos se deparam com a tarefa de escolher uma bomba apropriada para uma aplicação em particular. Apesar disso, determinados tipos de bomba são mais apropriados do que outros dependendo da descarga, da altura e da potência exigidas da bomba. Para os principais tipos de bomba discutidos neste capítulo, a variedade aproximada de aplicações é apresentada na Figura 5.22.

A altura total a ser produzida por uma bomba para distribuir a taxa de fluxo solicitada é a soma do aumento de elevação necessário e as perdas de altura que ocorrem no sistema. Como a perda de atrito e as perdas menores na tubulação dependem da velocidade da água no tubo (Capítulo 3), a perda da altura total é uma função da taxa de fluxo. Para determinado sistema de tubulação (incluindo a bomba), uma curva de altura única do sistema pode ser traçada por meio do cálculo das perdas de altura para uma faixa de descargas. O processo foi discutido em detalhes na Seção 5.5.

Na escolha de determinada bomba para uma aplicação em particular, as condições de projeto são definidas e o modelo específico de bomba é escolhido (por exemplo, Figura 5.23;

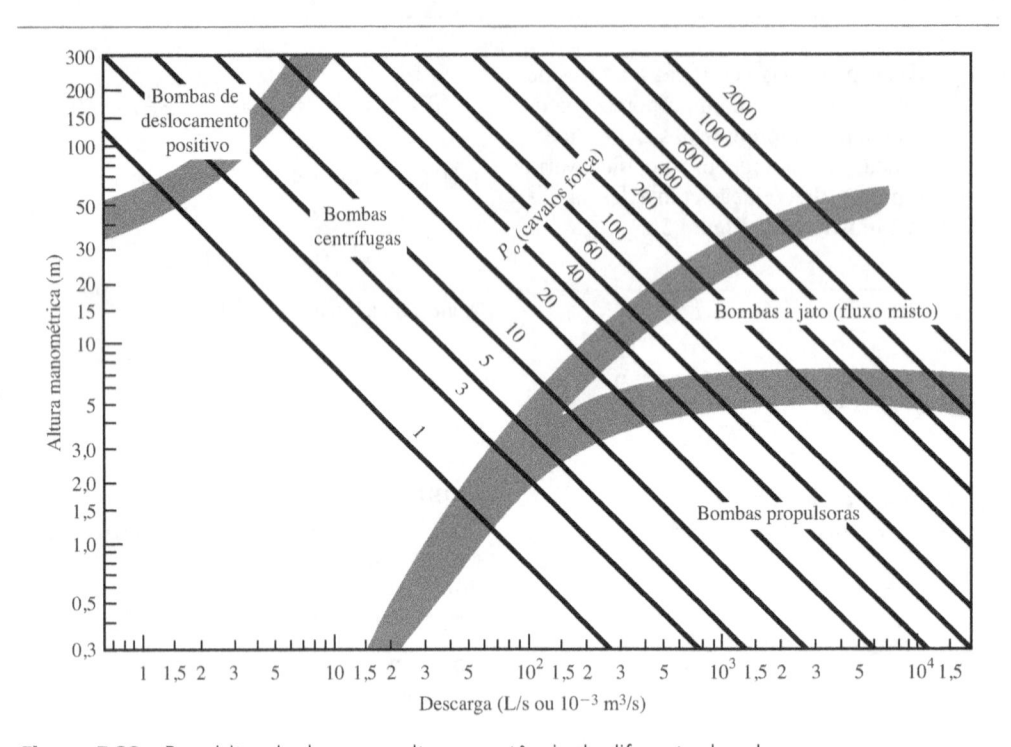

Figura 5.22 Requisitos de descarga, altura e potência de diferentes bombas.

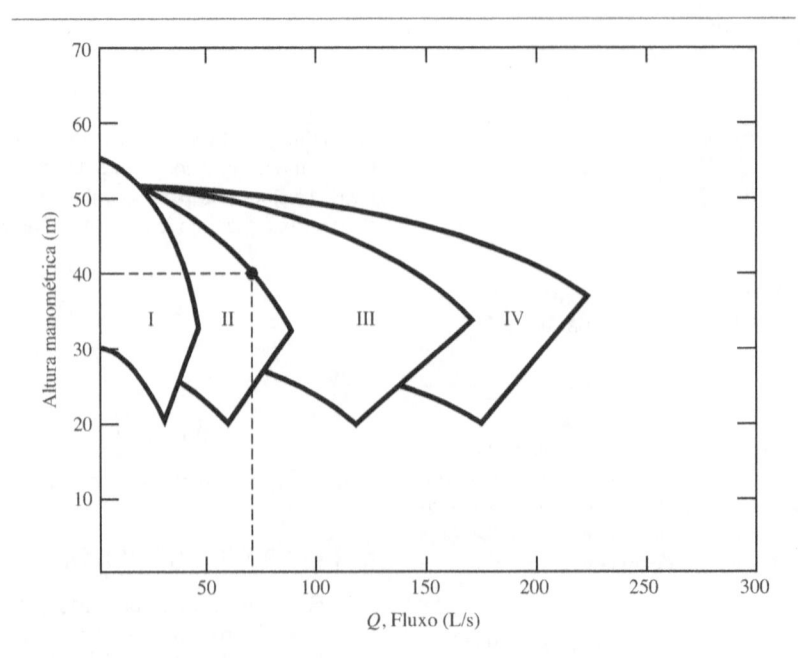

Figura 5.23 Diagrama para seleção do modelo de bomba.

Bomba I, II, III ou IV). A curva de altura do sistema é traçada sobre a curva de desempenho da bomba (por exemplo, Figura 5.24) fornecida pelo fabricante. A interseção das duas curvas, denominada ponto de encontro (M), indica as reais condições de operação. Esse processo de seleção é demonstrado no Exemplo 5.11, a seguir.

Exemplo 5.11

Uma bomba será utilizada para distribuir uma descarga de 70 L/s de água entre dois reservatórios a 1.000 m de distância um do outro e com diferença de elevação de 20 m. Tubos comerciais de ferro de 20 cm de diâmetro são utilizados nesse projeto. Escolha a bomba apropriada e determine as condições de operação para ela com base no diagrama de escolha de bomba (Figura 5.23) e nas curvas características da bomba (Figura 5.24), ambos fornecidos pelo fabricante.

Solução
Para tubos comerciais de ferro, a altura da rugosidade é $e = 0,045$ mm (Tabela 3.1). A velocidade do fluxo no tubo é

$$V = \frac{Q}{A} = \frac{0,070 \text{ m}^3/\text{s}}{\frac{\pi}{4}(0,2 \text{ m})^2} = 2,23 \text{ m/s}$$

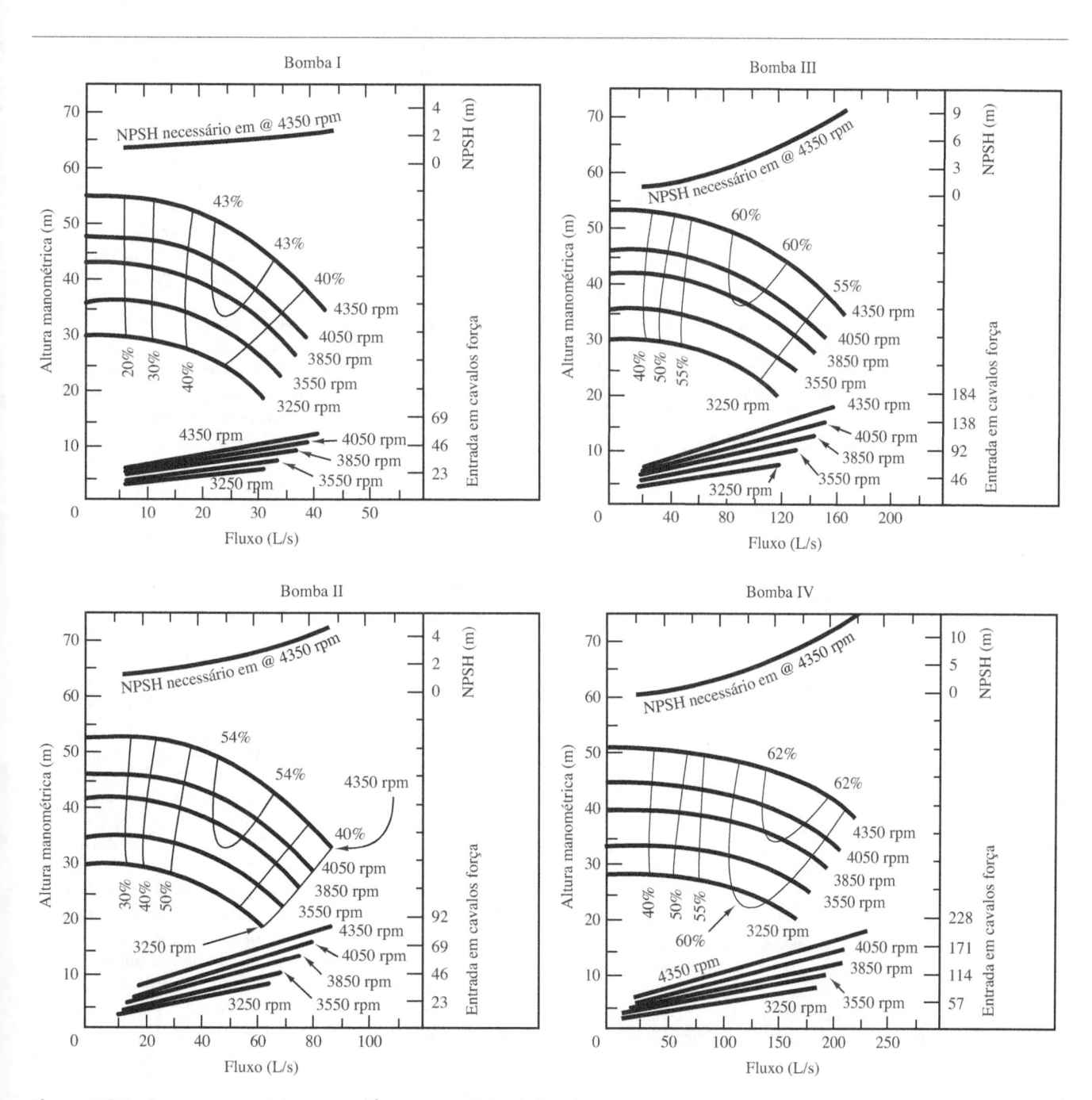

Figura 5.24 Curvas características para diferentes modelos de bomba.

e o número de Reynolds correspondente a 20°C é

$$N_R = \frac{VD}{\nu} = \frac{(2,23 \text{ m/s})(0,2 \text{ m})}{1 \times 10^{-6} \text{ m}^2/\text{s}} = 4,5 \times 10^5$$

e

$$e/D = 0,045 \text{ mm}/200 \text{ mm} = 2,3 \times 10^{-4} = 0,00023$$

O coeficiente de atrito pode ser obtido no diagrama de Moody (Figura 3.8) – $f = 0,016$.

As perdas de atrito no tubo são, portanto,

$$h_f = f\left(\frac{L}{D}\right)\frac{V^2}{2g} = 0,016\left(\frac{1000}{0,2}\right)\left(\frac{(2,23)^2}{2(9,81)}\right) = 20,3 \text{ m}$$

A altura total (desprezando as perdas menores) contra a qual a bomba deve operar é:

$$H_{SH} = (\Delta \text{ elevation}) + (\text{friction loss})$$

$$= 20,0 \text{ m} + 20,3 \text{ m} = 40,3 \text{ m}$$

A partir do diagrama de seleção de bombas fornecido pelo fabricante (por exemplo, a Figura 5.23), as bombas II e III podem ser usadas no projeto. A curva de altura do sistema deve ser determinada antes que a escolha seja feita.

Q (L/s)	V (m/s)	N_R	f	h_f	H_{SH}
50	1,59	$3,2 \times 10^5$	0,0165	10,7	30,7
60	1,91	$3,8 \times 10^5$	0,0160	14,9	34,9
80	2,55	$5,1 \times 10^5$	0,0155	25,6	45,6

Os valores de H_{SH} em relação aos de Q (curva de altura do sistema) são esboçados nas curvas de características da bomba mostradas na Figura 5.24. Sobrepondo essa curva do sistema às características das bombas II e III, conforme fornecido pelo fabricante (Figura 5.24), vemos que as possibilidades são as seguintes:

Primeira escolha: Bomba II a 4.350 rpm,

$$Q = 70 \text{ L/s}, \quad H_p = 40,3 \text{ m}$$

logo,

$$P_i = 71 \text{ hp e eficiência} = 52\%$$

Segunda escolha: Bomba III a 3.850 rpm,

$$Q = 68 \text{ L/s}, \quad H_p = 39 \text{ m}$$

logo,

$$P_i = 61 \text{ hp e eficiência} = 58\%$$

Terceira escolha: Bomba III a 4.050 rpm,

$$Q = 73 \text{ L/s}, \quad H_p = 42 \text{ m}$$

logo,

$$P_i = 70 \text{ hp e eficiência} = 59\%$$

Em termos de hidráulica, a escolha final deveria ser a bomba II a 4.350 rpm, pois ela se ajusta melhor às condições dadas. Entretanto, é possível perceber que a segunda escolha (bomba III a 3.850 rpm) e a terceira escolha (bomba III a 4.050 rpm) também se enquadram muito bem nas condições e com alta eficiência.

Nesse caso, é melhor que a escolha seja feita com base nas considerações de custo da bomba comparado ao custo da eletricidade.

Problemas

(Seção 5.1)

5.1.1 Uma bomba centrífuga está instalada em uma tubulação entre dois reservatórios. A bomba é necessária para produzir uma taxa de fluxo de 2.500 gpm (galões por minuto) na movimentação da água de um reservatório mais baixo para outro mais alto. As elevações de superfície da água dos dois reservatórios estão separadas por 104 pés, e a bomba opera a uma eficiência geral de 78,5 por cento. Determine a potência de entrada necessária para o motor (em kW). (Assuma que as perdas na tubulação são desprezíveis.)

5.1.2 Uma bomba é necessária para drenar rapidamente um pequeno lago antes que a barragem de terra desmorone. A água deve ser bombeada do topo da barragem, que está cerca de 2 m acima da superfície da água. A única bomba disponível é uma antiga bomba propulsora de 10 cm de diâmetro. A potência exigida pelo motor é de 1.000 W, e a combinação bomba-motor tem uma eficiência abaixo de 50 por cento. Quantos centímetros o lago baixará no primeiro período de 24 horas se sua área de superfície for de 5.000 m²? (Tanto as perdas de atrito quanto as perdas menores são insignificantes se comparadas à altura de posição que a bomba deve ultrapassar.)

5.1.3 Uma bomba está instalada em uma tubulação de 100 m para elevar água a 20 m de um reservatório A para um reservatório B. O tubo é de concreto áspero, com diâmetro de 80 cm. A descarga do projeto é 2,06 m³/s. Determine a eficiência geral do sistema da bomba se a potência requerida pelo motor for de 800 kW.

5.1.4 Resolva os seguintes problemas sobre bombas:
(a) Na Figura 4.3, equilibre a energia entre as posições 1 e 4. Resolva H_p e descreva o que a altura de energia adicionada pela bomba alcança fisicamente no sistema.
(b) Na Figura 4.3, equilibre a energia entre as posições 2 e 3. Resolva H_p e descreva o que a altura de energia adicionada pela bomba alcança. Assuma que os diâmetros dos tubos 2 e 3 são os mesmos.
(c) Quais conceitos (princípios básicos) são utilizados na derivação da potência de entrada para uma bomba centrífuga (Equação 5.3)?

5.1.5 O impulsor de uma bomba possui raio externo de 50 cm, raio interno de 15 cm e palhetas com aberturas uniformes (tamanho) de 20 cm. Quando o impulsor gira a uma velocidade angular de 450 rpm, a água sai do impulsor com velocidade absoluta de 45 m/s. O ângulo de 55° da água que sai é medido a partir da linha radial que surge do centro do impulsor. Determine o torque gerado pelo fluxo de saída.

5.1.6 Uma bomba centrífuga de água opera a 1.800 rpm e possui raio externo de 12 pol. ($\beta_o = 170°$), raio interno de 4 pol. ($\beta_i = 160°$) e 2 pol. de espessura de impulsor em $r = r_i$ e 3/4 pol. de tamanho em $r = r_o$. Determine a taxa de fluxo da bomba para uma entrada sem choque (ou seja, $\alpha_i = 90°$) e o ângulo de saída α_o.

5.1.7 Uma bomba centrífuga apresenta as seguintes especificações: espessura uniforme do impulsor de 4 pol., raio de entrada de 1 pé, raio de saída de 2,5 pés, $\beta_i = 120°$ e $\beta_o = 135°$. A bomba distribui uma taxa de fluxo de 70 cfs (pés³/s) ao ultrapassar uma altura de 33 pés. Se a bomba girar a uma velocidade tal que não exista nenhum componente de velocidade tangencial na entrada (entrada sem choque), qual a velocidade rotacional (em rpm) da bomba? Calcule também a potência de entrada (em hp) da bomba.

5.1.8 Uma bomba centrífuga está sendo testada em um laboratório. Os raios da entrada e da saída dos impulsores são 7,5 cm e 15 cm, respectivamente. O comprimento das palhetas dos impulsores (ou a altura da entrada do fluxo) varia de 5 cm na entrada a 3 cm na saída. Se a taxa de fluxo verificada for de 55 litros/segundo, quais serão a velocidade da bomba (em rpm) e sua potência de entrada (em kW)? Assuma uma entrada sem choque ($\alpha_i = 90°$), um ângulo de saída do fluxo de 22,4° e $\beta_i = 150°$.

(Seção 5.5)

5.5.1 No sistema de tubulação com bomba do Exemplo 5.3, a descarga é controlada por uma válvula de estrangulamento de fluxo instalada antes da bomba. Qual é a perda de altura necessária a partir da válvula se a descarga desejada no tubo for 15 cfs? Esse sistema seria eficiente? As características da bomba são as mesmas do Exemplo 5.3 e, para facilitar, estão listadas na tabela a seguir.

Q (cfs)	H_p (pés)
0	300,0
5	295,5
10	282,0
15	259,5
20	225,5
25	187,5
30	138,0
35	79,5

5.5.2 No sistema de tubulação com bomba do Exemplo 5.3, a descarga é controlada por uma válvula de estrangulamento de fluxo instalada antes da bomba. Determine a descarga e a altura manométrica se a perda de altura a partir da válvula puder ser expressa em pés como $0,1 Q^2$, onde Q está em cfs. As características da bomba estão definidas no Problema 5.5.1.

5.5.3 Considere um sistema de tubulação com bomba que leva água do reservatório A para o reservatório B com $E_A = 45,5$ m e $E_B = 52,9$ m. O tubo possui comprimento $L = 3.050$ m, diâmetro $D = 0,5$ m e fator de atrito de Darcy-Weisbach de $f = 0,02$. As perdas menores incluem uma entrada, uma saída e uma válvula de retenção antirretorno. As características da bomba estão listadas na tabela a seguir. Determine a taxa de fluxo e a velocidade na tubulação.

Q (m³/s)	H_p (m)
0,00	91,4
0,15	89,8
0,30	85,1
0,45	77,2
0,60	65,9
0,75	52,6
0,90	36,3
1,05	15,7

5.5.4 Uma bomba centrífuga distribui água através de um tubo de aço comercial de 40 cm de diâmetro e 1.000 m de extensão de um reservatório A até um reservatório B com $E_A = 920,5$ m e $E_B = 935,5$ m. As perdas de atrito variam conforme o diagrama de Moody (como alternativa, conforme a equação de Swamee-Jain, 3.24a). Desprezando as perdas menores, determine a descarga no sistema utilizando as características de desempenho da bomba descritas na tabela a seguir.

Q (L/s)	H_p (m)
0	30,0
100	29,5
200	28,0
300	25,0
400	19,0
500	4,0

5.5.5 Um reservatório de fornecimento tem sua água bombeada para um tanque de armazenamento suspenso. O ganho de elevação é de 14,9 m, e o comprimento do tubo de fornecimento de ferro maleável ($f = 0,019$) que conecta os dois reservatórios é de 22,4 m. O tubo possui 5 cm de diâmetro, e a curva de desempenho da bomba é dada por $H_p = 23,9 - 7,59Q^2$, onde H_p está expresso em metros e Q, em litros por segundo. (A equação é válida para fluxos menores ou iguais a 1,5 litro por segundo.) Usando essa bomba, qual será o fluxo esperado na tubulação se as perdas menores forem ignoradas? Qual a altura manométrica necessária para esse fluxo?

5.5.6 No sistema de transmissão mostrado na Figura P5.5.6, $E_A = 100$ pés e $E_D = 150$ pés. O fator de atrito de Darcy-Weisbach é 0,02 para todos os tubos. O tubo AB possui 4.000 pés de comprimento e 3 pés de diâmetro, e o tubo CD possui 1.140 pés de extensão e 3 pés de diâmetro. A seção BC1 possui 100 pés de comprimento e diâmetro de 2 pés, e a seção BC2 possui 500 pés de comprimento e diâmetro de 1 pé. As características da bomba são mostradas na tabela a seguir. Determine a taxa de fluxo do sistema e a descarga nas seções 1 e 2.

Q (cfs)	H_p (pés)
0	60
10	55
20	47
30	37
40	23
50	7

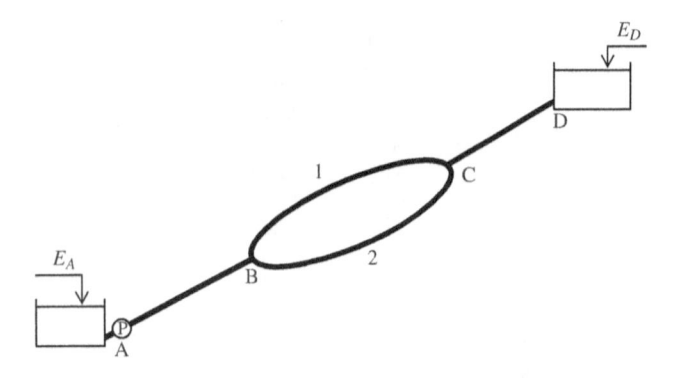

Figura P5.5.6

(Seção 5.6)

5.6.1 A tabela a seguir apresenta os resultados de um teste de desempenho de uma bomba.

Descarga (gpm) [a]	0	200	400	600	800	1.000
Altura dinâmica (pés)	150	145	135	120	90	50

[a] Uma unidade de fluxo comum para bombas é galões por minuto (gpm).

(a) Esboce a curva (de desempenho) característica da bomba.
(b) Esboce a curva característica para duas bombas em série.
(c) Esboce a curva característica para duas bombas em paralelo.
(d) Que configuração de bomba funcionaria para uma exigência de fluxo de 1.700 gpm que deve superar uma altura de 80 pés?
(e) Que configuração de bomba funcionaria para uma exigência de fluxo de 1.700 gpm que deve superar uma altura de 160 pés?

5.6.2 Duas bombas idênticas possuem as curvas características apresentadas na Figura 5.13, listadas na tabela a seguir. As bombas estão conectadas em série e distribuem água através de um tubo de aço comercial de 40 cm de diâmetro e 1.000 m de comprimento para um reservatório no qual o nível da água está 25 m acima da bomba. Desprezando as perdas menores, determine (a) a descarga no sistema se somente uma bomba for utilizada e (b) a descarga quando o sistema incluir duas bombas conectadas em série. [*Dica*: Utilize uma planilha com a equação de Swamee-Jain (3.24a) aplicada para determinar o fator de atrito.]

Q (L/s)	H_p (m)
0	30,0
100	29,5
200	28,0
300	25,0
400	19,0
500	4,0

5.6.3 Duas bombas idênticas são utilizadas em paralelo para movimentar água em uma tubulação de um reservatório A para um reservatório B onde E_A = 772 pés e E_B = 878 pés. O tubo de 2 pés de diâmetro que conecta os dois reservatórios possui 4.860 pés de comprimento e C_{HW} = 100. As características da bomba estão listadas na tabela a seguir. Determine a descarga na tubulação, a velocidade do fluxo e a altura manométrica. A solução seria diferente se as perdas menores fossem consideradas?

Q (cfs)	H_p (pés)
0	300,0
5	295,5
10	282,0
15	259,5
20	225,5
25	187,5
30	138,0
35	79,5

5.6.4 Considere um sistema de tubulação com bomba que distribui água de um reservatório A para um reservatório B com E_A = 45,5 m e E_B = 52,9 m. O tubo possui comprimento L = 3.050 m, diâmetro D = 0,5 m e fator de atrito de Darcy-Weisbach de f = 0,02. As perdas menores incluem uma entrada, uma saída e uma válvula de retenção antirretorno. As características da bomba estão listadas na tabela a seguir. Quando uma única bomba é utilizada na tubulação, a taxa de fluxo é de 0,595 m³/s, com altura manométrica de cerca de 66,3 m. Determine a taxa de fluxo da tubulação se duas bombas idênticas forem utilizadas em série. Determine também a taxa de fluxo se duas bombas idênticas forem utilizadas em paralelo.

Q (m³/s)	H_p (m)
0,00	91,4
0,15	89,8
0,30	85,1
0,45	77,2
0,60	65,9
0,75	52,6
0,90	36,3
1,05	15,7

(Seção 5.7)

5.7.1 Na Figura 5.15, E_A = 10 m, E_B = 16 m e E_C = 22 m. Todos os tubos possuem fator de atrito de Darcy-Weisbach de 0,02. O tubo 1 tem 1.000 m de comprimento e diâmetro de 1 m. O tubo 2 possui 3.000 m de extensão e 1 m de diâmetro. As características da bomba estão listadas na tabela a seguir. Determine a descarga em cada tubo.

Q (m³/s)	0	1	2	3	4	5	6	7
H_p (m)	30,0	29,5	28,0	25,5	22,0	17,5	12,0	5,0

5.7.2 Na Figura P5.7.2, cada tubo possui as seguintes características: $D = 3$ pés, $L = 5.000$ pés e $f = 0,02$. As duas bombas são idênticas, e suas características são apresentadas na tabela a seguir. As elevações de superfície da água são 80 pés no reservatório A e 94 pés no reservatório D. A descarga no tubo BC é de 20 cfs na direção de B para C. Determine (a) a descarga em AB e BD, (b) a elevação de superfície da água no reservatório C e (c) a altura adicionada ao fluxo por cada bomba.

Q (cfs)	0	10	20	30	40	50	60
H_p (pés)	70	68	64	57	47	35	23

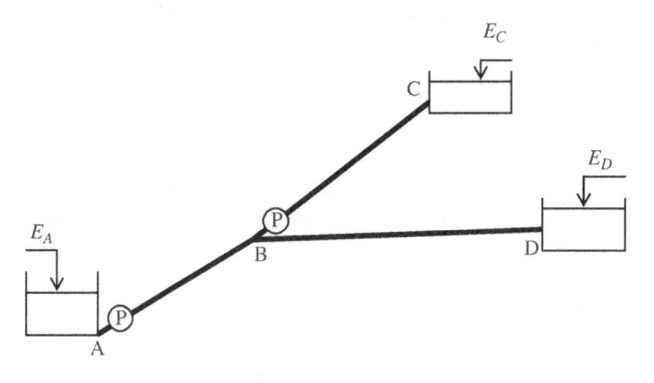

Figura P5.7.2

5.7.3 Determine a descarga em cada tubo da Figura P5.7.3 se $E_A = 100$ pés, $E_B = 80$ pés e $E_C = 120$ pés. As características dos tubos e da bomba são apresentadas nas tabelas a seguir.

Características dos tubos			
Tubo	L (pés)	D (pés)	f
1	8.000	2	0,02
2	9.000	2	0,02
3	15.000	2,5	0,02

Características da bomba		
Q (cfs)	H_{p1} (pés)	H_{p2} (pés)
0,0	200,0	150,0
10,0	195,0	148,0
15,0	188,8	145,5
20,0	180,0	142,0
25,0	168,8	137,5
30,0	155,0	132,0
40,0	120,0	118,0
50,0	75,0	100,0

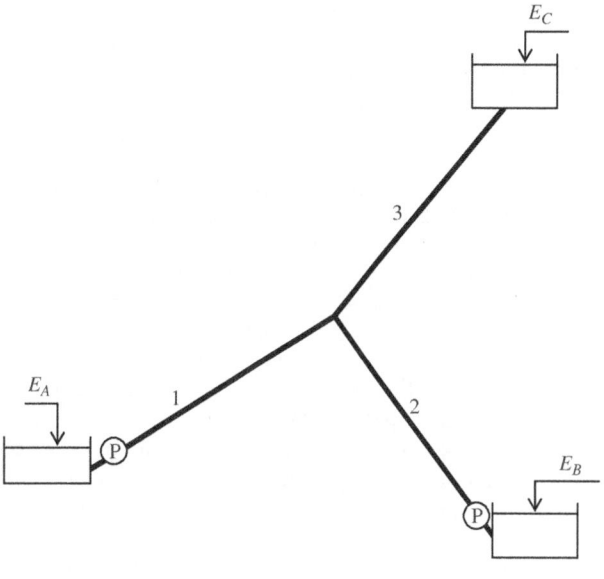

Figura P5.7.3

(Seção 5.9)

5.9.1 Uma bomba distribui 6 cfs de água a 68°F para um tanque de armazenamento que está 65 pés acima do reservatório de fornecimento. O lado de sucção possui um ralo ($K_s = 2,5$), uma válvula de pé ($K_v = 0,1$) e 35 pés de tubo de ferro fundido com 10 polegadas de diâmetro. Determine a altura permitida para instalação da bomba acima do reservatório de fornecimento de modo a evitar cavitação se o NPSH for de 15 pés. (*Observação*: O ralo incorpora a perda na entrada.)

5.9.2 Uma bomba distribui água a 30°C de um reservatório de fornecimento para um tanque suspenso a uma taxa de 120 litros por segundo. A diferença na elevação entre os dois reservatórios é de 45 m, e a linha de fornecimento possui 150 m de comprimento (tubos de ferro maleável), dos quais 10 m formam a linha de sucção, e 35 cm de diâmetro. Os coeficientes de perdas menores na linha de sucção totalizam 3,7. Se a bomba for instalada de 1 a 3 metros acima do reservatório de fornecimento (dependendo das flutuações no nível da água), a instalação estará sujeita à cavitação? A altura de sucção positiva total da bomba está estimada em 6 m.

5.9.3 Uma bomba distribui água a 10°C entre um reservatório e um tanque de água a 20 m de altura. O lado de sucção é composto por um ralo ($k_s = 2,5$), três curvas de 90° ($R/D = 2$) e um tubo de ferro maleável de 10 m de comprimento e 25 cm de diâmetro. O lado da descarga inclui um tubo de ferro maleável de 160 m de extensão e 20 cm de diâmetro e uma válvula de passagem. O fator de atrito para a tubulação é de 0,02, a altura positiva de sucção é 7,5 m, e a descarga planejada é de 170 litros/segundo. Determine a diferença de elevação permitida entre a bomba e a superfície da água no reservatório para evitar cavitação.

5.9.4 Uma bomba está instalada em uma tubulação de 250 m de comprimento para elevar água a 20°C a 55 m entre um reservatório de fornecimento e um tanque suspenso. O tubo é de concreto áspero com diâmetro de 80 cm, e a descarga planejada é de 2,19 m³/s. A bomba está localizada do lado externo do reservatório de fornecimento (0,9 m abaixo da superfície da água no tanque) e possui parâmetro de cavitação de 0,15. Determine a distância máxima em metros que pode existir entre a bomba e o reservatório (ou seja, o comprimento máximo permitido para o lado de sucção) sem que existam problemas de cavitação. O único coeficiente de perda menor do lado da sucção é a perda na entrada de 0,5.

5.9.5 Testes de fábrica indicam que o parâmetro de cavitação para uma determinada bomba é $\sigma = 0,075$. Uma bomba está instalada para bombear água a 60°C no nível do mar. Se a perda de altura total entre a entrada e o lado de sucção da bomba for de 0,5 m, determine o nível permitido da entrada da bomba relativo à elevação da superfície de água do reservatório de fornecimento de modo a evitar cavitação. A descarga é 0,04 m³/s, e o sistema de tubos é o mesmo utilizado no Exemplo 5.8.

5.9.6 A eficiência de uma bomba diminuirá bruscamente se ocorrer cavitação. Esse fenômeno é observado em uma bomba particular (com $\sigma = 0,08$) operando no nível do mar, e a bomba distribui 0,42 m³/s de água a 40°C. Determine o somatório entre a altura de pressão manométrica e a altura de velocidade na entrada (ou seja, a soma, não os componentes individuais). A altura total entregue pela bomba é 85 m, e o diâmetro do tubo de sucção é de 30 cm.

(Seção 5.10)

5.10.1 Responda às perguntas a seguir sobre velocidade específica e semelhança entre bombas.
(a) Usando tanto as unidades do sistema norte-americano quanto as do sistema internacional, demonstre que o número da forma dado na Equação 5.24 é adimensional.
(b) A velocidade específica é um número adimensional (equações 5.25 e 5.26)?
(c) É possível derivar a Equação 5.25 da Equação 5.26 com base na relação entre a potência e a taxa de fluxo? A velocidade específica definida pelas duas relações distintas será idêntica?
(d) No Exemplo 5.10, a Equação (a) foi usada para determinar o diâmetro do impulsor. Derive essa equação com base na premissa de que bombas geometricamente semelhantes possuem a mesma relação entre a velocidade de descarga da água e a velocidade periférica da ponta das palhetas.

5.10.2 Uma bomba geometricamente semelhante do mesmo projeto do Exemplo 5.9 possui diâmetro do impulsor de 72 cm e a mesma eficiência quando operada a 1.720 rpm (revoluções por minuto). Determine a altura manométrica e a potência no eixo necessárias para funcionamento da bomba se a descarga for de 12,7 m³/s.

5.10.3 A velocidade específica de uma bomba está estimada em 68,6 (com base na unidade de descarga) e 240 (com base na unidade de potência). Em uma operação específica, a taxa de fluxo é 0,15 m³/s quando a bomba está funcionando a 1.800 rpm. Determine a eficiência da bomba.

5.10.4 Uma bomba com as seguintes especificações é necessária para uma aplicação de campo norte-americana: taxa de fluxo de 12,5 cfs (pés³/s) contra altura de 95 pés. Para projetar a bomba, um modelo é construído com 6 pol. de diâmetro de impulsor e testado sob condições ótimas. Os resultados do teste mostram que, a uma velocidade de 1.150 rpm, a bomba requer 3,1 hp para descarregar 1 cfs contra uma altura de 18 pés. Determine os requisitos de potência, diâmetro e velocidade de uma bomba geometricamente semelhante para o campo.

5.10.5 O projeto de uma bomba centrífuga é estudado por um modelo de escala de 1/10 em um laboratório hidráulico. Na eficiência ótima de 89 por cento, o modelo distribui 75,3 L/s de água contra 10 m de altura a 4.500 rpm. Se a bomba do protótipo possuir velocidade rotacional de 2.250 rpm, quais serão a descarga e a eficiência necessárias para funcionamento da bomba sob essas condições?

(Seção 5.11)

5.11.1 Com referência ao Exemplo 5.11, esboce a curva de altura do sistema em uma planilha eletrônica. No mesmo gráfico, esboce a curva das características da bomba III a uma velocidade de 3.850 rpm. Agora, responda às perguntas a seguir.
(a) Qual é a forma da curva do sistema? Por que ela assume essa forma?
(b) Qual é a forma da curva de características? Por que ela assume essa forma?
(c) Que taxa de fluxo produz a altura total mais alta na curva de características da bomba? Qual é o significado físico disso?
(d) Qual é o ponto de interseção das duas curvas? Ele atende às condições de projeto?

5.11.2 Uma bomba é necessária para distribuir 0,125 m³/s de água (20°C) do reservatório A para o reservatório B (elevações de superfície da água de 385,7 m e 402,5 m, respectivamente). A tubulação (de concreto) possui 300 m de extensão e 0,20 m de diâmetro e contém cinco curvas ($R/D = 6$) e duas válvulas de passagem. A partir da Figura 5.24, determine a bomba apropriada bem como as condições de funcionamento.

5.11.3 Uma bomba é necessária para distribuir água a 20°C para um tanque de abastecimento suspenso. A água deve ser elevada a 44 m, e deve ser usado um tubo de ferro maleável de 150 m de comprimento e 35 cm de diâmetro. Determine a velocidade apropriada da bomba (com base na eficiência mais alta possível) e as condições de funcionamento se for utilizada a bomba III da Figura 5.24. A linha de sucção mede 10 m (dos 150 m totais), os coeficientes de perdas menores na linha de sucção totalizam 3,7, e a linha de descarga contém somente uma perda na saída.

5.11.4 Na Figura 5.24, selecione duas bombas distintas (modelo e velocidade rotacional) capazes de fornecer água

(20°C) para um reservatório a uma taxa de fluxo de 30 L/s. A água deve ser elevada 20 m, e a distância entre o reservatório de fornecimento e o de recebimento é de 100 m. Uma válvula de retenção do tipo esfera é utilizada com uma tubulação de ferro galvanizado de 15 cm de diâmetro. Determine as condições de funcionamento e as eficiências das bombas.

5.11.5 Determine as condições de funcionamento (H_p, Q, e e P_i) de uma bomba capaz de transportar água (68°F) de um reservatório A para um reservatório B (E_A = 102 pés e E_B = 180 pés). O tubo de 1 pé de diâmetro que conecta os dois reservatórios possui comprimento de 8.700 pés e C_{HW} = 100. As características da bomba estão disponíveis na Figura P5.11.5. Verifique também se a eficiência da bomba obtida a partir da curva de características da bomba (Figura P5.11.5) corresponde à eficiência da bomba obtida a partir de equações de eficiência.

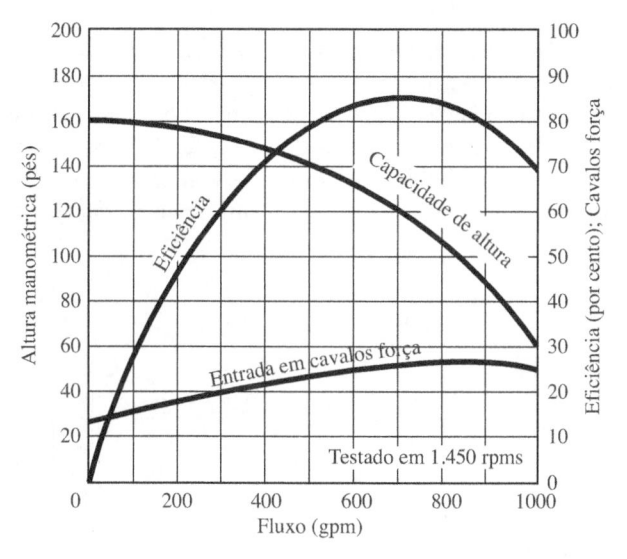

Figura P5.11.5

5.11.6 Um projeto precisa de uma bomba que opere com descarga mínima de 20 L/s contra uma altura de elevação de 40 m. A distância entre os pontos de fornecimento e recebimento é de 150 m. Uma válvula de retenção do tipo esfera será usada no sistema, que é composto de tubos de aço comercial. Determine o diâmetro de bomba mais econômico para a tubulação e selecione uma bomba simples na Figura 5.24 (incluindo suas condições de operação) se o custo total puder ser escrito como

$$C = d^{1,75} + 0,75P + 18$$

onde d é o diâmetro do tubo em centímetros e P é a potência de entrada da bomba.

5.11.7 Uma estação de bombas é necessária para transportar água a 20°C de um reservatório para um tanque de armazenamento suspenso com uma descarga mínima de 300 L/s. A diferença nas elevações é de 15 m, e é utilizado um tubo de ferro forjado de 1.500 m de comprimento e 40 cm de diâmetro. Selecione a bomba, ou bombas, a partir do conjunto fornecido na Figura 5.24. Determine o número de bombas, a configuração (em série ou em paralelo), a descarga, a altura total e a eficiência na qual as bombas operam. Ignore as perdas menores.

Problema de projeto

5.11.8 Um sistema de bombeamento é projetado para bombear água de um reservatório de fornecimento a 6 m de profundidade para uma torre de água 40 m acima do solo. O sistema é composto por uma bomba (ou uma combinação de bombas), uma tubulação de 20 m de extensão com um cotovelo do lado de sucção da bomba, uma tubulação de 60 m de comprimento, uma válvula de passagem, uma válvula de retenção e dois cotovelos do lado de descarga da bomba. O sistema é projetado para bombear 420 L/s de água durante 350 dias do ano. Selecione uma bomba, ou um conjunto de bombas, com base nas características fornecidas nas figuras 5.23 e 5.24 e um tamanho de tubo para economia ótima. Assuma C_{HW} = 100 para todos os tamanhos de tubos listados na tabela a seguir, e todos os cotovelos são de 90° (R/D = 2). O custo de potência é de $ 0,04/kW-h. A eficiência do motor é 85 por cento para todos os tamanhos listados.

Bombas	Custo ($)	Motor (hp)	Custo ($)
I	700	60	200
II	800	95	250
III	900	180	300
IV	1.020	250	340

Componentes	Tamanho/Custo		
	20 cm ($)	25 cm ($)	30 cm ($)
Tubo (10 m)	120	150	180
Cotovelo	15	25	35
Válvula de passagem	60	90	120
Válvula de retenção	80	105	130

6
Fluxo de água em canais abertos

Existe um aspecto importante que faz o fluxo em canais abertos ser diferente do fluxo em tubos. O fluxo em tubulações preenche o canal inteiro, e, portanto, suas fronteiras são definidas pela geometria do tubo. Além disso, possui uma pressão hidráulica que varia de uma seção a outra ao longo da tubulação. O fluxo em canais abertos possui uma superfície livre que se ajusta dependendo das condições de fluxo. Essa superfície está sujeita à pressão atmosférica, que permanece relativamente constante ao longo de toda a extensão do canal. Assim sendo, o fluxo em canais abertos é direcionado pelo componente de força gravitacional ao longo da declividade do canal. Observe que essa declividade aparecerá em todas as equações de fluxo em canais abertos, enquanto as equações de fluxo em tubos incluem somente a declividade da linha de grade de energia.

Na Figura 6.1, o fluxo de canais abertos está esquematicamente comparado ao de tubos. A Figura 6.1(a) apresenta o segmento de um fluxo de tubo com duas extremidades verticais abertas (piezômetros) instaladas em uma parede de tubos na seção superior, 1, e na seção inferior, 2. O nível de água em cada tubo representa a altura de pressão (P/γ) no tubo da seção. A linha conectando os níveis de água nos dois tubos representa a *linha de energia hidráulica* (HGL) entre essas seções. A altura de velocidade em cada seção é representada na forma familiar, $V^2/2g$, onde V é a velocidade média, $V = Q/A$, na seção. A altura de energia total em qualquer seção é igual à soma entre a altura (potencial) de elevação (h), a altura de pressão (P/γ) e a altura de velocidade ($V^2/2g$). A linha conectando a altura total de energia nas duas seções é denominada *linha de energia* (EGL). O montante de energia perdida quando a água escoa da seção 1 para a seção 2 é indicado por h_L.

A Figura 6.1(b) apresenta o segmento de um fluxo em canal aberto. A superfície de água livre está sujeita somente à pressão atmosférica, que é normalmente referenciada como *referência de pressão zero* na prática de engenharia hidráulica. A distribuição de pressão em qualquer seção é diretamente proporcional à profundidade medida a partir da superfície da água. Nesse caso, a linha da superfície da água corresponde à linha de energia hidráulica nos fluxos em tubos.

Para resolver problemas de fluxo em canais abertos, precisamos buscar as relações interdependentes entre a declividade do fundo do canal, a descarga, a profundidade da água e outras características do canal. As definições geométricas e hidráulicas básicas usadas para descrever o fluxo de um canal aberto ao longo de uma seção do canal são:

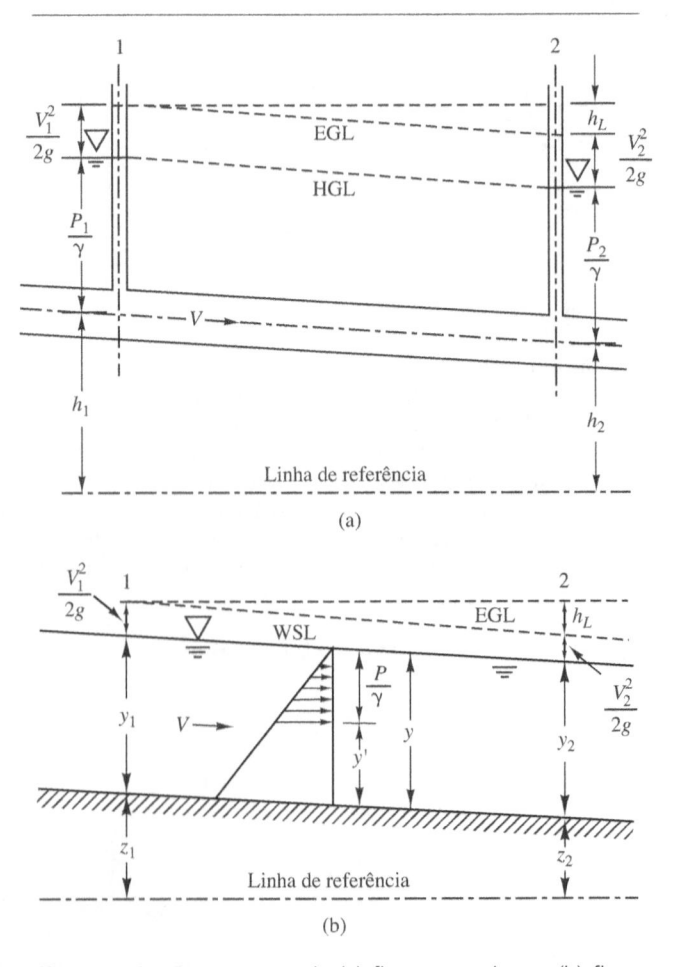

Figura 6.1 Comparação de (a) fluxo em tubos e (b) fluxo em canais abertos.

Descarga (Q) — Volume de água passando por uma seção do fluxo por unidade de tempo
Área de fluxo (A) — Área de seção transversal do fluxo
Velocidade média (V) — Descarga dividida pela área do fluxo: $V = Q/A$
Profundidade do fluxo (y) — Distância vertical entre o fundo do canal e a superfície livre
Largura do topo (T) — Largura da seção do canal na superfície livre
Perímetro molhado (P) — Extensão do contato entre a água e o canal em uma seção transversal
Profundidade hidráulica (D) — Área de fluxo dividida pela largura do topo: $D = A/T$
Raio hidráulico (R_h) — Área de fluxo dividida pelo perímetro molhado: $R_h = A/P$
Declividade do fundo (S_0) — Declividade longitudinal do fundo do canal
Declividade das margens (m) — Declividade das margens do canal definida como 1 vertical sobre m horizontal
Largura do fundo (b) — Largura da seção do canal no fundo

A Tabela 6.1 apresenta as características da seção transversal de diversos tipos de seções de canais e suas relações geométricas e hidráulicas.

6.1 Classificações de fluxos em canais abertos

O fluxo em canais abertos pode ser classificado por critérios de espaço e tempo.

Com base no critério de espaço, um canal aberto caracteriza *fluxo uniforme* se a profundidade da água permanecer a mesma ao longo de toda a extensão do canal em determinado tempo. É mais provável que o fluxo uniforme ocorra em *canais prismáticos*, onde a área de seção transversal e a declividade do fundo não se alteram ao longo da extensão do canal. Um canal aberto caracteriza *fluxo variado* se a profundidade da água e a descarga se alteram ao longo da extensão do canal. O fluxo variado pode ser classificado *fluxo gradativamente variado* ou *fluxo rapidamente variado*, dependendo se as alterações na profundidade do fluxo são graduais ou abruptas. Exemplos de fluxos uniforme, gradualmente variado e rapidamente variado são apresentados na Figura 6.2(a), na qual se mostra que o fluxo entra em um canal com uma declinação suave a partir de uma represa. O fluxo alcançará sua profundidade mínima imediatamente depois da represa e se tornará gradativamente variado ao longo da corrente. A profundidade então mudará rapidamente através de um salto hidráulico e permanecerá constante depois disso.

Com base no critério de tempo, o fluxo em canais abertos pode ser classificado em duas categorias: *fluxo estável* e *fluxo instável*. No fluxo estável, a descarga e a profundidade da água em qualquer seção do percurso não se alteram com o tempo durante o período considerado. No fluxo instável, a descarga e a profundidade da água em qualquer seção da extensão se alteram com o tempo.

A maioria dos fluxos uniformes em canais abertos é estável; os fluxos instáveis são muito raros. Os fluxos variados podem ser tanto estáveis quanto instáveis. Uma onda de inundação [Figura 6.2(b)] e um maremoto [Figura 6.2(c)] são exemplos de *fluxos instáveis variados*.

6.2 Fluxo uniforme em canais abertos

Em canais abertos, o fluxo uniforme deve satisfazer as seguintes condições:

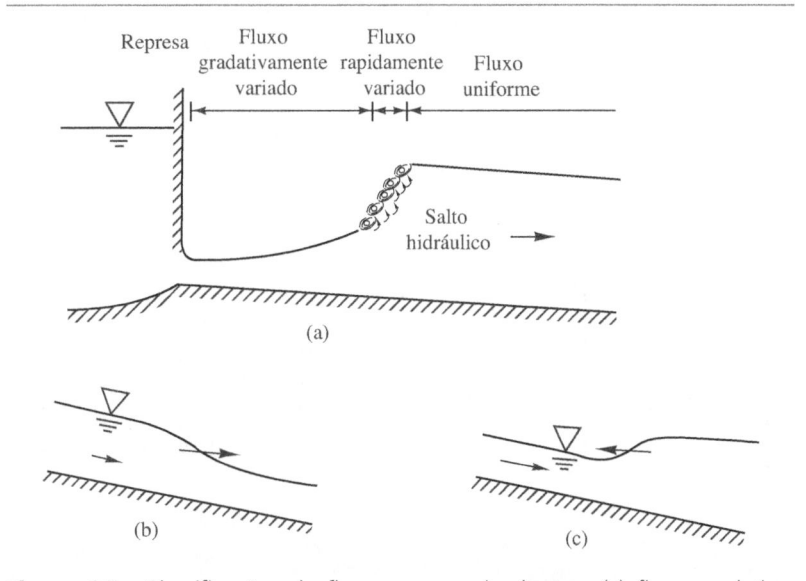

Figura 6.2 Classificações de fluxos em canais abertos: (a) fluxo gradativamente variado (GVF), fluxo rapidamente variado (RVF) e fluxo uniforme (UF); (b) fluxo variado instável; (c) fluxo variado instável.

TABELA 6.1 Relações transversais para fluxos em canais abertos.

Tipo de seção	Área (A)	Perímetro molhado (P)	Raio hidráulico (R_h)	Largura do topo (T)	Profundidade hidráulica (D)
Retangular	by	$b + 2y$	$\dfrac{by}{b + 2y}$	b	y
Trapezoidal	$(b + my)y$	$b + 2y\sqrt{1 + m^2}$	$\dfrac{(b + my)y}{b + 2y\sqrt{1 + m^2}}$	$b + 2my$	$\dfrac{(b + my)y}{b + 2my}$
Triangular	my^2	$2y\sqrt{1 + m^2}$	$\dfrac{my}{2\sqrt{1 + m^2}}$	$2my$	$\dfrac{y}{2}$
Circular (θ em radianos)	$\dfrac{1}{8}(2\theta - \operatorname{sen} 2\theta)d_0^2$	θd_0	$\dfrac{1}{4}\left(1 - \dfrac{\operatorname{sen} 2\theta}{2\theta}\right)d_0$	$(\operatorname{sen}\theta)d_0$ ou $2\sqrt{y(d_0 - y)}$	$\dfrac{1}{8}\left(\dfrac{2\theta - \operatorname{sen} 2\theta}{\operatorname{sen}\theta}\right)d_0$

Fonte: V. T. Chow, *Open Channel Hydraulics*, Nova York, McGraw-Hill, 1959.

1. A profundidade da água, a área do fluxo, a descarga e a velocidade de distribuição devem permanecer as mesmas em todas as seções de toda a extensão do canal.
2. A EGL, a superfície da água e o fundo do canal devem estar paralelos uns aos outros.

Com base na segunda condição, as declividades dessas linhas são as mesmas,

$$S_e = S_{w.s.} = S_0$$

conforme mostrado na Figura 6.3.

Em um canal aberto, a água pode alcançar o estado de fluxo uniforme somente se não acontecer nenhuma aceleração (ou desaceleração) entre as seções. Isso só é possível quando o componente de força da gravidade e a resistência ao fluxo são iguais e de direções opostas ao longo da extensão. Assim sendo, para um canal aberto uniforme, um *diagrama de corpo livre* pode ser extraído entre duas seções adjacentes (o *volume de controle*) para demonstrar o equilíbrio dos componentes de força da gravidade e da resistência (Figura 6.3).

As forças atuando sobre o corpo livre na direção do fluxo incluem:

1. as forças de pressão hidrostáticas, F_1 e F_2, atuando sobre o volume de controle;
2. o peso do corpo de água na extensão, W, que possui um componente, $W \sin \theta$, na direção do fluxo e
3. a força de resistência, F_f, exercida pelo canal (fundo e margens) no fluxo.

O somatório de todos esses componentes de força na direção do canal resulta em

$$F_1 + W \sin \theta - F_2 - F_f = 0 \quad (6.1a)$$

Essa equação pode ser simplificada, pois não há alteração na profundidade da água no fluxo uniforme. Portanto, as forças hidrostáticas nas duas extremidades do volume de controle devem ser iguais, $F_1 = F_2$. O peso total do corpo de água é

$$W = \gamma A L$$

onde γ é a unidade de peso da água, A é a área de seção transversal normal ao fluxo e L é a extensão. Na maioria dos canais abertos, as declividades são pequenas, e é feita uma aproximação, $\sin \theta = \tan \theta = S_0$. O componente de força da gravidade pode, então, ser escrito como

$$W \sin \theta = \gamma A L S_0 \quad (6.1b)$$

A força de resistência exercida pelas fronteiras do canal pode ser escrita em termos da força de resistência por unidade de área (ou seja, tensão de corte) multiplicada pela área total do leito do canal que está em contato com a água que escoa. Essa área de contato do canal é o produto entre o perímetro molhado (P) e a extensão do canal (L).

Em 1769, o engenheiro francês Antoine Chezy assumiu que a força de resistência por unidade de área do leito do canal é proporcional ao quadrado da velocidade média, KV^2, onde K é uma constante de proporcionalidade. A força de resistência total pode ser escrita como

$$F_f = \tau_0 P L = K V^2 P L \quad (6.1c)$$

onde τ_0 é a força resistente por unidade de área do leito do canal, também conhecida como *tensão de corte da parede*.

Substituindo as equações 6.1b e 6.1c na Equação 6.1a, temos

$$\gamma A L S_0 = K V^2 P L$$

ou

$$V = \sqrt{\left(\frac{\gamma}{K}\right)\left(\frac{A}{P}\right) S_0}$$

Nessa equação, $A/P = R_h$, e $\sqrt{\gamma/K}$ pode ser representada por uma constante, C. Para fluxo uniforme, $S_0 = S_e$, a equação anterior pode ser simplificada para

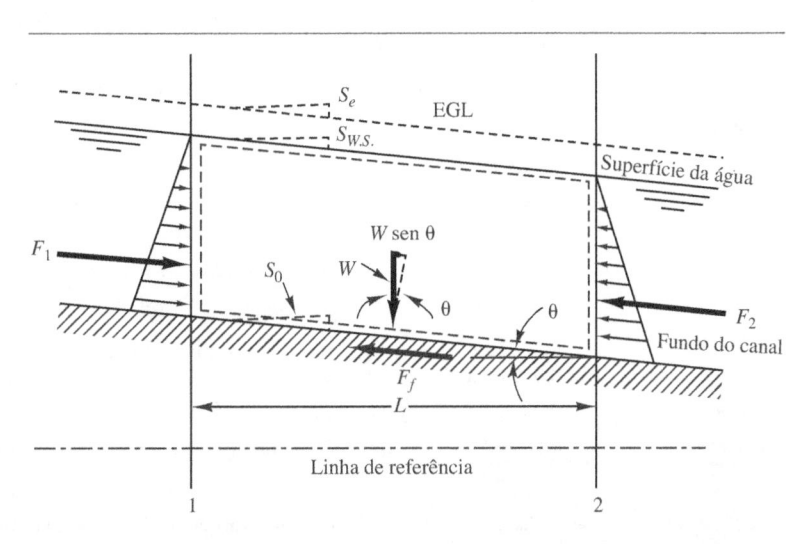

Figura 6.3 Componentes de força em fluxo uniforme em canais abertos.

$$V = C\sqrt{R_h S_e} \quad (6.2)$$

na qual R_h é o *raio hidráulico* da seção transversal do canal. O raio hidráulico é definido como a área de água dividida pelo perímetro molhado para todas as formas de seções transversais de canais abertos.

A Equação 6.2 é conhecida como *fórmula de Chezy* para fluxos em canais abertos. A fórmula de Chezy é provavelmente a primeira fórmula derivada para o fluxo uniforme. A constante C é comumente conhecida como *fator de resistência de Chezy*, o qual se descobriu que varia em função das condições do canal e do fluxo.

Ao longo dos últimos dois séculos e meio, muitas tentativas foram feitas para determinar o valor do C de Chezy. A relação mais simples – e a mais aplicada nos Estados Unidos – vem do trabalho de um engenheiro irlandês, Robert Manning (1891 e 1895).* Utilizando a análise realizada sobre seus próprios dados experimentais e sobre os dados de outros pesquisadores, Manning derivou a seguinte relação empírica:

$$C = \frac{1}{n} R_h^{1/6} \quad (6.3)$$

na qual n é conhecido como *coeficiente de Manning para rugosidade do canal*. Alguns valores típicos dos coeficientes de Manning são fornecidos na Tabela 6.2.

Substituindo a Equação 6.3 na Equação 6.2, temos a *equação de Manning*:

$$V = \frac{k_M}{n} R_h^{2/3} S_e^{1/2} \quad (6.4)$$

TABELA 6.2 Valores típicos do *n* de Manning.

Superfície do canal	n
Vidro, PVC, polietileno de alta densidade	0,010
Aço liso, metais	0,012
Concreto	0,013
Asfalto	0,015
Metal corrugado	0,024
Escavação da terra, limpa	0,022 a 0,026
Escavação da terra, cascalho e pedras	0,025 a 0,035
Escavação da terra, algumas sementes	0,025 a 0,035
Canais naturais, limpos e retos	0,025 a 0,035
Canais naturais, pedras ou sementes	0,030 a 0,040
Canal alinhado enrocado	0,035 a 0,045
Canais naturais, limpos e espiralados	0,035 a 0,045
Canais naturais, espiralados, lagos, águas rasas	0,045 a 0,055
Canais naturais, sementes, detritos, lagos profundos	0,050 a 0,080
Correntes de montanhas, cascalho e pedras	0,030 a 0,050
Correntes de montanhas, pedras e rochas	0,050 a 0,070

onde $k_M = 1,00$ m$^{1/3}$/s $= 1,49$ pé$^{1/3}$/s é um fator de conversão de unidade. Isso permitirá o uso dos mesmos valores de n em diferentes sistemas de unidades. A equação de Manning pode ser utilizada para o fluxo gradualmente variado usando a declividade da EGL (S_e) e para o fluxo uniforme usando a declividade do fundo ($S_0 = S_e$ para fluxo uniforme). Em termos da descarga (Q) e da área do fluxo (A), a equação é escrita como

$$Q = AV = \frac{k_M}{n} A R_h^{2/3} S_e^{1/2} \quad (6.5)$$

Definindo $k_M = 1$ no sistema internacional de unidades, as equações se tornam

$$V = \frac{1}{n} R_h^{2/3} S_e^{1/2} \quad (6.4a)$$

e

$$Q = AV = \frac{1}{n} A R_h^{2/3} S_e^{1/2} \quad (6.5a)$$

onde V é dado em m/s, R_h é dado em m, S_e em m/m, A é dado em m^2, e Q é dado em m^3/s. Do lado direito da equação, a área de água (A) e o raio hidráulico (R_h) são funções da profundidade da água (y), que também é conhecida como *profundidade uniforme* ou *profundidade normal* (y_n), quando o fluxo é uniforme.

Definindo $k_M = 1,49$ no sistema britânico, a equação de Manning é escrita como

$$V = \frac{1,49}{n} R_h^{2/3} S_e^{1/2} \quad (6.4b)$$

ou

$$Q = \frac{1,49}{n} A R_h^{2/3} S_e^{1/2} \quad (6.5b)$$

onde V está em pés/s, Q está em pés^3/s (ou cfs), A está em pés^2, R_h está em pés, e S_e está pés/pés. O cálculo do fluxo uniforme pode ser realizado tanto pelo uso da Equação 6.4 quanto pelo uso da Equação 6.5 e envolve basicamente seis variáveis:

1. coeficiente de rugosidade (n);
2. declividade do canal (S_0) (pois $S_0 = S_e$ no fluxo uniforme);
3. geometria do canal que inclui: área de água (A); raio hidráulico (R_h);
4. profundidade normal (y_n);
5. descarga normal (Q) e
6. velocidade média (V).

Geralmente, é necessário um procedimento de substituição sucessiva quando se deseja encontrar a profundidade normal. Como alternativa, a Figura 6.4(a) pode ser

---

* Robert Manning, "On the Flow of Water in Open Channels and Pipes", *Transactions*, Institution of Civil Engineering of Ireland, 10 (1891), p. 161–207; 24 (1895), p. 179–207.

usada para determinar a profundidade normal em canais trapezoidais e retangulares. Do mesmo modo, a Figura 6.4(b) pode ser usada para determinar a profundidade normal em canais circulares.

Exemplo 6.1

Um canal de irrigação de 3 m de largura transporta uma vazão de 25,3 m³/s a uma profundidade uniforme de 1,2 m. Determine a declividade do canal se o coeficiente de Manning for $n = 0,022$.

Solução

Para um canal retangular, o perímetro molhado e o raio hidráulico são

$$A = by = (3)(1,2) = 3,6 \text{ m}^2$$
$$P = b + 2y = 5,4 \text{ m}$$
$$R_h = \frac{A}{P} = \frac{3,6}{5,4} = \frac{2}{3} = 0,667 \text{ m}$$

A Equação 6.5a pode ser reescrita como

$$S_0 = S_e = \left(\frac{Qn}{AR_h^{2/3}}\right)^2 = 0,041$$

Exemplo 6.2

Um tubo de concreto de 6 pés de diâmetro possui superfície livre (ou seja, que não está sob pressão). Se o tubo estiver colocado sobre uma declividade de 0,001 e transportar um fluxo uniforme a 4 pés de profundidade (y na Tabela 6.1), qual será a descarga?

Solução

Com base na Tabela 6.1, o valor de $\theta = 90° + \alpha$ (em graus), onde $\alpha = \text{sen}^{-1}(1 \text{ pé}/3 \text{ pés}) = 19,5°$.
Assim, $\theta = 90° + 19,5° = 109,5°$; e em radianos, θ (109,5°/360°) $(2\pi) = 0,608 \pi$ radianos.

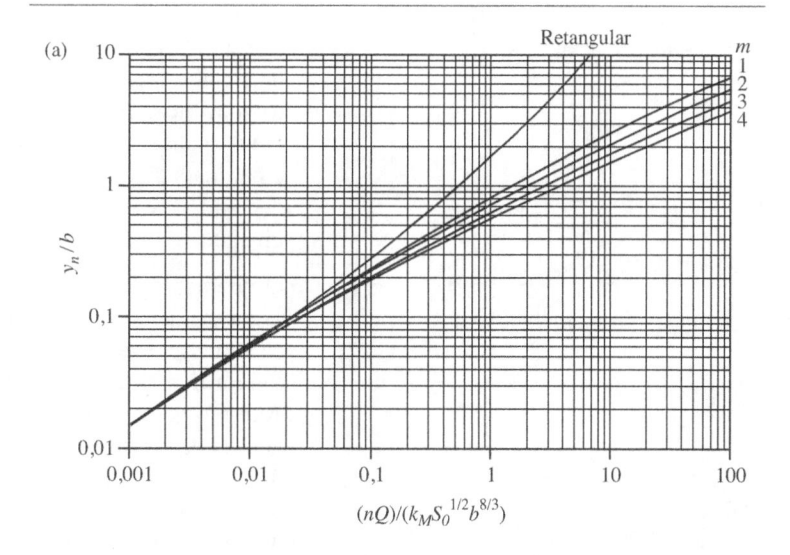

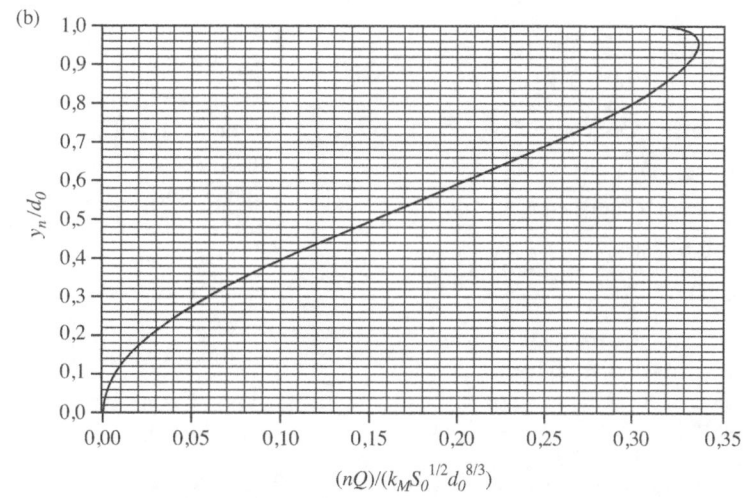

Figura 6.4 Procedimento de solução da profundidade normal: (a) canais trapezoidais (m = declividade da margem) e (b) canais circulares (d_0 = diâmetro).

A área de seção circular é

$$A = \frac{1}{8}(2\theta - \text{sen } 2\theta)d_0^2$$
$$= 1/8[2(0{,}608\,\pi) - \text{sen } 2(0{,}608\,\pi)](6\text{pés})^2$$
$$= 20{,}0 \text{ pés}^2$$

O perímetro molhado é

$$P = \theta d_o = (0{,}608\,\pi)(6 \text{ pés}) = 11{,}5 \text{ pés}$$

O raio hidráulico é

$$R_h = A/P = (20{,}0 \text{ pés}^2)/(11{,}5 \text{ pés}) = 1{,}74 \text{ pé}$$

A substituição dos valores anteriores na Equação 6.5b com $S_0 = S_e$ (fluxo uniforme) e $n = 0{,}013$ (Tabela 6.2) resulta em

$$Q = \frac{1{,}49}{n}AR_h^{2/3}S_o^{1/2} = \frac{1{,}49}{0{,}013}(20)(1{,}74)^{2/3}(0{,}001)^{1/2}$$

$$Q = 105 \text{ pés}^3/\text{s (ou cfs)}$$

Exemplo 6.3

Se a descarga no canal do Exemplo 6.1 for aumentada para 40 m³/s, qual será a profundidade normal do fluxo?

Solução

Os parâmetros geométricos são:

$$\text{Área:} \quad A = by = 3y$$
$$\text{Perímetro molhado:} \quad P = b + 2y = 3 + 2y$$
$$\text{Raio hidráulico:} \quad R_h = \frac{A}{P} = \frac{3y}{3 + 2y}$$

A substituição desses valores na Equação 6.5 com $S_0 = S_e$ (fluxo uniforme) resulta em

$$Q = \frac{1}{n}AR_h^{2/3}S_0^{1/2}$$

$$40 = \frac{1}{0{,}022}(3y)\left(\frac{3y}{3 + 2y}\right)^{2/3}(0{,}041)^{1/2}$$

ou

$$AR_h^{2/3} = (3y)\left(\frac{3y}{3 + 2y}\right)^{2/3} = \frac{(0{,}022)(40)}{(0{,}041)^{1/2}} = 4{,}346$$

Resolvendo por substituição sucessiva, descobrimos que

$$y = y_n = 1{,}69 \text{ m}$$

Como alternativa, podemos utilizar a Figura 6.4(a):

$$\frac{nQ}{(1{,}0)S_0^{1/2}b^{8/3}} = \frac{(0{,}022)(40)}{(1{,}0)(0{,}041)^{1/2}(3)^{8/3}} = 0{,}23$$

Então, a partir da figura, $y_n/b = 0{,}56$ e $y_n = (0{,}56)(3) = 1{,}68$ m.

Observação: Os cálculos da profundidade uniforme que envolvem equações implícitas podem ser resolvidos por algumas calculadoras programáveis, software algébrico (como Mathcad, Maple ou Mathematica), programas de planilhas eletrônicas e programas de computador específicos para essa tarefa (tanto proprietários como livres – tente uma pesquisa na Internet).

Exercício computacional para sala de aula – profundidade normal em canais abertos

Reveja o Exemplo 6.3. Obtenha ou escreva um software apropriado para resolução da profundidade normal em canais abertos. (Para sugestões, leia a observação no final do Exemplo 6.3 e o prefácio do livro.) Responda às perguntas a seguir realizando uma análise computacional do canal aberto descrito no Exemplo 6.3 e suas modificações.

(a) Antes de utilizar o software, quais dados você imagina serem necessários para calcular a profundidade normal do canal descrito no Exemplo 6.3?

(b) Agora, insira os dados solicitados no software e realize a análise da profundidade normal. Compare os resultados obtidos no computador com a resposta oferecida para o Exemplo 6.3. Existe alguma discrepância? Comentários?

(c) O que aconteceria com a taxa de fluxo no canal se a profundidade não se alterasse, mas a declividade do fundo dobrasse de valor? Estime a magnitude da mudança. Dobre a declividade e realize uma nova análise no computador. Sua resposta para a pergunta anterior estava correta? Agora, volte a declividade e a taxa de fluxo para os valores originais.

(d) O que aconteceria com a profundidade do fluxo se a taxa de fluxo permanecesse a mesma, mas o canal fosse revestido de concreto ($n = 0{,}013$)? Estime a magnitude da alteração na profundidade. Altere o valor da rugosidade e realize uma nova análise da profundidade normal em seu computador. Sua resposta para a pergunta anterior estava correta? Agora, volte a rugosidade e a profundidade do fluxo para os valores originais.

(e) A geometria trapezoidal é necessária quando o canal é desalinhado. [Para a estabilidade do banco, as declividades das margens podem estar limitadas a $1(V):3(H)$.] Devido aos requisitos de facilitação, o canal desalinhado ($n = 0{,}022$) será mais barato se a largura do topo não exceder 6 m. Utilizando o software, determine a largura do topo do canal considerando que a largura do fundo é 3 m e a descarga, 40 m³/s. Além disso, determine a declividade das margens que produziria uma largura de topo de exatamente 6 m.

(f) É possível projetar um canal triangular com o software? Explique.

(g) Realize quaisquer outras alterações solicitadas por seu professor.

6.3 Eficiência hidráulica de seções de canais abertos

As equações de fluxo uniforme de Manning (6.4 e 6.5) mostram que, para a mesma área de seção transversal (A) e a mesma declividade do canal (S_0), a seção do canal com maior raio hidráulico (R_h) distribui uma descarga maior. É uma seção de maior *eficiência hidráulica*. Como o raio hidráulico é igual à área de seção transversal dividida pelo perímetro molhado, para uma determinada área de seção transversal, a seção do canal com o menor perímetro molhado é *a melhor seção hidráulica*.

Entre todas as formas de canais abertos, o semicírculo possui o menor perímetro para uma determinada área e, portanto, é o mais eficiente hidraulicamente de todas as seções. Um canal com seção transversal semicircular, contudo, possui margens curvas e quase verticais no nível de superfície da água, o que torna o canal caro de ser construído (escavação e formação) e de difícil manutenção (estabilidade do banco). Na prática, seções semicirculares somente são utilizadas quando tubos são apropriados ou em canais artificiais de materiais pré-fabricados.

Para canais longos, as seções trapezoidais são as mais comumente utilizadas. A seção trapezoidal mais eficiente é o meio hexágono, que pode ser inscrito em um semicírculo com seu centro na superfície livre de água e ângulos de 60° nas margens. Outra seção comumente utilizada é a retangular. A seção retangular mais eficiente é o meio quadrado, que também pode ser inscrito em um semicírculo com centro do círculo na superfície livre da água. As seções hidraulicamente eficientes semicirculares, meio hexagonais e meio quadradas são apresentadas na Figura 6.5.

O conceito de seções hidraulicamente eficientes somente é válido quando o canal estiver alinhado com materiais estabilizados e não erodíveis. Idealmente, um canal deve ser projetado visando à melhor eficiência hidráulica, mas deve ser modificado para fins de viabilidade e custos de construção. É válido ressaltar que, embora a melhor seção hidráulica ofereça a menor área de água para uma determinada descarga, ela não necessariamente terá os custos mais baixos de escavação. Uma seção na forma de um meio hexágono, por exemplo, é a melhor seção hidráulica somente quando a superfície da água alcança o nível do topo do banco. Essa seção não é apropriada para aplicações gerais, pois é necessário garantir uma distância suficiente acima da superfície da água para evitar ondas ou flutuações na superfície acarretadas pelo excesso de fluxo nas margens. A distância vertical a partir da superfície da água projetada até o topo dos bancos do canal é conhecida como *borda livre* do canal. A borda livre e outros aspectos relacionados ao projeto de canais são discutidos na Seção 6.9.

Exemplo 6.4

Prove que a melhor seção hidráulica trapezoidal é o meio hexágono.

Solução

A área de seção transversal da água (A) e o perímetro molhado (P) de uma seção trapezoidal são

$$A = by + my^2 \quad (1)$$

e

$$P = b + 2y\sqrt{1 + m^2} \quad (2)$$

A partir da Equação (1), $b = A/y - my$. Essa relação é substituída na Equação (2):

$$P = \frac{A}{y} - my + 2y\sqrt{1 + m^2}$$

Agora, considere que tanto A quanto m são constantes e faça o primeiro derivado de P com relação a y igual a zero para obter o valor mínimo de P:

$$\frac{dP}{dy} = -\frac{A}{y^2} - m + 2\sqrt{1 + m^2} = 0$$

Substituindo A na Equação (1), temos

$$\frac{by + my^2}{y^2} = 2\sqrt{1 + m^2} - m$$

ou

$$b = 2y\left(\sqrt{1 + m^2} - m\right) \quad (3)$$

Observe que essa equação oferece uma relação entre a profundidade do fluxo e o fundo do canal para uma seção eficiente se a declividade da margem m for fixada em um valor predeterminado. Se m puder variar, a seção mais eficiente será obtida conforme explicado a seguir.

Por definição, o raio hidráulico, R_h, pode ser escrito como

$$R_h = \frac{A}{P} = \frac{by + my^2}{b + 2y\sqrt{1 + m^2}}$$

Substituindo o valor de b da Equação (3) na equação anterior e simplificando, obtemos

$$R_h = \frac{y}{2}$$

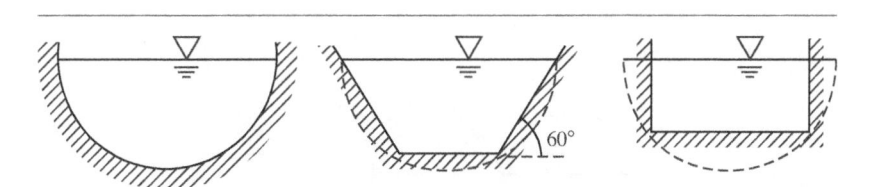

Figura 6.5 Seções hidraulicamente eficientes.

Isso mostra que a melhor seção trapezoidal possui um raio hidráulico igual à metade da profundidade da água. Substituindo a Equação (3) na Equação (2) e resolvendo P, temos

$$P = 2y\left(2\sqrt{1+m^2} - m\right) \quad (4)$$

Para determinar o valor de m que faz de P o menor, calcula-se o primeiro derivado de P em relação a m. Igualando-o a zero e simplificando, temos

$$m = \frac{\sqrt{3}}{3} = \cotg 60° \quad (5)$$

e, portanto,

$$b = 2y\left(\sqrt{1+\frac{1}{3}} - \frac{\sqrt{3}}{3}\right) = 2\frac{\sqrt{3}}{3}y$$

ou

$$y = \frac{\sqrt{3}}{2}b = b \sen 60°$$

Isso significa que a seção é um meio hexágono, conforme mostrado na Figura 6.6.

6.4 Princípios de energia em fluxos de canais abertos

Os princípios de energia derivados do fluxo de pressão em tubos costumam ser aplicados aos fluxos de canais abertos. A energia contida em uma unidade de peso de água fluindo em um canal aberto também pode ser medida em três formas básicas:

1. Energia cinética;
2. Energia de pressão;
3. Energia de elevação (potencial) acima de uma determinada linha de referência de energia.

A energia cinética em qualquer seção de um canal aberto é expressa na forma $V^2/2g$, onde V é a velocidade média definida pela descarga dividida pela área de água (ou seja, $V = Q/A$) na seção. A velocidade real da água fluindo em uma seção do canal aberto varia em partes diferentes da seção. As velocidades próximas ao leito do canal são retardadas pelo atrito e alcançam seu máximo perto da superfície da água na parte central do canal. A distribuição das velocidades em uma seção transversal resulta em um valor diferente da energia cinética para partes distintas da seção transversal. Um valor médio para a energia cinética em uma seção transversal de um canal aberto pode ser escrito em termos da velocidade média como $\alpha(V^2/2g)$, onde α é conhecido como *coeficiente de energia*. O valor de α depende da distribuição da velocidade real em uma seção particular do canal. Seu valor é sempre maior do que uma unidade. Uma faixa comum de α fica entre 1,05 para velocidades uniformemente distribuídas e 1,2 para velocidades altamente variadas em uma seção. Em uma análise simples, entretanto, as alturas de velocidade (alturas de energia cinética) em um canal aberto são tomadas como $V^2/2g$, assumindo que α é igual à unidade como uma aproximação.

Como o fluxo de um canal aberto sempre possui superfície livre exposta à atmosfera, a pressão na superfície livre é constante e comumente tomada como referência de pressão zero. Se a superfície livre do canal se aproximar de uma declividade reta, a altura de pressão em qualquer ponto submerso A será igual à distância vertical entre a superfície livre e esse ponto. Assim sendo, a profundidade da água (y) em uma determinada seção transversal é comumente usada para representar a altura de pressão: $p/\gamma = y$. Entretanto, se a água estiver escoando por uma curva vertical, como um vertedouro ou uma barragem, a força centrífuga produzida pela massa de fluido escoando pelo percurso curvo pode causar uma diferença acentuada na pressão de uma medição de profundidade. Quando a água flui por um percurso convexo [Figura 6.7(a)], a força centrífuga atua na direção oposta à da força de gravidade, e a pressão é menor do que a da profundidade da água, em mv^2/r, onde m é a massa da coluna de água imediatamente acima da unidade de área, e v^2/r é a aceleração centrífuga da massa de água fluindo ao longo do percurso com raio de curvatura (r). A altura de pressão resultante é

$$\frac{p}{\gamma} = y - \frac{yv^2}{gr} \quad (6.6a)$$

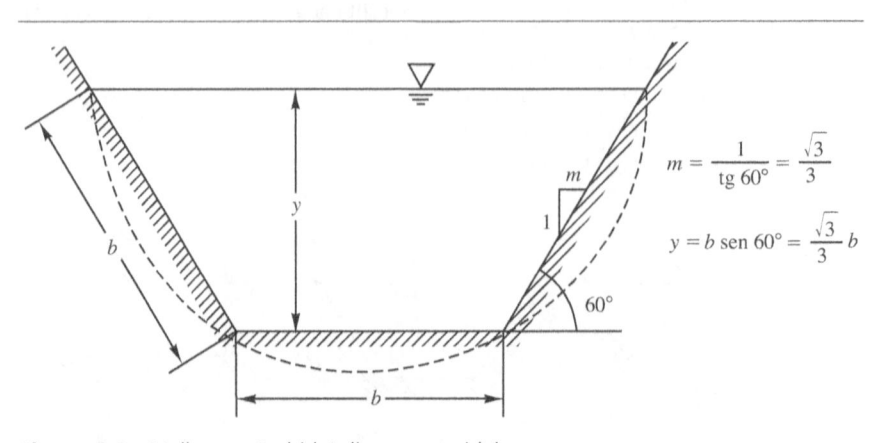

Figura 6.6 Melhor seção hidráulica trapezoidal.

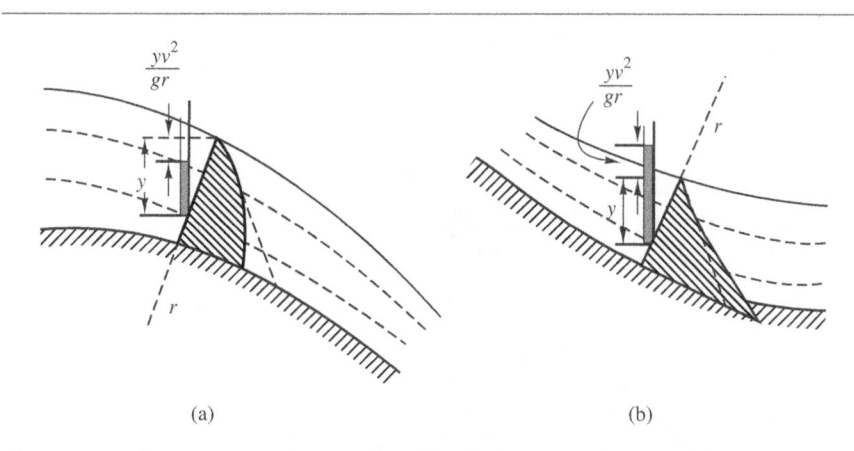

Figura 6.7 Fluxo em superfícies curvas: (a) superfície convexa e (b) superfície côncava.

Quando a água flui sobre um percurso côncavo [Figura 6.7(b)], a força centrífuga está na mesma direção da força de gravidade, e a pressão é maior do que aquela representada pela profundidade da água. A altura de pressão resultante é

$$\frac{p}{\gamma} = y + \frac{yv^2}{gr} \qquad (6.6b)$$

onde γ é a unidade de peso da água, y é a profundidade medida entre a superfície livre da água e o ponto de interesse, v é a velocidade no ponto, e r é o raio da curvatura do percurso curvo do fluido.

A altura da energia de elevação (potencial) no fluxo de canais abertos é medida em relação a uma linha de referência horizontal selecionada. A distância vertical entre a linha de referência e o fundo do canal (z) é comumente considerada a altura de energia de elevação na seção.

Logo, a altura de energia total em qualquer seção de um canal aberto é geralmente expressa como

$$H = \frac{V^2}{2g} + y + z \qquad (6.7)$$

A *energia específica* na seção de um canal é definida como a altura de energia medida em relação ao fundo do canal na seção. De acordo com a Equação 6.7, a energia específica em qualquer seção é

$$E = \frac{V^2}{2g} + y \qquad (6.8)$$

ou a energia específica em qualquer seção de um canal aberto é igual à soma entre a altura de velocidade e a profundidade da água na seção.

Dadas a área de água (A) e a descarga (Q) em uma seção em particular, a Equação 6.8 pode ser reescrita como

$$E = \frac{Q^2}{2gA^2} + y \qquad (6.9)$$

Assim, para uma determinada descarga Q, a energia específica em qualquer seção é uma função somente da profundidade do fluxo.

Quando a profundidade do fluxo, y, é esboçada contra a energia específica de uma determinada descarga de uma seção em particular, obtém-se uma *curva de energia específica* (Figura 6.8). A curva de energia específica possui duas extremidades: AC e CB. A extremidade inferior sempre se aproxima do eixo horizontal em direção à direita, e a extremidade superior se aproxima (assintoticamente) da linha de 45° que passa através da origem. Em qualquer ponto da curva de energia específica, a ordenada representa a profundidade do fluxo em qualquer seção, e a abscissa representa a energia específica correspondente. Em geral, as mesmas escalas são usadas tanto para a ordenada quanto para a abscissa.

Em geral, uma família de curvas semelhantes pode ser traçada para diversos valores de descarga em uma determinada seção. Para descargas mais altas, a curva move-se para a direita: $A'C'B'$. Para descargas mais baixas, a curva move-se para a esquerda: $A''C''B''$.

O vértice C em uma curva de energia específica representa a profundidade (y_c) na qual a descarga Q pode ser distribuída através da seção com energia mínima (E_c). Essa profundidade é comumente conhecida como *profundidade crítica* para a descarga Q na seção dada. O fluxo correspondente na seção é conhecido como *fluxo crítico*. Em uma profundidade menor, a mesma descarga pode ser distribuída somente por uma velocidade e uma energia específica mais altas. O estado do fluxo rápido e raso em uma seção é conhecido como *fluxo supercrítico* ou *fluxo rápido*. Em uma profundidade maior, a mesma descarga pode ser distribuída na seção com uma velocidade menor e uma energia específica mais alta do que em uma profundidade crítica. Esse fluxo tranquilo de alto estágio é conhecido como *fluxo subcrítico*.

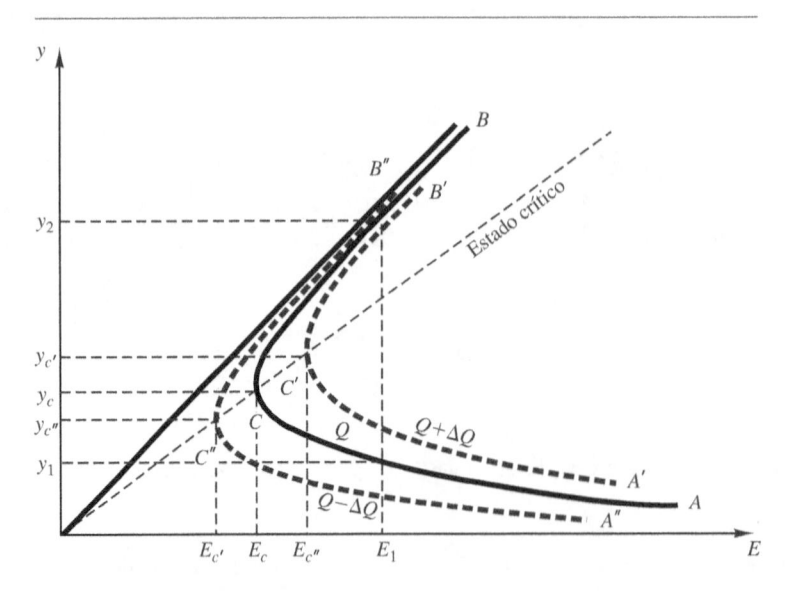

Figura 6.8 Curvas de energia específica de diferentes descargas em uma determinada seção de canal.

Para um determinado valor de energia específica, digamos, E_1, a descarga pode passar pela seção do canal tanto na profundidade y_1 (fluxo supercrítico) ou y_2 (fluxo subcrítico), conforme mostra a Figura 6.8. Essas duas profundidades, y_1 e y_2, são conhecidas como *profundidades alternadas*.

No estado crítico, a energia específica do fluxo assume um valor mínimo. Esse valor pode ser calculado equacionando-se a primeira derivada da energia específica com relação à profundidade da água igual a zero:

$$\frac{dE}{dy} = \frac{d}{dy}\left(\frac{Q^2}{2gA^2} + y\right) = -\frac{Q^2}{gA^3}\frac{dA}{dy} + 1 = 0$$

A área de água diferencial (dA/dy) próxima da superfície livre é $dA/dy = T$, onde T é a *largura do topo* da seção do canal. Logo,

$$-\frac{Q^2 T}{gA^3} + 1 = 0 \quad (6.10a)$$

Um parâmetro importante para o fluxo em canais abertos é definido por $A/T = D$, que é conhecido como *profundidade hidráulica* da seção. Para seções transversais retangulares, a profundidade hidráulica é igual à profundidade do fluxo. A equação anterior pode, então, ser simplificada para

$$\frac{dE}{dy} = 1 - \frac{Q^2}{gDA^2} = 1 - \frac{V^2}{gD} = 0 \quad (6.10b)$$

ou

$$\frac{V}{\sqrt{gD}} = 1 \quad (6.11)$$

A quantidade $V/\sqrt{gD}$ é adimensional. Ela pode ser derivada como a razão entre a força inerte no fluxo e a força da gravidade no fluxo (veja o Capítulo 10 para uma discussão mais detalhada). Essa razão pode ser interpretada fisicamente como o coeficiente entre a velocidade média (V) e a velocidade de uma pequena onda de gravidade (perturbação) sobre a superfície da água. Ela é conhecida como *número de Froude* (N_F):

$$N_F = \frac{V}{\sqrt{gD}} \quad (6.12)$$

Quando o número de Froude é igual à unidade, conforme indicado pela Equação 6.11, $V = \sqrt{gD}$, a velocidade da onda da superfície (perturbação) é igual à do fluxo. O fluxo está em estado crítico. Quando o número de Froude é menor do que a unidade, $V < \sqrt{gD}$, a velocidade do fluxo é menor do que a velocidade da onda de perturbação que viaja sobre a superfície da água. O fluxo é classificado como subcrítico. Quando o número de Froude é maior do que a unidade, $V > \sqrt{gD}$, o fluxo é classificado como supercrítico.

A partir da Equação 6.10, podemos também escrever (para o fluxo crítico)

$$\frac{Q^2}{g} = \frac{A^3}{T} = DA^2 \quad (6.13)$$

Em um canal retangular, $D = y$ e $A = by$. Portanto,

$$\frac{Q^2}{g} = y^3 b^2$$

Como essa relação é derivada das condições de fluxo crítico definidas anteriormente, $y = y_c$, que é a profundidade crítica, e

$$y_c = \sqrt[3]{\frac{Q^2}{gb^2}} = \sqrt[3]{\frac{q^2}{g}} \quad (6.14)$$

onde $q = Q/b$ é a descarga por unidade de largura do canal.

Para canais trapezoidais e circulares não existe uma equação explícita como a Equação 6.14, e é necessário um procedimento de substituição sucessiva para resolver a Equação 6.13 para profundidade crítica. Como alternativa, as figuras 6.9(a) e 6.9(b) podem ser usadas para determinar a profundidade crítica em canais trapezoidais e circulares, respectivamente. Para um canal aberto de qualquer forma secional, a profundidade crítica é sempre uma função da descarga do canal e não varia com sua declividade.

Exemplo 6.5

Uma transição hidráulica é projetada para conectar dois canais retangulares de mesma largura através de um solo inclinado, conforme mostrado na Figura 6.10(a). Assuma que o canal tem 3m de largura e transporta uma descarga de 15 m³/s a 3,6 m de profundidade. Assuma também 0,1 m de perda de energia uniformemente distribuída ao longo da transição. Determine o perfil da superfície da água na transição.

Solução

A curva de energia específica pode ser construída com base na descarga e na geometria secional fornecidas utilizando-se a seguinte relação da Equação 6.9:

$$E = \frac{Q^2}{2gA^2} + y = \frac{(15)^2}{2(9,81)(3y)^2} + y = \frac{1,27}{y^2} + y$$

Na entrada da transição, a velocidade é V_i:

$$V_i = \frac{Q}{A_i} = \frac{15}{(3,6)(3)} = 1,39 \text{ m/s}$$

onde A_i é a área da água na entrada, e a altura de velocidade é

$$\frac{V_i^2}{2g} = \frac{(1,39)^2}{2(9,81)} = 0,10 \text{ m}$$

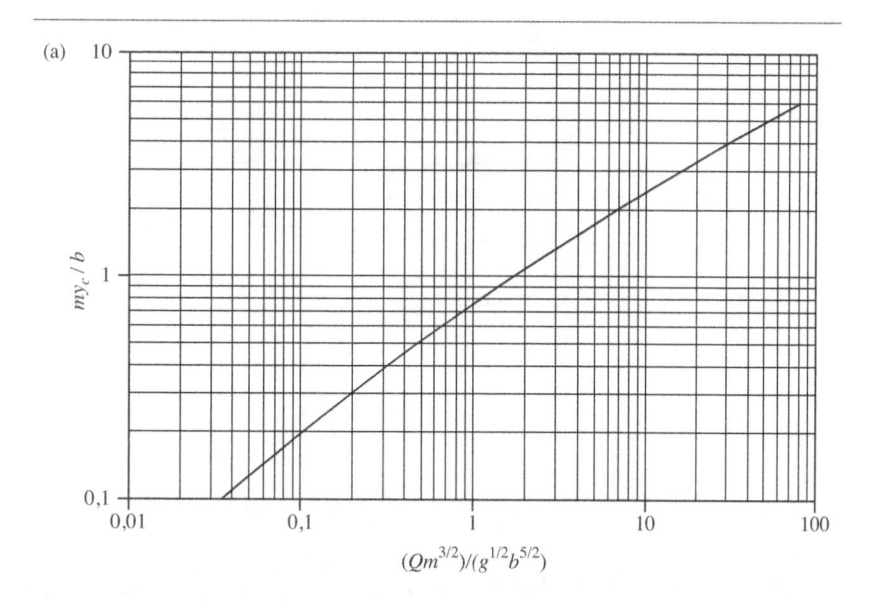

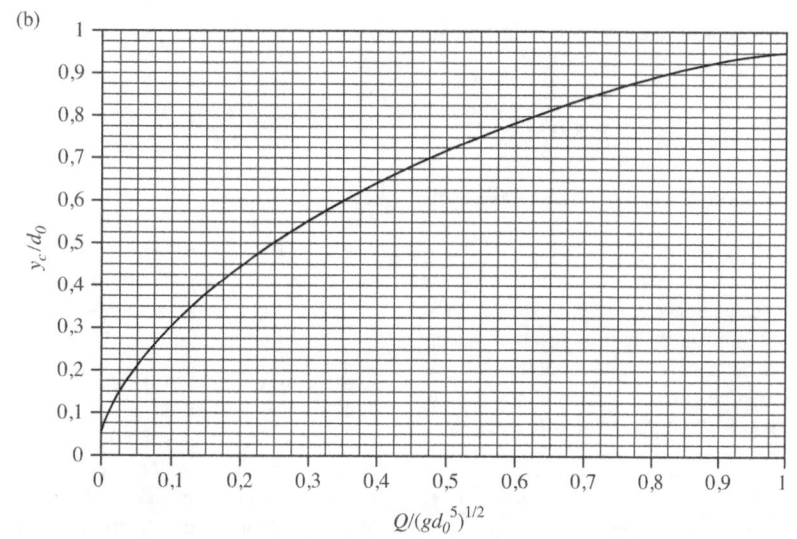

Figura 6.9 Procedimento de solução para a profundidade crítica: (a) canais trapezoidais e (b) canais circulares.

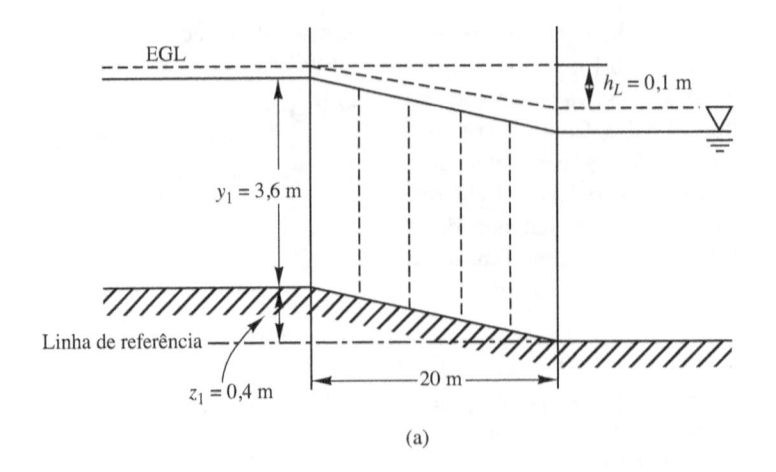

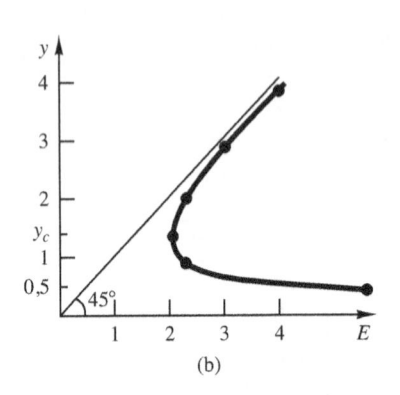

Figura 6.10 Transição hidráulica.

y (m)	E (m)
0,5	5,60
1,0	2,27
2,0	2,32
3,0	2,32
3,0	3,14
4,0	4,07

$y_c = \sqrt[3]{\dfrac{5^2}{g}} = 1{,}37$ m

$E_c(m) = 2{,}05$ m

A altura de energia total na entrada medida com relação à linha de referência é

$$H_i = \dfrac{V_i^2}{2g} + y_i + z_i = 0{,}10 + 3{,}60 + 0{,}40 = 4{,}10 \text{ m}$$

A linha horizontal superior na Figura 6.10(a) mostra esse nível de energia.

Na saída da transição, a energia total disponível é reduzida em 0,1 m, conforme indicado pela EGL na Figura 6.10(a):

$$H_e = \dfrac{V_e^2}{2g} + y_e + z_e = H_i - 0{,}1 = 4{,}00 \text{ m}$$

E_e é a energia específica medida com relação ao fundo do canal:

$$E_e = H_e = 4{,}00 \text{ m}$$

Esse valor é aplicado à curva de energia específica mostrada na Figura 6.10(b) para obter a profundidade da água na seção de saída. As elevações da superfície da água em quatro outras seções (4 m, 8 m, 12 m e 16 m) são calculadas pelo mesmo método. Os resultados para as seis seções são mostrados na tabela a seguir.

Seção	Entrada	4 m	8 m	12 m	16 m	Saída
Energia específica, E (m)	3,7	3,76	3,82	3,88	3,94	4
Profundidade da água, y (m)	3,6	3,67	3,73	3,79	3,86	3,92

Exemplo 6.6

Um canal trapezoidal possui fundo de 5 m e declividades das margens $m = 2$. Se a taxa de fluxo for 20 m³/s, qual será a profundidade crítica?

Solução

Utilizando a Equação 6.13 e a Tabela 6.1:

$$\dfrac{Q^2}{g} = DA^2 = \dfrac{A^3}{T} = \dfrac{[(b+my)y]^3}{b+2my}$$

ou

$$\dfrac{20^2}{9{,}81} = 40{,}8 = \dfrac{[(5+2y)y]^3}{5+2(2)y}$$

Através da substituição sucessiva, obtemos $y = y_c = 1{,}02$ m. Como alternativa, usando a Figura 6.9:

$$\dfrac{Qm^{3/2}}{g^{1/2}b^{5/2}} = \dfrac{(20)(2)^{3/2}}{(9{,}81)^{1/2}(5)^{5/2}} = 0{,}323$$

A partir da Figura 6.9(a), obtemos $my_c/b = 0{,}41$. Portanto, $y_c = (0{,}41)(5)/2 = 1{,}03$ m.

Observação: Os cálculos da profundidade crítica que envolvem equações implícitas podem ser resolvidos por algumas calculadoras programáveis, software algébrico (como Mathcad, Maple ou Mathematica), programas de planilhas eletrônicas e programas de computador específicos para essa tarefa (tanto proprietários como livres – tente uma pesquisa na Internet).

6.5 Saltos hidráulicos

Saltos hidráulicos podem ocorrer naturalmente em canais abertos, mas são mais comuns em estruturas construídas, tais como bacias de dissipação de energia (ou saltos hidráulicos). Eles são resultado de uma redução abrupta na velocidade do fluxo causada por um aumento repentino na profundidade da água na direção do fluxo. A maioria das bacias de dissipação de energia é retangular em seção transversal, e, portanto, este livro limita a discussão sobre saltos hidráulicos aos canais retangulares.

Os saltos hidráulicos convertem um fluxo supercrítico de alta velocidade (contrária ao fluxo) em um fluxo subcrítico de baixa velocidade (no sentido do fluxo). De modo análogo, uma profundidade supercrítica de baixo estágio (y_1) transforma-se em uma profundidade subcrítica de alto estágio (y_2); elas são conhecidas, respectivamente, como *profundidade inicial* e *profundidade sequente* do salto hidráulico (Figura 6.11). Na região do salto hidráulico, podem ser vistas a superfície da água e a turbulência características. Esses movimentos violentos são acompanhados de uma perda significativa de altura de energia ao longo do salto. Considerando a descarga em um determinado canal, a perda na altura de energia no salto (ΔE) pode ser determinada medindo-se as profundidades inicial e sequente e utilizando-se a curva de energia específica mostrada na Figura 6.11. Prever a profundidade sequente através da estimativa da perda de energia, entretanto, é impraticável porque é difícil determinar a perda de energia ao longo de um salto. A relação entre a profundidade inicial e a profundidade sequente em um salto hidráulico pode ser determinada considerando-se o equilíbrio entre as forças e o momento exatamente antes e depois do salto.

Considere um volume de controle na proximidade de um salto hidráulico, conforme mostra a Figura 6.11. O equilíbrio entre as forças hidrostáticas e o fluxo do momento ao longo das seções 1 e 2, por unidade de largura do canal, pode ser escrito como

$$F_1 - F_2 = \rho q(V_2 - V_1) \quad (6.15)$$

onde q é a descarga por unidade de largura do canal. Substituindo as quantidades a seguir

$$F_1 = \frac{\gamma}{2}y_1^2, \quad F_2 = \frac{\gamma}{2}y_2^2, \quad V_1 = \frac{q}{y_1}, \quad V_2 = \frac{q}{y_2}$$

na Equação 6.15 e simplificando, obtemos

$$\frac{q^2}{g} = y_1 y_2 \left(\frac{y_1 + y_2}{2}\right) \quad (6.16)$$

Essa equação pode ser reorganizada em uma forma mais conveniente, conforme se vê a seguir:

$$\frac{y_2}{y_1} = \frac{1}{2}\left(\sqrt{1 + 8N_{F_1}^2} - 1\right) \quad (6.17)$$

onde N_{F_1} é o número de Froude do fluxo que se aproxima:

$$N_{F_1} = \frac{V_1}{\sqrt{gy_1}} \quad (6.18)$$

Exemplo 6.7

Um canal retangular de 10 pés de largura transporta 500 cfs de água com 2 pés de profundidade antes de entrar em um salto. Calcule a profundidade da água no sentido do fluxo e a profundidade crítica.

Solução

A descarga por unidade de largura é

$$q = \frac{500}{10} = 50 \text{ pés}^3/\text{s} \cdot \text{pés}$$

Usando a Equação 6.14, a profundidade crítica é

$$y_c = \sqrt[3]{\frac{50^2}{32{,}2}} = 4{,}27 \text{ pés}$$

A velocidade de aproximação é

$$V_1 = \frac{q}{y_1} = \frac{50}{2} = 25 \text{ pés/s}$$

O número de Froude para o fluxo que se aproxima pode ser calculado utilizando essa velocidade e a profundidade inicial $y_1 = 2$:

$$N_{F_1} = \frac{V_1}{\sqrt{gy_1}} = 3{,}12$$

Substituindo esse valor na Equação 6.17, obtemos

$$\frac{y_2}{2{,}0} = \frac{1}{2}\left(\sqrt{1 + 8(3{,}12)^2} - 1\right)$$

E resolvendo para encontrar a profundidade sequente obtemos:

$$y_2 = 7{,}88 \text{ pés}$$

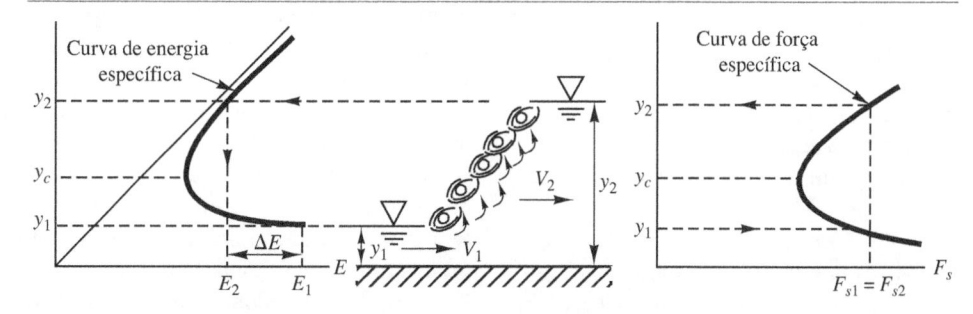

Figura 6.11 Salto hidráulico.

A Equação 6.15 também pode ser reorganizada para a seguinte forma:

$$F_1 + \rho q V_1 = F_2 + \rho q V_2$$

onde

$$F_s = F + \rho q V \qquad (6.19)$$

A quantidade F_s é conhecida como *força específica* por unidade de largura do canal. Para uma determinada descarga, a força específica é uma função da profundidade da água em uma seção específica. Quando F_s é esboçada contra a profundidade da água, a curva resultante é semelhante à curva de energia específica com um vértice que aparece na profundidade crítica. Uma curva de força específica típica é mostrada na Figura 6.11.

Um salto hidráulico normalmente acontece em uma extensão um tanto curta do canal. Assim, é razoável assumir que, ao longo de um salto hidráulico, as forças específicas imediatamente antes e depois do salto são aproximadamente as mesmas. O valor de F_s pode ser calculado a partir das condições dadas para o fluxo de aproximação. Se aplicarmos esse valor à curva de energia específica na Figura 6.11, poderemos traçar uma linha vertical que nos dará tanto a profundidade inicial quanto a profundidade sequente do salto.

A perda de altura de energia ao longo do salto hidráulico (ΔE) pode, então, ser estimada aplicando-se a definição

$$\Delta E = \left(\frac{V_1^2}{2g} + y_1\right) - \left(\frac{V_2^2}{2g} + y_2\right)$$

$$= \frac{1}{2g}(V_1^2 - V_2^2) + (y_1 - y_2)$$

$$= \frac{q^2}{2g}\left(\frac{1}{y_1^2} - \frac{1}{y_2^2}\right) + (y_1 - y_2)$$

Substituindo a Equação 6.16 na equação anterior e simplificando, obtemos

$$\Delta E = \frac{(y_2 - y_1)^3}{4 y_1 y_2} \qquad (6.20)$$

Exemplo 6.8

Um longo canal aberto retangular de 3 m de largura transporta uma descarga de 15 m³/s. A declividade do canal é 0,004, e o coeficiente de Manning é 0,01. Em um determinado ponto do canal, o fluxo alcança a profundidade normal.

(a) Determine a classificação do fluxo. Ele é supercrítico ou subcrítico?
(b) Se acontecer um salto hidráulico a essa profundidade, qual será a profundidade sequente?
(c) Estime a perda de altura de energia ao longo do salto.

Solução

(a) A profundidade crítica é calculada utilizando a Equação 6.14 e $y_c = 1,37$ m. A profundidade normal pode ser determinada pela equação de Manning (Equação 6.5):

$$Q = \frac{1}{n} A_1 R_{h_1}^{2/3} S^{1/2}$$

onde

$$A = y_1 b, \quad R_h = \frac{A_1}{P_1} = \frac{y_1 b}{2 y_1 + b}, \quad b = 3 \text{ m}$$

Temos

$$15 = \frac{1}{0,01}(3 y_1)\left(\frac{3 y_1}{2 y_1 + 3}\right)^{2/3}(0,004)^{1/2}$$

Resolvendo a equação para encontrar y_1, obtemos

$$y_1 = 1,08 \text{ m}, \qquad V_1 = \frac{15}{3 y_1} = 4,63 \text{ m/s}$$

e

$$N_{F_1} = \frac{V_1}{\sqrt{g y_1}} = 1,42$$

Como $N_{F_1} > 1$, o fluxo é supercrítico.

(b) Aplicando a Equação 6.17, temos

$$y_2 = \frac{y_1}{2}\left(\sqrt{1 + 8 N_{F_1}^2} - 1\right) = 1,57 y_1 = 1,70 \text{ m}$$

(c) A perda de altura pode ser estimada utilizando a Equação 6.20:

$$\Delta E = \frac{(y_2 - y_1)^3}{4 y_1 y_2} = \frac{(0,62)^3}{4(1,70)(1,08)} = 0,032 \text{ m}$$

6.6 Fluxo gradualmente variado

Em canais abertos, o fluxo gradualmente variado é diferente do fluxo uniforme e do fluxo rapidamente variado (saltos hidráulicos, fluxos através de uma transição aerodinâmica etc.), pois a alteração na profundidade da água no canal acontece muito gradativamente com a distância.

No fluxo uniforme, a profundidade da água permanece um valor constante conhecido como *profundidade normal* (ou *profundidade uniforme*). A linha de grade de energia é paralela à superfície da água e ao fundo do canal. A distribuição de velocidade também permanece inalterada ao longo da extensão. Assim, o cálculo de somente uma profundidade de água é suficiente para toda a extensão.

Em fluxos rapidamente variados, tais como o salto hidráulico, acontecem alterações rápidas na profundidade da água em curta distância. Uma mudança significativa nas velocidades da água está associada à rápida variação da área de seção transversal da água. Com essa alta taxa de desaceleração do fluxo, a perda de energia é inevitavelmente alta. O cálculo das profundidades da água usando os princípios de energia não é confiável. Nesse caso, os cálculos somente podem ser realizados com a aplicação dos princípios do momento (ou seja, Equação 6.15).

No fluxo gradualmente variado, as alterações de velocidade acontecem gradativamente com a distância, de modo que os efeitos da aceleração no fluxo entre duas seções adjacentes são desprezíveis. Assim, o cálculo do *perfil da superfície da água*, definido como as alterações ao longo da extensão do canal, pode ser realizado com base estritamente nas considerações sobre a energia.

A altura de energia total em qualquer seção de um canal aberto apresentada na Equação 6.7 é redefinida aqui como

$$H = \frac{V^2}{2g} + y + z = \frac{Q^2}{2gA^2} + y + z$$

Para calcular o perfil da superfície da água, primeiro devemos obter a variação da altura de energia total ao longo do canal. Diferenciando H com relação à distância do canal x, obtemos o gradiente de energia na direção do fluxo:

$$\frac{dH}{dx} = \frac{-Q^2}{gA^3}\frac{dA}{dx} + \frac{dy}{dx} + \frac{dz}{dx} = -\frac{Q^2 T}{gA^3}\frac{dy}{dx} + \frac{dy}{dx} + \frac{dz}{dx}$$

onde $dA = T(dy)$. Reorganizando a equação, temos

$$\frac{dy}{dx} = \frac{\dfrac{dH}{dx} - \dfrac{dz}{dx}}{1 - \dfrac{Q^2 T}{gA^3}} \quad (6.21)$$

O termo dH/dx é a declividade da linha de grade de energia. Ele é sempre uma quantidade negativa porque a altura de energia total diminui na direção do fluxo, ou $S_e = -dH/dx$. Da mesma forma, o termo dz/dx é a declividade do leito do canal. Ele é negativo quando a elevação do leito do canal diminui na direção do fluxo; e é positivo quando a elevação do leito do canal aumenta na direção do fluxo. Em geral, podemos escrever $S_0 = -dz/dx$.

A declividade de energia no fluxo gradualmente variado entre duas seções adjacentes também pode ser aproximada com a ajuda da fórmula do fluxo uniforme. Para simplificar, a derivação será demonstrada para a seção de um canal retangular largo onde $A = by$, $Q = bq$ e $R_R = A/P = by/(b+2y) = y$ (para canais retangulares largos, pois $b \gg y$).

Utilizando a fórmula de Manning (Equação 6.5), obtemos

$$S_e = -\frac{dH}{dx} = \frac{n^2 Q^2}{R_h^{4/3} A^2} = \frac{n^2 Q^2}{b^2 y^{10/3}} \quad (6.22)$$

A declividade do leito do canal também pode ser escrita em termos semelhantes se for assumido que o fluxo no canal é uniforme. Como a declividade do leito do canal é igual à declividade de energia no fluxo uniforme, as condições hipotéticas de fluxo uniforme são definidas pelo subscrito n. Temos

$$S_0 = -\frac{dz}{dx} = \left(\frac{n^2 Q^2}{b^2 y^{10/3}}\right)_n \quad (6.23)$$

A partir da Equação 6.14 para canais retangulares,

$$y_c = \sqrt[3]{\frac{q^2}{g}} = \sqrt[3]{\frac{Q^2}{gb^2}}$$

ou

$$Q^2 = g y_c^3 b^2 = \frac{g A_c^3}{b} \quad (6.24)$$

Substituindo as equações 6.22, 6.23 e 6.24 na Equação 6.21, temos

$$\frac{dy}{dx} = \frac{S_0 \left[1 - \left(\dfrac{y_n}{y}\right)^{10/3}\right]}{\left[1 - \left(\dfrac{y_c}{y}\right)^3\right]} \quad (6.25a)$$

Para canais não retangulares, a Equação 6.24a pode ser generalizada:

$$\frac{dy}{dx} = \frac{S_0 \left[1 - \left(\dfrac{y_n}{y}\right)^N\right]}{\left[1 - \left(\dfrac{y_c}{y}\right)^M\right]} \quad (6.25b)$$

onde os expoentes M e N dependem da forma da seção transversal e das condições do fluxo conforme determinadas por Chow.*

Essa forma de *equação para fluxo gradualmente variado* é muito útil para uma análise qualitativa, que ajuda a compreender as classificações de fluxos gradualmente variados tratadas na próxima seção. Outras formas também costumam ser usadas para calcularmos os perfis da superfície da água. Fisicamente, o termo dy/dx representa a declividade da superfície da água com relação ao fundo do canal. Para $dy/dx = 0$, a profundidade da água permanece constante ao longo da extensão ou no caso especial de fluxo uniforme. Para $dy/dx < 0$, a profundidade da água diminui na direção do fluxo. Para $dy/dx > 0$, a profundidade da água aumenta na direção do fluxo. Soluções para essa equação em diferentes circunstâncias resultarão em diferentes perfis de superfície da água que ocorrem em canais abertos.

6.7 Classificações de fluxos gradualmente variados

Na análise de fluxos gradualmente variados, o papel da profundidade crítica, y_c, é muito importante. Quando o fluxo de um canal aberto se aproxima da profundidade crítica, $(y = y_c)$ o denominador da Equação 6.25 aproxima-se de zero, e o valor de dy/dx aproxima-se do infinito. A profundidade da água torna-se muito acentuada. Isso é visto em saltos hidráulicos ou em uma superfície da água entrando em um canal de declividade acentuada vindo de um canal mediano ou de um lago. O último caso oferece uma relação um-para-um única entre a descarga e a profundidade da água em um canal e é conhecido como *seção de controle* em fluxos de canais abertos.

---

* V. T. Chow, *Open Channel Hydraulics*, Nova York, McGraw-Hill, 1959.

Dependendo da declividade, geometria, rugosidade e descarga, os canais abertos podem ser classificados em cinco categorias:

1. canais acentuados;
2. canais críticos;
3. canais medianos;
4. canais horizontais;
5. canais adversos.

A classificação depende das condições de fluxo no canal, conforme indicado pelas posições relativas da profundidade normal (y_n) e da profundidade crítica (y_c) calculadas para cada canal em particular. Os critérios são os seguintes:

Canais acentuados: $y_n/y_c < 1,0$ ou $y_n < y_c$
Canais críticos: $y_n/y_c = 1,0$ ou $y_n = y_c$
Canais medianos: $y_n/y_c > 1,0$ ou $y_n > y_c$
Canais horizontais: $S_0 = 0$
Canais adversos: $S_0 < 0$

Uma segunda classificação para curvas de perfil da superfície da água depende da profundidade real da água e sua relação com a profundidade normal e a profundidade crítica. Os coeficientes de y/y_c e y/y_n podem ser usados na análise, onde y é a profundidade real da água em qualquer seção de interesse no canal.

Se tanto y/y_c como y/y_n forem maiores do que 1, então a curva do perfil da superfície da água está acima tanto da linha da profundidade crítica quanto da linha da profundidade normal no canal, conforme mostra a Figura 6.12. A curva é definida como uma curva do tipo 1. Existem curvas S-1, C-1 e M-1, para canais acentuados, críticos e medianos, respectivamente.

Se a profundidade da água (y) estiver entre a profundidade normal e a profundidade crítica, as curvas são definidas como curvas do tipo 2. Existem curvas S-2, M-2, H-2 e A-2. A curva do tipo 2 não existe em canais críticos, onde a profundidade normal é igual à profundidade crítica. Assim, nenhuma profundidade de fluxo pode ficar entre elas.

Se a profundidade da água for menor do que y_c e y_n, então as curvas do perfil da superfície da água são do tipo 3. Existem curvas S-3, C-3, M-3, H-3 e A-3. Cada uma dessas curvas do perfil da superfície da água está listada e representada na Figura 6.12. Também são dados exemplos de ocorrências físicas em canais abertos.

Algumas características importantes das curvas do perfil da superfície da água podem ser demonstradas a partir da análise direta da equação do fluxo gradualmente variado (Equação 6.25). Realizando substituições nessa equação, percebemos o seguinte:

1. Para curvas do tipo 1, $y/y_c > 1$ e $y/y_n > 1$. Assim, o valor de dy/dx é positivo, indicando que a profundidade da água aumenta na direção do fluxo.
2. Para curvas do tipo 2, o valor de dy/dx é negativo. A profundidade da água diminui na direção do fluxo.

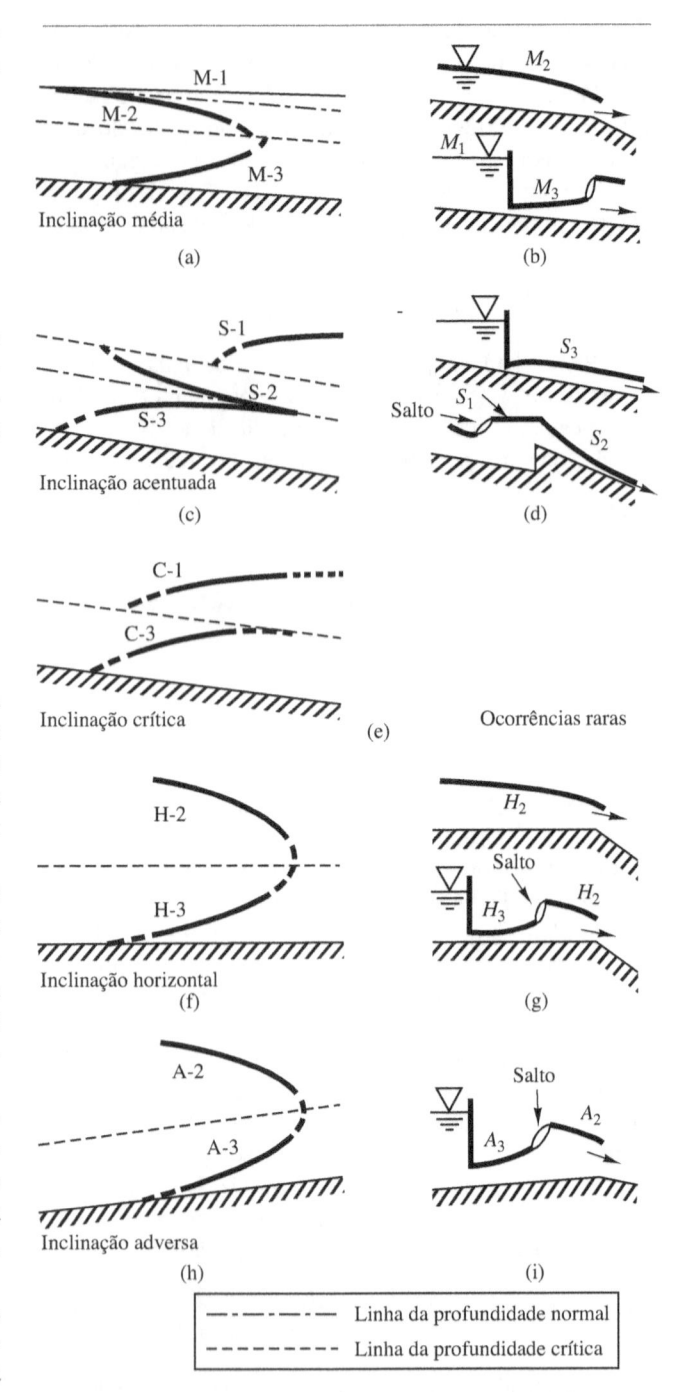

Figura 6.12 Classificações de fluxos gradualmente variados.

3. Para curvas do tipo 3, o valor de dy/dx é novamente positivo. A profundidade da água aumenta na direção do fluxo.
4. Quando a profundidade real da água se aproxima da profundidade crítica, $y = y_c$, a Equação 6.25 resulta em $dy/dx = \infty$, indicando que a declividade da curva do perfil da superfície da água é teoricamente vertical. De modo análogo, à medida que y se aproxima de y_n, dy/dx se aproxima de zero, indicando que a curva do perfil da superfície da água se aproxima da linha da profundidade normal assintoticamente.

5. Alguns poucos tipos de curvas do perfil da superfície da água nunca se aproximam da linha horizontal (S-2, S-3, M-2, M-3, C-3, H-3 e A-3). Algumas outras se aproximam assintoticamente de uma linha horizontal, exceto a curva C-1, que é horizontal ao longo da extensão do canal. Como $y_n = y_c$ em um canal crítico, a Equação 6.25 resulta em $dy/dx = S_0$, indicando que a profundidade da água aumenta na mesma proporção em que a elevação do leito do canal diminui, o que, teoricamente, resulta em um perfil horizontal da superfície da água.

Em canais onde $y < y_c$, a velocidade do fluxo de água é maior do que a da onda de perturbação. Por essa razão, as condições de fluxo no canal inferior não afetam a parte superior. A alteração na profundidade da água resultante de qualquer outra perturbação no canal se propaga somente no sentido do fluxo. Assim, o cálculo do perfil da superfície da água deve ser feito no sentido do fluxo (M-3, S-2, S-3, C-3, H-3 e A-3).

Em canais onde $y > y_c$, a velocidade de propagação da onda é maior do que a do fluxo de água. Qualquer perturbação na parte inferior do canal pode viajar no sentido contrário ao do fluxo e afetar as condições de fluxo tanto na parte inferior quanto na superior. Qualquer alteração na profundidade da água na parte inferior do canal se propaga somente no sentido contrário ao do fluxo e pode também alterar a profundidade da água na parte superior. Assim, o cálculo do perfil da superfície da água deve ser feito no sentido oposto ao do fluxo (M-1, M-2, S-1, C-1, H-2 e A-2).

Na mudança de um canal mediano para um canal acentuado ou diante de uma diminuição significativa do fundo do canal, a profundidade crítica assume o controle ao redor das margens. Nesse ponto, pode ser obtida uma relação profundidade-descarga definida (ou seja, *seção de controle*) que é frequentemente utilizada como ponto de partida para cálculos do perfil da superfície da água.

A Tabela 6.3 oferece um resumo das curvas do perfil da superfície da água.

6.8 Cálculo de perfis da superfície da água

Os perfis da superfície da água para o fluxo gradualmente variado podem ser calculados através da Equação 6.25. O cálculo normalmente se inicia em uma seção onde seja conhecida a relação entre a elevação da superfície da água (ou profundidade do fluxo) e a descarga. Essas seções são comumente denominadas *seções de controle* (ou, matematicamente, condições de fronteira). Alguns exemplos de seções de controle comuns em canais abertos são mostrados na Figura 6.13. As localizações onde o fluxo uniforme ocorre também podem ser vistas como uma seção de controle, pois a equação de Manning descreve uma relação de profundidade de fluxo-descarga. O fluxo uniforme (ou seja, fluxo na profundidade normal) tende a ocorrer na ausência de outras seções de controle, ou distante delas, e onde a declividade do fluxo e a seção transversal sejam relativamente constantes.

Um procedimento sucessivo de cálculos baseado no equilíbrio de energia é usado para obter a elevação da superfície da água na próxima seção, seja antes ou depois da seção de controle. A distância entre as seções é crítica, pois a superfície da água será representada por uma linha reta. Assim, se a profundidade do fluxo estiver se alterando rapidamente ao longo de distâncias curtas, seções adjacentes devem ser espaçadas para representar com precisão o perfil da superfície da água. O procedimento passo a passo é executado no sentido do fluxo para fluxos rápidos (supercríticos) e na direção oposta para fluxos tranquilos (subcríticos).

6.8.1 *Standard step method*

O método das diferenças finitas é apresentado nesta seção para calcular o fluxo gradualmente variado de perfis da superfície da água. O método emprega um esquema de solução de diferença finita para resolver a equação diferencial do fluxo gradualmente variado (Equação 6.25). É o algoritmo mais comum usado em pacotes de software que

TABELA 6.3 Características das curvas de perfil da superfície da água.

Canal	Símbolo	Tipo	Declividade	Profundidade	Curva
Mediano	M	1	$S_0 > 0$	$y > y_n > y_c$	M-1
Mediano	M	2	$S_0 > 0$	$y_n > y > y_c$	M-2
Mediano	M	3	$S_0 > 0$	$y_n > y_c > y$	M-3
Crítico	C	1	$S_0 > 0$	$y > y_n = y_c$	C-1
Crítico	C	3	$S_0 > 0$	$y_n = y_c > y$	C-3
Acentuado	S	1	$S_0 > 0$	$y > y_c > y_n$	S-1
Acentuado	S	2	$S_0 > 0$	$y_c > y > y_n$	S-2
Acentuado	S	3	$S_0 > 0$	$y_c > y_n > y$	S-3
Horizontal	H	2	$S_0 = 0$	$y > y_c$	H-2
Horizontal	H	3	$S_0 = 0$	$y_c > y$	H-3
Adverso	A	2	$S_0 < 0$	$y > y_c$	A-2
Adverso	A	3	$S_0 < 0$	$y_c > y$	A-3

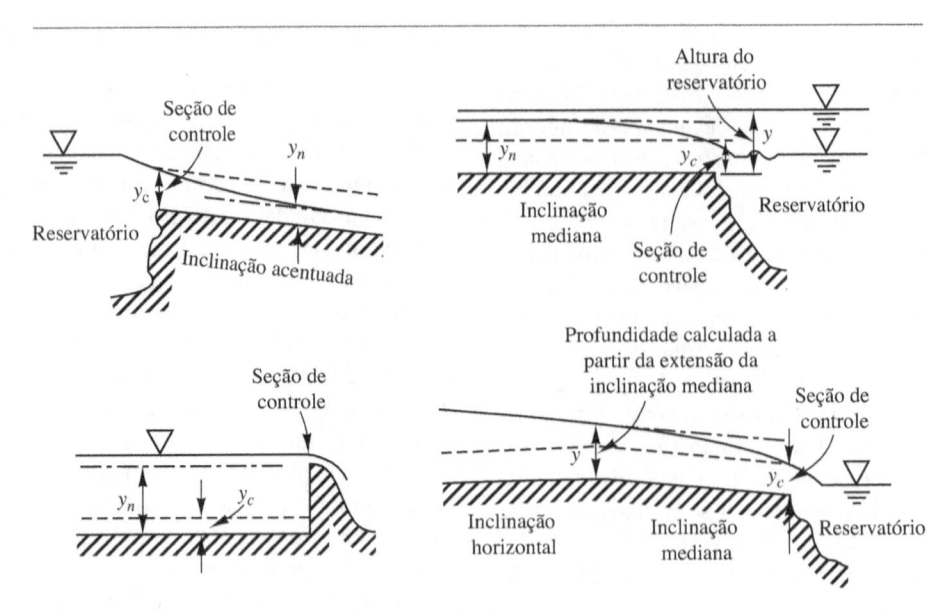

Figura 6.13 Seções de controle em canais abertos.

resolvem perfis de fluxo gradualmente variado. Por exemplo, é o primeiro algoritmo no programa amplamente utilizado HEC-RAS, desenvolvido pelo Corpo de Engenheiros do Exército norte-americano. Para métodos de cálculo menos comuns, o leitor é direcionado ao texto clássico de Ven T. Chow.*

O método das diferenças finitas é derivado diretamente do equilíbrio de energia entre duas seções transversais adjacentes (Figura 6.14) que estão separadas por uma distância suficientemente curta de modo que a superfície da água pode ser aproximada por uma linha reta. A relação de energia entre as duas seções pode ser escrita como

$$\frac{V_2^2}{2g} + y_2 + \Delta z = \frac{V_1^2}{2g} + y_1 + h_L \quad (6.26a)$$

onde Δz é a diferença de elevação no fundo do canal, e h_L é a perda de altura de energia entre as duas seções, conforme mostra a Figura 6.14.

A Equação 6.26a pode ser reescrita como

$$\left(z_2 + y_2 + \frac{V_2^2}{2g}\right) = \left(z_1 + y_1 + \frac{V_1^2}{2g}\right) + \overline{S}_e \Delta L \quad (6.26b)$$

ou

$$E_2' = E_1' + \text{perdas} \quad (6.26c)$$

onde z é a altura posicional (elevação do fundo do canal com relação a alguma linha de referência) e E' é a altura de energia total (posição + profundidade + velocidade). É importante observar que, na Equação 6.26, as seções 1 e 2 representam as seções anterior e superior, respectivamente. Se as seções estiverem numeradas de forma diferente, as perdas devem sempre ser adicionadas ao lado inferior.

O procedimento de cálculo fornece a profundidade correta em uma seção transversal que está a uma distância ΔL de uma seção com profundidade conhecida. Os cálculos começam em uma seção de controle e progridem

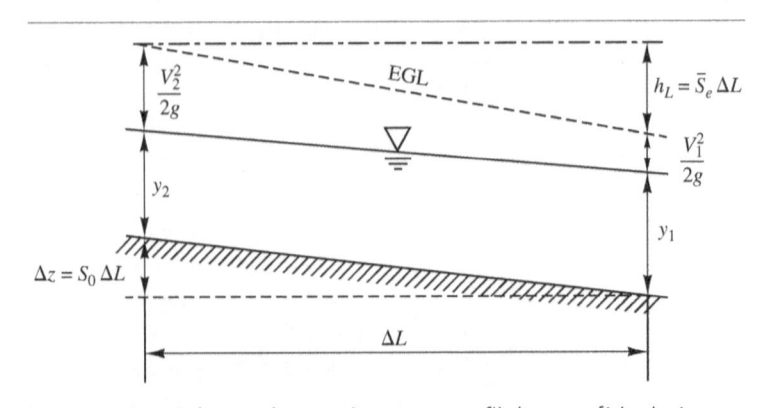

Figura 6.14 Relações de energia em um perfil da superfície da água.

* V. T. Chow, *Open Channel Hydraulics*, Nova York, McGraw-Hill, 1959.

no sentido contrário ao do fluxo (subcrítico) ou no sentido dele (fluxo supercrítico). Para fluxos subcríticos, o perfil da superfície da água é ocasionalmente chamado de curva de remanso, pois o processo se movimenta da parte inferior para a parte superior. De modo análogo, o perfil para fluxos supercríticos é ocasionalmente denominado curva de frente de água.

A Equação 6.26b não pode ser resolvida diretamente para a profundidade desconhecida (ou seja, y_2) porque V_2 e $\bar{S}_e$ dependem de y_2. Portanto, um procedimento iterativo é necessário utilizando aproximações sucessivas para y_2 até que as energias inferior e superior se equilibrem (ou cheguem a uma faixa aceitável). A declividade de energia (S_e) pode ser calculada através da aplicação da equação de Manning, seja em unidades do sistema internacional

$$S_e = \frac{n^2 V^2}{R_h^{4/3}} \quad (6.27a)$$

ou em unidades do sistema britânico,

$$S_e = \frac{n^2 V^2}{2{,}22 R_h^{4/3}} \quad (6.27b)$$

onde $\bar{S}_e$ é a média das declividades de energia (EGL) nas seções superior e inferior. Um procedimento de cálculo tabulado é recomendado, conforme ilustrado nos problemas dos exemplos a seguir.

O leitor mais perspicaz pode perguntar por que ΔL não está resolvido para a Equação 6.26b. Atribuindo uma profundidade à próxima seção, em vez de assumir uma profundidade, a equação poderia ser usada para determinar a distância entre duas seções e evitar todo o processo iterativo. Esse é um procedimento de solução legítimo denominado *direct step method* (método direto), mas ele somente funciona para *canais prismáticos* (canais com declividade e seção transversal uniformes). Quando os perfis da superfície da água são encontrados em canais naturais que não são prismáticos, as seções transversais nesses fluxos são exploradas em campo ou obtidas através de mapas de sistemas de informações geográficas para locais predeterminados, o que estabelece a distância entre as seções. Então, o *standard step method* é utilizado para medir a profundidade do fluxo nessas seções. Felizmente, os perfis da superfície da água costumam ser resolvidos com a ajuda de um software, que acaba por excluir o trabalho árduo do processo iterativo.

6.8.2 *Direct step method*

No *direct step method* (método direto), as equações de fluxo gradualmente variado são reorganizadas para determinar a distância (ΔL) explícita entre duas profundidades de fluxo selecionadas. Esse método é aplicável a canais prismáticos somente porque as mesmas relações geométricas de seções transversais são utilizadas para todas as seções ao longo do canal.

Substituindo as seções 1 e 2 por U e D, respectivamente, e observando que $S_0 = (z_U - z_D)/\Delta L = \Delta z/\Delta L$, a Equação 6.26 é reorganizada da seguinte maneira:

$$\Delta L = \frac{\left(y_D + \dfrac{V_D^2}{2g}\right) - \left(y_U + \dfrac{V_U^2}{2g}\right)}{S_0 - \bar{S}_e} = \frac{E_D - E_U}{S_0 - \bar{S}_e} \quad (6.26d)$$

onde $E = y + V^2/2g$ é a *energia específica*. Na Equação 6.26d, U e D representam as seções superior e inferior, respectivamente. Para o fluxo subcrítico, os cálculos começam na extremidade inferior e progridem até a superior. Nesse caso, y_D e E_D seriam conhecidas. Um valor apropriado para y_U é escolhido, e o valor de E_U associado é calculado. Então, ΔL é determinado por meio da Equação 6.26d. Para o fluxo supercrítico, os cálculos começam na extremidade superior e progridem até a inferior. Nesse caso, y_U e E_U seriam conhecidas. Um valor apropriado para y_D é escolhido, e o valor de E_D associado é calculado. Então, ΔL é determinado por meio da Equação 6.26d.

Exemplo 6.9

Um canal trapezoidal enrocado e betumado ($n = 0{,}025$) com largura de fundo de 4 m e declividade de margens de $m = 1$ transporta uma descarga de 12,5 m³/s em uma declividade de 0,001. Calcule a curva de remanso (perfil da superfície da água superior) criada por uma pequena barragem que contém a água a uma profundidade de 2 m exatamente atrás dela. Especificamente, as profundidades da água são necessárias em pontos críticos de desvio que estão localizados em distâncias de 188 m, 423 m, 748 m e 1.675 m acima da barragem.

Solução

A profundidade normal para esse canal pode ser calculada com a Equação 6.5 (solução iterativa), a Figura 6.4(a) ou um software apropriado. Usando a Figura 6.4(a),

$$\frac{nQ}{k_M S_0^{1/2} b^{8/3}} = \frac{(0{,}025)(12{,}5)}{(1{,}00)(0{,}001)^{1/2}(4)^{8/3}} = 0{,}245$$

A partir da Figura 6.4(a), com $m = 1$, obtemos

$$y_n/b = 0{,}415$$

portanto, $y_n = (4\text{ m})(0{,}415) = 1{,}66$ m.

A profundidade crítica para esse canal pode ser calculada com a Equação 6.13 (solução iterativa), a Figura 6.9(a) ou um software apropriado. Usando a Figura 6.9(a),

$$\frac{Qm^{3/2}}{g^{1/2} b^{5/2}} = \frac{(12{,}5)(1)^{3/2}}{(9{,}81)^{1/2}(4)^{5/2}} = 0{,}125$$

A partir da Figura 6.9(a), obtemos

$my_c/b = 0{,}230$; portanto, $y_c = (4\text{ m})(0{,}230)/1{,}0 = 0{,}92$ m.

Primeiro, vamos utilizar o *standard step method*. Os cálculos do perfil da superfície da água demandam o uso da equação de Manning (Equação 6.27a), que contém as variáveis R_h e V. Lembre-se de que $R_h = A/P$, onde A é a área de fluxo, P é o perímetro molhado e $V = Q/A$.

O procedimento de cálculo apresentado na Tabela 6.4(a) é usado para determinar o perfil da superfície da água. A profundidade exatamente anterior à barragem é a seção de controle, denominada seção 1. Os cálculos do equilíbrio de energia começam nessa seção e progridem no sentido contrário ao fluxo (remanso)

TABELA 6.4 (a) Cálculos do perfil da superfície da água (remanso) usando o *standard step method* (Exemplo 6.9).

(1) Seção	(2) U/D	(3) y (m)	(4) z (m)	(5) A (m²)	(6) V (m/s)	(7) V²/2g (m)	(8) P (m)	(9) R_h (m)	(10) S_e	(11) S_{e(avg)}	(12) h_L (m)	(13) Energia Total (m)
1	D	2,00	0,000	12,00	1,042	0,0553	9,657	1,243	0,000508	0,000538	0,1011	2,156
2	U	1,94	0,188	11,52	1,085	0,0600	9,487	1,215	0,000567	(ΔL = 188 m)		2,188

Observação: A profundidade presumida de 1,94 m é muito alta; a energia não se equilibra. Tente uma profundidade superior de valor mais baixo.

1	D	2,00	0,000	12,00	1,042	0,0553	9,657	1,243	0,000508	0,000554	0,1042	2,159
2	U	1,91	0,188	11,29	1,107	0,0625	9,402	1,201	0,000600	(ΔL = 188 m)		2,160

Observação: A profundidade presumida de 1,91 m está correta. Agora, equilibre a energia entre as seções 1 e 2.

2	D	1,91	0,188	11,29	1,107	0,0625	9,402	1,201	0,000601	0,000673	0,1582	2,319
3	U	1,80	0,423	10,44	1,197	0,0731	9,091	1,148	0,000745	(ΔL = 235 m)		2,296

Observação: A profundidade presumida de 1,8 m é muito baixa; a energia não se equilibra. Tente uma profundidade superior de valor mais alto.

2	D	1,91	0,188	11,29	1,107	0,0625	9,402	1,201	0,000601	0,000659	0,1549	2,315
3	U	1,82	0,423	10,59	1,180	0,0710	9,148	1,158	0,000716	(ΔL = 235 m)		2,314

Observação: A profundidade presumida de 1,82 m está correta. Agora, equilibre a energia entre as seções 3 e 4.

Coluna (1) Os números das seções são arbitrariamente designados da parte inferior para a superior.
Coluna (2) As seções são definidas como inferiores (D) ou superiores (U) para auxiliar no equilíbrio de energia.
Coluna (3) A profundidade do fluxo (metros) é conhecida na seção 1 e presumida na seção 2. Uma vez equilibradas as energias, a profundidade passa a ser conhecida na seção 2, e a profundidade na seção 3 é presumida até que as energias nas seções 2 e 3 se equilibrem.
Coluna (4) A elevação do fundo do canal (metros) acima de alguma linha de referência (por exemplo, o nível médio do mar) é dada. Nesse caso, a linha de referência é tomada como o fundo do canal na seção 1. A declividade do fundo e o intervalo da distância são usados para determinar elevações subsequentes do fundo.
Coluna (5) A área de seção transversal da água (metros quadrados) corresponde à profundidade na seção transversal trapezoidal.
Coluna (6) A velocidade média (metros por segundo) é obtida dividindo-se a descarga pela área na coluna 5.

Coluna (7)   Altura de velocidade (metros).
Coluna (8)   Perímetro molhado (metros) da seção transversal trapezoidal com base na profundidade do fluxo.
Coluna (9)   Raio hidráulico (metros) igual à área na coluna 5 dividida pelo perímetro molhado na coluna 8.
Coluna (10) Declividade de energia obtida a partir da equação de Manning (Equação 6.27a).
Coluna (11) Declividade média da linha de grade de energia das duas seções sendo equilibradas.
Coluna (12) Perda de energia (metros) causada pelo atrito entre as duas seções encontradas usando $h_L = S_{e(avg)}(\Delta L)$ a partir da Equação 6.26b.
Coluna (13) Energia total (metros) deve estar equilibrada entre seções adjacentes (Equação 6.26). As perdas de energia são sempre adicionadas à seção inferior. Além disso, o equilíbrio de energia deve ser muito próximo antes de seguir para o próximo par de seções, ou erros se acumularão nos cálculos seguintes. Assim, ainda que as profundidades devessem chegar o mais perto de 0,01 m, as alturas de energia foram calculadas para o mais próximo de 0,001 m.

TABELA 6.4 (b) Cálculos do perfil da superfície da água (remanso) usando o *direct step method* (Exemplo 6.9).

Seção	U/D	y (m)	A (m²)	P (m)	R_h (m)	V (m/sec)	$V^2/2g$ (m)	E (m)	S_e	ΔL (m)	Distância até a barragem (m)
1	D	2,00	12,00	9,657	1,243	1,042	0,0553	2,0553	0,000508		0
2	U	1,91	11,29	9,402	1,201	1,107	0,0625	1,9725	0,000601	186	186
A distância de 186 m separa as duas profundidades de fluxo (2 m e 1,91 m).											
2	D	1,91	11,29	9,402	1,201	1,107	0,0625	1,9725	0,000601		186
3	U	1,82	10,59	9,148	1,158	1,180	0,0710	1,8910	0,000716	239	425
A distância de 239 m separa as duas profundidades de fluxo (1,91 m e 1,82 m).											

porque o fluxo é subcrítico ($y_c < y_n$). O processo de diferença finita é iterativo; a profundidade do fluxo é presumida na seção 2 até que a energia nas duas primeiras seções combine utilizando a Equação 6.26b. Uma vez determinada a profundidade da água na seção 2, a profundidade do fluxo na seção 3 é presumida até que as energias nas seções 2 e 3 se equilibrem. Esse procedimento gradual continua no sentido contrário ao do fluxo até que todo o perfil da superfície da água seja desenvolvido.

Como a profundidade inicial de 2 m é superior à profundidade normal – que, por sua vez, excede a profundidade crítica –, o perfil possui uma classificação M-1 (Figura 6.12). A profundidade do fluxo se aproximará assintoticamente da profundidade normal à medida que os cálculos progredirem no sentido contrário ao fluxo, conforme mostra a Figura 6.13(c). Uma vez que a profundidade se torne normal, ou relativamente próxima a isso, o procedimento de cálculo se encerra. Os primeiros cálculos desse método são apresentados na Tabela 6.4(a); a conclusão dos cálculos é deixada para os alunos no Problema 6.8.6.

Como o canal considerado neste exemplo é prismático, podemos usar também o *direct step method* para calcular o perfil da superfície da água. A Tabela 6.4(b) é usada para determinar o perfil através da definição e da resolução da Equação 6.26d. Os cálculos na tabela são autoexplicativos. Assim como no *standard step method*, os cálculos começam na extremidade inferior e seguem até a superior. Para a primeira extensão de canal considerada, $y_D = 2$ m é conhecida, e $y_U = 1,91$ m é uma profundidade selecionada com base no perfil da superfície da água (M-1; as profundidades diminuem) e para comparar com a solução do *standard step method*. Em seguida, calculamos a distância entre as seções com essas duas profundidades. Para a extensão seguinte, 1,91 m torna-se a profundidade da parte inferior, e selecionamos $y_U = 1,82$ m. Os resultados são um pouco diferentes daqueles encontrados no *standard step method*. As discrepâncias se devem à natureza iterativa do *standard step method*, no qual os resultados dependem do limite de tolerância selecionado.

Exemplo 6.10

Um canal trapezoidal de concreto áspero ($n = 0,022$), com 3,5 pés de profundidade, declividade das margens $m = 2$ e declividade do leito de 0,012, descarrega 185 cfs de água fresca vinda de um reservatório. Determine o perfil da superfície da água no canal de descarga para 2 por cento da profundidade normal.

Solução

A profundidade normal e a profundidade crítica são calculadas antes de resolver os perfis da superfície da água de modo a se determinar a classificação do fluxo gradualmente variado. A profundidade normal pode ser determinada usando a equação de Manning em conjunto com a Figura 6.4(a):

$$\frac{nQ}{k_M S_0^{1/2} b^{8/3}} = \frac{(0,022)(185)}{(1,49)(0,012)^{1/2}(3,5)^{8/3}} = 0,883$$

Então, a partir da figura, $y_n/b = 0,685$ e $y_n = (0,685)(3,5) = 2,4$ pés. Outra maneira é obter a profundidade normal a partir da equação de Manning e da Tabela 6.1 (usando a substituição sucessiva) ou utilizando um software apropriado.

A profundidade crítica pode ser calculada usando a Equação 6.13 e a Tabela 6.1:

$$\frac{Q^2 T}{gA^3} = \frac{Q^2(b + 2my_c)}{g[(b + my_c)y_c]^3} = \frac{(185)^2[3,5 + 2(2)y_c]}{32,2[(3,5 + 2y_c)y_c]^3} = 1$$

Por meio da substituição sucessiva (ou através de um software apropriado), obtemos

$$Y_c = 2,76 \text{ pés}$$

Como a profundidade crítica excede a profundidade normal, a inclinação do canal é acentuada, e ele é classificado como S-2 (Figura 6.12). A água do reservatório entrará no canal e passará por uma profundidade crítica, conforme mostra a Figura 6.13(a). Como as seções de controle estão na entrada do canal e o fluxo é supercrítico ($y_n < y_c$), os cálculos serão realizados no sentido do fluxo (frente da água) iniciando na profundidade crítica na seção de entrada e se aproximando da profundidade normal assintoticamente. Em um perfil S-2, a elevação da superfície da água altera-se rapidamente no início e aproxima-se da profundidade normal gradativamente. Portanto, utilize cinco seções transversais, incluindo a seção de controle, com distâncias de separação (ΔL) de 2, 5, 10 e 40 pés, respectivamente, no sentido do fluxo. Os primeiros cálculos estão listados na Tabela 6.5(a); o aluno deve concluir os cálculos no Problema 6.8.7.

Também podemos usar o *direct step method* para calcular o perfil da superfície da água neste problema, pois o canal é prismático. Os cálculos estão resumidos na Tabela 6.5(b). Novamente, os cálculos começam na seção superior e progridem no sentido do fluxo. Para a primeira extensão do canal considerada, $y_U = 2,76$ pés é um valor conhecido, e $y_D = 2,66$ pés é uma profundidade que escolhemos com base no tipo de perfil da superfície da água (S-2, as profundidades diminuem) e para comparar com a solução do *standard step method*. Em seguida, calculamos a distância entre as duas seções com essas duas profundidades. Para a extensão seguinte, 2,66 pés é a profundidade superior, e escolhemos $y_D = 2,58$ pés. As discrepâncias entre os métodos *standard step* e *direct step* se devem à natureza iterativa do primeiro método, no qual os resultados dependem do limite de tolerância selecionado.

Exercício computacional para sala de aula – Perfis da superfície da água

Reveja o Exemplo 6.10. Obtenha ou escreva um software apropriado para resolução da profundidade crítica e dos perfis da superfície da água. É possível programar planilhas eletrônicas para execução dessa tarefa, e o modelo de perfil da superfície da água amplamente utilizado denominado HEC-RAS (Corpo de Engenheiros do Exército norte-americano) está disponível gratuitamente na Internet. (Para sugestões, leia o prefácio do livro.) Responda às perguntas a seguir realizando uma análise computacional do canal aberto descrito no Exemplo 6.10 e suas modificações.

(a) Antes de utilizar o software, que dados você imagina serem necessários para avaliar o perfil da superfície da água do Exemplo 6.10? É necessário resolver a profundidade crítica e a profundidade normal? Por quê?

Capítulo 6 ■ Fluxo de água em canais abertos **141**

TABELA 6.5 (a) Cálculos do perfil da superfície da água (frente da água) usando o *standard step method* (Exemplo 6.10).

(1) Seção	(2) y (pés)	(3) z (pés)	(4) A (pés²)	(5) V (pés/s)	(6) V²/2g (pés)	(7) R_h (pés)	(8) S_e	(9) $\overline{S_e}$	(10) $h_L = \overline{S_e}\,\Delta L$ (pés)	(11) Energia Total (pés)
1	2,76	10,000	24,90	7,431	0,857	1,571	0,00659		($\Delta L = 2$)	13,617
2	2,66	9,976	23,46	7,885	0,966	1,524	0,00773	0,00716	0,014	13,616
2	2,66	9,976	23,46	7,885	0,966	1,524	0,00773		($\Delta L = 5$)	13,602
3	2,58	9,916	22,34	8,280	1,065	1,486	0,00882	0,00827	0,041	13,602

Coluna (1) Os números das seções são arbitrariamente designados da parte inferior para a superior.
Coluna (2) A profundidade do fluxo (pés) é conhecida na seção 1 e presumida na seção 2. Uma vez equilibradas as energias, a profundidade passa a ser conhecida na seção 2, e a profundidade na seção 3 é presumida até que as energias nas seções 2 e 3 se equilibrem. Nesta tabela, são mostradas somente as profundidades finais que resultam no equilíbrio de energia.
Coluna (3) A elevação do fundo do canal (pés) acima de alguma linha de referência é dada. Nesse caso, a linha de referência está 10 pés abaixo do fundo do canal na seção 1. A declividade do fundo e o intervalo da distância são usados para determinar elevações subsequentes do fundo.
Coluna (4) A área de seção transversal da água (pés²) corresponde à profundidade. Consulte a Tabela 6.1 para encontrar a equação apropriada.
Coluna (5) A velocidade média (pés/s) é obtida dividindo-se a descarga pela área na coluna 4.
Coluna (6) Altura de velocidade (pés).
Coluna (7) Raio hidráulico (pés) correspondente à profundidade. Consulte a Tabela 6.1 para encontrar a equação apropriada.
Coluna (8) Declividade de energia obtida a partir da equação de Manning (Equação 6.27b).
Coluna (9) Declividade média da linha de grade de energia das duas seções sendo equilibradas.
Coluna (10) Perda de energia (pés) causada pelo atrito entre as duas seções encontradas usando a declividade média da linha de grade de energia.
Coluna (11) Energia total (pés) deve estar equilibrada entre seções adjacentes (Equação 6.26b). As perdas de energia são sempre adicionadas à seção inferior. Além disso, o equilíbrio de energia deve ser muito próximo antes de seguir para o par de seções seguinte, ou erros se acumularão nos cálculos seguintes. Portanto, ainda que as profundidades devessem chegar o mais perto de 0,01 pé, as alturas de energia foram calculadas para o mais próximo de 0,001 pé.

TABELA 6.5 (b) Cálculos do perfil da superfície da água (frente da água) usando o *direct step method* (Exemplo 6.10).

Seção	U/D	y (pés)	A (pés²)	P (pés)	R_h (pés)	V (pés/s)	V²/2g (pés)	E (pés)	S_e	ΔL (pés)	Distância até a barragem (pés)
1	U	2,76	24,90	15,843	1,571	7,431	0,8575	3,6175	0,00659		0
2	D	2,66	23,46	15,396	1,524	7,885	0,9655	3,6255	0,00773	1,66	1,66

A distância de 1,66 pé separa as duas profundidades de fluxo (2,76 pés e 2,66 pés).

| 2 | U | 2,66 | 23,46 | 15,396 | 1,524 | 7,885 | 0,9655 | 3,6255 | 0,00773 | | 1,66 |
| 3 | D | 2,58 | 22,34 | 15,038 | 1,486 | 8,280 | 1,0646 | 3,6446 | 0,00882 | 5,12 | 6,78 |

A distância de 5,12 pés separa as duas profundidades de fluxo (2,66 pés e 2,58 pés).

(b) Utilizando um software para a profundidade normal e a profundidade crítica, insira os dados necessários para determinar essas profundidades. Compare os resultados obtidos com o computador com as respostas fornecidas para o Exemplo 6.10. Existem discrepâncias? Comente.

(c) Utilizando o software para o perfil da superfície da água, insira os dados necessários na avaliação do perfil. Compare os resultados obtidos com o computador com as respostas para as duas primeiras seções do Exemplo 6.10. (As profundidades do canal para as duas seções transversais remanescentes não são fornecidas no exemplo, mas estão disponíveis no Problema 6.8.7.) Existem discrepâncias? Comente.

(d) O que aconteceria com o perfil da superfície da água se a declividade do canal dobrasse? Você precisa calcular uma nova profundidade normal? E uma nova profundidade crítica? Dobre a declividade e calcule o novo perfil da superfície da água. Sua resposta foi correta? Agora, restaure o canal para seus valores originais de declividade.

(e) O que aconteceria com o perfil da superfície da água se a taxa de fluxo do canal dobrasse? Você precisa calcular uma nova profundidade normal? E uma nova profundidade crítica? Dobre a taxa de fluxo e calcule o novo perfil da superfície da água. Sua resposta foi correta? Agora, restaure o canal para seus valores originais de declividade.

(f) Determine a declividade do canal necessária para fazer com que a profundidade normal se iguale à profundidade crítica. Especule sobre como seria o perfil da superfície da água se a profundidade normal fosse maior do que a profundidade crítica. Consulte a Figura 6.13(a) para auxiliá-lo no raciocínio aqui exigido.

Realize quaisquer outras alterações solicitadas por seu professor.

6.9 Projeto hidráulico de canais abertos

Os canais abertos costumam ser projetados para fluxo uniforme ou condições normais e, portanto, equações de fluxo uniforme são usadas na definição da extensão desses canais. O projeto de um canal aberto envolve a escolha do alinhamento, da extensão e da forma do canal, bem como da declividade longitudinal e do tipo de material para revestimento. Em geral, consideramos diversas alternativas hidráulicas viáveis e as comparamos para definir a alternativa mais eficiente em termos de custo. Esta seção discute as considerações hidráulicas envolvidas no projeto do canal.

A topografia do local do projeto, a extensão disponível e as estruturas adjacentes existentes e planejadas controlam o alinhamento do canal. A topografia também controla a declividade do fundo. Considerações sobre a estabilidade da declividade costumam guiar a escolha das declividades das margens. A Tabela 6.6 traz as declividades das margens recomendadas para diferentes tipos de material usados em canais. Podem existir também limitações na profundidade do canal devido ao alto nível do lençol freático no solo ou no leito de rochas subjacente. A maioria dos canais abertos é projetada para o fluxo subcrítico. É importante manter o número de Froude suficientemente abaixo do valor crítico de 1 sob condições de projeto. Se o número de Froude estiver próximo de 1, existe a possibilidade de que o fluxo seja instável e alterne entre as condições subcrítica e supercrítica devido às variações na descarga real.

Os canais são sempre revestidos de modo a evitar que suas laterais e seu fundo se desgastem por conta da tensão de corte exercida pelo fluxo. Os tipos de revestimento disponíveis podem ser categorizados em dois grandes grupos: rígidos e flexíveis. Os *revestimentos rígidos* são inflexíveis – por exemplo, concreto. Os *revestimentos flexíveis* são um tanto maleáveis (com o solo subjacente) e autorregeneráveis, tais como revestimento em cascalho, gabiões e relva. Esta seção se limita à discussão relacionada a canais de terra sem revestimento e canais revestidos com materiais rígidos. Revestimentos flexíveis estão fora

TABELA 6.6 Declividades estáveis das margens para canais.

Material	Declividade da margem[a] (Horizontal:Vertical)
Rocha	Quase vertical
Solos adubados	¼:1
Argila dura ou terra com revestimento em concreto	½:1 a 1:1
Terra com revestimento em pedra ou terra para canais longos	1:1
Argila dura ou terra para pequenos fossos	1½:1
Terra arenosa fofa	2:1 a 4:1
Greda arenosa ou argila porosa	3:1

[a] Se as declividades do canal tiverem de ser cortadas, recomenda-se uma inclinação máxima de 3:1 para as margens.
Fonte: Adaptado de V. T. Chow, *Open Channel Hydraulics*, Nova York, McGraw-Hill, 1959.

do escopo deste livro, mas são discutidos na literatura de Chen e Cotton* e Akan**.

A *borda livre* é a distância vertical entre o topo do canal e a superfície da água que prevalece sob as condições de fluxo do projeto. Essa distância deve ser suficiente para permitir variações na superfície da água causadas por ondas guiadas pelo vento, pela ação das marés, pela ocorrência de fluxos que excedem a descarga planejada e outras causas mais. Não existem regras universalmente aceitas para determinar uma borda livre. Na prática, a escolha da borda livre costuma ser uma questão de julgamento ou é estipulada como parte dos padrões de projeto seguidos. Por exemplo, o *U.S. Bureau of Reclamation* recomenda que a borda livre de um canal não revestido seja calculada da seguinte maneira:

$$F = \sqrt{Cy} \qquad (6.28)$$

onde F = borda livre, y = profundidade do fluxo e C = coeficiente da borda livre. Se F e y estiverem em pés, C varia de 1,5 (para uma capacidade de canal de 20 cfs) a 2,5 (para um canal com capacidade de 3.000 cfs ou mais). Se forem usadas medidas métricas, com F e y em metros, C varia de 0,5 (para uma capacidade de fluxo de 0,6 m³/s) a 0,76 (para uma capacidade de fluxo de 85 m³/s ou mais). Para canais revestidos, o *U.S. Bureau of Reclamation* recomenda que as curvas exibidas na Figura 6.15 sejam usadas para estimar a altura do banco acima da superfície da água e a altura do revestimento acima da superfície da água.

6.9.1 Canais não revestidos

Tanto as margens quanto o fundo dos canais de terra são *erodíveis*. O principal critério para o projeto de canais de terra é que ele não sofra erosão sob as condições de fluxo planejadas. Existem duas abordagens para o projeto de canais erodíveis: o *método da velocidade máxima permitida* e o *método da força de tração*. Por conta de sua simplicidade, vamos discutir o método da velocidade máxima permitida.

O método da velocidade máxima permitida baseia-se na premissa de que um canal não sofrerá erosão se a velocidade média na seção transversal não exceder a *velocidade máxima permitida*. Assim, a seção transversal do canal é projetada de modo que, sob as condições de fluxo planejadas, a velocidade média do fluxo permaneça abaixo do valor máximo permitido, que depende do alinhamento do canal e do tipo de material no qual ele é escavado. A Tabela 6.7 apresenta as velocidades máximas permitidas para

TABELA 6.7 Sugestão de velocidades máximas permitidas em canais.

Material do canal	$V_{máx}$ (pés/s)	$V_{máx}$ (m/s)
Areia e cascalho		
Areia fina	2	0,6
Areia grossa	4	1,2
Cascalho fino[a]	6	1,8
Terra		
Silte arenoso	2	0,6
Argila e silte	3,5	1
Argila	6	1,8

[a] Aplica-se às partículas com diâmetro médio (D_{50}) menor que 0,75 pol. (20 mm).
Fonte: U.S. Army Corps of Engineers. "Hydraulic Design of Flood Control Channels", *Engineer Manual*, EM 1110-2-1601, Washington, DC, Department of the Army, 1991.

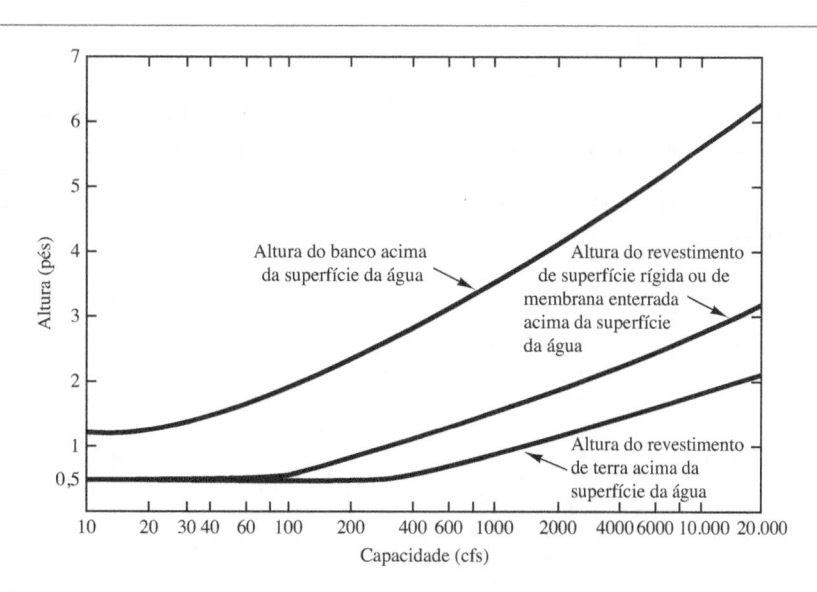

Figura 6.15 Borda livre e altura dos bancos recomendadas para canais revestidos.
Fonte: U.S. Bureau of Reclamation, Linings for irrigation canals, 1976.

* Y. H. Chen e G. K. Cotton, *Design of Roadside Channels with Flexible Linings*, Hydraulic Engineering Circular n. 15, Federal Highway Administration, 1988.
** A. O. Akan, *Open Channel Hydraulics*, Nova York, Butterworth-Heinemann/Elsevier, 2006.

diversos tipos de solo. Segundo Lane*, os valores listados na Tabela 6.7 podem ser reduzidos em 13 por cento para canais moderadamente sinuosos e em 22 por cento para canais muito sinuosos.

Em um problema típico de projeto de canal, seriam fornecidos o material do canal, a declividade do fundo (S_0) e a descarga planejada (Q). O procedimento para medir a seção do canal seria composto pelas seguintes etapas:

1. Para o material do canal especificado, determinar o coeficiente de rugosidade de Manning a partir da Tabela 6.2, uma declividade de margem estável a partir da Tabela 6.6, e a velocidade máxima permitida a partir da Tabela 6.7.
2. Calcular o raio hidráulico (R_h) a partir da equação de Manning reorganizada como

$$R_h = \left(\frac{n V_{\text{máx}}}{k_M \sqrt{S_0}}\right)^{3/2} \quad (6.29)$$

onde $k_M = 1,49$ pés$^{1/3}$/s para o sistema norte-americano convencional de unidades e $1,0$ m$^{1/3}$ para o sistema métrico.

3. Calcular a área de fluxo necessária a partir da equação $A = Q/V_{\text{máx}}$.
4. Calcular o perímetro molhado a partir da equação $P = A/R_h$.
5. Utilizando as expressões para A e P dadas na Tabela 6.1, encontrar a profundidade do fluxo (y) e a largura do fundo (b) simultaneamente.
6. Verificar o número de Froude e certificar-se de que ele não está próximo da unidade.
7. Adicionar uma borda livre (Equação 6.28) e modificar a seção para fins práticos.

Exemplo 6.11

Um canal não revestido a ser escavado em argila dura transportará uma descarga planejada de $Q = 9,0$ m³/s em uma declividade de $S_0 = 0,0028$. Projete as dimensões do canal usando o método da velocidade máxima permitida.

Solução

A partir da Tabela 6.6, $m = 1$ para a argila dura. A partir da Tabela 6.2, utiliza-se $n = 0,022$ (superfície limpa e lisa). Além disso, a partir da Tabela 6.7, $V_{\text{máx}} = 1,8$ m/s. Usando a Equação 6.29 com $k_M = 1$

$$R_h = \left[\frac{0,022(1,8)}{1,00\sqrt{0,0028}}\right]^{3/2} = 0,647 \text{ m}$$

E $A = Q/V_{\text{máx}} = 9/1,8 = 5$ m². Portanto, $P = A/R_h = 5/0,647 = 7,73$ m. Agora, a partir das expressões fornecidas na Tabela 6.1 e usando $m = 1$,

$$A = (b + my)y = (b + y)y = 5 \text{ m}^2$$

e

$$P = b + 2y\sqrt{1 + m^2} = b + 2,83 y = 7,73 \text{ m}$$

Agora temos duas equações com duas incógnitas, y e b. A partir da segunda equação, $b = 7,73 - 2,83y$. Substituindo essa equação na primeira e simplificando, obtemos

$$1,83y^2 - 7,73y + 5,00 = 0$$

Essa equação possui duas raízes, $y = 0,798$ m e $3,43$ m. A primeira raiz resulta em uma largura de canal de $b = 7,73 - 2,83(0,798) = 5,47$ m. A segunda raiz resulta em uma largura de canal de $b = 7,73 - 2,83(3,43) = -1,98$ m. Obviamente, uma largura negativa não possui significado físico. Portanto, o resultado $y = 0,798$ m será usado.

Em seguida, verificamos se o número de Froude está próximo do valor crítico 1. A partir da expressão fornecida para a largura de topo na Tabela 6.1,

$$T = b + 2my = 5,47 + 2(1)0,798 = 7,07 \text{ m}$$

Então, a profundidade hidráulica se torna $D = A/T = 5/7,07 = 0,707$ m, e, por fim,

$$N_F = \frac{V}{\sqrt{gD}} = \frac{1,8}{\sqrt{9,81(0,707)}} = 0,683$$

Esse valor indica que, sob as condições de fluxo planejadas, o fluxo não ficará próximo do valor crítico.

Finalmente, determinamos a borda livre usando a Equação 6.28. Sabe-se que C varia de $0,5$ (para uma capacidade de fluxo de $0,6$ m³/s) a $0,76$ (para uma capacidade de fluxo de 85 m³/s). Considerando que essa variação seja linear, determine C como sendo $0,526$ para $Q = 9,0$ m³/s por interpolação. Logo,

$$F = \sqrt{0,526(0,798)} = 0,648 \text{ m}$$

A profundidade total para o canal é $y + F = (0,798 + 0,648) = 1,45$ m ≈ $1,5$ m (para fins práticos no campo de construção). A largura do fundo de $5,47$ m é aumentada para $5,5$ m pelo mesmo motivo. A largura do topo do canal escavado transforma-se em $b + 2m(y) = 5,5 + 2(1)(1,5) = 8,5$ m.

6.9.2 Canais com limites rígidos

Considera-se que os canais revestidos com materiais como concreto, concreto asfáltico, solo em cimento e enrocamento de cimento possuem limites rígidos. Esses canais não são erodíveis devido à resistência ao cisalhamento do material do revestimento. Em geral, não existe qualquer restrição de projeto com relação à velocidade máxima. Logo, o melhor conceito com relação à seção hidráulica é usar extensões de canais com limites rígidos.

O conceito de melhor seção hidráulica foi discutido na Seção 6.3. Em resumo, a capacidade de transporte de uma seção de canal para determinada área de fluxo é maximizada quando o perímetro molhado é minimizado. Para canais trapezoidais, a melhor seção hidráulica para uma declividade de margem fixa (m) é representada por

$$\frac{b}{y} = 2\left(\sqrt{1 + m^2} - m\right) \quad (6.30)$$

O procedimento para dimensionar uma seção trapezoidal usando a abordagem da melhor seção hidráulica é o seguinte:

---

* E. W. Lane, "Design of Stable Channels", *Transactions of the American Society of Civil Engineers*, v. 120, 1955.

1. Escolha m e determine n para o material de revestimento específico.
2. Avalie a razão b/y a partir da Equação 6.30.
3. Reordene a fórmula de Manning:

$$y = \frac{[(b/y) + 2\sqrt{1 + m^2}]^{1/4}}{[(b/y) + m]^{5/8}} \left(\frac{Qn}{k_M \sqrt{S_0}}\right)^{3/8} \quad (6.31)$$

e encontre y conhecendo todos os termos do lado direito. Então, encontre b.
4. Verifique o número de Froude.
5. Determine a altura do revestimento e a borda livre usando a Figura 6.15 e modifique a seção para fins práticos.

Exemplo 6.12

Um canal trapezoidal revestido em concreto deve transportar uma descarga de 15 m³/s. A declividade do fundo é $S_0 = 0,00095$, e a declividade de margem máxima com base nas regulamentações do local é $m = 2$. Projete as dimensões do canal usando a abordagem da melhor seção hidráulica.

Solução

A partir da Tabela 6.2, $n = 0,013$ para o concreto. Substituindo $m = 2$ na Equação 6.30, obtemos

$$\frac{b}{y} = 2(\sqrt{1 + 2^2} - 2) = 0,472$$

Em seguida, usando a Equação 6.31 com $k_M = 1$ para o sistema métrico,

$$y = \frac{[(0,472) + 2\sqrt{1 + 2^2}]^{1/4}}{[(0,472) + 2]^{5/8}} \left[\frac{(15,0)(0,013)}{1,0\sqrt{0,00095}}\right]^{3/8}$$
$$= 1,69 \text{ m}$$

Então, $b = 0,472(1,69) = 0,798$ m. Para essa seção

$A = (b + my)y = [0,798 + 2(1,69)]1,69 = 7,06 \text{ m}^2$,
$T = b + 2my = 0,798 + 2(2)1,69 = 7,56 \text{ m}$,
$D = A/T = 7,06/7,56 = 0,934 \text{ m}$,
$V = Q/A = 15,0/7,06 = 2,12 \text{ m/s}$, e
$N_F = V/(gD)^{1/2} = 2,12/[9,81(0,933)]^{1/2} = 0,701$.

O número de Froude é suficientemente menor do que o valor crítico de 1.

Por fim, a partir da Figura 6.15 (com $Q = 15$ m³/s = 530 cfs), a altura do revestimento acima da superfície livre é 1,2 pé (0,37 m). Além disso, a borda livre (altura do banco) acima da superfície livre é 2,9 pés (0,88 m). Desse modo, a profundidade planejada para o canal é $y + F = (1,69 + 0,88) = 2,57$ m ≈ 2,6 m (para fins práticos). A largura do fundo de 0,798 m é aumentada para 0,8 m pelo mesmo motivo. A largura do topo do canal é $b + 2m(y) = 0,8 + 2(2)(2,6) = 11,2$ m.

Problemas

(Seção 6.1)

6.1.1 Utilizando os critérios de tempo e espaço, classifique os seguintes cenários de fluxos em canais abertos:
(a) abertura contínua de uma comporta para permitir a entrada da água em um canal prismático;
(b) precipitação pluviométrica sobre um longo telhado inclinado;
(c) fluxo na canaleta do telhado resultante de (b);
(d) fluxo na canaleta superior do telhado quando a precipitação aumenta com o tempo;
(e) fluxo em um canal de navegação prismático; e
(f) fluxo em uma pequena vala causado por um temporal.

6.1.2 Por que o fluxo uniforme é raro em canais naturais? O fluxo estável é raro em canais naturais (por exemplo, rios, valas)? Explique.

(Seção 6.2)

6.2.1 Uma descarga de 2.200 cfs (pés³/s) escoa em um canal trapezoidal a uma profundidade normal de 8 pés. O canal possui declividade de 0,01, largura de fundo de 12 pés e declividades das margens de 1:1 ($H:V$). Determine o coeficiente de Manning da rugosidade do canal. Determine também a faixa de sensibilidade da estimativa do coeficiente de rugosidade se a taxa de fluxo somente puder ser estimada para o limite de ± 200 cfs.

6.2.2 Um canal triangular à beira de uma estrada possui inclinação lateral de 3:1 ($H:V$) e inclinação longitudinal de 0,01. Determine a taxa de fluxo no canal de concreto se for assumido fluxo uniforme quando a largura de topo da água for 2 metros.

6.2.3 Água escoa a uma profundidade de 1,83 m em um canal trapezoidal revestido de cascalho, com largura de fundo de 3 m, inclinações laterais de 2:1 ($H:V$) e declividade de fundo de 0,005. Assumindo fluxo uniforme, qual a descarga no canal? Verifique sua solução usando a Figura 6.4(a).

6.2.4 Determine a profundidade normal para um canal trapezoidal de 4 m de largura que transporta uma descarga de 49,7 m³/s. O canal de terra escavado é bem mantido (limpo) e apresenta declividade de fluxo de 0,2 por cento e inclinações laterais de 4:1 ($H:V$). Resolva usando a Figura 6.4(a) ou a substituição sucessiva. Verifique sua solução usando um software apropriado.

6.2.5 Um canal revestido de relva ($n = 0,02$) tem forma triangular com inclinação das margens de 30° e declividade de fundo de 0,006. Determine a profundidade normal do fluxo quando a descarga for 4 cfs (pés³/s). Verifique sua solução utilizando um software apropriado.

6.2.6 Um tubo de metal corrugado para água de chuvas não está cheio, mas está descarregando 5,83 m³/s. Assumindo fluxo uniforme no tubo de 2 m de diâmetro, determine a profundidade do fluxo se o tubo de 100 m de comprimento sofrer uma diminuição de 2 m na elevação. Verifique seu resultado usando a Figura 6.4(b) e um software apropriado.

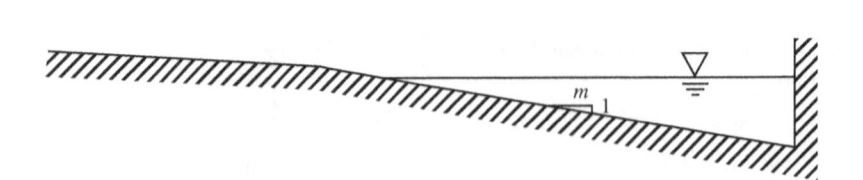

Figura P6.2.7

6.2.7 Um canal triangular em uma autoestrada (Figura P6.2.7) foi projetado para transportar uma descarga de 52 m³/min em uma declividade de 0,0016. O canal tem 0,8 m de profundidade com um lado vertical e outro inclinado a $m:1$ ($H:V$). A superfície do canal é uma escavação de terra bastante lisa e limpa. Determine a inclinação lateral m. Verifique sua solução usando um software apropriado.

6.2.8 Um tubo de metal corrugado para água de chuvas está sendo projetado para transportar uma taxa de fluxo de 6 cfs (pés³/s) enquanto está cheio somente pela metade. Se ele possuir declividade de 0,005, qual será o diâmetro de tubo necessário? Determine também o tamanho do tubo se a condição de projeto previsse fluxo total. Verifique sua solução usando a Figura 6.4(b) e um software apropriado.

6.2.9 Em um canal retangular de 12 m de largura e descarga de 100 m³/s ocorre fluxo uniforme. Se a profundidade normal do fluxo for 3 m, qual será a nova profundidade normal quando a largura do canal diminuir para 8 m? Despreze as perdas. Verifique sua solução usando um software apropriado.

6.2.10 Usando um software apropriado, projete um canal trapezoidal e um canal retangular para transportar 100 cfs (pés³/s) em uma declividade de 0,002. Ambos os canais são revestidos em concreto. Especifique largura, profundidade e inclinações das laterais. Nos dois casos, tente obter canais nos quais a profundidade seja cerca de 60 por cento da largura do fundo.

(Seção 6.3)

6.3.1 Uma área de fluxo de 100 m² é necessária para passagem do fluxo planejado em um canal trapezoidal (melhor seção hidráulica). Determine a profundidade do canal e a largura do fundo.

6.3.2 Usando o Exemplo 6.4 como guia, prove que a melhor seção hidráulica retangular é o meio quadrado.

6.3.3 Um canal aberto ($n = 0,011$) deve ser planejado para transportar 1 m³/s em uma declividade de 0,0065. Encontre o diâmetro da melhor seção hidráulica (semicírculo).

6.3.4 Mostre todas as etapas dos cálculos de progressão da Equação 4 para a Equação 5 no Exemplo 6.4.

6.3.5 Determine as inclinações das margens da melhor seção hidráulica (triangular).

6.3.6 Projete a melhor seção hidráulica (trapezoidal) para transportar 150 pés³/s em uma declividade de 0,01 em um canal de concreto. Verifique sua solução usando um software apropriado.

(Seção 6.4)

6.4.1 Existem duas maneiras de determinar a classificação do fluxo (subcrítico, crítico, supercrítico) em um canal aberto:
(a) calculando o número de Froude (se $N_F < 1$, subcrítico, se $N_F > 1$, supercrítico) ou
(b) calculando a profundidade crítica (y_c) e comparando-a com a profundidade do fluxo (y). Se $y > y_c$, então o fluxo é subcrítico; se $y < y_c$, então o fluxo é supercrítico.

A partir do Exemplo 6.5, calcule a classificação do fluxo e a transição de entrada (onde $y = 3,6$ m) utilizando ambos os métodos.

6.4.2 Determine a profundidade crítica e a profundidade normal para um canal retangular de 4 m de largura com uma descarga de 100 m³/s. O canal é feito de concreto, e a declividade é 1 por cento. Determine também a classificação do fluxo (subcrítico, crítico, supercrítico) quando a profundidade estiver normal.

6.4.3 Água escoa em um longo canal trapezoidal uniforme revestido de tijolo ($n = 0,013$) a uma profundidade de 4,5 pés. A largura de base do canal é 16 pés, as inclinações laterais são 3:1 ($H:V$), e o fundo diminui 1 pé a cada 1.000 pés de comprimento. Determine a velocidade e a classificação do fluxo (subcrítico, crítico, supercrítico). Verifique sua solução com um software apropriado.

6.4.4 Um tubo de concreto de 60 cm de diâmetro em uma declividade de 1:400 transporta água a uma profundidade de 30 cm. Determine a taxa e a classificação de fluxo (subcrítico, crítico, supercrítico). Verifique sua solução com um software apropriado.

6.4.5 Um canal retangular de 10 pés de largura transporta 834 cfs a uma profundidade de 6 pés. Qual é a energia específica do canal? O fluxo é subcrítico ou supercrítico? Se $n = 0,025$, que declividade deve ser fornecida para produzir um fluxo uniforme a essa profundidade? Verifique sua solução com um software apropriado.

6.4.6 Um canal trapezoidal transporta 100 m³/s a uma profundidade de 5 m. Se o fundo do canal possui 5 m de largura e 1:1 de inclinação nas laterais, qual é a classificação do fluxo (subcrítico, crítico, supercrítico)? Qual é sua energia específica? Determine também a altura de energia total se a superfície da água estiver 50 m acima da linha de referência de energia. Verifique sua solução com um software apropriado.

6.4.7 Um canal retangular de 40 pés de largura com uma declividade de fundo de $S = 0,0025$ e um coeficiente de Manning de $n = 0,035$ está transportando uma descarga de 1.750 cfs. Utilizando um software apropriado (ou os métodos convencionais), determine a profundidade normal e a profundidade crítica. Construa também uma curva de energia específica para a descarga.

6.4.8 Um canal trapezoidal com largura de fundo de 4 m e inclinações das laterais de $z = 1,5$ transporta uma descarga de 50 m³/s a uma profundidade de 3 m. Determine o seguinte:
1. a profundidade alternativa para a mesma energia específica;
2. a profundidade crítica;
3. a profundidade do fluxo uniforme para uma declividade de 0,0004 e $n = 0,022$.

Verifique sua solução com um software apropriado.

6.4.9 Uma transição é construída para interligar dois canais trapezoidais com declividades de fundo de 0,001 e 0,0004, respectivamente. Os canais possuem a mesma forma de seção transversal, com largura de fundo de 3 m, inclinação das laterais de $z = 2$ e coeficiente de Manning $n = 0,02$. A transição tem 20 m de comprimento e é projetada para transportar uma descarga de 20 m³/s. Assuma que uma perda de energia de 0,02 m está uniformemente distribuída ao longo da extensão transicional. Determine a alteração nas elevações do fundo nas duas extremidades da transição. Assuma profundidade uniforme (normal) antes e depois da transição e use um software apropriado para auxiliá-lo.

6.4.10 Uma transição hidráulica de 100 pés de comprimento é usada para interligar dois canais retangulares de 12 pés e 6 pés de largura, respectivamente. A descarga planejada é 500 cfs, $n = 0,013$, e as inclinações laterais de ambos os canais são 0,0009. Determine a alteração da elevação do fundo e no perfil da superfície da água na transição se a perda de energia na mesma for de 1,5 e estiver uniformemente distribuída ao longo da extensão da transição. Assuma profundidade uniforme (normal) antes e depois da transição; use um software adequado para ajudá-lo.

(Seção 6.5)

6.5.1 Qual é a diferença entre profundidades alternadas e profundidades subsequentes?

6.5.2 Quando a energia específica de determinada descarga é esboçada sobre a profundidade do fluxo em uma seção, obtém-se uma *curva de energia específica*. A curva de energia específica aproxima-se da abscissa assintoticamente para profundidades menores (fluxo supercrítico) e normalmente se aproxima de uma linha de 45° assintoticamente para profundidades maiores (fluxo subcrítico). Discuta o significado físico desses limites.

6.5.3 Um salto hidráulico ocorre em um canal retangular que possui 7 m de largura. A profundidade inicial é 0,8 m, e a profundidade sequente é 3,1 m. Determine a perda de energia e a descarga no canal. Determine também o número de Froude antes e depois do salto.

6.5.4 Um salto hidráulico ocorre em um canal retangular de 12 pés de largura. Se a taxa de fluxo for 403 cfs e a profundidade inferior for 5 pés, qual será a profundidade superior, a perda de energia no salto e o número de Froude antes e depois dele?

6.5.5 Construa a curva de energia específica e a curva de força específica para um canal retangular de concreto com 3 pés de largura (4,5 pés de altura) que transporta 48 cfs.

6.5.6 Esboce a curva de energia específica e a curva de força específica para um canal retangular de 10 m transportando uma descarga de 15 m³/s. Use incrementos de profundidade de 0,2 m a 1,4 m. Determine também a profundidade crítica e a energia específica mínima e discuta de que maneira uma alteração na descarga afetaria a curva de força específica.

(Seção 6.8)

6.8.1 Identifique todas as classificações para fluxos gradualmente variáveis demonstrados na Figura 6.13. Todas as classificações possíveis são apresentadas na Figura 6.12.

6.8.2 Uma obstrução que está localizada em um canal retangular de 10 pés de largura ($n = 0,022$) possui uma declividade de fundo de 0,005. A profundidade do canal acima da obstrução é de 5 pés. Se a taxa de fluxo for 325 cfs, qual será a classificação do canal e do fluxo (ou seja, S-3, M-2)? Explique seu raciocínio.

6.8.3 Água escoa a uma taxa de 22,8 m³/s em um canal trapezoidal revestido de pedra ($n = 0,04$) com largura de fundo de 3 m, declividades laterais de 2:1 ($H:V$) e declividade do fundo de 0,005. Em determinado local, a declividade do fundo aumenta para 0,022, mas as dimensões do canal permanecem as mesmas. Determine a classificação do canal e do fluxo (ou seja, M-3, S-2) anterior à mudança na declividade. Explique seu raciocínio.

6.8.4 Água vinda da parte inferior de um portão emerge para um canal trapezoidal de concreto. A abertura do portão mede 0,55 m, e a taxa de fluxo é 12,6 m³/s. O canal de entrada possui largura de fundo de 1,5 m, declividades laterais de 1:1 ($H:V$) e declividade de fundo de 0,0015. Determine a classificação do canal e do fluxo (ou seja, M-1, S-2) e explique seu raciocínio.

6.8.5 Em um determinado local, a profundidade do fluxo de um canal retangular largo é 0,73 m. A descarga do canal é 1,6 m³/s por unidade de largura, a declividade do fundo é 0,001, e o coeficiente de Manning é 0,015. Determine a classificação do canal e do fluxo (ou seja, M-1, S-2 etc.) e explique seu raciocínio. A profundidade aumentará ou diminuirá no sentido contrário ao fluxo? Utilizando o *standard step method* (uma etapa), determine a profundidade do fluxo 12 m acima.

6.8.6 Complete o Exemplo 6.9. Nesse problema, as profundidades da água foram necessárias em pontos críticos de desvio em distâncias de 188 m, 423 m, 748 m e 1.675 m acima da barragem. As profundidades foram encontradas somente nos locais 188 m e 423 m. Determine as profundidades de fluxo nos outros dois pontos de desvio usando:

(a) o *standard step method;* e

(b) o *direct step method*.

A profundidade normal foi alcançada na última seção transversal? (*Observação*: Um programa de planilha eletrônica pode ser útil.)

6.8.7 Complete o Exemplo 6.10. Nele, as profundidades da água foram necessárias no canal de descarga até que o nível da água estivesse dentro dos 2 por cento da profundidade normal. As profundidades foram medidas em 2 pés e 7 pés no sentido do fluxo [distâncias de separação (ΔL) de 2 pés e 5 pés], mas ainda falta medi-las nas distâncias de 17 pés e 57 pés. Determine as profundidades do fluxo nessas duas outras localizações usando:

(a) o *standard step method*; e

(b) o *direct step method*.

A profundidade normal foi alcançada (com margem de 2 por cento) na última seção transversal? (Observação: Um programa de planilha eletrônica pode ser útil.)

6.8.8 Um canal trapezoidal possui largura de fundo de 5 m, declividade lateral de $m = 1{,}0$ e descarrega 35 m³/s. O canal de concreto liso (0,011) apresenta declividade de 0,004. Determine a profundidade do fluxo 6 m acima da seção que possui a profundidade mensurada em 1,69 m. Antes, determine a classificação do canal e do fluxo (ou seja, M-1, S-2) e explique seu raciocínio. A profundidade aumentará ou diminuirá no sentido contrário ao fluxo? Use o *standard step method* (uma etapa) para determinar a profundidade.

6.8.9 Na Figura P6.8.9, um canal retangular de 10 m de largura que transporta 16 m³/s apresenta coeficiente de rugosidade de 0,015 e declividade de 0,0016. Se uma barragem de 5 m de altura for colocada no canal e elevar a profundidade da água para 5,64 m na localidade 5 m anteriormente à barragem, qual será a classificação do canal e do fluxo (ou seja, M-2, S-1)? Explique seu raciocínio. Em seguida, determine o perfil da superfície da água a partir da barragem encontrando a profundidade do fluxo nas distâncias 300 m, 900 m, 1.800 m e 3.000 m antes dela. Use uma planilha eletrônica ou um software apropriado para executar os cálculos. (Leia o prefácio deste livro para obter sugestões de programas.)

6.8.12 Um longo canal trapezoidal com coeficiente de aspereza de 0,015, largura de fundo medindo 3,6 m e $m = 2$ transporta uma taxa de fluxo de 44 m³/s. Uma obstrução é encontrada no canal e eleva a profundidade da água para 5,8 m. Se a declividade do canal é 0,001, qual é a classificação do canal e do fluxo (ou seja, M-2, S-1) antes da obstrução? Explique seu raciocínio. Em seguida, calcule o perfil da superfície da água anterior à obstrução encontrando as profundidades em intervalos de 250 m até que a profundidade esteja dentro da faixa da profundidade normal (margem de 2 por cento). Use uma planilha eletrônica ou um software apropriado para executar os cálculos. (Leia o prefácio deste livro para obter sugestões de programas.)

6.8.13 Um canal trapezoidal de concreto de 5 m de largura de fundo e declividades laterais de 1:1 (*H*:*V*) descarrega 35 m³/s. A declividade do fundo do canal é 0,004. Uma barragem é colocada no canal, fazendo que o nível da água se eleve a uma profundidade de 3,4 m. Determine a classificação do canal e do fluxo (ou seja, M-2, S-1) antes da barragem e explique seu raciocínio. Em seguida, calcule o perfil da superfície da água antes da obstrução encontrando as profundidades em intervalos de 50 m até que o salto hidráulico seja alcançado. Use uma planilha eletrônica ou um software apropriado para executar os cálculos. (Leia o prefácio deste livro para obter sugestões de programas.)

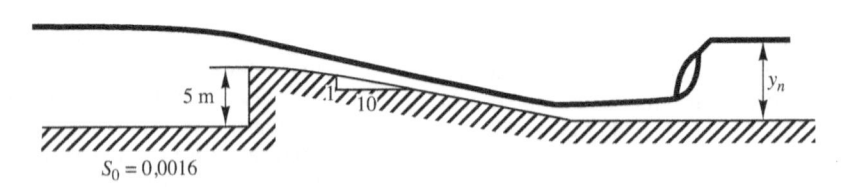

Figura P6.8.9

6.8.10 No Problema 6.8.9, o lado inferior da barragem no sentido do fluxo apresenta declividade de 1/10 até que alcança a declividade original do canal no fundo (Figura P6.8.9). O canal retangular de 10 m de largura transporta 16 m³/s e apresenta coeficiente de rugosidade de 0,015. Determine a classificação do canal e do fluxo (ou seja, M-2, S-1) no lado posterior à barragem e explique seu raciocínio. Determine também a localização e a profundidade da seção de controle. (*Dica*: Consulte as figuras 6.12 e 6.13 após determinar a classificação do canal e do fluxo.) Em seguida, determine o perfil da superfície da água do lado posterior à barragem encontrando a profundidade do fluxo nas distâncias de 0,3 m, 2 m, 7 m e 30 m após o topo da barragem. Use uma planilha eletrônica ou um software apropriado para executar os cálculos. (Leia o prefácio deste livro para obter sugestões de programas.)

6.8.11 Um portão de desvio contém o fluxo em um canal de irrigação retangular de 5 pés de largura ($S_0 = 0{,}001$, $n = 0{,}015$). A descarga no canal é 50 cfs. Considerando que a profundidade do fluxo no portão é 5 pés, determine a classificação do canal e do fluxo (ou seja, M-2, S-1) no lado anterior ao portão e explique seu raciocínio. Em seguida, determine o perfil da superfície da água encontrando a profundidade do fluxo nas distâncias de 200 pés, 500 pés e 1.000 pés antes do portão. Use uma planilha eletrônica ou um software apropriado para executar os cálculos. (Leia o prefácio deste livro para obter sugestões de programas.)

(Seção 6.9)

6.9.1 Um canal de terra será escavado em terreno arenoso no qual $V_{máx} = 4$ pés/s, $n = 0{,}022$, e o *m* recomendado é igual a 3. O canal terá declividade de fundo de 0,0011 e acomodará um fluxo planejado de 303 cfs. Projete a seção do canal (tamanho).

6.9.2 Um canal suficientemente fundo escavado em argila dura (escavação de terra, superfície bastante lisa) possui declividades laterais de $m = 1{,}5$, declividade de fundo de $S_0 = 0{,}001$ e uma largura de fundo de $b = 1$ m. Esse canal pode transportar 11 m³/s sem sofrer erosão?

6.9.3 Um canal trapezoidal revestido de concreto deve transportar 342 cfs. O canal terá declividade de fundo de $S_0 = 0{,}001$ e declividades laterais de $m = 1{,}5$. Projete o canal (tamanho) usando a abordagem da melhor seção hidráulica.

6.9.4 Descobriu-se que a melhor seção hidráulica para o canal descrito no Problema 6.9.3 é $y = 4{,}95$ pés (antes da borda livre) e $b = 3$ pés. Entretanto, a profundidade está limitada a 3,5 pés devido ao alto nível de água no local. Redesenhe a seção do canal considerando a limitação da profundidade.

7 Hidráulica de águas subterrâneas

Águas subterrâneas são encontradas em formações geológicas permeáveis que contêm água e são conhecidas como aquíferos. Existem, basicamente, dois tipos de aquíferos:

1. Um *aquífero confinado* é uma formação que contém água, apresenta permeabilidade relativamente alta (areia ou brita, por exemplo) e está confinada abaixo de uma camada de permeabilidade muito baixa (por exemplo, argila).

2. Um *aquífero não confinado* (ou *aquífero livre*) é uma formação que contém água, apresenta permeabilidade relativamente alta com um lençol aquífero definível, uma superfície livre sujeita à pressão atmosférica de cima e de baixo e na qual o solo está completamente saturado.

A Figura 7.1 apresenta esquematicamente diversos exemplos de ocorrência de águas subterrâneas em formações de aquíferos confinados e livres.

O movimento de águas subterrâneas ocorre por conta do gradiente hidráulico ou da declividade gravitacional da mesma forma que o movimento da água ocorre em tubos ou canais abertos. Nos aquíferos, os gradientes hidráulicos podem ocorrer naturalmente (por exemplo, lençóis aquíferos inclinados) ou como resultado de meios artificiais (por exemplo, bombas de poço).

Em um aquífero confinado, o nível de pressão, ou altura de pressão, é representado pela superfície piezométrica que normalmente tem origem em uma fonte distante tal como a elevação do lençol aquífero em um local de recarga. Uma mola artesiana é formada se o estrato confinado impermeável for perfurado em um local no qual a

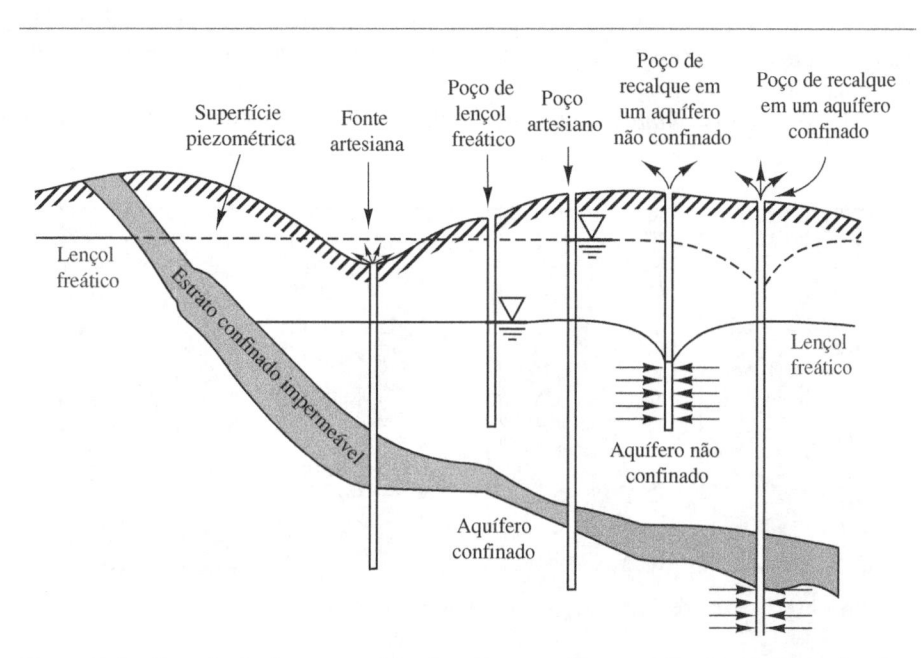

Figura 7.1 Ocorrência de águas subterrâneas em aquíferos confinados e não confinados.

superfície do solo está abaixo da superfície piezométrica. Ela se torna um poço artesiano se a superfície do solo se eleva acima do nível da superfície piezométrica. O lençol de um aquífero não confinado normalmente não tem relação com a superfície piezométrica de um aquífero confinado na mesma região, conforme mostra a Figura 7.1. Isso porque os aquíferos confinados e livres estão hidraulicamente separados pelo estrato confinado impermeável.

A capacidade de um reservatório subterrâneo em uma formação geológica particular depende estritamente do percentual de espaço vazio na formação e do modo como os *espaços intersticiais* estão interligados. Entretanto, a habilidade de remover a água de modo econômico depende de muitos fatores (por exemplo, o tamanho e a interconectividade dos espaços porosos, a direção do fluxo), que serão discutidos adiante. A Figura 7.2 apresenta esquematicamente diversos tipos de formações rochosas e sua relação com o espaço intersticial.

A razão entre o espaço vazio e o volume total de um aquífero (ou uma amostra representativa) é conhecida como a *porosidade* da formação, definida como

$$\alpha = \frac{Vol_v}{Vol} \quad (7.1)$$

onde Vol_v é o volume do espaço vazio, e Vol é o volume total do aquífero (ou da amostra). A Tabela 7.1 lista a faixa de porosidade para formações aquíferas comuns.

7.1 Movimento das águas subterrâneas

A velocidade das águas subterrâneas é proporcional ao gradiente hidráulico na direção do fluxo. A *velocidade aparente* do movimento das águas subterrâneas em um meio poroso é governada pela *lei de Darcy**

$$V = K\frac{dh}{dL} \quad (7.2)$$

onde dh/dL é o gradiente hidráulico na direção do percurso do fluxo (dL), e K é uma constante de proporcionalidade conhecida como *coeficiente de permeabilidade*, algumas

TABELA 7.1 Faixa de porosidade de formações aquíferas comuns.

Material	α
Argila	0,45 a 0,55
Silte	0,40 a 0,50
Areia mista – mediana a grossa	0,35 a 0,40
Areia mista – fina a mediana	0,30 a 0,35
Areia uniforme	0,30 a 0,40
Cascalho	0,30 a 0,40
Cascalho e areia misturados	0,20 a 0,35
Arenito	0,10 a 0,20
Calcário	0,01 a 0,10

vezes chamado de *condutividade hidráulica*. A velocidade aparente é definida pelo quociente de descarga dividido pela área de seção transversal total do estrato do aquífero que percorre.

O coeficiente de permeabilidade depende das propriedades do aquífero e das propriedades do fluxo. Pela análise dimensional, podemos escrever

$$K = \frac{Cd^2\gamma}{\mu} \quad (7.3)$$

onde Cd^2 é uma propriedade do material aquífero, enquanto γ é a gravidade específica e μ é a viscosidade do fluido, respectivamente. A constante C representa as várias propriedades da formação aquífera que afeta o fluxo diferente de d, que é uma dimensão representativa proporcional ao tamanho do espaço intersticial no material do aquífero. O coeficiente de permeabilidade pode ser determinado de modo eficiente por experimentos em laboratório ou testes de campo aplicando-se a equação de Darcy (Equação 7.2), conforme discutiremos a seguir. A Tabela 7.2 apresenta uma faixa representativa dos coeficientes de permeabilidade para algumas formações naturais de solo.

Figura 7.2 Exemplos de textura de rochas e interstícios.

* H. Darcy. *Les Fontaines Publiques de la Ville de Dijon*. Paris, V. Dalmont, 1856.

TABELA 7.2 Faixas de coeficientes de permeabilidade típicos para algumas formações naturais de solo.

Solos	K (m/s)[a]
Argilas	< 10^{-9}
Argilas arenosas	10^{-9} a 10^{-8}
Turfa	10^{-9} a 10^{-7}
Silte	10^{-8} a 10^{-7}
Areias muito finas	10^{-6} a 10^{-5}
Areais finas	10^{-5} a 10^{-4}
Areias grossas	10^{-4} a 10^{-2}
Areia com cascalho	10^{-3} a 10^{-2}
Cascalhos	> 10^{-2}

[a] Para K em (pés/s), multiplique por 3,28; para K em (gpd/pés²), multiplique por 2,12 x 10^6.

A *velocidade do fluxo* (V_s) é a velocidade média em que a água se move entre duas localizações ΔL afastadas no aquífero ao longo de um intervalo de tempo Δt. Ela é diferente da *velocidade aparente* (V) definida na equação de Darcy, pois a água consegue se mover somente nos espaços porosos. As equações apropriadas são

$$V_s = \Delta L/\Delta t \quad e \quad V = Q/A$$

Como a água só consegue trafegar pelos espaços porosos,

$$V_s = Q/(\alpha A) = V/\alpha$$

onde A é área total de fluxo da seção transversal e (αA) representa somente a área aberta (porosa). A velocidade do fluxo não é a *velocidade real* ou a velocidade de uma molécula individual de água à medida que ela viaja pelos espaços porosos. A distância real que as moléculas de água trafegam entre dois pontos quaisquer distantes ΔL no meio poroso não é uma linha reta, mas um percurso tortuoso, que, portanto, deve ser mais longo do que ΔL. Neste capítulo, o movimento das águas subterrâneas é tratado do ponto de vista do engenheiro hidráulico, ou seja, o interesse inicial é sobre o movimento da água no nível macro, não no nível micro. O aspecto mecânico fluido do movimento da partícula de água nos poros não será incluído nesta discussão.

Para uma área A perpendicular à direção do movimento da água no aquífero, a descarga pode ser escrita como

$$Q = AV = KA\frac{dh}{dL} \quad (7.4)$$

A medição em laboratório do coeficiente de permeabilidade pode ser demonstrada pelo exemplo a seguir.

Exemplo 7.1

Uma pequena amostra de um aquífero (areia uniforme) é lacrada em um cilindro de teste (Figura 7.3) para formar uma coluna de 30 cm de altura e 4 cm de diâmetro. Na saída do cilindro, 21,3 cm³ de água são coletados em 2 minutos. Durante o período de teste, observa-se uma diferença de altura piezométrica constante de Δh = 14,1 cm. Determine o coeficiente de permeabilidade da amostra do aquífero.

Solução

A área de seção transversal do volume da amostra é

$$A = \frac{\pi}{4}(4)^2 = 12,6 \text{ cm}^2$$

O gradiente hidráulico é igual à alteração na altura de energia (a altura de velocidade é desprezível no fluxo de águas subterrâneas) por unidade de comprimento do aquífero medido na direção do fluxo.

$$\frac{dh}{dL} = \frac{14,1}{30} = 0,470$$

A taxa de descarga é

$$Q = 21,3 \text{ cm}^3/2 \text{ minutos} = 10,7 \text{ cm}^3/\text{minuto}$$

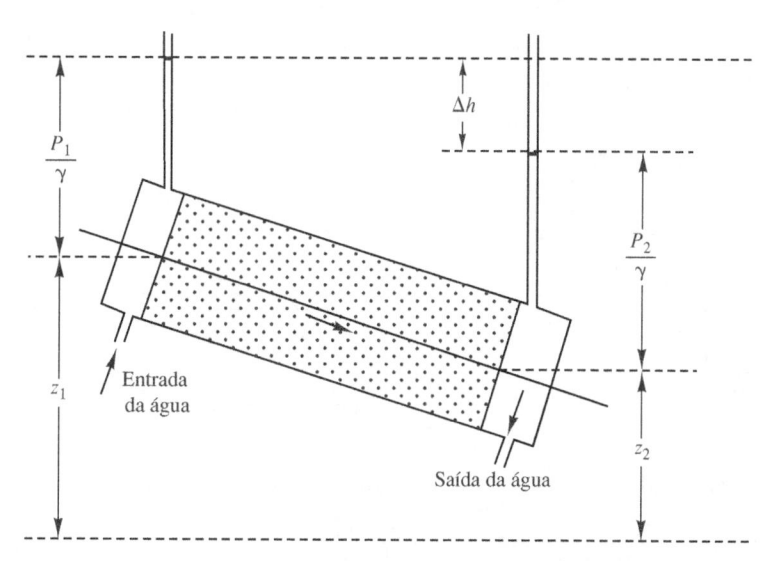

Figura 7.3 Determinação em laboratório do coeficiente de permeabilidade.

Aplicando a lei de Darcy (Equação 7.4), podemos calcular

$$K = \frac{Q}{A} \frac{1}{\left(\frac{dh}{dL}\right)} = \frac{10,7}{12,6} \cdot \frac{1}{0,470}$$

$$= 1,81 \text{ cm}^3/\text{min} \cdot \text{cm}^2 = 3,02 \times 10^{-4} \text{ m/s}$$

Observe que as unidades de permeabilidade são definidas em termos da taxa de fluxo (volume/tempo) por unidade de área do aquífero. Entretanto, a unidade básica pode ser reduzida a uma forma de velocidade. Observe também que o movimento da água é muito lento mesmo na areia, e por isso o componente da altura de velocidade da altura de energia costuma ser ignorado.

Com base na lei de Darcy, foram desenvolvidos no passado diversos tipos diferentes de permeâmetros para medições em laboratório da permeabilidade em pequenas amostras de aquíferos.* Embora os testes de laboratório sejam conduzidos sob condições controladas, essas medições podem não ser representativas da permeabilidade do campo devido ao pequeno tamanho da amostra. Além disso, quando amostras não consolidadas são retiradas do campo e reempacotadas em permeâmetros de laboratório, a textura, a porosidade, a orientação das partículas e o empacotamento podem ser fortemente perturbados e alterados; consequentemente, as permeabilidades são modificadas. Amostras não perturbadas retiradas com tubos de parede fina são melhores, mas também sofrem com perturbações, efeitos das paredes do tubo da amostra, ar entubado e direção do fluxo (ou seja, a direção do fluxo no campo pode ser diferente da direção do fluxo em laboratório na amostra). Para melhor confiabilidade, a permeabilidade de campo dos aquíferos pode ser determinada por testes de bombeamento de poços no campo. Esse método será discutido na Seção 7.4.

7.2 Fluxo radial estável para um poço

Estritamente falando, o fluxo de águas subterrâneas é tridimensional. Entretanto, na maioria das situações de fluxo de aquíferos, o componente vertical é desprezível. Isso resulta do fato de as dimensões horizontais dos aquíferos serem diversas ordens de magnitude maiores do que a dimensão vertical ou espessura do aquífero. Portanto, pode-se assumir que o fluxo em aquíferos acontece horizontalmente com componentes de velocidade nas direções x e y somente. Todas as características do aquífero e do fluxo são consideradas constantes ao longo da espessura do aquífero. De acordo com essa premissa de *fluxo por tipo de aquífero*, podemos dizer que a altura piezométrica é constante em determinada seção vertical de um aquífero. Todas as equações nesta seção e nas seções subsequentes são derivadas com a premissa de que o aquífero é *homogêneo* (as propriedades do aquífero são uniformes) e *isotrópico* (a permeabilidade independe da direção do fluxo) e de que o poço penetra completamente o aquífero.

A remoção de água de um aquífero pelo bombeamento de um poço resulta no fluxo do aquífero para o poço. Isso acontece porque a ação de bombear diminui o nível de água (ou a superfície piezométrica) no poço e forma uma região de depressão de pressão que cerca o poço. Em qualquer dada distância do poço, o *rebaixamento* do nível de água (ou superfície piezométrica) é definido pela distância vertical medida a partir do nível de água original até o nível mais baixo (ou superfície piezométrica). A Figura 7.4(a) apresenta a curva de rebaixamento do nível de água em um aquífero livre; a Figura 7.4(b) mostra a curva de rebaixamento da superfície piezométrica em um aquífero confinado.

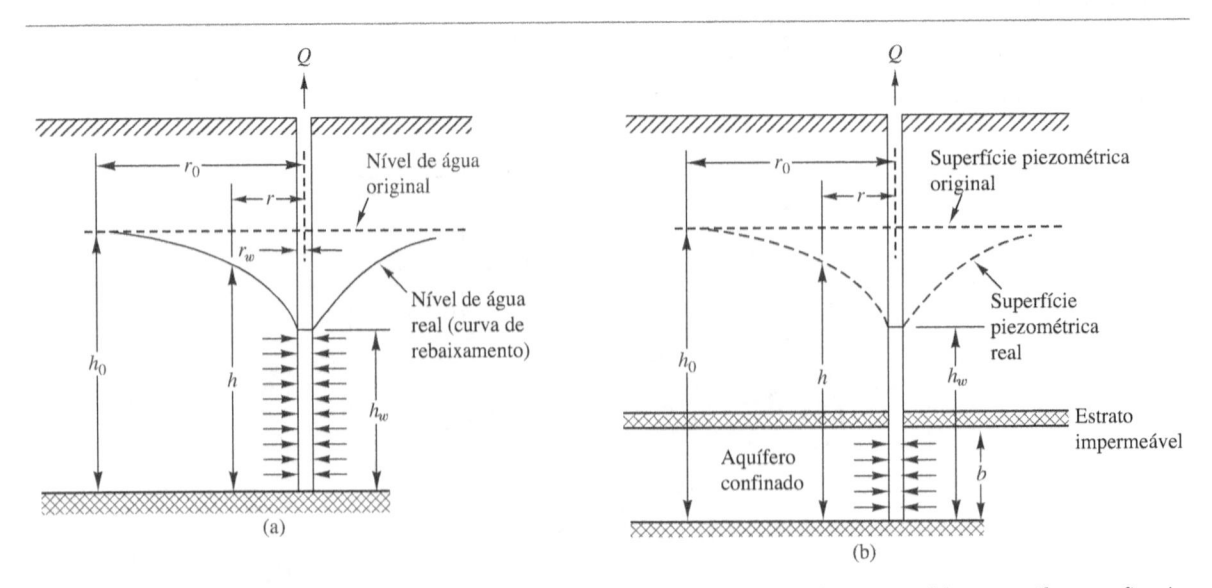

Figura 7.4 Fluxo radial para um poço de bombeamento a partir de (a) um aquífero livre e (b) um aquífero confinado.

---

* L. K. Wenzel. *Methods for Determining Permeability of Water-Bearing Materials with Special Reference to Discharging-Well Methods*. U.S.G.S. Water Supply Paper, v. 887, 1942.

Em um aquífero isotrópico homogêneo, a curva de rebaixamento simétrica ao eixo forma uma geometria cônica comumente conhecida como *cone de depressão*. O limite exterior do cone de depressão define a *área de influência* do poço. O fluxo é dito em estado estável se o cone de depressão não se altera com relação ao tempo. Para que um sistema hidráulico fique no estado estável, o volume de água adicionado ao armazenamento por unidade de tempo deve ser igual à água sendo retirada do armazenamento.

Quando um poço de descarga bombeia água de um aquífero, um estado estável é alcançado somente se o aquífero for recarregado na mesma taxa por um lago ou rio, infiltração de chuvas, vazamento de outro aquífero ou alguma outra fonte de água. Na ausência dessa recarga, um estado estritamente estável não é possível. Entretanto, se o bombeamento continuar a uma taxa constante por algum tempo, um estado aproximado de estabilidade será alcançado à medida que as alterações no cone de depressão se tornarem imperceptíveis.

7.2.1 Fluxo radial estável em aquíferos confinados

A lei de Darcy pode ser diretamente aplicada para derivar a *equação de fluxo radial* que relaciona a descarga ao rebaixamento da altura piezométrica em um aquífero confinado depois de alcançado um estado estável de equilíbrio. Utilizando as coordenadas polares planas com o poço como origem, descobrimos que a descarga fluindo em uma superfície cilíndrica a um raio r do centro do poço é igual a

$$Q = AV = 2\pi r b \left(K \frac{dh}{dr} \right) \qquad (7.5)$$

Nessa equação, b é a espessura do aquífero confinado. Como o fluxo está em estado estável, Q também é igual à *descarga do poço*, taxa de fluxo na qual o poço é bombeado. A altura piezométrica (h) pode ser medida a partir de qualquer linha de referência horizontal. Entretanto, ela é geralmente medida a partir do fundo do aquífero. A Figura 7.4(b) apresenta todas as variáveis.

Integrando a Equação 7.5 entre as condições de fronteira no poço ($r = r_w$, $h = h_w$) e no *raio de influência* ($r = r_0$, $h = h_0$), temos

$$Q = 2\pi K b \frac{h_0 - h_w}{\ln\left(\dfrac{r_0}{r_w}\right)} \qquad (7.6)$$

As equações anteriores se aplicam somente ao fluxo estável onde a descarga permanece um valor constante a qualquer distância do poço. Em outras palavras, o raio de influência não está nem se contraindo nem se expandindo. Uma equação mais geral para a descarga (fluxo estável) pode ser escrita para qualquer distância (r) como

$$Q = 2\pi K b \frac{h - h_w}{\ln\left(\dfrac{r}{r_w}\right)} \qquad (7.7)$$

Eliminando Q entre as equações 7.6 e 7.7, temos

$$h - h_w = (h_0 - h_w) \frac{\ln\left(\dfrac{r}{r_w}\right)}{\ln\left(\dfrac{r_0}{r_w}\right)} \qquad (7.8)$$

que mostra que a altura piezométrica varia linearmente com o logaritmo de distância do poço, independentemente da taxa de descarga.

A *transmissividade* (T, ou *transmissibilidade*) é uma característica de aquíferos confinados definida como $T = Kb$. Em geral, as equações de fluxo confinado são escritas em termos de T substituindo-se Kb por T. Reorganizando a Equação 7.7 e usando a definição de transmissividade, obtemos

$$h = h_w + \frac{Q}{2\pi T} \ln\left(\frac{r}{r_w}\right) \qquad (7.9)$$

Essa equação é útil para determinar a altura piezométrica (h) em qualquer distância r se a altura no poço (h_w) for conhecida. Se a altura for conhecida em uma localização diferente da do poço bombeado – em um poço de observação, por exemplo – então uma equação semelhante poderá ser escrita como

$$h = h_{ob} + \frac{Q}{2\pi T} \ln\left(\frac{r}{r_{ob}}\right) \qquad (7.10)$$

onde r_{ob} é a distância entre o poço bombeado e o poço de observação, e h_{ob} é a altura no poço de observação.

Na maioria dos problemas de águas subterrâneas, estamos mais interessados no rebaixamento do que na altura. O rebaixamento (s) é definido como $s = h_0 - h$, onde h_0 é altura não perturbada. Em termos de rebaixamento, a Equação 7.10 torna-se

$$s = s_{ob} + \frac{Q}{2\pi T} \ln\left(\frac{r_{ob}}{r}\right) \qquad (7.11)$$

A Equação 7.11 pode ser usada para determinar o rebaixamento causado por um único poço de bombeamento. Como as equações de fluxo confinado são lineares, podemos usar o *princípio da superposição* para encontrar o rebaixamento resultante de múltiplos poços de bombeamento. Em outras palavras, o rebaixamento produzido por múltiplos poços em uma determinada localização é a soma dos rebaixamentos produzidos pelos poços individuais. Suponha, por exemplo, que um poço localizado em um ponto A está sendo bombeado a uma taxa constante Q_A e que um poço em um ponto B está sendo bombeado a uma taxa constante Q_B, como ilustra a Figura 7.5.

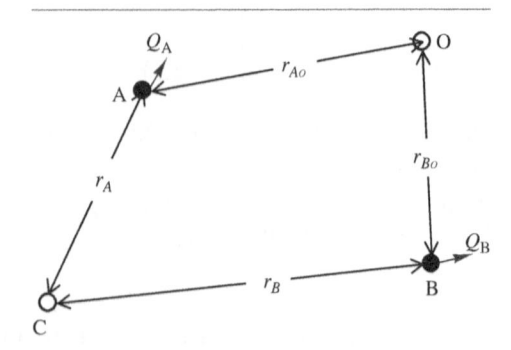

Figura 7.5 Visão plana de um aquífero com dois poços de bombeamento.

Imagine que existe um poço de observação no ponto O no qual o rebaixamento observado é s_{ob}. O rebaixamento (s) no ponto C pode ser calculado usando

$$s = s_{ob} + \frac{Q_A}{2\pi T} \ln\left(\frac{r_{Ao}}{r_A}\right) + \frac{Q_B}{2\pi T} \ln\left(\frac{r_{Bo}}{r_B}\right) \quad (7.12a)$$

onde r_{Ao} é a distância entre o poço bombeado A, e o poço de observação, r_{Bo} é a distância entre o poço bombeado B e o poço de observação, r_A é a distância do poço bombeado A ao ponto no qual se deseja saber o valor de s, e r_B é a distância do poço bombeado B ao ponto no qual se deseja saber o valor de s.

Se existem M poços de bombeamento e o rebaixamento (s_{ob}) é conhecido em um poço de observação, podemos generalizar a Equação 7.12 para obter

$$s = s_{ob} + \sum_{i=1}^{M} \frac{Q_i}{2\pi T} \ln\left(\frac{r_{io}}{r_i}\right) \quad (7.12b)$$

onde Q_i é a taxa de bombeamento constante do poço i, r_{io} é a distância entre o poço de bombeamento i e o poço de observação, e r_i é a distância entre o poço de bombeamento i e o ponto no qual se deseja descobrir o rebaixamento.

Exemplo 7.2

Um poço de descarga que penetra completamente um aquífero confinado é bombeado a uma taxa constante de 2.500 m³/dia. A transmissividade do aquífero é de 1.000 m²/dia. O rebaixamento em estado estável medido a uma distância de 60 m do poço bombeado é 0,8 m. Determine o rebaixamento a uma distância de 150 m do poço bombeado.

Solução
Utilizando a Equação 7.11,

$$s = s_{ob} + \frac{Q}{2\pi T} \ln\left(\frac{r_{ob}}{r}\right) = 0{,}80 + \frac{2.500}{2\pi(1.000)} \ln\left(\frac{60}{150}\right) = 0{,}435 \text{ m}$$

Exemplo 7.3

Dois poços de descarga (1 e 2) penetrando um aquífero confinado são bombeados a taxas constantes de 3.140 m³/dia e 942 m³/dia, respectivamente. A transmissividade do aquífero é de 1.000 m²/dia. O rebaixamento em estado estável medido em um poço de observação é 1,2 m. O poço de observação está a 60 m do poço 1 e a 100 m do poço 2. Determine o rebaixamento em outro ponto do aquífero localizado a 200 m do poço 1 e a 500 m do poço 2.

Solução
A partir da Equação 7.12, podemos escrever

$$s = s_{ob} + \frac{Q_1}{2\pi T} \ln\left(\frac{r_{1o}}{r_1}\right) + \frac{Q_2}{2\pi T} \ln\left(\frac{r_{2o}}{r_2}\right)$$

$$s = 1{,}20 + \frac{3.140}{2\pi(1.000)} \ln\left(\frac{60}{200}\right) + \frac{942}{2\pi(1.000)} \ln\left(\frac{100}{500}\right) = 0{,}357 \text{ m}$$

7.2.2 Fluxo radial estável em aquíferos não confinados

A lei de Darcy pode ser diretamente aplicada para derivar a *equação de fluxo radial* que relaciona a descarga ao rebaixamento da altura piezométrica em um aquífero não confinado depois de alcançado um estado estável de equilíbrio. Utilizando as coordenadas polares planas com o poço como origem, descobrimos que a descarga fluindo em uma superfície cilíndrica a um raio r do centro do poço é igual a

$$Q = AV = 2\pi r h \left(K \frac{dh}{dr}\right) \quad (7.13)$$

Nessa equação, h é medida do fundo do poço do aquífero até o nível da água. Como o fluxo está em estado estável, Q também é igual à *descarga do poço*, taxa de fluxo na qual o poço é bombeado. A Figura 7.4(a) apresenta todas as variáveis.

Integrando a Equação 7.13 entre as condições de fronteira no poço ($r = r_w$, $h = h_w$) e no raio de influência ($r = r_0$, $h = h_0$), temos que

$$Q = \pi K \frac{h_0^2 - h_w^2}{\ln\dfrac{r_0}{r_w}} \quad (7.14)$$

A seleção do raio de influência, r_0, pode ser um tanto arbitrária. A variação de Q é pequena para uma grande faixa de r_0, pois é pequena a influência no poço pelo nível da água em grandes distâncias. Na prática, valores aproximados de r_0 podem ser tomados entre 100 m e 500 m, dependendo da natureza do aquífero e da operação da bomba.

Podemos reorganizar a Equação 7.14 como

$$h_w^2 = h_0^2 - \frac{Q}{\pi K} \ln\left(\frac{r_0}{r_w}\right) \quad (7.15)$$

Uma equação mais geral para qualquer distância r do poço bombeado e um poço de observação a uma distância r_{ob} do poço bombeado pode ser escrita como

$$h^2 = h_{ob}^2 - \frac{Q}{\pi K} \ln\left(\frac{r_{ob}}{r}\right) \quad (7.16)$$

As equações de fluxo não confinado não são lineares em h. Portanto, a superposição dos valores de h não é permitida para múltiplos poços em um aquífero não confinado. Apesar disso, as equações são lineares nas diferenças em h^2.

Logo, para encontrar h em estado estável em um ponto resultante de M poços de bombeamento, podemos usar

$$h^2 = h_{ob}^2 - \sum_{i=1}^{M} \frac{Q_i}{\pi K} \ln\left(\frac{r_{io}}{r_i}\right) \quad (7.17)$$

onde h_{ob} é a altura medida no poço de observação, Q_i é a taxa constante de bombeamento do poço i, r_{io} é a distância entre o poço bombeado i e o poço de observação, e r_i é a distância entre o poço bombeado i e o ponto no qual se deseja conhecer o rebaixamento.

Exemplo 7.4

Um aquífero não confinado de 95 pés de espessura é penetrado por um poço de 8 polegadas de diâmetro que bombeia a uma taxa de 50 galões/minuto (gpm). O rebaixamento no poço é 3,5 pés, e o raio de influência é 500 pés. Determine o rebaixamento a 80 pés do poço.

Solução

Primeiro, precisamos determinar a permeabilidade do aquífero. Substituindo as condições dadas na Equação 7.14 e observando que existem 449 gpm em 1 cfs, obtemos

$$(50/449) = \pi K \frac{(95^2 - 91{,}5^2)}{\ln(500/0{,}333)}$$

$$K = 3{,}97 \times 10^{-4} \text{ pés/s}$$

Agora, podemos usar a Equação 7.16 e a altura conhecida no poço (ou, como alternativa, no raio de influência) como dado do poço de observação.

$$h^2 = 91{,}5^2 - \frac{(50/449)}{\pi(3{,}97 \times 10^{-4})} \ln\left(\frac{0{,}333}{80}\right); h = 94{,}1 \text{ pés}$$

Logo, o rebaixamento é: $s = h_o - h = 95 - 94{,}1 = 0{,}9$ pé.

Exemplo 7.5

Dois poços de descarga (1 e 2) penetrando um aquífero não confinado são bombeados a taxas constantes de 3.000 e 500 m³/dia, respectivamente. A altura do estado estável (ou seja, altura do nível da água) medida em um poço de observação é 40 m. O poço de observação está a 50 m do poço 1 e a 64 m do poço 2. A altura do nível da água medida em um segundo poço de observação localizado a 20 m do poço 1 e a 23 m do poço 2 é 32,9 m. Determine a permeabilidade do aquífero (em m/dia).

Solução

A partir da Equação 7.17,

$$h^2 = h_{ob}^2 - \frac{Q_1}{\pi K}\ln\left(\frac{r_{1o}}{r_1}\right) - \frac{Q_2}{\pi K}\ln\left(\frac{r_{2o}}{r_2}\right)$$

$$32{,}9^2 = 40^2 - \frac{3.000}{\pi K}\ln\left(\frac{50}{20}\right) - \frac{500}{\pi K}\ln\left(\frac{64}{23}\right)$$

Logo, $K = 2{,}01$ m/dia.

7.3 Fluxo radial instável para um poço

O fluxo de águas subterrâneas é considerado instável se as condições de fluxo em um determinado ponto, tais como a altura piezométrica e a velocidade, se alteram com o tempo. Essas alterações também estão associadas às mudanças no volume da água em armazenamento. O *coeficiente de armazenamento* (S, também conhecido como *constante de armazenamento*) é um parâmetro de aquífero que relaciona as alterações no volume da água em armazenamento às mudanças na altura piezométrica. Trata-se de um número adimensional definido à medida que a água é liberada de uma coluna do aquífero (de área unitária) que resulta do rebaixamento do nível de água ou superfície piezométrica por uma altura unitária. O limite superior de S é a porosidade, embora seja impossível remover toda a água armazenada nos poros devido às forças capilares. Apesar de S poder se aproximar da porosidade nos aquíferos livres, seu valor é muito inferior em aquíferos confinados, pois os poros não são drenados. A água é removida por compressão da camada saturada e expansão das águas subterrâneas.

Este livro não contempla equações de águas subterrâneas instáveis e suas soluções. Por isso, somente os resultados serão aqui apresentados.

7.3.1 Fluxo radial instável em aquíferos confinados

Com referência à Figura 7.6, o fluxo radial instável em um aquífero confinado no tempo t é escrito como*

$$\frac{\partial^2 h}{\partial r^2} + \frac{1}{r}\frac{\partial h}{\partial r} + = \frac{S}{T}\frac{\partial h}{\partial t} \quad (7.18)$$

onde S é o coeficiente de armazenamento, e T é a transmissividade. Essas duas características de aquíferos são consideradas constantes ao longo do tempo. Uma solução analítica pode ser obtida para essa equação utilizando a condição inicial $h = h_0$ em $t = 0$ para todo r, e as duas condições de fronteira $h = h_0$ em $r = \infty$, e

$$r\frac{\partial h}{\partial r} = \frac{Q_w}{2\pi T} \quad \text{para} \quad r = r_w \quad \text{e} \quad r_w \to 0$$

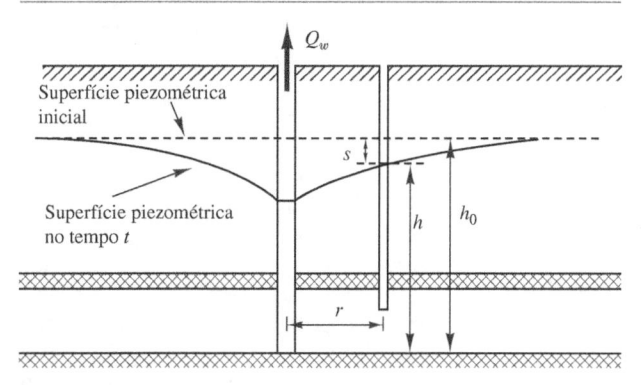

Figura 7.6 Esboço de definição para fluxo confinado instável.

---

* W. C. Walton. *Groundwater Resources Evaluation*. Nova York, McGraw-Hill, 1970.

onde Q_w é uma constante de descarga do poço iniciando em $t = 0$, e r_w é o raio do poço. A condição inicial indica que a superfície piezométrica está em equilíbrio quando o bombeamento começa. A primeira condição de fronteira indica que o aquífero é infinitamente largo – ou seja, não existem fronteiras tais como rios ou lagos afetando o fluxo. A segunda condição de fronteira assume que a taxa de fluxo vindo do aquífero e entrando no poço é igual à descarga do poço. Essa condição também indica que o raio do poço é desprezível se comparado às dimensões horizontais no aquífero, e despreza as mudanças no volume da água ocorridas no poço com o tempo.

Theis* foi o primeiro a apresentar uma solução para a equação confinada instável como

$$h_0 - h = s = \frac{Q_w}{4\pi T} \int_u^\infty \frac{e^{-u}}{u} du \quad (7.19)$$

onde $h_0 - h = s$ é o rebaixamento em um poço de observação a uma distância r do poço de bombeamento, e u é um parâmetro adimensional dado por

$$u = \frac{r^2 S}{4Tt} \quad (7.20)$$

Na Equação 7.20, t é o tempo contado a partir do início do bombeamento.

A integral na Equação 7.19 é comumente escrita como $W(u)$ – conhecida como *função de poço* de u – e a equação se torna

$$s = \frac{Q_w}{4\pi T} W(u) \quad (7.21)$$

A função de poço não é diretamente integrável, mas pode ser avaliada pela série infinita

$$W(u) = -0{,}5772 - \ln u + u - \frac{u^2}{2 \cdot 2!} + \frac{u^3}{3 \cdot 3!} \cdots \quad (7.22)$$

Os valores da função de poço $W(u)$ são dados na Tabela 7.3 para uma ampla faixa de u.

Para um valor razoavelmente alto de t e um valor pequeno de r na Equação 7.20, u torna-se tão pequeno que os termos seguindo "ln u" na Equação 7.22 têm valores ínfimos e podem ser desprezados. Assim, quando $u < 0{,}01$, a equação de Theis pode ser modificada para a formulação de Jacob,** que é escrita como

$$s = h_0 - h = \frac{Q_w}{4\pi T}\left[-0{,}5772 - \ln\frac{r^2 S}{4Tt}\right]$$

$$= \frac{-2{,}30\, Q_w}{4\pi T} \log_{10} \frac{0{,}445\, r^2 S}{Tt} \quad (7.23)$$

A equação de fluxo confinado e sua solução são lineares com relação a s, Q_w e t. Essa propriedade nos permite utilizar a solução de Theis com o conceito de superposição em muitas situações além daquelas para as quais a solução foi obtida pela primeira vez. Suponha que a descarga do poço não é constante e varia conforme mostrado na Figura 7.7. O rebaixamento s no tempo t onde $t_N > t > t_{N-1}$ pode ser encontrado como

$$s = \frac{1}{4\pi T} \sum_{k=1}^{N} (Q_k - Q_{k-1}) \cdot W(u_k) \quad (7.24)$$

onde

$$u_k = \frac{r^2 S}{4\, T(t - t_{k-1})} \quad (7.25)$$

TABELA 7.3 Função de poço, $W(u)$.

u	1,0	2,0	3,0	4,0	5,0	6,0	7,0	8,0	9,0
×1	0,219	0,049	0,013	0,0038	0,0011	0,00036	0,00012	0,000038	0,000012
×10^{-1}	1,823	1,223	0,906	0,702	0,560	0,454	0,374	0,311	0,260
×10^{-2}	4,038	3,355	2,959	2,681	2,468	2,295	2,151	2,027	1,919
×10^{-3}	6,332	5,639	5,235	4,948	4,726	4,545	4,392	4,259	4,142
×10^{-4}	8,633	7,940	7,535	7,247	7,024	6,842	6,688	6,554	6,437
×10^{-5}	10,936	10,243	9,837	9,549	9,326	9,144	8,990	8,856	8,739
×10^{-6}	13,238	12,545	12,140	11,852	11,629	11,447	11,292	11,159	11,041
×10^{-7}	15,541	14,848	14,442	14,155	13,931	13,749	13,595	13,461	13,344
×10^{-8}	17,843	17,150	16,745	16,457	16,234	16,052	15,898	15,764	15,646
×10^{-9}	20,146	19,453	19,047	18,760	18,537	18,354	18,200	18,067	17,949
×10^{-10}	22,449	21,756	21,350	21,062	20,839	20,657	20,503	20,369	20,251
×10^{-11}	24,751	24,058	23,653	23,365	23,142	22,959	22,805	22,672	22,554
×10^{-12}	27,054	26,361	25,955	25,668	25,444	25,262	25,108	24,974	24,857
×10^{-13}	29,356	28,663	28,258	27,970	27,747	27,565	27,410	27,277	27,159
×10^{-14}	31,659	30,966	30,560	30,273	30,050	29,867	29,713	29,580	29,462

* C. V. Theis. "This relation between the lowering of the piezometric surface and the rate and duration of discharge of a well using groundwater storage". *Trans. Am. Geophys. Union*, v. 16, p. 519–524, 1935.
** C. E. Jacob. "Drawdown test to determine effective radius of artesian well". *Trans. ASCE*, v. 112, p. 1047–1070, 1947.

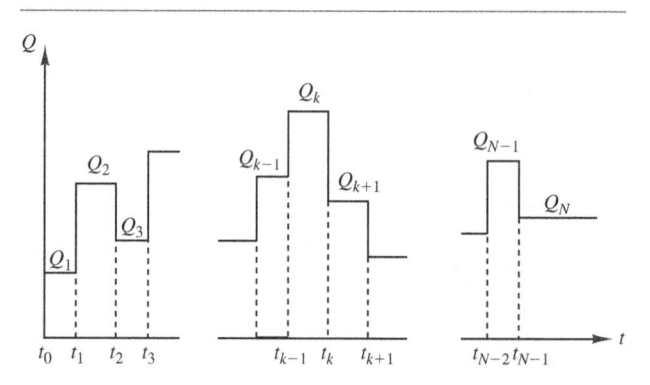

Figura 7.7 Taxa de bombeamento variável.

Observe que se estamos procurando o rebaixamento em algum ponto no tempo após o término do bombeamento, $Q_N = 0$ nessa formulação. Além disso, $Q_0 = 0$ e $t_0 = 0$.

Felizmente, o conceito de superposição também pode ser usado para múltiplos poços. Por exemplo, se M poços começam a bombear simultaneamente em $t = 0$ com descargas constantes Q_j, $j = 1, 2, ..., M$ em um aquífero infinito, o rebaixamento total em um local particular no tempo t é

$$s = \sum_{j=1}^{M} s_j = \frac{1}{4\pi T} \sum_{j=1}^{M} Q_j \cdot W(u_j) \quad (7.26)$$

onde

$$u_j = \frac{r_j^2 S}{4Tt} \quad (7.27)$$

e r_j é a distância entre o poço bombeado j e o ponto no qual se deseja descobrir "s".

Para M poços começando a bombear em tempos t_j diferentes com descargas Q_j constantes em um aquífero infinito, o rebaixamento total ainda pode ser calculado usando-se a Equação 7.26. Entretanto, para esse caso,

$$u_j = \frac{r_j^2 S}{4T(t - t_j)} \quad (7.28)$$

Se M poços apresentarem taxas de bombeamento variáveis, conforme mostra a Figura 7.7, o rebaixamento total ainda pode ser calculado usando-se o método da superposição

$$s = \sum_{j=1}^{M} s_j \quad (7.29)$$

onde s_j é o rebaixamento para o poço j a ser obtido através da aplicação da Equação 7.26 para cada poço individualmente.

7.3.2 Fluxo radial instável em aquíferos não confinados

O mecanismo que governa a liberação de água do armazenamento em um aquífero não confinado é a drenagem gravitacional da água que ocupava alguns dos espaços porosos acima do cone de depressão. Contudo, esse tipo de drenagem não costuma ocorrer instantaneamente. Quando um aquífero não confinado é bombeado, a resposta inicial do aquífero é semelhante à do aquífero confinado. Em outras palavras, a liberação da água é causada principalmente pela compressibilidade do esqueleto e da água do aquífero. Logo, os estágios iniciais de bombeamento de fluxo em um aquífero não confinado podem ser calculados como o fluxo em um aquífero confinado usando-se a solução de Theis e as equações 7.20 e 7.21. O coeficiente de armazenamento a ser usado seria comparável em magnitude ao de um aquífero confinado. Entretanto, à medida que a drenagem gravitacional se inicia, os rebaixamentos são afetados pelo mecanismo e ocorrem desvios da solução de Theis. Uma vez que a drenagem gravitacional esteja totalmente estabelecida em estágios posteriores, o comportamento do aquífero novamente voltará a ser semelhante ao de um aquífero confinado se os rebaixamentos forem muito menores do que a espessura inicial do aquífero. A solução de Theis ainda será aplicável, mas o coeficiente de armazenamento a ser utilizado na equação será o de condições não confinadas.

Um procedimento desenvolvido por Neuman* para calcular os rebaixamentos leva em consideração a drenagem gravitacional retardada. Uma representação gráfica desse procedimento, que também foi apresentado e explicado por Mays,** é dada na Figura 7.8, na qual

$$u_a = \frac{r^2 S_a}{4Tt} \quad (7.30)$$

$$u_y = \frac{r^2 S_y}{4Tt} \quad (7.31)$$

$$\eta = \frac{r^2}{h_0^2} \quad (7.32)$$

com S_a = coeficiente de armazenamento eficiente de tempo inicial, S_y = coeficiente de armazenamento não confinado, $T = Kh_0$, K = coeficiente de permeabilidade, h_0 = elevação inicial do nível da água, e $W(u_a, u_y, \eta)$ = função de poço para aquíferos não confinados com drenagem gravitacional retardada. A Equação 7.30 é aplicável para pequenos valores de tempo e corresponde àqueles segmentos de reta à esquerda dos valores impressos de η na Figura 7.8. A Equação 7.31 é aplicável para valores maiores e corresponde aos segmentos de reta à direita dos valores impressos de η. Uma vez obtido o valor da função de poço a partir da Figura 7.8, o rebaixamento é calculado utilizando-se

$$s = \frac{Q_w}{4\pi T} W(u_a, u_y, \eta) \quad (7.33)$$

---

* S. P. Neumann. "Analysis of pumping test data from anisotropic unconfined aquifers considering delayed gravity response". *Water Resources Research*, v. 11, p. 329–342, 1975.
** L. W. Mays. *Water Resources Engineering*. Nova York, John Wiley and Sons, 2001.

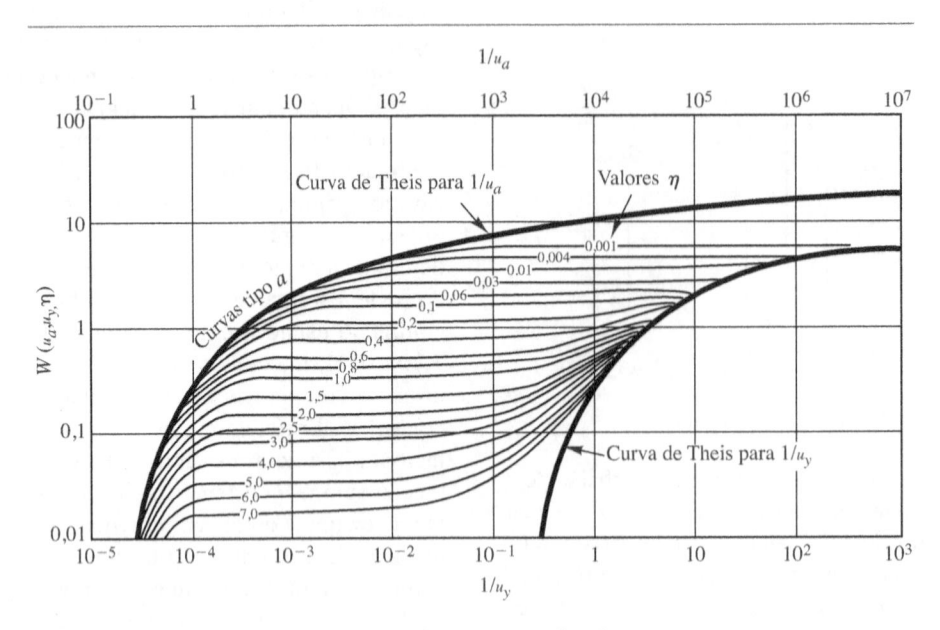

Figura 7.8 Função de poço para aquíferos não confinados.

Exemplo 7.6

Um poço de descarga de alta capacidade penetrando totalmente um aquífero confinado é bombeado a uma taxa constante de 5.000 m³/dia. A transmissividade do aquífero é 1.000 m²/dia, e o coeficiente de armazenamento é 0,0004. Determine o rebaixamento a uma distância de 1.500 m do poço bombeado após 1,5 dia de bombeamento.

Solução

Utilizando a Equação 7.20,

$$u = \frac{r^2 S}{4 T t} = \frac{(1.500)^2 (0,0004)}{4(1.000)(1,5)} = 0,15$$

A partir da Tabela 7.3, obtemos $W(u) = 1,523$. Portanto, usando a Equação 7.21,

$$s = \frac{Q_w}{4\pi T} W(u) = \frac{5.000}{4\pi(1.000)}(1,523) = 0,61 \text{ m}$$

Exemplo 7.7

Suponha que, no Exemplo 7.6, o poço seja fechado após 1,5 dia. Determine o rebaixamento no mesmo local, a 1.500 m do poço bombeado, um dia após o bombeamento ter sido interrompido. Explique a diferença entre o resultado deste exemplo e do Exemplo 7.6.

Solução

Para este problema, utilizaremos o conceito de superposição para fluxo de poço instável, pois a descarga não é constante durante o período de avaliação. Isso requer o uso da Equação 7.24, com $N = 2$, $Q_0 = 0$, $Q_1 = 5.000$ m³/dia, $Q_2 = 0$, $t_0 = 0$ e $t_1 = 1,5$ dia.
Usando a Equação 7.25 para $k = 1$,

$$u_1 = \frac{r^2 S}{4 T (t - t_0)} = \frac{(1.500)^2 (0,0004)}{4(1.000)(2,5 - 0)} = 0,090$$

e para $k = 2$,

$$u_2 = \frac{r^2 S}{4 T (t - t_1)} = \frac{(1.500)^2 (0,0004)}{4(1.000)(2,5 - 1,5)} = 0,225$$

A partir da Tabela 7.3, obtemos $W(u_1) = 1,919$ e $W(u_2) = 1,144$. Agora, utilizando a Equação 7.24, obtemos

$$s = \frac{1}{4\pi T}\{[Q_1 - Q_0] W(u_1) + [Q_2 - Q_1] W(u_2)\}$$

$$s = \frac{1}{4\pi(1.000)}\{(5.000 - 0)(1,919) + (0 - 5.000)(1,144)\} = 0,31 \text{ m}$$

O rebaixamento obtido neste exemplo é menor do que o rebaixamento do Exemplo 7.6. A explicação é que quando o poço é fechado em $t = 1,5$ dia, o rebaixamento é 0,61 m. Nesse tempo, contudo, existe um gradiente hidráulico em direção ao poço devido ao cone de depressão formado. Logo, o fluxo em direção ao poço continuará apesar de o poço estar parado. Como resultado, a superfície piezométrica se elevará. A isso chamamos *recuperação do aquífero*.

Exemplo 7.8

Um poço de descarga penetrando um aquífero confinado será bombeado a uma taxa constante de 60.000 pés³/dia. A que taxa constante um segundo poço será bombeado de modo que o rebaixamento em uma localização crítica a 300 pés do primeiro poço e 400 pés do segundo poço não exceda 5 pés após dois dias de bombeamento? A transmissividade do aquífero é 10.000 pés²/dia, e o coeficiente de armazenamento é 0,0004.

Solução

Para este problema, utilizaremos o conceito de superposição para fluxo instável em um aquífero com múltiplos poços. Para o primeiro poço, usando a Equação 7.27, obtemos

$$u_1 = \frac{r_1^2 S}{4 T t} = \frac{(300)^2 (0,0004)}{4(10.000)(2,0)} = 0,00045$$

e, a partir da Tabela 7.3, $W(u_1) = 7{,}136$. Para o segundo poço, usando a mesma equação obtemos

$$u_2 = \frac{r_2^2 S}{4Tt} = \frac{(400)^2(0{,}0004)}{4(10.000)(2{,}0)} = 0{,}0008$$

e, a partir da Tabela 7.3, $W(u_2) = 6{,}554$. Agora, aplicando a Equação 7.26,

$$s = \frac{1}{4\pi T}[Q_1 \cdot W(u_1) + Q_2 \cdot W(u_2)]$$

$$5{,}0 = \frac{1}{4\pi(10.000)}[60.000(7{,}136) + Q_2(6{,}554)]$$

Resolvendo Q_2, obtemos $Q_2 = 3{,}05 \times 10^4$ pés³/dia.

7.4 Determinação em campo das características dos aquíferos

Os testes de laboratório da permeabilidade do solo (Exemplo 7.1) são realizados com pequenas amostras de solo. Seu valor na resolução de problemas de engenharia depende de quão bem representam todo o aquífero no campo. Quando são usados com relação às condições do campo e as amostras são manuseadas cuidadosamente, os métodos dos testes de laboratório podem ser muito valiosos. Ainda assim, projetos importantes de águas subterrâneas costumam demandar testes de bombeamento no campo para determinar parâmetros hidráulicos do aquífero, tais como permeabilidade, transmissividade e coeficiente de armazenamento. Um poço qualquer é bombeado a uma taxa conhecida, e os rebaixamentos resultantes são medidos, seja no poço bombeado em si ou em um ou mais poços de observação. Os parâmetros do aquífero são, então, determinados a partir das análises dos dados do rebaixamento. A ideia básica da análise dos dados de teste do bombeamento é combinar os rebaixamentos observados com as soluções analíticas disponíveis. Os valores dos parâmetros do aquífero que se deseja encontrar são aqueles que oferecem a melhor adequação entre a teoria e os resultados observados. Algumas vezes, referimo-nos a esse procedimento como *problema inverso*. A permeabilidade e a transmissividade do aquífero podem ser obtidas a partir dos dados de rebaixamento coletados em condições de fluxo estáveis ou instáveis. O coeficiente de armazenamento, entretanto, demandará dados de rebaixamento instáveis.

7.4.1 Teste de equilíbrio em aquíferos confinados

Testes de bombeamento realizados em condições de equilíbrio (estável) são usados para determinar a transmissividade de aquíferos confinados. Se, conforme mostra a Figura 7.9, os rebaixamentos, s_1 e s_2, forem respectivamente medidos em dois poços de observação localizados em distâncias r_1 e r_2 do poço bombeado sob condições estáveis, determinamos a transmissividade (T) reescrevendo a Equação 7.11 como

$$T = \frac{Q_w}{2\pi} \frac{\ln(r_1/r_2)}{(s_2 - s_1)} \qquad (7.34)$$

Lembre-se de que $s = h_o - h$, onde h_o é a altura piezométrica do aquífero não perturbado.

Na maioria dos testes de bombeamento, entretanto, são usados múltiplos poços de observação para caracterizar melhor o aquífero. Para esse fim, podemos reescrever a Equação 7.11 em termos de logaritmos comuns como

$$T = -\frac{2{,}30\,Q_w}{2\pi} \frac{\Delta(\log r)}{\Delta s} \qquad (7.35)$$

onde $\Delta(\log r) = (\log r_2 - \log r_1)$ e $\Delta s = s_2 - s_1$. Quando mais de dois poços de observação estão disponíveis, com base na forma da Equação 7.11, um esboço de s contra r em papel semilogarítmico (com s na escala linear e r na escala logarítmica) produz uma linha reta. Na realidade, nem todos os pontos cairão exatamente sobre uma linha reta. Em geral, desenhamos (estimamos) a linha reta que melhor se ajusta, conforme mostra a Figura 7.10, e usamos a declividade da

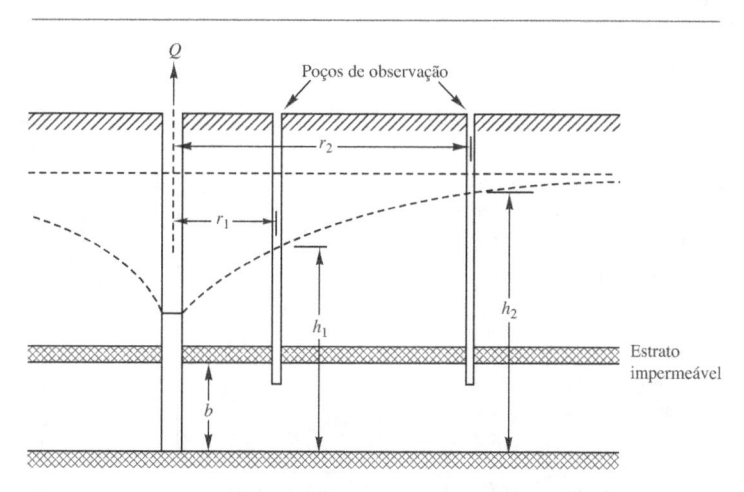

Figura 7.9 Determinação em campo do coeficiente de transmissividade em aquíferos confinados.

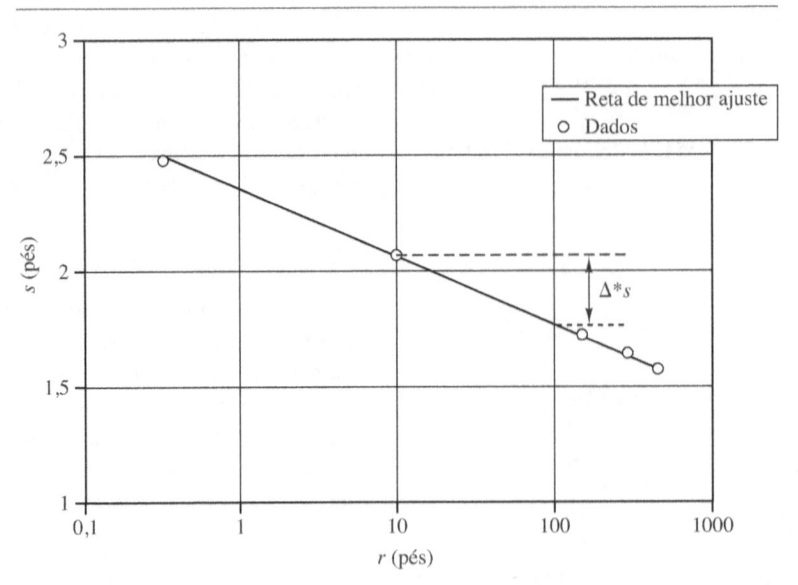

Figura 7.10 Análise de dados de teste de bombeamento estável para aquíferos confinados.

reta para encontrar T. Observe que para qualquer ciclo logarítmico de r, $\Delta(\log r) = 1$. Assim, definir $\Delta^* s$ = diminuição de s por ciclo logarítmico de r resulta em

$$T = \frac{2{,}30\, Q_w}{2\pi\,(\Delta^* s)} \qquad (7.36)$$

Exemplo 7.9

Um teste de campo é realizado em um aquífero confinado bombeando-se a uma descarga constante de 400 pés³/h a partir de um poço de 8 polegadas de diâmetro. Depois de alcançado um estado estável aproximado, um rebaixamento de 2,48 pés é medido no poço de bombeamento, e um rebaixamento de 1,72 pé é medido a 150 pés do poço bombeado. Determine a transmissividade do aquífero.

Solução

Usando a Equação 7.34 com o poço de observação 1 representado pelo poço bombeado, temos

$$T = \frac{Q_w}{2p}\frac{\ln(r_1/r_2)}{s_2 - s_1} = \frac{400}{2p}\frac{\ln(0{,}33/150)}{(1{,}72 - 2{,}48)} = 513 \text{ pés}^2/\text{h}$$

Exemplo 7.10

Para o Exemplo 7.9, suponha que há três poços de observação adicionais disponíveis. Os rebaixamentos medidos em $r = 10$, 300 e 450 pés são, respectivamente, $s = 2{,}07$ pés, 1,64 pé e 1,58 pé. Determine a transmissividade para o aquífero.

Solução

Um esboço de s contra r é preparado em papel semilogarítmico, conforme mostra a Figura 7.10. A partir da linha de melhor adequação, determinamos $\Delta^* s = 0{,}29$ pé. Então, a Equação 7.36 nos fornece a transmissividade.

$$T = \frac{2{,}30\, Q_w}{2\pi\,(\Delta^* s)} = \frac{2{,}30\,(400)}{2\pi\,(0{,}29)} = 505 \text{ pés}^2/\text{h}$$

7.4.2 Teste de equilíbrio em aquíferos não confinados

Em aquíferos não confinados, o coeficiente de permeabilidade, K, pode ser medido com eficiência no campo por meio de testes de bombeamento de poços. Além do poço bombeado, esses testes requerem dois poços de observação que penetram no aquífero. Esses poços de observação estão localizados em duas distâncias arbitrárias r_1 e r_2 do poço bombeado, conforme esquematicamente representado na Figura 7.11. Após bombear o poço a uma descarga constante Q_w por um longo período, os níveis de água nos poços de observação, h_1 e h_2, alcançarão os valores finais de equilíbrio. Os níveis de água de equilíbrio nos poços de observação são medidos para se calcular o coeficiente de permeabilidade do aquífero.

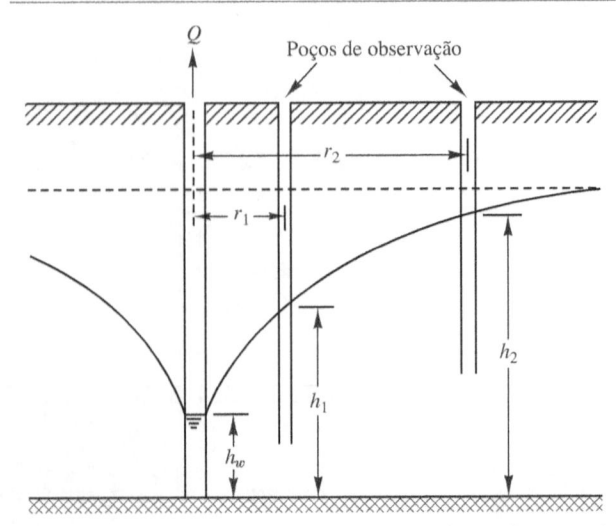

Figura 7.11 Determinação em campo do coeficiente de permeabilidade para aquíferos não confinados.

Para aquíferos não confinados, o coeficiente pode ser calculado integrando-se a Equação 7.13 entre os limites dos dois poços de observação para se obter

$$K = \frac{Q_w}{\pi(h_2^2 - h_1^2)} \ln\left(\frac{r_2}{r_1}\right) \qquad (7.37)$$

Para determinar o coeficiente de permeabilidade quando múltiplos poços de observação estão disponíveis, reescrevemos a Equação 7.37 em termos de logaritmos comuns como

$$K = \frac{2{,}30 Q_w}{\pi} \frac{\Delta(\log r)}{\Delta h^2} \qquad (7.38)$$

onde $\Delta(\log r) = (\log r_2 - \log r_1)$ e $\Delta h^2 = h_2^2 - h_1^2$. Quando mais de dois poços de observação estão disponíveis, um esboço de h^2 contra r em papel semilogarítmico (com h^2 na escala linear e r na escala logarítmica) produz uma linha reta. Na realidade, nem todos os pontos cairão exatamente sobre uma linha reta. Normalmente, desenhamos (estimamos) a linha reta que melhor se ajusta, conforme mostra a Figura 7.12, e usamos a declividade da reta para encontrar K. Observe que para qualquer ciclo logarítmico de r, $\Delta(\log r) = 1$. Assim, definir $\Delta^* h^2$ = aumento de h^2 por ciclo logarítmico de r resulta em

$$K = \frac{2{,}30 Q_w}{\pi(\Delta^* h^2)} \qquad (7.39)$$

Exemplo 7.11

Um poço de 20 cm de diâmetro penetra completamente um nível de água não perturbado de um aquífero não confinado de 30 m de profundidade. Após um longo período de bombeamento a uma taxa constante de 0,1 m³/s, observa-se que os rebaixamentos nas distâncias de 20 m e 50 m do poço são 4 m e 2,5 m, respectivamente. Determine o coeficiente de permeabilidade do aquífero. Qual será o rebaixamento no poço bombeado?

Solução

Com referência à Figura 7.11, as condições dadas são as seguintes: $Q = 0{,}1$ m³/s, $r_1 = 20$ m, $r_2 = 50$ m; além disso, $h_1 = 30$ m – 4 m = 26 m e $h_2 = 30$ m – 2,5 m = 27,5 m. Substituindo esses valores na Equação 7.37, temos

$$K = \frac{0{,}1}{\pi(27{,}5^2 - 26{,}0^2)} \ln\left(\frac{50}{20}\right) = 3{,}63 \times 10^{-4} \text{ m/s}$$

O rebaixamento no poço bombeado pode ser calculado utilizando-se a mesma equação com o valor calculado do coeficiente de permeabilidade e o diâmetro do poço onde $r = r_w = 0{,}1$ m e $h = h_w$. Portanto,

$$3{,}63 \times 10^{-4} = \frac{Q}{\pi(h_1^2 - h_w^2)} \ln\left(\frac{r_1}{r_w}\right) = \frac{0{,}1}{\pi(26^2 - h_w^2)} \ln\left(\frac{20}{0{,}1}\right)$$

a partir do qual temos

$$h_w = 14{,}5 \text{ m}$$

O rebaixamento no poço é $(30 - 14{,}5) = 15{,}5$ m.

Exemplo 7.12

Um teste de campo é realizado em um aquífero não confinado bombeando-se a uma descarga constante de 1.300 pés³/h a partir de um poço de 6 polegadas de diâmetro que penetra o aquífero. A espessura desse aquífero não perturbado é 40 pés. Os rebaixamentos medidos em estado estável em diversos locais são tabulados nas duas primeiras colunas da tabela a seguir. Determine o coeficiente de permeabilidade.

r (pés)	s (pés)	$h = 40 - s$ (pés)	h^2 (pés)
0,25	4,85	35,15	1.236
35,00	1,95	38,05	1.448
125,00	1,35	38,65	1.494
254,00	0,90	39,10	1.529

Solução

Primeiro, calculamos os valores de h^2 conforme mostrado na tabela anterior. Em seguida, preparamos um esboço de h^2 contra r

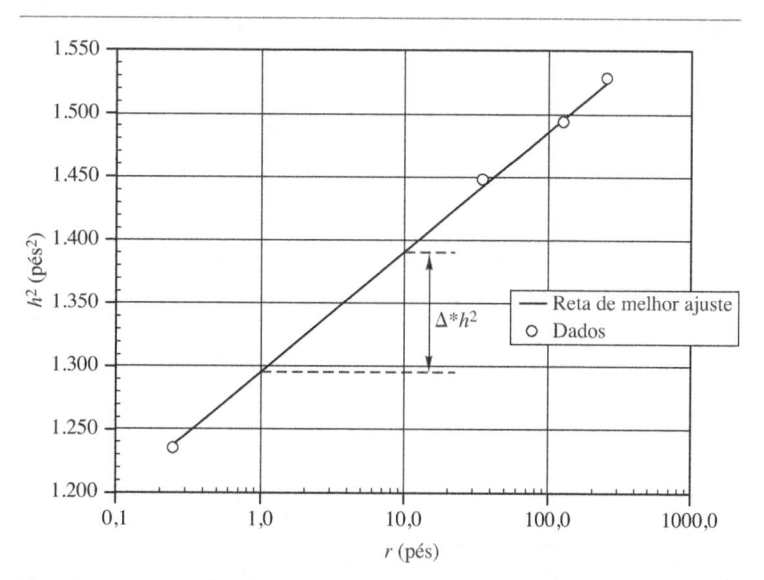

Figura 7.12 Análise de dados de teste de bombeamento estável para aquíferos não confinados.

no papel semilogarítmico, conforme mostrado na Figura 7.12. A partir da linha de melhor adequação, obtemos $\Delta^* h^2 = 95$ pés². Então, utilizando a Equação 7.39,

$$K = \frac{2{,}30\, Q_w}{\pi(\Delta^* h^2)} = \frac{2{,}30(1.300)}{\pi(95)} = 10{,}0 \text{ pés/h}$$

7.4.3 Teste de desequilíbrio

Dados de campo coletados em condições de equilíbrio (estável) podem ser usados para determinar a permeabilidade ou a transmissividade de aquíferos, como discutido nas seções anteriores. O coeficiente de armazenamento pode ser determinado somente se estiverem disponíveis dados de rebaixamento em estado instável. Conforme já mencionado, os procedimentos para determinação das características do aquífero basicamente combinam os dados de campo com as soluções analíticas desenvolvidas para águas subterrâneas. Contudo, soluções analíticas não estão disponíveis para fluxos instáveis em aquíferos não confinados. Logo, os procedimentos aqui discutidos estão limitados a aquíferos confinados. Para fins práticos, os mesmos procedimentos poderão ser aplicados a aquíferos não confinados se os rebaixamentos forem muito pequenos se comparados à espessura do aquífero. Embora vários procedimentos estejam disponíveis para análise de dados de teste de bombeamento instáveis, adotamos aqueles baseados na solução de Jacobs, em função de sua simplicidade.

A solução de Jacobs, previamente apresentada na Equação 7.23, pode ser reescrita em termos de logaritmos comuns como

$$s = \frac{2{,}30\, Q_w}{4\pi T}\left[\log \frac{2{,}25\, Tt}{r^2 S}\right] \quad (7.40)$$

ou

$$s = \frac{2{,}30\, Q_w}{4\pi T}\log \frac{2{,}25\, T}{r^2 S} + \frac{2{,}30\, Q_w}{4\pi T}\log t \quad (7.41)$$

Essa equação indica que um esboço de s contra t em papel semilogarítmico (com s no eixo linear e t no eixo logarítmico) deve resultar em uma reta, conforme mostra a Figura 7.13. A declividade dessa reta ($\Delta s/\Delta \log t$) é igual a ($2{,}3 Q_w/4\pi T$). Portanto,

$$T = \frac{2{,}30\, Q_w}{4\pi}\frac{\Delta \log t}{\Delta s}$$

Para qualquer ciclo logarítmico de t, $\Delta \log t = 1$. Assim,

$$T = \frac{2{,}30\, Q_w}{4\pi(\Delta°s)} \quad (7.42)$$

onde $\Delta°s$ = aumento em s por ciclo logarítmico de t. Além disso, a partir da Equação 7.40 podemos mostrar que

$$S = \frac{2{,}25\, T\, t_o}{r^2} \quad (7.43)$$

onde r = distância entre o poço bombeado e o poço de observação, e t_o = valor do tempo quando a reta de melhor adequação intercepta o eixo horizontal conforme mostrado na Figura 7.13. A Equação 7.43 é obtida simplesmente definindo-se $t = t_o$ para $s = 0$ na Equação 7.40.

Quando a solução de Jacobs foi inicialmente apresentada na Equação 7.23, ressaltamos que ela era válida somente para valores pequenos de u (ou valores grandes de t). Portanto, o teste de bombeamento deve durar o suficiente para que os rebaixamentos observados satisfaçam a Equação 7.40 para que a análise da melhor reta seja aplicável. Senão, os pontos de dados não formarão uma reta. Algumas vezes, quando traçamos os pontos de dados, vemos que os pontos para valores mais altos de t formam

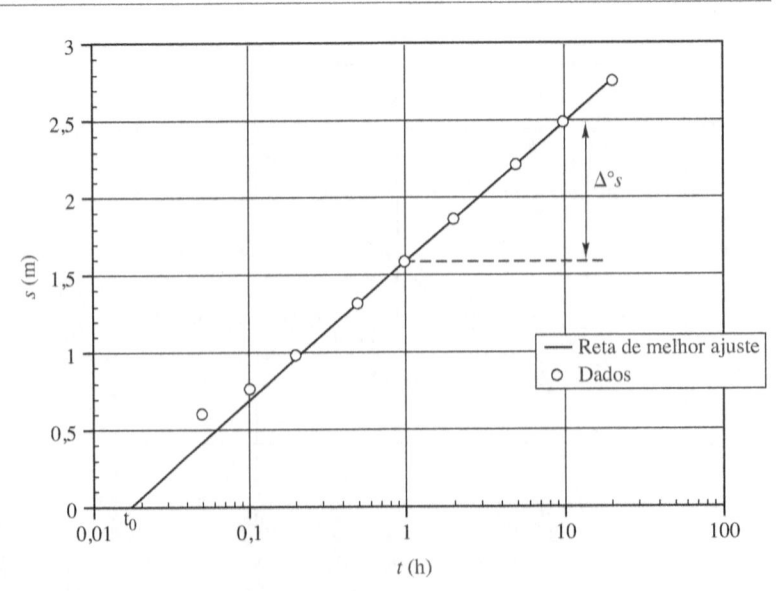

Figura 7.13 Análise de dados de teste de bombeamento instável a partir de um único poço de observação.

uma reta, enquanto os pontos para valores menores de t não recaem sobre a reta. Nesse caso, simplesmente desprezamos os pequenos pontos de t se dispusermos de pontos de dados suficientes para obter uma reta. A interpretação é que os pontos de dados para os pequenos valores de t não satisfazem a solução de Jacobs, portanto não serão utilizados na análise.

Quando dados de rebaixamento de mais de um poço de observação estão disponíveis, o procedimento descrito anteriormente pode ser aplicado a cada poço individualmente. Então, podemos usar as médias dos valores de T e S obtidas a partir de diferentes poços. Como alternativa, podemos utilizar todos os dados de uma única vez. Para isso, a Equação 7.40 é reescrita como

$$s = \frac{2{,}30\,Q_w}{4\,\pi\,T}\left[\log\frac{2{,}25\,T/(r^2/t)}{S}\right] \quad (7.44)$$

ou

$$s = \frac{2{,}30\,Q_w}{4\pi\,T}\log\frac{2{,}25\,T}{S} - \frac{2{,}30\,Q_w}{4\pi\,T}\log\frac{r^2}{t} \quad (7.45)$$

Conforme indicado pela Equação 7.45, um esboço de s contra r^2/t em papel semilogarítmico (s no eixo linear e r^2/t no eixo logarítmico) forma uma linha reta, como mostra a Figura 7.14. A declividade dessa reta é

$$\frac{\Delta s}{\Delta \log(r^2/t)} = -\frac{2{,}30\,Q_w}{4\pi\,T}$$

Resolvendo T,

$$T = -\frac{2{,}30\,Q_w}{4\,\pi}\frac{\Delta\log(r^2/t)}{\Delta s}$$

Para qualquer ciclo logarítmico de r^2/t, temos $\Delta\log(r^2/t) = 1$. Portanto, definindo $\Delta^+ s$ como a diminuição em s por ciclo logarítmico de r^2/t, obtemos

$$T = \frac{2{,}30\,Q_w}{4\,\pi\,(\Delta^+ s)} \quad (7.46)$$

Além disso, definindo $(r^2/t)_o$ como os valores de r^2/t onde a reta intercepta o eixo horizontal,

$$S = \frac{2{,}25\,T}{(r^2/t)_o} \quad (7.47)$$

Exemplo 7.13

Um teste de bombeamento foi realizado em um aquífero confinado usando uma descarga constante de bombeamento de 8,5 m³/h. Os rebaixamentos são medidos em um poço de observação localizado a 20 m do poço bombeado e são mostrados na tabela a seguir. Determine a transmissividade e o coeficiente de armazenamento do aquífero.

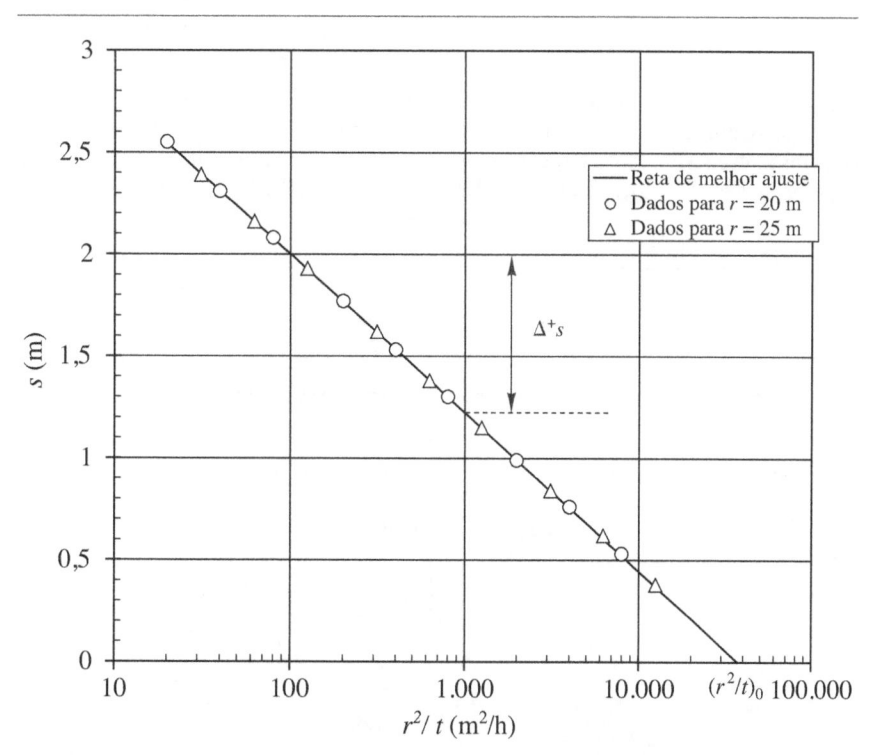

t (hora)	0,05	0,10	0,20	0,50	1,00	2,00	5,00	10,0	20,0
s (m)	0,60	0,76	0,98	1,32	1,58	1,86	2,21	2,49	2,76

Figura 7.14 Análise de dados de teste de bombeamento instável a partir de múltiplos poços de observação.

Solução

Os dados observados são esboçados, e a reta de melhor adequação é desenhada como ilustra a Figura 7.13. A partir dessa reta, obtemos $\Delta°s = 0{,}9$ m. Portanto, a Equação 7.42 resulta em

$$T = \frac{2{,}30 \, Q_w}{4 \, \pi (\Delta°s)} = \frac{2{,}30(8{,}5)}{4\pi(0{,}90)} = 1{,}73 \text{ m}^2/\text{h}$$

Além disso, a partir da Figura 7.13, obtemos $t_o = 0{,}017$ h. A partir da Equação 7.43, obtemos

$$S = \frac{2{,}25 \, T \, t_o}{r^2} = \frac{2{,}25(1{,}73)(0{,}0170)}{(20)^2} = 1{,}65 \times 10^{-4}$$

Exemplo 7.14

Um teste de bombeamento foi realizado em um aquífero confinado usando uma descarga constante de bombeamento de 8,5 m³/h. Os rebaixamentos medidos em poços de observação localizados a 20 m e a 25 m do poço bombeado estão listados na tabela a seguir. Analise os dados disponíveis em conjunto e determine a transmissividade e o coeficiente de armazenamento do aquífero.

	Em $r = 20$ m	Em $r = 25$ m	Em $r = 20$ m	Em $r = 25$ m
t (h)	s (m)	s (m)	r^2/t (m²/h)	r^2/t (m²/h)
0,05	0,53	0,38	8.000	12.500
0,10	0,76	0,62	4.000	6.250
0,20	0,99	0,84	2.000	3.125
0,50	1,30	1,15	800	1.250
1,00	1,53	1,38	400	625
2,00	1,77	1,62	200	312,5
5,00	2,08	1,93	80	125
10,00	2,31	2,16	40	62,5
20,00	2,55	2,39	20	31,25

Solução

Os valores de r^2/t são calculados primeiro para os poços de observação, conforme listados nas duas últimas colunas da tabela anterior. Então, todos os dados disponíveis são esboçados, conforme mostrado na Figura 7.14, e a reta de melhor adequação é traçada.

A partir dessa reta, obtemos $\Delta^+s = 0{,}78$ m e $(r^2/t)_o = 37.500$ m²/h. Resolvendo as equações 7.46 e 7.47, obtemos

$$T = \frac{2{,}3 \, Q_w}{4 \, \pi (\Delta^+s)} = \frac{2{,}3(8{,}5)}{4\pi(0{,}78)} = 1{,}99 \text{ m}^2/\text{h}$$

$$S = \frac{2{,}25 \, T}{(r^2/t)_o} = \frac{2{,}25(1{,}99)}{37.500} = 1{,}19 \times 10^{-4}$$

7.5 Fronteiras de aquíferos

As discussões anteriores sobre a hidráulica de poços assumiram que os aquíferos impactados eram uniformes (homogêneos e isotrópicos) e de extensão infinita, o que resultou em padrões de rebaixamento radialmente simétricos. Muitas vezes, esses padrões de rebaixamento sofrem impactos causados pelas fronteiras do aquífero, tais como estratos impermeáveis (sem fronteira de fluxo) e corpos de água como lagos e rios (fronteira de altura constante). Se a fronteira do aquífero estiver localizada dentro do raio de influência do poço de bombeamento, então a forma da curva de rebaixamento poderá ser significativamente modificada, o que, em contrapartida, afeta a taxa de descarga prevista pelas equações de fluxo radial.

A solução para os problemas de fronteira de aquíferos geralmente pode ser simplificada aplicando-se o *método das imagens*. Poços de imagem hidráulica são fontes imaginárias, com a mesma força (ou seja, taxa de fluxo) do poço original, posicionados do lado oposto ao da fronteira para representar seu efeito. A Figura 7.15 apresenta o efeito de uma fronteira impermeável penetrando totalmente em um poço localizado a uma pequena distância dela. Observe que a fronteira impermeável produz um rebaixamento maior e agita o padrão radialmente simétrico. A Figura 7.16 apresenta a aplicação do método das imagens posicionando um poço imaginário de mesma força (Q) à mesma distância da fronteira, mas no lado oposto. Assim, a condição original de fronteira é hidraulicamente substituída

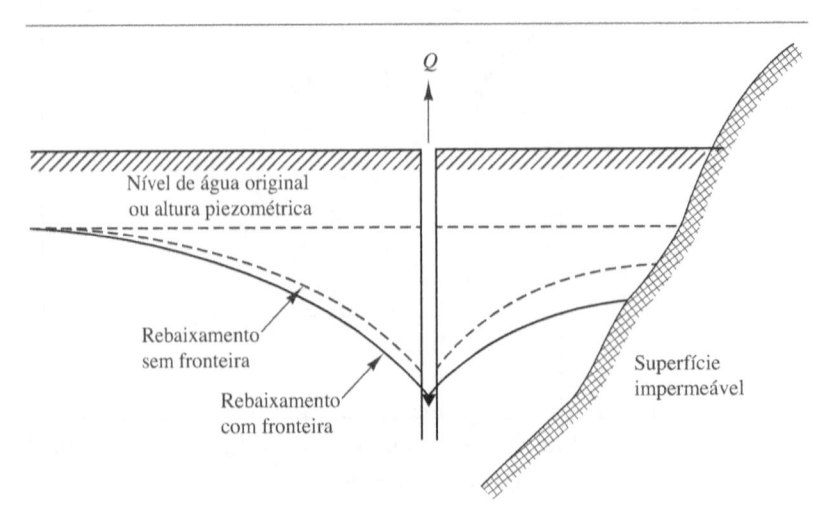

Figura 7.15 Poço de bombeamento próximo a uma fronteira impermeável penetrante.

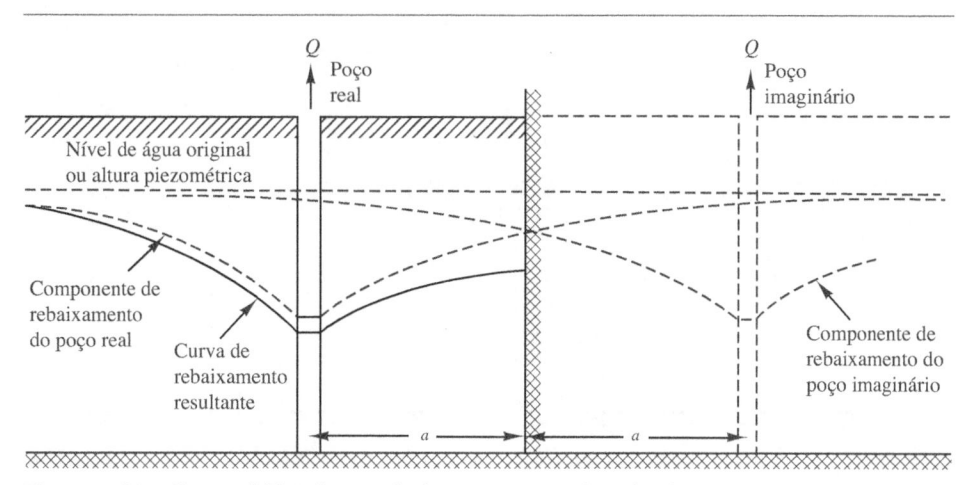

Figura 7.16 Sistema hidráulico equivalente com poço imaginário.

pelo sistema de poços duplos no aquífero hipoteticamente uniforme de extensão infinita.

Os cálculos para determinação da curva de rebaixamento para poços impactados por fronteira totalmente penetrantes dependem do tipo do aquífero. Para aquíferos confinados, os dois poços (ou seja, o poço real e o poço imagem) mostrados na Figura 7.16 afetam-se hidraulicamente de modo que as curvas de rebaixamento podem ser linearmente sobrepostas. Assim, utilizando o *princípio da superposição*, a curva de rebaixamento resultante é encontrada adicionando-se as curvas de rebaixamento dos dois poços. Observe também que o poço imaginário e o poço real se compensam na linha de fronteira, criando um gradiente hidráulico horizontal ($dh/dr = 0$); como resultado, não existe fluxo na fronteira. Aquíferos não confinados não são lineares em rebaixamentos, mas nas diferenças em h^2. Diversos procedimentos estão disponíveis para análise de fronteiras de aquíferos livres, mas, devido à simplicidade, concentraremos nosso estudo naquelas relacionadas a fluxo confinado.

A presença de um lago, rio ou outro grande corpo de água na vizinhança do poço aumenta o fluxo em sua direção.

O efeito de um corpo de água penetrando totalmente no rebaixamento é exatamente oposto ao de uma fronteira impermeável penetrando totalmente. O rebaixamento resultante, conforme mostrado na Figura 7.17, é menor do que o normal, mas o padrão simétrico permanece perturbado. No lugar de um poço de bombeamento imaginário, o sistema hidráulico equivalente (Figura 7.18) envolve um *poço de recarga* imaginário posicionado a uma distância igual no outro lado da fronteira. O poço de recarga introduz água a uma taxa de descarga Q no aquífero sob pressão positiva.

Em aquíferos confinados, a curva de rebaixamento resultante de corpos de água totalmente penetrantes é obtida pela sobreposição linear do componente de rebaixamento do poço real e o componente de rebaixamento do poço (de recarga) imaginário que substitui a fronteira da água, conforme mostra a Figura 7.18. A curva de rebaixamento resultante do poço real intercepta a linha de fronteira na elevação da superfície livre de água. A inclinação acentuada do gradiente hidráulico faz que mais água escoe pela linha de fronteira. Assim, grande parte da água do poço é obtida a partir do corpo de água, e não do aquífero.

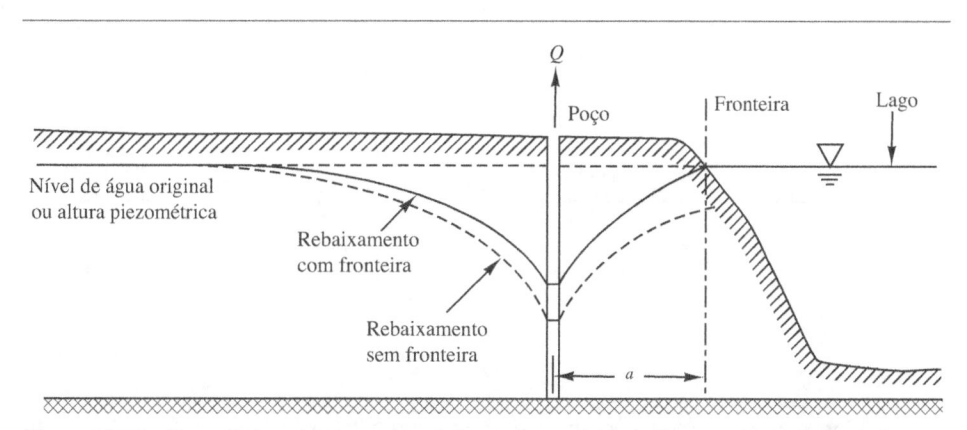

Figura 7.17 Poço de bombeamento próximo a um corpo de água permanente totalmente penetrante.

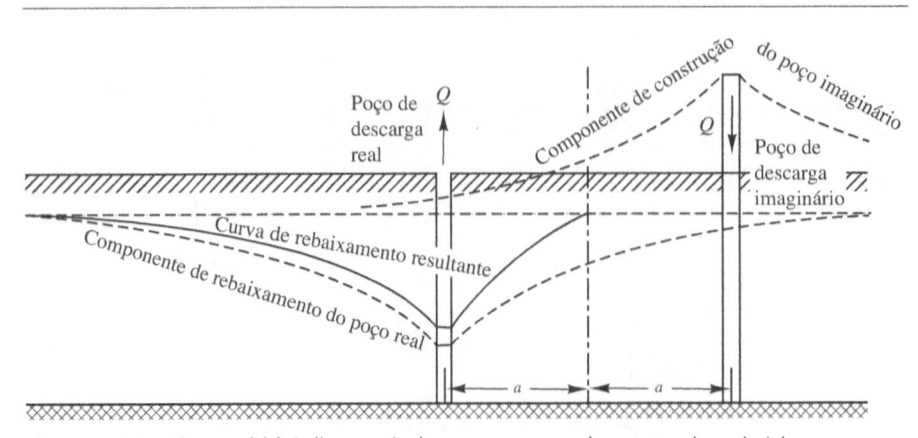

Figura 7.18 Sistema hidráulico equivalente com poço de recarga imaginário.

A substituição de fronteiras de aquíferos por sistemas hidráulicos equivalentes de poços imaginários pode ser aplicada a uma variedade de condições de fronteiras de águas subterrâneas. A Figura 7.19(a) mostra um poço de descarga bombeando água de um aquífero com fronteiras impermeáveis em ambos os lados. Três poços imaginários são necessários para oferecer o sistema hidráulico equivalente. Os poços de descarga imaginários, I_1 e I_2, fornecem a ausência de fluxo necessária entre as fronteiras; um terceiro poço imaginário, I_3, é necessário para equilibrar o sistema. Todos os três poços imaginários têm a mesma taxa de descarga (Q) que o poço real. Todos os poços são posicionados a distâncias iguais das fronteiras físicas.

A Figura 7.19(b) representa a situação de um poço de descarga bombeando água de um aquífero com uma fronteira impermeável de um lado e uma corrente constante em outro. O sistema hidráulico equivalente inclui três poços imaginários de mesma força Q. I_1 é um poço de recarga, e I_2 é um poço de descarga. Um terceiro poço imaginário, I_3, que é um poço de recarga como I_1, é necessário para o equilíbrio do sistema.

Exemplo 7.15

Uma fábrica localizada próximo a um banco de um rio precisa extrair uma descarga de 1,55 cfs de um aquífero confinado (K = 0,0004 pé/s e b = 66 pés). As autoridades locais exigem que, a uma distância de 100 pés do banco, o nível de água subterrâneo não seja inferior a um terço de um pé a partir da superfície normal de elevação do rio. Determine a distância mínima do banco para a localização do poço.

Solução

Conforme mostram as figuras 7.17 e 7.20, um poço de bombeamento localizado próximo a um corpo de água permanente pode ser hidraulicamente substituído por um poço de recarga imaginário de mesma força e à mesma distância, mas no lado oposto da fronteira. A curva de rebaixamento resultante pode ser obtida pela sobreposição dos poços real e imaginário e assumindo uma extensão infinita do aquífero sem fronteira. Entretanto, isso somente funcionará em aquíferos confinados e corpos de água totalmente penetrantes.

Considere que P seja a distância entre o poço de bombeamento e o banco do rio. O rebaixamento (a 100 pés do banco ou a $P - 100$ pés do poço real e a $P + 100$ pés do poço de recarga imaginário) será, então, a soma das superfícies piezométricas produzidas

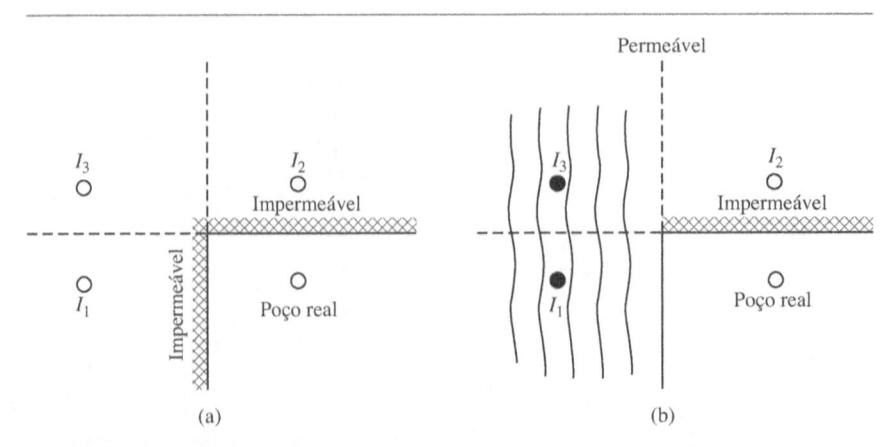

Figura 7.19 Poços de bombeamento próximo a fronteiras múltiplas.

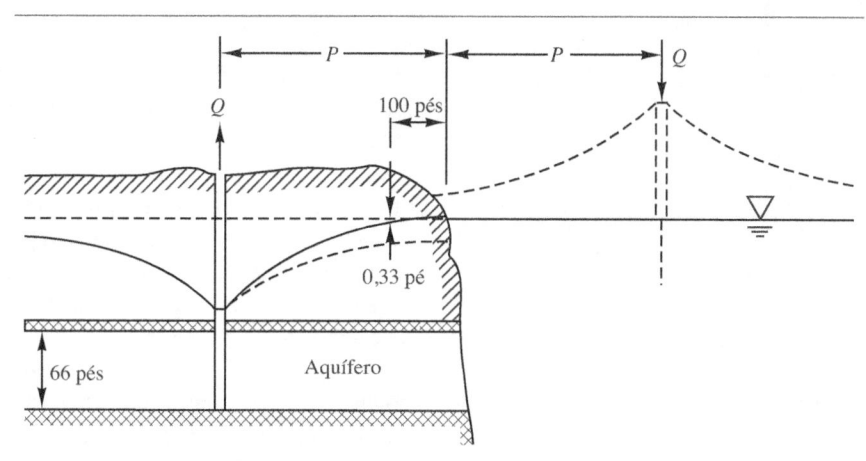

Figura 7.20

pelo poço de bombeamento e pelo poço de recarga. Utilizando a Equação 7.11 para o poço real, obtemos

$$s_{real} = s_{ob} + \frac{Q}{2\pi T}\ln\left(\frac{r_{ob}}{r}\right) = s_{P(real)} +$$

$$+ \frac{1{,}55}{2\pi(0{,}0264)}\ln\left(\frac{P}{P-100}\right)$$

onde o poço de observação é posicionado no rio, e observando que $T = Kb = (0{,}0004)(66) = 0{,}0264$ pé²/s. A mesma equação para o poço imaginário resulta em

$$s_{imaginário} = s_{ob} + \frac{Q}{2\pi T}\ln\left(\frac{r_{ob}}{r}\right) = s_{P(imaginário)} +$$

$$+ \frac{-1{,}55}{2\pi(0{,}0264)}\ln\left(\frac{P}{P+100}\right)$$

onde um sinal negativo é usado para a taxa de recarga do bombeamento. Com base no princípio da superposição, somaremos os rebaixamentos para obter 0,333 pé no local de interesse (observando que $s_{p(real)} + s_{p(imaginário)} = 0$; veja Figura 7.18). Portanto,

$$s = s_{real} + s_{imaginário} = \frac{1{,}55}{2\pi(0{,}0264)}\ln\left(\frac{P}{P-100}\right) - \frac{1{,}55}{2\pi(0{,}0264)}$$

$$\ln\left(\frac{P}{P+100}\right)$$

$$s = 0{,}333 = \frac{1{,}55}{2\pi(0{,}0264)}\ln\left(\frac{P+100}{P-100}\right);$$

$$\ln\left(\frac{P+100}{P-100}\right) = 0{,}0356$$

ou

$P + 100 = 1{,}036(P - 100)$, que resulta em $P = 5.660$ pés.

Solução alternativa

Para determinar o rebaixamento criado pelos dois poços, aplicaremos a Equação 7.12a:

$$s = s_{ob} + \frac{Q_A}{2\pi T}\ln\left(\frac{r_{Ao}}{r_A}\right) + \frac{Q_B}{2\pi T}\ln\left(\frac{r_{Bo}}{r_B}\right)$$

Nesse caso, o poço de observação está na fronteira onde $s_{ob} = 0$ pé. Além disso, o rebaixamento no ponto de interesse é $s = 0{,}333$ pé, com base no decreto local. As outras variáveis são as seguintes: Q_A é a taxa de bombeamento do poço de descarga; e Q_B é a taxa de bombeamento do poço de recarga (imaginário). A substituição apropriada resulta na distância mínima P:

$$0{,}333 = 0{,}0 + \frac{1{,}55}{2\pi(0{,}0264)}\ln\left(\frac{P}{P-100}\right) + \frac{(-1{,}55)}{2\pi(0{,}0264)}$$

$$\ln\left(\frac{P}{P+100}\right)$$

$$0{,}333 = \frac{1{,}55}{2\pi(0{,}0264)}\ln\left(\frac{P+100}{P-100}\right)$$

ou

$P + 100 = 1{,}036(P - 100)$, que resulta em $P = 5.660$ pés.

Exemplo 7.16

Um aquífero confinado infinitamente largo faz fronteira em um de seus lados com uma barreira impermeável. A transmissividade do aquífero é 5.000 pés²/dia, e o coeficiente de armazenamento é 0,0002. Um poço posicionado a 200 pés da fronteira é bombeado a uma taxa constante de 20.000 pés³/dia. Determine o rebaixamento na metade da distância entre o poço e a barreira três dias após o início do bombeamento.

Solução

Um poço imaginário com as mesmas características do poço real é colocado do outro lado da fronteira. A distância entre o poço imaginário e a fronteira é de 200 pés. A distância entre o poço imaginário e o ponto para o qual devemos calcular o rebaixamento é de 300 pés. Calcularemos os rebaixamentos para o poço real e o poço imaginário separadamente usando as equações 7.20 e 7.21 e somaremos os dois usando o princípio da superposição.

Para o poço real,

$$u = \frac{r^2 S}{4Tt} = \frac{(100)^2(0{,}0002)}{4(5.000)(3)} = 3{,}33 \times 10^{-5}$$

A partir da Tabela 7.3, $W(u) = 9{,}741$. Então,

$$s = \frac{Q_w}{4\pi T} W(u) = \frac{20.000}{4\pi(5.000)}(9{,}741) = 3{,}10 \text{ pés}$$

Para o poço imaginário,

$$u = \frac{r^2 S}{4 T t} = \frac{(300)^2(0{,}0002)}{4(5.000)(3)} = 3{,}00 \times 10^{-4}$$

A partir da Tabela 7.3, $W(u) = 7{,}535$. Então,

$$s = \frac{Q_w}{4\pi T} W(u) = \frac{20.000}{4\pi(5.000)}(7{,}535) = 2{,}40 \text{ pés}$$

O rebaixamento total é $3{,}1 + 2{,}4 = 5{,}5$ pés.

Exemplo 7.17

Suponha que a fronteira no Exemplo 7.16 seja um rio, e não uma barreira. Calcule o rebaixamento e explique por que ele é diferente do rebaixamento obtido no Exemplo 7.16.

Solução

Neste caso, o poço imaginário é um poço de recarga. Os rebaixamentos causados pelo poço real e pelo poço imaginário são calculados do mesmo modo que no Exemplo 7.16. Entretanto, neste caso, o rebaixamento causado pelo poço imaginário é negativo (−2,4 pés). Logo, o rebaixamento resultante é $3{,}1 - 2{,}4 = 0{,}7$ pés. Esse valor é menor do que o rebaixamento obtido no Exemplo 7.16. A razão para tal é que o rio produz uma altura de fronteira constante que evita que a superfície piezométrica diminua muito entre o rio e o poço. Como alternativa, se observarmos o poço de descarga e o poço imaginário no sistema hidráulico equivalente (Figura 7.18), veremos que o poço de recarga está aumentando a superfície piezométrica e, por isso, ela não diminuirá tanto.

7.6 Investigações de superfície de águas subterrâneas

A localização de águas subterrâneas utilizando informações obtidas na superfície na terra é um método antigo conhecido como *adivinhação*. Algumas pessoas ainda praticam essa "arte" usando varas de madeira ou metal em forma de "Y" conhecidas como *varas de vedor*. (A avó do autor era uma "bruxa da água".) Na virada do século XX, métodos geofísicos foram desenvolvidos para explorações minerais e de petróleo. Alguns desses métodos se provaram úteis na localização e na análise de águas subterrâneas. As informações obtidas por métodos de superfície oferecem somente indicações indiretas de águas subterrâneas. A interpretação correta dos dados geralmente requer informações adicionais que só podem ser obtidas com investigações abaixo da superfície. Dois dos métodos geofísicos mais comumente utilizados são descritos a seguir.

7.6.1 Método da resistividade elétrica

A resistividade elétrica das formações rochosas varia muito. A resistividade medida para uma formação particular depende de uma variedade de fatores físicos e químicos, tais como: o material e a estrutura da formação; o tamanho, a forma e a distribuição dos poros e o conteúdo da água. A diferença percebida entre uma formação rochosa seca e a mesma formação com grandes volumes de água preenchendo os espaços intersticiais é a chave para a detecção de águas subterrâneas.

O procedimento envolve a medição da diferença de potencial elétrico entre dois eletrodos localizados na superfície do solo. Quando uma corrente elétrica é aplicada em dois outros eletrodos externos, mas ao longo da mesma linha dos eletrodos potenciais, um campo elétrico penetra o solo e forma uma rede de fluxo de corrente, como se vê na Figura 7.21.

Uma penetração mais profunda do campo elétrico ocorrerá com o aumento do espaço entre os eletrodos. A variação na resistividade aparente é esboçada contra o espaçamento dos eletrodos a partir dos quais é possível traçar uma curva regular.*

A interpretação de uma curva de resistividade-espaçamento em termos de formações abaixo da superfície costuma ser complexa e, em geral, difícil. Ainda assim, com alguns dados extras de investigações abaixo da superfície para comprovar a medição da superfície, é possível realizar previsões acertadas sobre a existência de aquíferos subterrâneos e sua profundidade.

7.6.2 Métodos de propagação de ondas sísmicas

Ao chocar a superfície terrestre com uma pequena explosão ou com o impacto de um objeto pesado, é possível medir o tempo necessário para que o som ou a onda de choque alcancem determinado ponto a uma distância conhecida. As ondas sísmicas propagam-se através de um meio de transferência do mesmo modo que as ondas de luz. Elas podem ser refratadas ou refletidas na interface de dois materiais de propriedades elásticas diferentes. Ocorre uma alteração na velocidade de propagação na interface. A velocidade da onda é maior em rochas magmáticas sólidas e menor em formações não consolidadas. O conteúdo da água em uma formação particular alterará significativamente a velocidade da onda na formação. Como a onda sísmica está viajando diversas centenas de metros abaixo no solo, é possível obter informações sobre a subsuperfície posicionando diversos sismógrafos a várias distâncias do ponto de choque ao longo da mesma linha. O tempo de viagem da onda é traçado contra a distância, como

---

* H. M. Mooney e W. W. Wetzel. *The Potentials About a Point Electrode and Apparent Resistivity Curves for a Two-, Three-, and Four-Layered Earth*. Minneapolis, University of Minnesota Press, 1956.

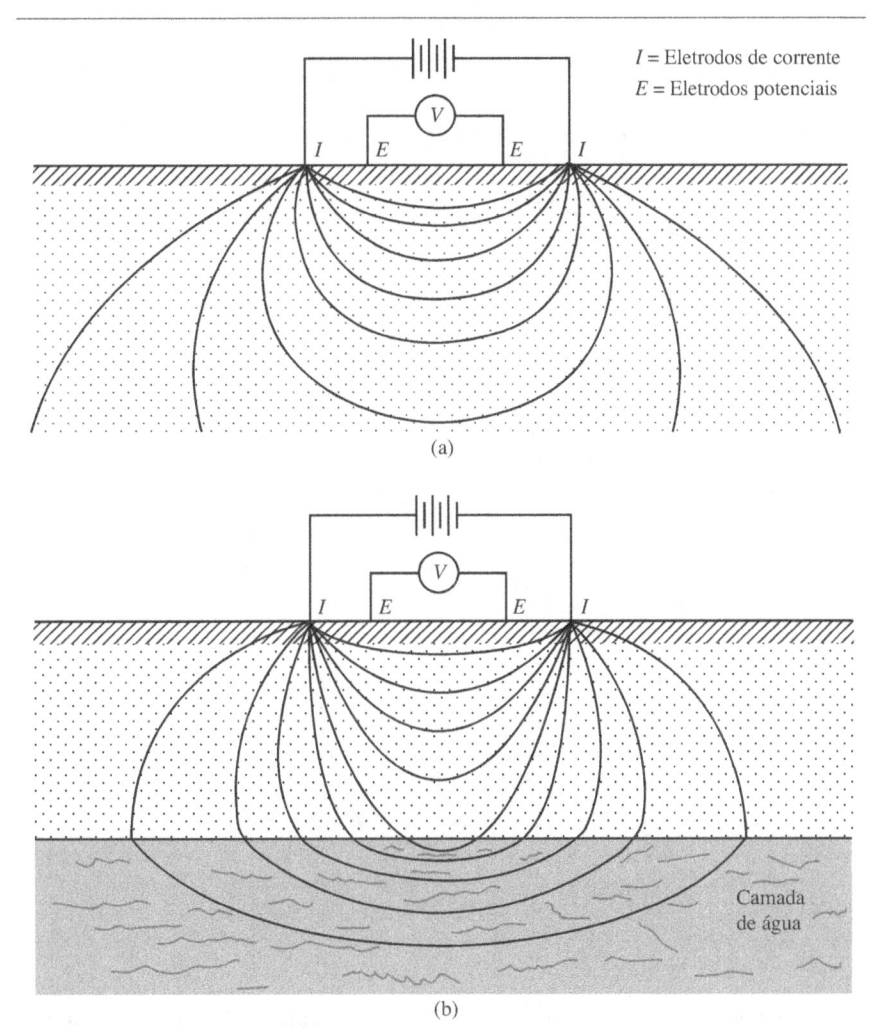

Figura 7.21 Arranjo de eletrodos para determinação da resistividade: (a) linhas de corrente em um meio homogêneo e (b) linhas de corrente distorcidas pela presença de uma camada de água.

mostra a Figura 7.22. Uma mudança brusca na declividade da curva de tempo-espaçamento pode ser interpretada para se determinar a profundidade do nível das águas subterrâneas.

7.7 Invasão da água do mar em áreas costeiras

Ao longo da linha costeira, aquíferos costeiros de água doce ficam em contato com a água do mar. Em condições naturais, a água doce subterrânea é descarregada no mar abaixo do nível da água, conforme mostra a Figura 7.23. Entretanto, com a crescente demanda por águas subterrâneas em determinadas regiões costeiras, o fluxo de água subterrânea doce em direção ao mar foi reduzido ou mesmo revertido, fazendo a água salgada do mar entrar e penetrar a água doce dos aquíferos. Esse fenômeno é comumente conhecido como *invasão da água do mar*.

Se a água salgada viaja o suficiente para longe do mar e entra em poços de abastecimento, o fornecimento de águas subterrâneas se torna inútil. Além disso, uma vez que um aquífero costeiro seja contaminado pelo sal, é muito difícil remover esse sal da formação, e o aquífero pode ser permanentemente danificado. A prevenção e o controle da invasão da água do mar serão discutidos nesta seção.

A sobrexploração de aquíferos costeiros resulta na diminuição do nível da água em aquífero não confinado ou da superfície piezométrica em aquíferos confinados. O gradiente natural se inclinando originalmente em direção ao mar é reduzido ou revertido. Por conta da diferença nas densidades da água doce e da água salgada, forma-se uma interface quando os dois líquidos entram em contato. As formas e os movimentos da interface são governados pelo equilíbrio de pressão da água salgada de um lado e da água doce de outro.

Foi descoberto que a interface que ocorre no subterrâneo não acontece no nível do mar, mas a uma profundidade

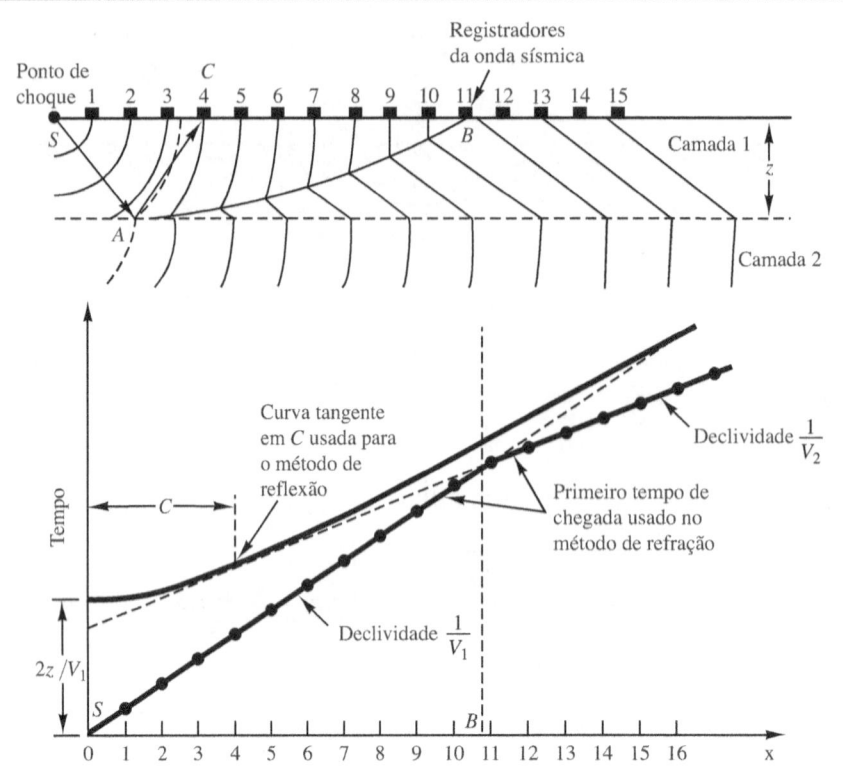

Figura 7.22 Propagação de ondas sísmicas em um meio de duas camadas. As ondas propagam-se na velocidade V_1 na camada superior (seca) e a uma velocidade maior (V_2) na camada inferior (que contém água). Para os pontos na parte inferior direita da reta AB, a onda refratada no ponto A através da camada inferior (2) e refletida de volta para a superfície chega mais cedo do que a onda se propagando diretamente através da camada superior (1).

abaixo do nível do mar que é aproximadamente 40 vezes a altura do nível de água doce acima do nível do mar, conforme mostra a Figura 7.23. Essa distribuição é causada pelo equilíbrio da pressão hidrostática que sai entre esses dois líquidos, que apresentam densidades distintas.

A Figura 7.23 apresenta uma seção transversal de um aquífero costeiro. A pressão hidrostática total no ponto A e a uma profundidade h_s abaixo do nível do mar é

$$P_A = \rho_s g h_s$$

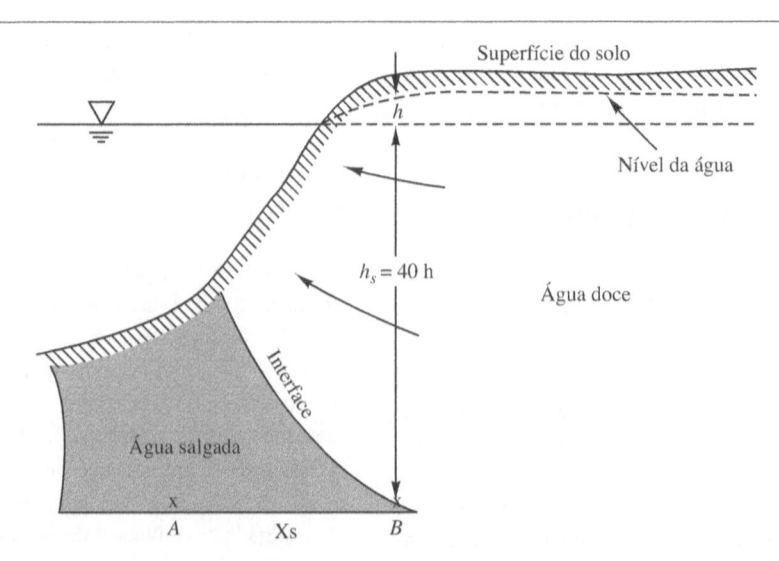

Figura 7.23 Representação esquemática da distribuição de água doce e água salgada em aquíferos costeiros não confinados.

onde ρ_s é a densidade da água salgada e g é a aceleração gravitacional. De modo semelhante, a pressão hidrostática no ponto B, na mesma profundidade de A, e na interface é

$$P_B = \rho g h + \rho g h_s$$

onde ρ é a densidade da água doce. Para uma interface em repouso, a pressão em A e em B deve ser a mesma, e podemos escrever

$$\rho_s g h_s = \rho g h + \rho g h_s \qquad (7.48)$$

Resolvendo a Equação 7.48 para h_s, obtemos

$$h_s = \left[\frac{\rho}{\rho_s - \rho}\right] h \qquad (7.49)$$

Assumindo $\rho_s = 1{,}025$ g/cm^3 e $\rho = 1{,}000$ g/cm^3, a relação anterior resulta em

$$h_s = \left[\frac{1{,}000}{1{,}025 - 1{,}000}\right] h = 40h \qquad (7.50)$$

Essa relação é comumente conhecida como *relação Ghyben-Herzberg*.

Essa relação mostra que uma pequena depressão no nível da água próximo à linha costeira causada pelo bombeamento de poços pode causar um grande aumento na interface. Analogamente, um aumento no nível da água próximo à linha costeira causado por uma recarga artificial pode fazer a cunha salina afundar ainda mais no solo, forçando-a a se mover em direção ao mar. Esses fenômenos estão esquematicamente demonstrados na Figura 7.24.

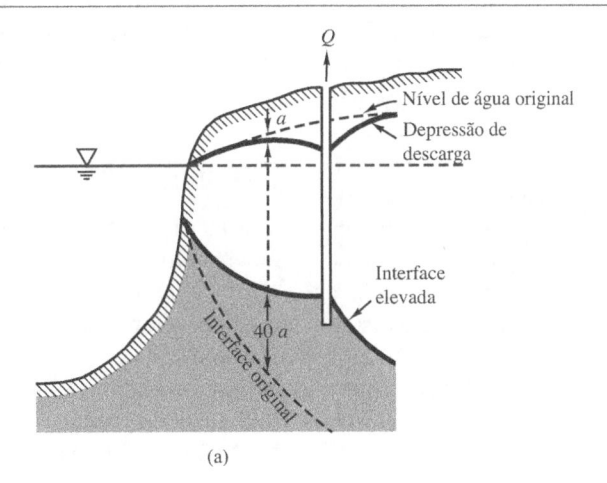

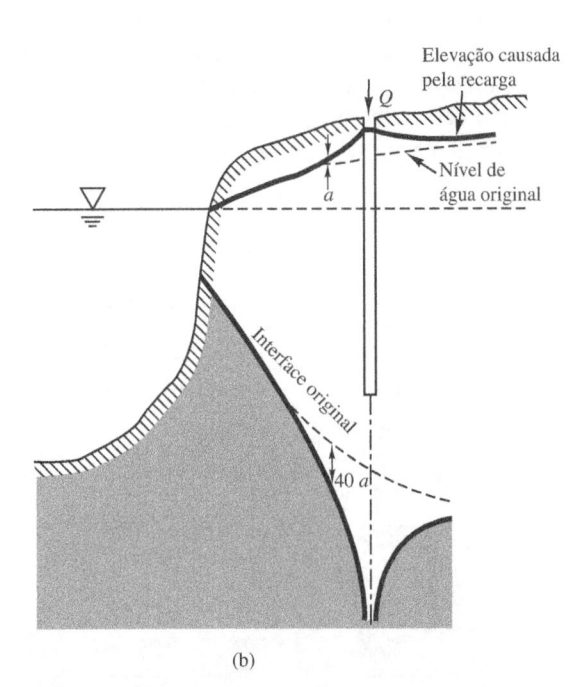

Figura 7.24 Invasão da água do mar sob a influência de (a) um poço de descarga e (b) um poço de recarga.

Certamente, a recarga artificial de um aquífero costeiro superexplorado é um método eficiente para se controlar a invasão da água salgada. Com o gerenciamento adequado, a recarga artificial do aquífero pode eliminar a superexploração e manter o nível de água e o gradiente apropriados.

Além da recarga artificial, diversos outros métodos foram aplicados de maneira eficiente para o controle da invasão da água do mar. Os métodos mais comuns são os seguintes:

1. *Canal de bombeamento:* Um canal de bombeamento é uma linha de poços de descarga situada ao longo da linha costeira. Conforme os poços são bombeados, forma-se uma depressão, como ilustra a Figura 7.25. Embora a água salgada entre nos poços, certo volume de água doce no aquífero também é removido. O movimento da água doce está na direção do mar, rumo aos poços. Esse movimento da água doce subterrânea pode estabilizar a interface entre as águas doce e salgada.

2. *Cadeia de pressão:* Uma cadeia de pressão é uma série de poços de recarga instalados paralelos à linha costeira. A água doce é bombeada no aquífero costeiro para manter uma cadeia de pressão de água doce ao longo da linha costeira a fim de controlar a invasão da água salgada. A cadeia de pressão deve ser alta o suficiente para repelir a água salgada e deve estar localizada longe o suficiente do mar; senão, a água salgada no interior da cadeia será levada para ainda mais longe do mar, conforme demonstra a Figura 7.26. Inevitavelmente, um pequeno montante de água doce será desperdiçado no mar; o restante que se move em direção à terra pode ser usado para fornecer parte da vazão de bombeamento. As águas residuárias recuperadas podem ser usadas para atender parte da recarga necessária. A vantagem desse método é que ele não esgota a capacidade de águas subterrâneas usáveis, mas as desvantagens de altos custos iniciais e operacionais e a necessidade de água doce suplementar sempre tornam impraticáveis as operações em pequena escala.

3. *Barreiras abaixo da superfície:* As barreiras abaixo da superfície podem ser construídas ao longo da linha costeira para reduzir a permeabilidade do aquífero costeiro. Em aquíferos de camadas relativamente rasas, podem ser construídos diques de subsuperfície com estacas-pranchas, bentonita ou mesmo materiais concretos. Uma barreira impermeável de subsuperfície pode ser formada por meio da injeção de materiais que escoam, como lama, gel de silicone ou pasta de cimento nos aquíferos através de uma linha de orifícios. As barreiras abaixo da superfície são indicadas para locais como cânions estreitos e aluviais ligados a grandes aquíferos internos. Embora o custo inicial de instalação das barreiras possa ser muito alto, quase não existe custo de operação ou manutenção.

7.8 Infiltração em fundações de barragens

De modo genérico, a *infiltração* é definida como o movimento de água através do solo. Com relação à engenharia, a infiltração é sempre indesejada e precisa ser analisada e controlada. Por exemplo, barragens construídas para conter a água em um reservatório podem perder parte de sua água continuamente por conta de uma infiltração. Barragens de concreto impermeável construídas em uma fundação aluvial podem perder água devido à infiltração, enquanto barragens de terra podem perder água através do dique. O movimento da água causado pela infiltração é governado pela lei de Darcy, do mesmo modo que o fluxo de águas subterrâneas. O fluxo da infiltração pode ser analisado rápida e precisamente aplicando-se a técnica de *rede de fluxo*.

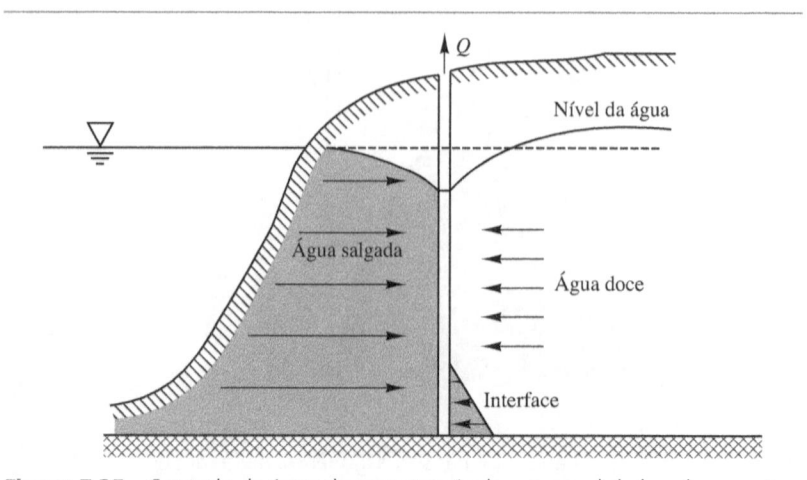

Figura 7.25 Controle da água do mar através de um canal de bombeamento.

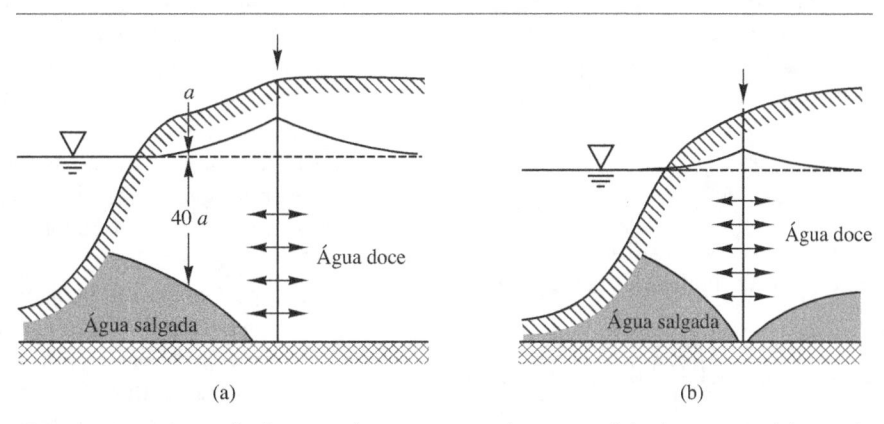

Figura 7.26 Controle da água do mar através de uma cadeia de pressão: (a) arranjo apropriado de recarga e (b) arranjo inapropriado de recarga.

Uma rede de fluxo é uma representação gráfica dos padrões de fluxo expressa por uma série de *linhas de corrente* e suas *linhas equipotenciais* equivalentes. As linhas de corrente são sempre desenhadas na direção do fluxo e podem ser usadas para dividir o campo de fluxo em determinado número de canais de fluxo, cada um transportando a mesma descarga. As linhas equipotenciais conectam todos os pontos no campo de fluxo que apresentam o mesmo potencial de velocidade (ou mesma altura). Em uma rede de fluxo adequadamente construída, a diminuição na altura (Δh) entre as linhas equipotenciais adjacentes costuma permanecer constante. Os dois conjuntos de linhas sempre se encontram em ângulos retos e formam uma rede ortogonal no campo de fluxo. A Figura 7.27 representa uma parte de uma rede de fluxo formada por um conjunto de linhas de corrente e linhas equipotenciais.

As redes de fluxo costumam ser construídas de modo que a distância entre um par adjacente de linhas de corrente (Δn) e a distância entre o par de linhas equipotenciais (Δs) seja igual em cada uma das células. O conceito de rede quadrada, conforme ilustrado na Figura 7.27, resulta na equação

$$\Delta n = \Delta s$$

para cada célula na rede de fluxo. Como as distâncias serão importantes nas equações a seguir, as redes de fluxo são construídas em escalas.

A velocidade através da célula com as dimensões Δn e Δs observadas na Figura 7.27 pode ser encontrada usando-se a lei de Darcy para fluxo estável através de um meio poroso. Assim,

$$V = K\frac{dh}{ds} = K\frac{\Delta h}{\Delta s}$$

A taxa de fluxo volumétrico através do canal de fluxo correspondente por unidade de largura da barragem é

$$\Delta q = AV = KA\frac{\Delta h}{\Delta s} \quad (7.51)$$

onde A é a área de fluxo no canal de fluxo. Como o fluxo é dado por unidade de largura da barragem, a área de fluxo na célula de interesse (Figura 7.27) é

$$A = \Delta n \quad (7.52)$$

Substituindo essa área na Equação 7.51 e observando que $\Delta n = \Delta s$, temos

$$\Delta q = K(\Delta n)\frac{\Delta h}{\Delta s} = K\Delta h \quad (7.53)$$

Como Δh é um valor constante da queda (perda) de altura entre duas linhas equipotenciais quaisquer na Figura 7.27, podemos escrever

$$\Delta h = \frac{H}{n} \quad (7.54)$$

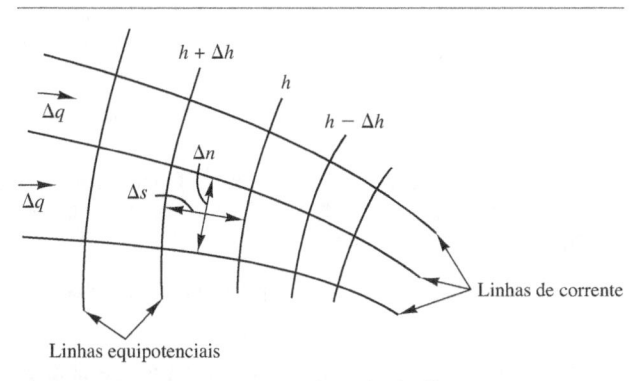

Figura 7.27 Um segmento de rede de fluxo.

H é a diferença entre o nível máximo e o nível mínimo de água do reservatório (conforme se vê na Figura 7.28), e n é o número de células, ou quedas equipotenciais, em cada canal de fluxo da rede. Agora, a Equação 7.53 pode ser reescrita como

$$\Delta q = K \frac{H}{n} \qquad (7.55)$$

Se existirem m canais de fluxo diferentes na rede, então a taxa de fluxo total de infiltração por unidade de largura da barragem é

$$q = m\Delta q = K\left(\frac{m}{n}\right)H \qquad (7.56)$$

Portanto, a infiltração total embaixo da barragem pode ser calculada simplesmente pela determinação da razão m/n a partir de uma rede de fluxo graficamente construída e pela determinação do coeficiente de permeabilidade do solo subjacente.

As redes de fluxo que apresentam uma infiltração abaixo de uma barragem de concreto, com e sem *parede de corte*, são mostradas na Figura 7.28. Uma parede de corte é uma camada fina de material impermeável penetrando o aquífero abaixo da barragem. A partir das duas imagens mostradas na Figura 7.28, fica óbvio que a parede de corte altera o padrão de infiltração ao alongar os percursos do fluxo, aumentando a resistência ao fluxo. Por conseguinte, as paredes de corte diminuem a infiltração de modo eficiente e podem reduzir significativamente a força de sustentação na base da barragem se forem estrategicamente posicionadas. (Ver Capítulo 8.)

A construção de redes de fluxo a partir de esboços manuais é mais uma arte do que uma ciência. Existem técnicas sofisticadas para o esboço de redes de fluxo complexas. Contudo, para nossos propósitos, utilizaremos esboços simples para ajudar na compreensão dos princípios fundamentais. Algumas instruções úteis para a construção de redes de fluxo simples incluem:

- **Construir uma escala** representando todas as fronteiras impenetráveis (ou seja, estratos naturais impermeáveis ou de baixa permeabilidade ou fronteiras artificiais tais como estacas-pranchas);
- **Esboçar de duas a quatro linhas de corrente** entrando e saindo das fronteiras impenetráveis em ângulos retos e escoando essencialmente paralelas às fronteiras;
- **Desenhar linhas equipotenciais** perpendiculares às linhas de fluxo, formando uma rede de fluxo que é composta de células essencialmente quadradas (linhas médias iguais);
- **Em regiões de fluxo uniforme**, as células têm o mesmo tamanho. No fluxo divergente, as células aumentam de tamanho; no fluxo convergente, elas diminuem de tamanho.

Pode ser útil ler essas regras novamente enquanto estiver consultando as redes de fluxo mostradas na Figura 7.28.

Exemplo 7.18

Uma barragem de gravidade de concreto construída em um leito de canal aluvial, conforme mostra a Figura 7.28, armazena água a uma profundidade de 50 m. Se o coeficiente de permeabilidade for $K = 2{,}14$ m/dia, estime a infiltração por metro de largura da barragem (a) com uma parede de corte e (b) sem uma parede de corte.

Solução

A partir da Equação 7.56,

$$q = K\left(\frac{m}{n}\right)H$$

(a) Para a barragem sem a parede de corte [Figura 7.28(a)], contamos o número de canais de fluxo ($m = 5$) e o número de células ao longo de um canal (ou seja, o número de quedas equipotenciais) ($n = 13$). Aplicando a Equação 7.56, obtemos

$q = (2{,}14)\left(\dfrac{5}{13}\right)(50) = 41{,}2$ m³/dia por metro de largura da barragem.

(b) Para a barragem com a parede de corte [Figura 7.28(b)], o número de canais de fluxo ($m = 5$) e o número de quedas equipotenciais ($n = 16$) resultam em

$q = (2{,}14)\left(\dfrac{5}{16}\right)(50) = 33{,}4$ m³/dia por metro de largura da barragem.

As redes de fluxo permitem a determinação das alturas de energia, alturas de posição, alturas de pressão e velocidades de in-

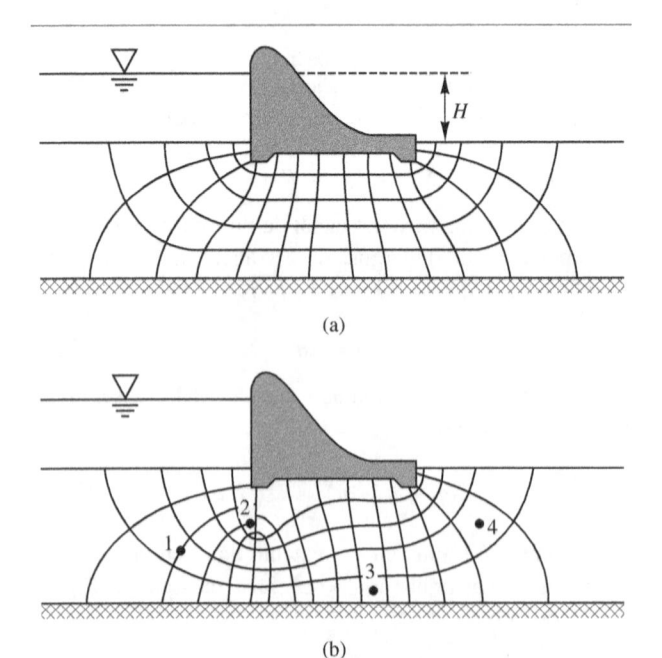

Figura 7.28 Infiltração através de uma barragem: (a) sem parede de corte e (b) com parede de corte.

filtração em qualquer ponto abaixo da barragem. Consulte o Problema 7.8.2 para obter informações adicionais sobre as informações valiosas que podem ser extraídas das redes de fluxo.

7.9 Infiltração em barragens de terra

Como uma barragem de terra é construída com material penetrável, ela é uma preocupação especial da engenharia. A infiltração excessiva em uma barragem desse tipo produz o *desmoronamento* (deslizamento) do banco posterior e forma *condutos* (remoção de solo pela água que sai da infiltração). Qualquer um dos cenários pode levar ao fracasso total da barragem. Assim, a análise da infiltração deve ser realizada aplicando-se o método de redes de fluxo.

A infiltração em uma barragem de terra pode ser tratada como um fluxo em um meio poroso não confinado. A superfície superior do fluxo, conhecida como *superfície de saturação* ou *superfície freática*, está sob pressão atmosférica. A forma típica de uma *linha freática* em uma barragem de terra homogênea é mostrada na Figura 7.29. A linha freática é uma linha de corrente cuja interseção com as linhas equipotenciais é igualmente espaçada verticalmente pelo valor de $\Delta h = H/n$, onde H é a altura total disponível e n é o número de quedas equipotenciais contadas em uma rede de fluxo gráfica. Essa linha, que forma a fronteira superior da rede de fluxos, deve ser inicialmente localizada por ensaio. Uma regra empírica para localização da linha freática foi sugerida por Casagrande* e é apresentada na Figura 7.29.

A seção *DF* da parte inferior do lado posterior da barragem deve ser protegida contra a formação de condutos no solo, que pode acabar levando ao fracasso da barragem. A água da infiltração pode ser permanentemente removida a partir da superfície posterior por meio de um sistema de drenagem apropriado. Para uma barragem de terra homogênea não estratificada, um dreno longitudinal estreito pode interceptar com eficiência toda a água infiltrando no banco. A Figura 7.30 apresenta esquematicamente as dimensões de uma manta de drenagem típica para barragens de terra.

A descarga total em uma barragem de terra pode ser determinada utilizando-se uma rede de fluxo graficamente construída, conforme discutido na Seção 7.8. A Equação 7.56

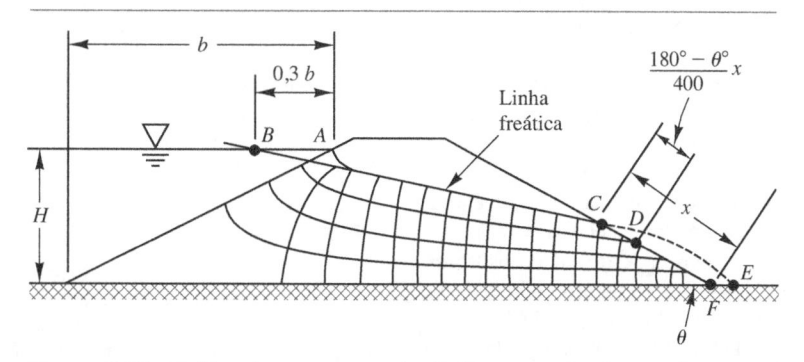

Figura 7.29 Infiltração em uma rede de fluxo através de uma barragem homogênea de terra. (Uma grande parte da linha freática *AD* pode ser aproximada pela parábola *BCE* com *F* como foco e passando pelo ponto *B*. O ponto *A* no lado superior da barragem é a interseção da superfície da água com a barragem; o ponto *D* é a transição inferior, onde a infiltração está exposta à atmosfera.)

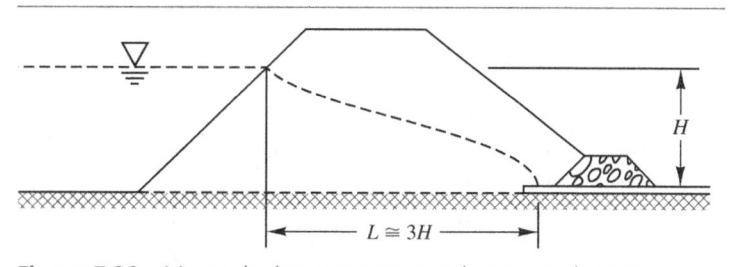

Figura 7.30 Manta de drenagem em uma barragem de terra.

---

* A. Casagrande. "Seepage through dams". *J. New Eng. Water Works Assoc.*, v. 51, p. 139, 1937.

fornece a descarga de infiltração por unidade de largura da barragem:

$$q = K\left(\frac{m}{n}\right)H$$

onde m é o número de canais de fluxo, e n é o número de quedas equipotenciais na rede de fluxo.

Problemas

(Seção 7.1)

7.1.1 Uma amostra cilíndrica de areia é removida de um poço de 6 polegadas de diâmetro (furo de sonda). Quando a areia da amostra de 12 polegadas de comprimento é drenada e depositada em um cilindro graúdo preenchido com água, ela desloca 3.450 ml de água. Estime a porosidade da amostra de areia.

7.1.2 A Equação 7.1 é a equação fundamental para determinação da porosidade do material de um aquífero. Entretanto, a porosidade também pode ser determinada a partir da equação $\alpha = 1 - (\rho_b/\rho_s)$, onde ρ_b é a densidade aparente da amostra e ρ_s é a densidade dos sólidos na amostra. Utilizando a definição de densidade, derive essa expressão a partir da Equação 7.1.

7.1.3 Uma amostra de pedra calcária é enxugada em forno e pesada (157 N). Em seguida, ela é saturada com querosene e pesada novamente (179 N). Por fim, ela é submersa em querosene. O querosene deslocado é coletado e pesado (65 N). Determine a porosidade da pedra calcária.

7.1.4 Com referência ao Exemplo 7.1, responda às seguintes perguntas:
   (a) Por que é improvável que a medição da permeabilidade da amostra não consolidada combine com a permeabilidade do campo (no local natural)?
   (b) Se fosse obtida uma amostra de areia não perturbada (no local natural) – em vez da amostra não consolidada – a partir de um poço de teste usando um tubo fino, ainda haveria razões para se duvidar da precisão da permeabilidade determinada em laboratório? Explique.
   (c) Estime o tempo necessário para que uma molécula de água se movimente de uma extremidade da amostra à outra.
   (d) Estime a velocidade real da molécula de água à medida que ela viaja ao longo de um permeâmetro.

7.1.5 Um experimento usando um permeâmetro está sendo organizado para determinar a permeabilidade de algumas amostras de areias muito finas. As amostras cilíndricas a serem testadas terão 30 cm de comprimento e 10 cm de diâmetro. Para aumentar a precisão do experimento, propõe-se que cerca de 50 ml de água sejam coletados antes que sejam realizados os cálculos de permeabilidade. Se for usada uma diferença de altura de 40 cm, quanto tempo cada experimento levará em minutos? Se mais tarde forem realizados testes de marcação, quanto tempo (em média, em horas) um marcador conservador levará para passar pela amostra?

7.1.6 O experimento do Exemplo 7.1 foi realizado em temperatura ambiente (20°C). Aplique a Equação 7.3 e determine a descarga em 5 minutos se o mesmo experimento tivesse sido realizado a uma temperatura de 5°C. Qual é o coeficiente de permeabilidade da amostra a essa temperatura?

7.1.7 Em uma instalação fabril ocorre um vazamento químico, e amostras subterrâneas revelam que o poluente conservador está agora nas águas subterrâneas diretamente abaixo da localização do vazamento. Se o aquífero for composto de areia e cascalho, quantas horas serão necessárias para que o poluente viaje 82 pés até a fronteira da propriedade, assumindo que o aquífero é homogêneo e que o nível da água possui uma declividade de 2 por cento?

7.1.8 Por trás de uma parede de contenção existe um elevado nível de água (Figura P7.1.8). Existem orifícios de drenagem no fundo da parede a cada 3 m para aliviar a pressão hidrostática. Se a permeabilidade é de 10^{-5} m/s, determine a infiltração (em cm^3/s) em cada orifício de drenagem.

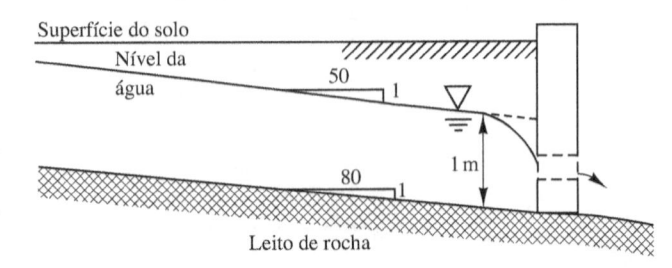

Figura P7.1.8

7.1.9 No Rocky Mountain Arsenal, em Denver, Colorado, existem muitos afloramentos de rochas impermeáveis. As elevações das águas subterrâneas na vizinhança dessas áreas confinadas são mostradas na Figura P7.1.9. Dada uma seção transversal típica, determine a taxa de fluxo na abertura confinada. Assuma uma condutividade hidráulica de 0,00058 pé/s.

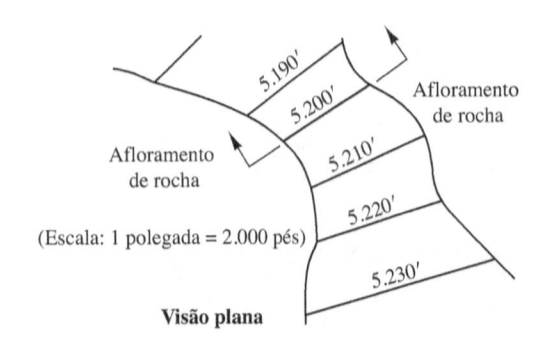

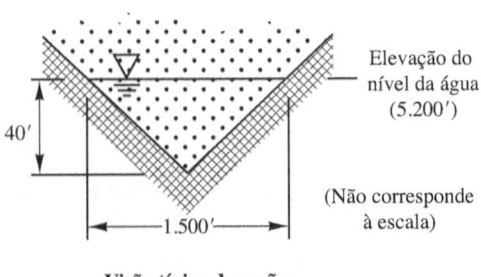

Figura P7.1.9

7.1.10 Um aquífero não confinado ($K = 12,2$ m/dia) está separado de um aquífero confinado subjacente ($K = 15,2$ m/dia) por uma camada semipenetrável ($K = 0,305$ m/dia) com 1,5 metro de espessura, conforme mostra a Figura P7.1.10. Explique por que existe um fluxo do aquífero não confinado para o aquífero confinado. Além disso, determine a taxa de fluxo por metro quadrado movimentando-se pela camada semipenetrável.

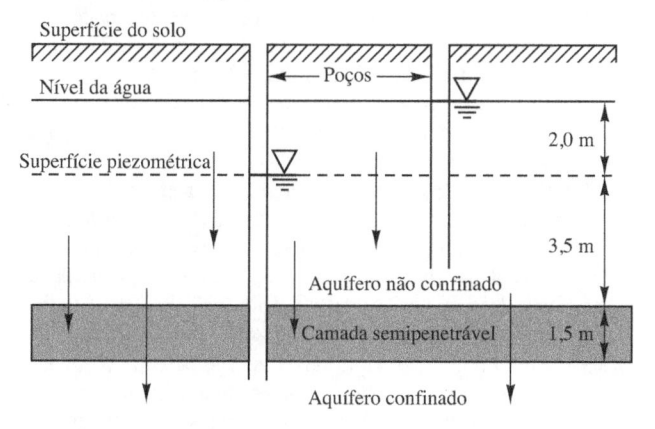

Figura P7.1.10

(Seção 7.2)

7.2.1 Esboce a área descrita na Equação 7.5 através da qual o fluxo radial passa. Verifique também as equações 7.6 e 7.14 pela integração das equações 7.5 e 7.13 usando as condições de fronteira dadas.

7.2.2 No parágrafo que segue a Equação 7.14 é feito um comentário sugerindo que a seleção do raio de influência (r_0) é um tanto arbitrária (ou seja, a descarga não é excessivamente sensível a essa variável). Suponha que o raio de influência para um poço de 20 cm de diâmetro é de aproximadamente 400 m (mais ou menos 50 m). Determine o erro percentual na descarga que resulta da faixa de 12,5 por cento no raio de influência. Assuma espessura de 50 m, aquífero não confinado (areia grossa) e rebaixamento no poço de 10 m.

7.2.3 Um poço de 16 polegadas de raio suga água de um aquífero confinado a uma taxa de 1.570 gpm. O aquífero confinado tem 100 pés de espessura com uma superfície piezométrica (antes do bombeamento), ou seja, 350 pés acima do fundo do aquífero confinado. O rebaixamento no poço é de 100 pés. Determine o raio de influência se a condutividade hidráulica do aquífero for $4,01 \times 10^{-4}$ pés/s.

7.2.4 Um poço de descarga está localizado perto de um centro de uma ilha circular, conforme se vê na Figura P7.2.4. A ilha possui aproximadamente 800 m de diâmetro, e o poço de 30 cm de diâmetro é bombeado a uma taxa de 0,2 m³/s. O aquífero não confinado subjacente é feito de areia grossa e tem 40 m de profundidade. Estime o rebaixamento no poço.

7.2.5 Um aquífero confinado (Figura P7.2.5) possui espessura de 10 m e uma permeabilidade de $1,3 \times 10^{-4}$ m/s. Quando um poço de 30 cm de diâmetro é bombeado a uma taxa de 30 m³/h, o rebaixamento na superfície piezométrica é de 15 m no poço. Determine o rebaixamento na superfície piezométrica a uma distância de 30 m do poço.

7.2.6 Uma indústria farmacêutica possui um poço de descarga que penetra completamente um aquífero confinado e é bombeado a uma taxa constante de 2.150 m³/dia. Sabe-se que a transmissividade do aquífero é 880 m²/dia. O rebaixamento em estado estável medido a uma distância de 80 m do poço bombeado é de 2,72 m. Qual é o impacto do rebaixamento do poço industrial em um poço doméstico a 100 m de distância? Se um segundo poço industrial for instalado com a mesma taxa de bombeamento e a uma distância de 140 m do poço doméstico, qual será o impacto do rebaixamento de ambos os poços na operação? (*Dica*: Para o fluxo do aquífero confinado, o rebaixamento produzido por múltiplos poços em uma localização em particular é a soma dos rebaixamentos produzidos pelos poços individuais.)

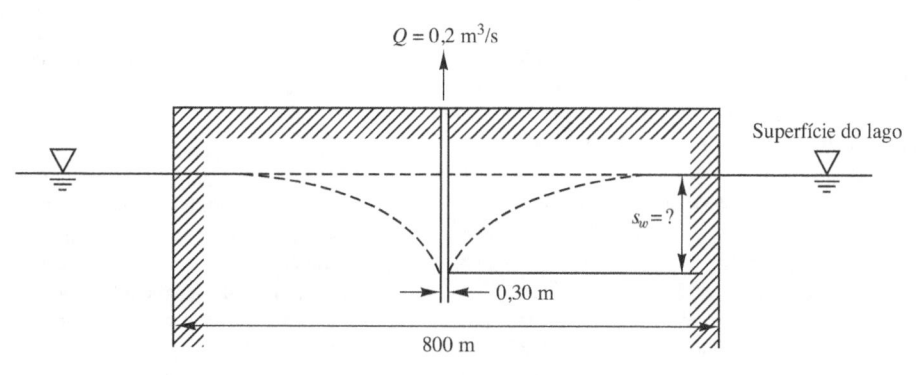

Figura P7.2.4

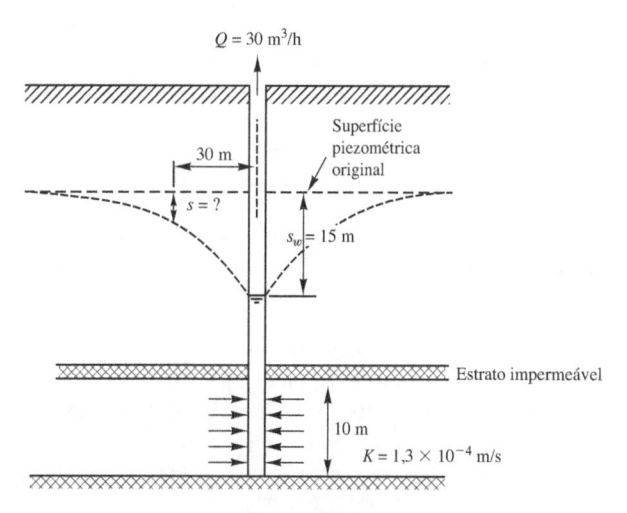

Figura P7.2.5

7.2.7 Dois poços de descarga (1 e 2) penetrando um aquífero confinado são bombeados a taxas constantes de 2.950 m³/dia e 852 m³/dia, respectivamente. O rebaixamento em estado estável no poço de observação 1 é 1,02 m (a 50 m do poço 1 e a 90 m do poço 2). O rebaixamento em estado estável medido no poço de observação 2 é 0,242 m (a 180 m do poço 1 e a 440 m do poço 2). Determine a transmissividade do aquífero.

7.2.8 Um produtor industrial possui um poço de 12 polegadas de diâmetro que penetra completamente um aquífero não confinado de 130 pés de espessura e coeficiente de permeabilidade de 0,00055 pé/s. A taxa de bombeamento do poço é 3,5 cfs, e o raio de influência é 500 pés. Outra indústria planeja se instalar em uma propriedade adjacente e furar um poço com as mesmas características. Se o novo poço estiver a 250 pés de distância, qual será o impacto do rebaixamento adicional no poço existente? (*Dica*: Para aquíferos não confinados, as equações de rebaixamento não são lineares. Entretanto, uma estimativa do impacto dos dois poços de bombeamento idênticos pode ser feita usando o raio de influência como um poço de observação com rebaixamento zero quando ambos os poços estiverem em operação.)

7.2.9 Um poço totalmente penetrante em um aquífero confinado de 33 m de espessura bombeia a uma taxa constante de 2.000 m³/dia por um longo período. Em dois poços de observação localizados a 20 m e a 160 m do poço, a diferença na altura hidráulica é de 2 m. Considerando que a altura não perturbada é de 250 m e que a altura no poço de observação mais à frente é de 249 m, calcule o raio de influência do poço.

7.2.10 Após bombear um poço de 12 polegadas de diâmetro por um longo tempo, as condições de equilíbrio foram alcançadas em um aquífero confinado. O coeficiente de permeabilidade (com base em testes de laboratório) é $7,55 \times 10^{-4}$ pés/s. Em uma localização a cerca de 90 pés do poço, dois poços de observação rigorosamente espaçados indicam que a declividade da superfície piezométrica é 0,0222. Se a espessura do aquífero for 50 pés, qual será a descarga do poço em galões por minuto?

7.2.11 Um poço será instalado em um aquífero arenoso não confinado para baixar o nível da água para um grande projeto de construção. O rebaixamento em estado estável deve ser de pelo menos 1,5 m dentro de uma distância de 30 m do poço e 3 m dentro de uma distância de 3 m do poço. A condutividade hidráulica da areia é 1×10^{-4} m/s. Uma argila relativamente impermeável com condutividade hidráulica de 1×10^{-10} m/s forma a base do aquífero. Antes do bombeamento, a profundidade da água no aquífero acima da camada de argila é 8,2 m. Calcule a descarga necessária para o poço para atender às condições de projeto. Assuma um raio de influência de 150 m.

7.2.12 Um teste de campo de bombeamento é realizado para determinar a transmissividade de um aquífero de alta capacidade. A espessura do aquífero confinado é 20 pés, e a porosidade é de 0,26. Infelizmente, os dados sobre o fluxo para o teste do poço foram perdidos pela equipe de campo. Ainda assim, é possível estimar a transmissividade com base nos dados de campo a seguir?

- Dois poços de observação estão localizados a 500 pés e a 1.000 pés do poço bombeado.
- A superfície piezométrica dos dois poços em equilíbrio difere em 42,8 pés.
- Um marcador conservador leva 49,5 horas para se movimentar do poço de observação externo até o poço de observação interno.

(Seção 7.3)

7.3.1 Um poço de descarga que penetra totalmente um aquífero confinado é bombeado a uma taxa constante de 300 m³/h. A transmissividade do aquífero é 25 m²/h, e o coeficiente de armazenamento é 0,00025. Determine o rebaixamento a uma distância de 100 m do poço 10, 50 e 100 horas depois do início do bombeamento.

7.3.2 Um poço de descarga penetrando um aquífero confinado será bombeado a uma taxa constante de 50.000 pés³/dia. Por quanto tempo o poço poderá ser bombeado a essa taxa se o rebaixamento em um ponto a 300 pés do poço não puder exceder 3,66 pés? A transmissividade do aquífero é 12.000 pés²/dia, e o coeficiente de armazenamento é 0,0003.

7.3.3 Um poço de descarga industrial que penetra totalmente um aquífero confinado é bombeado a uma taxa constante de 300 m³/h, mas somente em raras ocasiões, quando necessário. A indústria gostaria de instalar um segundo poço em sua propriedade para aumentar sua capacidade de retirada. Entretanto, o rebaixamento do aquífero em um poço residencial próximo (a uma distância de 100 m do primeiro poço) não pode exceder 10,5 m. Se ambos os poços forem ligados ao mesmo tempo e funcionarem por quatro dias, e o segundo poço for bombeado a uma taxa de 200 m³/h, o quão próximo do poço residencial o segundo poço poderá ser colocado antes que a limitação de rebaixamento seja violada? A transmissividade do aquífero é 25 m²/h, e o coeficiente de armazenamento é 0,00025.

7.3.4 Dois poços penetrando um aquífero confinado estão a 600 pés de distância um do outro. Cada poço será bombeado a 40.000 pés³/dia. Contudo, o bombeamento do segundo poço começará um dia e meio depois do bombeamento do primeiro. Determine o rebaixamento em um ponto na metade da distância entre os dois poços três dias depois de o bombeamento ter iniciado no primeiro poço. A transmissividade do aquífero é 10.000 pés²/dia, e o coeficiente de armazenamento é 0,0005.

7.3.5 Um poço de descarga penetrando um aquífero confinado será bombeado a uma taxa de 800 m³/h por dois dias, e então a taxa de bombeamento será reduzida para 500 m³/h. A transmissividade do aquífero é 40 m²/h, e o coeficiente de armazenamento é 0,00025. Determine o rebaixamento em um local a 50 m do poço bombeado três dias após o início do bombeamento.

7.3.6 Um aquífero não confinado possui um coeficiente de armazenamento de tempo inicial de 0,0005, coeficiente de armazenamento de 0,1 e permeabilidade de 5 pés/dia. A espessura do aquífero é 500 pés. Um poço penetrando esse aquífero será bombeado a uma taxa de 10.000 pés³/dia. Determine o rebaixamento a 50 pés do poço dois dias depois do início do bombeamento.

(Seção 7.4)

7.4.1 Um aquífero confinado de 30 m de espessura possui uma superfície piezométrica de 75 m acima do topo do aquífero.

Um poço de 40 cm de diâmetro puxa água do aquífero a uma taxa de 0,1 m³/s. Se o rebaixamento no poço for de 30 m e o rebaixamento no poço de observação a 50 m de distância for de 10 m, quais serão a transmissividade e o raio de influência?

7.4.2 Esboce a superfície livre de um nível de água produzido por um poço localizado no meio de uma ilha circular, conforme mostra a Figura P7.4.2. Considerando que o poço produz 7,5 gpm (gal/min), qual é o coeficiente de permeabilidade? Determine também o rebaixamento a uma distância de 150 pés do poço.

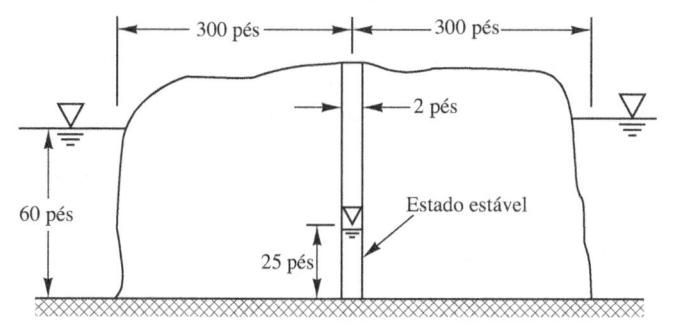

Figura P7.4.2

7.4.3 Um teste de campo é realizado em um aquífero confinado por meio do bombeamento de uma descarga constante de 14,9 m³/h de um poço de 20 cm de diâmetro. Após alcançar um estado aproximadamente estável, um rebaixamento de 0,98 m é medido no poço bombeado. Também foram medidos rebaixamentos de 0,78 m, 0,63 m, 0,59 m e 0,56 m, respectivamente, a 3 m, 45 m, 90 m e 150 m do poço bombeado. Determine a transmissividade desse aquífero. Determine também a distância máxima que você deve estar do poço antes que o rebaixamento se torne inferior a 0,5 m.

7.4.4 Um teste de campo é realizado em um aquífero não confinado por meio do bombeamento de uma descarga constante de 1.300 pés³/h de um poço de 8 polegadas de diâmetro penetrando o aquífero. A espessura do aquífero não perturbado é 46 pés. Os rebaixamentos, medidos em estado estável em vários pontos, estão tabulados a seguir. Determine o coeficiente de permeabilidade e a distância máxima que você deve estar do poço antes que o rebaixamento se torne inferior a 2,5 pés.

r (pés)	0,33	40	125	350
s (pés)	6,05	4,05	3,57	3,05

7.4.5 Explique por que um teste de desequilíbrio, e não um teste de equilíbrio, é necessário para determinar o coeficiente de armazenamento de um aquífero.

7.4.6 Derive as equações 7.43 e 7.47.

7.4.7 Um teste de campo foi realizado em um aquífero confinado usando uma descarga de bombeamento constante de 6 m³/h. Os rebaixamentos medidos em um poço de observação localizado a 22 m do poço bombeado são mostrados na tabela a seguir. Determine a transmissividade do aquífero, o coeficiente de armazenamento e o rebaixamento após 50 h.

Tempo (h)	0,05	0,10	0,20	0,50	1,0	2,0	5,0	10,0	20,0
s (m)	0,47	0,60	0,74	0,93	1,09	1,25	1,46	1,61	1,77

7.4.8 As informações de rebaixamento a seguir foram coletadas em um poço de observação a 120 pés de um poço de 16 polegadas de diâmetro bombeado a uma taxa uniforme de 1,25 cfs. Determine a permeabilidade e o coeficiente de armazenamento do aquífero não confinado de 90 pés de espessura. (*Dica*: Despreze rebaixamentos que durem pouco tempo se eles não formarem uma linha reta no esboço em papel semilogarítmico.)

Tempo (h)	1	2	3	4	5	6	8	10	12	18	24
s (pés)	0,4	1	1,7	2,3	2,9	3,3	4,7	5,7	6,6	8,5	9,6

(Seção 7.5)

7.5.1 Localize poços imaginários na Figura P7.5.1 que substituam as fronteiras reais com um sistema hidráulico equivalente.

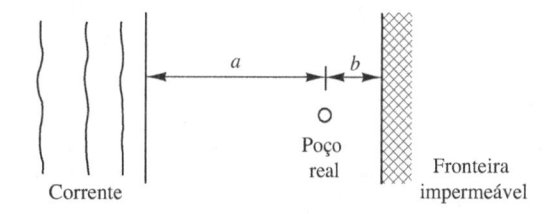

Figura P7.5.1

7.5.2 Um poço penetrante de 12 polegadas de diâmetro bombeia água subterrânea de um aquífero confinado de 25 pés de espessura. Um estrato de rocha impermeável está localizado no aquífero a 105 pés. A fronteira impermeável impactará a curva de rebaixamento do poço quando as condições de equilíbrio forem alcançadas se a taxa do poço for de 20.000 galões por dia (gpd)? A permeabilidade do aquífero é 20 gpd/pés², e o rebaixamento no poço é de 30 pés.

7.5.3 Um aquífero confinado possui espessura de 10 m e transmissividade de $1,3 \times 10^{-3}$ m²/s. Quando um poço de 30 cm de diâmetro é bombeado a uma taxa de 30 m³/h, o rebaixamento da superfície piezométrica em um poço de observação a 30 m é de 9,60 m quando não é impactado pela fronteira do aquífero. Se um poço idêntico for instalado no mesmo aquífero, mas localizado a 30 m da fronteira impermeável totalmente penetrante, qual será o rebaixamento na fronteira e no poço?

7.5.4 Um aquífero confinado possui espessura de 10 m e transmissividade de $1,3 \times 10^{-3}$ m²/s. Quando um poço de 30 cm de diâmetro é bombeado a uma taxa de 30 m³/h, o rebaixamento da superfície piezométrica no poço é de 15 m quando não é impactado pela fronteira do aquífero. Se um poço idêntico for instalado no mesmo aquífero, mas localizado a 60 m de um rio totalmente penetrante, qual será o rebaixamento no poço, na fronteira e na metade da distância entre os dois pontos?

7.5.5 Um poço industrial conecta-se a um aquífero confinado de 80 pés de espessura com transmissividade de 0,0455 pé²/s.

O poço está localizado a 600 pés de uma corrente totalmente penetrante. Um poço de irrigação de um fazendeiro está localizado na metade da distância entre a corrente e o poço industrial. Qual é a taxa de fluxo máxima que pode ser bombeada no poço industrial para limitar a 5 pés o impacto do rebaixamento no poço de irrigação?

7.5.6 Um poço de descarga que penetra totalmente um aquífero confinado é bombeado a uma taxa constante de 300 m³/h. A transmissividade do aquífero é 25 m²/h, e o coeficiente de armazenamento é 0,00025. Uma corrente totalmente penetrante está localizada a 500 m de distância. Determine o rebaixamento em um ponto entre o poço e a corrente (a 100 m do poço e a 400 m da corrente) 50 horas depois de o bombeamento iniciar.

7.5.7 Um aquífero confinado possui espessura de 40 pés, transmissividade de 250 pés²/h e coeficiente de armazenamento de 0,00023. Um poço de 16 polegadas está extraindo do aquífero uma taxa de fluxo de 10.600 pés³/h. O poço está localizado a 330 pés de distância da fronteira impermeável totalmente penetrante. Determine o rebaixamento na fronteira depois de 50 horas de bombeamento. Determine também o tempo que seria necessário para que o rebaixamento na fronteira alcançasse 59 pés.

(Seção 7.8)

7.8.1 Conforme previamente mencionado, a construção de uma boa rede de fluxo envolve mais arte do que ciência. Como pessoas diferentes certamente desenhariam redes de fluxo diferentes, podemos questionar a precisão de sua utilização para cálculos de infiltração. Se cuidadosamente desenhadas, existe uma consistência surpreendente nas previsões de infiltração de um engenheiro para outro. Para aumentar a credibilidade dessa premissa, faça os exercícios a seguir:

(a) Com um lápis, esboce mais cinco linhas de corrente na Figura 7.28(a) bissecando os canais de fluxo existentes. Por que o resultado não é exatamente uma rede de fluxo? Que outra etapa deve ser executada? Depois de executada essa etapa adicional, recalcule a taxa de infiltração do Exemplo 7.18. Compare as respostas.

(b) Desenhe o esboço da barragem e das fronteiras na Figura 7.28(a). Desenhe sua própria rede de fluxo usando duas linhas de corrente em vez de quatro. Estime a infiltração do Exemplo 7.18 usando sua nova rede de fluxo. Compare as respostas.

7.8.2 As redes de fluxo fornecem mais informações do que as taxas de infiltração simplesmente. Por exemplo, a altura de energia total em qual local da rede pode ser estimada usando as linhas equipotenciais. Lembre-se de que ocorrem quedas de altura idênticas entre o nível máximo e o nível mínimo de água do reservatório nas linhas equipotenciais sequenciais. Dada a altura de energia total em qualquer ponto, a altura de pressão pode ser obtida por meio da subtração da altura de posição. Além disso, a magnitude e a direção da velocidade de infiltração podem ser estimadas em qualquer local da rede de fluxo utilizando as diferenças nas alturas totais entre as linhas equipotenciais adjacentes e as distâncias medidas a partir da escala desenhada. Com essas informações, estime a altura de energia total e a velocidade da infiltração (magnitude e direção) nas localizações 1, 2 e 4 da Figura 7.28(b). Assuma que a profundidade superior da água é 160 pés (que também atua como escala), $K = 7,02$ pés/dia, e a porosidade é 0,4. O fundo do reservatório é a linha de referência a partir da qual as alturas de energia serão medidas.

7.8.3 No local de construção de uma ponte são usadas estacas-pranchas para manter a água afastada, conforme mostra a Figura P7.8.3 (desenhado em escala). Determine a quantidade de infiltração (em m³/h por unidade de comprimento das estacas-pranchas) que pode ser esperada de modo a projetar uma bomba apropriada para drenar o local da construção. As dimensões adequadas da infiltração são $d = 3,5$ m, $b = 4,7$ m e $z = 1,3$ m. A permeabilidade é 0,195 m/dia, e a porosidade é 0,35. Determine também a velocidade aproximada de saída da água (em m/s) próximo às estacas-pranchas. (*Observação*: Se a velocidade for alta o suficiente, ela pode transportar o solo e, eventualmente, destruir a estrutura das estacas-pranchas.)

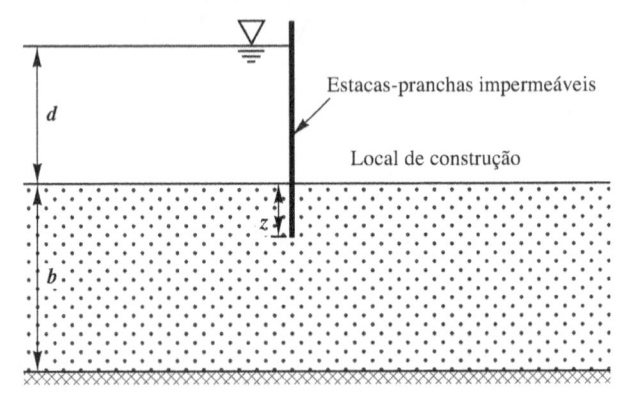

Figura P7.8.3

7.8.4 Uma barragem de concreto está localizada em uma fundação sólida aluvial, como mostra o desenho em escala da Figura P7.8.4. Estime a taxa de infiltração (em m³/dia) para a barragem de 100 m de extensão se a permeabilidade for $4,45 \times 10^{-7}$ m/s e a profundidade superior da água for 20 m. Estime também a altura de energia (usando o fundo da barragem como linha de referência) e a velocidade de infiltração imediatamente abaixo do meio da barragem. A porosidade do solo é 0,45.

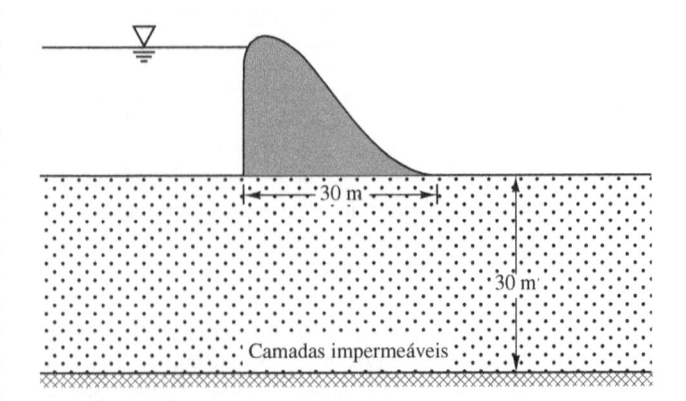

Figura P7.8.4

7.8.5 Posicione uma parede de corte no fundo da barragem mostrada na Figura P7.8.4, seguindo o Exemplo 7.18. A parede deve descer até um terço da distância até a camada impermeável. Estime a infiltração por unidade de metro de largura da barragem. Assuma que a permeabilidade é $4{,}45 \times 10^{-7}$ m/s e a profundidade superior da água é 20 m. Se a infiltração por metro sem a parede de corte for $4{,}45 \times 10^{-6}$ m³/s por metro, qual será o percentual de redução na infiltração usando a parede de corte?

(Seção 7.9)

7.9.1 Determine a infiltração em m³/dia na barragem de terra homogênea mostrada na Figura 7.29. Determine também a velocidade da infiltração quando a água chegar ao dique inferior no ponto D. A profundidade superior da água é 7 m. A barragem tem 80 m de comprimento, e foi usado silte na construção de seu solo. Assuma que a Figura 7.29 foi desenhada com a profundidade superior de 7 sendo a escala.

7.9.2 Faça uma cópia da Figura 7.30 e construa uma rede de fluxo. Use a linha freática dada como linha de corrente superior com todas as outras linhas de corrente abaixo dela terminando o dreno. Se a taxa de infiltração for 0,005 m³/dia por metro quando o nível superior da água for 4,24 m, qual será o tipo mais provável de solo a ser utilizado na construção da barragem?

7.9.3 Uma barragem de terra, conforme esquematicamente mostrada em escala na Figura P7.9.3, é construída com um material uniforme com coeficiente de permeabilidade de 2×10^{-6} m/s em uma fundação relativamente impermeável. A barragem tem 30 m de altura, valor que pode ser usado como escala. Calcule a taxa de infiltração em metros cúbicos por dia por unidade de largura da barragem. Assuma que a superfície freática emerge na declividade inferior a uma distância de $x = 30$ m, conforme definido na Figura 7.29.

7.9.4 Determine a taxa de infiltração por unidade de largura da barragem no Problema 7.9.3 se uma manta de drenagem (como mostrada na Figura 7.30) se estende por 30 m a par-

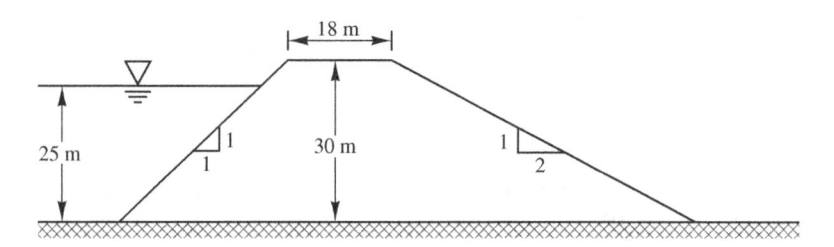

Figura P7.9.3

tir do fundo da barragem. Inicie a rede de fluxo esboçando uma linha freática (linha de fluxo mais alta, conforme mostrado na Figura 7.30) entrando no dreno a 5 m da extremidade superior. Todas as outras linhas de fluxo entram no dreno entre aquele ponto e a extremidade superior.

7.9.5 A barragem de terra mostrada na Figura P7.9.5 contém 30 pés de água. Usando a rede de fluxo mostrada, determine a taxa de infiltração (em pés³/dia) para a barra-

gem se ela tiver 90 pés de comprimento. O coeficiente de permeabilidade do solo na barragem homogênea é $3{,}28 \times 10^{-6}$ pés/s com porosidade de 0,4. Determine também a velocidade de infiltração quando a água começa a se aproximar do dique inferior no ponto D, conforme ilustrado na Figura 7.29. O ângulo do dique no lado inferior é $\theta = 16°$. Assuma que a Figura P7.9.5 está desenhada com a profundidade superior de 30 pés como escala.

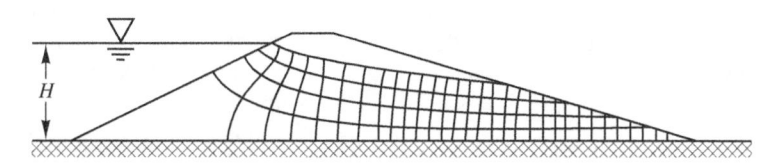

Figura P7.9.5

8 Estruturas hidráulicas

A água é mais útil para as pessoas quando adequadamente controlada, transportada e contida. Estruturas hidráulicas são projetadas e construídas para servir a esses fins. Algumas das estruturas hidráulicas mais comuns são tubos, bombas, canais abertos, poços, dispositivos de medição de água e sistemas de coleta e transporte de águas pluviais. Essas estruturas são tratadas em outros capítulos deste livro. Barragens, açudes, vertedouros, bueiros e bacias de dissipação também são comuns e serão discutidos neste capítulo.

8.1 Funções das estruturas hidráulicas

Qualquer classificação de estruturas hidráulicas seria arbitrária, visto que muitas delas podem ser construídas para servir a mais de um fim. Além disso, uma classificação geral das estruturas hidráulicas com base em seu uso não é satisfatória porque muitas estruturas idênticas podem ser usadas para atender a propósitos totalmente diferentes. Por exemplo, uma barragem de baixa altura poderia ser construída ao longo de um canal como dispositivo para medição da descarga ou poderia ser construída para elevar o nível da água na entrada de um canal de irrigação para permitir o desvio da água. Em vez de agrupar diversas estruturas hidráulicas em categorias arbitrárias, listamos as funções mais comuns dessas estruturas e seus critérios básicos de projeto.

1. Estruturas de armazenamento são projetadas para conter água sob condições hidrostáticas. Uma estrutura de armazenamento normalmente possui uma grande capacidade para uma alteração relativamente pequena na altura hidrostática (elevação da água).

2. Estruturas de transporte são projetadas para transportar água de um lugar a outro. O projeto geralmente prioriza a entrega de determinada descarga com um consumo mínimo de energia.

3. Canais e estruturas de navegação são projetados para dar suporte ao transporte de água. A manutenção da profundidade mínima de água sob várias condições é crucial.

4. Estruturas costeiras são construídas para proteger praias, enseadas, portos e edifícios. É essencial que se considere a ação das ondas nos projetos dessas estruturas.

5. Estruturas de medição ou controle são usadas para quantificar a descarga em um conduto em particular. É necessário um desempenho estável e uma relação um para um entre a descarga e algum indicador (em geral, a elevação).

6. Estruturas de conversão de energia são projetadas para transformar a energia hidráulica em energia mecânica ou elétrica (ou seja, sistemas de turbinas hidráulicas) ou energia mecânica ou elétrica em energia hidráulica (ou seja, bombas hidráulicas). A ênfase do projeto está na eficiência do sistema e na potência consumida ou produzida.

7. Estruturas de sedimentação ou de controle de peixes são projetadas para direcionar ou regular o movimento de elementos não hidráulicos na água. A compreensão sobre mecanismos e comportamentos básicos dos elementos envolvidos é um requisito importante no projeto.

8. Estruturas de dissipação de energia são usadas para controlar e dispersar o excesso de energia hidráulica para prevenir a erosão do canal.

9. Estruturas de coleta são projetadas para coletar e permitir a entrada de água nos sistemas hidráulicos. Um exemplo típico é a entrada de uma superfície de drenagem usada para coletar a corrente de superfície e direcioná-la para um sistema de coleta de águas pluviais.

Obviamente, uma análise mais detalhada de todas essas funções e seus critérios de projeto não pertence ao escopo deste livro. Apenas as estruturas hidráulicas mais comumente encontradas são aqui discutidas para demonstrar de que maneira as considerações fundamentais são usadas em seus projetos.

8.2 Barragens: funções e classificações

Uma barragem é uma barreira posicionada atravessando um curso de água para armazenar água e modificar o fluxo de corrente normal. As barragens variam de tamanho e podem medir de alguns poucos metros de altura (barragens de lagos em fazendas) a mais de 100 m em estruturas massivas (grandes barragens hidroelétricas). Duas das maiores barragens dos Estados Unidos são a Barragem Hoover (no Rio Colorado, localizada na fronteira do Arizona com Nevada) e a Barragem Grand Coulee (no rio Columbia, em Washington). Concluída em 1936, a Barragem Hoover possui 222 m de altura e 380 m de comprimento e é capaz de armazenar $3,52 \times 10^{10}$ m³ de água. A Barragem Grand Coulee foi concluída em 1942, possui 168 m de altura e 1.592 m de extensão e pode armazenar $1,17 \times 10^{10}$ m³ de água. Essas duas barragens são ofuscadas pelas maiores barragens do mundo. A maior represa do mundo é a Rogun, no Tajiquistão; a 335 m de altitude, ela foi concluída em 1985. A maior delas em tamanho de reservatório é, sem dúvida, a Barragem das Três Gargantas, na República Popular da China, concluída em 2011 e capaz de armazenar $3,93 \times 10^{10}$ m³ de água.

As barragens atendem a muitos propósitos. As barragens Hoover e Grand Coulee fornecem uma enorme quantidade de eletricidade à região Oeste dos Estados Unidos. Entretanto, como a maioria das grandes barragens, elas têm múltiplas funções. Essas barragens também são responsáveis pelo controle do fluxo (consulte a seção sobre roteamento de armazenamento, no Capítulo 11), água de irrigação para um vasto número de fazendas e oportunidades de lazer. As barragens também são construídas para fornecer água industrial, água para refrigeração (para estações de energia) e água municipal. Em muitos rios extensos, diques e barragens são construídos para dar apoio à navegação. No passado, as barragens eram construídas em conjunto com rodas hidráulicas para fornecer energia para os moinhos.

As barragens podem ser classificadas de diferentes maneiras. Pode ser útil classificá-las segundo a forma como alcançam estabilidade e conforme os materiais usados em sua construção. Um esquema de classificação desse tipo pode ser visto na Tabela 8.1. São listados quatro tipos de barragem: de gravidade, em arco, de contraforte e de aterro. Uma barragem de gravidade típica é uma estrutura massiva (Figura 8.1). O enorme peso do corpo da barragem oferece a estabilidade necessária contra tombamento (sobre o pé a jusante da barragem) ou cisalhamento (ao longo do fundo). As barragens em arco normalmente são construídas em fundações de rocha sólidas que oferecem

(a) Barragem de gravidade

(b) Barragem em arco

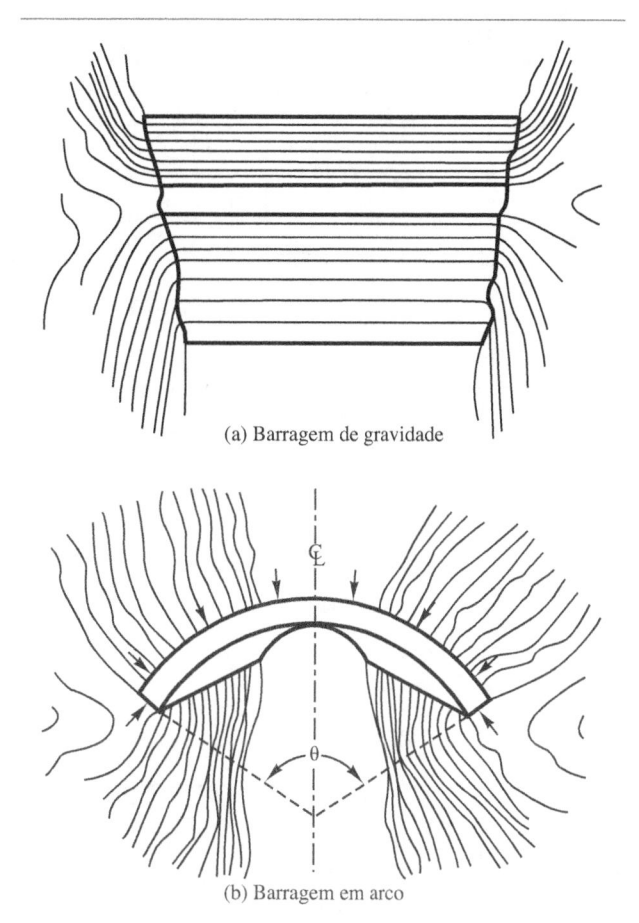

Figura 8.1 Representação da vista superior da (a) barragem de gravidade e (b) barragem em arco.

resistência à força hidrostática pela ação dos arcos (Figura 8.1). Combinar a ação da gravidade com a ação dos arcos é uma prática comum. Uma barragem de contraforte típica suporta uma placa de concreto inclinada (face superior) em intervalos com apoios de contrafortes. Como a maioria das seções transversais é espaço vazio entre os contrafortes, a estabilidade vem do peso da água atuando sobre a placa. Devido à sua importância e aos princípios básicos envolvidos, a estabilidade das barragens de gravidade e em arco é discutida na próxima seção.

O tipo mais comum de barragem encontrado é a barragem de aterro. Ela alcança estabilidade a partir de sua massa e da água em sua face superior. Como essas barragens são feitas de material poroso, elas infiltram água continuamente. Controlar o volume e a localização da infiltração é uma preocupação de projeto importante (Capítulo 7). É provável que poucas barragens grandes sejam construídas no futuro, mas muitas pequenas barragens são projetadas e construídas anualmente. A maioria é de aterro e atende à gestão de águas pluviais urbanas (Capítulo 11). Devido à importância e preponderância dessas barragens, a Seção 8.4 descreve algumas considerações de projeto essenciais e um cenário típico de construção.

TABELA 8.1 Classificação das barragens.

Tipo	Estabilidade	Material	Seção transversal
Gravidade	Grande massa	Concreto, rocha ou alvenaria	
Arco	Ação do arco sobre cânion de rochas	Concreto	
Contraforte	Massa da barragem e água sobre a superfície superior	Concreto, aço ou madeira	
Aterro	Massa da barragem e água sobre a superfície superior	Terra ou rocha	

8.3 Estabilidade das barragens de gravidade e em arco

8.3.1 Barragens de gravidade

As principais forças atuando sobre as barragens de gravidade são representadas na Figura 8.2. São elas:

1. força hidrostática (F_{HS});
2. peso da barragem (W);
3. força de sustentação na base da barragem (F_u);
4. força de pressão (F_s) de sedimentação (depósito de silte);
5. força sísmica sobre a barragem (F_{EQ});
6. força sísmica causada pela massa de água atrás da barragem (F_{EW}).

Muitas barragens de gravidade possuem uma seção transversal uniforme ao longo de sua largura que permite a análise de uma força por unidade de largura da barragem. As forças de vinculação entre cada segmento por unidade de largura são desprezadas na análise, pois somente contribuem para a estabilidade da barragem.

A força hidrostática atuando sobre a face superior da barragem pode ser resolvida em um componente horizontal e um componente vertical. O componente horizontal da força hidrostática atua ao longo da linha horizontal $H/3$ acima da base da barragem. Essa força horizontal cria um momento horário ao redor do *pé a jusante da barragem* (identificada na Figura 8.2) e pode fazê-la tombar. Também pode causar problemas à barragem ao cisalhar o plano horizontal em sua base. O componente vertical da força hidrostática é igual ao peso da massa de água diretamente acima da face superior da barragem. Ele age ao longo de uma linha vertical que passa pelo centroide dessa massa. O componente vertical da força hidrostática sempre faz um movimento anti-horário em torno do pé a jusante. Ele é um fator estabilizante nas barreiras de gravidade.

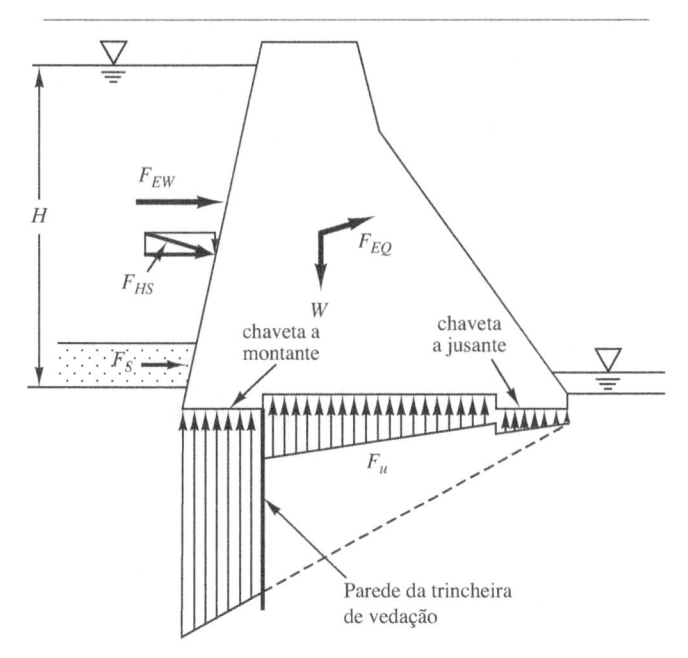

Figura 8.2 Seção transversal de uma barragem de gravidade.

A maior força de estabilidade é o peso da barragem, que depende não só das dimensões, mas também do material usado. O peso unitário da maioria dos materiais de alvenaria ou terra sólida vai de aproximadamente 2,4 a 2,6 vezes o da água. A importância dessa força de estabilidade explica o nome: *barragem de gravidade*.

A força de sustentação na base da barragem pode ser determinada pela análise da infiltração na fundação (Capítulo 7). Atuando na posição oposta à do peso, sempre que possível essa força deve ser minimizada nos projetos de barragem. Ela enfraquece a fundação e tende a fazer a barragem tombar. Se o solo da fundação é poroso e homogêneo, a pressão de sustentação na base varia linearmente de pressão hidrostática total no *pé a montante da barragem* (ou seja, $P = \gamma H$) a pressão hidrostática total no pé a jusante. A força de sustentação total resultante pode ser determinada pela integração da distribuição de pressão trapezoidal resultante. A magnitude da força de sustentação, bem como o momento (horário) de tombamento, pode ser bastante reduzida por meio da instalação de uma parede da trincheira de vedação impermeável, como ilustra a Figura 8.2. A parede da trincheira de vedação altera o curso da infiltração aumentando o percurso e, assim, reduzindo para a parede a infiltração e a força de sustentação inferior.

A velocidade da água imediatamente atrás da barragem é muito lenta ou quase zero. Consequentemente, ela perde sua habilidade de transportar sedimentos ou outro material suspenso. Esses materiais mais pesados são depositados no fundo do reservatório, e alguns ficam próximos da base da barragem. A mistura de silte com água é aproximadamente 50 por cento mais pesada do que a água (gravidade específica = 1,5) e forma uma força de pressão excessiva próximo ao pé a montante. Normalmente, a espessura da camada de silte aumenta lentamente com o tempo. Essa força pode contribuir para o fracasso da barreira causado pelo cisalhamento ao longo da base.

Em zonas de terremoto, as forças geradas pelo movimento do terremoto devem ser incorporadas ao projeto da barragem. Essas forças sísmicas sobre a barragem resultam da aceleração associada aos movimentos do terremoto. A magnitude dessa força no corpo da barragem (F_{EQ}) é proporcional à aceleração e à massa do corpo da barragem. A força pode atuar em qualquer direção ao longo do centroide do corpo da barragem.

A força sísmica resultante da aceleração do corpo de água atrás da barragem é aproximadamente igual a

$$\frac{5}{9}\left(\frac{a\gamma}{g}\right)H^2$$

onde a é a aceleração sísmica, γ é o peso específico da água, e H é a altura hidrostática, ou profundidade da água, imediatamente atrás da barragem. A força sísmica do corpo de água atua na direção horizontal a uma distância $(4/3\pi)H$ acima da base da barragem.*

Para garantir estabilidade, os fatores de segurança contra deslizamento e tombamento devem ser maiores do que 1 e costumam ser muito mais altos. Além disso, a pressão máxima exercida sobre a fundação não deve exceder a potência de carga da fundação.

O *coeficiente de força contra deslizamento* (FR_{slide}) é definido pela razão entre a força de resistência horizontal total que a fundação pode desenvolver e a soma de todas as forças atuando sobre a barragem que tendem a causar o deslizamento. A razão pode ser escrita como

$$FR_{slide} = \frac{\mu(\Sigma F_V) + A_s \tau_s}{\Sigma_H} \quad (8.1)$$

onde μ é o coeficiente de atrito entre a base da barragem e a fundação (geralmente $0,4 < \mu < 0,75$), ΣF_V é o somatório de todos os componentes de força vertical atuando sobre a barragem, τ_s é a força da tensão de corte das chavetas, e A_s é a área de corte total fornecida pelas chavetas. ΣF_H é o somatório de todos os componentes de força horizontal atuando sobre a barragem.

As *chavetas* (conforme se vê na Figura 8.2) são componentes da barragem construídos na fundação para aumentar a resistência contra o deslizamento. Forças horizontais são transmitidas à fundação através da força de corte nas chavetas. A força de corte total fornecida pelas chavetas, $\tau_s A_s$, deve ser maior do que a diferença entre a força horizontal atuando na barragem, ΣF_H, e a força de atrito gerada pela base, $\mu(\pi F_V)$.

$$\tau_s A_s > [\Sigma_H - \mu(\Sigma F_V)]$$

O *coeficiente de força contra tombamento* (FR_{over}) é definido pela razão entre os momentos de resistência

---

* J. I. Bustamante, "Water pressure on dams subjected to earthquakes", *J. Engr. Mech., Div., ASCE*, v. 92, p. 116-127, out. 1966.

(momentos anti-horários em torno do pé a jusante) e os momentos de tombamento (momentos horários em torno do pé a jusante):

$$FR_{over} = \frac{Wl_w + (F_{HS})_v l_v}{\Sigma_H Y_H + F_u l_u} \quad (8.2)$$

onde $(F_{HS})_v$ é o componente vertical da força hidrostática e l_w, l_v e l_u são as distâncias horizontais do pé a jusante até as linhas de ação do peso (W), o componente vertical da força hidrostática e a força de sustentação (F_u), respectivamente. Y_H é a distância vertical medida do pé a jusante até as linhas de ação de cada componente de força horizontal (F_H) atuando sobre a face superior da barragem.

Muitas vezes, podemos assumir que a pressão vertical sobre a fundação é uma distribuição linear entre o pé a jusante e o pé a montante, como mostra a Figura 8.3. Se fizermos R_V representar a resultante de todas as forças verticais atuando sobre a base da barragem, e se P_T e P_H representarem a pressão resultante na fundação no pé a jusante e no pé a montante, poderemos escrever

$$R_V = \frac{(P_T + P_H)}{2}(B)$$

e ao equacionar os momentos (somente as forças verticais) em torno da linha de centro

$$R_V(e) = \left[\frac{(P_T - P_H)}{2}(B)\right]\left(\frac{B}{6}\right)$$

Resolvendo essas duas equações simultaneamente, temos

$$P_T = \left(\frac{R_V}{B}\right)\left(1 + \frac{6e}{B}\right) \quad (8.3)$$

$$P_H = \left(\frac{R_V}{B}\right)\left(1 - \frac{6e}{B}\right) \quad (8.4)$$

A força vertical resultante normalmente atua através de um ponto do lado inferior da linha central da base. Portanto, P_T costuma ser a pressão crítica no projeto. O valor de P_T deve ser mantido abaixo do valor da potência suportada pela fundação. A pressão no pé a montante (P_H) é menos importante. Ainda assim, é desejável manter o valor P_H positivo em todos os momentos para evitar que rachaduras de tensão apareçam na região do pé a montante. Uma pressão negativa indica tensão, e materiais de alvenaria têm uma resistência muito baixa à tensão. Um valor positivo para P_H pode ser garantido se a força vertical resultante (R_V) for mantida dentro do terço médio da base, ou

$$e < \frac{B}{6} \quad (8.5)$$

O valor de e pode ser encontrado usando-se o princípio dos momentos; ou seja, o momento produzido pelos componentes individuais de força vertical em torno da linha central é igual ao momento produzido por R_V.

8.3.2 Barragens em arco

A carga de força sobre uma barragem em arco é essencialmente a mesma que a carga sobre uma barragem de gravidade. Para resistir a essas forças, a fundação da barragem deve produzir uma reação de arco horizontal. As reações horizontais maiores somente podem ser produzidas por fortes pilastras de rocha sólida nas duas extremidades do arco (Figura 8.1). As barragens em arco costumam ser altas e construídas em cânions rochosos relativamente estreitos. A eficiência de usar a resistência, e não a massa, dos materiais resulta em uma seção transversal muito fina se comparada à de uma barragem de gravidade, fazendo que as barragens em arco sejam a melhor escolha em muitas situações. Como as barragens em arco combinam a resistência da ação do arco com a gravidade, existe uma alta tensão em cada segmento da barragem, e é necessária uma análise detalhada da tensão.

A análise da estabilidade sobre o arco costuma ser realizada em cada viga horizontal. Tomemos uma viga situada a h metros abaixo do nível de água projetado para o reservatório. As forças atuando na direção da linha central da barragem podem ser somadas da seguinte maneira:

$$2R\,\text{sen}\frac{\theta}{2} = 2r(\gamma h)\text{sen}\frac{\theta}{2}$$

onde R é a reação da pilastra, θ é o ângulo central da viga, r é o raio externo (*extradorso*) do arco, e γh é a pressão hidrostática atuando sobre a viga (Figura 8.4). A equação anterior pode ser simplificada para a reação da pilastra

$$R = r\gamma h \quad (8.6)$$

Esse valor é determinado considerando-se somente a reação do arco na resistência da carga hidrostática sobre a barragem. Na prática, contudo, diversas outras forças de resistência, conforme discutido na seção sobre barragens de gravidade, também devem ser incluídas. A análise deve considerar a combinação de resistência tanto do arco quanto da gravidade.

O volume de uma barragem em arco está diretamente relacionado à espessura de cada viga (t), ao comprimento (altura) da viga (B) e ao ângulo central (θ). Para o volume

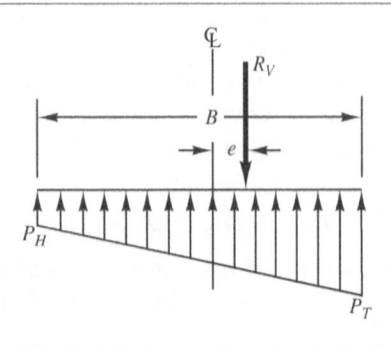

Figura 8.3 Distribuição de pressão na fundação da barragem.

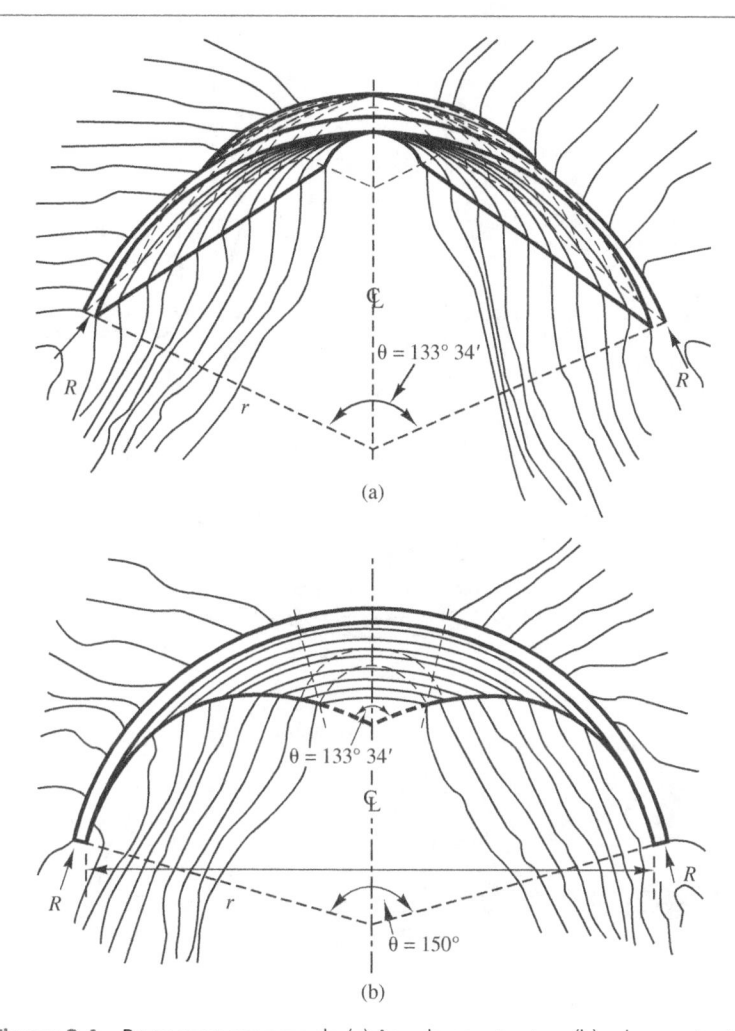

Figura 8.4 Barragens em arco de (a) ângulo constante e (b) raio constante.

mínimo da barragem, pode-se demonstrar que $\theta = 133°34'$ (Figura 8.4). Outros fatores, como as condições topográficas, sempre impedem o uso desse valor ótimo. Valores dentro da faixa de $110° < \theta < 140°$ são frequentemente usados no projeto de barragens em arco.

Uma abordagem simples para o projeto de barragens em arco é manter o ângulo central constante enquanto os raios variam de uma viga a outra, conforme esquema da Figura 8.4 (a). Outra abordagem frequentemente utilizada é manter os raios das vigas em um valor constante e permitir variações no ângulo central, como se pode ver na Figura 8.4(b).

8.4 Pequenas barragens de aterro

Pequenas barragens de aterro (ou *diques*) são projetadas e construídas por diversas razões. Por exemplo, pequenas barragens de aterro são frequentemente usadas na administração de bacias formadas por águas pluviais, aplicações de mineração (bacias de rejeitos), lagoas em fazendas (irrigação ou armazenamento de água), brejos construídos, proteção contra enchentes (diques), entre outros. Como essas estruturas são muito comuns, é importante uma compreensão básica sobre suas características críticas de projeto e suas considerações de construção. Os parágrafos a seguir oferecem uma discussão rudimentar acerca de alguns desses itens. Um exame detalhado pode ser encontrado na referência clássica *Design of small dams*.*

Pequenas barragens de aterro devem ser projetadas e construídas adequadamente para atender a seus propósitos. É preciso dar atenção especial às seguintes características:

- *Fundação*: Posicionar um dique sobre o material nativo sem qualquer preparação do local será suficiente somente para pequenas barragens de aterro. Na maioria das vezes, é necessário limpar, avaliar ou raspar e compactar o local, de modo a oferecer estabilidade e minimizar a decantação e a infiltração. Em geral, escava-se uma trincheira (também chamada de *chave*) ao longo da linha central da seção transversal (Figura 8.5). Então, a trincheira é preenchida e compactada, geralmente com argila, para minimizar a infiltração.

---

* U.S. Department of the Interior (Bureau of Reclamation), *Design of Small Dams*. Washington, DC: U.S. Government Printing Office, 1977.

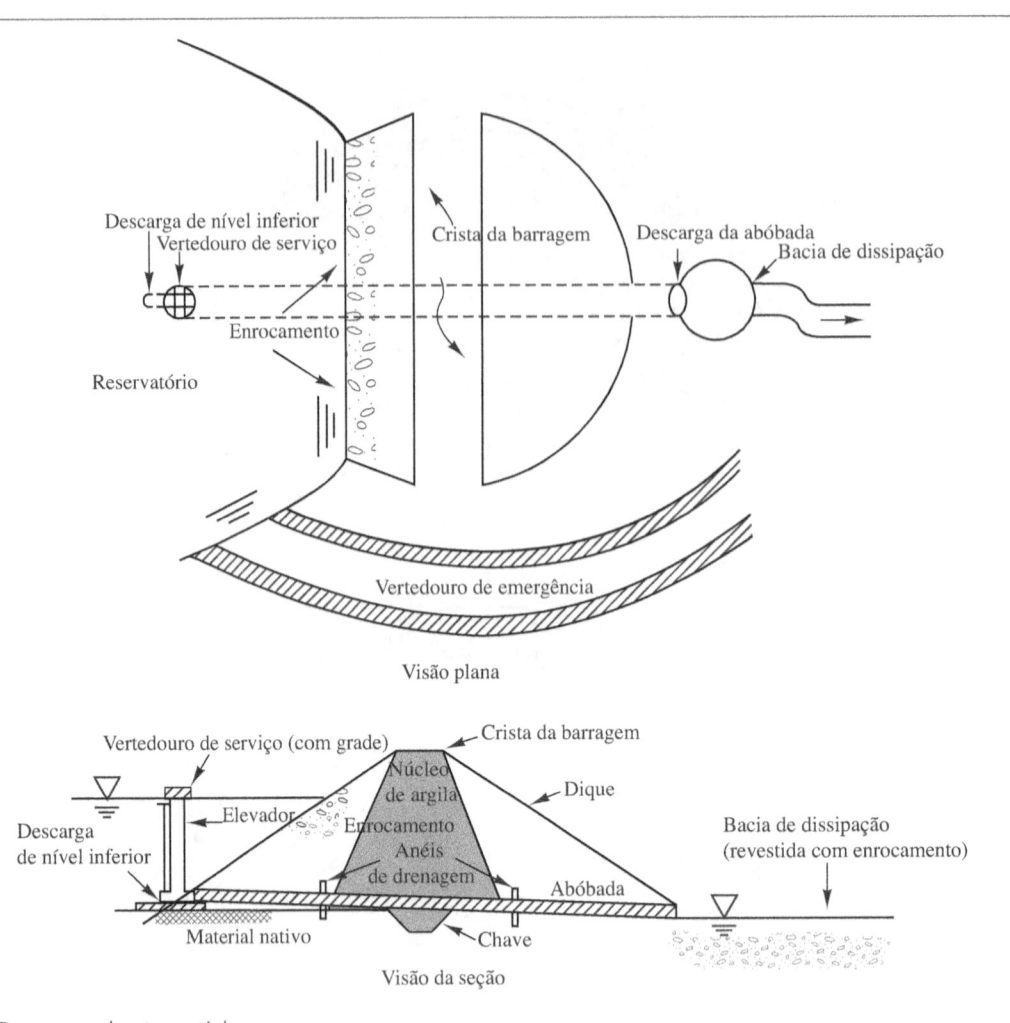

Figura 8.5 Barragem de aterro típica.

- *Dique*: Todos os materiais, a largura de topo, a altura e as declividades devem ser especificados. A altura normalmente é definida pelos requisitos de armazenamento ou pelas limitações do local – como restrições de elevação ou latifúndio. As declividades dependem do material usado, mas costumam estar entre 2:1 e 3:1. A largura pode precisar acomodar equipamentos de manutenção; caso contrário, é comum que as barragens pequenas meçam de 1 a 3 metros. Por fim, é preciso especificar os materiais do dique. Pequenas barragens e diques costumam ser construídos utilizando um material homogêneo (*dique simples*). Frequentemente, um núcleo de argila é colocado no meio do dique com material mais permeável em um dos lados (*dique zoneado*; veja a Figura 8.5). O núcleo de argila reduz a infiltração, e os materiais externos (silte ou silte e areia) oferecem estabilidade. Costumam ser necessários testes de compactação (com um medidor de densidade nuclear), pois o dique é construído e compactado em lances medidos.

- *Vertedouro de serviço*: Um dispositivo de saída é necessário para passar a corrente de fluxo normal que entra no reservatório inferior. Um dispositivo comum desse tipo para pequenas barragens de aterro é uma montagem com *elevador e abóbada*, normalmente denominada *entrada de abaixamento* (Figura 8.5). A água escoa sobre o topo do tubo de elevação, cai na abóbada ou no tubo e é repassada pelo dique de terra. A dimensão do elevador precisa ser estimada conforme os fluxos esperados e segundo um aumento aceitável no nível da água. O elevador atua como um vertedouro; as equações de projeto serão tratadas na próxima seção. A abóbada também precisa ser dimensionada de modo a acomodar o fluxo sem permitir que a água faça o elevador recuar e obstrua o fluxo. Ele age como um bueiro, e as equações de projeto são abordadas na Seção 8.9. Em geral, a abóbada terá uma saída com porta no fundo (*descarga de nível inferior*) para drenar o reservatório caso seja necessário. *Anéis de drenagem* (Figura 8.5) minimizam a infiltração na abóbada. No lugar de anéis de drenagem, o tubo pode ter dois terços de seu comprimento envolvidos em concreto com um anel de filtro em seu terço final.

- *Vertedouro de emergência*: É necessário em qualquer barragem de aterro na qual uma falha cause problemas econômicos a jusante ou possa ocasionar perdas de vida. Um vertedouro de emergência é projetado para acomodar os fluxos associados a eventos raros de tempestade sem permitir que a barragem fique sobrecarregada. (Cerca de um terço de todos os problemas em barragens de aterro é causado pela sobrecarga e consequente erosão do dique.) Muitas vezes, vertedouros de emergência são construídos escavando-se um canal ao longo do material nativo (virgem) ao redor de uma extremidade da barragem (Figura 8.5). A elevação de controle (que permite que a água escoe pelo vertedouro de emergência) é mais alta do que a elevação de serviço e, portanto, dificilmente é usada. Considerações de projeto incluem a análise hidrológica para determinar a taxa de fluxo mais alta, a dimensão do canal para acomodar essa taxa de pico e o projeto de revestimento para resistir às forças erosivas associadas ao fluxo de pico. Vertedouros de emergência revestidos em grama são comuns e se comportam bem sob uso infrequente se as declividades não forem muito acentuadas.

Ao final do processo de construção, é preciso realizar uma investigação para confirmar as avaliações, elevações e distâncias finais. As elevações têm fundamental importância para o topo da barragem (crista), o vertedouro de serviço e o vertedouro de emergência. Os tamanhos apropriados dos tubos do vertedouro de serviço e do canal do vertedouro de emergência também são importantes.

8.5 Vertedouros

Um *vertedouro* é uma obstrução no fluxo que faz com que a água se eleve ao passar por ela. Como os vertedouros são geralmente instalados em correntes e canais com superfícies livres, o comportamento do fluxo neles é governado pelas forças da gravidade. Uma aplicação única de um vertedouro é ajudar a manter as pontes a salvo de enchentes, como esquematicamente mostrado na Figura 8.6. Ao posicionar uma obstrução de dimensões adequadas em uma corrente de fluxo subcrítico, o nível da água se eleva a montante a partir do vertedouro. Com a nova altura aumentada disponível, o fluxo acelera à medida que passa pela crista do vertedouro. Essa aceleração faz a profundidade da água diminuir e alcançar um fluxo supercrítico após passar pela profundidade crítica. A certa distância no sentido do fluxo a partir do vertedouro o fluxo retorna à profundidade subcrítica normal ao longo do salto hidráulico. Esse arranjo protege a estrutura da ponte da sobrecarga. Esse conceito é usado na Austrália para projetar pontes com "energia mínima". O custo dessas pontes é reduzido pela minimização da abertura do canal.

A aceleração do fluxo ao longo do vertedouro oferece uma relação um para um única entre a altura (profundidade) da água que se aproxima e a descarga para cada tipo de vertedouro. Assim, os vertedouros são comumente construídos para medir a descarga em canais abertos. Eles também são usados para elevar os níveis de corrente de fluxo para distribuir água para irrigação e outros fins.

O uso de um vertedouro como medidor de fluxo será discutido em detalhes no Capítulo 9. Nesta seção, serão apresentadas as características hidráulicas dos vertedouros.

Conforme previamente mencionado, um vertedouro aumenta a profundidade do fluxo imediatamente anterior à sua posição e reduz a área de fluxo da seção transversal na crista. O aumento da profundidade da água reduz a velocidade do fluxo a montante, mas a reação brusca da área de seção transversal faz com que o fluxo acelere rapidamente ao passar pela crista. A ocorrência de fluxo crítico nos vertedouros é a característica principal das estruturas de vertedouros.

A hidráulica dos vertedouros pode ser examinada usando-se um vertedouro ideal sem atrito (Figura 8.7). No local onde ocorre a profundidade crítica, a descarga por unidade de largura do vertedouro pode ser determinada usando-se as equações de fluxo crítico (do Capítulo 6).

$$\frac{V}{\sqrt{gD}} = 1 \qquad (6.11)$$

e

$$y_c = \sqrt[3]{\frac{Q^2}{gb^2}} = \sqrt[3]{\frac{q^2}{g}} \qquad (6.14)$$

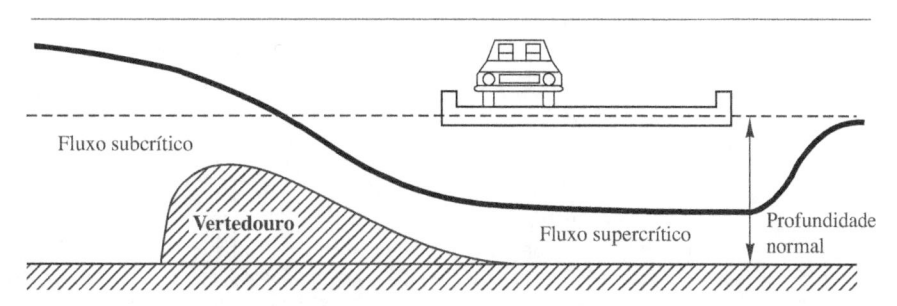

Figura 8.6 Aceleração do fluxo ao longo de um vertedouro.

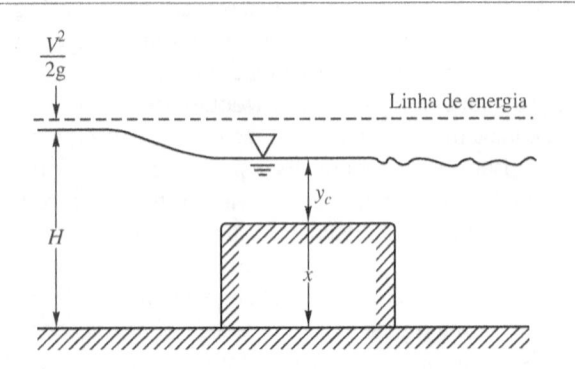

Figura 8.7 Fluxo ao longo de um vertedouro sem atrito.

Reorganizando a Equação 6.11 e substituindo D por y_c para canais retangulares, podemos escrever

$$\frac{V_c^2}{2g} = \frac{y_c}{2}$$

Portanto, a energia específica na seção crítica é

$$E = y_c + \frac{V_c^2}{2g} = y_c + \frac{y_c}{2} = \frac{3}{2}y_c \qquad (6.8)$$

Se a altura da velocidade de aproximação pode ser desprezada, então a energia do fluxo de aproximação será aproximadamente igual à profundidade da água anterior ao vertedouro, H. Logo, para um vertedouro sem atrito, podemos escrever o equilíbrio de energia como

$$E + x = \frac{3}{2}y_c + x = H \qquad (8.7)$$

onde x é a altura do vertedouro, conforme ilustrado na Figura 8.7. Combinando a Equação 8.7 com a Equação 6.14 e definindo $H_s = H - x$, temos

$$q = \sqrt{gy_c^3} = \sqrt{g\left(\frac{2H_s}{3}\right)^3} \qquad (8.8a)$$

onde q é a descarga por unidade de largura do vertedouro. Essa é a forma básica da equação de vertedouro. Em unidades britânicas, essa equação é

$$q = 3{,}09\, H_s^{3/2} \qquad (8.8b)$$

No sistema internacional, a equação é

$$q = 1{,}70\, H_s^{3/2} \qquad (8.8c)$$

Os coeficientes de energia declarados (3,09 pés$^{0,5/s}$ e 1,7 m$^{0,5/s}$) são maiores do que os coeficientes obtidos em experimentos, pois a perda de atrito foi desprezada na análise apresentada. Observe também que H_s é definido como a distância vertical do topo do vertedouro até o nível de água a montante.

Um *vertedouro de soleira delgada* é mostrado na Figura 8.8(a). Subindo a uma pequena distância do vertedouro, todos os vetores de velocidade são quase uniformes e paralelos. Entretanto, à medida que o fluxo se aproxima do vertedouro, a água perto do fundo do canal se eleva para passar pela crista. O componente vertical do fluxo próximo à face superior do vertedouro faz a superfície a jusante da corrente se separar do vertedouro e formar uma *lâmina vertente* depois que o fluxo passa pelo vertedouro [veja o painel esquerdo da Figura 8.8(a)]. A lâmina costuma prender um montante de ar entre a superfície inferior e o lado a jusante do vertedouro. Se não for oferecida nenhuma forma de restaurar o ar, um espaço vazio aparecerá representando uma pressão negativa na estrutura. A lâmina vertente também irá aderir intermitentemente o lado do vertedouro e fará com que o fluxo se torne instável. O efeito dinâmico desse fluxo pode resultar no acréscimo de pressão negativa que pode, eventualmente, danificar a estrutura.

Quando o nível de água a jusante aumenta ao longo da cauda, diz-se que o vertedouro está *submerso* [veja o painel direito na Figura 8.8(a)]. Nesse caso, a pressão negativa não existe mais, e um novo conjunto de parâmetros de fluxo pode ser considerado na determinação do coeficiente de descarga.

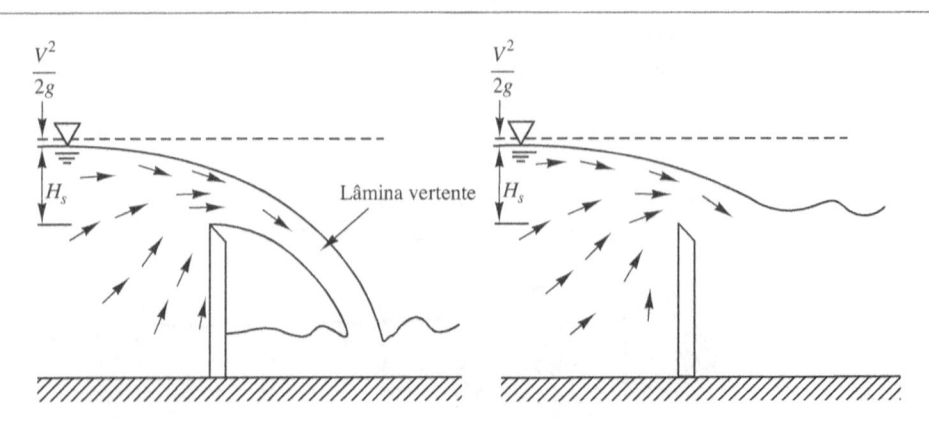

Figura 8.8 (a) Fluxo sobre um vertedouro de soleira delgada (lâmina vertente em queda livre e fluxo submerso).

Uma *barragem de queda baixa* é um tipo específico de vertedouro projetado para transpor uma corrente ou rio, elevando levemente o nível da água a montante à medida que o fluxo passa por toda sua extensão. Isso permite um desvio relativamente constante da água a montante para canais abertos de irrigação ou água para refrigeração de estações de energia, dois propósitos comuns dessas estruturas hidráulicas. A maioria das barragens de queda baixa tem menos do que 3 m de altura. Dependendo da profundidade a jusante, diferentes condições hidráulicas se desenvolvem – e são mostradas na Figura 8.8(b).

As barragens de queda baixa devem ser hidraulicamente projetadas para atender a seus propósitos, mas uma preocupação adicional é a segurança humana. Entusiastas da água sempre subestimam o poder da água em movimento, e essas barragens podem representar grandes perigos. A condição a jusante a ser evitada é o Caso 3 na Figura 8.8(b). Embora essa condição possa parecer inofensiva ao

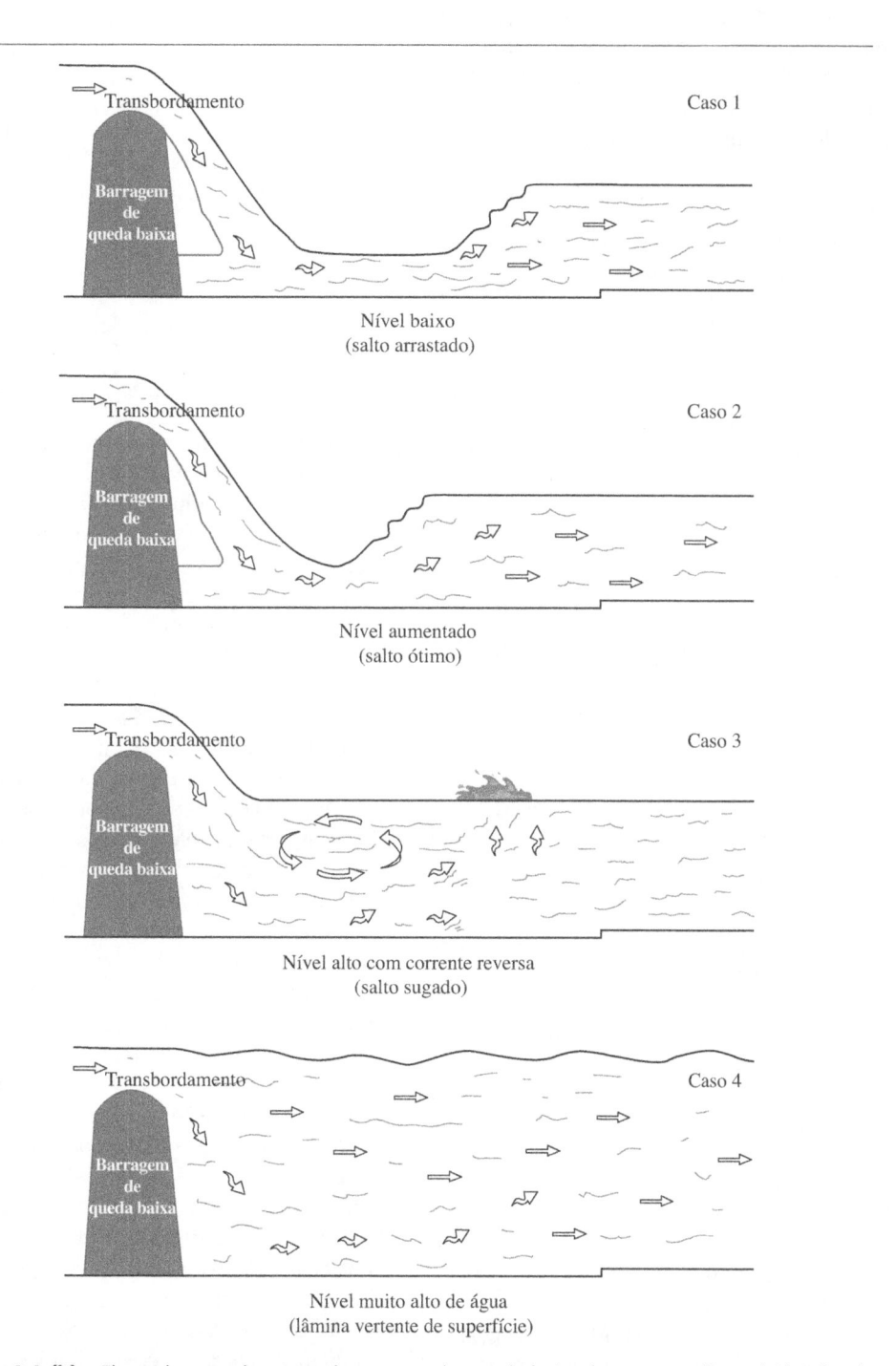

Figura 8.8 (b) Fluxo de vertedouro em barragens de queda baixa (quatro condições hidráulicas).
Fonte: M. A. Robinson et al., "Dangerous dams", *CE News*, fev. 2007, p. 24-29.

observador, ela é responsável por muitas mortes por afogamento. O primeiro perigo está na corrente reversa que laça qualquer um que se arrisque a chegar muito perto da parte de trás da barragem. O segundo perigo é a "flutuabilidade" reduzida resultante do grande montante de ar insuflado criado pela água profunda. O terceiro perigo é a força da água caindo sobre a barragem e atingindo alguém que não consiga resistir à corrente reversa. Engenheiros hidráulicos devem estar atentos aos perigos dessas estruturas e evitar projetos que possam causar danos ao público. A discussão sobre projetos apropriados não pertence ao escopo deste livro, mas pode ser encontrada na literatura sobre engenharia. Os aperfeiçoamentos mais comuns para as estruturas existentes incluem a colocação estratégica de enrocamentos e a alteração de profundidades a jusante.

Exemplo 8.1

Em um canal retangular de 4 m de largura ocorre fluxo uniforme à profundidade de 2 m. O canal está posicionado sobre declividade de 0,001, e o coeficiente de Manning é 0,025. Determine a altura mínima de um vertedouro baixo que possa ser construído no fundo desse canal para produzir profundidade crítica.

Solução

Para uma condição de fluxo uniforme, a equação de Manning (6.5a) pode ser usada para determinar a descarga do canal (Q):

$$Q = \frac{1}{n} A R_h^{2/3} S_0^{1/2}$$

Nesse caso, $A = (2\text{ m})(4\text{ m}) = 8\text{ m}^2$, $P = 2(2\text{ m}) + 4\text{ m} = 8\text{ m}$ e $R_h = A/P = 1\text{ m}$. Portanto,

$$Q = \frac{1}{0,025}(8)(1,0)^{2/3}(0,001)^{1/2} = 10,1\text{ m}^3/\text{s}$$

e

$$V = \frac{Q}{A} = \frac{10,1}{8} = 1,26\text{ m/s}$$

A energia específica é

$$E = y + \frac{V^2}{2g} = 2 + \frac{(1,26)^2}{2(9,81)} = 2,08\text{ m}$$

O fluxo sobre o vertedouro passa por uma profundidade crítica. Usando a Equação 6.14, obtemos

$$y_c = \sqrt[3]{\frac{Q^2}{gb^2}} = \sqrt[3]{\frac{(10,1)^2}{(9,81)(4)^2}} = 0,87\text{ m/s}$$

A velocidade correspondente é

$$V_c = \frac{Q}{4y_c} = \frac{10,1}{4(0,87)} = 2,90\text{ m/s}$$

A velocidade correspondente é

$$\frac{V_c^2}{2g} = 0,43\text{ m}$$

Agora é possível um equilíbrio de energia entre os dois locais, no vertedouro e a montante do vertedouro, conforme representado na Figura 8.9. Assumindo uma perda de energia no vertedouro,

a altura mínima do vertedouro (x) que pode ser construído para produzir um fluxo crítico é

$$E = y_c + \frac{V_c^2}{2g} + x$$

$$2,08 = 0,87 + 0,43 + x;\quad x = 0,78\text{ m}$$

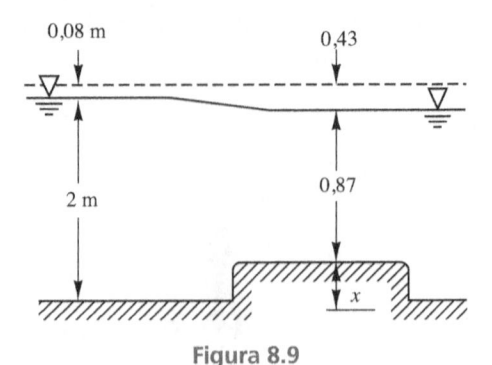

Figura 8.9

8.6 Vertedouros livres de lâmina aderente

Um *vertedouro livre de lâmina aderente* atua como uma válvula de segurança na barragem. Vertedouros desse tipo são projetados para passar grandes montantes de água com segurança pela crista da barragem e manter os níveis de água desejados. Eles sempre funcionam como vertedouros de emergência ou em conjunto com os vertedouros de emergência para evitar que a barragem fique sobrecarregada durante tempestades. Vertedouros livres de lâmina aderente são comuns em barragens em arco, de gravidade e de contraforte. Muitas barragens de aterro possuem uma seção de concreto para acomodar um vertedouro livre de lâmina aderente. Para barragens pequenas, sua forma não é tão crítica. Nas barragens maiores, entretanto, sua eficiência depende, em grande parte, de sua forma.

Em essência, um vertedouro livre de lâmina aderente é um vertedouro hidraulicamente eficiente seguido de um canal íngreme que permite que o excesso de água escoe ao longo da barragem a velocidades supercríticas. O perfil ou a forma longitudinal ideal de um vertedouro livre de lâmina aderente deve combinar perfeitamente com a parte de baixo da lâmina vertente em queda livre de um vertedouro de soleira delgada, como mostra a Figura 8.10. Isso minimizará a pressão na superfície do vertedouro. Contudo, é preciso tomar cuidado para evitar qualquer pressão negativa na superfície. A pressão negativa é causada pela separação do fluxo em alta velocidade da superfície do vertedouro, o que resulta em uma ação de esmagamento que pode causar danos significativos à estrutura do vertedouro (por exemplo, furos).

A *U. S. Waterways Experimental Station* sugere um conjunto de perfis de crista simples que combinam com as medidas reais dos protótipos. A geometria dos perfis de crista de vertedouro da *U.S. Waterways Experimental Station* é mostrada na Figura 8.11.

A descarga do vertedouro pode ser calculada por uma equação semelhante àquela derivada para o fluxo em um vertedouro (Equação 8.8),

$$Q = CLH_a^{3/2} \quad (8.9)$$

onde C é o coeficiente de descarga, L é a largura da crista do vertedouro, H_a é a soma da altura estática (H_s) com a altura da velocidade de aproximação ($V_a^2/2g$), na crista (Figura 8.10). Logo,

$$H_a = H_s + \frac{V_a^2}{2g} \quad (8.10)$$

O coeficiente de descarga de uma crista de vertedouro particular costuma ser determinado por testes de modelos em escala (Capítulo 10) e é responsável pelas perdas de energia e magnitude da altura da velocidade de aproximação. O valor do coeficiente em geral varia de 1,66 a 2,26 m$^{1/2}$/s (ou de 3 a 4,1 pés$^{1/2}$/s, em unidades britânicas). Uma discussão detalhada sobre vertedouros é apresentada no Capítulo 9.

Exemplo 8.2

Um vertedouro livre de lâmina aderente de 80 m de largura transporta uma descarga máxima (projetada) de 400 m³/s. Calcule a altura estática (projetada) e defina o perfil da crista para o vertedouro. Considere declividade a montante de 3:1 e declividade a jusante de 2:1 para o perfil da crista. Assuma um coeficiente de descarga de 2,22 baseado em estudos de modelos e velocidade de aproximação desprezível baseada na altura da barragem.

Solução

Aplicando a Equação 8.9 e assumindo velocidade de aproximação mínima, obtemos

$$Q = 2{,}22 L H_s^{3/2}$$

e

$$H_s = \left(\frac{Q}{2{,}22L}\right)^{2/3} = \left(\frac{400}{2{,}22(80)}\right)^{2/3} = 1{,}72 \text{ m}$$

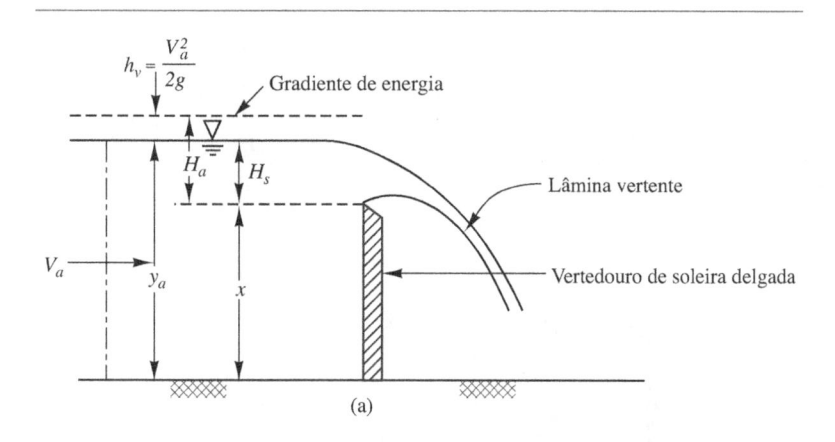

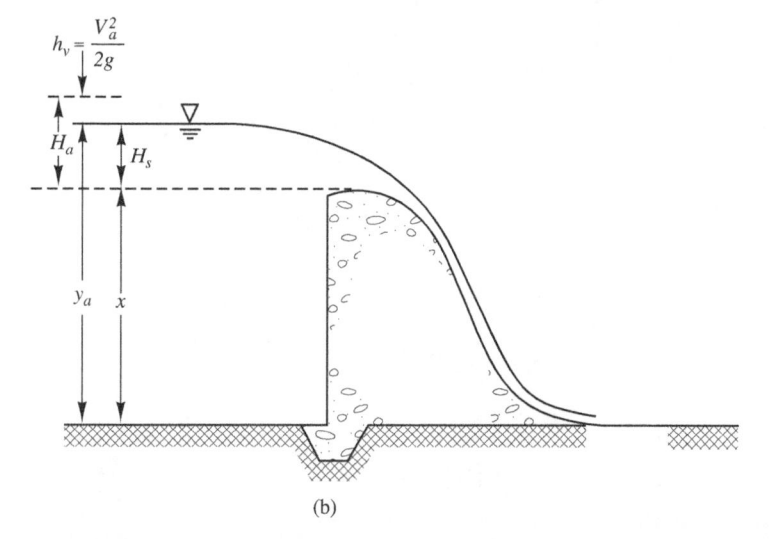

Figura 8.10 Perfil ou forma longitudinal ideal de um vertedouro livre de lâmina aderente: (a) lâmina vertente sobre um vertedouro de soleira delgada; (b) perfil de fluxo de um vertedouro livre de lâmina aderente.

Figura 8.11 Perfil de um vertedouro livre de lâmina aderente.

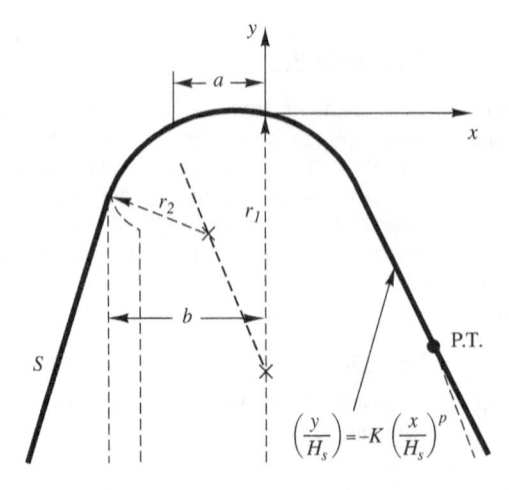

Declividade a montante (vertical/horizontal)

	3/0	3/1	3/2	3/3
a/H_s	0,175	0,139	0,115	0
b/H_s	0,282	0,237	0,214	0,199
r_1/H_s	0,50	0,68	0,48	0,45
r_2/H_s	0,20	0,21	0,22	–
K	0,500	0,516	0,515	0,534
p	1,850	1,836	1,810	1,776

A partir da tabela na Figura 8.11, temos

$a = 0{,}139\, H_s = 0{,}239$ m; $r_1 = 0{,}68\, H_s = 1{,}170$

$b = 0{,}237\, H_s = 0{,}408$ m; $r_2 = 0{,}21\, H_s = 0{,}361$ m

$K = 0{,}516$; $P = 1{,}836$

e, a partir da Figura 8.11,

$$\left(\frac{y}{H_s}\right) = -K\left(\frac{x}{H_s}\right)^P = -0{,}516\left(\frac{x}{H_s}\right)^{1{,}836}$$

A extremidade a jusante da curva de perfil combinará com a linha reta com declividade de 2:1. A posição do ponto de tangência é determinada por

$$\frac{d\left(\frac{y}{H_s}\right)}{d\left(\frac{x}{H_s}\right)} = -KP\left(\frac{x}{H_s}\right)^{P-1} = -0{,}947\left(\frac{x}{H_s}\right)^{0{,}836} = -2$$

Logo,

$\dfrac{X}{H_s} = 2{,}45$ $X_{P.T.} = 4{,}21$ m

$\dfrac{Y}{H_s} = -2{,}67$ $Y_{P.T.} = -4{,}59$ m

A curva de perfil da crista do vertedouro é mostrada na Figura 8.12.

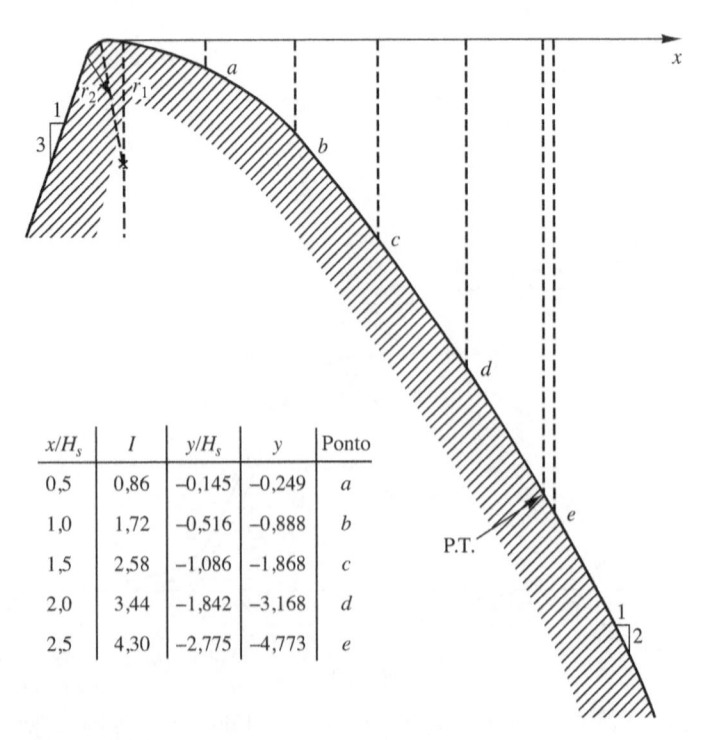

x/H_s	I	y/H_s	y	Ponto
0,5	0,86	–0,145	–0,249	a
1,0	1,72	–0,516	–0,888	b
1,5	2,58	–1,086	–1,868	c
2,0	3,44	–1,842	–3,168	d
2,5	4,30	–2,775	–4,773	e

Figura 8.12

8.7 Vertedouros de canais laterais

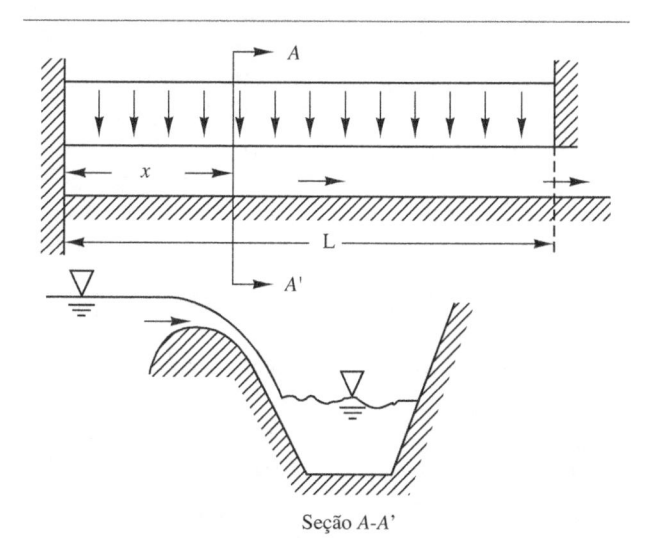

Um vertedouro de canal lateral transporta água para fora de um vertedouro livre de lâmina aderente em um canal paralelo à crista (Figura 8.13).

A descarga ao longo de toda a extensão (L) de um vertedouro livre de lâmina aderente pode ser determinada pela Equação 8.9, e a descarga ao longo de qualquer seção do canal lateral a uma distância x da extremidade a montante do canal é

$$Q_x = xCH_a^{3/2} \qquad (8.11)$$

O vertedouro de canal lateral deve fornecer declividade suficiente para transportar o fluxo acumulado no canal. Entretanto, são desejáveis uma inclinação e profundidade mínimas em cada ponto ao longo do canal para minimizar os custos de construção. Por essa razão, é importante dispor de um perfil de superfície da água preciso para a descarga projetada máxima no projeto de um vertedouro de canal lateral.

O perfil de fluxo em canais laterais não pode ser analisado pelo princípio da energia (ou seja, perfil de fluxo gradualmente variado – Capítulo 6) devido às condições de fluxo altamente turbulentas que causam perda excessiva de energia no canal. Entretanto, uma análise baseada no princípio do momento foi validada tanto por medidas de modelos quanto por medidas de protótipos.

O princípio do momento considera as forças e a alteração no momento entre duas seções adjacentes, a uma distância de Δx uma da outra, no canal lateral,

$$\Sigma F = \rho(Q + \Delta Q)(V + \Delta V) - \rho Q V \qquad (8.12)$$

onde ρ é a densidade da água, V é a velocidade média, e Q é a descarga na seção a montante. O símbolo Δ significa uma mudança incremental na seção adjacente a jusante.

As forças representadas do lado esquerdo da Equação 8.12 normalmente incluem o componente de peso do corpo da água entre as duas seções na direção do fluxo [$(\rho g A \Delta x)$ sen θ], as forças hidroestáticas desequilibradas

$$\rho g A \bar{y} \cos\theta - \rho g (A + \Delta A)(\bar{y} + \Delta \bar{y}) \cos\theta$$

e uma força de atrito, F_f, no fundo do canal. Aqui, A é a área de seção transversal da água, $\bar{y}$ é a distância entre o centroide na área e a superfície da água, e θ é o ângulo da declividade do canal.

A equação do momento pode, então, ser escrita como

$$\rho g A \Delta x \,\text{sen}\,\theta$$
$$+ \left[\rho g A \bar{y} - \rho g (A + \Delta A)(\bar{y} + \Delta \bar{y}) \right] \cos\theta - F_f$$
$$= \rho(Q + \Delta Q)(V + \Delta V) - \rho Q V \qquad (8.13)$$

Sejam S_0 = sen θ para um ângulo razoavelmente pequeno, $Q = Q_1$, $V + \Delta V = V_2$, $A = (Q_1 + Q_2)/(V_1 + V_2)$ e $F_f = \gamma A S_f \Delta x$; a equação anterior pode ser simplificada para

$$\Delta y = -\frac{Q_1(V_1 + V_2)}{g(Q_1 + Q_2)}\left(\Delta V + V_2 \frac{\Delta Q}{Q_1}\right)$$
$$+ S_0 \Delta x - S_f \Delta x \qquad (8.14)$$

onde Δy é a alteração na elevação da superfície da água entre as duas seções. Essa equação é usada para calcular o perfil de superfície da água no canal lateral. O primeiro termo do lado direito representa a alteração na elevação da superfície da água entre as duas seções resultante da perda do impacto causado pela água caindo no canal. O termo do meio representa a alteração na declividade do fundo, e o último termo representa a alteração causada pelo atrito no canal. Relacionando o perfil da superfície da água a uma linha de referência horizontal, podemos escrever

$$\Delta z = \Delta y - S_0 \Delta x$$
$$= -\frac{Q_1(V_1 + V_2)}{g(Q_1 + Q_2)}\left(\Delta V + V_2 \frac{\Delta Q}{Q_1}\right) - S_f \Delta x \qquad (8.15)$$

Observe que quando $Q_1 = Q_2$ ou quando $\Delta Q = 0$, a Equação 8.15 é reduzida a

$$\Delta z = \left(\frac{V_2^2}{2g} - \frac{V_1^2}{2g}\right) - S_f \Delta x \qquad (8.16)$$

que é a equação de energia para descarga constante em um canal aberto, conforme se derivou no Capítulo 6.

Exemplo 8.3

Um vertedouro livre de lâmina aderente de 20 pés descarrega água em um vertedouro de canal lateral com declividade de fundo horizontal. Se o vertedouro livre de lâmina aderente (C = 3,7 pés$^{1/2}$/s) estiver sob uma altura de 4,2 pés, qual será a mudança na profundidade a partir do final do canal lateral (após ter coletado toda a água do vertedouro livre de lâmina aderente) até um ponto 5 pés a montante? O canal lateral de concreto (n = 0,013) é retangular com 10 pés de fundo. A água passa por uma profundidade crítica no final do canal.

Figura 8.13 Vertedouro de canal lateral.

Solução

O fluxo no final do canal lateral (Equação 8.9) é

$$Q = CL(H_a)^{3/2} = (3,7)(20)(4,2)^{3/2} = 637 \text{ pés}^3/\text{s}$$

O fluxo em um ponto a 5 pés a montante (Equação 8.11) é

$$Q = xC(H_a)^{3/2} = (15)(3,7)(4,2)^{3/2} = 478 \text{ pés}^3/\text{s}$$

Resolvendo para encontrar a profundidade crítica (Equação 6.14) no final do canal, temos

$$y_c = [Q^2/gb^2]^{1/3} = [(637)^2/\{(32,2)(10)^2\}]^{1/3} = 5,01 \text{ pés}$$

O método de solução emprega um esquema de solução de diferença finita (Equação 8.14), e um processo iterativo pode ser aplicado para calcular a profundidade a montante (ou alteração na profundidade, Δy), que é estimada e permite a resolução da Equação 8.14. As duas alterações de profundidade são comparadas, e uma nova estimativa é feita se elas não forem aproximadamente iguais. A Tabela 8.2 apresenta a solução. Como os cálculos de perfis de vertedouros de canal lateral envolvem equações implícitas, pode ser útil utilizar um software algébrico (como Mathcad, Maple e Mathematic) ou uma planilha eletrônica.

8.8 Vertedouros em sifão

A água que passa por um canal fechado experimentará pressão negativa quando o conduto estiver elevado acima da linha hidráulica (linha de pressão), conforme descrito na Seção 4.2. Um vertedouro projetado para descarregar água em um canal fechado sob pressão negativa é conhecido como *vertedouro em sifão*. Um vertedouro em sifão começa a descarregar água sob pressão negativa quando o nível do reservatório alcança uma elevação limiar que supre o conduto. Antes disso, a água transborda a crista do vertedouro do mesmo modo que ocorre no vertedouro livre de lâmina aderente descrito na Seção 8.6 [Figura 8.14(a)]. Contudo, se a água que flui para o reservatório exceder a capacidade do vertedouro, o nível da água na crista se elevará até que alcance e ultrapasse o nível do fecho (C). Nesse ponto, o conduto é abastecido, e tem início a ação do sifão, fazendo o fluxo de superfície livre passar a ser um fluxo sob pressão. Teoricamente, a altura de descarga é aumentada em uma quantidade igual a $H - H_a$ [Figura 8.14(b)], e a taxa de descarga pode, então, ser substancialmente aumentada. A grande altura permite uma rápida descarga do excesso de água até que ela baixe até a entrada da elevação do vertedouro.

A parte do conduto do vertedouro que se eleva acima da linha hidráulica (HGL – em inglês, *hydraulic grade line*) está sob pressão negativa. Como a linha hidráulica representa pressão atmosférica zero, a distância vertical medida entre a HGL e o conduto (imediatamente acima da HGL) indica a altura de pressão negativa ($-P/\gamma$) no local. O fecho do sifão é o ponto mais alto no canal, portanto está sujeito à pressão negativa máxima. Não se deve permitir que essa pressão no fecho do vertedouro fique abaixo da pressão de vapor da água na temperatura medida.

Se a pressão negativa em qualquer seção no canal ficar abaixo da pressão de vapor da água, o líquido evapora e formam-se várias cavidades de vapor. Essas bolhas de vapor são transportadas no canal com o fluxo. Quando uma bolha chega a uma região de mais alta pressão, o vapor se condensa em líquido e ocorre o colapso brusco. Quando a bolha estoura, a água à sua volta preenche rapidamente a cavidade. Toda essa água colide na cavidade com um grande ímpeto, criando uma pressão potencialmente danosa. Esse processo é denominado *cavitação* e foi abordado quando tratamos de tubulações na Seção 4.2.

TABELA 8.2 Cálculos do perfil do canal lateral (Exemplo 8.3).

(1) Δx	(2) Δy	(3) y	(4) A	(5) Q	(6) V	(7) $Q_1 + Q_2$	(8) $V_1 + V_2$	(9) ΔQ	(10) ΔV	(11) R_h	(12) S_f	(13) Δy
	—	5,01	50,1	637	12,7	—	—	—	—	—	—	—
5	−1,00	6,01	60,1	478	7,95	1.115	20,7	159	4,75	2,73	0,0013	−2,48
	−2,48	7,49	74,9	478	6,38	1.115	19,1	159	6,32	3,00	0,0007	−2,68
	−2,72	7,73	77,3	478	6,18	1.115	18,9	159	6,52	3,04	0,0007	−2,71

Coluna (1) Distâncias a montante (pés) a partir do fim do canal.
Coluna (2) Alteração assumida na profundidade (pés) entre as seções.
Coluna (3) Profundidade do canal (pés) obtida a partir do Δy assumido.
Coluna (4) Área da seção transversal do canal (pés^2) correspondente à profundidade.
Coluna (5) Descarga do canal (pés^3/s) com base na localização ao longo do vertedouro.
Coluna (6) Velocidade média do canal, $V = Q/A$ (pés/s).
Coluna (7 a 10) Variáveis necessárias à Equação 8.14. Lembre-se de que o subscrito 1 se refere à seção a montante, e o subscrito 2, à seção a jusante.
Coluna (11) Raio hidráulico (pés) encontrado dividindo-se a área pelo perímetro molhado.
Coluna (12) Declividade de atrito encontrada a partir da equação de Manning [$n^2V^2/(2,22R_h^{4/3})$].
Devem ser usados os valores médios de V e R_h. Entretanto, como a perda de atrito é pequena, os valores a montante são usados por conveniência.
Coluna (13) Alteração na profundidade do canal entre as seções encontradas usando-se a Equação 8.14. Esse valor é comparado ao valor assumido na coluna (2), e outra estimativa é feita se elas não corresponderem. O equilíbrio ocorre quando a profundidade 5 pés a montante é 7,73 pés.

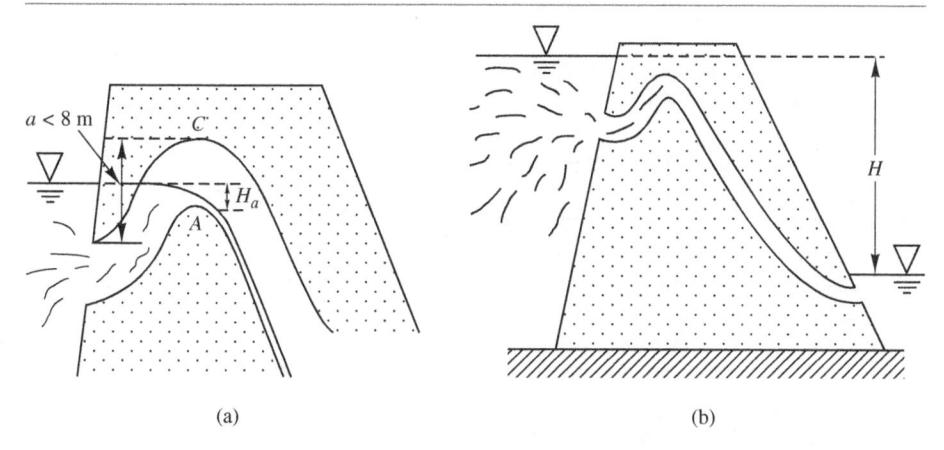

Figura 8.14 Representação esquemática de um vertedouro em sifão: (a) estágio inicial; (b) estágio de sifonamento.

Sob condições normais, a pressão atmosférica é equivalente a uma coluna de água de 10,3 m (33,8 pés) de altura. Logo, a distância máxima entre o fecho (ponto mais alto do sifão) e a elevação da superfície da água no reservatório está limitada a aproximadamente 8 m [Figura 8.14(a)]. A diferença (10,3 − 8 m = 2,3 m) é responsável pela altura da pressão de vapor, pela altura de velocidade e pelas perdas de altura entre o reservatório e o fecho.

Exemplo 8.4

O vertedouro em sifão mostrado na Figura 8.15 foi iniciado durante uma tempestade e baixou consideravelmente o nível do reservatório. Entretanto, ele ainda está operando sob pressão. O sifão de 40 m de comprimento possui uma seção transversal constante de 1 m × 1 m. A distância entre a entrada e o fecho é de 10 m, o fator de atrito (*f*) é 0,025, o coeficiente de perda na entrada é 0,1, o coeficiente de perda na curva (no fecho) é 0,8 e o coeficiente de perda na saída é 1,0. Determine a descarga e a altura de pressão na seção do fecho.

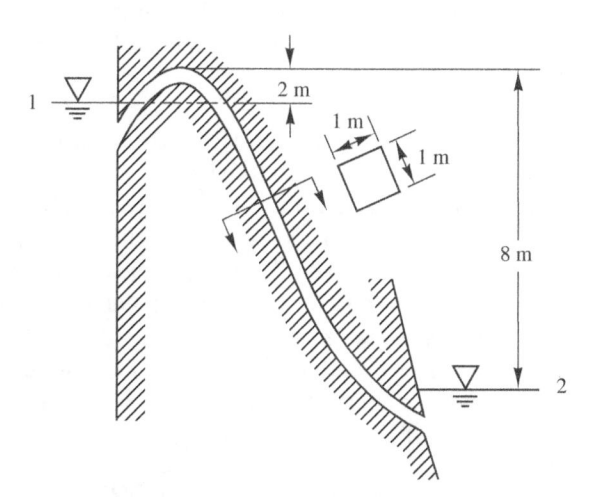

Figura 8.15 Vertedouro em sifão.

Solução

A relação de energia entre o ponto 1 (reservatório a montante) e o ponto 2 (saída) pode ser escrita como

$$\frac{V_1^2}{2g} + \frac{P_1}{\gamma} + z_1 = \frac{V_2^2}{2g} + \frac{P_2}{\gamma} + z_2 + 0{,}1\frac{V^2}{2g}$$
$$+ 0{,}8\frac{V^2}{2g} + 0{,}025\left(\frac{L}{D}\right)\frac{V^2}{2g} + 1{,}0\frac{V^2}{2g}$$

Os quatro últimos termos do lado direito da equação representam as perdas de energia: entrada, curva, atrito e saída, respectivamente. Nesse caso, $V_1 = V_2 = 0$, $P_1/\gamma = 0$, $z_1 = 6$ m, $z_2 = 0$ e V é a velocidade do sifão. Assim, a equação anterior pode ser simplificada para

$$6 = \left[1 + 0{,}1 + 0{,}8 + 0{,}025\left(\frac{40}{1}\right)\right]\frac{V^2}{2g}$$

$$V = 6{,}37 \text{ m/s}$$

Portanto, a descarga Q é

$$Q = AV = (1)^2(6{,}37) = 6{,}37 \text{ m}^3/\text{s}$$

A relação de energia entre o ponto 1 (reservatório) e o ponto C (fecho) pode ser escrita como

$$\frac{V_1^2}{2g} + \frac{P_1}{\gamma} + 6 = \frac{V_c^2}{2g} + \frac{P_c}{\gamma} + 8 + 0{,}1\frac{V_c^2}{2g}$$
$$+ 0{,}025\left(\frac{10}{1}\right)\frac{V_c^2}{2g} + 0{,}8\frac{V_c^2}{2g}$$

Essa equação pode ser simplificada, pois $V_1 = 0$, $P_1/\gamma = 0$, $V_c = V = 6{,}37$ m/s.

$$6 = \frac{(6{,}37)^2}{2(9{,}81)}(1 + 0{,}1 + 0{,}8 + 0{,}25) + \frac{P_c}{\gamma} + 8$$

Portanto, a altura de pressão na seção do fecho é

$$\frac{P_c}{\gamma} = -6{,}45 \text{ m}$$

8.9 Bueiros

Os bueiros são estruturas hidráulicas que oferecem passagem para um fluxo de corrente de um dique de um lado a outro de uma estrada, autoestrada ou via férrea. Elas podem ter diferentes tamanhos, formas (por exemplo, circular, caixa, arco) e materiais, sendo o concreto e o metal corrugado os mais comuns. Na maioria dos casos, o objetivo principal do projeto é determinar a galeria mais econômica capaz de transportar a descarga desejada sem exceder a elevação permitida a montante.

Os principais componentes de uma galeria incluem entrada, abóbada, saída e dissipador de energia na saída, se necessário. As estruturas de entrada protegem o dique de erosão e melhoram o desempenho hidráulico das galerias. As estruturas de saída são projetadas para proteger as saídas da galeria do desgaste.

Embora os bueiros possam parecer estruturas simples, a hidráulica pode ser complexa e envolve os princípios de fluxo sob pressão, fluxo de orifícios e fluxos em canais abertos. A operação hidráulica das galerias pode ser agrupada em quatro classificações (Figura 8.16) que representam as condições de projeto mais comuns.

(a) entrada e saída submersas produzindo fluxo sob pressão;
(b) entrada submersa com fluxo de tubo total, mas com saída submersa (descarga livre);
(c) entrada submersa com fluxo de tubo parcialmente cheio (canal aberto);
(d) entrada e saída não submersas produzindo um fluxo de canal aberto em todo o percurso.

Os princípios hidráulicos usados para analisar essas quatro classificações de fluxo em galerias são descritos nos parágrafos a seguir.

(a) A submersão da saída das galerias [Figura 8.16(a)] pode ser resultado da drenagem inadequada a jusante ou de grandes fluxos de tempestades no canal a montante. Nesse caso, a descarga da galeria é principalmente afetada pela elevação a jusante (TW – em inglês, *tailwater*) e a perda de altura de fluxo ao longo da galeria, independentemente de sua declividade. O fluxo da galeria pode ser tratado como um tubo de pressão, e a perda de altura (h_L) é a soma da perda na entrada (h_e), perda de atrito (h_f) e perda na saída (h_d):

$$h_L = h_e + h_f + h_d \quad (8.17a)$$

Substituindo as equações 3.34, 3.28 (onde $S = h_f/L$) e 3.37, temos, em unidades internacionais,

$$h_L = k_e\left(\frac{V^2}{2g}\right) + \frac{n^2 V^2 L}{R_h^{4/3}} + \frac{V^2}{2g} \quad (8.17b)$$

e, em unidades britânicas,

$$h_L = k_e\left(\frac{V^2}{2g}\right) + \frac{n^2 V^2 L}{2{,}22 R_h^{4/3}} + \frac{V^2}{2g} \quad (8.17c)$$

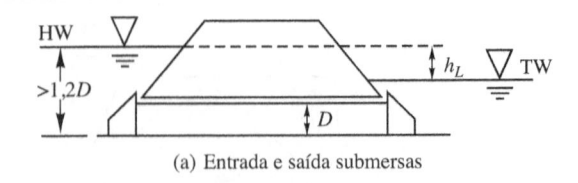

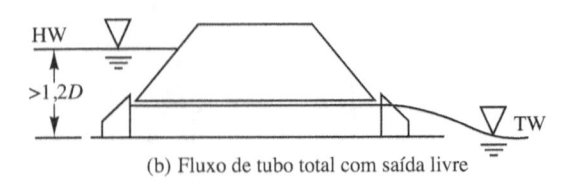

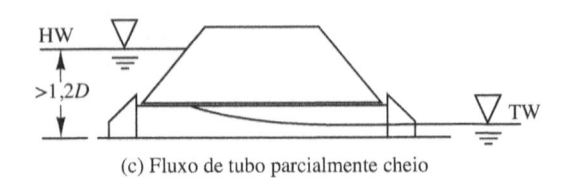

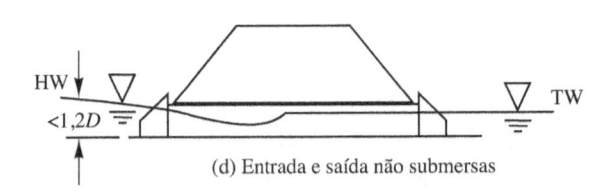

Figura 8.16 Classificações comuns para fluxos de galerias.

(a) Entrada e saída submersas
(b) Fluxo de tubo total com saída livre
(c) Fluxo de tubo parcialmente cheio
(d) Entrada e saída não submersas

Valores aproximados para os coeficientes de entrada são $k_e = 0{,}5$ para a entrada quadrada e $k_e = 0{,}2$ para uma entrada redonda. Valores comuns para o coeficiente de rugosidade de Manning são $n = 0{,}013$ para tubos de concretos e $n = 0{,}024$ para tubos de metal corrugado. Como os princípios da energia são dominantes, a perda de altura pode ser adicionada à elevação TW para se obter a elevação a montante (HW – em inglês, *headwater*), conforme se vê na Figura 8.16(a), ou

$$HW = TW + h_L$$

Em uma situação real de projeto, uma galeria deve ser dimensionada para transportar determinada descarga (fluxo projetado) sem exceder uma elevação a montante especificada. Nesse caso, a Equação 8.17b é reorganizada de modo a expressar a relação de direção entre a descarga e as dimensões da galeria para certa diferença em elevação (h_L) a jusante e a montante. Para uma galeria circular (em unidades do sistema internacional),

$$h_L = \left[k_e + \left(\frac{n^2 L}{R_h^{4/3}}\right)(2g) + 1\right]\frac{8Q^2}{\pi^2 g D^4} \quad (8.18)$$

onde Q é a descarga, D é o diâmetro e R_h é o raio hidráulico da abóbada da galeria. O raio hidráulico é $D/4$ para tubos totalmente cheios. Para galerias com seções transversais não circulares, a perda de altura pode ser calculada pela Equação 8.17b com o raio hidráulico correspondente calculado dividindo-se a área de seção transversal (A) pelo perímetro molhado (P).

(b) Se a taxa de fluxo transportada pela galeria apresenta profundidade normal maior do que a altura da abóbada, então a galeria ficará cheia mesmo quando o nível a jusante estiver abaixo do fecho da saída [Figura 8.16(b)]. A descarga é controlada pela perda de altura e pela elevação a montante. Os princípios hidráulicos são os mesmos discutidos na condição (a) – ou seja, a equação de energia é apropriada e a perda de altura é encontrada usando-se as mesmas expressões. Contudo, na condição (a) a perda de altura é somada à elevação a jusante para se obter a elevação a montante. Nesse caso, a perda de altura é somada à elevação do fecho na saída. Com base em estudos de modelos e maquetes feitos pela Administração Federal de Rodovias dos Estados Unidos (FHWA – *Federal Highway Administration*), o fluxo sai da abóbada em algum ponto entre o fecho e a profundidade crítica. Para nossos propósitos, o fecho de saída será usado e representa uma estimativa conservadora.

(c) Se a profundidade normal for menor do que a altura da abóbada, com a entrada submersa e a descarga livre na saída, teremos um fluxo de tubo parcialmente cheio, conforme ilustrado na Figura 8.16(c). A descarga da galeria é controlada pelas condições de entrada (a montante, área da abóbada e condições de borda). A descarga pode ser calculada pela equação de orifício

$$Q = C_d A \sqrt{2gh} \qquad (8.19)$$

onde h é a altura hidrostática acima do centro da abertura (orifício) do tubo, e A é a área de seção transversal. C_d é o coeficiente de descarga; valores comuns usados na prática são $C_d = 0,6$ para uma entrada quadrada e $C_d = 0,95$ para uma entrada redonda.

(d) Se a altura hidrostática na entrada for menor do que $1,2D$, entrará ar na abóbada e a galeria não funcionará mais sob pressão. Nesse caso, a declividade da galeria e o atrito na parede da abóbada ditam o percurso do fluxo, assim como no regime de fluxo em canais abertos. Embora possam ocorrer diversas situações de fluxo, duas situações são as mais comuns. Se a declividade da galeria for acentuada, o fluxo passa por uma profundidade crítica na entrada e rapidamente volta à profundidade normal (supercrítica) na abóbada da galeria. Se a declividade da galeria for mediana, então a profundidade do fluxo se aproximará da profundidade normal (subcrítica) na abóbada da galeria e passará por uma profundidade crítica no final da abóbada se o nível de água a jusante for baixo. Se o nível de água a jusante for maior do que a profundidade crítica, então as profundidades do fluxo podem ser calculadas aplicando-se os procedimentos de perfil de superfície da água para canais abertos do Capítulo 6.

A FHWA* classifica os diversos regimes de fluxo em galerias em dois tipos de controle de fluxo: *controle de entrada* e *controle de saída*. Basicamente, se a abóbada da galeria pode fazer passar mais fluxo do que o permitido pela entrada, trata-se de controle de entrada. Se a entrada da galeria admite mais fluxo na abóbada do que o que consegue transportar, trata-se de controle de saída. As classificações de fluxo (a) e (b) anteriormente apresentadas são controles de saída, e a classificação (c) é controle de entrada. Observe que a equação de capacidade da galeria na classificação de fluxo (c) não é afetada pela extensão da abóbada, pela rugosidade ou pela profundidade a jusante porque somente as condições de entrada limitam a capacidade. A classificação de fluxo (d) pode ser tanto um controle de entrada (declividade acentuada) quanto um controle de saída (declividade mediana). A Série 5 do Projeto Hidráulico da FHWA contém princípios hidráulicos, equações, nomogramas e algoritmos computacionais (incluídos em pacotes de software proprietários e livres) de galerias para análise e projeto de galerias de autoestradas. Os princípios fundamentais da hidráulica de galerias foram discutidos nesta seção, apesar da variedade de formas e materiais, bem como da complexidade e variedade de situações de fluxo.

Exemplo 8.5

O fluxo projetado para uma galeria de aço corrugado é de 5,25 m³/s. O nível de água máximo a montante disponível (H) é 3,2 m acima da laje (fundo interior) da galeria, conforme se pode ver na Figura 8.17. A galeria tem 40 m de extensão e possui uma entrada quadrada e declividade de 0,003. A saída não está submersa (descarga livre). Determine o diâmetro requerido.

Solução

A classificação de fluxo (a) não é possível, pois a saída não está submersa. A classificação de fluxo (d) não é possível porque não é provável que a entrada esteja submersa. Portanto, o tubo será dimensionado para as classificações de fluxo (b) e (c).
Assumindo fluxo de tubo cheio ou a classificação de fluxo (b), o equilíbrio de energia para essa galeria (Figura 8.17) pode ser escrito como

---

* J. M. Normann, R. J. Houghtalen e W. J. Johnston. *Hydraulic Design of Highway Culverts*, 2. ed. Hydraulic Design Series n. 5. Washington, DC, U.S. Department of Transportation, Federal Highway Administration, maio 2005.

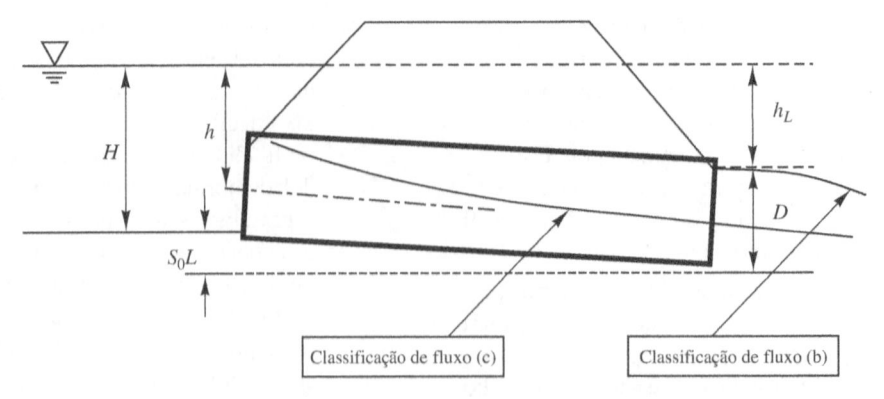

Figura 8.17 Perfil de fluxo de uma galeria de aço corrugado.

$$H + S_0L = D + h_L$$
$$h_L = H + S_0L - D$$
$$h_L = 3{,}2 + 0{,}003(40) - D$$
$$h_L = 3{,}32 - D$$

onde se assume que a profundidade a jusante é igual a D, o diâmetro da galeria. Além disso, a partir da Equação 8.18, temos

$$h_L = \left(K_e + \frac{n^2 L}{R_h^{4/3}}(2g) + 1\right)\frac{8Q^2}{\pi^2 g D^4}$$

$$h_L = \left[0{,}5 + \frac{(0{,}024)^2(40)}{(D/4)^{4/3}}\{2(9{,}81)\} + 1\right]\frac{8(5{,}25)^2}{\pi^2(9{,}81)D^4}$$

Igualando as duas equações de perda de altura dos resultados anteriores, temos

$$D + \left(1{,}5 + \frac{2{,}87}{D^{4/3}}\right)\left(\frac{2{,}28}{D^4}\right) = 3{,}32$$

Essa equação implícita é resolvida, resultando em $D = 1{,}41$ m. Assumindo fluxo de tubo parcial ou a classificação de fluxo (c), a descarga é controlada somente pela condição de entrada. Nesse caso, a altura (h) é medida acima da linha central do tubo, e temos

$$h + \frac{D}{2} = 3{,}2$$

ou

$$h = 3{,}2 - \frac{D}{2}$$

Agora, substituindo essa expressão pela altura na Equação 8.19 para fluxo de orifício:

$$Q = C_d A\sqrt{2gh} = C_d(\pi D^2/4)\sqrt{2gh}$$
$$5{,}25 = 0{,}60(\pi D^2/4)\sqrt{2(9{,}81)(3{,}2 - D/2)}$$

Essa expressão resulta em $D = 1{,}25$ m.

Obtivemos dois diâmetros de tubo diferentes, mas qual deles representa o diâmetro requerido? Assumindo fluxo de tubo total, determinamos que um tubo de 1,41 m é necessário para transportar um fluxo projetado pela abóbada (ou seja, controle de saída). Assumindo fluxo de tubo parcial, determinamos que é necessário um tubo de 1,25 m para fazer com que o fluxo projetado chegue à abóbada (isto é, controle de entrada). Portanto, o diâmetro necessário é de 1,41 m, e a galeria operará com controle de entrada de acordo com a classificação de fluxo (b). As abóbadas de galeria têm tamanho padronizado, portanto é provável que seja usado um diâmetro de 1,5 m.

8.10 Bacias de dissipação

Quando a velocidade da água na saída de uma estrutura hidráulica é alta, o montante excessivo de energia cinética transportado pelo fluxo pode causar danos ao canal de recebimento e até mesmo destruir a saída da estrutura hidráulica. Essa situação costuma ocorrer no final de um vertedouro onde a água está altamente acelerada e a descarga direta no canal a jusante pode causar uma enorme erosão. Para evitar danos, estão disponíveis inúmeros *dissipadores de energia*. Uma *bacia de dissipação* é um dissipador de energia eficiente que produz um salto hidráulico controlado. Grande parte da energia danosa é perdida na transição de fluxo supercrítico a fluxo subcrítico, conforme discutido no Capítulo 6. A bacia de dissipação pode ser tanto horizontal quanto inclinada para combinar com a declividade do canal receptor. Em ambos os casos, devem existir forças de obstrução e atrito suficientes para ultrapassar as forças gravitacionais de modo que o fluxo seja desacelerado e um salto hidráulico seja formado dentro dos limites da bacia de dissipação.

A relação entre a energia a ser dissipada e a profundidade do fluxo na bacia de dissipação é contida no número de Froude ($V/\sqrt{gD}$), conforme será discutido na Seção 10.4. Lembre-se de que o número de Froude foi definido na Equação 6.12, onde D é a profundidade hidráulica e $D = y$ para canais retangulares. Grosso modo, nenhum tipo especial de bacia de dissipação é necessário quando o fluxo da saída de uma estrutura hidráulica possui um número de Froude menor do que 1,7. À medida que o número de Froude aumenta, podem ser instalados dissipadores de energia como defletores, soleiras e blocos ao longo do chão da bacia para melhorar a redução de energia cinética dentro da extensão da bacia. O *U. S. Bureau of Reclamation* (USBR) desenvolveu um conjunto amplo de curvas para definir as dimensões da bacia de dissipação e os vários tipos de dissipadores de energia contidos nela. Essas curvas, que se baseiam em uma vasta gama de dados experimentais, são mostradas nas figuras 8.18 a 8.20. A escolha da bacia de dissipação apropriada a partir dos três projetos distintos (tipos IV, III e II) é feita com base no número de Froude de entrada e na velocidade, conforme mencionado nas legendas das figuras. Observe que o USBR usa d em vez de y para representar a profundidade do fluxo com os subscritos 1 (fluxo entrando na bacia) e 2 (fluxo saindo da bacia). Além disso, usa-se F no lugar de N_F para o número de Froude.

O projeto de bacias de dissipação eficientes demanda atenção especial à profundidade a jusante. É importante lembrar que, no Capítulo 6, vimos que a profundidade a jusante (TW) dita o tipo e a localização de um salto hidráulico. No caso de uma bacia de dissipação, a profundidade TW real será ditada pelas características do canal a jusante e pelo fluxo projetado do vertedouro. Como aproximação, a equação de Manning pode ser usada assumindo fluxo uniforme no canal a jusante. Uma vez determinada a profundidade TW, o chão da bacia de dissipação precisa ser ajustado de modo que a razão TW/d_2 dada nas figuras

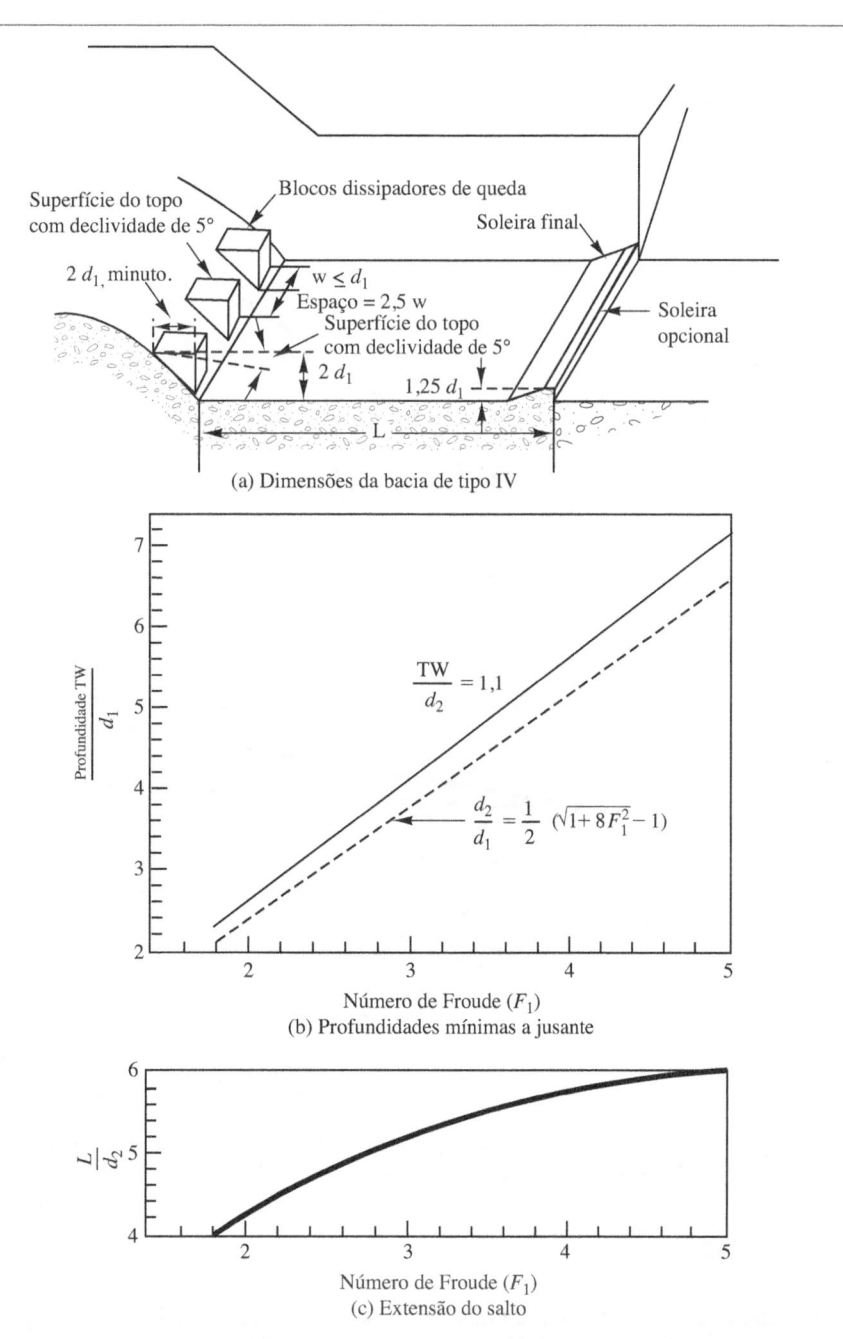

Figura 8.18 Dissipador de energia tipo IV do U.S. Bureau of Reclamation (para números de aproximação de Froude entre 2,5 e 4,5).

Fonte: Cortesia do *U.S. Bureau of Reclamation*.

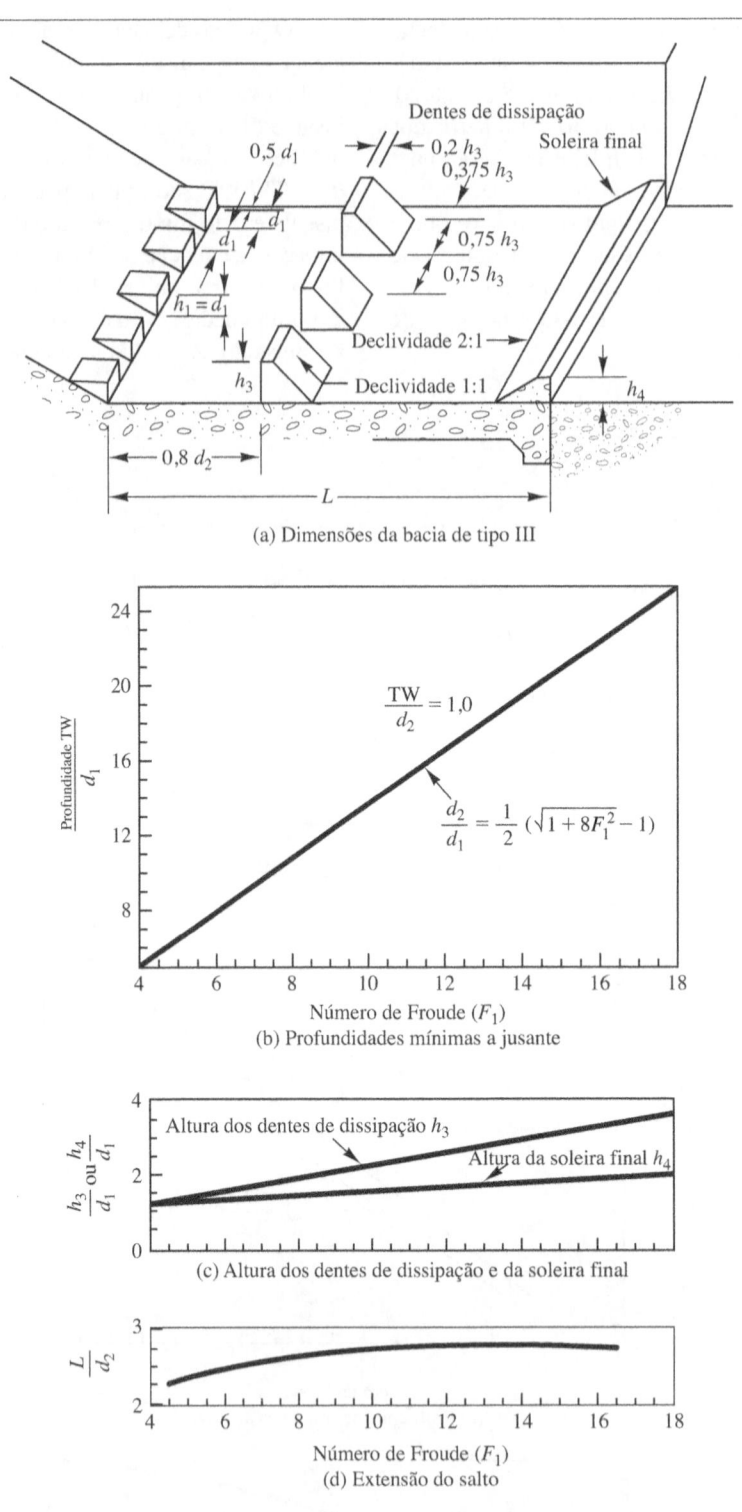

Figura 8.19 Dissipador de energia tipo III do U.S. Bureau of Reclamation (para números de aproximação de Froude acima de 4,5 e velocidade de aproximação menor do que 20 m/s).

Fonte: Cortesia do *U.S. Bureau of Reclamation*.

de 8.18 a 8.20 seja satisfeita. Mais uma vez, lembremos que no Capítulo 6 vimos que d_2 é a profundidade do fluxo saindo do salto hidráulico. Se a razão TW/d_2 não for satisfeita, então o salto pode mover-se para fora da bacia (se TW for muito baixa), ou isso pode acontecer no vertedouro (se TW for muito alta). Idealmente, o desempenho da bacia de dissipação deve ser verificado para fluxos diferentes do da descarga projetada.

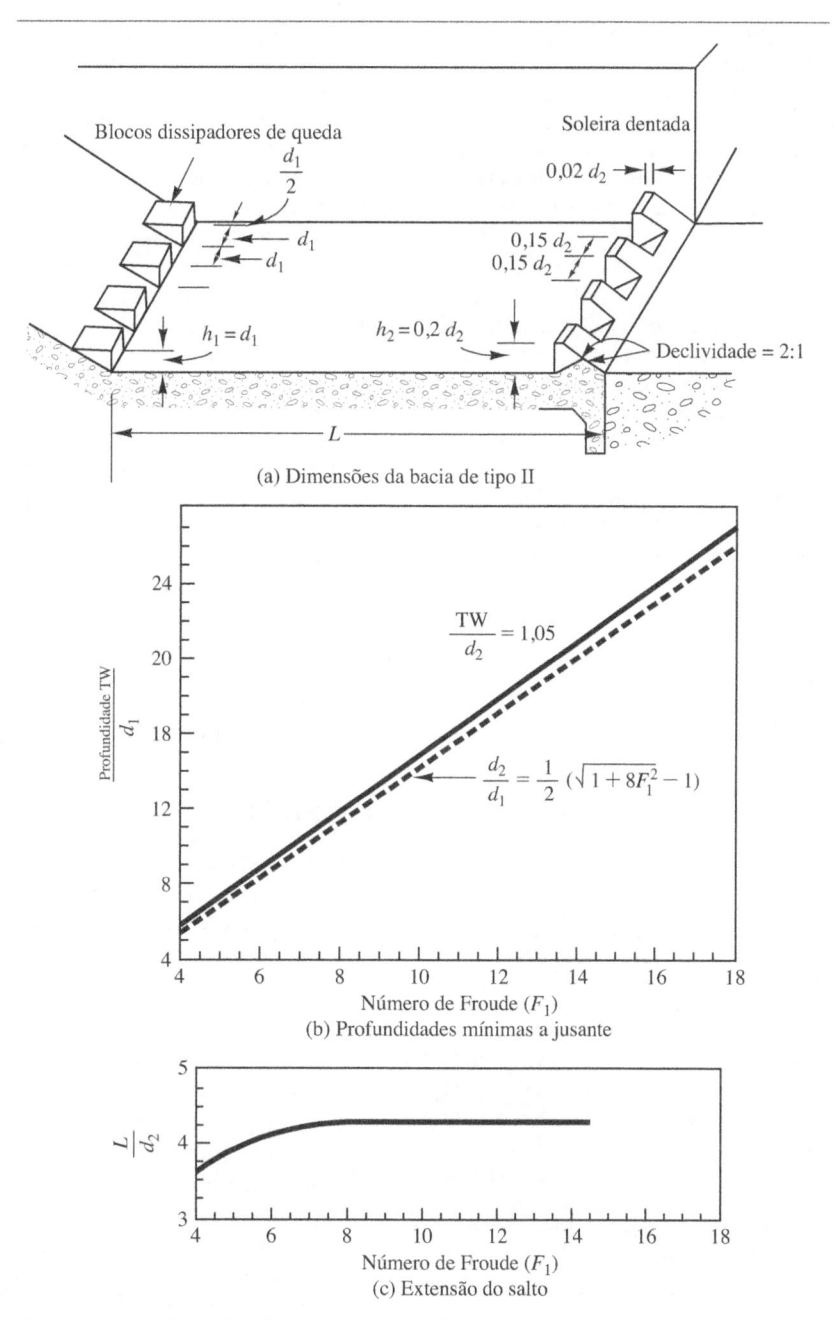

Figura 8.20 Dissipador de energia tipo II do U.S. Bureau of Reclamation (para números de aproximação de Froude acima de 4,5).

Fonte: Cortesia do *U.S. Bureau of Reclamation*.

Problemas

(Seção 8.3)

8.3.1 Uma barragem de gravidade é mostrada na Figura P8.3.1. Se for necessário um coeficiente de força contra deslizamento de 1,3, a barragem de 33 m de altura estará segura? Assuma que o coeficiente de atrito entre a base da barragem e a fundação é 0,6, a gravidade específica do concreto é 2,5 e existem forças de sustentação na base da barragem. Despreze as forças sísmicas e de sedimentação.

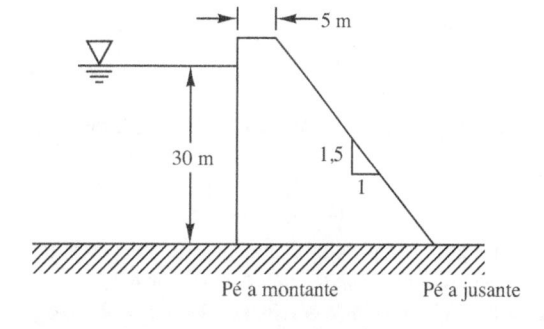

Figura P8.3.1

8.3.2 Uma barragem de gravidade é mostrada na Figura P8.3.1. É necessário um coeficiente 2 de força contra tombamento. Determine se a barragem estará segura se o nível da água subir até o topo da barragem de 33 m de altura durante uma tempestade. Assuma que a gravidade específica do concreto é 2,5 e que existem forças de sustentação na base da barragem. Despreze as forças sísmicas e de sedimentação.

8.3.3 Os coeficientes de força típicos para uma barragem de gravidade são 2 para tombamento e de 1,2 a 1,5 para deslizamento. Verifique se esses requisitos são atendidos na barragem de gravidade mostrada na Figura P8.3.3. Considere que a força de sustentação assume uma distribuição triangular com magnitude máxima de um terço da pressão hidrostática no pé a montante e zero no pé a jusante. O reservatório está cheio (capacidade projetada) com 3 pés de borda livre, e o concreto possui gravidade específica de 2,65. O coeficiente de atrito entre a base da barragem e a fundação é 0,65. Despreze as forças sísmicas e de sedimentação.

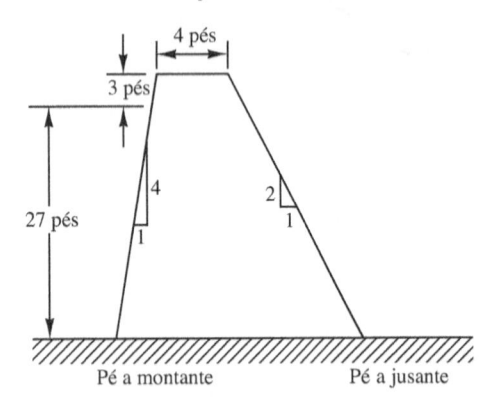

Figura P8.3.3

8.3.4 A gravidade específica da barragem mostrada na Figura P8.3.4 é 2,63, e o coeficiente de atrito entre a barragem e a fundação é 0,53. A profundidade da água é 27,5 m quando o reservatório está cheio até a capacidade projetada. Considere que a força de sustentação assume uma distribuição triangular com magnitude máxima de 60 por cento da pressão hidrostática total no pé a montante da barragem. Determine os coeficientes de força contra deslizamento e tombamento. Despreze as forças sísmicas e de sedimentação.

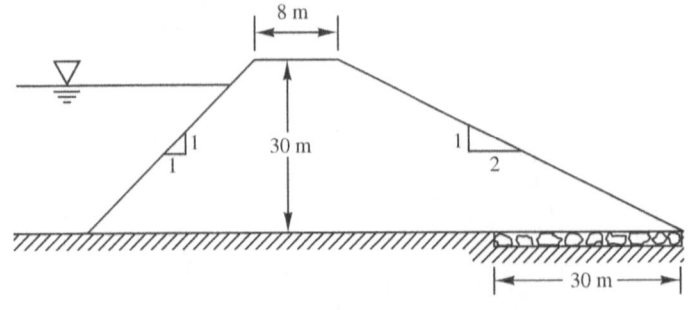

Figura P8.3.4

8.3.5 Determine a pressão na fundação no pé a montante e no pé a jusante da barragem do Problema 8.3.1.

8.3.6 Para a barragem de gravidade mostrada na Figura P8.3.3, calcule a pressão sobre a fundação no pé a montante e no pé a jusante. Considere que a força de sustentação assume uma distribuição triangular com magnitude máxima de um terço da pressão hidrostática no pé a montante e zero no pé a jusante. O reservatório está cheio (capacidade projetada) com 3 pés de borda livre, e a alvenaria possui gravidade específica de 2,65.

8.3.7 Prove que se a força vertical resultante (R_v) passar pelo terço mediano da base em uma barragem de gravidade de concreto, nenhuma parte do concreto ao longo da base da barragem estará sob tensão.

8.3.8 Um cânion em "V" suporta uma barragem em arco de 100 pés de altura e ângulo constante de 120°. Se o cânion tiver 60 pés de largura no topo e a borda livre projetada for de 6 pés (ou seja, se o nível da água estiver 6 pés abaixo do topo da barragem), determine as reações dos contrafortes nas alturas de 25, 50 e 75 pés acima do fundo do cânion.

8.3.9 Uma barragem em arco com ângulo constante ($\theta = 150°$) é projetada para se estender sobre um cânion vertical de 150 m de largura. A barragem tem 78 m de altura, incluindo 3 m de borda livre. Se a barragem possuir 4 m de espessura na crista e uma seção transversal simétrica que aumenta sua espessura para 11,8 m na base, qual será a tensão da alvenaria na barragem utilizando o método cilíndrico (raios constantes) para análise aproximada na (a) crista, (b) meia altura e (c) base da barragem?

(Seção 8.5)

8.5.1 Um vertedouro de 1,05 m de altura é construído ao longo do chão de um canal retangular de 4 m de largura. Se a profundidade da água a montante do vertedouro for de 1,52 m, qual será a profundidade da água na crista e a descarga no canal? Despreze a perda de atrito e a altura de velocidade a montante.

8.5.2 É necessário obter a elevação da crista de um vertedouro em um canal sem interromper o fluxo. A elevação da superfície da água a montante do vertedouro é 96,1 pés acima do nível médio do mar (NMM). Determine a elevação da crista acima do NMM se o vertedouro tiver 4,9 pés de largura e descarregar 30,9 pés³/s. Despreze a perda de atrito e a altura de velocidade a montante.

8.5.3 Um vertedouro sem atrito de 3,05 m de largura está a 1,1 m acima do fundo do canal. A profundidade da água a montante do vertedouro é 1,89 m. Determine a descarga no canal por meio de duas equações diferentes e a velocidade da água passando pelo vertedouro. Despreze a altura de velocidade a montante.

8.5.4 Verifique se:
(a) a Equação 6.14 pode ser obtida a partir da Equação 6.11;
(b) o coeficiente de descarga para a equação de vertedouro usando o sistema internacional de unidades (Equação 8.8c) é mesmo 1,7;
(c) o coeficiente de descarga seria menor se o vertedouro não fosse sem atrito.

8.5.5 Um vertedouro de 0,78 m de altura é construído sobre o chão de um canal retangular de 4 m de largura. Se a profundidade da água a montante do vertedouro for 2 m, qual será a taxa de fluxo no canal? Despreze a perda de atrito e a altura de velocidade a montante. Determine também a taxa de fluxo se a altura de velocidade não for desprezada.

8.5.6 Um canal retangular transporta uma descarga de 2 m³/s por metro da largura do canal ao longo de uma crista de um vertedouro de 1,4 m de altura. A linha de grade de energia a montante do vertedouro mede 2,7 m acima do fundo do canal. Determine o verdadeiro coeficiente de descarga na equação do vertedouro considerando as perdas de energia. Determine também a quantidade de energia perdida em metros.

8.5.7 Um vertedouro está sendo considerado para a medição do fluxo em um longo canal de irrigação de concreto com declividade de fundo de 0,002. A profundidade máxima do fluxo no canal de 15 pés de largura é de 6 pés, mas o canal ainda conta com 4 pés adicionais de borda livre. Determine a altura máxima de um vertedouro de medição de fluxo antes que o remanso exceda a borda livre. Considere que o vertedouro não sofre atrito.

(Seção 8.6)

8.6.1 Um vertedouro livre de lâmina aderente de 31,2 pés está sujeito a uma altura de 3,25 pés sob as condições projetadas. Com base em estudos de modelos, o coeficiente de descarga é 3,42.
(a) Determine a descarga do vertedouro assumindo velocidade de aproximação desprezível.
(b) Determine a descarga do vertedouro sob condições de tempestade se a altura aumentar para 4,1 pés e o coeficiente de descarga aumentar para 3,47.
(c) Aproxime a descarga do vertedouro sob condições de tempestade (considerando a velocidade de aproximação) se a barragem tiver 30 pés de altura (ou seja, a crista do vertedouro). Use o fluxo do item (b) para determinar a velocidade de aproximação, que é o motivo de a solução ser aproximada.

8.6.2 Considere que o vertedouro do Exemplo 8.2 tem 6 m de altura. Recalcule a altura estática no vertedouro considerando a velocidade de aproximação. Qual é o percentual de erro introduzido na altura estática ao ignorarmos a altura de velocidade?

8.6.3 Determine a velocidade de aproximação máxima (como função de H_s) que pode ocorrer antes que um erro de 2 por cento entre no cálculo da descarga do vertedouro. Calcule a função em unidades britânicas (ou seja, $g = 32,2$ pés²/s).

8.6.4 Um vertedouro livre de lâmina aderente de 21 m de extensão possui um coeficiente de descarga de 1,96 no estágio de transbordamento. Esse estágio ocorre a uma altura estática entre 1,7 m e 3,1 m. O vertedouro tem 15 m de altura. Determine a descarga máxima que o vertedouro consegue passar. (a) Ignore a velocidade de aproximação e (b) inclua a velocidade de aproximação.

8.6.5 Um vertedouro livre de lâmina aderente é projetado para descarregar 214 m³/s sob uma altura máxima de 1,86 m. Determine a largura e o perfil da crista do vertedouro se as declividades a montante e a jusante forem 1:1. Assuma $C = 2,22$.

8.6.6 Determine a descarga máxima para um vertedouro livre de lâmina aderente de 104 pés de largura com altura especial de 7,2 pés. Determine também o perfil da crista desse vertedouro com declividade vertical a montante e 1,5:1 a jusante. Assuma $C = 4,02$.

(Seção 8.7)

8.7.1 No Exemplo 8.3, o vertedouro de canal lateral passou por uma profundidade crítica (5,01 pés) no final do canal. Cinco pés antes, viu-se que a profundidade era de 7,73 pés no canal horizontal (nenhuma declividade). Determine a profundidade 5 pés a montante se a declividade do canal lateral for de 5 por cento.

8.7.2 Responda:
(a) O que acontece com o termo cos θ na Equação 8.13 (ele não aparece na Equação 8.14)?
(b) Verifique que $F_f = \gamma A S_f \Delta x$. (*Dica*: Consulte o Capítulo 6.)
(c) Determine a maior declividade de um canal capaz de manter S_0 dentro de 1 por cento do sen θ. (Lembre-se de que usamos a premissa $S_0 =$ sen θ para um ângulo razoavelmente pequeno na derivação da Equação 8.14.)

8.7.3 O fluxo no final de um vertedouro de canal lateral de 30 m de comprimento é 36 m³/s. Um vertedouro livre de lâmina aderente de 30 m de extensão, que está sob uma altura de 0,736 m, contribui com o fluxo do vertedouro de canal lateral. Se o canal lateral possuir uma largura de fundo de 3 m ($n = 0,02$) e declividade de fundo de 0,01, qual será a profundidade 10 m a montante do final do canal (onde ele passa por profundidade crítica)?

8.7.4 Um engenheiro de projeto trabalhando no vertedouro descrito no Exemplo 8.3 gostaria de experimentar um projeto alternativo. Determine a profundidade 5 pés e 10 pés a montante se o vertedouro livre de lâmina aderente tiver 25 pés e ainda acomodar uniformemente a descarga projetada (637 pés³/s) ao longo de toda sua extensão. Além disso, o comprimento do canal lateral é diminuído para 8 pés.

8.7.5 Um vertedouro livre de lâmina aderente de 90 m de comprimento ($C = 2$) funcionando sob uma altura de 1,22 m contribui para o fluxo de um vertedouro de canal lateral. O vertedouro de canal lateral retangular ($n = 0,015$) tem 4,6 m de largura e declividade de fundo de 0,001. Defina o perfil de superfície da água (em intervalos de 30 m) a montante a partir da localização na qual o vertedouro livre de lâmina aderente para de contribuir com a descarga (onde a profundidade é 9,8 m). Mais abaixo no canal, o fluxo passa por profundidade crítica, conforme mostra a Figura P8.7.5.

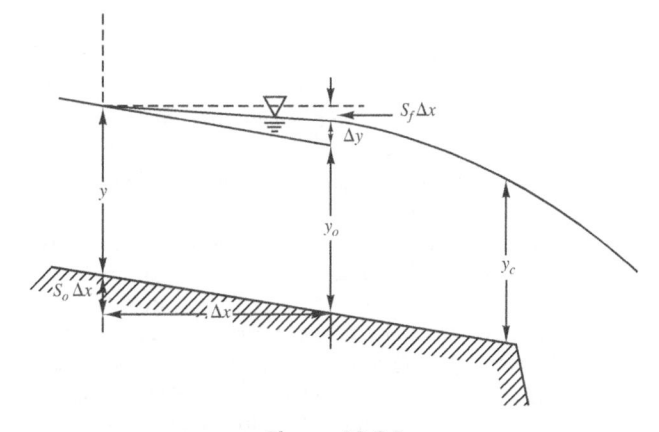

Figura P8.7.5

8.7.6 O vertedouro livre de lâmina aderente do Exemplo 8.2 descarrega em um vertedouro de canal livre ($n = 0{,}013$) com declividade de fundo horizontal. A parede oposta à crista do vertedouro é vertical, e a profundidade da água do lado da saída do canal tem profundidade crítica. Determine a profundidade da água no início (extremidade a montante) do canal usando incrementos de 20 m (Δx). A largura do fundo do canal é 10 m.

(Seção 8.8)

8.8.1 O nível do reservatório no Exemplo 8.4 continuará a diminuir à medida que o sifão esvazia o reservatório. Se a temperatura da água for 20°C, qual será a diferença máxima na elevação entre o fecho e o nível descendente do reservatório antes que a pressão no fecho fique abaixo da pressão de vapor da água? Assuma que a taxa de fluxo continua constante enquanto o reservatório esvazia (ou seja, o nível da água a jusante está diminuindo na mesma taxa que o nível do reservatório).

8.8.2 Consulte o Exemplo 8.4 para responder às perguntas a seguir.
(a) Se a temperatura da água for 20°C, qual será a altura de pressão (negativa) permitida antes que se inicie uma cavitação?
(b) A perda de altura na curva deve ser incluída nos cálculos para determinação da altura de pressão no fecho?
(c) Foi dito que, para evitar cavitação, a diferença máxima entre a piscina do reservatório a montante e o fecho é de aproximadamente 8 m [Figura 8.14(a)]. Essa "regra básica" se aplica aqui?

8.8.3 Um sifão retangular (3 pés × 6 pés) descarrega em uma piscina com elevação de 335 pés NMM. Determine a descarga quando o sifão for iniciado a uma elevação de piscina a montante de 368 pés NMM se as perdas forem 10,5 pés, excluindo a perda na saída. Determine também a altura de pressão no fecho do sifão sob essas condições se forem acumuladas perdas de 3,5 pés antes do fecho. O fecho do sifão está a uma elevação de 366,5 pés.

8.8.4 Um vertedouro em sifão de 60 m de comprimento descarrega água a uma taxa de 0,32 m³/s. O fecho do sifão está 1,2 m acima da elevação da superfície da água do reservatório e a 10 m de distância da entrada do sifão. Se o diâmetro do sifão for 30 cm, o fator de atrito for 0,02 e os coeficientes de perda de altura forem 0,2 (entrada) e 1 (saída), qual será a diferença na elevação entre o fecho do sifão e a piscina a jusante? Qual será a pressão no fecho em kN/m²?

8.8.5 Um vertedouro em sifão (Figura P8.8.5) com uma área de seção transversal de 12 pés² é usado para descarregar água em um reservatório a jusante que está 60 pés abaixo da crista do vertedouro. Se o nível do reservatório a montante estiver 7,5 pés acima da entrada, qual será a altura de pressão na crista se o sifão já tiver sido iniciado? Assuma que a perda de altura por atrito é igual a duas vezes a altura de velocidade e está igualmente distribuída ao longo de sua extensão. Os coeficientes de perda na entrada e na saída são 0,5 e 1, respectivamente, e a crista do sifão está a um quarto da extensão total da entrada. Determine também se a cavitação é uma preocupação quando a temperatura da água for de 68°F.

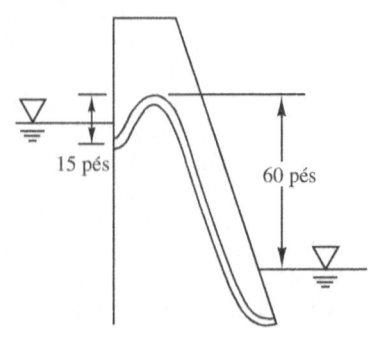

Figura P8.8.5

8.8.6 Determine o diâmetro necessário para o sifão e a altura máxima de sua crista acima da entrada com base nas seguintes condições de projeto: $Q = 5{,}16$ m³/s; K (entrada) = 0,25; K (saída) = 1; K (curva do sifão) = 0,7; $f = 0{,}022$; extensão do sifão = 36,6 m; extensão até a crista = 7,62 m; elevação da piscina a montante = 163,3 m NMM; elevação da piscina a jusante = 154,4 m NMM; $(P/\gamma)_{máx} = -10{,}1$ m.

8.8.7 Um vertedouro em sifão é projetado para descarregar 20 m³/s com altura acima da crista de h_s, elevação de crista de 30 m e elevação de saída de 0 m. A pressão manométrica permitida na crista é −8 m da coluna de água durante o fluxo projetado. A seção da crista é seguida de uma seção vertical, uma curva de 90° com raio central de curvatura de 3 m e uma seção horizontal na elevação 0 m. A distância a partir da entrada até a crista do sifão é 3,2 m, a seção vertical tem 30 m, e a distância da seção vertical até a saída é de 15 m. Se o conduto do sifão tiver coeficiente de Manning $n = 0{,}025$ e os coeficientes de entrada e das curvas (combinados) forem, respectivamente, $K_e = 0{,}5$ e $K_b = 0{,}3$, qual será a área do sifão necessária para satisfazer as condições dadas?

(Seção 8.9)

8.9.1 No Exemplo 8.5, pode ser necessário um diâmetro de 1,5 m para uma galeria se este for o próximo tamanho padronizado. Como engenheiro de projeto, você gostaria de usar uma galeria de 1,25 m de diâmetro para economizar o dinheiro de seu cliente. Essa galeria de diâmetro menor atenderia aos requisitos de projeto se:
(a) uma entrada circular fosse usada no tubo de 1,25 m?
(b) uma entrada circular fosse usada aumentando-se a declividade do tubo em 1 por cento enquanto se mantém em 3,2 m o nível de água máximo disponível a montante?

8.9.2 Derive a Equação 8.19, a equação de orifício, através do equilíbrio de energia entre os pontos (1) e (2) na Figura P8.9.2. Inicialmente, assuma que não existem perdas de energia. O que a variável h representa? O que a variável C_d representa?

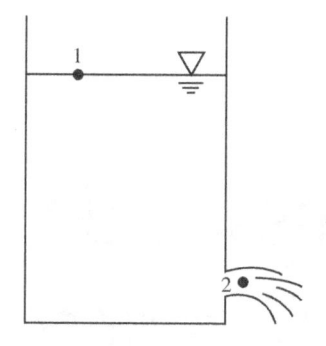

Figura P8.9.2

8.9.3 Registradores de estágio armazenaram as profundidades a montante (4,05 m) e a jusante (3,98 m) de uma galeria durante uma tempestade. A galeria de concreto de 2 m × 2 m (entrada quadrada) tem 15 m de comprimento e declividade de 3 por cento. Com base nessa informação, determine a taxa de fluxo que passa pela galeria durante a tempestade. Considere que as profundidades de corrente são medidas acima das lajes da galeria nas extremidades a montante e a jusante.

8.9.4 Determine a taxa de fluxo no Problema 8.9.3 se a saída não estiver submersa. (*Dica*: Assuma a classificação hidráulica (c). Uma vez que a taxa de fluxo seja encontrada, verifique se a classificação de fluxo é mesmo (c) checando a profundidade normal.)

8.9.5 Um bueiro de concreto é necessário para transportar um fluxo projetado de 654 cfs ao longo de uma extensão de 330 pés e declividade de 0,015 pé/pé. Como existe um enorme lago a jusante, a elevação do nível da água nesse ponto é constante a 526,4 pés NMM, que submergirá a entrada da galeria. A elevação do nível da água a montante não pode exceder 544,4 pés NMM, sem cobrir o dique da autoestrada. Encontre o diâmetro necessário para (a) uma galeria de abóbada simples e (b) abóbadas gêmeas, assumindo uma entrada quadrada para ambas.

8.9.6 Um bueiro de 1,5 m de diâmetro (abóbada de concreto, entrada redonda) com 20 m de extensão está instalado em uma declividade de 2 por cento. A descarga projetada é 9,5 m³/s, e somente a entrada estará submersa. Determine a profundidade que resultará a montante (acima da laje) durante o evento de tempestade projetado.

8.9.7 Determine o tamanho de uma galeria circular de metal corrugado com as seguintes condições de projeto: extensão de 60 m; declividade de 0,1 m/m; fluxo de 2,5 m³/s. A saída estará submersa, mas a entrada (quadrada) ficará submersa com profundidade a montante de 2 m acima da laje da galeria.

8.9.8 Um bueiro retangular de concreto (entrada quadrada) é colocado em uma declividade de 0,09 pé/pé. Trata-se de uma galeria de 4 pés × 4 pés com 140 pés de extensão. O nível de água a jusante está 2 pés abaixo do fecho da galeria na saída. Determine a descarga se o nível da água a montante estiver (a) 1,5 pé acima do fecho na entrada, (b) coincidente com o fecho e (c) 1,5 pé abaixo do fecho.

(Seção 8.10)

8.10.1 Uma bacia de dissipação horizontal retangular (USBR tipo III) é usada na saída de um vertedouro para dissipar energia. O vertedouro descarrega 350 pés³/s e possui largura uniforme de 35 pés. No ponto no qual a água entra na bacia, a velocidade é 30 pés/s. Calcule:
   (a) a profundidade sequente do salto hidráulico;
   (b) a extensão do salto;
   (c) a perda de energia no salto;
   (d) a eficiência do salto definida como a razão entre a energia específica após o salto hidráulico e a energia específica antes do salto.

8.10.2 Um vertedouro transporta uma descarga de 22,5 m³/s com velocidade de saída de 15 m/s a uma profundidade de 0,2 m. Escolha uma bacia de dissipação USBR adequada e determine a profundidade sequente, a extensão do salto hidráulico e a perda de energia.

8.10.3 Um aumento para 45 m³/s na descarga ao longo de um vertedouro no Problema 8.10.2 aumentará a profundidade de saída do vertedouro para 0,25 m. Escolha uma bacia de dissipação USBR adequada e determine a profundidade sequente, a extensão, a perda de energia e a eficiência do salto hidráulico (definida como a razão entre a energia específica depois do salto hidráulico e a energia específica antes dele).

9
Medidas de pressão de água, velocidade e descarga

As medidas de pressão de água, velocidade e descarga oferecem dados fundamentais para análise, projeto e operação de qualquer sistema hidráulico. Uma vasta gama de dispositivos e métodos de medição está disponível para uso em laboratório e em campo. Os dispositivos usados para determinar pressão, velocidade e descarga baseiam-se nas leis fundamentais da física e da mecânica de fluidos. Em geral, cada dispositivo de medição é projetado para funcionar sob determinadas condições; portanto, estão sujeitos a limitações. A seleção apropriada do dispositivo de medição para uma aplicação em particular deve basear-se na compreensão dos princípios fundamentais discutidos neste capítulo. Os detalhes sobre a instalação e a operação de dispositivos de medição específicos podem ser encontrados em literatura especializada, tais como as publicações da Sociedade Norte-americana de Engenheiros Mecânicos (ASME – em inglês, *American Society of Mechanical Engineers*) sobre medidores de fluidos e dos manuais técnicos dos fabricantes.

9.1 Medições de pressão

A *pressão* em qualquer ponto em um líquido é definida como a força normal exercida pelo líquido em uma unidade de área de superfície. Uma maneira comum de se medir essa força em um tanque é através de um orifício ou abertura na parede. Se um tubo vertical for conectado à abertura, então a altura de elevação da água do tanque no tubo representa a altura de pressão (P/γ). Para faixas típicas de pressão em aplicações hidráulicas, a altura dos piezômetros torna-se impraticável, e no lugar deles podem ser utilizados manômetros. Os manômetros são tubos transparentes em forma de "U" que podem utilizar um fluido de medição denso imiscível com água. Os princípios da manometria são discutidos no Capítulo 2.

Os manômetros são capazes de detectar a pressão em líquidos em repouso e em movimento. Quando a água de um tanque está em repouso, a leitura do manômetro reflete a pressão hidrostática na abertura na parede do compartimento. Se a água estiver em movimento, a pressão na abertura diminuirá com o aumento da velocidade do fluxo na abertura. O valor da diminuição de pressão pode ser calculado usando-se o princípio de Bernoulli.

É muito importante que os orifícios na parede do tanque satisfaçam alguns critérios de modo a permitir o registro da verdadeira pressão da água. Os orifícios devem estar nivelados com a superfície e normais à parede. A Figura 9.1 exibe esquematicamente diversos orifícios corretos e incorretos para medição da pressão de líquidos em movimento. O sinal de mais (+) indica que o orifício registra um valor de pressão maior do que o real, e o sinal de menos (−) indica que a abertura registra um valor de pressão menor

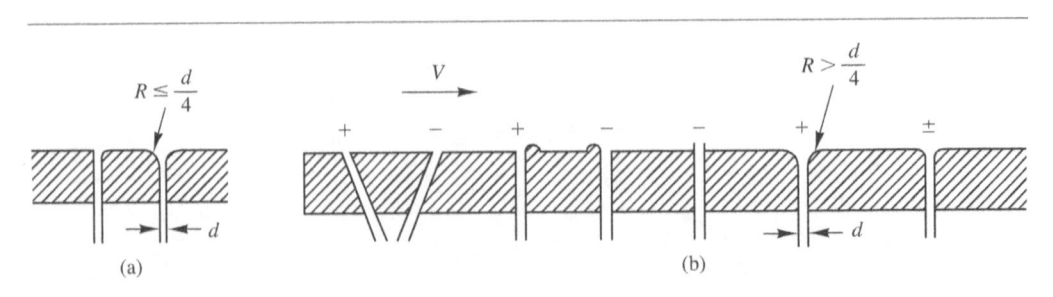

Figura 9.1 Orifícios de pressão: (a) conexões corretas e (b) conexões incorretas.

do que o real. Para eliminar as irregularidades e as variações que podem causar erros significativos, podem ser construídos diversos orifícios de pressão em uma determinada seção transversal em um conduto fechado. Por exemplo, os múltiplos orifícios podem estar ligados a uma única coluna de manômetro responsável por registrar uma pressão média na seção transversal. Esse sistema de múltiplas aberturas é eficiente em seções de tubos relativamente retos nos quais os perfis de velocidade são razoavelmente simétricos e a diferença de pressão existente entre os dois lados do tubo é muito pequena. Se a pressão entre quaisquer orifícios variar muito, pode-se desenvolver um erro de medição, pois a água pode escoar pelo orifício de mais alta pressão e entrar em outro no qual a pressão seja mais baixa de acordo com o manômetro. É preciso tomar cuidado para garantir que o fluxo líquido ocorra em qualquer orifício.

Outros dispositivos estão disponíveis para medir a pressão da água. Por exemplo, para aumentar a sensibilidade na medição da pressão, podem ser usados manômetros inclinados nos quais uma pequena alteração de pressão é capaz de impulsionar o indicador de fluido a uma grande distância ao longo da inclinação do tubo do manômetro (Figura 9.2). Manômetros diferenciais medem diferenças de pressão entre dois recipientes; foram discutidos no Capítulo 2. Os medidores de tubo Bourdon são dispositivos semimecânicos; eles contêm um tubo curvo que é selado em uma extremidade e conectado pela extremidade aberta à água pressurizada na parede do tanque. Um aumento de pressão dentro do tubo faz que ele se retifique levemente, o que é percebido em uma escala analógica ou em uma leitura digital.

Os sistemas de manômetro e os medidores de tubo de Bourdon podem ser utilizados para medir a pressão na água sob condições de fluxo em repouso relativo. Entretanto, eles não são apropriados para aplicações em campos de fluxos que variam com o tempo que demandam alta frequência de respostas tanto em provas quanto em sistemas de gravação. Células de pressão eletrônicas ou transdutores (transmissores) estão comercialmente disponíveis para essas aplicações. Em geral, esses dispositivos, utilizando-se de diafragmas, convertem a tensão causada pela água em um sinal elétrico proporcional à pressão. Leituras digitais ao longo do tempo podem ser obtidas com um software para controle ou avaliação operacional. Uma vasta gama de literatura disponibilizada por fabricantes desses dispositivos está disponível na Internet.

Exemplo 9.1

Na Figura 9.3, a água está escoando em um tubo, e o mercúrio (gravidade específica = 13,6) é o fluido do manômetro. Determine a pressão no tubo em psi e em polegadas de mercúrio.

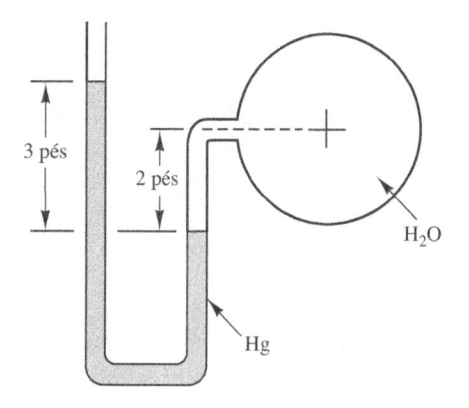

Figura 9.3 Manômetro de mercúrio.

Solução

Uma superfície horizontal de igual pressão pode ser atraída para o lado do mercúrio do manômetro vinda da interface mercúrio-água. Existem pressões iguais em ambos os locais, pois (1) temos o mesmo líquido (mercúrio), (2) ambos os locais estão na mesma elevação e (3) o mercúrio está interconectado. (Reveja a Seção 2.3: Superfícies de mesma pressão.) Com base nos princípios da manometria,

$$(3 \text{ pés})(\gamma_{H_g}) = P + (2 \text{ pés})(\gamma)$$
$$(3 \text{ pés})(13,6)(62,3 \text{ lb/pés}^3) = P + (2 \text{ pés})(62,3 \text{ lb/pés}^3)$$
$$P = 2.420 \text{ lb/pés}^2 = 16,8 \text{ psi}$$

A pressão pode ser expressa como a altura de qualquer fluido. Para o mercúrio,

$$h = P/\gamma_{H_g} = (2.420 \text{ lb/pés}^2)/[(13,6)(62,3 \text{ lb/pés}^2)]$$
$$h = 2,86 \text{ pés de Hg } (34,3 \text{ polegadas})$$

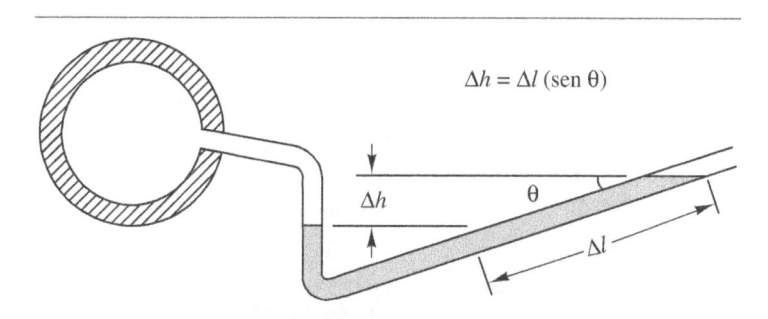

Figura 9.2 Manômetro inclinado.

9.2 Medições de velocidade

Em qualquer canal, a velocidade da água varia de valores próximos a zero na proximidade da fronteira em repouso até um valor máximo próximo ao meio do fluxo. É interessante medir a distribuição de velocidade nos tubos e canais abertos. Isso é feito por meio de medições locais em diversas posições em uma seção transversal. As medições somente devem ser feitas com provas de velocidade pequenas para que padrões locais de fluxo não sejam perturbados pela presença da prova no campo de fluxo. Instrumentos comumente usados na medição de velocidade são os *tubos de Pitot* e os *molinetes*.

Os tubos de Pitot* são tubos vazados curvados capazes de medir a pressão na corrente que flui. A prova geralmente consiste de dois tubos curvados de modo que a extremidade aberta de um deles seja perpendicular ao vetor velocidade, e a outra seja paralela ao fluxo, conforme mostra a Figura 9.4(a). Para facilitar as medições, os dois tubos costumam ser combinados em uma construção concêntrica – ou seja, um tubo menor fica dentro de um maior, como se vê no esquema da Figura 9.4(b).

Na ponta da prova (0), um ponto de estagnação é produzido onde a velocidade é zero. A pressão medida nessa abertura é a pressão do ponto de estagnação, ou *pressão de estagnação*. Nos orifícios laterais (1), a velocidade do fluxo (V) é praticamente imperturbada. Esses orifícios medem a pressão estática (ou ambiente) no local.

Aplicando a equação de Bernoulli entre as duas posições, 0 e 1, e desprezando a pequena distância vertical entre elas, podemos escrever

$$\frac{P_0}{\gamma} + 0 = \frac{P_1}{\gamma} + \frac{V^2}{2g}$$

É evidente que a altura de pressão de estagnação (P_0/γ) é uma combinação da altura de pressão estática (P_1/γ) com a altura de pressão dinâmica ($V^2/2g$) – ou seja, a conversão da altura de velocidade em altura de pressão na ponta de prova. A partir dessa expressão, a velocidade do fluxo pode ser determinada:

$$V^2 = 2g\left(\frac{P_0 - P_1}{\gamma}\right) = 2g\left(\frac{\Delta P}{\gamma}\right) \quad (9.1a)$$

ou

$$V = \sqrt{2g(\Delta P/\gamma)} \quad (9.1b)$$

A quantidade $\Delta P/\gamma$ indica a diferença na altura de pressão entre as duas aberturas na prova. É uma função do deslocamento da coluna de líquido (Δh) no manômetro mostrado na Figura 9.4. A diferença de pressão (ΔP) é encontrada com o uso dos princípios da manometria discutidos no Capítulo 2 e revistos a seguir, no Exemplo 9.2.

Os tubos de Pitot são amplamente utilizados para medir a pressão e a velocidade da água que escoa. Eles são confiáveis e precisos porque envolvem um princípio físico simples e uma configuração simples. O tubo de Pitot é muito útil na medição das velocidades da água sob condições nas quais não é possível determinar a direção exata do fluxo. Nesses casos, podem ocorrer desalinhamentos da prova no fluxo. O *tubo de Pitot e Prandtl*, mostrado na Figura 9.4(b), apresenta margem de erro de aproximadamente 1 por cento em um ângulo de 20° na direção da corrente de fluxo.

O diâmetro externo de um tubo de Pitot costuma ser pequeno – cerca de 5 mm. Os dois tubos de pressão internos são ainda menores. Por conta dos diâmetros pequenos desses tubos, é preciso tomar cuidado para que bolhas de

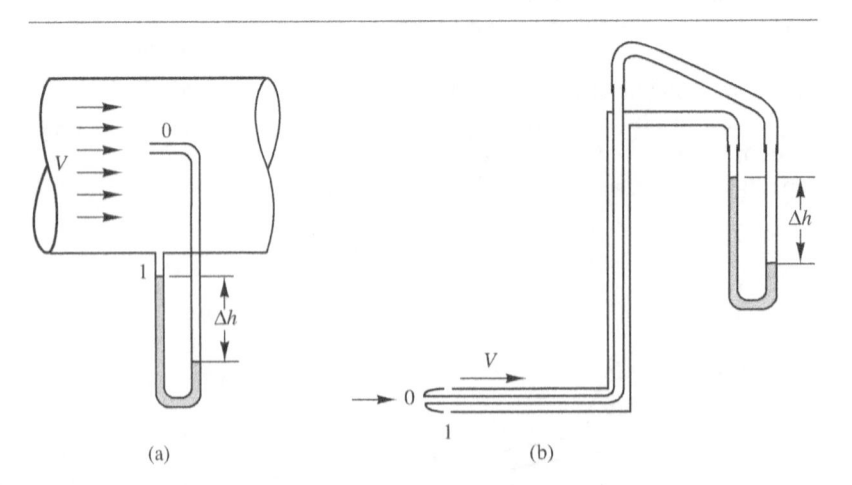

Figura 9.4 Representação esquemática do tubo de Pitot: (a) tubos separados e (b) tubos combinados.

* Henri de Pitot (1695–1771) usou pela primeira vez um tubo de vidro com uma extremidade aberta e com curvatura de 90° para medir a distribuição de velocidade no Rio Sena. O aumento na elevação da água na parte vertical do tubo indicava a pressão de estagnação. Pitot não aplicou o princípio de Bernoulli para obter a corrente atual, conforme discutido nesta seção.

ar não fiquem presas no interior. A tensão da superfície na interface pode produzir um efeito significativo nos pequenos tubos e acarretar resultados não confiáveis.

Exemplo 9.2

Um tubo de Pitot é usado para medir a velocidade em um determinado local em um tubo de água. O manômetro indica uma diferença de pressão (altura da coluna) de 14,6 cm. O fluido indicador possui gravidade específica de 1,95. Calcule a velocidade.

Solução

Voltando à Figura 9.4(b), considere que x é a distância da posição 1 até a interface entre a água e o fluido do manômetro (lado esquerdo) e γ_m é o peso específico do fluido do manômetro. Aplicando os princípios da manometria do Capítulo 2, obtemos

$$P_1 - \gamma x + \gamma_m \Delta h - \gamma \Delta h + \gamma x = P_o$$

ou

$$P_o - P_1 = \Delta P = \Delta h(\gamma_m - \gamma)$$

Substituindo esse resultado na Equação 9.1a,

$$V^2 = 2g\Delta h\left(\frac{\gamma_m - \gamma\gamma}{\gamma}\right) = 2g\Delta h[(gravidade\ específica)_m - 1]$$

$$V^2 = 2(9{,}81)\left(\frac{14{,}6}{100}\right)[1{,}95 - 1{,}0]$$

$$V = 1{,}65\ m/s$$

Os *molinetes* costumam ser usados para medir a velocidade da água em canais abertos. Existem dois tipos diferentes de molinetes mecânicos: de copos e de hélice.

O *molinete de copos* é normalmente composto de quatro a seis copos de formas iguais montados radialmente ao redor de um eixo vertical de rotação [Figura 9.5(a)]. A água em movimento faz os copos girarem em torno do eixo a uma taxa proporcional à velocidade da água. Um sensor mecânico ou de fibra ótica retransmite cada giro para um dispositivo eletrônico coletor de dados. Faz-se uma conversão para velocidade de fluxo, e os dados são armazenados ou apresentados em uma leitura digital. A maioria dos molinetes de copos não registra a velocidade abaixo de alguns centímetros por segundo, por causa do atrito.

Os molinetes de hélice possuem um eixo horizontal de rotação [Figura 9.5(b)]. Eles são mais adequados para medição de faixas de velocidade mais altas e estão menos sujeitos à interferência causada por sementes e fragmentos.

Dependendo do projeto e da construção do molinete, a velocidade do eixo de rotação pode não ser linearmente proporcional à velocidade da corrente de água. Por essa razão, cada molinete deve ser individualmente calibrado antes de ser utilizado para medições em campo. As calibragens podem ser feitas passando a prova pela água em repouso em velocidades constantes. Entretanto, o fabricante costuma fornecer uma curva de aferição que cobre a faixa de velocidades aplicáveis.

Dopplers acústicos podem ser usados para medir a velocidade da água em canais abertos. Eles se baseiam no princípio de Doppler e transmitem pulsos acústicos ao longo de vários percursos. Como um pulso sônico movendo-se com a corrente é mais rápido do que um pulso contra a corrente, as diferenças no tempo de chegada podem ser usadas para determinar a velocidade do fluxo. Informações adicionais podem ser obtidas com os fabricantes desses dispositivos.

9.3 Medição da descarga em tubos

Embora a medição do fluxo em tubos possa ser feita por diferentes métodos, a maneira mais simples e confiável é o *método volumétrico* (ou de peso). Esse método demanda somente um cronômetro e um tanque aberto para coletar a água que escoa no tubo. A taxa de descarga pode ser determinada a partir da medição do volume de água (ou peso) coletado por unidade de tempo. Devido à sua confiabilidade relativa, esse método é frequentemente utilizado para calibração de diferentes tipos de molinetes. Além disso, esse método é impraticável para a maioria das aplicações operacionais, pois o curso da água é totalmente diverso em um contêiner quando a medição é feita. Entretanto, em alguns casos existem torres de água ou tanques

(a) Molinete de copos   (b) Molinete de hélice

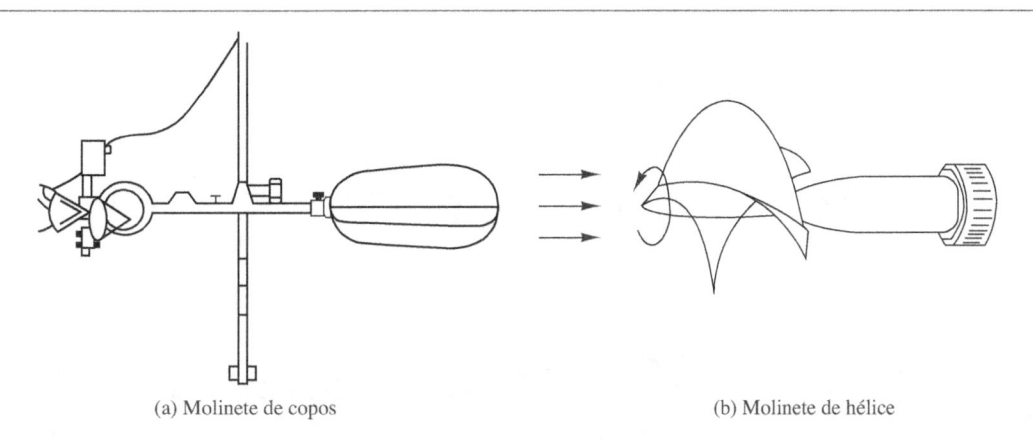

Figura 9.5 Molinetes: (a) de copos e (b) de hélice.

no nível do solo na rede de tubos que podem ser usados para medição.

O desvio do fluxo não é necessário para a obtenção de medições precisas em fluxos de tubos pressurizados. As taxas de fluxo podem ser correlacionadas às variações na distribuição (da altura) de energia associadas a uma mudança repentina na geometria da seção transversal. Esse princípio é utilizado em medidores Venturi, medidores de bocal ou medidores de orifício.

Um *medidor Venturi* é uma seção de tubo precisamente projetada com um gargalo estreito. Duas aberturas piezométricas são instaladas na entrada e no gargalo, conforme mostra a Figura 9.6. Aplicando a equação de Bernoulli nas seções 1 e 2 e desprezando as perdas, obtemos

$$\frac{V_1^2}{2g} + \frac{P_1}{\gamma} + z_1 = \frac{V_2^2}{2g} + \frac{P_2}{\gamma} + z_2 \quad (9.2)$$

A equação de continuidade entre as duas seções é

$$A_1 V_1 = A_2 V_2 \quad (9.3)$$

onde A_1 e A_2 são as áreas do tubo e do gargalo da seção transversal, respectivamente. Substituindo a Equação 9.3 na Equação 9.2 e reorganizando, obtemos

$$Q = \frac{A_1}{\sqrt{\left(\frac{A_1}{A_2}\right)^2 - 1}} \sqrt{2g\left(\frac{P_1 - P_2}{\gamma} + z_1 - z_2\right)} \quad (9.4)$$

A equação pode ser simplificada para

$$Q = C_d A_1 \sqrt{2g\left[\Delta\left(\frac{P}{\gamma} + z\right)\right]} \quad (9.5a)$$

onde o coeficiente de descarga adimensional C_d é avaliado como

$$C_d = \frac{1}{\sqrt{\left(\frac{A_1}{A_2}\right)^2 - 1}} \quad (9.5b)$$

Para medidores Venturi instalados na posição vertical,

$$Q = C_d A_1 \sqrt{2g\left(\frac{\Delta P}{\gamma}\right)} \quad (9.5c)$$

O coeficiente C_d pode ser calculado diretamente a partir dos valores de A_1 e A_2. Para os medidores Venturi bem construídos, a diferença entre o valor calculado teoricamente e o valor obtido por meio dos experimentos (que considera as perdas) não deve exceder alguns poucos pontos percentuais.

Para uma operação satisfatória, o medidor deve ser instalado em uma seção do tubo na qual o fluxo seja relativamente imperturbado antes da entrada no medidor. Para garantir isso, é preciso dispor de uma seção de tubo reta e uniforme que seja livre de equipamentos e com pelo menos 30 diâmetros de extensão disponíveis antes da instalação do medidor.

Exemplo 9.3

Um medidor Venturi de 6 cm (gargalo) está instalado em um tubo de água horizontal de 12 cm de diâmetro. Um manômetro diferencial (mercúrio-água) instalado entre o gargalo e a seção de entrada registra uma coluna de mercúrio (gravidade específica = 13,6) de 15,2 cm. Calcule a descarga.

Solução

A partir dos princípios da manometria (conforme revisado no Exemplo 9.2),

$$\Delta P = \Delta h(\gamma_{Hg} - \gamma)$$

ou

$$\Delta P/\gamma = \Delta h\left(\frac{\gamma_{Hg} - \gamma}{\gamma}\right)$$

$$= \Delta h[(gravidade\ específica)_{Hg} - 1]$$

$$= (15,2\ cm)(13,6 - 1,0)$$

$$A_1 = (\pi/4)(12)^2 = 113\ cm^2 \quad A_2 = (\pi/4)(6)^2 = 28,3\ cm^2$$

O coeficiente adimensional (C_d) pode ser calculado a partir do coeficiente da área usando a Equação 9.5b:

$$C_d = \frac{1}{\sqrt{\left(\frac{A_1}{A_2}\right)^2 - 1}} = 0,259$$

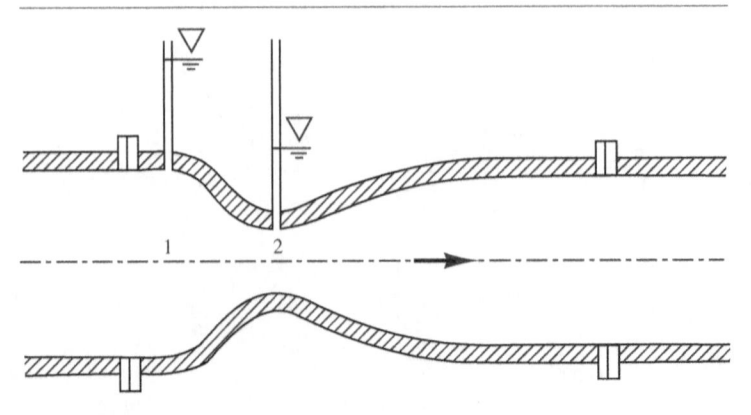

Figura 9.6 Medidor Venturi.

Para determinar a descarga, aplique a Equação 9.5c para um medidor Venturi instalado horizontalmente:

$$Q = 0{,}259\left(\frac{113}{10.000}\right)\sqrt{2(9{,}81)\left[\left(\frac{15{,}2}{100}\right)12{,}6\right]}$$

$$= 0{,}0179 \text{ m}^3/\text{s}$$

Medidores de bocal e *medidores de orifício* (Figura 9.7) também se baseiam em variações de distribuição (da altura) de energia associadas a uma mudança repentina na geometria da seção transversal do tubo. Na verdade, as equações de descarga para medidores de bocal e medidores de orifício possuem a mesma forma que aquela derivada para o medidor Venturi (Equação 9.5a). A principal diferença na aplicação é que o valor do coeficiente de descarga para medidores de bocal e medidores de orifício seria diferente do valor teórico, C_d, calculado com a Equação 9.5b. Isso acontece, primeiro, por conta da separação do curso de água da parede do tubo imediatamente abaixo do estreitamento (*vena contracta*).

Os medidores de bocal e medidores de orifício produzem um montante significativo de perda de altura porque a maior parte da energia de pressão que se converte em energia cinética (para acelerar o fluido ao longo da abertura estreita) não pode ser recuperada. O coeficiente de descarga pode variar significativamente de um medidor a outro. O valor depende não só do estado do fluxo no tubo, mas também da razão de área entre o bocal (ou orifício) e o tubo, da localização das tomadas de pressão e das condições de fluxo. Por isso, recomenda-se a calibração *in loco*. Em seguida, recomenda-se consultar os dados do fabricante e seguir os requisitos de instalação.

Conforme mencionado, o coeficiente de descarga para medidores de bocal e medidores de orifício não pode ser calculado diretamente a partir da razão de área, A_1/A_2. As equações de descarga (equações 9.5a e 9.5c) devem ser modificadas por um coeficiente experimental adimensional, C_v:

$$Q = C_v C_d A_1 \sqrt{2g\left[\Delta\left(\frac{P}{\gamma} + z\right)\right]} \quad (9.6a)$$

onde z é a diferença em elevações entre as duas tomadas de pressão. Para instalações horizontais,

$$Q = C_v C_d A_1 \sqrt{2g\left(\frac{\Delta P}{\gamma}\right)} \quad (9.6b)$$

Uma extensa pesquisa sobre medidores de bocal foi patrocinada pela ASME e pela Associação Internacional de Padronização a fim de padronizar geometria, instalação, especificação e coeficientes experimentais dos bocais. A Figura 9.8 apresenta uma das instalações típicas de bocal da ASME comumente usadas nos Estados Unidos com os coeficientes experimentais correspondentes.

Comparados aos medidores Venturi e aos medidores de bocal, os medidores de orifício são ainda mais afetados pelas condições de fluxo. Por essa razão, para cada tipo e tamanho, instruções detalhadas de instalação e curvas de aferição devem ser fornecidas pelo fabricante. Se um medidor não estiver instalado exatamente conforme as especificações, ele deve ser meticulosamente calibrado *in loco*.

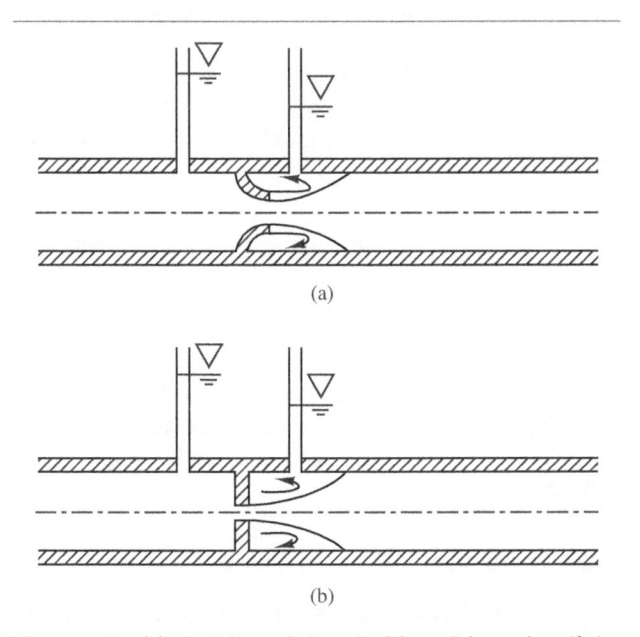

Exemplo 9.4

O medidor Venturi no Exemplo 9.3 foi substituído pelo medidor de bocal ASME. Durante a operação, o manômetro diferencial (mercúrio-água) instalado registra uma coluna de mercúrio de 15,2 cm. A água na tubulação apresenta temperatura de 20°C. Determine a descarga.

Solução

A razão de diâmetro é $d_2/d_1 = 6/12 = 0{,}5$ e $C_d = 0{,}259$ (conforme Exemplo 9.3). Considere que o coeficiente do medidor experimental $C_v = 0{,}99$. A descarga correspondente pode ser calculada a partir da Equação 9.6b como

$$Q = (0{,}99)(0{,}259)\left(\frac{113}{10.000}\right)\sqrt{2(9{,}81)\left[\left(\frac{15{,}2}{100}\right)(12{,}6)\right]}$$

$$= 0{,}0178 \text{ m}^3/\text{s}$$

Esse valor deve ser verificado consultando-se o número de Reynolds correspondente ao bocal. O valor do N_R calculado com base na descarga é

$$N_R = \frac{V_2 d_2}{v} = \frac{\left[\frac{(0{,}0178)}{(\pi/4)(0{,}06)^2}(0{,}06)\right]}{1{,}00 \times 10^{-6}} = 3{,}78 \times 10^5$$

Com o valor do número de Reynolds, o gráfico na Figura 9.8 oferece um valor mais apropriado do coeficiente experimental, $C_v = 0{,}986$. Portanto, a descarga correta é

$$Q = (0{,}986/0{,}99)(0{,}0178) = 0{,}0177 \text{ m}^3/\text{s}$$

Figura 9.7 (a) Medidores de bocal e (b) medidores de orifício.

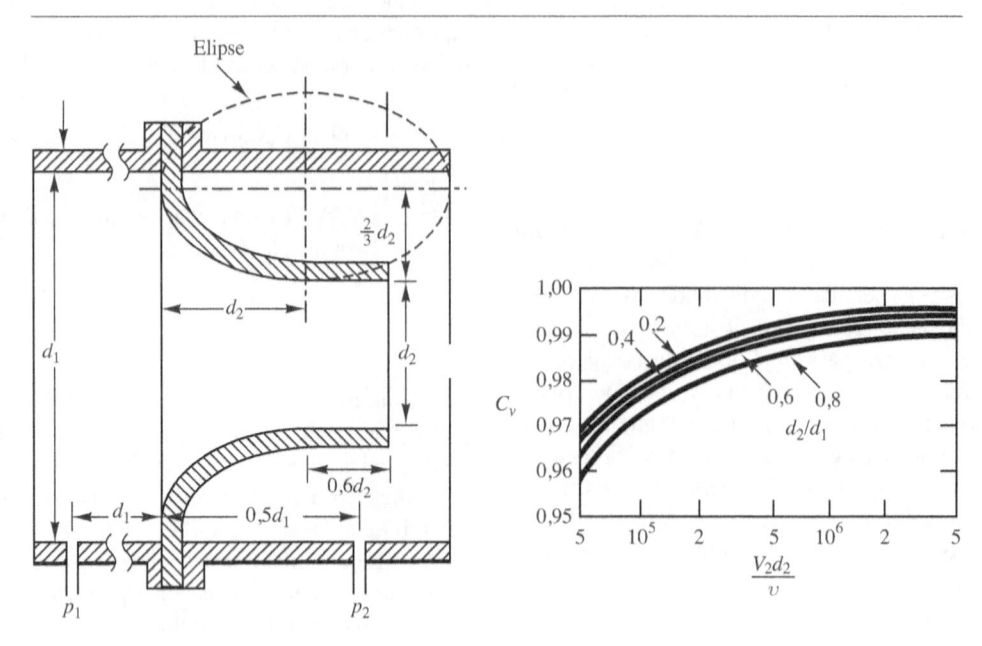

Figura 9.8 Dimensões e coeficientes de bocais conforme a Sociedade Norte-americana de Engenheiros Mecânicos (ASME).

Um *medidor de cotovelo* (Figura 9.9) mede a diferença de pressão entre as laterais interior e exterior de um cotovelo em uma tubulação. A força centrífuga desenvolvida em um cotovelo força o curso principal a escoar mais perto da parede externa do tubo. Desenvolve-se uma diferença na pressão entre o interior e o exterior do cotovelo. Essa diferença aumenta à medida que a taxa de fluxo aumenta. A relação entre a diferença de pressão medida e a descarga no tubo pode ser calibrada para determinações da taxa de fluxo. A equação de descarga pode ser escrita como

$$Q = C_d A \sqrt{2g\left(\frac{P_o}{\gamma} - \frac{P_i}{\gamma}\right)} \quad (9.7)$$

onde A é a área da seção transversal, e P_i e P_o são os valores da pressão local registrados no interior e no exterior do cotovelo, respectivamente. C_d é o coeficiente adimensional de descarga, que pode ser determinado pela calibração *in loco*. Observe que a Equação 9.7 é adequada se a diferença na elevação entre os indicadores (Δz) for desprezível. Senão, a diferença na elevação deve ser incluída com a diferença de pressão.

Se o medidor de cotovelo não puder ser calibrado *in loco*, então a descarga do tubo ainda pode ser determinada dentro de uma precisão de aproximadamente 10% se o número de Reynolds do fluxo do tubo for suficientemente grande e se pelo menos 30 diâmetros de tubo reto estiverem disponíveis antes da curva. Nesse caso, o coeficiente de descarga é, aproximadamente,

$$C_d = \frac{R}{2D} \quad (9.8)$$

onde R é o raio da linha central no cotovelo, e D é o diâmetro do tubo.

Os medidores de cotovelo são baratos e convenientes. Pode-se usar um cotovelo que já esteja instalado na tubulação sem que se gere um custo adicional ou uma perda de altura extra.

9.4 Medições de descarga em canais abertos

Um *vertedor* é uma estrutura simples acima do fluxo que se estende ao longo do canal e é normal à direção do fluxo. Existem diversos tipos de vertedor, e eles costumam ser classificados pela forma. Podem ser de soleira delgada (úteis na medição do fluxo) ou de soleira espessa (incorporados às estruturas hidráulicas com a função secundária de medição do fluxo).

9.4.1 Vertedores de soleira delgada

Os vertedores de soleira delgada (Figura 9.10) incluem os quatro tipos citados a seguir:

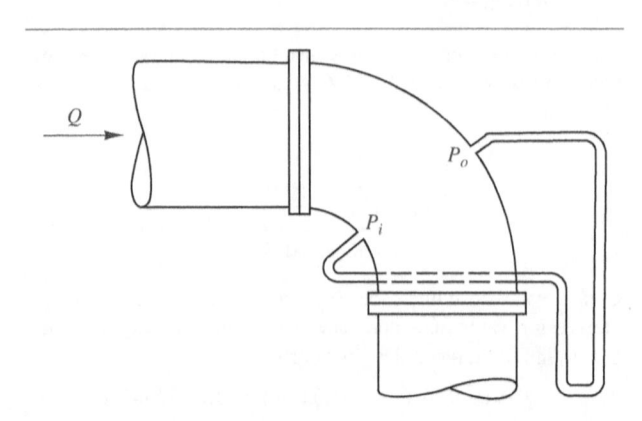

Figura 9.9 Medidor de cotovelo.

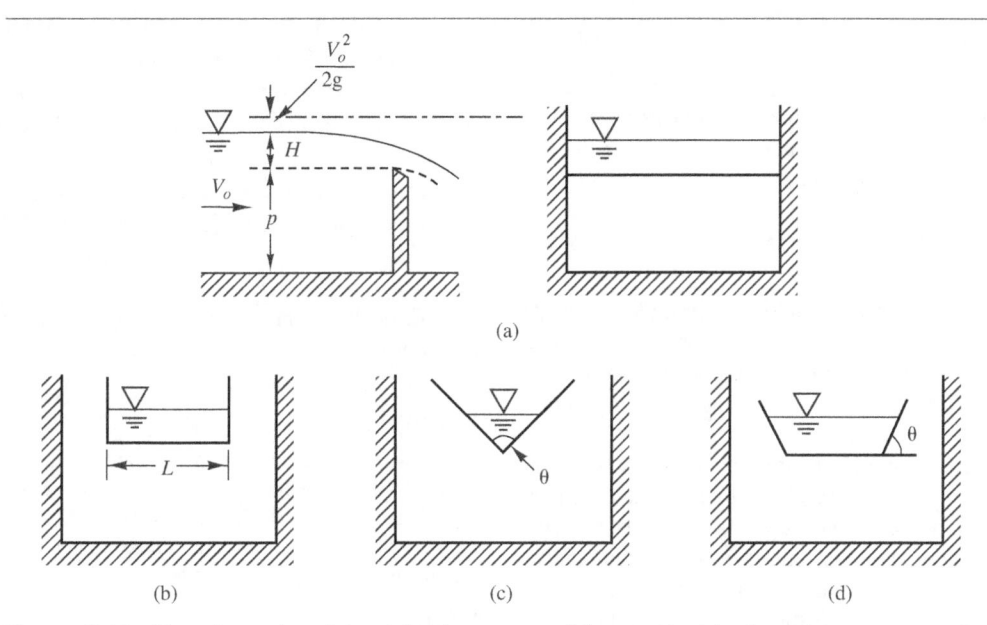

Figura 9.10 Vertedores de soleira delgada comuns: (a) vertedores horizontais sem contrações, (b) vertedores horizontais com contrações, (c) vertedores triangulares e (d) vertedores trapezoidais.

1. vertedores horizontais sem contrações finais;
2. vertedores horizontais com contrações finais;
3. vertedores triangulares;
4. vertedores trapezoidais.

Um *vertedor horizontal sem contrações* estende-se ao longo de todo o comprimento de um trecho uniforme no canal. Um vertedor-padrão desse tipo deve atender aos seguintes requisitos:

1. a soleira do vertedor deve ser horizontal, pontiaguda e normal ao fluxo;
2. a placa do vertedor deve ser vertical e apresentar superfície superior lisa e
3. o canal de aproximação deve ser uniforme, e a superfície da água deve estar livre de grandes ondas de superfície.

A equação básica de descarga para um vertedor horizontal padrão sem contrações (Figura 9.10) é

$$Q = CLH^{3/2} \qquad (9.9)$$

onde L é o comprimento da soleira, H é a altura do vertedor, e C é o coeficiente de descarga com unidades de comprimento^{0,5}/tempo. Os coeficientes de descarga são sempre derivados de dados experimentais de agências governamentais como o Escritório de Recuperação de Solos dos Estados Unidos (*U. S. Bureau of Reclamation* – USBR). Usando as unidades britânicas (H, L, p em pés, e Q em pés cúbicos por segundo), o coeficiente de descarga em pés^{0,5}/s pode, geralmente, ser escrito como

$$C = 3{,}22 + 0{,}40\frac{H}{p} \qquad (9.10a)$$

onde p é a altura do vertedor (Figura 9.10). Em unidades do sistema internacional, o coeficiente torna-se

$$C = 1{,}78 + 0{,}22\frac{H}{p} \qquad (9.10b)$$

Um *vertedor horizontal com contrações* possui soleira menor do que a extensão do canal. Portanto, a água contrai tanto horizontalmente quanto verticalmente de modo a escoar pela soleira. O vertedor pode ser contraído em qualquer uma das extremidades ou em ambas. A equação geral de descarga pode ser escrita como

$$Q = C\left(L - \frac{nH}{10}\right)H^{3/2} \qquad (9.11)$$

onde n é o número de contrações na extremidade [$n = 1$ para contração em uma extremidade, e $n = 2$ para contrações em ambas as extremidades, conforme mostra a Figura 9.10(b)]. O coeficiente de descarga, C, deve ser determinado pela calibração *in loco*. Observe que o valor depende do sistema de unidades, pois C possui unidade de comprimento^{0,5}/tempo.

Um vertedor horizontal padrão com contrações é aquele no qual a soleira e as laterais são removidas do fundo e das laterais do canal onde a contração total se desenvolve. As dimensões de um vertedor desse tipo são mostradas na Figura 9.11(a), onde a extensão do vertedor (L) é representada por b. A equação de descarga desse vertedor-padrão é dada pelo USBR* como

$$Q = 3{,}33\,(L - 0{,}2H)H^{3/2} \qquad (9.12a)$$

Essa expressão foi desenvolvida para o sistema britânico de medidas com L e H em pés e Q em pés cúbicos por segundo. No sistema internacional de medidas, a equação torna-se

---

* U. S. Bureau of Reclamation. *Water Measurement Manual*. Washington, DC, U. S. Government Printing Office, 1967.

$$Q = 1{,}84(L - 0{,}2H)H^{3/2} \qquad (9.12\text{b})$$

Um *vertedor triangular* é especialmente útil quando se deseja medir com precisão uma ampla faixa de profundidades de água. A equação de descarga para esse tipo de vertedor assume a forma geral de

$$Q = C\left(\text{tg}\,\frac{\theta}{2}\right)H^{5/2} \qquad (9.13)$$

onde θ é o ângulo do vertedor conforme mostrado na Figura 9.10(c), e o coeficiente de descarga (C) é determinado pela calibração *in loco*. Observe que o valor depende do sistema de unidades utilizado, pois C possui unidade de comprimento^{0,5}/tempo.

Um vertedor triangular padrão é composto por uma placa em "V" com cada uma das faces inclinada a 45° a partir da vertical, como vemos no esquema da Figura 9.11(b). O vertedor opera como um vertedor horizontal com contrações, e todos os requisitos listados para o vertedor horizontal sem contrações se aplicam. As distâncias mínimas entre as faces do vertedor e os bancos do canal devem ser pelo menos duas vezes a altura no vertedor. A equação de descarga do vertedor triangular padrão de 90° fornecida pelo USBR é

$$Q = 2{,}49H^{2,48} \qquad (9.14)$$

Essa expressão foi desenvolvida para o sistema britânico de medidas com H em pés e Q em metros cúbicos por segundo.

O *vertedor trapezoidal* possui características hidráulicas dos vertedores horizontais com contrações e dos vertedores triangulares. A equação geral de descarga desenvolvida para os vertedores horizontais com contrações pode ser aplicada aos vertedores trapezoidais com um coeficiente de descarga individualmente calibrado.

O vertedor trapezoidal padrão, conforme o USBR (Figura 9.12), também é conhecido como *vertedor de Cipolletti*. Ele possui soleira horizontal, e as faces inclinam-se exteriormente em uma declividade de 1:4 (horizontal para vertical). Todos os requisitos listados para o vertedor horizontal padrão sem contrações se aplicam. A altura da soleira do vertedor deve ser pelo menos o dobro da altura do fluxo abordado acima da soleira (H), e as distâncias das faces do corte até as laterais do canal também devem ser pelo menos o dobro da altura. A equação de descarga para o vertedor de Cipolletti é dada pelo USBR como

$$Q = 3{,}367LH^{3/2} \qquad (9.15)$$

Essa expressão foi desenvolvida para o sistema britânico com L e H em pés e Q em pés cúbicos por segundo.

Exemplo 9.5

Foram realizadas medições em laboratório em um vertedor horizontal com contrações (em ambos os lados) com uma extensão de soleira de 1,56 cm. A descarga verificada foi 0,25 m³/s sob uma altura de $H = 0{,}2$ m. Determine o coeficiente de descarga no sistema internacional de unidades.

Solução

Aplicando a Equação 9.11 para vertedores horizontais com contrações, obtemos

$$Q = C\left(L - \frac{nH}{10}\right)H^{3/2}$$

Aqui, $L = 1{,}56$ m, $H = 0{,}2$ m e $n = 2$ para contração em ambos os lados;

$$0{,}25 = C\left(1{,}56 - \frac{2(0{,}2)}{10}\right)(0{,}2)^{3/2}$$

$$C = 1{,}84 \text{ m}^{0,5}/\text{s}$$

9.4.2 Vertedores de soleira espessa

Um vertedor de soleira espessa oferece um trecho de chão de canal elevado sobre o qual o fluxo crítico acontece (Figura 9.13). Dependendo da altura do vertedor em relação à profundidade do canal abordado, a equação de

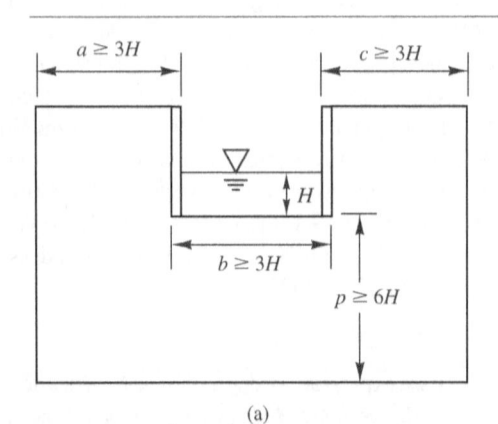

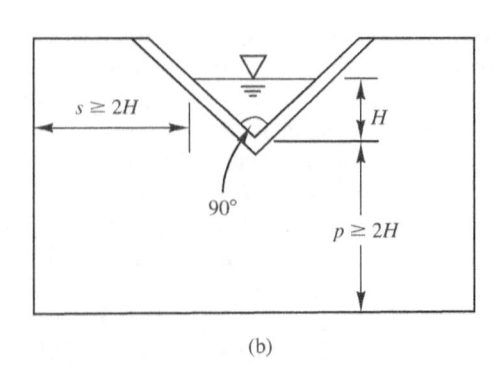

Figura 9.11 Vertedores-padrão segundo o USBR: (a) vertedor horizontal com contrações e (b) vertedor triangular de 90°.

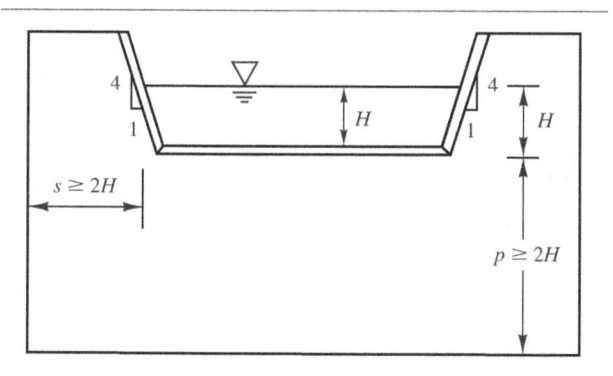

Figura 9.12 Vertedor trapezoidal padrão segundo o USBR.

descarga pode ser derivada do equilíbrio entre as forças e o momento entre a seção de aproximação superior (1) e a seção de profundidade mínima (2) na soleira do vertedor. Para uma unidade de comprimento do vertedor, a equação a seguir pode ser escrita como

$$\rho q\left(\frac{q}{y_2} - \frac{q}{y_1}\right) = \frac{1}{2}\gamma\left[y_1^2 - y_2^2 - h(2y_1 - h)\right] \quad (9.16)$$

onde q é a descarga por unidade de comprimento, h é a altura do vertedor medida a partir do chão do canal, e y_1 e y_2 são as profundidades superior e inferior, respectivamente.

As condições anteriores não são suficientes para simplificar a Equação 9.16 em uma relação de um para um entre a profundidade de água abordada e a descarga. Uma equação adicional foi obtida a partir de medições experimentais* para o fluxo médio

$$y_1 - h = 2y_2 \quad (9.17)$$

Substituindo a Equação 9.17 na Equação 9.16 e simplificando, obtemos

$$q = 0{,}433\sqrt{2g}\left(\frac{y_1}{y_1 + h}\right)^{1/2} H^{3/2} \quad (9.18)$$

A descarga total sobre o vertedor é

$$Q = Lq = 0{,}433\sqrt{2g}\left(\frac{y_1}{y_1 + h}\right)^{1/2} LH^{3/2} \quad (9.19)$$

onde L é o comprimento da soleira acima do fluxo (observada em uma visão plana), e H é a altura da água abordada acima da soleira do vertedor.

Considerando o limite de uma soleira com altura zero ($h = 0$) até o infinito ($h \to \infty$), a Equação 9.19 pode variar de $Q = 1{,}92LH^{3/2}$ até $Q = 1{,}36LH^{3/2}$ com unidades em metros e segundos.

9.4.3 Calhas Venturi

O uso de um vertedor é provavelmente o método mais simples de medição de descarga em canais abertos. Entretanto, existem desvantagens no uso de vertedores, incluindo a perda de energia relativamente alta e a sedimentação depositada na piscina imediatamente anterior ao vertedor. Essas dificuldades podem ser parcialmente resolvidas com a ajuda de uma *calha de fluxo crítico* ou *calha Venturi*.

Uma variedade de calhas Venturi foi projetada para aplicações em campo. A maioria delas opera com uma condição de fluxo submerso e cria uma profundidade crítica em uma seção contraída (gargalo) seguida de um salto hidráulico na saída. A descarga ao longo da calha pode ser calculada pela leitura da profundidade da água a partir das paredes de observação localizadas na seção de fluxo crítico e em outra seção de referência.

A calha de fluxo crítico mais amplamente utilizada nos Estados Unidos é a *calha Parshall*, desenvolvida por R. L. Parshall** em 1920. A calha foi experimentalmente desenvolvida para o sistema britânico de medidas. Ela possui dimensões fixas, como se pode observar na Figura 9.14 e na Tabela 9.1. Equações de descarga empíricas foram desenvolvidas para corresponder a cada tamanho de calha. Essas equações estão listadas na Tabela 9.2.

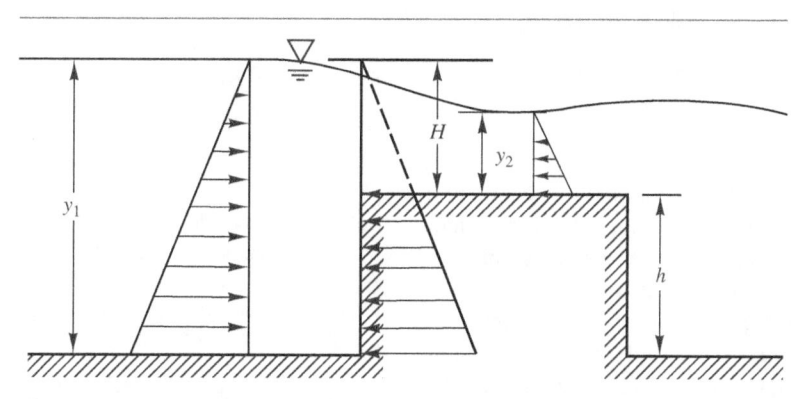

Figura 9.13 Vertedor de soleira espessa.

---

* H. A. Doeringsfeld e C. L. Barker. "Pressure-momentum theory applied to the broad-crested weir", *Trans. ASCE*, v. 106, p. 934–946, 1941.

** R. L. Parshall e C. Rohwer, *The Venturi flume*. Colorado Agricultural Experimental Station, Bulletin, n. 265, 1921; R. L. Parshall. "The improved Venturi flume", *Trans. ASCE*, v. 89, p. 841–851, 1926.

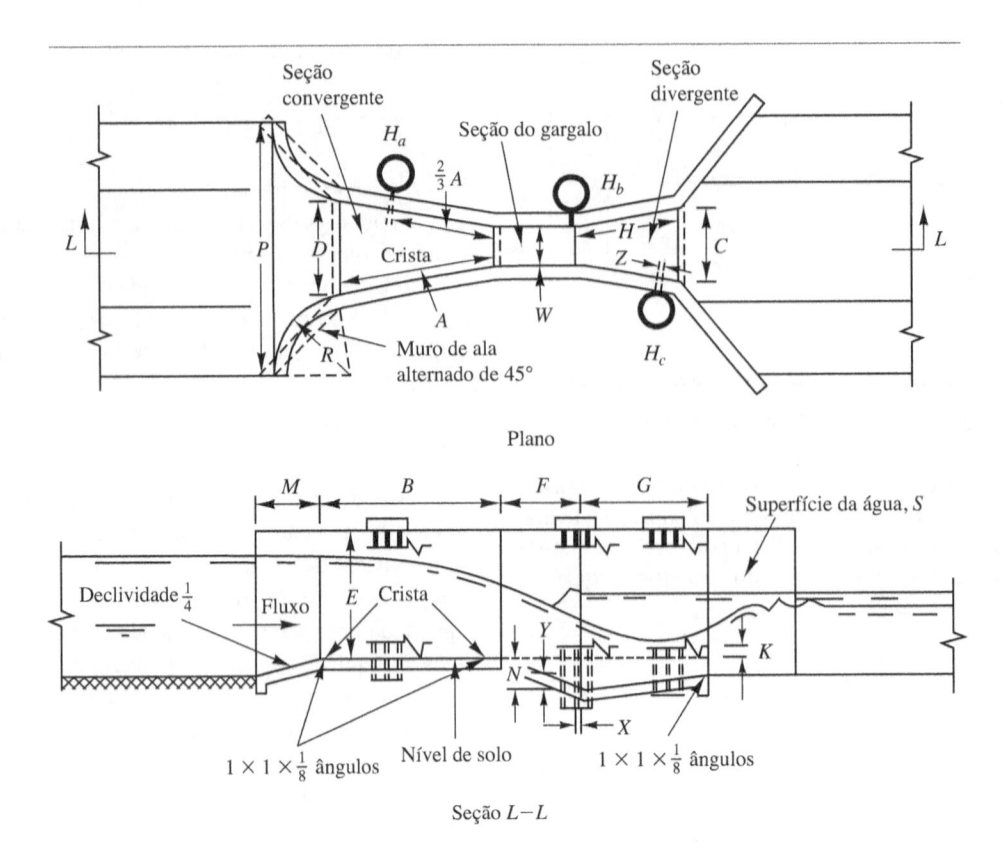

Figura 9.14 Dimensões da calha Parshall.
Fonte: Cortesia do U.S. Bureau of Reclamation.

Nas equações de 9.20 a 9.24, Q é a descarga em pés cúbicos por segundo (cfs), W é a largura do gargalo em pés e H_a é o nível da água lido do poço de observação a e medido em pés. Essas equações são derivadas estritamente para as unidades mencionadas e para as dimensões especificadas na Figura 9.14 e na Tabela 9.1. Elas não dispõem de uma versão equivalente no sistema métrico.

Diz-se que o fluxo é submerso quando a razão entre o registro de calibre H_b (do poço de observação b) e o registro de calibre H_a (do poço de observação a) excede os valores a seguir:

0,5 para calhas de 1, 2 e 3 pol. de largura

0,6 para calhas de 6 e 9 pol. de largura

0,7 para calhas de 1 a 8 pés de largura

0,8 para calhas de 10 a 50 pés de largura

O efeito da submersão no sentido do fluxo é reduzir a descarga ao longo da calha. Nesse caso, a descarga calculada pelas equações anteriores deve ser corrigida considerando tanto a leitura de H_a quanto a leitura de H_b.

A Figura 9.15 mostra a taxa de fluxo submerso ao longo da calha Parshall de 1 pé. O diagrama torna-se aplicável a calhas maiores (até 8 pés) multiplicando-se a descarga corrigida para a calha de 1 pé por um fator dado para o tamanho particular selecionado.

A Figura 9.16 apresenta a taxa de fluxo submerso ao longo da calha Parshall de 10 pés. O diagrama torna-se aplicável a calhas maiores (até 50 pés) multiplicando-se a descarga corrigida para a calha de 10 pés por um fator dado para o tamanho particular selecionado.

Exemplo 9.6

Uma calha Parshall de 4 pés está instalada em um canal de irrigação para monitorar a taxa de fluxo. As leituras nos medidores H_a e H_b são 2,5 pés e 2 pés, respectivamente. Determine a descarga do canal.

Solução

$$H_a = 2,5 \text{ pés} \quad H_b = 2 \text{ pés}$$

Submersão, $H_b/H_a = 80\%$.
A Equação 9.23 oferece um valor da descarga submersa

$$Q_u = 4WH_a^{1,522 \cdot W^{0,026}} = 4(4)(2,5)^{1,522(4)^{0,026}} = 67,9 \text{ cfs}$$

Sob as condições descritas, a calha está operando a 80% de submersão, e o valor deve ser corrigido proporcionalmente.
A partir da Figura 9.15, descobrimos que a correção da taxa de fluxo para uma calha Parshall de 1 pé é 1,8 cfs. Para a calha de 4 pés, a taxa de fluxo corrigida é

$$Q_c = 3,1(1,8) = 5,6 \text{ cfs}$$

A descarga correta do canal é

$$Q = Q_u - Q_c = 67,9 - 5,6 = 62,4 \text{ cfs}$$

TABELA 9.1 Dimensões da calha Parshall.

Fonte	W		A		²⁄₃A		B		C		D		E		F		G		H		K		M		N		P		R		X		Y		Z		Fluxo (cfs)	
	pé	pol.	pé	pol.	pé	pol.	pé	pol.	pé	pol.	pé	pol.	pé	pol.	pé	pol.	pé	pol.	pé	pol.	pé	pol.	pé	pol.	pé	pol.	pé	pol.	pé	pol.	pé	pol.	pé	pol.	pé	pol.	mín	máx
1*	0 pé	0 pol.	1 pé	$2\tfrac{9}{32}$	0 pé	$9\tfrac{17}{32}$	1 pé	2	0 pé	$3\tfrac{21}{32}$	0 pé	$6\tfrac{19}{32}$	0 pé	6 a 9	0 pé	3	0 pé	8-pol.	0 pé	$8\tfrac{1}{8}$	0 pé	$\tfrac{3}{4}$	—	—	0 pé	$1\tfrac{1}{8}$	—	—	—	—	0 pé	$\tfrac{5}{16}$	0 pé	$\tfrac{1}{2}$-pol.	0 pé	$\tfrac{1}{8}$ pol.	0,01	0,19
	2-pol.		$4\tfrac{5}{16}$		$10\tfrac{7}{8}$		4		$5\tfrac{5}{16}$		$8\tfrac{13}{32}$		6 a 10		$4\tfrac{1}{2}$		10-pol.		$10\tfrac{1}{8}$		$\tfrac{7}{8}$		—		$1\tfrac{11}{16}$		—		—		$\tfrac{5}{8}$		1-pol.		$\tfrac{1}{4}$ pol.	0,02	0,47
	3-pol.		$6\tfrac{3}{8}$		$12\tfrac{1}{4}$		6		7		$10\tfrac{3}{16}$		12 a 18		6		12-pol.		$12\tfrac{5}{32}$		1		—		$2\tfrac{1}{4}$		—		—		1		$1\tfrac{1}{2}$		$\tfrac{1}{2}$ pol.	0,03	1,13
2	0 pé	2 pés	1 pé	$4\tfrac{5}{16}$	2 pés	0	1 pé	$3\tfrac{5}{8}$	2 pés	0	1 pé	0	2 pés	0			0 pé	0	1 pé	0	0 pé	$4\tfrac{1}{2}$	2 pés	$11\tfrac{1}{2}$	1 pé	0 pé	2	0 pé	3-pol.	—		0,05	3,9
	6-pol.	$\tfrac{7}{16}$	0		10		3		6		0		0-pol.		0		3		0		$4\tfrac{1}{2}$		$11\tfrac{1}{2}$	4		2		3-pol.		—		0,09	8,9
	9-pol.	$10\tfrac{5}{8}$	$11\tfrac{1}{8}$																						$18\tfrac{1}{2}$	4										
	1 pé	4 pés	3 pés		4 pés	$4\tfrac{7}{8}$	2 pés	0	3 pés	$9\tfrac{1}{4}$	3 pés	0	2 pés	0			0 pé	3	1 pé	3	0 pé	9	4 pés	$10\tfrac{3}{4}$	1 pé	0 pé	2	0 pé	3-pol.	—		0,11	16,1
	0-pol.	6	0		$7\tfrac{7}{8}$		6		$16\tfrac{3}{8}$		0		0-pol.		0		3		3		9		18	8		2		3-pol.		—		0,15	24,6
	6-pol.	9	2																							8										
	2 pés	5 pés	3 pés	4 pés	$10\tfrac{7}{8}$	3 pés	0	3 pés	$11\tfrac{1}{2}$	3 pés	0	2 pés	0			0 pé	3	1 pé	3	0 pé	9	6 pés	1	1 pé	0 pé	2	0 pé	3-pol.	—		0,42	33,1
	0-pol.	0	4																							8										
	3 pés	5 pés	3 pés	5 pés	4 pés	0	3 pés	$17\tfrac{7}{8}$	3 pés	0	2 pés	0			0 pé	3	1 pé	3	0 pé	9	7 pés	$3\tfrac{1}{2}$	1 pé	0 pé	2	0 pé	3-pol.	—		0,61	50,4
	0-pol.	6	8	$4\tfrac{3}{4}$	0																					8										
	4 pés	6 pés	4 pés	5 pés	5 pés	0	3 pés	$6\tfrac{5}{8}$	3 pés	0	2 pés	0			0 pé	3	1 pé	6	0 pé	9	8 pés	$10\tfrac{3}{4}$	2 pés	0	0 pé	2	0 pé	3-pol.	—		1,3	67,9
	0-pol.	0	0	$10\tfrac{5}{8}$	0																															
	5 pés	6 pés	4 pés	6 pés	6 pés	0	3 pés	$7\tfrac{1}{4}$	3 pés	0	2 pés	0			0 pé	3	1 pé	6	0 pé	9	10 pés	$1\tfrac{1}{4}$	2 pés	0	0 pé	2	0 pé	3-pol.	—		1,6	85,6
	0-pol.	6	4	$4\tfrac{1}{2}$	0																															
	6 pés	7 pés	4 pés	6 pés	7 pés	0	3 pés	$8\tfrac{5}{8}$	3 pés	0	2 pés	0			0 pé	3	1 pé	6	0 pé	9	11 pés	$3\tfrac{1}{2}$	2 pés	0	0 pé	2	0 pé	3-pol.	—		2,6	103,5
	0-pol.	0	8	$10\tfrac{3}{8}$	0				9																											

(continua)

TABELA 9.1 Dimensões da calha Parshall (*continuação*).

Fonte	W	A	$\frac{2}{3}$A	B	C	D	E	F	G	H	K	M	N	P	R	X	Y	Z	Fluxo (cfs)	
	pé / pol.	pé / pol.	pé / pol.	pé / pol.	pé / pol.	pé / pol.	pé / pol.	pé / pol.	pé / pol.	pé / pol.	pé / pol.	pé / pol.	pé / pol.	pé / pol.	pé / pol.	pé / pol.	pé / pol.	pé / pol.	mín	máx
2	7 pés	7 pés	5 pés	7 pés	8 pés	9 pés	3 pés	2 pés	3 pés		0 pé	1 pé	0 pé	12 pés	2 pés	0 pé	0 pé			
	0-pol.	6	0	$4\frac{1}{4}$	0	$11\frac{3}{8}$	0	0	0-pol.	–	3	6	9	6	0	2	3-pol.	–	3,0	121,4
	8 pés	8 pés	5 pés	7 pés	9 pés	11 pés	3 pés	2 pés	3 pés		0 pé	1 pé	0 pé	13 pés	2 pés	0 pé	0 pé			
	0-pol.	0	4	$10\frac{1}{8}$	0	$1\frac{3}{4}$	0	0	0-pol.	–	3	6	9	$8\frac{1}{4}$	0	2	3-pol.	–	3,5	139,5
3	10 pés		6 pés	14 pés	12 pés	15 pés	4 pés	3 pés	6 pés		0 pé		1 pé			0 pé	1 pé			
	0-pol.	–	0	0	0	$7\frac{1}{4}$	0	0	0-pol.	–	6	–	$1\frac{1}{2}$	–	–	9	0-pol.	–	6,0	200
	12 pés		6 pés	16 pés	14 pés	18 pés	5 pés	3 pés	8 pés		0 pé		1 pé			0 pé	1 pé			
	0-pol.	–	8	0	8	$4\frac{3}{4}$	0	0	0-pol.	–	6	–	$1\frac{1}{2}$	–	–	9	0-pol.	–	8,0	350
	15 pés		7 pés	25 pés	18 pés	25 pés	6 pés	4 pés	10 pés		0 pé		1 pé			0 pé	1 pé			
	0-pol.	–	8	0	4	0	0	0	0-pol.	–	9	–	6	–	–	9	0-pol.	–	8,0	600
	20 pés		9 pés	25 pés	24 pés	30 pés	7 pés	6 pés	12 pés		1 pé		2 pés			0 pé	1 pé			
	0-pol.	–	4	0	0	0	0	0	0-pol.	–	0	–	3	–	–	9	0-pol.	–	10	1.000
	25 pés		11 pés	25 pés	29 pés	35 pés	7 pés	6 pés	13 pés		1 pé		2 pés			0 pé	1 pé			
	0-pol.	–	0	0	4	0	0	0	0-pol.	–	0	–	3	–	–	9	0-pol.	–	15	1.200
	30 pés		12 pés	26 pés	34 pés	40 pés	7 pés	6 pés	14 pés		1 pé		2 pés			0 pé	1 pé			
	0-pol.	–	8	0	8	$4\frac{3}{4}$	0	0	0-pol.	–	0	–	3	–	–	9	0-pol.	–	15	1.500
	40 pés		16 pés	27 pés	45 pés	50 pés	7 pés	6 pés	16 pés		1 pé		2 pés			0 pé	1 pé			
	0-pol.	–	0	0	4	$9\frac{1}{2}$	0	0	0-pol.	–	0	–	3	–	–	9	0-pol.	–	20	2.000
	50 pés		19 pés	27 pés	56 pés	60 pés	7 pés	6 pés	20 pés		1 pé		2 pés			0 pé	1 pé			
	0-pol.	–	4	0	8	$9\frac{1}{2}$	0	0	0-pol.	–	0	–	3	–	–	9	0-pol.	–	25	3.000

* A tolerância na largura do gargalo (W) é em $\pm\frac{1}{64}$ polegadas; a tolerância em outras dimensões é em $\pm\frac{1}{32}$ polegadas. As paredes do gargalo devem ser paralelas e verticais.

Fonte (1) Universidade do Estado de Colorado, Boletim Técnico n. 61.

Fonte (2) Departamento de Agricultura dos Estados Unidos: Circular do Serviço de Conservação de Solo n. 843.

Fonte (3) Universidade do Estado de Colorado, Boletim Técnico n. 426-A.

TABELA 9.2 Equações de descarga da calha Parshall.

Largura do gargalo	Equação de descarga		Capacidade de fluxo livre (cfs)
3 pol.	$Q = 0{,}992 H_a^{1,547}$	(9.20)	0,03 até 1,9
6 pol.	$Q = 2{,}06 H_a^{1,58}$	(9.21)	0,05 até 3,9
9 pol.	$Q = 3{,}07 H_a^{1,53}$	(9.22)	0,09 até 8,9
1 até 8 pés	$Q = 4WH_a^{1,522 \cdot W^{0,026}}$	(9.23)	Até 140
10 até 50 pés	$Q = (3{,}6875W + 2{,}5)H_a^{1,6}$	(9.24)	Até 2.000

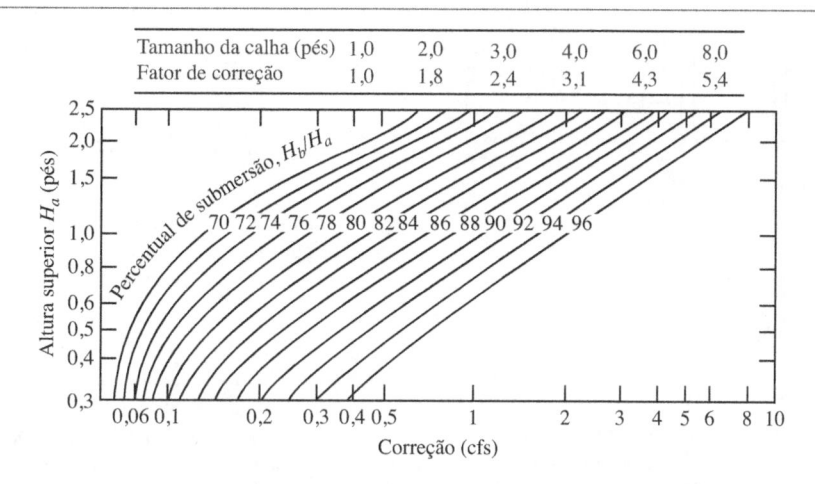

Figura 9.15 Correção da taxa de fluxo para uma calha Parshall submersa de 1 pé.
Fonte: R. L. Parshall. *Measuring Water in Irrigation Channels with Parshall Flumes and Small Weirs.* U.S. Soil Conservation Service, Circular, n. 843, 1950; R. L. Parshall. *Parshall Flumes of Large Size.* Colorado Agricultural Experimental Station, Bulletin n. 426A, 1953.

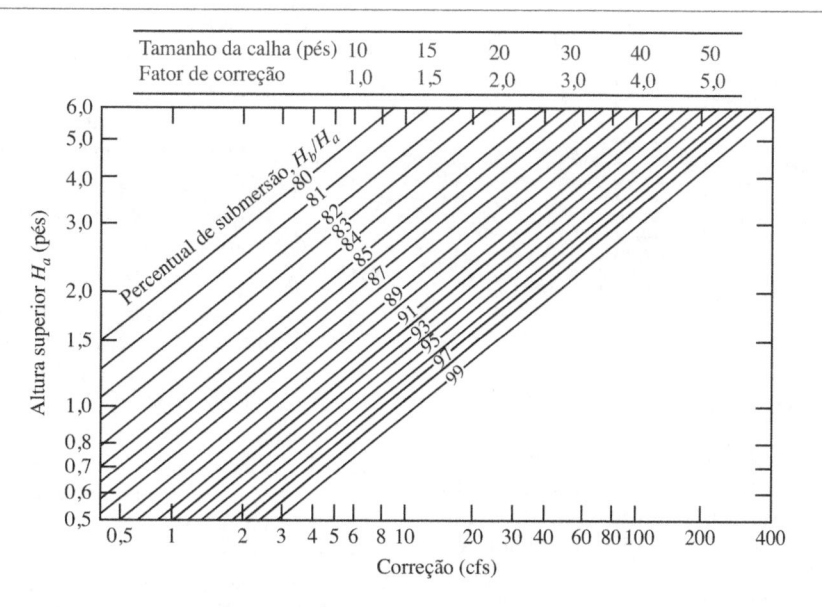

Figura 9.16 Correção da taxa de fluxo para uma calha Parshall submersa de 10 pés.
Fonte: R. L. Parshall. *Measuring Water in Irrigation Channels with Parshall Flumes and Small Weirs.* U.S. Soil Conservation Service, Circular n. 843, 1950; R. L. Parshall. *Parshall Flumes of Large Size.* Colorado Agricultural Experimental Station, Bulletin n. 426A, 1953.

Problemas

(Seção 9.1)

9.1.1 Água é despejada em um tubo em "U" com uma extremidade aberta (Figura P9.1.1). Em seguida, despeja-se óleo em um dos lados do tubo, fazendo que a superfície da água em um dos lados se eleve 6 pol. acima da interface óleo-água no outro lado. A coluna de óleo mede 8,2 pol. Qual é a gravidade específica do óleo?

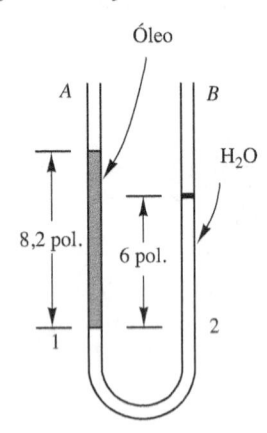

Figura P9.1.1

9.1.2 Determine a pressão no tubo mostrado na Figura P9.1.2 se $y = 1{,}24$ m, $h = 1{,}02$ m e o fluido da manometria for mercúrio (gravidade específica = 13,6). Determine também a altura a que a água pressurizada se elevaria em um piezômetro se fosse usada para medir a pressão no mesmo local.

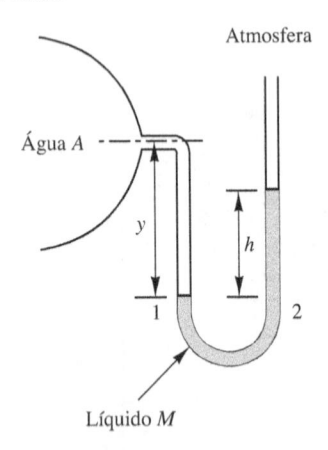

Figura P9.1.2

9.1.3 Um manômetro de óleo inclinado é usado para medir a pressão em um túnel de vento. Determine a gravidade específica do óleo se uma alteração de pressão de 323 pascais causar uma alteração de 15 cm na leitura na declividade de 15°.

(Seção 9.2)

9.2.1 Um tubo de acrílico (piezômetro) está montado na tubulação mostrada na Figura P9.2.1. Outro tubo de acrílico com um cotovelo de 90° (ou seja, tubo de Pitot) é inserido no centro do tubo e direcionado rumo à corrente. Para uma determinada descarga, o piezômetro registra altura de água de 320 cm, e o tubo de Pitot registra altura de água de 330 cm. Determine a pressão da água (kPa) e a velocidade do fluxo (m/s). A velocidade do fluxo é a velocidade média no tubo? Explique.

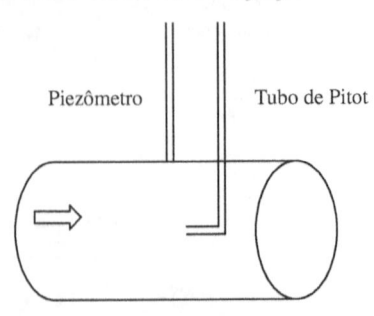

Figura P9.2.1

9.2.2 Demonstre que a Equação 9.1b pode ser escrita da seguinte forma

$$V = \sqrt{2g\,\Delta h(gr.\,esp. - 1)}$$

se o fluido do tubo for água e o fluido da manometria for diferente (e a água do tubo se estender até o fluido da manometria). A abreviação "gr. esp." representa a gravidade específica do fluido manométrico. [*Dica*: Aplique os princípios da manometria ao esquema mostrado na Figura 9.4(b) e combine-os com os princípios de Bernoulli.]

9.2.3 As medidas de um tubo de Pitot em um túnel de água de 5 pés de diâmetro indicam que a pressão de estagnação e a pressão estática diferem por uma altura de coluna de mercúrio de 5,65 polegadas. Qual é a velocidade da água? Estime a descarga no túnel. Por que se trata apenas de uma estimativa?

9.2.4 Consulte a Figura 9.4(b) e responda às perguntas a seguir:

(a) Se o fluido do tubo e o fluido manométrico forem água (com ar no interior), determine a velocidade do tubo se $\Delta h = 34{,}4$ cm.

(b) Se o fluido do tubo for água e ela se estender até o fluido manométrico (mercúrio: gravidade específica = 13,6), qual será a velocidade do tubo se $\Delta h = 34{,}3$ cm?

9.2.5 Consulte a Figura 9.4(b) e responda às perguntas a seguir:

(a) Se o fluido do tubo e o fluido manométrico forem óleo (com ar no interior), qual será a velocidade do tubo se $\Delta h = 18{,}8$ polegadas? [gravidade específica (óleo) = 0,85.]

(b) Se o fluido do tubo for óleo e ele se estender até o fluido manométrico (mercúrio: gravidade específica = 13,6), qual será a velocidade do tubo se $\Delta h = 18{,}8$ polegadas?

9.2.6 Consulte a Figura 9.4(a) e determine a velocidade máxima mensurável se o comprimento máximo da escala do tubo de Pitot for 25 cm. O fluido do tubo é água e ela se estende até o fluido manométrico, que é mercúrio, com gravidade específica de 13,6. Estime a descarga máxima no tubo de 10 cm de diâmetro. Por que se trata apenas de uma estimativa?

(Seção 9.3)

9.3.1 Determine a taxa de fluxo em um tubo de 50 cm de diâmetro que contém um medidor Venturi de 20 cm (gargalo) se os indicadores de pressão marcam 290 kN/m^2 e 160 kN/m^2.

9.3.2 Um medidor Venturi com um gargalo de 4 pol. está instalado em uma tubulação (vertical) de 8 pol. de diâmetro. A diferença de pressão lida entre o gargalo e a seção de entrada em um manômetro de mercúrio-água é 2,01 pés. Determine a taxa de fluxo se o fluxo estiver escoando para baixo e a distância entre os indicadores de pressão for de 0,8 pé.

9.3.3 Uma descarga de 0,082 m^3/s passa por uma tubulação horizontal de 20 cm contendo um bocal de fluxo de 10 cm (ASME). Determine a diferença de pressão que será registrada no medidor de fluxo em pascais.

9.3.4 Determine a descarga na tubulação de 40 cm de diâmetro mostrada na Figura P9.3.4. O medidor de bocal possui um diâmetro de gargalo de 16 cm e está construído e instalado segundo os padrões recomendados pela ASME. A distância entre os indicadores de pressão é de 25 cm.

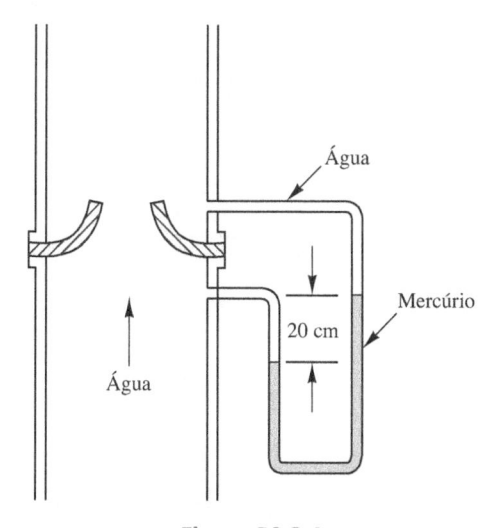

Figura P9.3.4

9.3.5 Um medidor de orifício de 12 pol. (C_v = 0,675) está instalado em um segmento vertical de uma tubulação de 21 pol. de diâmetro. Se a taxa de fluxo mais alta esperada for 12,4 pés^3/s, qual será a extensão necessária do tubo vertical em "U" para o manômetro diferencial (mercúrio-água)? Existe uma diferença de 9 polegadas na elevação entre os indicadores de pressão, e o fluxo está escoando para cima.

9.3.6 Um grupo de manutenção descobre um medidor de orifício enquanto está trabalhando em uma antiga tubulação. O engenheiro responsável gostaria de saber o tamanho da placa do orifício sem ter de desmontar o delicado medidor. Uma placa de especificação na lateral do medidor indica "C_v = 0,605". Para uma taxa de fluxo de 0,00578 m^3/s, o manômetro de mercúrio-água instalado registra uma diferença de pressão de 9 cm. Se a tubulação horizontal possuir diâmetro interno de 10 cm, qual será o tamanho da placa do orifício?

9.3.7 Um medidor de cotovelo está instalado em uma tubulação de água de 75 cm de diâmetro, conforme mostra a Figura 9.9. A instalação distribui 51 m^3 de água em 1 minuto. Determine a diferença na altura de pressão (em centímetros) que será registrada em um manômetro de mercúrio-água quando a tubulação e o medidor estiverem na posição horizontal. O raio do cotovelo é 80 cm.

9.3.8 Um medidor de cotovelo está instalado em uma tubulação de água de 75 cm de diâmetro, com raio de cotovelo de 80 cm, conforme mostra a Figura 9.9. A taxa de fluxo no tubo é 0,85 m^3/s, e a diferença de pressão lida entre os indicadores interno e externo registra 5,26 cm em um manômetro de mercúrio-água. Determine o coeficiente de descarga para o medidor de cotovelo se o cotovelo do tubo estiver na posição vertical e o fluxo estiver escoando para baixo. Observe que, na posição vertical, os indicadores de pressão estão montados ao longo de uma linha a 45° a partir da linha de referência horizontal.

(Seção 9.4)

9.4.1 Um vertedor horizontal sem contrações (soleira delgada) possui 4,5 m de comprimento e 3,1 m de altura. Determine a descarga se a profundidade da água anterior a ele for de 4,4 m. Determine a descarga para a mesma profundidade se um vertedor com contrações (em ambas as extremidades) com 2,4 m de soleira e mesma altura substituir o vertedor atual. Considere o mesmo coeficiente de descarga.

9.4.2 A soleira de um vertedor triangular padrão USBR está 3 pés acima do fundo de um canal de irrigação, que é usado para medir 25,6 cfs de fluxo para um cliente. Nessa taxa de fluxo, a profundidade da água anterior ao vertedouro está na capacidade do canal. Se o cliente precisar aumentar a taxa de fluxo para 33,3 cfs, qual será a extensão de soleira necessária para um vertedor horizontal padrão com contrações (com a mesma altura de soleira) que irá acomodar a nova demanda sem fazer transbordar o canal superior?

9.4.3 Qual é o comprimento da soleira do vertedor Cipolletti (medidor trapezoidal padrão, USBR) necessário para acomodar um fluxo de até 0,793 m^3/s se a altura máxima estiver limitada em 0,259 m?

9.4.4 Um vertedor retangular de soleira espessa possui 1 m de altura e soleira de 3 m. O vertedor apresenta um canto superior bem modelado e superfície lisa. Qual será a descarga se a altura for 0,4 m?

9.4.5 Determine a descarga em metros cúbicos por segundo medida em uma calha Parshall de 15 pés se o medidor que lê H_a indicar 1 m e o medidor que lê H_b indicar 0,5 m.

9.4.6 Um vertedor horizontal sem contrações possui 1,5 m de altura e 4,5 m de comprimento. Determine a descarga acima desse vertedor quando a profundidade superior for 2,2 m. Determine qual seria a altura do vertedor caso se desejasse a mesma descarga sem exceder a profundidade superior de 1,8 m.

9.4.7 Existe um fluxo sobre um vertedor horizontal sem contrações com 3,5 pés de altura, de soleira delgada, sob uma altura de 1 pé. Se o vertedor substituir outro, que teria metade de seu tamanho, que alteração na profundidade terá ocorrido no canal superior?

9.4.8 O fluxo ao longo de uma calha Parshall de 8 pés é 129 cfs quando H_a é 2,5 pés. Determine o nível de água inferior (H_b) que produziria essa taxa de fluxo.

9.4.9 A descarga em um canal retangular de 4 m de largura é constante. A profundidade de 2,3 m é mantida por um vertedor horizontal com contrações (em ambas as extremidades) de 1,7 m ($C = 1,86$) com soleira horizontal de 1 m. Essa soleira deve ser substituída por outra horizontal sem contrações que manterá a mesma profundidade superior. Determine a altura da soleira se o coeficiente de descarga estiver baseado na Equação 9.10b.

9.4.10 Derive a Equação 9.18 a partir da equação do impulso-momento (9.16) demonstrando todas as etapas.

9.4.11 A Equação 9.19 é a expressão geral para um vertedor de soleira espessa. Considerando o limite de um vertedor com altura zero ($h = 0$) até o infinito ($h \to \infty$), a Equação 9.19 pode variar de $Q = 1,92LH^{3/2}$ até $Q = 1,36LH^{3/2}$ com H em metros e Q em metros por segundo. Verifique essas expressões e encontre expressões equivalentes para o sistema britânico de unidades.

9.4.12 No Capítulo 8, dissemos que uma característica essencial dos vertedores é que o fluxo alcança a profundidade crítica passando pelo vertedor. Assim sendo, derive a Equação 9.9 usando a Equação 6.14, que relaciona a profundidade crítica à taxa de fluxo. [*Dica:* A profundidade crítica também deve ser relacionada à altura no vertedor por meio do equilíbrio de energia (desprezando as perdas). O que o termo C representa?]

9.4.13 Testes de laboratório em um vertedor triangular de 60° forneceram os seguintes resultados: para $H = 0,3$ m, $Q = 0,22$ m³/s; e para $H = 0,6$ m, $Q = 0,132$ m³/s. Determine a equação de descarga para esse vertedor triangular no sistema britânico e no sistema internacional de medidas.

10 Semelhança hidráulica e estudos de modelos

O uso de pequenos modelos para prever o comportamento de estruturas hidráulicas data da época de Leonardo da Vinci.* Entretanto, os métodos desenvolvidos para uso dos resultados de experimentos conduzidos em *maquetes* para predizer quantitativamente o desempenho de uma estrutura hidráulica em tamanho natural (ou seja, um *protótipo*) não foram realizados até o início do século XX. Os princípios nos quais os estudos de modelo se baseiam constituem a teoria da *semelhança hidráulica*. Em outras palavras, será que as relações hidráulicas no protótipo são suficientemente semelhantes às do modelo? A avaliação das quantidades físicas e das relações hidráulicas fundamentais apropriadas (tanto estáticas quanto dinâmicas) envolvidas no desempenho real da estrutura é conhecida como *análise dimensional*.

Atualmente, todas as estruturas hidráulicas importantes são projetadas e construídas depois de realizados alguns estudos preliminares de modelos. Esses estudos podem ser conduzidos a um ou mais dos seguintes propósitos:

1. determinar o coeficiente de descarga de uma grande estrutura de medição, tal como um vertedouro livre de lâmina aderente ou uma galeria;
2. desenvolver um método eficiente para dissipação de energia na saída de uma estrutura hidráulica;
3. reduzir a perda de energia em uma estrutura de entrada ou em uma seção de transição;
4. desenvolver um vertedouro econômico e eficiente ou outro tipo de estrutura de distribuição de águas pluviais para um reservatório;
5. determinar um tempo médio de percurso em uma estrutura de controle de temperatura, por exemplo, em uma bacia de refrigeração em uma usina de energia;
6. estabelecer a melhor seção transversal, localização e dimensões de vários componentes estruturais tais como quebra-mar, docas e travas no projeto de portos e hidrovias;
7. determinar os comportamentos dinâmicos de estruturas flutuáveis, semi-imersíveis e de fundo no transporte ou em instalações em alto-mar.

Os modelos de rios também já foram extensivamente usados na engenharia hidráulica para determinar:

1. o padrão de viagem de uma onda de cheia ao longo do canal de um rio;
2. o efeito de estruturas artificiais tais como curvas, barragens, diques, cais e muros de aproximação na extensão do canal, bem como os impactos a montante e a jusante;
3. a direção e a força de correntes naturais e antropogênicas em canais ou portos e seu efeito na navegação e na vida marinha.

10.1 Homogeneidade dimensional

Quando um fenômeno físico é descrito por uma equação ou um conjunto delas, todos os termos em cada uma das equações devem ser mantidos dimensionalmente homogêneos.** Em outras palavras, todos os termos em uma equação devem ser escritos na mesma unidade.

Na verdade, para derivar uma relação entre diversos parâmetros envolvidos em um fenômeno físico, é preciso sempre verificar a equação para se certificar da homogeneidade das unidades. Se todos os termos na relação não resultarem nas mesmas unidades em ambos os lados da equação, então é possível ter certeza de que os parâmetros pertinentes estão ausentes ou mal colocados, ou termos estranhos foram incluídos.

---

* Leonardo da Vinci (1452–1519), um gênio, cientista renascentista, engenheiro, arquiteto, pintor, escultor e músico.

** Existem algumas exceções, como é o caso das equações empíricas (por exemplo, Seção 3.6).

Com base na compreensão conceitual e física do fenômeno e do princípio da homogeneidade dimensional, pode ser formulada a solução de muitos problemas hidráulicos. Por exemplo, compreendemos que a velocidade de propagação da onda de superfície na água (C) está relacionada à aceleração da gravidade (g) e à profundidade da água (y). Em geral, podemos escrever

$$C = f(g, y) \qquad (10.1)$$

onde f é usado para expressar uma função. As unidades das quantidades físicas envolvidas – comprimento (L) e tempo (T) – estão indicadas nos colchetes

$$C = [LT^{-1}]$$
$$g = [LT^{-2}]$$
$$y = [L]$$

Como o lado esquerdo da Equação 10.1 possui unidade de $[LT^{-1}]$, essas unidades também devem aparecer explicitamente do lado direito. Assim, d e g devem combinar como um produto, e a função (f) deve ser a raiz quadrada. Portanto,

$$C = \sqrt{gy}$$

conforme discutido no Capítulo 6 (Seção 6.11).

As dimensões das quantidades físicas mais comumente usadas na engenharia hidráulica estão listadas na Tabela 10.1.

10.2 Princípios da semelhança hidráulica

A semelhança entre os modelos hidráulicos e os protótipos pode ser alcançada de três formas básicas:
1. semelhança geométrica;
2. semelhança cinética;
3. semelhança dinâmica.

A *semelhança geométrica* implica semelhança na forma. O modelo é uma redução geométrica do protótipo e é viabilizado pela manutenção de uma relação fixa para todos os comprimentos homólogos entre o modelo e o protótipo.

As quantidades físicas envolvidas na semelhança geométrica são comprimento (L), área (A) e volume (Vol). Para manter os comprimentos homólogos no protótipo (L_p) e no modelo (L_m), uma relação constante (L_r) demanda aderência à seguinte expressão:

$$\frac{L_p}{L_m} = L_r \qquad (10.2)$$

Uma área (A) é o produto de dois comprimentos homogêneos; portanto, a relação da área homóloga também é uma constante e pode ser escrita como

$$\frac{A_p}{A_m} = \frac{L_p^2}{L_m^2} = L_r^2 \qquad (10.3)$$

Um volume (Vol) é o produto de três comprimentos homólogos. A relação do volume homólogo pode ser escrita como

$$\frac{Vol_p}{Vol_m} = \frac{L_p^3}{L_m^3} = L_r^3 \qquad (10.4)$$

Exemplo 10.1

Um modelo de canal aberto geometricamente semelhante é construído com uma escala de 5:1. Se o modelo mede uma descarga de 7,07 cfs (pés³/s), qual é a descarga correspondente no protótipo?

TABELA 10.1 Dimensões das quantidades físicas comumente usadas na engenharia hidráulica.

Quantidade	Dimensão	Quantidade	Dimensão
Comprimento	L	Força	MLT^{-2}
Área	L^2	Pressão	$ML^{-1}T^{-2}$
Volume	L^3	Tensão de corte	$ML^{-1}T^{-2}$
Ângulo (radianos)	Nenhuma	Peso específico	$ML^{-2}T^{-2}$
Tempo	T	Módulo de elasticidade	$ML^{-1}T^{-2}$
Descarga	L^3T^{-1}	Coeficiente de compressibilidade	$M^{-1}LT^2$
Velocidade linear	LT^{-1}	Tensão de superfície	MT^{-2}
Velocidade angular	T^{-1}	Momento	MLT^{-1}
Aceleração	LT^{-2}	Momento angular	ML^2T^{-1}
Massa	M	Torque	ML^2T^{-2}
Momento de inércia	ML^2	Energia	ML^2T^{-2}
Densidade	ML^{-3}	Potência	ML^2T^{-3}
Viscosidade	$ML^{-1}T^{-1}$	Viscosidade cinética	L^2T^{-1}

Solução

A taxa de descarga pode ser encontrada usando a expressão $Q = AV$, que requer as proporções da área e da velocidade. A relação da área entre o protótipo e o modelo usando a Equação 10.3 é

$$\frac{A_p}{A_m} = \frac{L_p^2}{L_m^2} = L_r^2 = 25$$

A relação de velocidade entre o protótipo e o modelo é

$$\frac{V_p}{V_m} = \frac{\frac{L_p}{T}}{\frac{L_m}{T}} = \frac{L_p}{L_m} = L_r = 5$$

Observe que, para semelhança geométrica, a relação de tempo do protótipo para o modelo permanece fora de escala. Consequentemente, a taxa de descarga é

$$\frac{Q_p}{Q_m} = \frac{A_p V_p}{A_m V_m} = (25)(5) = 125$$

Assim, a descarga correspondente no protótipo é

$$Q_p = 125 Q_m = 125(7{,}07) = 884 \text{ cfs}$$

A *semelhança cinética* implica semelhança no movimento. A semelhança cinética entre um modelo e um protótipo é alcançada se as partículas de movimento homólogas apresentarem a mesma taxa de velocidade ao longo de percursos geometricamente similares. Assim, a semelhança cinética envolve as escalas de tempo e comprimento. A relação de vezes necessária para que partículas homólogas percorram distâncias homólogas em um modelo e seu protótipo é

$$\frac{T_p}{T_m} = T_r \tag{10.5}$$

A velocidade (V) é definida em termos da distância por unidade de tempo; assim, a relação de velocidades pode ser escrita como

$$\frac{V_p}{V_m} = \frac{\frac{L_p}{T_p}}{\frac{L_m}{T_m}} = \frac{\frac{L_p}{L_m}}{\frac{T_p}{T_m}} = \frac{L_r}{T_r} \tag{10.6}$$

A aceleração (a) é definida em termos do comprimento por unidade de tempo ao quadrado; assim, a relação de aceleração homóloga é

$$\frac{a_p}{a_m} = \frac{\frac{L_p}{T_p^2}}{\frac{L_m}{T_m^2}} = \frac{\frac{L_p}{L_m}}{\frac{T_p^2}{T_m^2}} = \frac{L_r}{T_r^2} \tag{10.7}$$

A descarga (Q) é escrita em termos do volume por unidade de tempo; assim,

$$\frac{Q_p}{Q_m} = \frac{\frac{L_p^3}{T_p}}{\frac{L_m^3}{T_m}} = \frac{\frac{L_p^3}{L_m^3}}{\frac{T_p}{T_m}} = \frac{L_r^3}{T_r} \tag{10.8}$$

Modelos cinéticos construídos para dispositivos hidráulicos podem frequentemente envolver *deslocamento angular* (θ) expresso em radianos, que é igual ao deslocamento tangencial (L) dividido pelo comprimento do raio (R) da curva no ponto de tangência. A relação de deslocamento angular pode ser escrita como

$$\frac{\theta_p}{\theta_m} = \frac{\frac{L_p}{R_p}}{\frac{L_m}{R_m}} = \frac{\frac{L_p}{L_m}}{\frac{R_p}{R_m}} = \frac{L_p}{L_m} = 1 \tag{10.9}$$

A velocidade angular (N) em revoluções por minuto é definida como o deslocamento angular por unidade de tempo; assim, a relação

$$\frac{N_p}{N_m} = \frac{\frac{\theta_p}{T_p}}{\frac{\theta_m}{T_m}} = \frac{\frac{\theta_p}{\theta_m}}{\frac{T_p}{T_m}} = \frac{1}{T_r} \tag{10.10}$$

A aceleração angular (α) é definida como o deslocamento angular por unidade de tempo ao quadrado; assim,

$$\frac{\alpha_p}{\alpha_m} = \frac{\frac{\theta_p}{T_p^2}}{\frac{\theta_m}{T_m^2}} = \frac{\frac{\theta_p}{\theta_m}}{\frac{T_p^2}{T_m^2}} = \frac{1}{T_r^2} \tag{10.11}$$

Exemplo 10.2

Um modelo em escala de 10:1 é construído para se estudar o movimento do fluxo em uma bacia de refrigeração. A descarga planejada a partir da usina de energia é 200 m³/s, e o modelo pode acomodar uma taxa de fluxo máxima de 0,1 m³/s. Qual é a relação de tempo apropriada?

Solução

A proporção de comprimento entre o protótipo e o modelo é

$$L_r = \frac{L_p}{L_m} = 10$$

A proporção de descarga é $Q_r = \frac{200}{0{,}1} = 2.000$, e

$$Q_r = \frac{Q_p}{Q_m} = \frac{\frac{L_p^3}{T_p}}{\frac{L_m^3}{T_m}} = \left(\frac{L_p}{L_m}\right)^3 \left(\frac{T_m}{T_p}\right) = L_r^3 T_r^{-1}$$

A substituição da proporção de comprimento na proporção de descarga resulta na proporção de tempo

$$T_r = \frac{T_p}{T_m} = \frac{L_r^3}{Q_r} = \frac{(10)^3}{2.000} = 0,5$$

ou

$$T_m = 2T_p$$

Portanto, uma unidade de período de tempo medida no modelo é equivalente a dois períodos de tempo na bacia do protótipo.

A *semelhança dinâmica* implica semelhança nas forças envolvidas no movimento. A semelhança dinâmica entre um modelo e um protótipo é alcançada se a proporção de forças homólogas (protótipo para modelo) é mantida constante, ou

$$\frac{F_p}{F_m} = F_r \qquad (10.12)$$

Muitos fenômenos hidrodinâmicos podem envolver diversos tipos diferentes de forças em ação. Normalmente, os modelos são construídos para simular o protótipo em uma escala reduzida e podem não ser capazes de simular todas as forças simultaneamente. Na prática, um modelo é projetado para se estudar os efeitos de somente algumas *forças dominantes*. A semelhança dinâmica requer que as proporções dessas forças sejam as mesmas entre o modelo e o protótipo. Os fenômenos hidráulicos governados por diversos tipos de força são discutidos nas seções 10.3, 10.4, 10.5 e 10.6. Como a força é igual à massa (M) multiplicada pela aceleração (a) e como a massa é igual à densidade (ρ) multiplicada pelo volume (Vol), a proporção de força é escrita como

$$\frac{F_p}{F_m} = \frac{M_p a_p}{M_m a_m} = \frac{\rho_p Vol_p a_p}{\rho_m Vol_m a_m}$$

$$= \frac{\rho_p}{\rho_m} \frac{L_p^3}{L_m^3} \frac{\frac{L_p}{T_p^2}}{\frac{L_m}{T_m^2}} = \frac{\rho_p}{\rho_m} \frac{L_p^4}{L_m^4} \frac{1}{\frac{T_p^2}{T_m^2}} = \rho_r L_r^4 T_r^{-2} \qquad (10.13)$$

e a proporção de massa (força dividida pela aceleração) pode ser escrita como

$$\frac{M_p}{M_m} = \frac{\frac{F_p}{a_p}}{\frac{F_m}{a_m}} = \frac{\frac{F_p}{F_m}}{\frac{a_p}{a_m}} = F_r T_r^2 L_r^{-1} \qquad (10.14)$$

O trabalho é igual à força multiplicada pela distância; logo, a proporção de trabalho homólogo na semelhança dinâmica é

$$\frac{\overline{W}_p}{\overline{W}_m} = \frac{F_p L_p}{F_m L_m} = F_r L_r \qquad (10.15)$$

A potência é igual à proporção de tempo na execução do trabalho; assim, a proporção de potência pode ser escrita como

$$\frac{P_p}{P_m} = \frac{\frac{\overline{W}_p}{T_p}}{\frac{\overline{W}_m}{T_m}} = \frac{\overline{W}_p}{\overline{W}_m} \frac{1}{\frac{T_p}{T_m}} = \frac{F_r L_r}{T_r} \qquad (10.16)$$

Exemplo 10.3

Uma bomba de 59.700 W (80 hp) é usada para alimentar um sistema de abastecimento de água. O modelo construído para se estudar o sistema possui uma escala de 8:1. Se a proporção de velocidade for 2:1, qual é a potência necessária para a bomba do modelo?

Solução

Substituindo a proporção de comprimento na proporção de velocidade, a proporção de tempo é obtida como

$$V_r = \frac{L_r}{T_r} = 2; \qquad L_r = 8$$

$$T_r = \frac{L_r}{2} = \frac{8}{2} = 4$$

Considere que o mesmo fluido é utilizado no modelo e no protótipo, visto que não foi especificada outra possibilidade. Assim, $\rho_r = 1$, e a proporção de força é calculada a partir da Equação 10.13, como

$$F_r = \rho_r L_r^4 T_r^{-2} = \frac{(1)(8)^4}{(4)^2} = 256$$

A partir da Equação 10.16, a proporção de potência é

$$P_r = \frac{F_r L_r}{T_r} = \frac{(256)(8)}{(4)} = 512$$

e a potência necessária para a bomba do modelo é

$$P_m = \frac{P_p}{P_r} = \frac{59.700}{512} = 117 \text{ W} = 0,157 \text{ hp}$$

Exemplo 10.4

O modelo projetado para estudo de um protótipo de um dispositivo hidráulico deve:

1. ser geometricamente semelhante;
2. apresentar o mesmo coeficiente de descarga definido como $Q/(A\sqrt{2gH})$;
3. apresentar a mesma relação entre a velocidade periférica e a velocidade de descarga da água [$\omega D/(Q/A)$].

Determine as proporções de escala em termos de descarga (Q), altura (H), diâmetro (D) e velocidade rotacional angular (ω).

Solução

É importante reconhecer que embora a altura de energia (H) seja expressa em unidades de comprimento, ela não está necessariamente modelada como uma dimensão linear. Para ter a mesma proporção de velocidade de descarga da água, temos

$$\frac{\omega_p D_p}{Q_p/A_p} = \frac{\omega_m D_m}{Q_m/A_m}$$

ou

$$\frac{\omega_r D_r A_r}{Q_r} = \frac{T_r^{-1} L_r L_r^2}{L_r^3 T_r^{-1}} = 1$$

Para ter o mesmo coeficiente de descarga, temos

$$\frac{Q_p/\left(A_p\sqrt{2gH_p}\right)}{Q_m/\left(A_m\sqrt{2gH_m}\right)} = \frac{Q_r}{A_r\sqrt{(gH)_r}} = 1$$

ou

$$\frac{L_r^3 T_r^{-1}}{L_r^2 (gH)_r^{1/2}} = 1$$

a partir do qual obtemos

$$(gH)_r = \frac{L_r^2}{T_r^2}$$

Como a aceleração da gravidade (g) é a mesma para o modelo e para o protótipo, podemos escrever

$$H_r = L_r^2 T_r^{-2}$$

As outras proporções solicitadas são

Proporção de descarga Q_r: $\quad L_r^3 T_r^{-1}$
Proporção de diâmetro: $\quad D_r = L_r$ e
Proporção de velocidade angular: $\quad v = T_r^{-1}$

10.3 Fenômenos governados por forças viscosas: lei do número de Reynolds

A água em movimento sempre envolve forças de inércia. Quando essas forças e as forças viscosas podem ser consideradas as únicas que governam o movimento, então a proporção dessas forças atuando nas partículas homólogas em um modelo e seu protótipo é definida pela lei do número de Reynolds:

$$N_R = \frac{\text{força de inércia}}{\text{força viscosa}} \quad (10.17)$$

As forças de inércia definidas pela segunda lei de Newton do movimento, $F = ma$, podem ser escritas pela proporção na Equação 10.13:

$$F_r = M_r \frac{L_r}{T_r^2} = \rho_r L_r^4 T_r^{-2} \quad (10.13)$$

As forças viscosas definidas pela lei de Newton da viscosidade,

$$F = \mu\left(\frac{dV}{dL}\right)A$$

podem ser expressas por

$$F_r = \frac{\mu_p\left(\frac{dV}{dL}\right)_p A_p}{\mu_m\left(\frac{dV}{dL}\right)_m A_m} = \mu_r L_r^2 T_r^{-1} \quad (10.18)$$

onde μ é a viscosidade e V representa a velocidade.

Igualando os valores de F_r das equações 10.13 e 10.18, obtemos

$$\rho_r L_r^4 T_r^{-2} = \mu_r L_r^2 T_r^{-1}$$

a partir da qual

$$\frac{\rho_r L_r^4 T_r^{-2}}{\mu_r L_r^2 T_r^{-1}} = \frac{\rho_r L_r^2}{\mu_r T_r} = \frac{\rho_r L_r V_r}{\mu_r} = 1 \quad (10.19)$$

Reformulando a equação anterior, podemos escrever

$$\frac{\left(\dfrac{\rho_p L_p V_p}{\mu_p}\right)}{\left(\dfrac{\rho_m L_m V_m}{\mu_m}\right)} = (N_R)_r = 1$$

ou

$$\frac{\rho_p L_p V_p}{\mu_p} = \frac{\rho_m L_m V_m}{\mu_m} = N_R \quad (10.20)$$

A Equação 10.20 define que quando a força de inércia e a força viscosa são consideradas as únicas forças governando o movimento da água, o número de Reynolds do modelo e do protótipo deve ser mantido no mesmo valor.

Se o mesmo fluido for utilizado no modelo e no protótipo, as proporções de escala para muitas quantidades físicas podem ser derivadas com base na lei do número de Reynolds. Essas quantidades estão listadas na Tabela 10.2.

Exemplo 10.5

Para se estudar um processo transiente, foi construído um modelo em escala de 10:1. Utiliza-se água no protótipo e sabe-se que as forças dominantes são as viscosas. Compare as proporções de tempo, velocidade e força se o modelo utilizar

(a) água;
(b) óleo que é cinco vezes mais viscoso do que a água, com $\rho_{\text{óleo}} = 0{,}8\rho_{\text{água}}$.

Solução

(a) A partir da Tabela 10.2,

$$T_r = L_r^2 = (10)^2 = 100$$
$$V_r = L_r^{-1} = (10)^{-1} = 0{,}1$$
$$F_r = 1$$

(b) A partir da lei do número de Reynolds,

$$\frac{\rho_p L_p V_p}{\mu_p} = \frac{\rho_m L_m V_m}{\mu_m}$$

temos

$$\frac{\rho_r L_r V_r}{\mu_r} = 1$$

Como as proporções da viscosidade e da densidade são, respectivamente,

$$\mu_r = \frac{\mu_p}{\mu_m} = \frac{\mu_{\text{água}}}{\mu_{\text{óleo}}} = \frac{\mu_{\text{água}}}{5\mu_{\text{água}}} = 0{,}2$$

$$\rho_r = \frac{\rho_p}{\rho_m} = \frac{\rho_{\text{água}}}{\rho_{\text{óleo}}} = \frac{\rho_{\text{água}}}{0{,}8\rho_{\text{água}}} = 1{,}25$$

TABELA 10.2 Proporções de escala para a lei do número de Reynolds (água usada tanto no modelo quanto no protótipo, $\rho_r = 1$, $\mu_r = 1$).

Semelhança geométrica		Semelhança cinética		Semelhança dinâmica	
Comprimento	L_r	Tempo	L_r^2	Força	1
Área	L_r^2	Velocidade	L_r^{-1}	Massa	L_r^3
Volume	L_r^3	Aceleração	L_r^{-3}	Trabalho	L_r
		Descarga	L_r	Potência	L_r^{-1}
		Velocidade angular	L_r^{-2}		
		Aceleração angular	L_r^{-4}		

A partir da lei do número de Reynolds,

$$V_r = \frac{\mu_r}{\rho_r L_r} = \frac{(0{,}2)}{(1{,}25)(10)} = 0{,}016$$

A proporção de tempo é

$$T_r = \frac{L_r}{V_r} = \frac{(10)}{(0{,}016)} = 625 \quad \text{ou}$$

$$T_r = \frac{L_r}{V_r} = \frac{\rho_r L_r^2}{\mu_r} = \frac{(1{,}25)(10)^2}{(0{,}2)} = 625$$

A proporção de força, então, é

$$F_r = \frac{\rho_r L_r^4}{T_r^2} = \frac{(1{,}25)(10)^4}{(625)^2} = 0{,}032 \quad \text{ou}$$

$$F_r = \frac{\rho_r L_r^4}{T_r^2} = \frac{(\rho_r L_r^4)}{\left(\frac{\rho_r^2 L_r^4}{\mu_r^2}\right)} = \frac{\mu_r^2}{\rho_r} = \frac{(0{,}2)^2}{1{,}25} = 0{,}032$$

As equações de T_r e F_r que foram resolvidas primeiro simplificam os cálculos. Entretanto, as equações reformuladas que se baseiam na lei do número de Reynolds (dadas em relação a ρ e μ) demonstram a importância da escolha do fluido do modelo. As propriedades do líquido usado no modelo, em especial a viscosidade, afetam de maneira importante o desempenho nos modelos de número de Reynolds.

10.4 Fenômenos governados pelas forças da gravidade: lei do número de Froude

Em algumas situações de fluxo, as forças de inércia e as forças da gravidade são consideradas as únicas forças dominantes. A proporção de forças de inércia atuando nos elementos homólogos do fluido no modelo e no protótipo pode ser definida pela Equação 10.13, redefinida como

$$\frac{F_p}{F_m} = \rho_r L_r^4 T_r^{-2} \quad (10.13)$$

A proporção de forças da gravidade, representada pelo peso dos elementos de fluido homólogos envolvidos, pode ser escrita como

$$\frac{F_p}{F_m} = \frac{M_p g_p}{M_m g_m} = \frac{\rho_p L_p^3 g_p}{\rho_m L_m^3 g_m} = \rho_r L_r^3 g_r \quad (10.21)$$

Igualando os valores das equações 10.13 e 10.21, obtemos

$$\rho_r L_r^4 T_r^{-2} = \rho_r L_r^3 g_r$$

que pode ser reorganizada como

$$g_r L_r = \frac{L_r^2}{T_r^2} = V_r^2$$

ou

$$\frac{V_r}{g_r^{1/2} L_r^{1/2}} = 1 \quad (10.22)$$

A Equação 10.22 pode ser escrita como

$$\frac{\left(\dfrac{V_p}{g_p^{1/2} L_p^{1/2}}\right)}{\left(\dfrac{V_m}{g_m^{1/2} L_m^{1/2}}\right)} = (N_F)_r = 1$$

e, portanto,

$$\frac{V_p}{g_p^{1/2} L_p^{1/2}} = \frac{V_m}{g_m^{1/2} L_m^{1/2}} = N_F \text{ (número de Froude)} \quad (10.23)$$

Em outras palavras, quando a força de inércia e a força da gravidade são consideradas as únicas forças dominantes no movimento do fluido, o número de Froude do modelo e do protótipo deve ser mantido igual.

Se o mesmo fluido for usado tanto no modelo quanto no protótipo, e ambos estiverem sujeitos ao mesmo campo de força gravitacional, então muitas quantidades físicas podem ser derivadas com base na lei do número de Froude. Essas quantidades estão listadas na Tabela 10.3.

TABELA 10.3 Proporções de escala para a lei do número de Froude ($g_r = 1$, $\rho_r = 1$).

Semelhança geométrica		Semelhança cinética		Semelhança dinâmica	
Comprimento	L_r	Tempo	$L_r^{1/2}$	Força	L_r^3
Área	L_r^2	Velocidade	$L_r^{1/2}$	Massa	L_r^3
Volume	L_r^3	Aceleração	1	Trabalho	L_r^4
		Descarga	$L_r^{5/2}$	Potência	$L_r^{7/2}$
		Velocidade angular	$L_r^{-1/2}$		
		Aceleração angular	L_r^{-1}		

Exemplo 10.6

Um modelo de canal aberto de 30 m de comprimento é construído para satisfazer à lei do número de Froude. Qual será o fluxo no modelo para um fluxo no protótipo de 700 m³/s se a escala utilizada for de 20:1? Determine também a proporção de força.

Solução

A partir da Tabela 10.3, a proporção de descarga é

$$Q_r = L_r^{5/2} = (20)^{2,5} = 1.790$$

Assim, o fluxo do modelo deve ser

$$Q_m = \frac{Q_P}{Q_r} = \frac{700 \text{ m}^3/\text{s}}{1.790} = 0,391 \text{ m}^3/\text{s} = 391 \text{ L/s}$$

A proporção de força é

$$F_r = \frac{F_P}{F_m} = L_r^3 = (20)^3 = 8.000$$

10.5 Fenômenos governados pela tensão de superfície: lei do número de Weber

A tensão de superfície é uma medida de energia molecular na superfície de um corpo líquido. A força resultante pode ser significativa no movimento de pequenas ondas de superfície ou no controle da evaporação de um grande corpo de água tal como um tanque ou reservatório de armazenamento.

A tensão de superfície, representada por σ, é medida em relação à força por unidade de comprimento. Logo, a força resultante é $F = \sigma L$. A proporção de forças de tensão de superfície análogas no protótipo e no modelo é

$$F_r = \frac{F_p}{F_m} = \frac{\sigma_p L_p}{\sigma_m L_m} = \sigma_r L_r \quad (10.24)$$

Igualando a proporção da força de tensão de superfície à proporção da força de inércia (Equação 10.13), temos

$$\sigma_r L_r = \rho_r \frac{L_r^4}{T_r^2}$$

Reorganizando, obtemos

$$T_r = \left(\frac{\rho_r}{\sigma_r}\right)^{1/2} L_r^{3/2} \quad (10.25)$$

Substituindo T_r a partir da relação básica de $V_r = L_r/T_r$, a Equação 10.25 pode ser reorganizada para resultar em

$$V_r = \frac{L_r}{\left(\frac{\rho_r}{\sigma_r}\right)^{1/2} L_r^{3/2}} = \left(\frac{\sigma_r}{\rho_r L_r}\right)^{1/2}$$

ou

$$\frac{\rho_r V_r^2 L_r}{\sigma_r} = 1 \quad (10.26)$$

Portanto,

$$\frac{\rho_p V_p^2 L_p}{\sigma_p} = \frac{\rho_m V_m^2 L_m}{\sigma_m} = N_W \text{ (número de Weber)} \quad (10.27)$$

Em outras palavras, o número de Weber deve ser mantido no mesmo valor no modelo e no protótipo para estudo dos fenômenos governados por forças de inércia e de tensão de superfície. Se o mesmo líquido for utilizado no modelo e no protótipo, então $\rho_r = 1$ e $\sigma_r = 1$, e a Equação 10.26 pode ser simplificada para

$$V_r^2 L_r = 1$$

ou

$$V_r = \frac{1}{L_r^{1/2}} \quad (10.28)$$

Como $V_r = L_r/T_r$, podemos escrever também

$$\frac{L_r}{T_r} = \frac{1}{L_r^{1/2}}$$

Assim,

$$T_r = L_r^{3/2} \quad (10.29)$$

10.6 Fenômenos governados por forças gravitacionais e forças viscosas

Tanto as forças gravitacionais quanto as forças viscosas podem ser importantes no estudo de embarcações de superfície movimentando-se pela água ou ondas de águas rasas propagadas em canais abertos. Esses fenômenos demandam que tanto a lei do número de Froude quanto a lei do número de Reynolds sejam satisfeitas simultaneamente; ou seja, $(N_R)_r = (N_F)_r = 1$, ou

$$\frac{\rho_r L_r V_r}{\mu_r} = \frac{V_r}{(g_r L_r)^{1/2}}$$

Assumindo que tanto o modelo quanto o protótipo são afetados pelo campo gravitacional da terra ($g_r = 1$) e como $v = \mu/\rho$, a relação anterior pode ser simplificada para

$$v_r = L_r^{3/2} \qquad (10.30)$$

Essa exigência somente pode ser atendida escolhendo-se um fluido especial para o modelo com proporção de viscosidade cinética em relação à água igual a 3/2 da potência da proporção da escala. Em geral, é difícil atender a essa exigência. Por exemplo, um modelo de escala de 1:10 demandaria que seu fluido apresentasse uma viscosidade cinética 31,6 vezes menor do que a da água, o que é obviamente impossível.

Entretanto, existem duas alternativas de ações a serem tomadas, dependendo da importância relativa das duas forças no fenômeno particular. No caso da resistência oposta à embarcação, o modelo dela pode ser construído segundo a lei do modelo de Reynolds e pode funcionar em um tanque de provas conforme a lei do número de Froude. No caso de ondas de águas rasas em canais abertos, relações empíricas como a fórmula de Manning (Equação 6.4) podem ser usadas como condição auxiliar para medição das ondas, segundo a lei do número de Froude.

10.7 Modelos para corpos flutuantes e submersos

Estudos de modelos para corpos flutuantes e submersos são realizados para obter informações sobre:

1. resistência de atrito na fronteira da embarcação em movimento;
2. resistência da forma resultante da separação de fluxo de fronteira causada pelo corpo em movimento;
3. forças expandidas na geração de ondas de gravidade;
4. estabilidade do corpo em ondas opostas e ondas de força no corpo.

Os primeiros dois fenômenos são governados estritamente por forças viscosas e, portanto, devem ser projetados de acordo com a lei do número de Reynolds. O terceiro fenômeno é governado pela força da gravidade e deve ser analisado pela aplicação da lei do número de Froude. Todas as três medições podem ser realizadas simultaneamente em um tanque de teste cheio de água. Na análise dos dados, entretanto, as forças de atrito e as forças de resistência da forma são calculadas primeiro a partir das medições utilizando-se fórmulas conhecidas e coeficientes de resistência. A outra força medida durante o movimento da embarcação na superfície de água é a força expandida na geração de ondas de gravidade (onda de resistência), e ela é escalada para os valores do protótipo pela lei do número de Froude.

O procedimento de análise é demonstrado no Exemplo 10.7. Para embarcações abaixo da superfície, como submarinos, o efeito das ondas de superfície pode ser desprezado. Assim, o modelo do número de Froude não é necessário. Para estudar a estabilidade e as forças de onda em estruturas em repouso em alto-mar, é necessário considerar o efeito da força de inércia. Essa força, definida como $F_i = M'a$, pode ser calculada diretamente a partir das dimensões do protótipo. Aqui, M' é a massa de água deslocada pela porção da estrutura submersa abaixo da linha d'água (também conhecida como *massa virtual*) e a é a aceleração da massa de água.

Exemplo 10.7

Um modelo de embarcação, com área de seção transversal máxima de 0,78 m² submersa, possui um comprimento característico de 0,9 m. O modelo é movimentado em um tanque de ondas a uma velocidade de 0,5 m/s. Para a forma particular da embarcação, descobre-se que o coeficiente de resistência pode ser aproximado por $C_D = (0,06/N_R^{0,25})$ para $10^4 \leq N_R \leq 10^6$, e $C_D = 0,0018$ para $N_R > 10^6$. A lei do número de Froude é aplicada para o modelo de 1:50. Durante o teste, é medida uma força total de 0,4 N. Determine a força total de resistência na embarcação do protótipo.

Solução

Com base na lei do número de Froude (Tabela 10.3), podemos determinar a proporção de velocidade como

$$V_r = L_r^{1/2} = (50)^{1/2} = 7,07$$

Logo, a velocidade correspondente na embarcação é

$$V_p = V_m V_r = 0,5(7,07) = 3,54 \text{ m/s}$$

O número de Reynolds do modelo é

$$N_R = \frac{V_m L_m}{v} = \frac{0,5(0,9)}{1,00 \times 10^{-6}} = 4,50 \times 10^5$$

e o coeficiente de resistência para o modelo é

$$C_{D_m} = \frac{0,06}{(4,50 \times 10^5)^{1/4}} = 0,00232$$

A força de resistência na embarcação é definida como $D = C_D\left(\frac{1}{2}\rho A V^2\right)$, onde ρ é a densidade da água e A é a área projetada da parte imersa da embarcação em um plano normal à direção do movimento. Assim, a força de resistência do modelo pode ser calculada como

$$D_m = C_{D_m}\left(\frac{1}{2}\rho_m A_m V_m^2\right)$$

$$= \frac{1}{2}(0,00232)(998)(0,78)[(0,5)^2] = 0,226 \text{ N}$$

A resistência de onda do modelo é a diferença entre a força de movimento medida e a força de resistência:

$$F_w = 0,400 - 0,226 = 0,174 \text{ N}$$

Para o protótipo, o número de Reynolds é

$$N_R = \frac{V_p L_p}{v_p} = \frac{V_p L_r L_m}{v_p} = \frac{3,54(50)(0,9)}{1,00 \times 10^{-6}} = 1,59 \times 10^8$$

Assim, o coeficiente de resistência da embarcação do protótipo é $C_{Dp} = 0,0018$, e a força de resistência é

$$D_p = C_{Dp}\left(\frac{1}{2}\rho_p A_p V_p^2\right) = C_{Dp}\left(\frac{1}{2}\rho_p A_m L_r^2 V_p^2\right)$$

$$D_p = 0,0018\left(\frac{1}{2}(998)(0,780)(50)^2(3,54)^2\right) = 21.900 \text{ N}$$

A resistência de onda na embarcação do protótipo é calculada por meio da aplicação da lei do número de Froude (Tabela 10.3):

$$F_{w_p} = F_{w_r}F_{w_m} = L_r^3 F_{w_m} = (50)^3(0,174) = 21.800 \text{ N}$$

Portanto, a força total de resistência no protótipo é

$$F = D_p + F_{w_p} = 21.900 + 21.800 = 43.700 \text{ N}$$

10.8 Modelos de canais abertos

Os modelos de canais abertos podem ser usados para estudar as relações de velocidade-declividade e os efeitos dos padrões de fluxo nas alterações na configuração do leito do canal. Para o estudo das relações de velocidade-declividade, podem ser modeladas extensões relativamente longas do canal do rio. Um exemplo especial é a estação experimental do Corpo de Engenheiros do Exército norte-americano, em Vicksburg, Mississippi, onde o rio Mississipi foi modelado *in loco*. Nessas aplicações, onde as alterações na configuração do leito são somente uma preocupação secundária, pode-se utilizar um *modelo de leito fixo*. Basicamente, esse modelo é usado no estudo da relação velocidade-declividade em um canal particular; portanto, o efeito da rugosidade do leito é importante.

Uma relação empírica, tal como a equação de Manning (Equação 6.4), pode ser usada para assumir a semelhança entre o protótipo e o modelo:

$$V_r = \frac{V_p}{V_m} = \frac{\dfrac{1}{n_p}R_{h_p}^{2/3}S_p^{1/2}}{\dfrac{1}{n_m}R_{h_m}^{2/3}S_m^{1/2}} = \frac{1}{n_r}R_{h_r}^{2/3}S_r^{1/2} \quad (10.31)$$

Se o modelo for construído com a mesma proporção de escala para as dimensões horizontais ($\overline{X}$) e verticais ($\overline{Y}$), conhecido como *modelo não distorcido*, então

$$R_{h_r} = \overline{X}_r = \overline{Y}_r = L_r \quad \text{e} \quad S_r = 1$$

e

$$V_r = \frac{1}{n_r}L_r^{2/3} \quad (10.32)$$

O coeficiente de rugosidade de Manning é $n \alpha R_h^{1/6}$ (Equação 6.3); logo, podemos escrever

$$n_r = L_r^{1/6} \quad (10.33)$$

Isso normalmente resulta em uma velocidade de modelo tão pequena (ou, inversamente, a rugosidade do modelo será tão alta) que não podem ser realizadas medições realistas. Além disso, a profundidade de água do modelo pode ser tão rasa que as características físicas do fluxo podem ser alteradas. Essas questões podem ser resolvidas usando-se um modelo distorcido no qual a escala vertical e a escala horizontal não possuam o mesmo valor, geralmente uma proporção de escala vertical menor, $\overline{X}_r > \overline{Y}_r$. Isso significa que

$$S_r = \frac{S_p}{S_m} = \frac{\overline{Y}_r}{\overline{X}_r} < 1$$

Logo, $S_m > S_p$, e o resultado é uma declividade maior para o modelo. O uso da equação de Manning requer que o fluxo seja totalmente turbulento tanto no modelo quanto no protótipo.

Os modelos de canais abertos envolvendo problemas de transporte de sedimentos, erosão ou depósito requerem *modelos de leitos móveis*. Um leito de canal móvel é formado por areia ou outro material livre que pode ser movido em resposta às forças da corrente no leito do canal. Normalmente, é impraticável reduzir o material do leito para a escala do modelo. Costuma-se empregar uma distorção de escala vertical em um modelo de leito móvel para oferecer uma força de tração que induza a movimentação do material do leito. É difícil alcançar a semelhança quantitativa em modelos de leitos móveis. Para qualquer estudo de sedimentação realizado, é importante que o modelo de leito móvel seja quantitativamente verificado por uma série de medições de campo.

Exemplo 10.8

Um modelo de canal aberto é construído para estudar os efeitos de maremotos na movimentação de sedimentos em um rio de 10 km de extensão (o rio meandra em uma área de 7 km de extensão). A profundidade média e a largura são, respectivamente, 4 m e 50 m, e a descarga é 850 m³/s. O valor da rugosidade de Manning é $n_p = 0,035$. Se o modelo for construído em um laboratório de 18 m de comprimento, determine uma escala conveniente, a descarga do modelo e seu coeficiente de rugosidade. Certifique-se de que o fluxo do modelo é turbulento.

Solução

No fenômeno de ondas de superfície, as forças gravitacionais são dominantes. A lei do número de Froude será utilizada para a modelagem. A extensão do laboratório limitará a escala horizontal:

$$\overline{X}_r = \frac{L_p}{L_m} = \frac{7.000}{18} = 389$$

Por conveniência, utilizaremos $L_r = 400$.
É razoável usar uma escala vertical de $\overline{Y}_r = 80$ (suficiente para medir gradientes de superfície). Lembre-se de que o raio hidráulico é a dimensão característica em um fluxo de canal aberto e que, para uma proporção alta de comprimento-profundidade, o raio hidráulico é aproximadamente igual à profundidade da água. Assim, podemos fazer a seguinte aproximação:

$$R_{h_r} = \overline{Y}_r = 80$$

Como

$$N_F = \frac{V_r}{g_r^{1/2} R_{h_r}^{1/2}} = 1 \qquad (10.34)$$

então,

$$V_r = R_{h_r}^{1/2} = \overline{Y}_r^{1/2} = (80)^{1/2}$$

Utilizando a fórmula de Manning (ou Equação 10.31),

$$V_r = \frac{V_p}{V_m} = \frac{1}{n_r} R_{h_r}^{2/3} S_r^{1/2} \qquad S_r = \frac{\overline{Y}_r}{\overline{X}_r}$$

temos

$$n_r = \frac{R_{h_r}^{2/3} S_r^{1/2}}{V_r} = \frac{\overline{Y}_r^{2/3} \left(\frac{\overline{Y}_r}{\overline{X}_r}\right)^{1/2}}{\overline{Y}_r^{1/2}} = \frac{\overline{Y}_r^{2/3}}{\overline{X}_r^{1/2}} = \frac{(80)^{2/3}}{(400)^{1/2}} = 0{,}928$$

Logo,

$$n_m = \frac{n_p}{n_r} = \frac{0{,}035}{0{,}928} = 0{,}038$$

A proporção de descarga é

$$Q_r = A_r V_r = \overline{X}_r \overline{Y}_r V_r = \overline{X}_r \overline{Y}_r^{3/2}$$
$$= (400)(80)^{3/2} = 2{,}86 \times 10^5$$

Assim, a descarga necessária para o modelo é

$$Q_m = \frac{Q_p}{Q_r} = \frac{850}{2{,}86 \times 10^5} = 0{,}00297 \text{ m}^3/\text{s} = 2{,}97 \text{ L/s}$$

Para usar a fórmula de Manning, é preciso garantir fluxo turbulento no modelo. Para verificar a condição de fluxo turbulento no modelo, é necessário calcular o valor do número de Reynolds do modelo. A velocidade horizontal do protótipo é

$$V_p = \frac{850 \text{ m}^3/\text{s}}{(4 \text{ m})(50 \text{ m})} = 4{,}25 \text{ m/s}$$

Assim,

$$V_m = \frac{V_p}{V_r} = \frac{4{,}25}{(80)^{1/2}} = 0{,}475 \text{ m/s}$$

A profundidade do modelo é

$$Y_m = \frac{Y_p}{\overline{Y}_r} = \frac{4}{80} = 0{,}05 \text{ m}$$

O modelo do número de Reynolds é

$$N_R = \frac{V_m Y_m}{V} = \frac{(0{,}475)(0{,}05)}{1{,}00 \times 10^{-6}} = 23.800$$

que é muito maior do que o número de Reynolds crítico (2.000). Logo, o fluxo no modelo é turbulento.

10.9 O teorema Pi

Problemas complexos de engenharia hidráulica costumam envolver muitas variáveis. Cada uma delas geralmente contém uma ou mais dimensões. Nesta seção, o teorema Pi é introduzido para reduzir a complexidade desses problemas quando combinado com estudos experimentais de modelos. O teorema Pi baseia-se na análise dimensional para agrupar diversas variáveis independentes em combinações adimensionais, o que reduz o número de variáveis de controle no experimento. Além da redução de variáveis, a análise dimensional indica os fatores que influenciam significativamente o fenômeno, o que indica a direção na qual o trabalho experimental (modelo) deve ser conduzido.

Na engenharia hidráulica, as quantidades físicas podem ser escritas no sistema força-comprimento-tempo (FCT) ou no sistema massa-comprimento-tempo (MCT). Esses dois sistemas se relacionam através da segunda lei de Newton, conforme a qual a força é igual à massa vezes a aceleração, ou $F = ma$. Por meio dessa relação, é possível realizar a conversão de um sistema a outro.

Essas etapas na análise dimensional podem ser demonstradas através do exame de um fenômeno de fluxo simples, tal como a força de resistência exercida sobre uma esfera à medida que ela se move em um fluido viscoso. Nossa compreensão geral do fenômeno é que a força de resistência está relacionada ao tamanho (diâmetro) da esfera (D), sua velocidade (V) e a viscosidade (μ) e densidade (ρ) do fluido. Assim, podemos expressar a força de resistência como uma função de D, V, μ e ρ, ou podemos escrever

$$F_d = f(D, V, \mu, \rho)$$

Uma abordagem genérica da análise dimensional do fenômeno pode ser feita através do *teorema Pi-Buckingham*. Esse teorema diz que se um fenômeno físico envolve n variáveis dimensionais em uma equação dimensionalmente homogênea descrita por m dimensões fundamentais, então as variáveis podem ser combinadas em $(n - m)$ grupos adimensionais para análise. Para força de resistência sobre uma esfera em movimento estão envolvidas cinco variáveis dimensionais. A equação anterior pode, então, ser escrita como

$$f'(F_d, D, V, \mu, \rho) = 0$$

Essas cinco variáveis ($n = 5$) são descritas pelas dimensões fundamentais, M, L e T ($m = 3$). Como $n - m = 2$, podemos escrever a função usando dois grupos Π:

$$\varnothing (\Pi_1, \Pi_2) = 0$$

A próxima etapa é organizar os cinco parâmetros dimensionais em dois grupos Π adimensionais. Isso é feito pela seleção de *m variáveis que se repitam* (para este problema, precisamos de três variáveis desse tipo) que aparecerão em cada um dos grupos Π adimensionais. As variáveis que se repetem devem conter todas as m dimensões, devem ser independentes (ou seja, não podem ser combinadas para formar uma variável adimensional própria) e devem ser as mais dimensionalmente simples de todas as variáveis no experimento. Nesse caso, escolheremos as seguintes variáveis: *diâmetro da esfera* (dimensionalmente simples e contém a dimensão de comprimento), *velocidade* (dimensionalmente simples e contém a dimensão do tempo) e *densidade* (a variável restante mais simples que contém a dimensão da massa). Nesse ponto, as três variáveis que se repetem são combinadas com as duas variáveis que não se repetem para formar os dois grupos Π.

$$\Pi_1 = D^a V^b \rho^c \mu^d$$
$$\Pi_2 = D^a V^b \rho^c F_D^d$$

Os valores dos expoentes são determinados pela definição de que os grupos Π são adimensionais e podem ser substituídos por $M^0 L^0 T^0$.

Como a maior parte dos estudos hidráulicos envolve certos grupos adimensionais comuns, tais como o número de Reynolds, o número de Froude ou o número de Weber, conforme discutido em seções anteriores deste capítulo, é recomendável sempre procurar por eles na realização da análise dimensional. Para determinar o grupo Π_1, podemos escrever a seguinte expressão dimensional:

$$M^0 L^0 T^0 = (L)^a \left(\frac{L}{T}\right)^b \left(\frac{M}{L^3}\right)^c \left(\frac{M}{LT}\right)^d$$

onde as dimensões constam da Tabela 10.1. Com base na relação algébrica:

para M: $0 = c + d$
para L: $0 = a + b - 3c - d$
para T: $0 = -b - d$

Existem quatro incógnitas nas três condições anteriores. É sempre possível descobri-las em termos da quarta, ou seja, d. A partir das equações, temos que

$$c = -d,\ b = -d \text{ e, por substituição, } a = -d$$

Assim,

$$\Pi_1 = D^{-d} V^{-d} \rho^{-d} \mu^d = \left(\frac{\mu}{DV\rho}\right)^d = \left(\frac{DV\rho}{\mu}\right)^{-d}$$

onde a combinação de variáveis adimensionais resulta no número de Reynolds (N_R).

Trabalhando de modo semelhante com o grupo Π_2, obtemos

$$\Pi_2 = \frac{F_D}{\rho D^2 V^2}$$

Observe que as dimensões para a força de resistência no sistema massa-comprimento-tempo (ML/T²) estão baseadas na segunda lei de Newton, $F = ma$, conforme mostrado na Tabela 10.1.

Por fim, voltando à condição original na qual $\varnothing(\Pi_1, \Pi_2) = 0$, podemos escrever $\Pi_1 = \varnothing'(\Pi_2)$ ou $\Pi_2 = \varnothing''(\Pi_1)$. Assim,

$$\frac{F_D}{\rho D^2 V^2} = \varnothing''(N_R)$$

onde $\varnothing''$ é a função indefinida que estamos buscando. Em outras palavras, o agrupamento adimensional das variáveis do lado esquerdo da equação, que inclui a força de resistência, é uma função do número de Reynolds. Agora já reduzimos o problema original de cinco para duas variáveis adimensionais que contêm as cinco variáveis originais.

O leitor já deve ter percebido toda a vantagem trazida pelo teorema Pi. Com base na formulação original do problema, teria sido difícil configurar e tedioso analisar um experimento de cinco variáveis. Entretanto, o novo experimento de duas variáveis é muito menos complexo. Para encontrar a função ou relação apropriada, $\varnothing''$, pode-se criar um experimento no qual a força de resistência seja mensurada à medida que o número de Reynolds se altera. O dado resultante pode ser escrito como $[F_D/(\rho D^2 V^2)$ vs. $N_R]$ e analisado por software estatístico para definir a relação funcional. Incidentalmente, o número de Reynolds pode ser facilmente modificado alterando-se a velocidade experimental [já que $N_R = (\rho DV)/\mu$] sem alterar o fluido experimental (demanda a alteração de ρ e μ), um esforço desnecessário e enfadonho.

É válido ressaltar que a análise dimensional não oferece soluções para um problema, mas serve de guia para apontar as relações entre os parâmetros aplicáveis ao problema. Se um parâmetro importante for omitido, os resultados são incompletos e podem levar a conclusões incorretas. Contudo, se forem incluídos parâmetros não relacionados ao problema, surgirão outros grupos adimensionais irrelevantes para o problema. Assim, a aplicação bem-sucedida da análise dimensional depende, em certo grau, da compreensão geral do engenheiro do fenômeno hidráulico envolvido. Essas considerações podem ser demonstradas no exemplo a seguir.

Exemplo 10.9

Um vertedouro de soleira espessa é projetado para se estudar a descarga por pés no protótipo. Derive uma expressão para essa descarga usando o teorema de Pi-Buckingham. Assuma que a lâmina de água que transborda é relativamente espessa de modo que a tensão de superfície e a viscosidade possam ser desprezadas.

Solução

Com base na compreensão geral do fenômeno, podemos assumir que a descarga (q) seria afetada pela altura do vertedouro (H), pela aceleração da gravidade (g) e pela profundidade do vertedouro (h). Assim, $q = f(H, g, h)$ ou $f'(q, H, g, h) = 0$.
Nesse caso, $n = 4$ e $m = 2$ (não 3, porque nenhum dos termos envolve a massa). De acordo como o teorema Pi, existem $n - m = 2$ grupos adimensionais, e

$$\varnothing(\Pi_1, \Pi_2) = 0$$

Com base nas regras usadas para guiar a escolha das variáveis que se repetem, utilizaremos a altura (que é dimensionalmente simples e contém a dimensão de comprimento) e a descarga (dimensionalmente simples e contém a dimensão de tempo) do vertedouro. Observe que, como selecionamos a altura do vertedouro, não poderíamos utilizar a profundidade dele como variável que se repete porque elas podem ser combinadas para formar um parâmetro adimensional (ou seja, h/H). Contudo, a aceleração da gravidade (g) poderia ter sido selecionada como segunda variável que se repete sem afetar a solução do problema. (Encorajamos a resolução do Problema 10.9.1 para que o leitor verifique que essa afirmativa é verdadeira.)

Utilizando q e H como variáveis básicas que se repetem, temos

$$\Pi_1 = q^{a_1} H^{b_1} g^{c_1}$$
$$\Pi_2 = q^{a_2} H^{b_2} h^{c_2}$$

A partir do grupo Π_1, temos

$$L^0 T^0 = \left(\frac{L^3}{TL}\right)^{a_1} L^{b_1} \left(\frac{L}{T^2}\right)^{c_1}$$

Assim,

L: $\quad 0 = 2a_1 + b_1 + c_1$
T: $\quad 0 = -a_1 - 2c_1$

Portanto,

$$c_1 = -\frac{1}{2} a_1 \qquad b_1 = -\frac{3}{2} a_1$$

$$\Pi_1 = q^{a_1} H^{-\frac{3}{2} a_1} g^{-\frac{1}{2} a_1} = \left(\frac{q}{g^{1/2} H^{3/2}}\right)^{a_1}$$

A partir do grupo Π_2, temos

$$L^0 T^0 = \left(\frac{L^3}{TL}\right)^{a_2} L^{b_2} L^{c_2}$$

Assim,

L: $\quad 0 = 2a_2 + b_2 + c_2$
T: $\quad 0 = -a_2$

Portanto,

$$a_2 = 0 \qquad b_2 = -c_2$$

$$\Pi_2 = q^0 H^{-c_2} h^{c_2} = \left(\frac{h}{H}\right)^{c_2}$$

Observe que essa variável adimensional não teria acontecido se tanto h quanto H fossem usados como variáveis que se repetem. Agora que identificamos os dois grupos adimensionais como

$$\left(\frac{q}{g^{1/2} H^{3/2}}\right) \quad \text{e} \quad \left(\frac{h}{H}\right)$$

podemos retornar a

$$\varnothing(\Pi_1, \Pi_2) = \varnothing\left(\frac{q}{g^{1/2} H^{3/2}}, \frac{h}{H}\right) = 0$$

ou

$$\frac{q}{g^{1/2} H^{3/2}} = \varnothing'\left(\frac{h}{H}\right)$$

$$q = g^{1/2} H^{3/2} \varnothing'\left(\frac{h}{H}\right)$$

O resultado indica que a descarga por unidade de comprimento do vertedouro é proporcional a $\sqrt{g}$ e $H^{3/2}$. A taxa de fluxo também é influenciada pela relação (h/H), conforme mostrado no Capítulo 9 (Equação 9.19).

Problemas
(Seção 10.2)

10.2.1 Em um canal retangular de 4 m de largura ocorre fluxo uniforme de 2 m de profundidade. O canal repousa sobre uma declividade de 0,001, e o coeficiente de Manning é 0,025. Determine a profundidade máxima e o comprimento de um canal geometricamente semelhante se o fluxo no modelo estiver limitado a 0,081 m³/s.

10.2.2 Um modelo de escala de 1:15 será usado para estudo dos padrões de circulação em uma bacia de retenção retangular. A bacia tem 40 m de comprimento de fundo e 10 m de largura de fundo. Todos os seus lados apresentam declividades de 3:1 (H:V). Se a profundidade projetada for de 5 m, quais serão a profundidade, área de superfície e o volume de armazenagem do modelo? (*Observação*: A expressão do volume de armazenagem é $Vol = LWd + (L + W)zd^2 + (4/3)z^2 d^3$, onde L e W são o comprimento e a largura do fundo, d é a profundidade e z é a declividade da lateral.)

10.2.3 Um canal de navegação com taxa de fluxo projetada de 2.650 cfs está vivenciando um grande acúmulo de sedimentos. Propõe-se o estudo de um modelo para o canal de 3,2 m de comprimento, mas a extensão do modelo disponível é de apenas 70 pés. Será usada uma proporção de tempo de 10. Escolha uma escala de comprimento adequada e determine a descarga do modelo.

10.2.4 Um reservatório proposto será drenado usando uma comporta que é regulada pela equação de orifício $Q = C_d A (2gh)^{1/2}$ (Equação 8.19), onde C_d é o coeficiente de descarga. É usado um modelo de escala de 1:150, e o reservatório do modelo é drenado em 18,3 minutos. Quantas horas serão necessárias para drenar o protótipo? Assuma coeficientes de descarga idênticos no modelo e no protótipo.

10.2.5 Um modelo de escala de 1:5 a 1.200 rpm é utilizado para se estudar o protótipo de uma bomba centrífuga que produz 1 m³/s a uma altura de 30 m quando girando a 400 rpm. Determine a descarga do modelo e a altura. (*Dica*: Nesse caso, a altura não é uma dimensão linear. Consulte o Exemplo 10.4 para uma explicação mais complexa.)

10.2.6 Um vertedouro livre de lâmina aderente com uma crista de 100 m de comprimento transporta uma descarga planejada de 1.150 m³/s em uma altura máxima permitida de 3 m. O funcionamento do vertedouro protótipo é estudado em um modelo de escala de 1:50 em um laboratório hidráulico. A proporção de tempo no modelo é $L_r^{1/2}$. A velocidade do modelo medida no final (pé de jusante) do vertedouro é 3 m/s. Determine a taxa de fluxo no modelo e os números de Froude [$N_F = V/(gd)^{1/2}$, onde d é a profundidade do fluxo] no pé de jusante do vertedouro no modelo e no protótipo.

10.2.7 Um modelo de escala de 1:20 de um protótipo de uma estrutura de dissipação de energia é construído para estudar a distribuição de força e as profundidades da água. É usada uma proporção de velocidade de 7,75. Determine a proporção de força e a descarga do protótipo se a descarga do modelo for 10,6 pés³/s.

10.2.8 Um modelo de escala de 1:50 é usado para o estudo dos requisitos de potência de um protótipo de submarino. O modelo será movimentado a uma velocidade 50 vezes maior do que a velocidade do protótipo em um tanque repleto de água do mar. Determine as proporções de conversão entre o protótipo e o modelo para as seguintes quantidades: (a) tempo; (b) força; (c) potência; (d) energia.

10.2.9 Foi proposto um quebra-mar para dissipar as forças das ondas em uma praia. Um modelo de 1:30 de 3 pés de comprimento é usado para estudar os efeitos no protótipo. Se a força total mensurada no modelo for 0,510 lbs e a escala de velocidade for 1:10, qual será a força por unidade de comprimento do protótipo?

10.2.10 O momento exercido sobre a estrutura de uma comporta é estudado em um tanque de água de laboratório com um modelo de escala de 1:125. O momento medido no modelo é 1,5 N • m na cancela de 1 m de comprimento. Determine o momento exercido no protótipo.

(Seção 10.3)

10.3.1 O movimento de um submarino está sendo estudado em um laboratório. A velocidade do protótipo considerado é 5 m/s no oceano. Forças de inércia e forças viscosas governam o movimento. A que velocidade teórica o modelo de 1:10 deve ser puxado para que se estabeleça semelhança entre o modelo e o protótipo? Assuma que a água do mar e a água do tanque são as mesmas.

10.3.2 Verifique as proporções de escala dadas na Tabela 10.2 (lei do número de Reynolds) para (a) velocidade; (b) tempo; (c) aceleração; (d) descarga; (e) força; (f) potência.

10.3.3 Uma tubulação de óleo de 4 pés de diâmetro está sendo projetada para uma localização remota. O óleo possui gravidade específica de 0,8 e viscosidade dinâmica de $9,93 \times 10^{-5}$ lb-s/pés². Um modelo será usado para estudo das condições de fluxo na tubulação utilizando um tubo de 0,5 pé de diâmetro e água em condições normais (68,4°F). Se a taxa de fluxo projetada no protótipo for de 125 cfs (pés³/s), qual será o fluxo necessário no modelo?

10.3.4 O momento exercido sobre o leme de uma embarcação é estudado com um modelo de escala de 1:20 em um túnel de água usando a mesma temperatura de água encontrada no rio. Forças viscosas e de inércia governam o movimento do fluido. O torque mensurado no modelo é 10 N • m para uma velocidade de 20 m/s no túnel de água. Determine a velocidade da água correspondente e o torque para o protótipo.

10.3.5 Um modelo de escala de 1:10 de um sistema de abastecimento de água será testado a 20°C para determinar a perda total de altura no protótipo que transporta água a 85°C. O protótipo é projetado para transportar 5 m³/s. Determine a descarga do modelo.

10.3.6 Uma estrutura é construída debaixo da água, no fundo do oceano, onde se verifica uma corrente forte de 5 m/s. Forças de inércia e forças viscosas são dominantes. A estrutura será estudada em um modelo de escala de 1:25 em um túnel que utiliza água do mar com a mesma densidade (ρ = 1,03 kg/m³) e temperatura (4°C) medidas no oceano. Qual será a velocidade a ser fornecida pelo túnel de água para que se estude a carga de força na estrutura causada pela corrente? Se a velocidade a ser fornecida pelo túnel de água for considerada impraticável, o estudo poderá ser realizado em um túnel aerodinâmico usando ar a 20°C? Determine a velocidade do ar no túnel de vento.

(Seção 10.4)

10.4.1 Se uma escala de 1:1.000 de um modelo de bacia de marés for utilizada para se estudar a operação de um protótipo que satisfaz a lei do número de Froude, qual duração de tempo no modelo representará o período de um dia no protótipo?

10.4.2 Verifique as proporções de escala dadas na Tabela 10.3 (lei do número de Froude) para (a) velocidade; (b) tempo; (c) aceleração; (d) descarga; (e) força; (f) tempo.

10.4.3 Um vertedouro de ogiva tem uma taxa de fluxo projetada para 14.100 cfs (pés³/s). Um dissipador de energia está sendo projetado para forçar um salto hidráulico no final do canal do vertedouro. Espera-se que a profundidade inicial do fluxo no protótipo de 100 pés de largura seja 2,6 pés. Assumindo que forças de inércia e de gravidade sejam dominantes, determine a descarga do modelo de escala 1:10 e a velocidade no protótipo e no modelo.

10.4.4 Um vertedouro livre de lâmina aderente com 300 m de crista é projetado para descarregar 3.600 m³/s. Um modelo de 1:20 de parte da seção transversal da represa é construído em um canal artificial de 1 m de largura em um laboratório. Calcule a taxa de fluxo necessária no laboratório assumindo que os efeitos da viscosidade e da tensão de superfície são desprezíveis.

10.4.5 Um modelo de 1:25 é construído para se estudar uma bacia de dissipação na saída da queda de água de um vertedouro com inclinação acentuada assumindo que as forças da inércia e da gravidade são dominantes. A bacia é formada de um chão horizontal (rampa) com defletores tipo II (conforme USBR) instalados para estabilizar a localização do salto hidráulico. O protótipo possui uma seção transversal retangular de 82 pés de largura para transportar uma descarga de 2.650 cfs (pés³/s). A velocidade imediatamente antes do salto é 32,8 pés/s. Determine o seguinte:

(a) a descarga do modelo;

(b) a velocidade no modelo exatamente antes do salto;

(c) o número de Froude do protótipo e do modelo nessa localização;

(d) a profundidade do protótipo a jusante do salto (consulte a Seção 8.10, Figura 8.21).

10.4.6 A crista de 120 m de um vertedouro livre de lâmina aderente descarregará 1.200 m³/s de águas pluviais armazenadas em um reservatório com altura máxima permitida de 2,75 m. A operação do vertedouro do protótipo é estudada em um modelo de escala 1:50 em um laboratório hidráulico assumindo que forças de inércia e forças gravitacionais sejam dominantes.

(a) Determine a velocidade no fundo (pé de jusante) do vertedouro do protótipo se a velocidade no vertedouro do modelo nessa localização medir 3,54 m/s.

(b) Determine o número de Froude no fundo do vertedouro do protótipo.

(c) Se uma bacia de dissipação (Seção 8.10) do tipo II (USBR) com 50 m de largura for utilizada para dissipar a energia no pé de jusante do vertedouro, qual será a profundidade do protótipo a jusante do salto?

(d) Qual será a dissipação de energia (em quilowatts) no protótipo?

(e) Qual será a eficiência da remoção de energia do dissipador no protótipo?

(Seção 10.5)

10.5.1 Um dispositivo de medição inclui certos tubos de vidro pequenos de determinada geometria. Para estudar o efeito da tensão de superfície é construído um modelo de escala de 5:1 (maior do que o protótipo). Determine as proporções de descarga e força assumindo que o mesmo líquido é usado no modelo e no protótipo.

10.5.2 Determine a tensão da superfície de um líquido no protótipo se uma proporção de tempo de 2 for estabelecida com um modelo de escala de 1:10. A tensão de superfície do líquido no modelo é 150 dyn/cm. Determine também a proporção de força. Assuma que as densidades dos fluidos no protótipo e no modelo são aproximadamente as mesmas.

10.5.3 Um modelo é construído para estudo do fenômeno de tensão de superfície em um reservatório. Determine as proporções de conversão entre o modelo e o protótipo para as quantidades a seguir se o modelo for construído com uma escala de 1:100: (a) taxa de fluxo; (b) energia; (c) pressão; (d) potência. O mesmo fluido é usado no modelo e no protótipo.

(Seção 10.7)

10.7.1 Uma embarcação de 100 m de comprimento se movimenta a 1,5 m/s em água doce a 20°C. Um modelo de escala de 1:100 da embarcação protótipo será testado em um tanque contendo um líquido de gravidade específica 0,9. Que viscosidade o líquido deve ter para que a lei do número de Reynolds e a lei do número de Froude sejam satisfeitas?

10.7.2 Um modelo de embarcação de 1:250 é movimentado em um tanque de ondas onde é medida uma resistência de onda de 10,7 N. Determine a resistência de onda correspondente no protótipo.

10.7.3 Uma caixa de concreto de 60 m de largura, 120 m de comprimento e 12 m de altura será levada pela água do mar na direção longitudinal até uma construção longe da costa, onde será afundada. A profundidade de flutuação calculada para a caixa é de 8 m, com 4 m permanecendo acima da superfície da água. Um modelo de 1:100 será construído para estudar o funcionamento do protótipo. Se o modelo for arrastado em um tanque de ondas que utilize água do mar, qual será sua velocidade correspondente à velocidade do protótipo de 1,5 m/s? O estudo do modelo considera tanto as forças de pressão quanto a viscosidade molecular (número de Reynolds) e a resistência resultante da geração das ondas de gravidade no movimento (número de Froude).

10.7.4 Um modelo de barca de 1 m de comprimento é testado em um tanque a uma velocidade de 1 m/s. Determine a velocidade do protótipo se ele tiver 150 m de extensão. O modelo possui 2 cm de vazão e 10 cm de largura. O coeficiente de resistência é $C_D = 0,25$ para $N_R > 5 \times 10^4$, e a força de tração necessária para arrastar o modelo é 0,3 N. Qual será a força necessária para arrastar a barca na hidrovia?

(Seção 10.8)

10.8.1 Um modelo é construído para se estudar o fluxo em um segmento de um riacho com profundidade média de 1,2 pé, aproximadamente 20 pés de largura e taxa de fluxo de 94,6 cfs. Um modelo não distorcido com uma escala de 1:100 é construído para estudo da relação velocidade-declividade. Se a extensão possui um coeficiente de Manning de 0,045, quais são os valores de rugosidade e velocidade do modelo?

10.8.2 Um novo laboratório está disponível para modelagem do canal do Exemplo 10.8. Nele, o comprimento não é mais uma restrição, mas o coeficiente de rugosidade do material a ser usado no leito móvel é $n_m = 0,018$. Determine a escala horizontal apropriada (usando a mesma escala vertical) e a velocidade do modelo correspondente.

10.8.3 Determine o coeficiente de rugosidade, a velocidade e a taxa de fluxo do modelo no Exemplo 10.8 se a escala vertical utilizada for 400, assim como a escala horizontal. Os valores obtidos para o modelo são razoáveis? O fluxo do modelo permanecerá totalmente turbulento?

10.8.4 Um modelo de escala de 1:300 é construído para se estudar a relação descarga-profundidade em um rio com coeficiente de Manning $n = 0,031$. Se o modelo descarrega 52 L/s e possui coeficiente de Manning $n = 0,033$, quais são a proporção de escala vertical adequada e a taxa de fluxo correspondente para o protótipo? (Assuma que o canal apresenta uma alta proporção largura-profundidade e que o raio hidráulico é aproximadamente igual à profundidade da água.)

10.8.5 Um estudo de modelo é proposto para um canal ($n_p = 0,03$) com problemas de sedimentação. O canal transporta uma taxa de fluxo de 10.600 pés³/s. Os seguintes parâmetros de modelo foram definidos: proporção de escala vertical de 1:65 e coeficiente de rugosidade de $n_m = 0,02$. Determine a proporção de escala horizontal, a proporção de tempo e o fluxo do modelo. (Assuma que o canal apresenta uma alta proporção largura-profundidade e que o raio hidráulico é aproximadamente igual à profundidade da água.)

(Seção 10.9)

10.9.1 Um modelo de vertedouro de soleira espessa foi projetado e construído para estudar a descarga por pé (q) do protótipo. Como a lâmina de água que transborda é relativamente espessa, a tensão de superfície e a viscosidade do fluido não são essenciais para a análise. Entretanto, a descarga do vertedouro (protótipo) é afetada pela altura (H), pela aceleração da gravidade (g) e pela profundidade do vertedouro (h). Use o teorema de Pi-Buckingham (com a altura do vertedouro e a aceleração gravitacional como variáveis que se repetem) para derivar uma expressão para descarga por pé do vertedouro.

10.9.2 Use o teorema de Pi-Buckingham para derivar uma expressão para a potência desenvolvida por um motor em termos do torque e da velocidade rotacional (ou seja, Equação 5.3). (*Dica*: Use o sistema FCT de unidades no lugar do sistema MCT.)

10.9.3 Em um longo tubo horizontal de paredes lisas ocorre fluxo em repouso de um fluido newtoniano incompressível. Use o teorema de Pi-Buckingham para derivar uma expressão para a queda de pressão que ocorre por unidade de comprimento do tubo (ΔP_l) usando o diâmetro do tubo (D), sua velocidade (V) e a densidade do fluido (ρ) como variáveis que se repetem. A viscosidade do fluido (μ) é a única outra variável pertinente. (*Dica*: Utilize a segunda lei de Newton para determinar as unidades para (ΔP_l) e (μ) no sistema MCT.)

10.9.4 Imagine que a viscosidade (μ) e a densidade (ρ) de um líquido foram incluídas como variáveis na análise dimensional do Exemplo 10.9. Use o teorema de Pi-Buckingham para desenvolver todos os grupos adimensionais se a altura do vertedouro (h), a aceleração da gravidade (g) e a viscosidade forem escolhidas como variáveis que se repetem. Use o sistema FCT de unidades no lugar do sistema MCT.

10.9.5 Determine a expressão para a velocidade (V) de uma bolha de ar que sobe em um líquido em repouso. As variáveis pertinentes são o diâmetro da bolha (D), a aceleração gravitacional (g), a viscosidade (μ), a densidade (ρ) e a tensão de superfície (σ). Use o diâmetro da bolha, a densidade e a viscosidade como variáveis que se repetem e o sistema MCT.

10.9.6 Um líquido de densidade ρ e viscosidade μ escoa em um canal aberto de largura W com declividade sen θ. Acredita-se que a velocidade média V depende, entre outras coisas, da profundidade (d), da aceleração gravitacional (g) e da altura da rugosidade (ϵ). Encontre os parâmetros adimensionais que podem afetar o coeficiente k na fórmula $V = k\sqrt{dg\,\text{sen}\,\theta}$.

11 | Hidrologia para projetos hidráulicos

Apesar de sua aparente semelhança, os termos *hidrologia* e *hidráulica* não devem ser confundidos. Conforme explicado no Capítulo 1, a hidráulica é uma área da engenharia que aplica os princípios da mecânica de fluidos a problemas que envolvam coleta, armazenamento, controle, transporte, regulação, mensuração e uso da água. Em contrapartida, a hidrologia é a ciência que lida com propriedades, distribuição e circulação da água da Terra. Assim, a hidrologia geralmente faz referência a processos naturais, enquanto a hidráulica costuma abordar processos projetados, construídos e controlados por seres humanos.

Embora a hidrologia e a hidráulica representem disciplinas distintas, elas estão inexoravelmente relacionadas na prática da engenharia. Muitos projetos hidráulicos demandam um estudo hidrológico para definir a *taxa de fluxo projetada* (Q). Na verdade, a taxa de fluxo projetada é essencial na definição do tamanho e do projeto apropriados de muitas estruturas hidráulicas. Por exemplo, episódios de chuva resultam no fluxo de água sobre a superfície escoando para canais naturais ou construídos por seres humanos. O projeto de tubos, canais e bacias para águas pluviais e de dispositivos de desenvolvimento de baixo impacto é planejado a partir da definição de taxas de fluxo apropriadas para essas estruturas. Se dados sobre o escoamento estiverem disponíveis, os métodos estatísticos discutidos no Capítulo 12 podem ser usados para determinar uma taxa de fluxo projetada. Entretanto, na maioria dos locais de projeto, estão disponíveis somente os dados sobre as águas pluviais. Nesse caso, teríamos de utilizar métodos hidrológicos para determinar a taxa de escoamento projetada usando as informações disponíveis sobre as águas pluviais.

Este capítulo não tem a intenção de esgotar os tópicos relacionados à hidrologia. Existem livros inteiros sobre esse assunto. Contudo, para compreender melhor os capítulos anteriores sobre fluxo em canais abertos e estruturas hidráulicas, é útil contar com uma introdução aos conceitos hidráulicos e métodos de projeto.

Isso dará ao leitor uma ideia do nível de esforço demandado na definição da taxa de fluxo da qual dependem muitas análises e projetos hidráulicos. Além disso, alguns métodos hidrológicos são apresentados para que o leitor conheça ferramentas de projeto populares e eficientes na definição das taxas de fluxo projetadas. Os métodos hidrológicos apresentados são apropriados principalmente, para pequenas bacias hidrográficas urbanas. A maioria dos projetos hidráulicos feitos nos Estados Unidos é para infraestrutura hidráulica no ambiente urbano.

11.1 O ciclo hidrológico

A água pode ser encontrada em todas as partes da Terra, mesmo nos desertos mais áridos. Ela está presente em uma das três fases e está localizada na superfície do planeta, abaixo de sua crosta e na atmosfera sobrejacente. A maior parte da água da Terra é encontrada nos oceanos. Entretanto, ela permanece em ciclo constante entre o oceano, o ar e a terra. Esse fenômeno é chamado de *ciclo hidrológico*.

O ciclo hidrológico é um processo complexo com muitos subciclos, e, portanto, sua visão geral pode ser útil. A água dos oceanos evapora ao absorver energia do sol, o que aumenta o vapor da água na massa de ar sobrejacente. A *condensação* e a *precipitação* ocorrem quando essa massa de ar carregada de vapor esfria, em geral porque sobe na atmosfera. Se a precipitação ocorrer na terra, a água pode tomar uma série de percursos. Parte dela é absorvida por edifícios, árvores e outras vegetações (*interceptação*). Grande parte dela em algum momento evapora e volta à atmosfera. A chuva que chega ao solo pode ser armazenada em depressões ou pode infiltrar no solo ou escoar guiada por forças gravitacionais. A água da *depressão de armazenamento* infiltra ou evapora. A água da *infiltração* pode ser mantida nos poros do solo ou descer até o lençol freático. A água mantida nos poros do solo pode ser usada pelas plantas e voltar à atmosfera pelo processo de *transpiração*.

A água que chega ao *aquífero* subterrâneo sempre acaba em rios e, eventualmente, no oceano. Esse também é o destino final da água do *escoamento de superfície*. A Figura 11.1 é uma representação simples desse processo.

Um *balanço hidrológico* representa uma gestão quantitativa da água no sistema. Um *sistema fechado* não permite a transferência de massa além de suas fronteiras. Como o montante de água no planeta é relativamente fixo, o ciclo hidrológico da Terra representa um sistema fechado. Infelizmente, a maior parte das situações requer uma gestão da transferência entre fronteiras – e é chamada de *sistemas abertos*. Por exemplo, a gestão da água disponível para uso em um reservatório de fornecimento de água é drasticamente afetada pela transferência nas fronteiras. É necessária a gestão da corrente de fluxo que entra e sai do reservatório. Pode ser necessário também controlar a infiltração da água no fundo do lago e a evaporação e a precipitação a partir da superfície. A Figura 11.2 identifica os parâmetros envolvidos no balanço. Observe que a água no reservatório representa o volume de controle e é limitada por uma superfície de controle.

Em forma de equação, o balanço hidrológico é definido como

$$P + Q_i - Q_o - I - E - T = \Delta S \qquad (11.1)$$

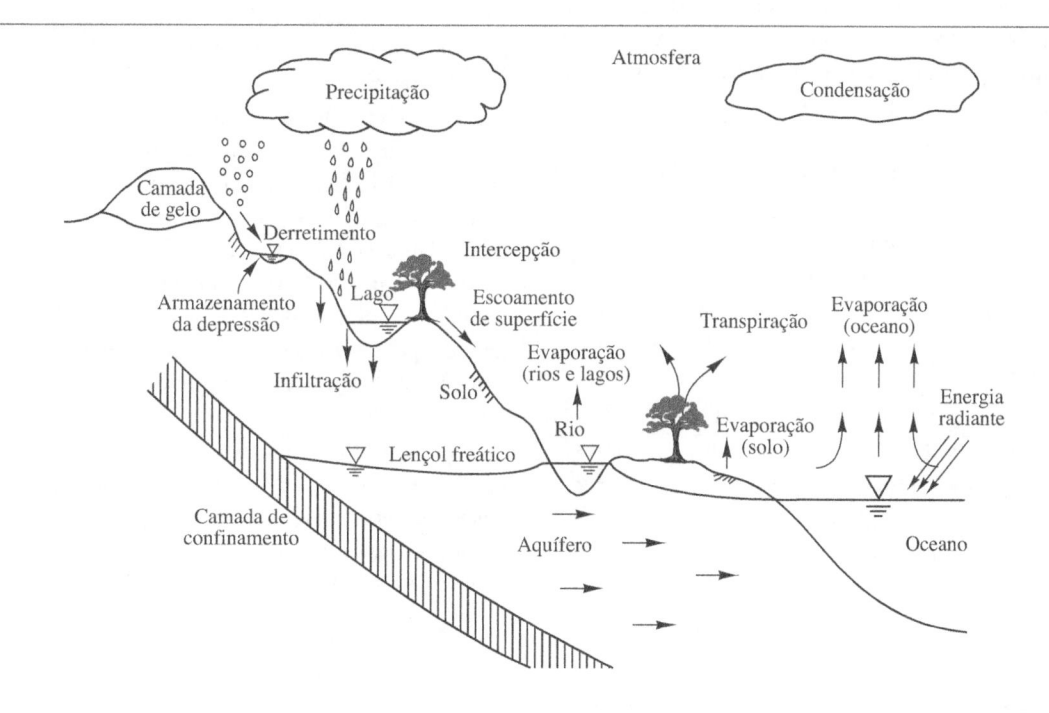

Figura 11.1 Ciclo hidrológico.

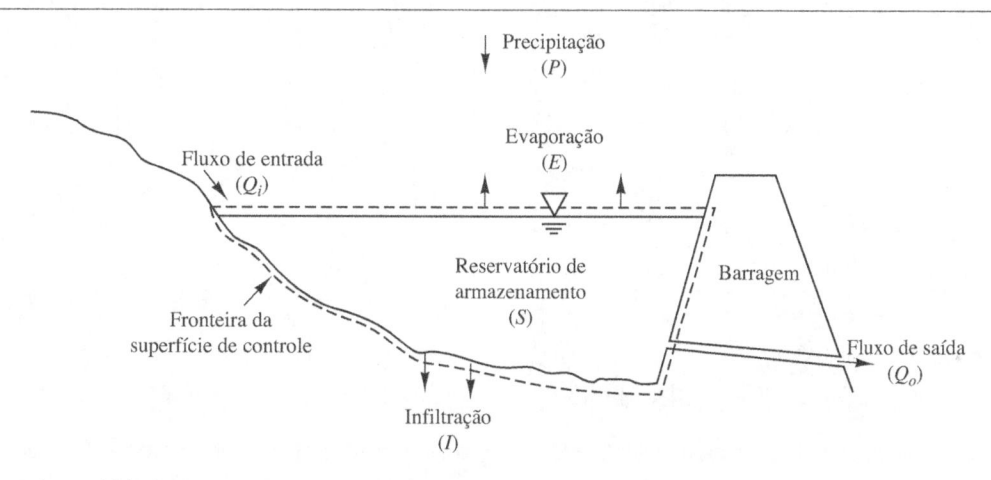

Figura 11.2 Balanço hidrológico para um reservatório.

onde a maioria das variáveis está definida na Figura 11.2. O termo ΔS representa a alteração no armazenamento ao longo do período de tempo considerado. A transpiração (T) aparece na Equação 11.1, mas não participa do balanço hidrológico do sistema do reservatório. Se os valores da evaporação e as infiltrações forem desprezados, o balanço hidrológico do sistema do reservatório é representado por

$$P + Q_i - Q_o = \Delta S \qquad (11.2)$$

Os hidrólogos costumam sempre se envolver na tarefa de desenvolvimento de um balanço hidrológico para uma *bacia hidrográfica*, uma extensão de terra que gera (drena) água de superfície para uma corrente em determinado ponto de interesse (ou seja, ponto de projeto). É necessário um mapa topográfico preciso para delinear de forma apropriada a fronteira de uma bacia hidrográfica. A Figura 11.3 apresenta o procedimento de delineamento de uma corrente denominada Nelson Brook. A bacia hidrográfica é delineada em duas etapas:

1. Identifica-se o ponto de projeto com um círculo no mapa topográfico e marcam-se todas as elevações com um "X" próximo ao ponto do projeto e a montante da nascente da bacia hidrográfica – Figura 11.3(a).
2. Circunscreve-se a corrente com uma fronteira da bacia hidrográfica que passa pelas elevações e pelo ponto do projeto – Figura 11.3(b).

A fronteira da bacia hidrográfica deve interceptar o contorno de modo perpendicular. Observe que qualquer precipitação significativa que ocorra dentro da fronteira da bacia hidrográfica produzirá escoamento de superfície que acabará chegando a Nelson Brook através do ponto de projeto. Qualquer precipitação significativa fora da fronteira da bacia hidrográfica produzirá escoamento de superfície que não passará pelo ponto do projeto. É sempre útil desenhar setas no mapa topográfico que representem a direção do fluxo do escoamento de superfície, passando pelas linhas de contorno de modo perpendicular das elevações mais altas para as mais baixas. A partir das setas de fluxo, é fácil ver as áreas que contribuem com fluxo para o ponto do projeto.

O delineamento de bacias hidrográficas é um tanto intuitivo. Ele ajuda a visualizar a topografia a partir do contorno das elevações, e a habilidade para fazê-lo acaba por melhorar sua prática. Uma vez designado o ponto de projeto, os sistemas modernos de informações geográficas sempre executarão a tarefa de delineamento de bacias hidrográficas de modo automático; mas a conferência visual e a verificação do campo ajudam a evitar problemas relacionados ao programa em terrenos planos ou acidentados. Uma vez delineada a bacia hidrográfica, o balanço hidrológico pode ser realizado. Outros termos usados como sinônimos para bacia hidrográfica são represa, área de drenagem e bacia de drenagem, embora o último termo compreenda uma área que produz fluxo de superfície e fluxo abaixo dela.

O exemplo a seguir demonstra a aplicação do balanço hidrológico em uma bacia hidrográfica. As unidades usadas nas diversas fases do ciclo hidrológico são típicas, mas tornam os cálculos mais cansativos por conta das muitas conversões necessárias.

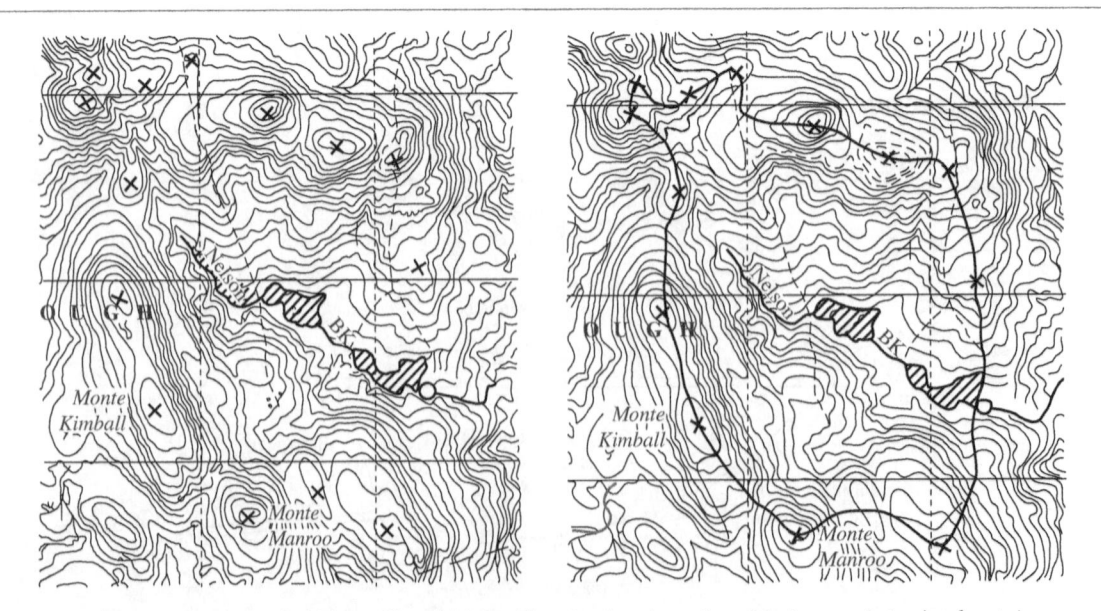

Figura 11.3 Delineamento da bacia hidrográfica: (a) identificação das elevações; (b) circunscrição das fronteiras.

Fonte: Adaptado do Serviço de Conservação de Recursos Naturais dos Estados Unidos (<http://www.nh.nrcs.usda.gov/technical/WS_delineation.html>).

Exemplo 11.1

Uma pancada de chuva caiu na bacia hidrográfica Nelson Brook [Figura 11.3(b)]. As intensidades médias da chuva (R/F) e os fluxos médios de corrente no ponto de projeto para incrementos de uma hora foram medidos a cada hora do período de 7 horas que durou a tempestade e são mostrados na tabela a seguir.

Parâmetro	Hora						
	1	2	3	4	5	6	7
Fluxo de corrente (cfs)	30	90	200	120	80	40	20
Intensidade R/F (pol./hora)	0,5	2,5	1	0,5	0	0	0

Determine a quantidade de água em acres-pés que foi adicionada ao nível de águas subterrâneas durante a tempestade se a bacia hidrográfica mede 350 acres. (Um acre-pé é a quantidade de água para cobrir um acre de terra com profundidade de 1 pé.) Assuma que a pequena bacia e o pântano na bacia hidrográfica (hachurado na Figura 11.3) possuem capacidade de armazenamento desprezível. (*Observação*: Fluxos de corrente são dados em pés cúbicos por segundo, ou cfs – em inglês, *cubic feet per second*.)

Solução

A BH Nelson Brook é um sistema aberto. Logo, precisamos definir as fronteiras desse sistema – ou seja, o volume de controle. A fronteira da bacia hidrográfica certamente representará os limites areolares de nosso sistema. Em seguida, precisamos colocar um teto no topo e um chão na parte inferior. A água que passar pelo teto (transferência de massa) é quantificada a partir dos dados da precipitação. A água que passar pelo chão é representada como infiltração. A Equação 11.1 pode ser aplicada agora a esse sistema ao longo das sete horas de duração da tempestade usando-se os valores médios de uma hora:

$$P + Q_i - Q_o - I - E - T = \Delta S$$

onde

$P = [(0,5 + 2,5 + 1,0 + 0,5)\text{pol./hora}]$ (1 hora) (1 pé/12 pol.) (350 acres) = 131 acres-pés;

$Q_i = 0$ (pois nenhum fluxo de corrente entra no volume de controle);

$Q_o = [(30 + 90 + 200 + 120 + 80 + 40 + 20) \text{ cfs}]$ (1 hora) (3.600 s/1 hora) (1 acre/43.560 pés^2) = 47,9 acres-pés;

$E = 0$ (assuma que a evaporação durante a tempestade de sete horas é desprezível);

$T = 0$ (assuma que a transpiração também é desprezível) e

$\Delta S = 0$ (nenhuma alteração de armazenamento no volume de controle durante a tempestade).

Portanto, $I = 131 - 48 = 83,1$ acres-pés são adicionados ao nível de águas subterrâneas.

Na verdade, esse valor representa o limite máximo que pode ser adicionado ao nível de águas subterrâneas. A premissa de que não há evaporação e transpiração é razoável quando comparada aos grandes volumes de água que passam pelo sistema. Entretanto, toda a infiltração pode não terminar no nível de águas subterrâneas. Dependendo de quão saturado esteja o solo quando a tempestade começa, uma parte do volume de 83 acres-pés reabastecerá a umidade na camada de solo acima do nível da água.

Um balanço hidrológico é uma ferramenta importante para engenheiros e hidrólogos. Ele viabiliza a quantificação da água à medida que ela passa pelas diversas fases do ciclo hidrológico e por suas diferentes posições. Para tirar proveito do balanço, o hidrólogo precisa quantificar seus componentes. É sempre difícil obter estimativas confiáveis de todos os componentes. Precipitação e escoamento são os dois componentes mais fáceis de serem quantificados no balanço hidrológico; são de grande interesse no projeto hidráulico e costumam representar um grande transporte de massa. As duas próximas seções descrevem métodos para quantificação da precipitação e do escoamento de superfície.

Diversas agências governamentais coletam e distribuem informações hidrológicas. Essas agências também definem unidades de medição padrão. Por exemplo, o Serviço Nacional de Meteorologia dos Estados Unidos possui um amplo sistema de medidores para mensurar as profundidades (em polegadas) e a intensidade (em polegadas por hora) das chuvas. O Serviço Geológico norte-americano possui uma ampla rede de medidores de corrente para mensurar a corrente de fluxo (em pés cúbicos por segundo, cfs). O Corpo de Engenheiros do Exército dos Estados Unidos coleta informações sobre a evaporação de lagos (em polegadas). Volumes de lagos e outras grandes quantidades de água são sempre escritos em acres-pés.

11.2 Precipitação

A precipitação é uma das fases mais importantes no ciclo hidrológico. Ela representa o processo pelo qual o vapor da água é removido do ar e distribuído sobre a superfície da Terra em forma sólida ou líquida. A precipitação é relativamente fácil de medir se comparada a outras fases do ciclo. Entretanto, ela exibe uma enorme variabilidade de tempo e espaço, e a quantificação dessa variabilidade para fins de projeto é um desafio.

Existem três pré-requisitos básicos para que ocorra precipitação: (1) é preciso existir umidade atmosférica significativa na (2) presença de temperaturas baixas e (3) núcleos de condensação. A fonte primária de umidade atmosférica é a evaporação oceânica. Contudo, a transpiração das plantas e a evaporação vinda do solo ou de superfícies de água doce também fornecem umidade adicional. A umidade presente em uma massa de ar costuma ser medida em termos de sua *umidade absoluta* (massa de vapor da água por unidade de volume de ar). Diz-se que uma massa de ar está *saturada* quando ela contém todo o vapor da água que consegue armazenar a uma determinada temperatura. Como a capacidade do ar de armazenar água diminui com a queda de temperatura, o vapor da água condensa para o estado líquido quando o ar é resfriado abaixo de determinada temperatura (*ponto de condensação*). Para que isso ocorra, a água precisa se conectar a *núcleos de condensação*, que normalmente são partículas de sal do oceano ou subprodutos da combustão. Quando as gotas de água possuem massa suficiente para vencer a resistência do ar, ocorre precipitação em uma de muitas formas (por exemplo, granizo, neve, chuva com neve, chuva).

O modo mais comum de se produzir precipitação é pela elevação e pelo consequente resfriamento das massas de ar carregadas de vapor da água. A elevação acontece por meios mecânicos ou através de um processo termodinâmico. A *precipitação orográfica* ocorre através da elevação mecânica. O processo tem início quando ventos carregam ar úmido a partir de uma superfície de água (em geral, o oceano) para uma superfície de terra. Se uma faixa montanhosa bloquear o trajeto do vento, o ar úmido deve se elevar para ultrapassar a barreira. O aumento na altitude faz com que o ar se expanda e sua pressão diminua, resultando em uma temperatura mais baixa. A queda da temperatura do ar resulta no aumento da umidade relativa. Quando a temperatura do ar diminui até um ponto no qual se alcança a umidade de saturação, o vapor da água condensa e ocorre precipitação.

A elevação termodinâmica produz categorias distintas de precipitação. A *precipitação convectiva* ocorre nos trópicos e em grandes cidades durante o verão. O processo tem início com o rápido ganho de calor que ocorre na superfície da Terra durante o dia. Em seguida, a massa de ar sobrejacente é aquecida e absorve grande parte do vapor da água à medida que a evaporação acelera. O ar aquecido se expande e se eleva. Conforme a massa de ar esfria, ela se condensa, e ocorre precipitação. Podem ocorrer pancadas de chuvas leves ou intensos temporais com trovões.

A *precipitação ciclônica* é identificada por tempestades frontais. As massas de ar oriundas de regiões de alta pressão movem-se em direção às regiões de pressão mais baixa. A desigualdade de calor na superfície da Terra cria diferenças de pressão. Quando uma massa de ar quente carregada de umidade se encontra com uma massa de ar fria, o ar quente se eleva. Ocorrem condensação e precipitação ao longo da frente.

A Figura 11.4 apresenta a precipitação anual média ao longo da área continental dos Estados Unidos. A variação de precipitação é causada por muitos fatores. Por exemplo, a umidade atmosférica diminui com o aumento da latitude por conta da redução no potencial de evaporação e da diminuição da capacidade do ar frio de armazenar o vapor da água. Além disso, efeitos orográficos estão em evidência ao longo da Costa Oeste, em especial no Noroeste Pacífico. Produz-se uma precipitação mais acentuada no lado barlavento (oceano) das Montanhas Cascade e mais leve no lado sotavento. Talvez o principal fator a afetar a precipitação seja a distância da fonte de umidade. As áreas costeiras em geral recebem mais chuvas do que as áreas internas. Esse efeito é aparente em menor escala no lado (leste) barlavento dos Grandes Lagos.

Para fins de projeto, os engenheiros hidráulicos costumam ter de estimar as magnitudes das chuvas. O volume máximo de chuva antecipado para determinada duração é necessário para o projeto de estruturas de controle de enchentes e águas pluviais. A frequência e a duração de chuvas moderadas são dados essenciais para projetos que envolvam o conceito de *poluição disseminada* (ou seja, poluentes naturais e antropogênicos que se acumulam sobre a superfície da terra e são banhados durante chuvas pequenas frequentes). No projeto de sistemas para armazenamento

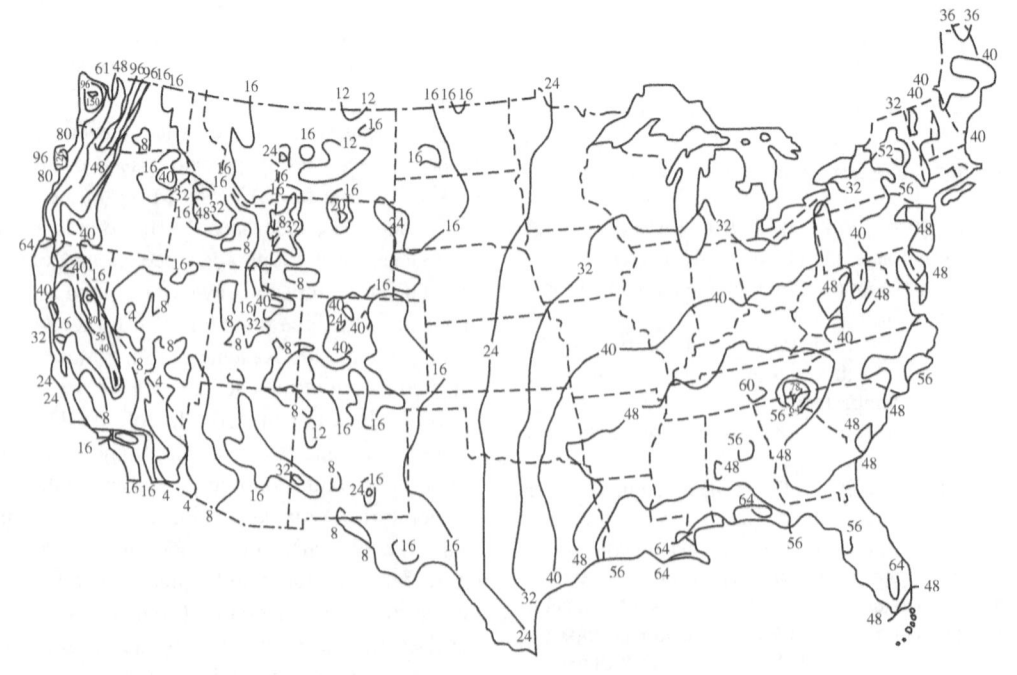

Figura 11.4 Precipitação média anual (em polegadas) nos Estados Unidos.
Fonte: Serviço Nacional de Meteorologia dos Estados Unidos.

e abastecimento de água em larga escala, é necessário conhecer o volume mínimo de chuvas antecipado para um período de seca.

A precipitação é medida por meio da distribuição de pluviógrafos ao longo da bacia hidrográfica. Os principais tipos de pluviógrafos são (1) de pesagem, (2) de flutuador e sifão e (3) de caçamba. Se os pluviógrafos estiverem igualmente distribuídos pela bacia hidrográfica (Figura 11.5), uma simples média aritmética pode ser suficiente para se determinar a profundidade de uma chuva simples. Se a distribuição areolar dos medidores não for feita de maneira adequada, ou se a precipitação for variável, então será necessária a média ponderada. O *método de Thiessen* e o *método das isoietas* são dois dos métodos que foram criados antes do advento dos modelos hidrológicos computacionais.

O método de Thiessen disponibiliza um fator de peso para cada pluviógrafo com base em seu impacto areolar. As estações dos pluviógrafos estão localizadas em um mapa da bacia hidrográfica, e linhas retas são desenhadas para interligar cada pluviógrafo aos outros próximos (Figura 11.6). Bissetores perpendiculares das retas de ligação formam polígonos ao redor de cada pluviógrafo, o que identifica a área de atuação de cada medidor. As áreas dos polígonos são determinadas e escritas como percentuais da área da bacia hidrográfica. Uma precipitação por média ponderada é calculada multiplicando-se a precipitação em cada pluviógrafo pela área a ele associada e somando-se todos os produtos. Esse procedimento oferece resultados mais precisos do que aqueles obtidos por meio das médias aritméticas simples. Entretanto, o método de Thiessen assume uma variação linear da precipitação entre as estações

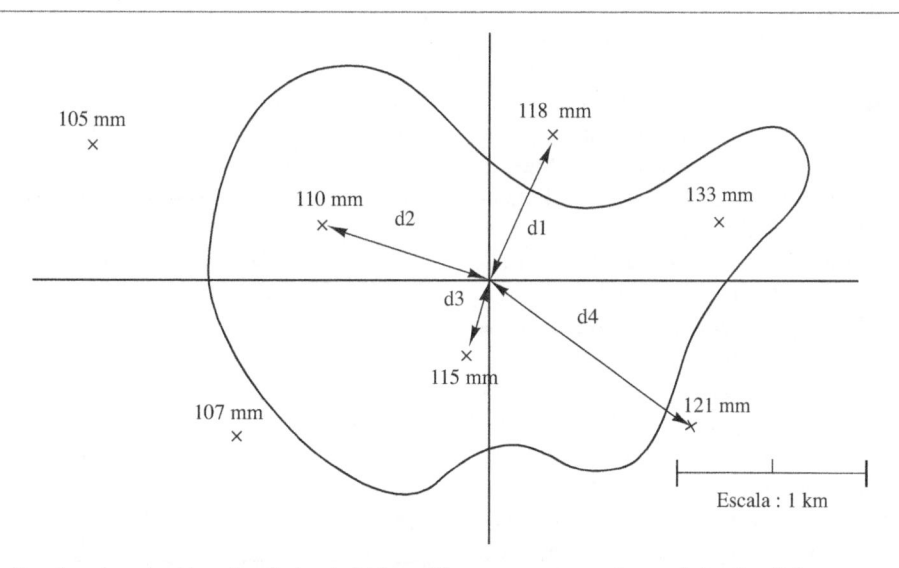

Figura 11.5 Localizações dos pluviógrafos da bacia hidrográfica e montantes de precipitação. (São apresentadas as distâncias do centroide da bacia hidrográfica até o pluviógrafo mais próximo em cada quadrante.)

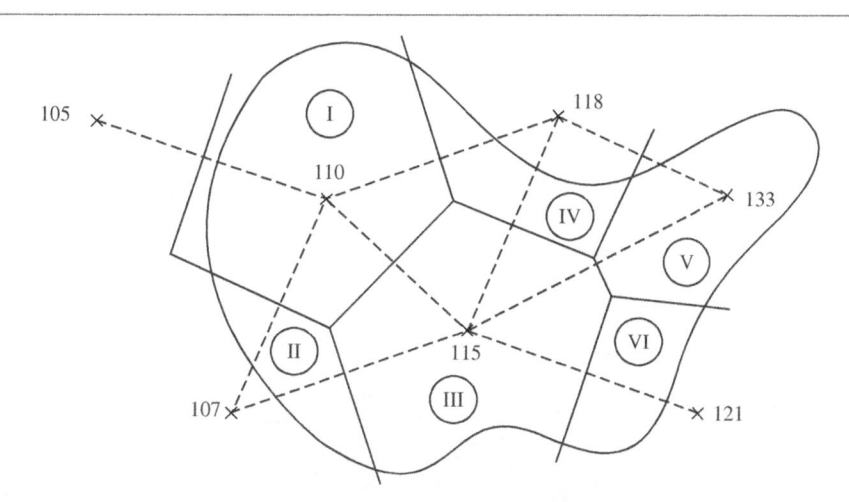

Figura 11.6 Método de Thiessen para determinação da média ponderada da precipitação na bacia hidrográfica.

que pode representar de maneira inadequada influências orográficas localizadas.

Um método mais preciso para se calcular a média da precipitação considerando a variação não linear é o método das isoietas. A profundidade da precipitação medida em cada pluviógrafo é colocada no mapa da bacia hidrográfica na localização do medidor. São desenhados os contornos de mesma precipitação (isoietas), e são determinadas as áreas entre as isoietas (Figura 11.7). Em seguida, são estimadas as precipitações médias para todas as áreas (normalmente, o valor médio das duas isoietas de fronteira). Esses valores de precipitação são multiplicados pelo percentual da área e somados para obter a média ponderada da precipitação.

Modelos hidrológicos modernos geralmente utilizam outros métodos para estimar a precipitação média. Esses métodos incluem distância inversa ponderada, base em grades ou krigagem.

No método da distância inversa ponderada, o centroide da bacia hidrográfica é necessário porque permite a divisão da bacia em quadrantes (Figura 11.5). A distância até o pluviógrafo mais próximo em cada quadrante é usada para estabelecer pesos de medição – quanto mais próximo do centroide estiver o pluviógrafo, maior o fator de ponderação. A equação de ponderação e o procedimento envolvido são apresentados no Exemplo 11.2.

Os métodos baseados em grade e de krigagem são procedimentos mais avançados para estimativas das precipitações. Os métodos baseados em grade baseiam-se nas informações de radares, que se tornaram mais precisas e confiáveis. Nos Estados Unidos, as informações dos radares, geralmente no formato de grade de 4 km por 4 km em intervalos predefinidos, podem ser obtidas através do Serviço Nacional de Meteorologia. Nos modelos hidrológicos modernos, a bacia hidrográfica está dividida em grades coincidentes, e as determinações de precipitação na bacia são calculadas dentro do modelo. A krigagem é um método geoestatístico para interpolação de dados. As previsões de precipitação são feitas em localizações não observadas utilizando-se valores observados em pontos próximos de medição. O método baseia-se em algoritmos lineares de mínimos quadrados. Esse método não é usado em muitos modelos hidrológicos, mas é provável que se torne mais comum à medida que os modelos existentes se tornem mais sofisticados. O desenvolvimento desse algoritmo não pertence ao escopo deste livro.

Exemplo 11.2

Calcule a profundidade média das chuvas na bacia hidrográfica mostrada nas figuras 11.5, 11.6 e 11.7 por meio dos quatro métodos discutidos.

Solução

a) Método aritmético:
Calcule a média das profundidades a partir dos pluviógrafos na bacia:

$$(133 + 115 + 110)/3 = 119,3 \text{ mm}$$

Discussão: Existe alguma situação na qual você incluiria um pluviógrafo fora da bacia hidrográfica?

b) Método de Thiessen:

Área	Precipitação medida (mm)	Fator da área	Precipitação ponderada (mm)
I	110	0,30	33,0
II	107	0,07	7,5
III	115	0,30	34,5
IV	118	0,09	10,6
V	133	0,16	21,3
VI	121	0,08	9,7
Total	—	1,00	116,6 mm

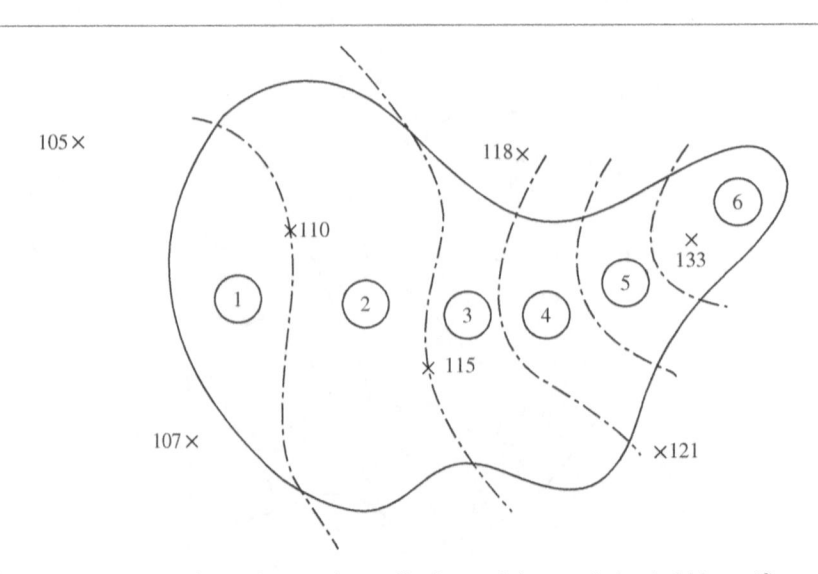

Figura 11.7 Método das isoietas para determinação da média da precipitação da bacia hidrográfica.

c) Método das isoietas:

Área	Precipitação medida (mm)	Fator da área	Precipitação ponderada (mm)
1	109,0	0,18	19,6
2	112,5	0,36	40,5
3	117,5	0,18	21,2
4	122,5	0,11	13,5
5	127,5	0,08	10,2
6	133,0	0,09	12,0
Total	—	1,00	117,0 mm

d) Método da distância inversa ponderada: (*Observação*: O software AutoCAD determinará os centroides das áreas.)

Quadrante	Distância (d) do pluviógrafo ao centroide (km)	Precipitação medida (mm)	Fator de ponderação[a]	Precipitação ponderada (mm)
1	0,78	118	0,15	17,7
2	0,82	110	0,14	15,4
3	0,38	115	0,65	74,8
4	1,31	121	0,06	7,3
Total	—	—	1,00	115,2 mm

[a] Fator de ponderação no quadrante 1: $w_1 = (1/d_1^2)/[1/d_1^2 + 1/d_2^2 + 1/d_3^2 + 1/d_4^2]$.

11.3 Tempestade projetada

Um *evento projetado* é usado como base para o projeto de uma estrutura hidráulica. Presume-se que a estrutura funcionará de maneira adequada se ela puder acomodar o evento projetado mantendo aproveitamento máximo. Entretanto, a estrutura deixaria de funcionar conforme planejado se a magnitude do evento projetado fosse excedida. Por razões econômicas, permitem-se alguns riscos de fracasso na escolha do evento projetado. Conforme discutido em detalhes no Capítulo 12, o risco costuma estar associado ao *período de retorno* do evento projetado. Esse período é definido como o número médio de anos entre as ocorrências do evento hidrológico com determinada magnitude ou maior que ela. O inverso do período de retorno representa a probabilidade de que essa magnitude seja excedida em algum ano. Por exemplo, se um evento de 25 anos (ou um evento com período de retorno de 25 anos) for escolhido como evento projetado, então haverá 1/25 = 0,04 = 4 por cento de probabilidade de que esse evento se exceda em algum ano.

Métodos estatísticos são utilizados para analisar os registros históricos e determinar os períodos de retorno de eventos hidrológicos com magnitudes diferentes (a discussão detalhada está no Capítulo 12). Se estiverem disponíveis dados históricos de escoamento no local do projeto, então poderemos determinar a *descarga projetada* diretamente uma vez que o período de retorno seja selecionado. Contudo, se somente estiverem disponíveis os dados históricos sobre as chuvas, então deveremos escolher a *tempestade projetada* e calcular o escoamento correspondente usando o modelo hidrológico de chuva-vazão. Uma tempestade projetada é caracterizada em termos do período de retorno, da intensidade média das chuvas ou de sua profundidade, duração, distribuição de tempo e distribuição espacial. A *intensidade das chuvas* refere-se à sua proporção de tempo. Curvas locais que relacionam a intensidade média da chuva, sua duração e o período de retorno (ou frequência de ocorrência) (conhecidas como *curvas IDF* – intensidade, duração, frequência) podem ser usadas na escolha das chuvas projetadas. O procedimento para determinação dessas curvas é discutido no Capítulo 12. Como alternativa, é possível usar as relações IDF regionais, como as mostradas na Figura 11.8.

O Serviço de Conservação do Solo dos Estados Unidos* (SCS) apresentou diversas distribuições adimensionais de chuvas para diferentes regiões norte-americanas, conforme mostrado na Figura 11.9. As quatro distribuições são apresentadas na Figura 11.10 e tabuladas na Tabela 11.1, onde t = tempo, P_T = profundidade total das chuvas e P = profundidade das chuvas acumuladas até o tempo t. Observe que a tempestade projetada dura 24 horas. Entretanto, as chuvas mais curtas e intensas acontecem dentro do período de 24 horas, e, portanto, essas distribuições são adequadas tanto para bacias hidrográficas pequenas quanto para grandes bacias hidrográficas. Aplicando o procedimento do SCS, obtemos o *hietograma das chuvas projetadas*, uma relação entre a intensidade e a duração da chuva em determinado local e o período de retorno. Os hietogramas das chuvas projetadas são insumos primários nos modelos de chuvas-escoamento.

Exemplo 11.3

Determine o hietograma para uma tempestade de 24 horas durante 10 anos em Virginia Beach, Virgínia, Estados Unidos.

Solução

A partir da Figura 11.8, determinamos que a chuva de 24 horas durante 10 anos em Virginia Beach é de 6 polegadas. De modo análogo, a Figura 11.9 indica que os hietogramas SCS do tipo II podem ser usados para Virginia Beach. (Esse local está na borda dos hietogramas de tipos II e III, mas a agência reguladora ditou um tipo II.) Os cálculos são realizados de forma tabular, conforme mostra a Tabela 11.2.

A Tabela 11.2 está configurada para determinar a intensidade das chuvas para os incrementos de tempo entre t_1 e t_2, tabulados nas colunas 1 e 2. As proporções correspondentes entre as chuvas cumulativas e as chuvas totais estão listadas nas colunas 3 e 4, respectivamente. Esses valores são obtidos na Tabela 11.1 para a distribuição de tipo II. Neste exemplo, P_T = 6 pol.

---

* Serviço Nacional de Meteorologia dos Estados Unidos, *Urban Hydrology for Small Watersheds*. Distribuição técnica 55. Washington, DC, Departamento de Agricultura dos Estados Unidos, Divisão de Engenharia, 1986. [*Observação*: O Serviço de Conservação do Solo dos Estados Unidos agora se chama Serviço de Conservação de Recursos Naturais, embora as metodologias apresentadas aqui ainda utilizem o nome antigo.]

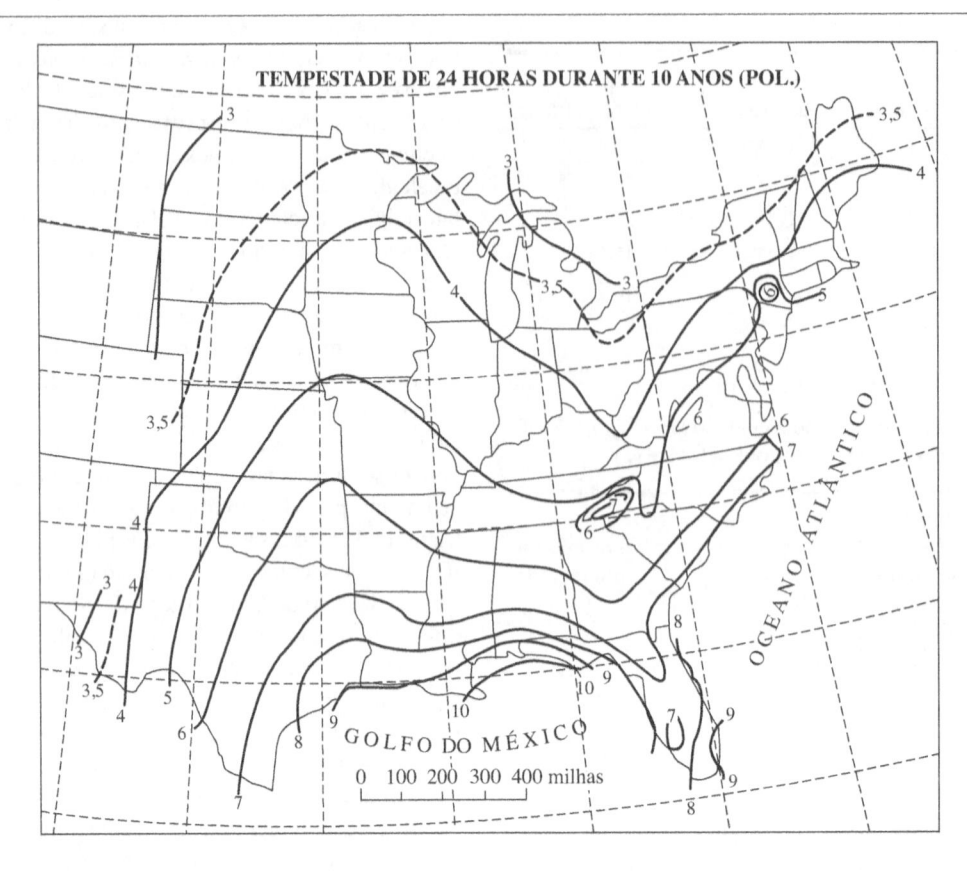

Figura 11.8 Mapa de frequência típica de chuvas (10 anos, 24 horas).
Fonte: Serviço Nacional de Meteorologia dos Estados Unidos.

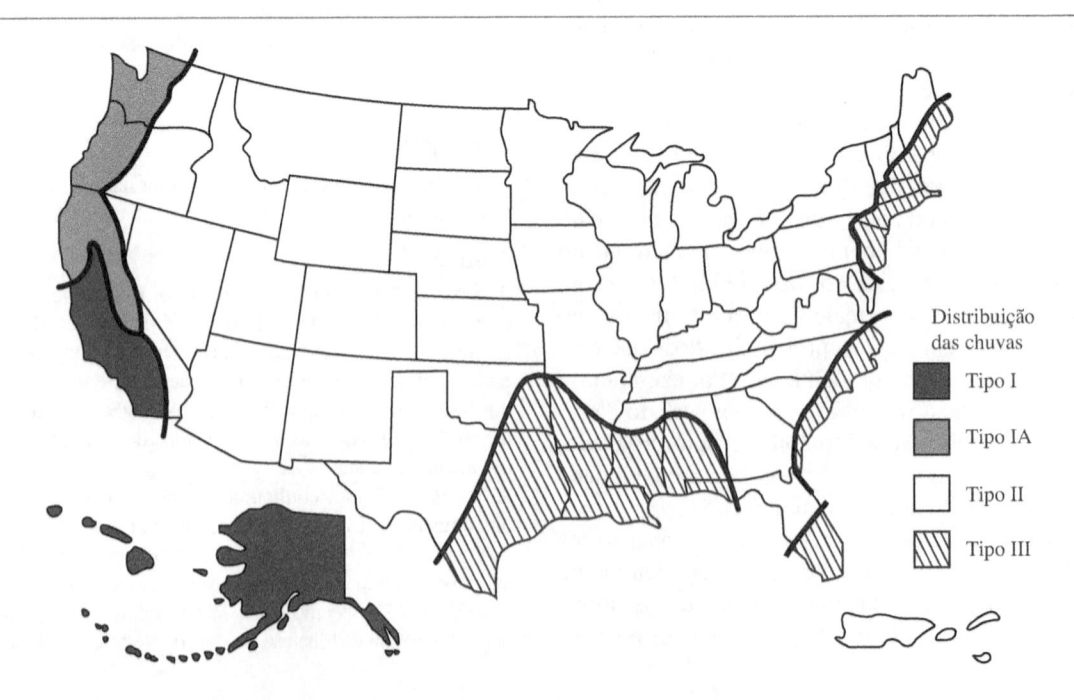

Figura 11.9 Localização das quatro distribuições de chuvas do SCS.
Fonte: Serviço de Conservação do Solo dos Estados Unidos.

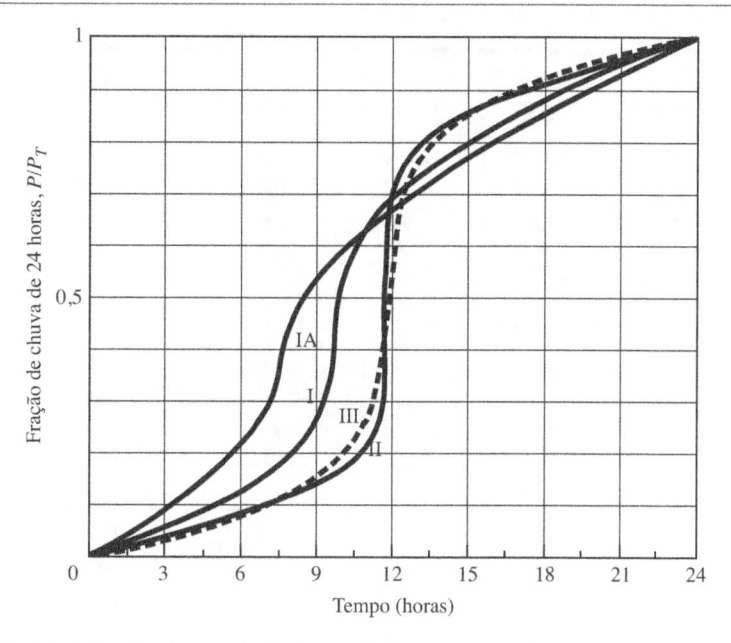

Figura 11.10 As quatro distribuições de chuvas de 24 horas do SCS.
Fonte: Serviço de Conservação do Solo dos Estados Unidos.

TABELA 11.1 Distribuições de chuva de 24 horas – SCS.

t (horas)	Tipo I P/P_T	Tipo IA P/P_T	Tipo II P/P_T	Tipo III P/P_T	t (horas)	Tipo I P/P_T	Tipo IA P/P_T	Tipo II P/P_T	Tipo III P/P_T
0,0	0,000	0,000	0,000	0,000	12,5	0,706	0,683	0,735	0,702
0,5	0,008	0,010	0,005	0,005	13,0	0,728	0,701	0,776	0,751
1,0	0,017	0,022	0,011	0,010	13,5	0,748	0,719	0,804	0,785
1,5	0,026	0,036	0,017	0,015	14,0	0,766	0,736	0,825	0,811
2,0	0,035	0,051	0,023	0,020	14,5	0,783	0,753	0,842	0,830
2,5	0,045	0,067	0,029	0,026	15,0	0,799	0,769	0,856	0,848
3,0	0,055	0,083	0,035	0,032	15,5	0,815	0,785	0,869	0,867
3,5	0,065	0,099	0,041	0,037	16,0	0,830	0,800	0,881	0,886
4,0	0,076	0,116	0,048	0,043	16,5	0,844	0,815	0,893	0,895
4,5	0,087	0,135	0,056	0,050	17,0	0,857	0,830	0,903	0,904
5,0	0,099	0,156	0,064	0,057	17,5	0,870	0,844	0,913	0,913
5,5	0,112	0,179	0,072	0,065	18,0	0,882	0,858	0,922	0,922
6,0	0,125	0,204	0,080	0,072	18,5	0,893	0,871	0,930	0,930
6,5	0,140	0,233	0,090	0,081	19,0	0,905	0,884	0,938	0,939
7,0	0,156	0,268	0,100	0,089	19,5	0,916	0,896	0,946	0,948
7,5	0,174	0,310	0,110	0,102	20,0	0,926	0,908	0,953	0,957
8,0	0,194	0,425	0,120	0,115	20,5	0,936	0,920	0,959	0,962
8,5	0,219	0,480	0,133	0,130	21,0	0,946	0,932	0,965	0,968
9,0	0,254	0,520	0,147	0,148	21,5	0,956	0,944	0,971	0,973
9,5	0,303	0,550	0,163	0,167	22,0	0,965	0,956	0,977	0,979
10,0	0,515	0,577	0,181	0,189	22,5	0,974	0,967	0,983	0,984
10,5	0,583	0,601	0,203	0,216	23,0	0,983	0,978	0,989	0,989
11,0	0,624	0,623	0,236	0,250	23,5	0,992	0,989	0,995	0,995
11,5	0,654	0,644	0,283	0,298	24,0	1,000	1,000	1,000	1,000
12,0	0,682	0,664	0,663	0,600					

TABELA 11.2 Exemplo de hietograma para chuvas projetadas.

(1) t_1 (horas)	(2) t_2 (horas)	(3) P_1/P_T	(4) P_2/P_T	(5) P_1 (pol.)	(6) P_2 (pol.)	(7) $\Delta P = P_2 - P_1$ (pol.)	(8) $i = \Delta P/\Delta t$ (pol./hora)
0,0	0,5	0,000	0,005	0,000	0,030	0,030	0,060
0,5	1,0	0,005	0,011	0,030	0,066	0,036	0,072
1,0	1,5	0,011	0,017	0,066	0,102	0,036	0,072
1,5	2,0	0,017	0,023	0,102	0,138	0,036	0,072
2,0	2,5	0,023	0,029	0,138	0,174	0,036	0,072
2,5	3,0	0,029	0,035	0,174	0,210	0,036	0,072
3,0	3,5	0,035	0,041	0,210	0,246	0,036	0,072
3,5	4,0	0,041	0,048	0,246	0,288	0,042	0,084
4,0	4,5	0,048	0,056	0,288	0,336	0,048	0,096
4,5	5,0	0,056	0,064	0,336	0,384	0,048	0,096
5,0	5,5	0,064	0,072	0,384	0,432	0,048	0,096
5,5	6,0	0,072	0,080	0,432	0,480	0,048	0,096
6,0	6,5	0,080	0,090	0,480	0,540	0,060	0,120
6,5	7,0	0,090	0,100	0,540	0,600	0,060	0,120
7,0	7,5	0,100	0,110	0,600	0,660	0,060	0,120
7,5	8,0	0,110	0,120	0,660	0,720	0,060	0,120
8,0	8,5	0,120	0,133	0,720	0,798	0,078	0,156
8,5	9,0	0,133	0,147	0,798	0,882	0,084	0,168
9,0	9,5	0,147	0,163	0,882	0,978	0,096	0,192
9,5	10,0	0,163	0,181	0,978	1,086	0,108	0,216
10,0	10,5	0,181	0,203	1,086	1,218	0,132	0,264
10,5	11,0	0,203	0,236	1,218	1,416	0,198	0,396
11,0	11,5	0,236	0,283	1,416	1,698	0,282	0,564
11,5	12,0	0,283	0,663	1,698	3,978	2,280	4,560
12,0	12,5	0,663	0,735	3,978	4,410	0,432	0,864
12,5	13,0	0,735	0,776	4,410	4,656	0,246	0,492
13,0	13,5	0,776	0,804	4,656	4,824	0,168	0,336
13,5	14,0	0,804	0,825	4,824	4,950	0,126	0,252
14,0	14,5	0,825	0,842	4,950	5,052	0,102	0,204
14,5	15,0	0,842	0,856	5,052	5,136	0,084	0,168
15,0	15,5	0,856	0,869	5,136	5,214	0,078	0,156
15,5	16,0	0,869	0,881	5,214	5,286	0,072	0,144
16,0	16,5	0,881	0,893	5,286	5,358	0,072	0,144
16,5	17,0	0,893	0,903	5,358	5,418	0,060	0,120
17,0	17,5	0,903	0,913	5,418	5,478	0,060	0,120
17,5	18,0	0,913	0,922	5,478	5,532	0,054	0,108
18,0	18,5	0,922	0,930	5,532	5,580	0,048	0,096
18,5	19,0	0,930	0,938	5,580	5,628	0,048	0,096
19,0	19,5	0,938	0,946	5,628	5,676	0,048	0,096
19,5	20,0	0,946	0,953	5,676	5,718	0,042	0,084
20,0	20,5	0,953	0,959	5,718	5,754	0,036	0,072
20,5	21,0	0,959	0,965	5,754	5,790	0,036	0,072
21,0	21,5	0,965	0,971	5,790	5,826	0,036	0,072
21,5	22,0	0,971	0,977	5,826	5,862	0,036	0,072
22,0	22,5	0,977	0,983	5,862	5,898	0,036	0,072
22,5	23,0	0,983	0,989	5,898	5,934	0,036	0,072
23,0	23,5	0,989	0,995	5,934	5,970	0,036	0,072
23,5	24,0	0,995	1,000	5,970	6,000	0,030	0,060

Para encontrarmos a intensidade da chuva entre, digamos, $t = 9,5$ horas e $t = 10$ horas, primeiro observamos que as proporções de precipitação são 0,163 e 0,181, respectivamente, para 9,5 horas e 10 horas. Assim, a profundidade da chuva em $t = 9,5$ horas é $P = (0,163)(6) = 0,978$ pol., e em $t = 10$ horas é $P = (0,181)(6) = 1,086$ pol. A profundidade de $1,086 - 0,978 = 0,108$ pol. é produzida entre $t = 9,5$ horas e 10 horas. Portanto, a intensidade é 0,11 pol./0,5 hora = 0,216 pol./hora. De modo semelhante, para o período entre 10 e 10,5 horas, a intensidade é igual a $[(6)(0,203) - 6(0,181)]/0,5 = 0,264$ pol./hora. A distribuição da intensidade de todo o hietograma das chuvas projetadas pode ser determinada por meio da repetição dos cálculos para todos os intervalos de tempo.

11.4 Escoamento de superfície e correntes de fluxo

À medida que a precipitação cai sobre a Terra, uma parte dela deve satisfazer às várias demandas de *interceptação*, *depressão de armazenamento* e *reabastecimento da umidade do solo*. A chuva interceptada é captada pelas folhas e galhos de vegetação ou por estruturas construídas por seres humanos, como telhados. As depressões de armazenamento compreendem água retida no solo, como poças ou pequenos brejos isolados. A umidade do solo é mantida na forma de água capilar nos pequenos espaços porosos de solo ou como água hidroscópica absorvida pela superfície através das partículas do solo. Depois de satisfazer a essas três demandas, a água que permanece na superfície do solo costuma ser chamada de *excesso de precipitação*.

O excesso de precipitação pode seguir dois caminhos principais até a corrente. A parte que viaja como fluxo terrestre ao longo da superfície do solo até o canal mais próximo é comumente conhecida como *escoamento de superfície* (Figura 11.1). O resto infiltra no solo e pode acabar na corrente através do fluxo *subterrâneo*. Um terceiro percurso responsável pela menor contribuição para a corrente de fluxo é o *interfluxo*. O interfluxo é a água que chega à corrente através do solo acima do nível das águas subterrâneas.

O fluxo terrestre é classificado como *escoamento direto*. Essa água chega à corrente do canal logo após chegar à superfície da Terra e, nas pequenas bacias de drenagem, é completamente descarregada em um ou dois dias. A porção de água que infiltra pelo solo até o nível de águas subterrâneas e eventualmente chega a uma corrente próxima é denominada *escoamento subterrâneo*. Em geral, é preciso um período de tempo muito mais longo para que o escoamento subterrâneo chegue a uma corrente. As características do escoamento direto e do escoamento subterrâneo diferem tão acentuadamente que eles são tratados de maneira distinta na análise de eventos particulares de escoamento. Uma técnica que emprega uma separação dos dois será discutida na próxima seção. É válido ressaltar que, uma vez que o escoamento direto e o escoamento subterrâneo se combinem em uma corrente, não há meios práticos de diferenciá-los.

Na fase de corrente de fluxo do ciclo hidrológico, a água costuma se concentrar em um único canal, que é a situação ideal para medição à medida que a água se separa da bacia hidrográfica. A análise da corrente de fluxo requer um registro da descarga ao longo do tempo. Em geral, isso pode ser obtido com o uso do registro dos níveis ou estágios da água acima de alguma linha de referência ao longo do tempo e por meio da conversão do estágio em descarga. Uma relação estágio-descarga em determinada localização da corrente é conhecida como *curva de classificação*. Uma estação responsável por medir a corrente de fluxo é chamada de *estação de medição*.

A maneira mais simples de medir uma corrente ou estágio de um rio é com uma régua milimetrada, uma escala vertical fixada ao fundo do canal de modo que a leitura de uma altura (estágio) possa ser obtida através de leitura visual. O Serviço Geológico norte-americano opera um extenso sistema de registro contínuo de medidores de corrente. Essas casas de medição (Figura 11.11) são construídas em pontos adjacentes à corrente e contêm um poço de dissipação ligado à corrente com tubos de coleta. Alterações no nível da corrente são obtidas por meio de uma boia conectada ao registrador de dados. Se ocorrer o entupimento dos tubos, transdutores de pressão podem ser correlacionados às leituras de estágios armazenadas no registrador. Em localizações remotas, a telemetria via satélite mostrou-se eficiente em termos de custo na recuperação dos dados.

Diversos métodos de medição de descarga em canais abertos são discutidos no Capítulo 9. Todos eles envolvem a construção de um dispositivo de medição no leito da corrente, tal como uma barragem ou uma calha Venturi. Entretanto, nem sempre é prático ou econômico construir um desses dispositivos onde curvas de classificação (está-

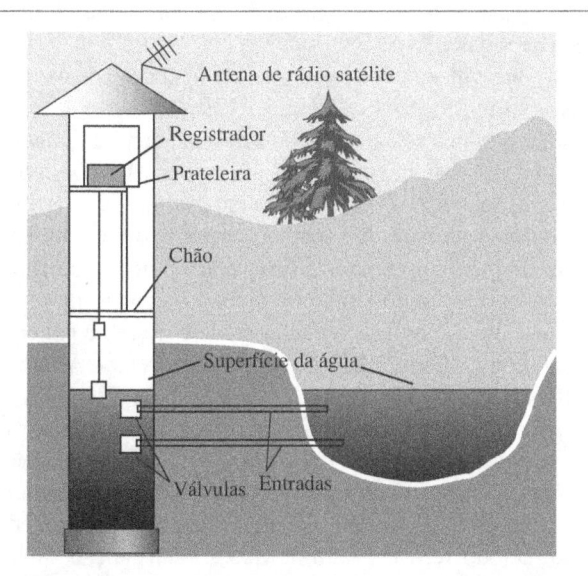

Figura 11.11 Esquema de uma estação de medição de corrente.
Fonte: Serviço Geológico dos Estados Unidos, 2008.

gio *versus* descarga) são necessárias (ou seja, localizações de medição de corrente do Serviço Geológico dos Estados Unidos). Se este for o caso, então a descarga da corrente pode ser medida em um canal natural ou artificial aplicando-se o procedimento descrito a seguir.

A seção transversal da corrente é dividida em diversas seções verticais, conforme mostra a Figura 11.12. Em cada seção, as velocidades do fluxo variam de zero no fundo do canal até um valor máximo próximo da superfície. Muitos testes de campo mostraram que a velocidade média para

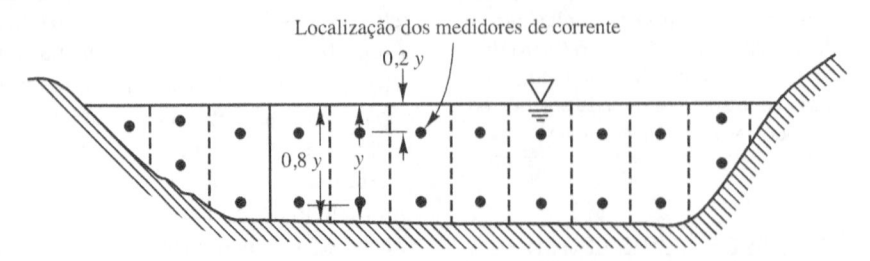

Figura 11.12 Procedimento para medição da descarga com medidores de corrente.
Fonte: Serviço Geológico dos Estados Unidos, 2008.

cada seção pode ser bem representada tomando-se a média das velocidades aferidas por um medidor de correntes localizado a uma profundidade de 20 a 80 por cento abaixo da superfície da água. Um medidor de corrente (discutido na Seção 9.2) mede a velocidade usando uma base giratória de copos, semelhante a um anemômetro medindo a velocidade do vento. A velocidade média em cada seção vertical é multiplicada pela área da seção transversal e resulta na descarga em cada seção que, somadas, resultam na descarga total no canal naquele estágio.

A precisão da medição aumenta com o número de seções verticais. Entretanto, a precisão deve estar limitada às medições que possam ser feitas em um montante razoável de tempo. Isso é especialmente válido se o estágio estiver alterando rapidamente, pois a descarga costuma ser altamente dependente do estágio.

Repetir o procedimento anterior em vários estágios nos permite obter as informações necessárias para desenvolver a curva de classificação (ou seja, fluxo *versus* estágio) em um local específico. Uma vez que a curva de classificação seja construída, o registro contínuo do estágio do rio é suficiente para definir o fluxo de corrente como uma função do tempo. Essa informação é crítica na definição de estimativas confiáveis de taxas de fluxo projetadas. As próximas seções atestarão a importância de registros confiáveis da corrente de fluxo.

11.5 Relações chuvas-escoamento: o hidrograma unitário

Os modelos chuvas-escoamento são sempre usados na prática da engenharia para determinar o escoamento oriundo de uma bacia hidrográfica a partir de um hietograma de chuvas. O hidrograma unitário apresentado por Sherman* forma a base para alguns dos modelos chuva-escoamento atualmente utilizados.

A medição do fluxo de chuvas e correntes é um pré-requisito para a compreensão de processos complexos de chuvas-escoamento. A medição do fluxo de correntes durante e após uma tempestade produz os dados necessários para esboço do *hidrograma* – um gráfico de descarga ao longo do tempo. A chuva costuma ser medida e esboçada ao longo da mesma escala de tempo (ou seja, um *hietograma*). Um hidrograma típico resultante de uma única tempestade é formado por um ramo ascendente, um pico e um ramo de recessão, como demonstra a Figura 11.13(a).

Na análise de hidrogramas, os engenheiros frequentemente separam o escoamento da superfície direta da contribuição subterrânea. Um dos métodos mais simples, e que é facilmente justificado como qualquer outro, requer uma linha divisória a partir do ponto no qual se inicia o ramo ascendente até o ponto de maior curvatura no lado de recessão. A área entre o hidrograma (curva) e a contribuição subterrânea (linha reta) representa o volume do *escoamento superficial direto*. A área abaixo da linha reta representa a contribuição subterrânea, também conhecida como *fluxo de base*. A Figura 11.13(a) apresenta essa técnica de separação de hidrogramas.

Duas outras técnicas simples de separação de fluxo de base são mostradas na Figura 11.13(b). No primeiro método, uma linha reta horizontal é desenhada interligando o ponto no qual se inicia o ramo ascendente (*A*) ao ponto na curva de recessão (*D*). A área abaixo da reta *A–D* é atribuída ao fluxo de base. No segundo método, o fluxo de base antes do início do ramo de ascensão (*A*) é projetado para a frente na direção do tempo de fluxo do pico (*B*) na forma de uma linha reta. Em seguida, esse ponto (*B*) é conectado ao ponto (*C*) no ramo de recessão no tempo *N* após o pico. Uma fórmula empírica é usada para determinar *N* tal que $N = A^{0,2}$ para grandes bacias hidrográficas, onde *N* está em dias e *A* é a área da bacia em quilômetros quadrados. Assume-se que a área abaixo da reta *A–B–C* representa o fluxo de base. Embora empírico e bastante aproximado, esse método reflete o fato de que a contribuição subterrânea deve inicialmente diminuir à medida que a taxa de

---

* L. K. Sherman, "Streamflow from rainfall by unit-graph method", *Engineering News Record*, v. 108, p. 501–505, 1932.

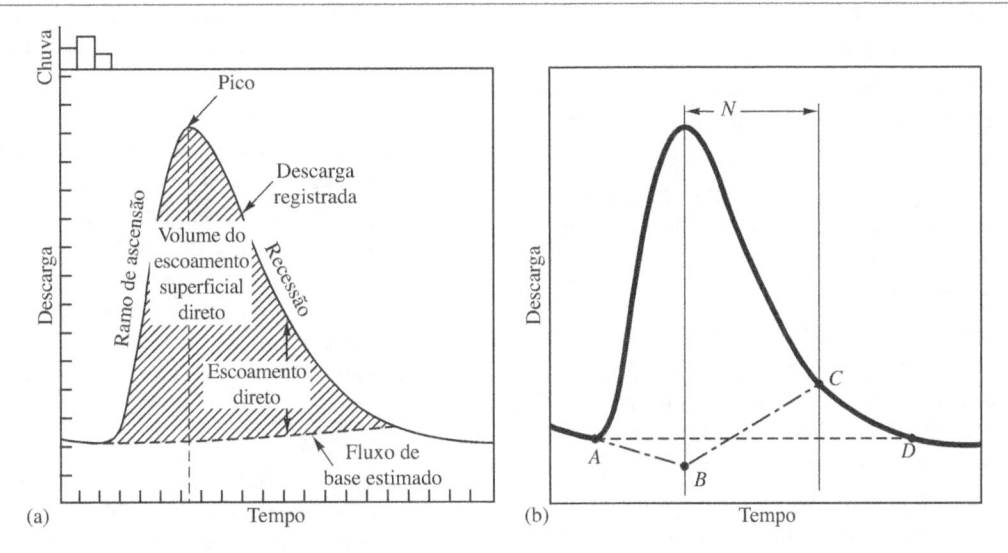

Figura 11.13 (a) Hidrograma típico (separação do fluxo de base); (b) técnicas alternativas de separação do fluxo de base.

corrente de fluxo e a elevação da superfície da água aumentam. Conforme a tempestade progride, a chuva infiltra no solo, eventualmente chegando às águas subterrâneas. Quando o nível de águas subterrâneas se eleva e a elevação da superfície da água na corrente recua, o fluxo de base na corrente aumenta.

Os hidrogramas podem ser considerados funções matemáticas. Eles representam a resposta da bacia hidrográfica para um determinado estímulo (chuva). Em outras palavras, se ocorrerem duas tempestades sobre a mesma bacia hidrográfica em momentos distintos com a mesma intensidade, o mesmo padrão e as mesmas condições de umidade antecedentes (ou seja, condições de umidade do solo), podemos esperar que sejam produzidos hidrogramas idênticos. O uso eficiente de hidrogramas para fins de projeto requer a determinação de um *hidrograma unitário*, que é um hidrograma que resulta de um evento de chuva de intensidade aproximadamente uniforme e distribuição aérea ao longo da bacia hidrográfica que produz 1 polegada (ou 1 centímetro – ou seja, uma unidade de profundidade) de escoamento. A Figura 11.14 apresenta graficamente o estímulo (chuva) e a resposta (hidrograma unitário). A duração da tempestade efetiva (t_r) é o comprimento da reta de escoamento produzido com a chuva e deve ser quase uniforme em intensidade ao longo da duração da tempestade efetiva.

A derivação de um hidrograma unitário envolve seis etapas:

1. Seleciona-se uma tempestade razoavelmente uniforme (intensidade e área de cobertura) para a qual estão disponíveis dados confiáveis sobre

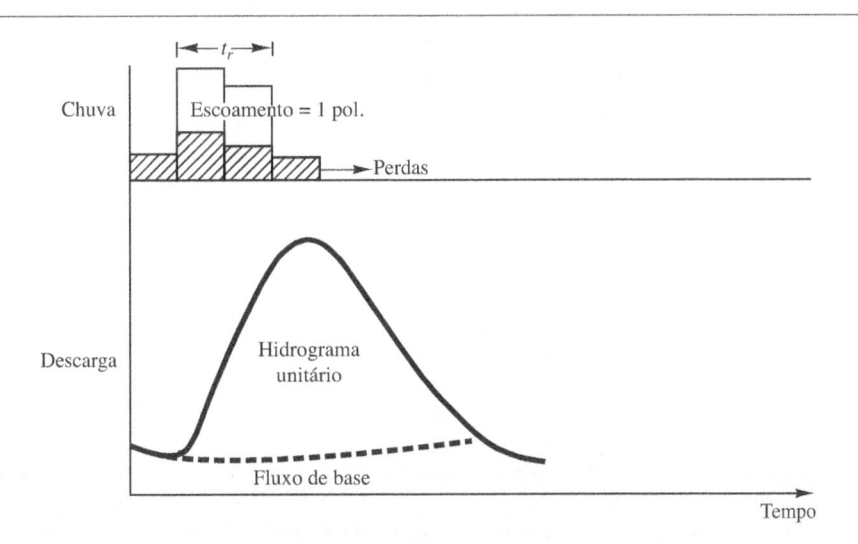

Figura 11.14 Hidrograma unitário produzido por 1 polegada de escoamento.

precipitação e corrente de fluxo. Um esboço dos dados pode ajudar (Figura 11.14).

2. Estima-se um montante de corrente de fluxo a partir da contribuição subterrânea (fluxo de base).

3. Calcula-se o escoamento direto (ou seja, as taxas de fluxo resultantes do escoamento superficial decorrente do evento de chuva) através da subtração das estimativas de fluxo de base a partir das correntes de fluxo.

4. Calcula-se a profundidade média do escoamento superficial. Em geral, esse procedimento é realizado com o uso de métodos de diferença finita para somar os valores do escoamento superficial e transformar a soma em um volume (ou seja, multiplicar a soma pelo intervalo de tempo utilizado). O volume resultante é dividido pela área de drenagem para determinar a profundidade média do escoamento superficial.

5. Obtém-se um hidrograma unitário dividindo-se os fluxos de escoamento superficial direto (etapa 3) pela profundidade média do escoamento superficial (etapa 4).

6. Por fim, estabelece-se a duração da tempestade do hidrograma unitário por meio do exame dos dados da chuva e determinação da duração da precipitação efetiva ou da precipitação responsável pelo escoamento. Por exemplo, se a maior parte da precipitação ocorre durante um período de duas horas, então se trata de um hidrograma unitário de duas horas.

O problema a seguir elucida o processo.

Exemplo 11.4

Ocorre uma tempestade ao longo da bacia hidrográfica Pierre Creek. As medições da chuva e da corrente de fluxo são listadas na tabela a seguir. A área de drenagem que contribui para a corrente de fluxo até o local de medição tem 1.150 km². Determine o hidrograma unitário a partir do evento de chuva para essa bacia hidrográfica.

Dia	Hora	Chuva (cm)	Corrente de fluxo m³/s	Fluxo de base m³/s	Escoamento direto m³/s	Hidrograma unitário m³/s	Horas depois do início
22	0000		170	170	0		
		1,7					
	0600		150	150	0	0	0
		5,1					
	1200		400	157	243	38	6
		4,7					
	1800		750	165	585	91	12
		0,8					
23	0000		980	172	808	125	18
	0600		890	180	710	110	24
	1200		690	187	503	78	30
	1800		480	195	285	44	36
24	0000		370	202	168	26	42
	0600		300	210	90	14	48
	1200		260	217	43	7	54
	1800		225	225	0	0	60
25	0000		200	200	—	—	—
	0600		180	180	—	—	—
	1200		170	170	—	—	—
		Σ = 12,3			Σ = 3.435	—	—

Solução

Com os dados fornecidos, o procedimento de seis etapas é empregado para a obtenção das coordenadas do hidrograma unitário. Os valores em cada coluna da tabela de solução apresentada anteriormente são explicados a seguir:

Dia e hora: medidas de tempo da chuva e descarga.
Chuva: profundidade da chuva ocorrida dentro do incremento de seis horas (por exemplo, caiu 1,7 cm de chuva entre a hora 0000 e a hora 0600 no dia 22).

Corrente de fluxo: medições instantâneas de descarga na Pierre Creek (esboçadas na Figura 11.15).
Fluxo de base: estimativas de fluxo de base tomadas do hidrograma esboçado (Figura 11.15).
Escoamento direto: porção de chuva que escoa pela superfície da terra e contribui para a corrente de fluxo (encontrada por meio da subtração entre a coluna de base de fluxo e a coluna de corrente de fluxo).
Hidrograma unitário: ordenadas encontradas através da divisão da coluna de escoamento pelo volume de escoamento direto expresso em centímetros ao longo da área de drenagem (ou seja, a profundidade do escoamento, que é encontrada por meio da soma da coluna do escoamento direto multiplicada pelo incremento de tempo – 6 horas – e dividida pela área de drenagem):

$$\text{Profundidade do escoamento} = \frac{\left(3.435 \frac{m^3}{s}\right)(6\ h)\left(\frac{3.600\ s}{hora}\right)\left(\frac{100\ cm}{m}\right)^3}{(1.150\ km^2)\left(\frac{10^5\ cm}{km}\right)^2} = 6{,}45\ cm$$

Horas depois do início: horas depois do início da chuva efetiva (produtora do escoamento) – a definição desta faixa de tempo é importante para uso do hidrograma unitário como ferramenta de projeto.
Observe que dos 12,3 cm de chuva medidos, somente 6,45 cm produziram escoamento. O restante da chuva foi perdido na forma de interceptação, depressão de armazenamento e infiltração. Na verdade, é provável que o primeiro 1,7 cm que caiu (entre a hora 0000 e a hora 0600) e o último 0,8 cm (entre a hora 1800 e a hora 2400) tenham sido todos perdidos. Isso faz que o tempo entre a hora 0600 e a hora 1800 seja o período efetivo de produção do escoamento. Além disso, observe a intensidade praticamente uniforme da chuva ao longo desse período. Como a chuva efetiva aconteceu durante esse período de 12 horas, o hidrograma unitário é considerado de 12 horas. Um hidrograma unitário de 6 horas teria outra aparência. (Consulte o Problema 11.5.1 para o aprofundamento da discussão.) Finalmente, o hidrograma unitário resultante é traçado abaixo do hidrograma original na Figura 11.15. O modo de utilização do hidrograma unitário como ferramenta de projeto é descrito no próximo exemplo.

Um hidrograma unitário é único para uma bacia hidrográfica em particular. Ainda quando se trata da mesma bacia, diferentes hidrogramas unitários resultam de diferentes durações de tempestades (ou seja, diferentes durações efetivas de chuvas). Por exemplo, um hidrograma unitário de 6 horas possivelmente terá um pico mais alto do que um hidrograma unitário de 12 horas mesmo quando ambos representam o mesmo volume de escoamento: 1 polegada (ou 1 cm) de profundidade de chuva ao longo da bacia.

Um hidrograma unitário pode ser usado para prever a resposta de uma bacia hidrográfica a qualquer tempestade se os princípios de linearidade e superposição forem considerados válidos. A *linearidade* sugere que qualquer resposta da bacia ao escoamento é linear em natureza. Em outras palavras, se uma polegada de escoamento durante um determinado período (t_r) produzir um hidrograma unitário, então duas polegadas durante o mesmo período produziriam uma taxa de fluxo duas vezes maior em cada ponto no tempo. A *superposição* sugere que os efeitos da chuva na bacia hidrográfica podem ser analisados separadamente e acumulados; ou seja, se dois hidrogramas unitários de tempestades ocorrerem um após o outro, suas respostas separadas podem ser somadas para produzir a resposta composta da bacia. A Figura 11.16 apresenta esses conceitos. Extensas pesquisas demonstraram que o processo chuva-vazão é excepcionalmente complexo e não está totalmente sujeito a esses princípios. Apesar disso, a teoria do hidrograma unitário provou ser uma ferramenta de projeto útil quando aplicada de maneira prudente.

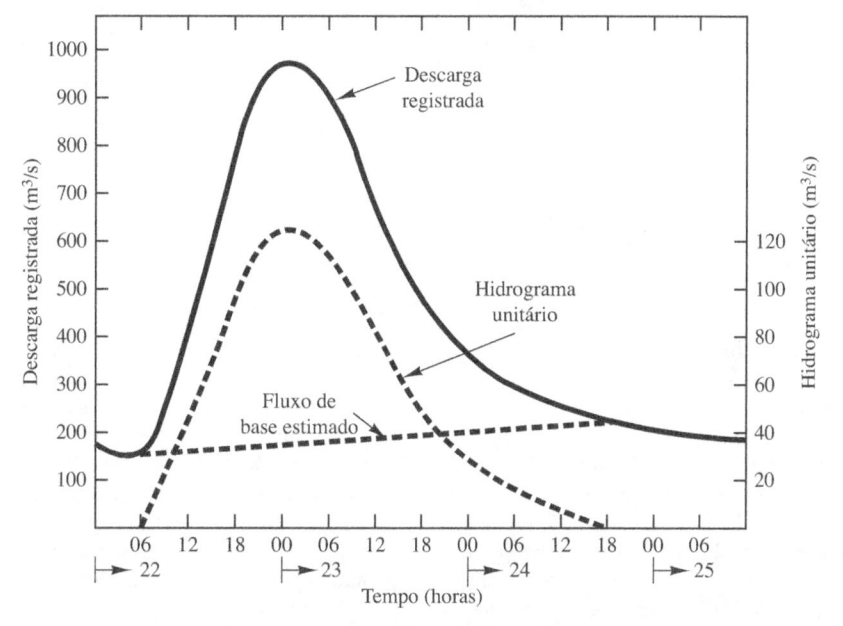

Figura 11.15

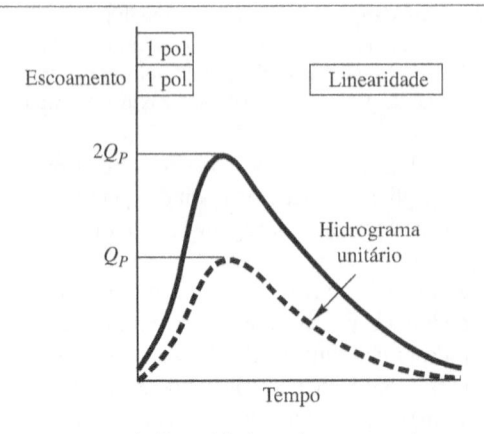

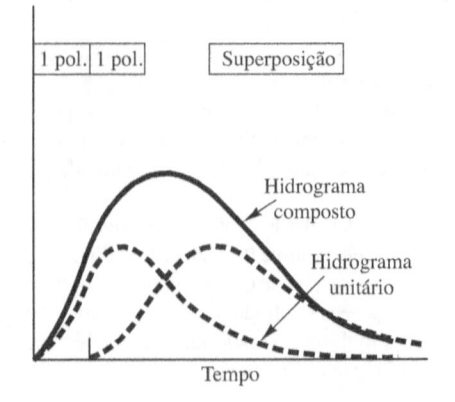

Figura 11.16 Princípios da linearidade e da superposição.

O exemplo a seguir demonstra de que modo um hidrograma unitário pode ser usado para prever a resposta de uma bacia hidrográfica a uma futura tempestade (projetada).

Exemplo 11.5

Uma tempestade projetada hipotética com duração de 24 horas para a bacia hidrográfica Pierre Creek descrita no Exemplo 11.4 levou a uma previsão de 5 cm de escoamento nas primeiras 12 horas e 3 cm de escoamento nas 12 horas subsequentes. Utilizando o hidrograma unitário de 12 horas (HU) derivado no exemplo citado, calcule a corrente de fluxo esperada a partir dessa tempestade projetada.

Solução
A solução para este problema é apresentada na tabela a seguir.

Hora	Hidrograma unitário (m³/s)	5 × (HU) (m³/s)	3 × (HU) (m³/s)	Fluxo de base (m³/s)	Corrente de fluxo (Q) (m³/s)
0	0	0	—	190	190
6	38	190	—	198	388
12	91	455	0	206	661
18	125	625	114	214	953
24	110	550	273	222	1.045
30	78	390	375	230	995
36	44	220	330	238	788
42	26	130	234	246	610
48	14	70	132	254	456
54	7	35	78	262	375
60	0	0	42	270	312
66	—	—	21	278	299
72	—	—	0	286	286

Cada coluna é calculada da seguinte maneira:
Hora: o tempo desde o início da tempestade.
$5 \times (HU)$: corrente de fluxo resultante dos 5 cm de profundidade de escoamento que ocorrem nas primeiras 12 horas de tempestade (o hidrograma unitário desenvolvido no Exemplo 11.4 é multiplicado por 5, seguindo o princípio da linearidade).
$3 \times (HU)$: corrente de fluxo resultante dos 3 cm de profundidade de escoamento que ocorrem nas 12 últimas horas de tempestade (o hidrograma unitário desenvolvido no Exemplo 11.4 é multiplicado por 3, seguindo o princípio da linearidade). Observe que os efeitos desse escoamento são atrasados pelas 12 horas baseadas em quando ocorrem os 3 cm de escoamento.
Fluxo de base: fluxo de base estimado a partir das condições existentes antes de a tempestade começar.
Corrente de fluxo (Q): corrente de fluxo total obtida somando-se as três colunas anteriores [ou seja, (5 × HU) + (3 × HU) + (fluxo de base)] de acordo com os princípios da superposição (os valores nessa coluna são traçados na Figura 11.17 para representar a corrente de fluxo total esperada).

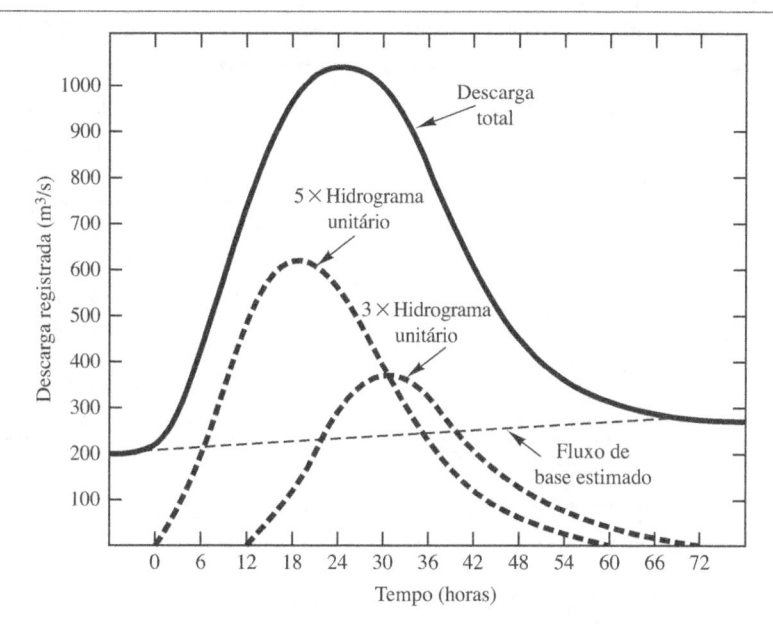

Figura 11.17 Aplicação do hidrograma unitário ao problema do exemplo.

11.6 Relações chuva-vazão: procedimentos do Serviço de Conservação do Solo (SCS)

Quando se veem diante da tarefa de projetar estruturas hidráulicas, os engenheiros dificilmente encontram medidores de corrente de fluxo nos locais propostos. Sem as informações sobre a corrente de fluxo, um hidrograma unitário e os hidrogramas subsequentes do projeto não podem ser desenvolvidos. Para superar essa dificuldade, foram criados os *hidrogramas unitários sintéticos*: eles se baseiam em dados existentes dos medidores de corrente e transpõem as informações para bacias hidrográficas hidrologicamente semelhantes que não dispõem de informações de medidores. Como os Estados Unidos possuem muitas áreas hidrologicamente distintas, muitos hidrogramas sintéticos foram propostos ao longo dos últimos 50 anos. Um dos mais populares e amplamente aplicáveis é o hidrograma unitário sintético do Serviço de Conservação do Solo dos Estados Unidos. O Serviço de Conservação do Solo (SCS) é conhecido também como Serviço de Conservação de Recursos Naturais (NRCS – em inglês, *Natural Resources Conservation Service*). Os modelos de chuva-vazão do SCS estão baseados nos hidrogramas unitários sintéticos. O SCS desenvolveu também procedimentos para estimar as perdas a partir das chuvas e para determinar períodos de fluxo relacionados ao escoamento de bacia hidrográfica.

11.6.1 Perdas e excessos da chuva

A *perda da chuva* é uma referência coletiva àquela parte das chuvas que não se transforma em escoamento. Em geral, as abstrações incluem *interceptação*, *depressão de armazenamento*, *evaporação*, *transpiração* e *infiltração*. Em condições de chuvas projetadas, a evaporação e a transpiração costumam ser desprezíveis. O *excesso de chuva* é aquela parte que se transforma em escoamento. Algumas vezes nos referimos ao excesso de chuva como *escoamento direto* ou simplesmente *escoamento*. Conforme discutido na seção anterior (Exemplo 11.5), precisamos conhecer o excesso de chuva produzido durante vários intervalos de tempo para calcular um hidrograma de escoamento (ou hidrograma de corrente de fluxo) utilizando um hidrograma unitário.

O SCS desenvolveu um procedimento para determinação do excesso de chuva com base nos números da curva de escoamento e das profundidades de escoamento cumulativas. O *número da curva* (*CN* – em inglês, *curve number*) de escoamento é um parâmetro da bacia que varia de 0 a 100. O valor de *CN* depende da condição de umidade antecedente do solo (Tabela 11.3), do grupo hidrológico do solo (Tabela 11.3), do tipo de cobertura do solo (ou seja, terra utilizada) e de sua condição e do percentual de áreas impermeáveis na bacia hidrográfica. Os valores recomendados de *CN* para diversos tipos de terras de áreas urbanas e algumas terras agrícolas estão listados na Tabela 11.4. Esses *CN* são de condições de umidade médias antecedentes à tempestade. Se uma bacia hidrográfica for composta de diversas subáreas com diferentes *CN*, então uma média ponderada (baseada na área) ou um *CN* composto pode ser obtido para toda a bacia.

Uma vez escolhido o número da curva, o escoamento cumulativo (R) correspondente à precipitação cumulativa (P) é calculado utilizando

$$R = \frac{(P - 0{,}2S)^2}{(P + 0{,}8S)} \qquad (11.3)$$

TABELA 11.3 Condições de umidade antecedentes e grupos de solo hidrológicos segundo o SCS.

Condição de umidade antecedente (AMC)*	Condições do solo	Grupo de solo hidrológico	Descrições dos grupos de solo hidrológicos
AMC I	Baixa umidade; solo seco	A	Solos com alta taxa de infiltração, mesmo quando molhados; formados por areia e cascalho, em sua maioria
AMC II	Umidade média; comum para projetos	B	Solos com taxa de infiltração moderada; formados por texturas que variam de grossa a fina
AMC III	Alta umidade; chuva intensa nos últimos dias	C	Solos com taxa de infiltração lenta quando molhados; formados por texturas que variam de moderadamente fina a fina
		D	Solos com taxa de infiltração lenta quando molhados; formados por argila ou com nível de água alto

TABELA 11.4 Número da curva de escoamento do SCS para AMC II.

Descrição da cobertura — Tipo de cobertura e condição hidrológica	% de impermeabilidade	Grupos de solo hidrológicos			
		A	B	C	D
Espaço aberto (parques, cemitérios etc.):					
Condição ruim (cobertura de grama < 50%)		68	79	86	89
Condição média (cobertura de grama 50% a 75%)		49	69	79	84
Condição boa (cobertura de grama > 75%)		39	61	74	80
Áreas impermeáveis (estacionamentos etc.)	100	98	98	98	98
Distritos urbanos:					
Comerciais e empresariais	85	89	92	94	95
Industriais	72	81	88	91	93
Áreas residenciais (por tamanho médio do lote):					
1/8 acre ou menos (duas casas)	65	77	85	90	92
1/4 acre	38	61	75	83	87
1/3 acre	30	57	72	81	86
1/2 acre	25	54	70	80	85
1 acre	20	51	68	79	84
2 acres	12	46	65	77	82
Áreas aplainadas (sem vegetação)		77	86	91	94
Terras agrícolas ou abertas (boas condições)					
Terras devolutas (resíduos de colheita)		76	85	90	93
Plantação enfileirada (com contornos)		65	75	82	86
Pequena plantação de grãos (com contornos)		61	73	81	84
Pasto, campo		39	61	74	80
Prado (ceifado para obtenção de feno)		30	58	71	78
Combinação de floresta-relva (pomar)		32	58	72	79
Floresta		30	55	70	77

onde

$$S = \frac{1.000 - 10(CN)}{(CN)} \quad (11.4)$$

na qual R = escoamento cumulativo (ou excesso de chuva) em polegadas, P = chuva cumulativa em polegadas e S = déficit de armazenamento solo-umidade em polegadas no momento do início do escoamento (em oposição à chuva). Essas equações são válidas se $P > 0{,}2S$, senão $R = 0$. A Figura 11.18 apresenta essas equações graficamente. O escoamento produzido ao longo do incremento de tempo é a diferença entre o escoamento cumulativo no final e no início do incremento de tempo.

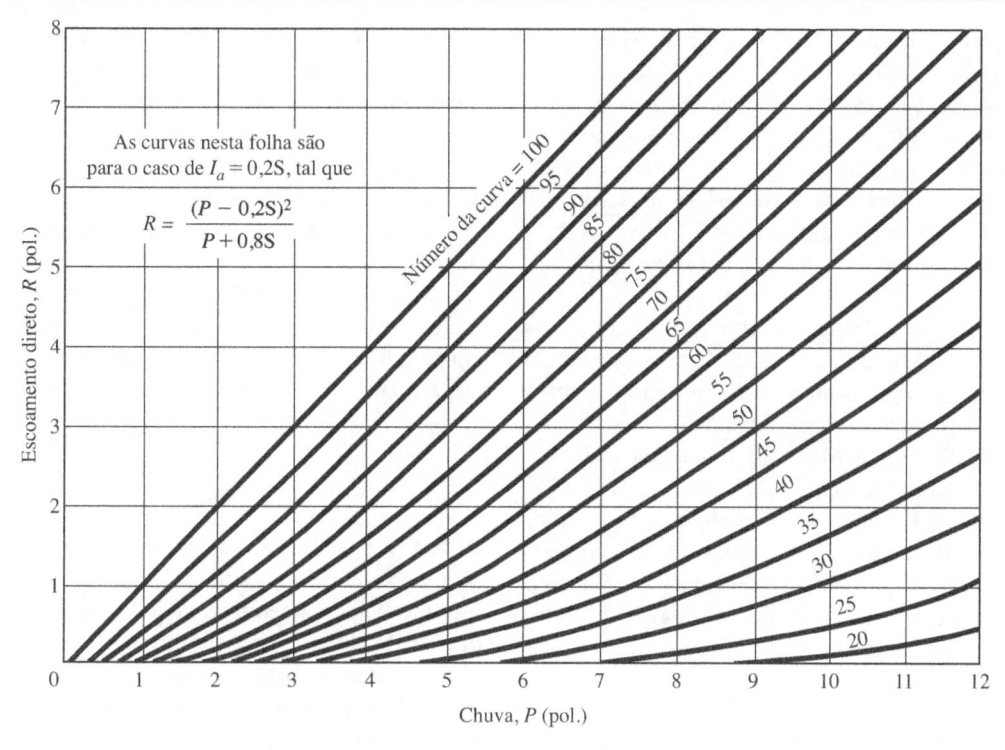

Figura 11.18 A relação chuva-vazão do SCS.
Fonte: Serviço de Conservação do Solo dos Estados Unidos.

As curvas nesta folha são para o caso de $I_a = 0{,}2S$, tal que

$$R = \frac{(P - 0{,}2S)^2}{P + 0{,}8S}$$

Exemplo 11.6

Um distrito urbano residencial é formado por lotes de 1/3 acre. Trinta por cento de sua área é impermeável, e o grupo de solo hidrológico para o distrito é identificado como grupo B. Determine o excesso de chuva (ou seja, escoamento) resultante de uma tempestade de 10 horas que produz as intensidades de chuva tabuladas na coluna 3 da Tabela 11.5.

Solução

A partir da Tabela 11.4, obtemos $CN = 72$ para essa bacia hidrográfica urbana. Os cálculos são apresentados na Tabela 11.5. As intensidades de chuva (*i*) estão tabuladas em Δt = intervalos de duas horas na coluna 3, onde t_1 e t_2 listados nas colunas 1 e 2 marcam o início e o final desses intervalos. Na coluna 4, $\Delta P = i\Delta t = i(t_2 - t_1)$ é o aumento na profundidade da chuva ao longo de um intervalo de tempo. Na coluna 5, P_1 é a chuva acumulada em t_1. Obviamente, $P_1 = 0$ quando a chuva se inicia em $t_1 = 0$.

Na coluna 6, P_2 é a chuva acumulada em t_2, que é obtida como $P_2 = P_1 + \Delta P$. Os valores de R_1 listados na coluna 7 representam o escoamento cumulativo (ou excesso de chuva) no tempo t_1; são obtidos por meio das equações 11.3 e 11.4 (ou através da Figura 11.18) dados CN e P_1. Na coluna 8, R_2 é o escoamento cumulativo no tempo t_2; é obtido do mesmo modo, utilizando-se P_2 nas equações 11.3 e 11.4. Na coluna 9, $\Delta R = R_2 - R_1$ é o aumento na profundidade do escoamento acumulado ao longo do intervalo de tempo Δt.

11.6.2 Tempo de concentração

O *tempo de concentração* é definido como o tempo necessário para que se alcance o ponto projetado a partir do ponto hidrologicamente mais remoto na bacia hidrográfica. Embora seja difícil calculá-lo com precisão, o tempo

TABELA 11.5 Exemplo do método do número da curva do SCS.

(1) t_1 (hora)	(2) t_2 (hora)	(3) *i* (pol./hora)	(4) ΔP (pol.)	(5) P_1 (pol.)	(6) P_2 (pol.)	(7) R_1 (pol.)	(8) R_2 (pol.)	(9) ΔR (pol.)
0	2	0,05	0,10	0,00	0,10	0,00	0,00	0,00
2	4	0,20	0,40	0,10	0,50	0,00	0,00	0,00
4	8	1,00	2,00	0,50	2,50	0,00	0,53	0,53
6	8	0,50	1,00	2,50	3,50	0,53	1,12	0,59
8	10	0,25	0,50	3,50	4,00	1,12	1,46	0,34

de concentração é um parâmetro essencial em muitas análises hidrológicas e procedimentos de projeto. Muitas ferramentas de projeto estão disponíveis para se determinar o tempo de concentração. Muitas técnicas distinguem entre a fase de fluxo terrestre e a fase de fluxo no canal. Um procedimento popular promovido pelo Serviço de Conservação de Recursos Naturais dos Estados Unidos decompõe o tempo de fluxo em três componentes: (1) fluxo laminar superficial, (2) fluxo superficial concentrado e (3) fluxo de canal aberto.

O *fluxo laminar* é definido como o fluxo sobre superfícies planas a profundidades muito rasas (~0,1 pé). O fluxo laminar ocorre em uma bacia hidrográfica antes da concentração em depressões e canais. A resistência ao fluxo laminar (valores n de Manning; tabulados na Tabela 11.6) incorpora o impacto do pingo de chuva, a resistência superficial, a resistência a obstáculos (por exemplo, lixo, relva, pedras), a erosão e o transporte de sedimentos. Com base na solução cinética de Manning, Overton e Meadows* sugerem que o tempo de viagem do fluxo laminar (T_{t_1} em horas) é encontrado usando-se

$$T_{t_1} = [0{,}007(nL)^{0,8}]/(P_2^{0,5} s^{0,4}) \quad (11.5)$$

onde n é a rugosidade do fluxo laminar de Manning, L é o comprimento do fluxo em pés, P_2 é a chuva de 24 horas, durante dois anos, em polegadas, e s é a declividade da terra (pés/pés). O Serviço Nacional de Meteorologia dos Estados Unidos e a Administração Nacional Oceânica e Atmosférica dos Estados Unidos avaliam e publicam as profundidades de chuvas de 24 horas, durante dois anos (intervalo de retorno), para os Estados Unidos. O comprimento do fluxo laminar foi originalmente limitado a 300 pés ou menos pelo Serviço de Conservação de Recursos Naturais dos Estados Unidos, mas, na prática, ele costuma estar atualmente limitado a 100 pés.

O *fluxo superficial concentrado* ocorre quando dois planos separados de fluxo laminar convergem para a consolidação do fluxo, mas não conseguem formar uma corrente ou canal definido. Esse tipo de fluxo costuma ocorrer em calhas de rua. A velocidade do fluxo superficial concentrado é estimada a partir das equações do SCS:

$$\text{Não pavimentado: } V = 16{,}1345\, s^{0,5} \quad (11.6)$$

$$\text{Pavimentado: } V = 20{,}3282\, s^{0,5} \quad (11.7)$$

onde V é a velocidade média (pés/s), e s é a declividade do curso de água (pés/pés). O tempo de viagem do fluxo superficial concentrado (T_{t_2}) é encontrado por meio da divisão do comprimento do fluxo pela velocidade média.

O *fluxo de canal aberto* se inicia onde o fluxo superficial concentrado termina. Essa transição pode ser subjetiva, mas costuma ser acompanhada por bancos bem definidos. Reconhecimento de campo e mapas de contorno são úteis. Os mapas de quadrantes do Serviço Geológico norte-americano apresentam canais (ou correntes) com linhas azuis. A velocidade média para fluxo de canais abertos é definida pela equação de Manning como

$$V = (1{,}49/n)(R_h)^{2/3}(S_e)^{1/2} \quad (11.8)$$

onde V é a velocidade média (pés/s), n é o coeficiente de rugosidade do canal de Manning (Tabela 11.7), R_h é o raio hidráulico (pés) descrito no Capítulo 6 (Seção 2), e S_e é a declividade da linha de grade de energia (pés/pés) ou a declividade do fundo do canal (S_o) se for assumido fluxo uniforme. O tempo de fluxo do canal (T_{t_3}) é encontrado por meio da divisão do comprimento do fluxo pela velocidade média.

Um procedimento alternativo para a determinação do tempo de concentração para pequenas bacias hidrográficas (menores do que 2.000 acres) baseia-se nos números de curva de escoamento discutidos na seção anterior. A equação empírica é

$$T_c = [L^{0,8}(S+1)^{0,7}]/(1{.}140\, Y^{0,5}) \quad (11.9)$$

onde T_c é o tempo de concentração (em horas), L é o comprimento do percurso mais longo de fluxo na bacia (do ponto projetado a partir do ponto hidrologicamente mais remoto na bacia localizado na fronteira da drenagem em pés e normalmente denominado *comprimento hidráulico*), Y é a declividade média da bacia expressa como percentual, e S é calculado usando-se a Equação 11.4.

TABELA 11.6 Valores n de Manning para o fluxo laminar[a,b].

Descrição da superfície	Faixa de valores n
Concreto, solo liso	0,011
Grama	
grama curta	0,15
grama densa	0,24
grama-bermuda	0,41
Campo (natural)	0,13
Terras devolutas, sem resíduos	0,05
Solos cultivados	
cobertura de resíduos < 20%	0,06
cobertura de resíduos > 20%	0,17
Floresta	
Poucos arbustos	0,4
Muitos arbustos	0,8

[a] E. T. Engman, "Roughness coefficients for routing surface runoff", *Journal of Irrigation and Drainage Engineering*, n. 112, 1986.
[b] Serviço de Conservação do Solo dos Estados Unidos, *Urban Hydrology for Small Watersheds*. Technical Release 55. Washington, DC, Serviço de Conservação do Solo, 1986.

---

* D. E. Overton e M. E. Meadows, *Storm Water Modeling*. Nova York, Academic Press, 1976, p. 58–88.

TABELA 11.7 Valores de n de Manning típicos para fluxo em canal.

Superfície do canal	n
Vidro, PVC, polietileno de alta densidade	0,01
Aço liso, metais	0,012
Concreto	0,013
Asfalto	0,015
Metal corrugado	0,024
Escavação de terra, limpa	0,022 a 0,026
Escavação de terra, cascalho	0,025 a 0,035
Escavação de terra, algumas ervas	0,025 a 0,035
Canais naturais, limpos e retos	0,025 a 0,035
Canais naturais, pedras ou ervas	0,03 a 0,04
Canal revestido em enrocamento	0,035 a 0,045
Canais naturais, limpos e curvos	0,035 a 0,045
Canais naturais, curvos com piscinas e bancos de areia	0,045 a 0,055
Canais naturais, ervas com detritos ou piscinas profundas	0,05 a 0,08
Riachos, cascalho	0,03 a 0,05
Riachos, cascalho ou pedras	0,05 a 0,07

Exemplo 11.7

Determine o tempo de concentração (T_c) para uma bacia hidrográfica com as seguintes características: segmento de fluxo laminar com $n = 0,20$ e $L = 120$ pés (e declividade de 0,005); chuva de 24 horas durante dois anos com 3,6 polegadas; segmento de fluxo superficial concentrado (não pavimentado) onde $L = 850$ pés com declividade de 0,0125; e um segmento de fluxo de canal com $n = 0,025$, $A = 27$ pés², $P = 13$ pés, $S_o = 0,005$ e $L = 6.800$ pés.

Solução

Para o segmento de fluxo laminar, usando a Equação 11.5:

$$T_{t_1} = [0,007\{(0,20)(120)\}^{0,8}]/[(3,6)^{0,5}(0,005)^{0,4}] = 0,39 \text{ hora}$$

Para o segmento de fluxo superficial concentrado, usando a Equação 11.6:

$$V = 16,1345(0,0125)^{0,5} = 1,80 \text{ pé}$$

e

$$T_{t_2} = 850/[(180 \text{ pés/s})(3.600 \text{ s/hora})] = 0,13 \text{ hora}$$

Para o segmento de fluxo de canal, $R_h = A/P = 27/13 = 2,08$ pés. Então, a partir da Equação 11.8:

$$V = (1,49/0,025)(2,08)^{2/3}(0,005)^{1/2} = 6,87 \text{ pés/s}$$

e

$$T_{t_3} = 6.800/[(6,87 \text{ pés/s})(3.600 \text{ s/hora})] = 0,27 \text{ hora}$$

Portanto,

$$T_c = 0,39 + 0,13 + 0,27 = 0,79 \text{ hora}$$

É interessante observar que o comprimento de fluxo laminar (120 pés) compõe somente 1,5 por cento da extensão total do fluxo (120 + 850 + 6.800 = 7.700 pés). Entretanto, 0,39 hora do tempo de concentração de 0,79 hora – ou seja, 49 por cento – é atribuído ao segmento de fluxo laminar do percurso do fluxo.

11.6.3 Hidrograma unitário sintético do SCS

O procedimento do hidrograma unitário sintético do SCS requer dois parâmetros: (1) o tempo para chegar ao pico e (2) a descarga de pico. Com esses parâmetros, um hidrograma unitário pode ser desenvolvido em qualquer localização de corrente não medida. Um hidrograma de projeto evolui a partir de um hidrograma unitário, conforme descrito na Seção 11.5. O procedimento a seguir é usado para desenvolver o hidrograma unitário.

O *tempo de pico* é o tempo entre o início da chuva efetiva (produção de escoamento) e a descarga de pico, conforme mostrado na Figura 11.19. O SCS calcula o tempo de pico (T_p, em horas) usando a equação

$$T_p = \Delta D/2 + T_L \quad (11.10)$$

onde ΔD é a duração da chuva efetiva (em horas) e T_l é o tempo de retardo (em horas). O *tempo de retardo* é o intervalo entre o centroide da chuva efetiva e a descarga de pico (Figura 11.19). O tempo de retardo e a duração da tempestade são parâmetros inter-relacionados e modificam-se a cada chuva.

O tempo de concentração (T_c), uma característica da bacia hidrográfica, permanece relativamente constante e é prontamente determinado (Seção 11.6.2). O SCS relacionou o T_c à duração da chuva efetiva (ΔD) e ao tempo de retardo (T_L) empiricamente para calcular um tempo ótimo para o pico no hidrograma unitário sintético. O SCS recomenda que a duração da tempestade seja definida como

$$\Delta D = 0,133 \, T_c \quad (11.11)$$

com base nas características do hidrograma unitário curvilíneo do SCS. Além disso, o tempo de retardo está relacionado ao tempo de concentração por

$$T_L = 0,6 \, T_c \quad (11.12)$$

Portanto, o tempo de pico é calculado como

$$T_p = 0,67 \, T_c \quad (11.13)$$

O tempo de concentração é determinado usando as equações de 11.5 a 11.8, dependendo do regime de fluxo (laminar, superficial concentrado ou de canal). Como alternativa, pode ser utilizada a Equação 11.9.

A descarga de pico (q_p, em cfs) para o hidrograma unitário sintético do SCS é determinada a partir da igualdade

$$q_p = (K_p A)/T_p \quad (11.14)$$

onde A é a área de drenagem (milhas quadradas), T_p é o tempo de pico (horas), e K_p é uma constante empírica que varia de 300 em áreas pantanosas planas a 600 em terrenos íngremes, mas que costuma receber o valor de 484. O escritório local do Serviço de Conservação de Recursos Naturais dos Estados Unidos é o responsável por auxiliar na avaliação de K_p.

A descarga de pico e o tempo de pico combinam com as coordenadas do hidrograma unitário adimensional na Tabela 11.8 ($K_p = 484$ somente) para produzir o hidrograma

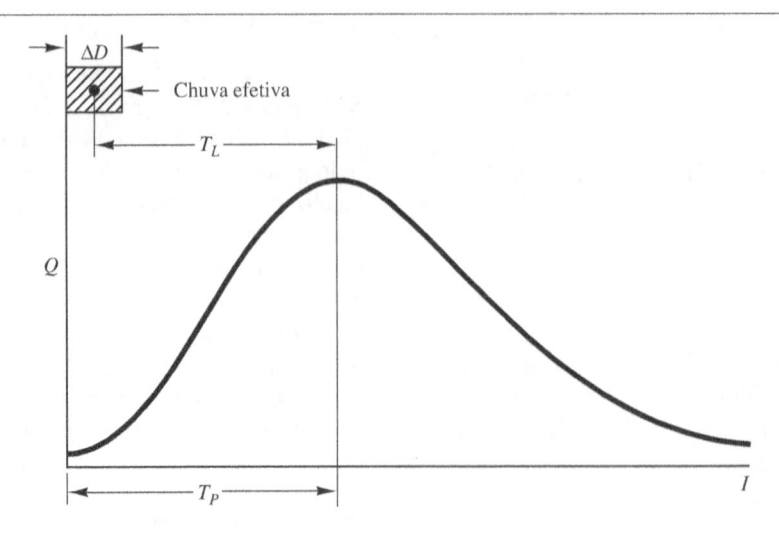

Figura 11.19 Parâmetros do hidrograma do SCS.

TABELA 11.8 Hidrogramas unitários adimensionais e coordenadas da curva de massa para o hidrograma unitário sintético do SCS.

Proporções de tempo (t/t_p)	Proporções de fluxo (q/q_p)	Proporções de massa (Q_a/Q)	Proporções de tempo (t/t_p)	Proporções de fluxo (q/q_p)	Proporções de massa (Q_a/Q)
0,0	0,00	0,000	1,7	0,460	0,790
0,1	0,03	0,001	1,8	0,390	0,822
0,2	0,10	0,006	1,9	0,330	0,849
0,3	0,19	0,012	2,0	0,280	0,871
0,4	0,31	0,035	2,2	0,207	0,908
0,5	0,47	0,065	2,4	0,147	0,934
0,6	0,66	0,107	2,6	0,107	0,953
0,7	0,82	0,163	2,8	0,077	0,967
0,8	0,93	0,228	3,0	0,055	0,977
0,9	0,99	0,300	3,2	0,040	0,984
1,0	1,00	0,375	3,4	0,029	0,989
1,1	0,99	0,450	3,6	0,021	0,993
1,2	0,93	0,522	3,8	0,015	0,995
1,3	0,86	0,589	4,0	0,011	0,997
1,4	0,78	0,650	4,5	0,005	0,999
1,5	0,68	0,700	5,0	0,000	1,000
1,6	0,56	0,751			

unitário do SCS. O exemplo a seguir demonstra o procedimento. O hidrograma unitário adimensional é esboçado na Figura 11.20, que também apresenta a acumulação de massa. Lembre-se de que a área abaixo do hidrograma representa o volume (ou massa) de escoamento. Um pouco mais de um terço (37,5 por cento) do volume de escoamento total acumula-se antes do pico.

É importante lembrar que a forma e o pico do hidrograma unitário dependem da duração da chuva efetiva (produção de escoamento). Logo, existe um número infinito de hidrogramas unitários para uma bacia hidrográfica em particular. Entretanto, para o método do hidrograma unitário sintético do SCS, a duração da chuva efetiva (ΔD) é encontrada usando-se a Equação 11.11. Para utilizar o hidrograma unitário resultante para produzir chuvas projetadas, as profundidades do escoamento precisam ser desenvolvidas em unidades de tempo que são ΔD em comprimento (ou seus múltiplos).

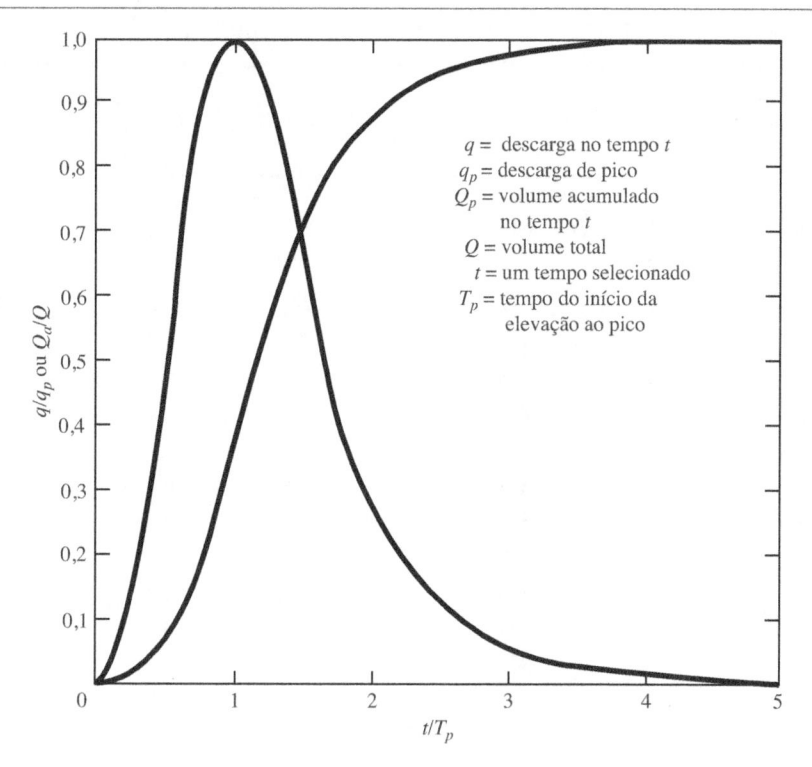

Figura 11.20 Hidrograma unitário adimensional e curva de massa do SCS.
Fonte: Serviço Nacional de Conservação do Solo dos Estados Unidos.

Exemplo 11.8

Está sendo planejado um condomínio em uma grande porção de terra no Condado de Albemarle, Virgínia, Estados Unidos. O condomínio contará com uma bacia hidrográfica de 250 acres com comprimento hidráulico de 4.500 pés. A terra predominante é usada como pasto para cavalos (limo-argiloso) e apresenta declividade média de 8 por cento. Planeja-se mudar o uso da terra na bacia hidrográfica nos próximos dez anos e transformá-la em uma área residencial (com lotes de 1/2 acre). Determine o hidrograma unitário sintético do SCS antes do condomínio.

Solução

Tempo de pico: O tempo de pico requer o tempo de concentração. Aplicando a Equação 11.9,

$$T_c = [L^{0,8}(S + 1)^{0,7}]/(1.140\ Y^{0,5})$$

precisamos determinar o potencial máximo de retenção (S). Assim, a partir da Equação 11.4,

$$S = (1.000/CN) - 10 = (1.000/74) - 10 = 3{,}51 \text{ pol.}$$

onde o número de curva é encontrado na Tabela 11.4 (pasto, boas condições e solos C com base na textura limo-argilosa e na Tabela 11.3). Substituindo o comprimento hidráulico e a declividade da bacia hidrográfica na Equação 11.9, obtemos

$$T_c = [(4.500)^{0,8}(3{,}51 + 1)^{0,7}]/[1.140\ (8)^{0,5}] =$$
$$= 0{,}75 \text{ hora} \quad (45 \text{ minutos})$$

Aplicando a Equação 11.13, uma estimativa do tempo de pico é

$$T_p = 0{,}67\ T_c = 0{,}67(0{,}75) = 0{,}50 \text{ hora} \ (30 \text{ minutos})$$

Descarga de pico: A descarga de pico para a bacia hidrográfica é calculada a partir da Equação 11.4 como

$$q_p = (K_p A)/T_p = 484\ [250 \text{ acres } (1 \text{ milha}^2/640 \text{ acres})]/0{,}5 \text{ hora}$$
$$= 378 \text{ cfs}$$

Hidrograma unitário sintético do SCS: As coordenadas para o hidrograma unitário exibido na Tabela 11.9 são retiradas da Tabela 11.8. O fluxo de pico é 378 cfs e ocorre 30 minutos na chuva, cuja duração é encontrada usando a Equação 11.11 e é igual a

$$\Delta D = 0{,}133\ T_c = (0{,}133)(0{,}75) = 0{,}10 \text{ hora } (6 \text{ minutos})$$

Assim, o hidrograma unitário desenvolvido é um hidrograma unitário de 6 minutos e pode ser utilizado para desenvolver as taxas de fluxo projetado da mesma maneira discutida na Seção 11.5. (Consulte o Problema 11.6.3.)

11.6.4 Hidrograma de projeto do SCS

Imagine que precisamos gerar um hidrograma de projeto resultante de uma tempestade de 24 horas durante 10 anos. Podemos resumir o procedimento para obter esse hidrograma de projeto da seguinte maneira:

1. Determine o montante de chuva de 24 horas durante 10 anos usando a Figura 11.8.
2. Selecione o tipo de tempestade segundo o SCS para o hietograma de 24 horas usando a Figura 11.9.
3. Determine o escoamento resultante desse evento de chuva projetada utilizando o método do número da curva discutido na Seção 11.6.1.
4. Gere o hidrograma unitário sintético conforme descrito na Seção 11.6.3.

TABELA 11.9 Coordenadas do hidrograma unitário sintético do SCS para o Exemplo 11.8.

Proporções de tempo (t/t_p)	Proporções de fluxo (q/q_p)	Tempo (min)	Fluxo (cfs)	Proporções de tempo (t/t_p)	Proporções de fluxo (q/q_p)	Tempo (min)	Fluxo (cfs)
0,0	0,00	0	0	1,7	0,460	51	174
0,1	0,03	3	11	1,8	0,390	54	147
0,2	0,10	6	38	1,9	0,330	57	125
0,3	0,19	9	72	2,0	0,280	60	106
0,4	0,31	12	117	2,2	0,207	66	78
0,5	0,47	15	178	2,4	0,147	72	56
0,6	0,66	18	249	2,6	0,107	78	40
0,7	0,82	21	310	2,8	0,077	84	29
0,8	0,93	24	352	3,0	0,055	90	21
0,9	0,99	27	374	3,2	0,040	96	15
1,0	1,00	30	378	3,4	0,029	102	11
1,1	0,99	33	374	3,6	0,021	108	8
1,2	0,93	36	352	3,8	0,015	114	6
1,3	0,86	39	325	4,0	0,011	120	4
1,4	0,78	42	295	4,5	0,005	135	2
1,5	0,68	45	257	5,0	0,000	150	0
1,6	0,56	48	212				

5. Use a teoria do hidrograma (linearidade e superposição) para construir o hidrograma projetado de 10 anos (conforme realizado no Exemplo 11.5).

O procedimento de projeto descrito anteriormente é muito tedioso e você provavelmente não gostaria de fazer mais de uma vez. Felizmente, existem programas de computador disponíveis para execução dessa tarefa de modo rápido e preciso.

11.7 Roteamento de armazenamento

Os hidrogramas projetados desenvolvidos nas últimas seções podem ser visualizados como ondas de cheia. À medida que essas ondas se movimentam em direção a jusante, sua forma se altera. Se não ocorrer nenhuma entrada adicional de fluxo entre um ponto de observação a montante e a jusante, então o armazenamento (no canal e na várzea) reduz o pico de fluxo e alarga a onda de cheia. A redução mais acentuada do pico demanda maior armazenamento, e reservatórios para controle de águas pluviais são construídos para tirar vantagem desse benefício. Embora poucos reservatórios importantes estejam sendo planejados nos Estados Unidos, existem muitas bacias para gestão de águas pluviais nas áreas suburbanas em desenvolvimento.

O *roteamento de armazenamento* é o processo de avaliação das alterações em um hidrograma de chuva durante sua passagem por uma bacia ou reservatório. Em outras palavras, desenvolve-se um hidrograma do fluxo de saída usando-se o hidrograma do fluxo de entrada, as características de armazenamento no local e as propriedades hidráulicas do dispositivo de saída. Um experimento hipotético nos ajudará a compreender o conceito. Na Figura 11.21, um barril vazio com um orifício em seu fundo é posicionado debaixo de uma torneira. A torneira é ligada (em $t = 0$) e mantida em uma taxa de fluxo estável (Q_{in}) até que seja desligada (em $t = t_0$). Inicialmente, a taxa de fluxo de entrada excede a taxa de fluxo de saída no orifício do barril, e a água começa a aumentar dentro do compartimento (ou seja, armazenamento). À medida que a profundidade (altura) aumenta, a taxa de fluxo de saída também aumenta. Ela alcança o máximo quando a torneira é desligada, pois não existe mais fluxo de entrada disponível para aumentar ainda mais a profundidade. Depois disso, o barril demora um tempo para esvaziar.

A Figura 11.21 também apresenta os hidrogramas do fluxo de entrada e do fluxo de saída para o experimento. Observe o fluxo de entrada estável e o fluxo de saída que varia com o tempo. Lembre-se também de que a área abaixo de um hidrograma representa um volume de água. Assim, a área abaixo do hidrograma do fluxo de entrada representa o volume de água que entrou no barril, e a área abaixo do hidrograma do fluxo de saída representa o volume de água que foi drenado do compartimento. A área entre os hidrogramas do fluxo de entrada e do fluxo de saída representa o armazenamento de água no barril. Esse armazenamento se acumula ao longo do tempo até que alcança o máximo quando a torneira é desligada (representado pela área sombreada na Figura 11.21). Desse tempo

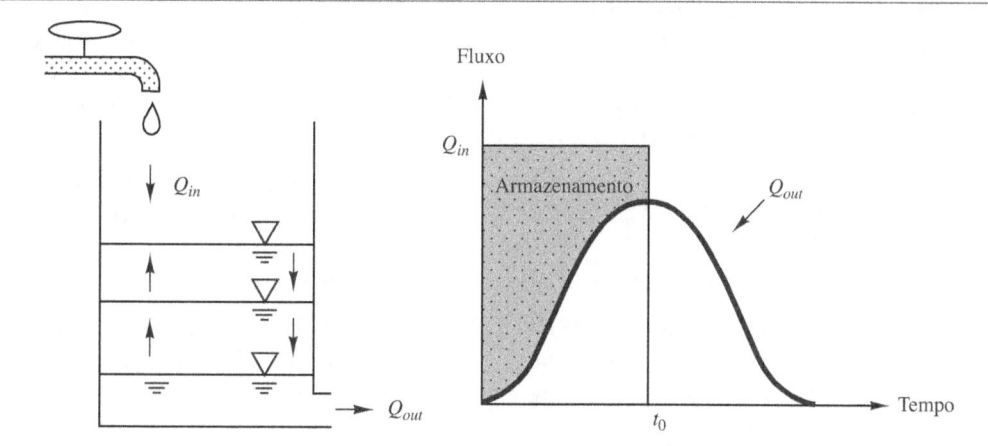

Figura 11.21 O experimento do barril com orifício.

em diante, a área abaixo do hidrograma do fluxo de saída representa o volume de água drenado do barril após o tempo t_0. Esse volume (área) deve combinar com o volume máximo de armazenamento previamente definido. Além disso, a área total abaixo do hidrograma do fluxo de entrada e a área total abaixo do hidrograma do fluxo de saída devem ser iguais, com base no equilíbrio de massa.

É necessário aplicar a conservação da massa (com densidade constante) para resolver matematicamente o problema do roteamento de armazenamento. Na forma diferencial, a equação pode ser escrita como

$$dS/dt = I - O \quad (11.15)$$

onde dS/dt é a proporção de alteração de armazenamento com relação ao tempo, I é o fluxo de entrada instantâneo, e O é o fluxo de saída instantâneo. Se forem usadas proporções médias de fluxo de entrada e de fluxo de saída, então uma solução aceitável pode ser obtida ao longo de um passo de tempo discreto (Δt) usando

$$\Delta S/\Delta t = \overline{I} - \overline{O} \quad (11.16)$$

onde ΔS é a alteração de armazenamento ao longo do passo de tempo. Por fim, assumindo linearidade de fluxo ao longo do passo de tempo, a equação do equilíbrio de massa pode ser escrita como

$$\Delta S = [(I_i + I_j)/2 - (O_i + O_j)/2]\Delta t \quad (11.17)$$

onde os subscritos i e j designam se o fluxo de entrada está no início ou no fim do passo de tempo. A Figura 11.22 apresenta as variáveis na equação. A premissa de linearidade aumenta quando Δt diminui.

A relação massa-equilíbrio na Equação 11.17 contém duas incógnitas. Como o hidrograma do fluxo de entrada deve ser definido antes da realização dos cálculos da rota, os valores do fluxo de entrada (I_i e I_j) são conhecidos. Analogamente, o incremento de tempo (Δt) foi selecionado, e o valor do fluxo de saída no início do passo de tempo (O_i) foi resolvido no cálculo anterior do passo de tempo. Isso deixa o incremento de armazenamento e o fluxo de saída no final do passo de tempo. Na verdade, essas duas incógnitas estão relacionadas. Como pode ser visto na Figura 11.22, à medida que O_j aumenta, ΔS diminui. A solução da equação de massa-equilíbrio demanda outra relação entre o armazenamento e o fluxo de saída. Como ambos (para dispositivos de saída não controlados) estão relacionados à profundidade da água no reservatório, eles estão relacionados um ao outro. Essa relação é empregada para concluir a solução.

Os dados necessários para cálculo da rota de armazenamento incluem:

- hidrograma do fluxo de entrada (usando o procedimento do SCS ou outro procedimento adequado);
- relação elevação *versus* armazenamento para o reservatório;
- relação elevação *versus* descarga para o dispositivo de saída.

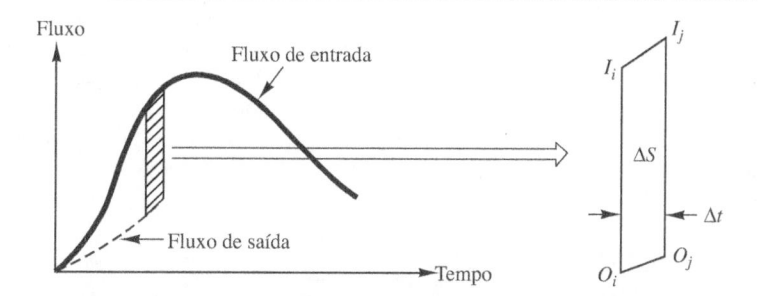

Figura 11.22 Representação gráfica das equações de armazenamento.

A Figura 11.23 mostra graficamente esses requisitos de dados. O procedimento para obtenção da curva de estágio (elevação) *versus* armazenamento é descrito na figura. Além disso, os dois tipos principais de dispositivos de saída estão destacados com relações típicas de estágio *versus* descarga.

O método de roteamento modificado de Puls (ou bacia de nível) reformula a Equação 11.17 em

$$(I_i + I_j) + [(2S_i/\Delta t) - O_i] = [(2S_j/\Delta t) + O_j] \quad (11.18)$$

onde $(S_j - S_i)$ é igual à alteração no armazenamento (ΔS). A vantagem dessa expressão é que todas as variáveis conhecidas estão no lado esquerdo da equação e todas as incógnitas estão agrupadas à direita. O procedimento de solução para método de roteamento modificado de Puls é descrito a seguir.

1. Determine o hidrograma do fluxo de entrada apropriado para o reservatório. O roteamento do reservatório é realizado por diversas razões (dimensionamento do dispositivo de saída, determinação do armazenamento, avaliação da inundação a jusante), mas sempre requer um hidrograma do fluxo de entrada completo.

2. Selecione o intervalo de roteamento (Δt). Lembre-se de que é assumida a linearidade dos fluxos de entrada e saída; logo, Δt deve ser escolhido criteriosamente. Uma estimativa que geralmente é boa é: $\Delta t = T_p/10$.

3. Determine a relação elevação-armazenamento para o local do reservatório e as relações elevação-fluxo de saída para o dispositivo de saída selecionado.

4. Estabeleça a relação armazenamento-fluxo de saída usando a seguinte tabela:

Elevação	Fluxo de saída (O)	Armazenamento (S)	$2S/\Delta t$	$(2S/\Delta t) + O$

5. Faça o gráfico da relação $[(2S/\Delta t) + O]$ *versus* (O).

6. Realize os cálculos da rota de armazenamento usando a tabela com os cabeçalhos a seguir:

Tempo	Fluxo de entrada (I_i)	Fluxo de entrada (I_j)	$(2S/\Delta t) - O$	$(2S/\Delta t) + O$	Fluxo de saída (O)

O procedimento de solução é explicado com mais detalhes no próximo exemplo.

Exemplo 11.9 (adaptado de Normann e Houghtalen*)

Está sendo planejado um condomínio no Condado de Albemarle, Virgínia, Estados Unidos, que contará com uma bacia hidrográfica de 250 acres. A lei de gestão de águas pluviais da Virgínia exige que uma descarga de pico de 2 anos depois da criação do condomínio não exceda a mesma descarga nas condições atuais (173 cfs). Para atender a essa exigência, propõe-se uma bacia de retenção na saída da bacia hidrográfica. Determine o armazenamento necessário e o tamanho do dispositivo de saída se a descarga de pico após a criação do condomínio for de 241 cfs.

Solução

(a) **Determine o hidrograma de fluxo de entrada apropriado para o reservatório.** Os procedimentos do SCS foram utilizados para determinar o hidrograma de 24 horas, durante 2 anos, após a criação do condomínio. A tabela a seguir lista os fluxos projetados entrando na bacia proposta.

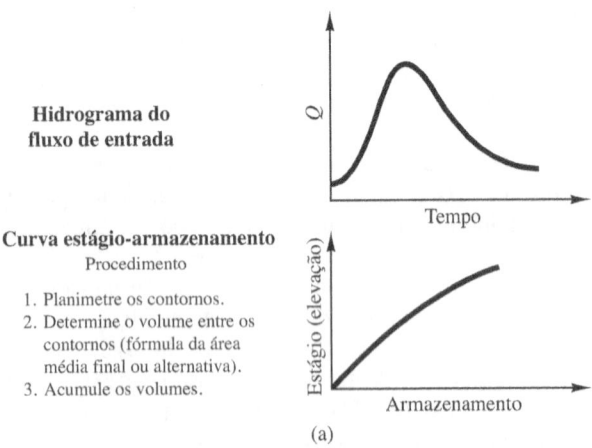

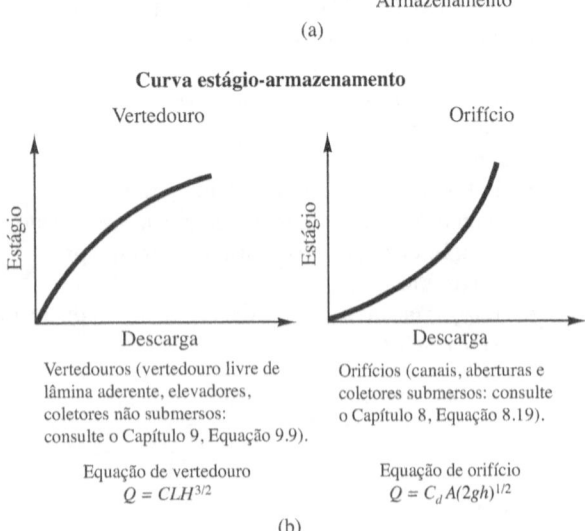

Figura 11.23 Requisitos de dados para o roteamento do armazenamento.

---

* J. M. Normann e R. J. Houghtalen, *Basic Stormwater Management in Virginia*. Richmond, VA, Divisão de Conservação do Solo e da Água, Departamento de Conservação e Recursos Históricos da Virgínia, 1982.

Tempo	Fluxo (cfs)	Tempo	Fluxo (cfs)	Tempo	Fluxo (cfs)
11:30	8	12:15	72	13:00	156
11:35	9	12:20	119	13:05	126
11:40	11	12:25	164	13:10	114
11:45	12	12:30	210	13:15	100
11:50	13	12:35	240	13:20	85
11:55	15	12:40	241	13:25	79
12:00	18	12:45	227	13:30	67
12:05	27	12:50	202	13:35	59
12:10	43	12:55	181	13:40	52

(b) Selecione um intervalo de roteamento (Δt). A partir do hidrograma do fluxo de entrada, parece ser necessária cerca de 1 hora para que o hidrograma alcance o pico. Com base em $\Delta t = T_p/10$, escolhe-se um incremento de tempo de 5 minutos.

(c) Determine a relação elevação-armazenamento para o local do reservatório e a relação elevação-fluxo de saída para o dispositivo de saída selecionado. A possível localização da bacia é apresentada no mapa de contorno da Figura 11.24. Ela está localizada na saída da bacia e atualmente é utilizada como tanque. Será construída uma barragem de terra, e tubos de metal corrugado serão usados para liberar escoamentos do tanque. A relação elevação-armazenamento é determinada a partir do método de área final média.

Dois tubos de metal corrugado de 36 polegadas (TMC) serão usados no dispositivo de saída. Lembre-se de que esse dispositivo (tamanho e número dos tubos) deve ser projetado de modo a atender às exigências relacionadas à gestão de águas pluviais na Virgínia. Nesse momento, eles têm tamanhos de teste, até que o roteamento do reservatório esteja concluído e seja possível determinar se eles atendem às exigências legais. Os TMC serão colocados no leito da corrente existente (elevação de 878 pés, NMM) com a barragem de terra construída sobre eles. Assumiremos que os TMC atuam como orifícios (controle de entrada). Portanto, utilizaremos a Equação 8.19:

$$Q = \text{Fluxo de saída}(O) = C_d A (2gh)^{1/2}$$

onde C_d é o coeficiente de descarga definido em 0,6 (cantos quadrados), A é a área de fluxo dos dois tubos, e h é a altura de direção medida a partir do meio da abertura para a superfície da água.

A tabela a seguir disponibiliza informações sobre a relação elevação-fluxo de saída.

Elevação (pés, NMM)	Altura (pés)	Fluxo de saída (cfs)
878	0,0	0
880	0,5	48
882	2,5	108
884	4,5	144
886	6,5	173

(d) Estabeleça a relação armazenamento-fluxo de saída:

Elevação (pés, NMM)	Fluxo de saída (O) (cfs)	Armazenamento (S) (acres-pés)	$2S/\Delta t$ (cfs)	$(2S/\Delta t) + O$ (cfs)
878	0	0	0	0
880	48	0,22	64	112
882	108	1,22	354	462
884	144	3,66	1.060	1.210
886	173	8,46	2.460	2.630

As primeiras três colunas na tabela são obtidas por meio das informações de elevação-armazenamento e elevação-descarga previamente calculadas. A quarta coluna é obtida dobrando-se o valor do armazenamento na terceira coluna e dividindo-o pelo intervalo de roteamento escolhido ($\Delta t = 5$ minutos $= 300$ segundos). É claro que o armazenamento terá de ser convertido de acres-pés para pés ao cubo para que se chegue à unidade desejada (cfs) para $2S/\Delta t$. Lembre-se de que um acre equivale a 43.560 pés ao quadrado. A última coluna é encontrada adicionando-se a segunda coluna (fluxo de saída, O) à quarta coluna ($2S/\Delta t$). A segunda e a terceira colunas representam a relação entre o fluxo de saída e o armazenamento necessária para a solução da equação do equilíbrio de massa contendo duas incógnitas. Entretanto, para fins de cálculos, é mais conveniente utilizar a relação entre o fluxo de saída e $[(2S/\Delta t) + O]$, conforme veremos.

(e) Faça o gráfico da relação $[(2S/\Delta t) + O]$ versus (O). [Consulte a Figura 11.25(a).]

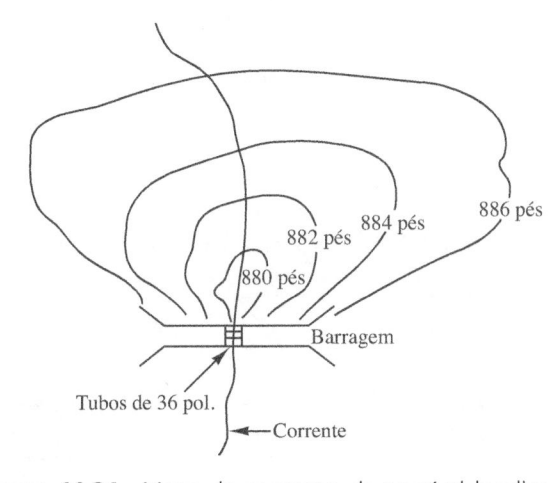

Figura 11.24 Mapa de contorno da possível localização da bacia.

Elevação (pés, NMM)	Área (acres)	Δ Armazenamento (acre-pés)	Armazenamento (acre-pés)
878	0,00		0,00
		0,22	
880	0,22		0,22
		1,00	
882	0,78		1,22
		2,44	
884	1,66		3,66
		4,80	
886	3,14		8,46

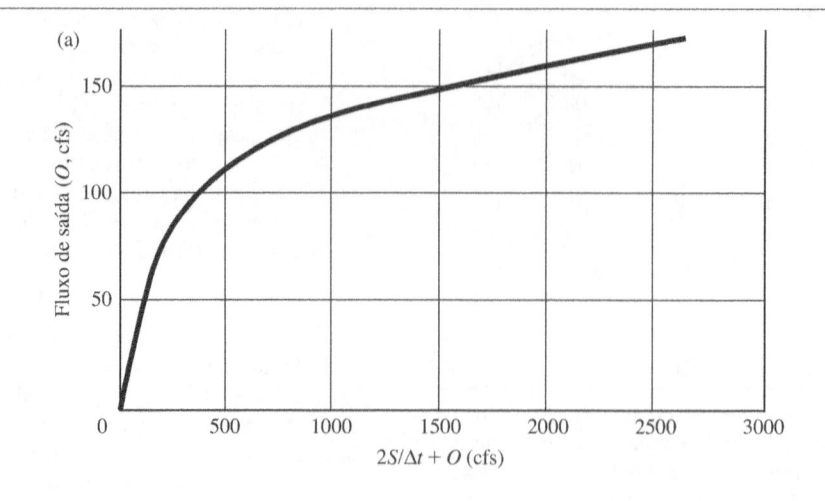

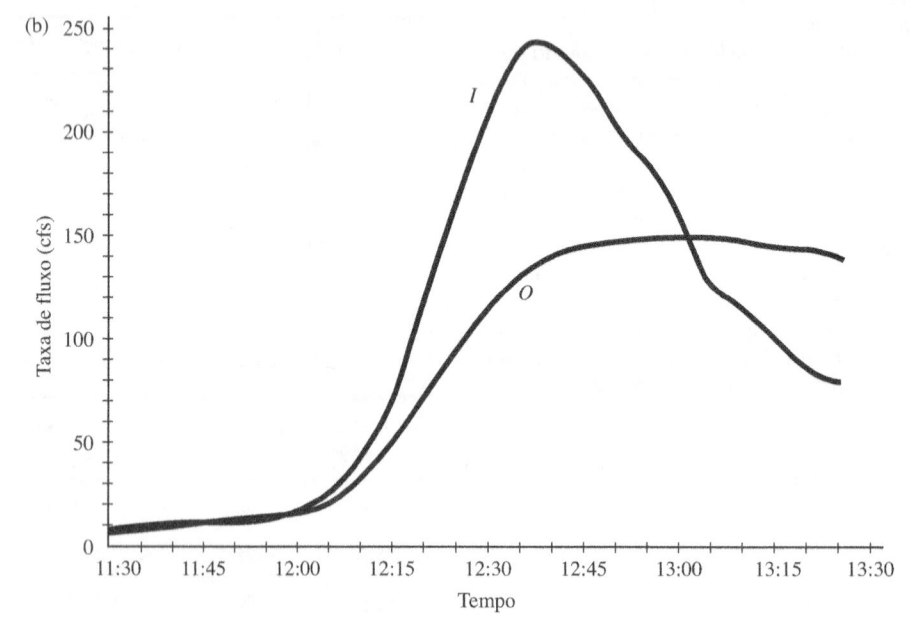

Figura 11.25 (a) Relação de roteamento entre [(2S/Δt) + O] e o fluxo de saída (O). (b) Hidrogramas do fluxo de entrada (I) e do fluxo de saída (O).

(f) Faça os cálculos do roteamento do armazenamento (Puls modificado):

Tempo	Fluxo de entrada (I_i) (cfs)		Fluxo de entrada (I_j) (cfs)		(2S/Δt) − O (cfs)	(2S/Δt) + O (cfs)	Fluxo de saída (O) (cfs)
11:30	8	+	9	+	0[1]		6[2]
11:35	9		11		3[5]	17[3]	7[4]
11:40	11		12		5	23	9
11:45	12		13		4	28	12
11:50	13		15		5	29	12
11:55	15		18		5	33	14
12:00	18		27		4	38	17
12:05	27		43		9	49	20
12:10	43		72		13	79	33
12:15	72		119		26	128	51
12:20	119		164		71	217	73
12:25	164		210		166	354	94

(continua)

(continuação)

Tempo	Fluxo de entrada (I_i) (cfs)	Fluxo de entrada (I_j) (cfs)	$(2S/\Delta t) - O$ (cfs)	$(2S/\Delta t) + O$ (cfs)	Fluxo de saída (O) (cfs)
12:30	210	240	308	540	116
12:35	240	241	496	758	131
12:40	241	227	699	977	139
12:45	227	202	879	1.167	144
12:50	202	181	1.014	1.308	147
12:55	181	156	1.101	1.397	148
13:00	156	126	1.140	1.438	149
13:05	126	114	1.126	1.422	148
13:10	114	100	1.072	1.366	147
13:15	100	85	996	1.286	145
13:20	85	79	897	1.181	142
13:25	79	67	783	1.061	139
13:30	67				

Comentários sobre a conclusão da tabela de roteamento do armazenamento (reservatório): A coluna 1 (tempo) e a coluna 2 (fluxo de entrada) representam o hidrograma do fluxo de entrada projetado. A coluna 3 é a coluna 2 elevada um incremento de tempo (ou seja, I_j sucede I_i em um incremento de tempo). As outras colunas são desconhecidas ou estão em branco quando o processo de roteamento tem início. O objetivo principal é preencher a última coluna representando o hidrograma de fluxo de saída ou as descargas a partir da bacia de retenção. As anotações a seguir se aplicam aos números na tabela com subscritos.

1. Para iniciar o processo de roteamento quando existe pouco fluxo de entrada, assuma $(2S_i/\Delta t - O_i)$ igual a zero, pois há muito pouco armazenamento na bacia ou fluxo de saída da bacia.
2. O primeiro valor de fluxo de saída é dado em 6 cfs. Se não fosse dado, poderíamos assumir que o primeiro valor de fluxo de saída é igual ao primeiro valor do fluxo de entrada.
3. Os valores nessa coluna são encontrados aplicando-se a equação de equilíbrio de massa definida na Equação 11.18 como

$$(I_i + I_j) + [(2S_i/\Delta t) - O_i] = [(2S_j/\Delta t) + O_j]$$

   ou, nesse caso,

   $(8 + 9) + [0] = [17]$ para o tempo 11:35

   Em outras palavras, estamos determinando o valor de $[(2S_j/\Delta t) + O_j]$ no tempo 11:35. A equação define que precisamos somar o fluxo de entrada atual ao fluxo de entrada anterior e ao valor anterior de $[(2S_i/\Delta t) - O_i]$. O sinal de adição na tabela mostra os números que devem ser somados.
4. Os valores do fluxo de saída, exceto o primeiro mencionado na observação (2), foram obtidos a partir da relação $[(2S/\Delta t) + O]$ versus (O) esboçados em passo e [Figura 11.25(a)]. Para o tempo 11:35, usando o valor de $[(2S/\Delta t) + O] = 17$ cfs, lemos um valor de fluxo de saída aproximadamente igual a 7 cfs, quando usamos um gráfico mais detalhado do que o mostrado na Figura 11.25(a). Observe que é possível interpolar a tabela do passo (d) para obter quase a mesma resposta.
5. Os valores de $[(2S/\Delta t) - O]$ são encontrados algebricamente. Simplesmente dobre os valores do fluxo de saída na última coluna e os subtraia de $[(2S/\Delta t) + O]$; nesse caso, $17 - 2(7) = 3$ cfs. Após concluir o roteamento para o tempo 11:35, siga para o tempo 11:40. Repita as etapas de 3 a 5 determinando $2S/\Delta t + O$ a partir da equação de equilíbrio de massa, o fluxo de saída (O) a partir do gráfico no passo (e) e, por fim, $(2S/\Delta t - O)$ algebricamente. Repita o procedimento para o restante da tempestade.

Observe que o procedimento de roteamento de Puls modificado foi interrompido no tempo 13:25. Nesse ponto, o fluxo de saída começou a diminuir. Como nossa preocupação primária era o fluxo de saída de pico, o procedimento foi interrompido. O hidrograma do fluxo de entrada e o hidrograma do fluxo de saída calculado estão representados na Figura 11.25(b). A atenuação e o retardo de tempo da descarga de pico representam efeitos típicos das bacias de retenção nas ondas de cheia. Bacias de retenção maiores ou dispositivos de saída menores causam efeitos ainda mais acentuados. A área entre os dois hidrogramas representa o volume de água armazenado na bacia de retenção. O armazenamento máximo ocorre no tempo de interseção entre os dois hidrogramas – por volta de 13:05, na Figura 11.25(b). Antes desse tempo, as taxas do fluxo de entrada são maiores do que as do fluxo de saída, indicando que a bacia de retenção está enchendo. Depois desse tempo, as taxas de fluxo de saída ultrapassam as do fluxo de entrada, indicando que a bacia de retenção está esvaziando. Além disso, não é coincidência que o fluxo de saída de pico ocorra na interseção dos dois hidrogramas. Existe uma relação armazenamento-fluxo de saída de valor único na qual o fluxo de saída aumenta com o aumento do armazenamento. Portanto, a taxa de fluxo de saída é maximizada ao mesmo tempo que o armazenamento é maximizado.

O fluxo de saída de pico de 149 cfs é menor do que o fluxo de saída que desejamos, de 173 cfs. Assim, a tempestade projetada está levemente "supercontrolada" com o dispositivo de saída escolhido. O procedimento de roteamento pode ser representado usando tubos um pouco maiores que, embora custem mais caro, não permitirão que a bacia fique tão cheia durante a tempestade projetada. Isso deixará mais área livre para uso e provavelmente compensará os custos adicionais com os tubos.

A elevação da bacia no fluxo de saída de pico (ou em qualquer outro) pode ser obtida usando-se a relação elevação-fluxo de saída desenvolvida no passo (c). Por meio da interpolação usando a descarga de pico de 149 cfs, a elevação de pico é 884,3 pés NMM. (O armazenamento de pico é determinado da mesma maneira.) A elevação de pico normalmente estabeleceria a elevação do vertedouro de emergência. Uma tempestade diferente projetada seria usada para dimensionar o vertedouro de emergência (em geral, uma barragem) para impedir que a represa ficasse sobrecarregada em eventos raros (ou seja, uma tempestade de 100 anos).

Essa bacia de gestão de águas pluviais é considerada uma "bacia seca" que possui água durante uma tempestade e algum tempo depois. Eventualmente, ela é totalmente drenada porque os tubos foram posicionados no leito da corrente. Bacias secas costumam estar localizadas nas extremidades de um parque ou campo de esportes para fazer uso da terra quando ela está seca. "Bacias molhadas" possuem água em seu interior todo o tempo. Logo, o volume necessário para armazenamento deve estar reservado acima da elevação normal da bacia.

TABELA 11.10 Faixa típica de valores para coeficientes de escoamento.

Uso da terra (solos e declividades)	Coeficiente de escoamento (C)
Estacionamentos, abrigos	0,85 a 0,95
Áreas comerciais	0,75 a 0,95
Residencial:	
unidade familiar	0,3 a 0,5
apartamentos	0,6 a 0,8
Industrial	0,5 a 0,9
Parques, espaços abertos	0,15 a 0,35
Floresta, bosques	0,2 a 0,4
Campos:	
solo arenoso, plano (< 2%)	0,1 a 0,2
solo arenoso, inclinado (> 7%)	0,15 a 0,25
solo argiloso, plano (< 2%)	0,25 a 0,35
solo argiloso, inclinado (> 7%)	0,35 a 0,45
Terras agrícolas:	
solo arenoso	0,25 a 0,35
solo silte-argiloso	0,35 a 0,45
solo argiloso	0,45 a 0,55

11.8 Projeto hidráulico: o método racional

Os fluxos de pico resultantes de eventos de chuvas representam o principal requisito de projeto para muitas estruturas hidráulicas (por exemplo, coletores de drenagem, encanamentos para águas pluviais, canais de drenagem e aquedutos). As técnicas estatísticas abordadas no Capítulo 12 são ferramentas eficientes para obtenção dos fluxos de pico e das probabilidades a eles associadas em medidores de corrente. Contudo, a maioria das pequenas bacias hidrográficas não possui medidores. Além disso, a maioria das estruturas hidráulicas está instalada em pequenas bacias hidrográficas. O método racional é um dos mais antigos e mais largamente utilizados métodos hidrológicos para dimensionar tais estruturas.

O método racional baseia-se na equação

$$Q_p = CIA \tag{11.19}$$

onde C é o *coeficiente de escoamento* adimensional, I é a intensidade média da chuva em pol./hora de probabilidade (P), e A é a área de drenagem contribuinte em acres. Q_p é a descarga de pico em acre-pol./hora ou cfs (já que 1 acre-pol./hora é aproximadamente igual a 1 cfs).

A determinação original dos coeficientes de escoamento da bacia hidrográfica resultou de análises de frequência separadas de chuva e escoamento (Capítulo 12). Em outras palavras, chuva e escoamento com os mesmos períodos de retorno foram determinados a partir de informações de medidores, e o coeficiente de escoamento foi então encontrado como razão entre o escoamento e a chuva. O conceito agora se simplifica, assumindo que o escoamento possui o mesmo período de retorno do que a chuva que o produz. Assim, o coeficiente de escoamento, essencialmente uma razão entre o escoamento e a chuva, varia de zero (nenhum escoamento) a 1 (escoamento completo). Na prática, ele é determinado a partir de uma tabela baseada no uso e declividade da terra e no tipo de solo (Tabela 11.10). A partir da Tabela 11.10, fica evidente e é intuitivo que o escoamento aumenta com o aumento da declividade e a impermeabilidade ou diminuição da cobertura de vegetação e da permeabilidade do solo. Uma média ponderada de área C é usada para bacias hidrográficas com usos mistos da terra.

A intensidade média da chuva (I) é obtida a partir da curva IDF (Figura 11.26). Conforme discutido em detalhes no Capítulo 12, as curvas IDF são gráficos da intensidade média da chuva *versus* duração da tempestade para uma determinada localização geográfica. Costuma-se esboçar um vetor com diferentes intervalos de retorno. Para a maioria das cidades norte-americanas, são usados registros de longo prazo do Serviço Nacional de Meteorologia para desenvolver essas curvas. A Figura 11.26 sugere que quanto mais longa a tempestade, menos intensa a chuva, embora o montante total de chuva aumente – fato que vai ao encontro de nossa intuição: Se está chovendo "canivete", então é provável que não dure muito.

Para usar uma curva IDF no método racional, precisamos definir a duração projetada da tempestade. É possível mostrar que a descarga de pico ocorre quando toda a bacia hidrográfica está contribuindo com escoamento para o ponto de projeto. Portanto, a duração da tempestade é igualada ao tempo de concentração. Com a duração da tempestade e o intervalo de retorno, a intensidade da chuva é obtida a partir da curva IDF. Assume-se que a intensidade é constante durante toda a tempestade e é usada para resolver a Equação 11.19. Por conta dessa e de muitas outras premissas, o método racional somente é aplicável a pequenas bacias hidrográficas (por exemplo, 200 acres é um limite superior comumente mencionado).

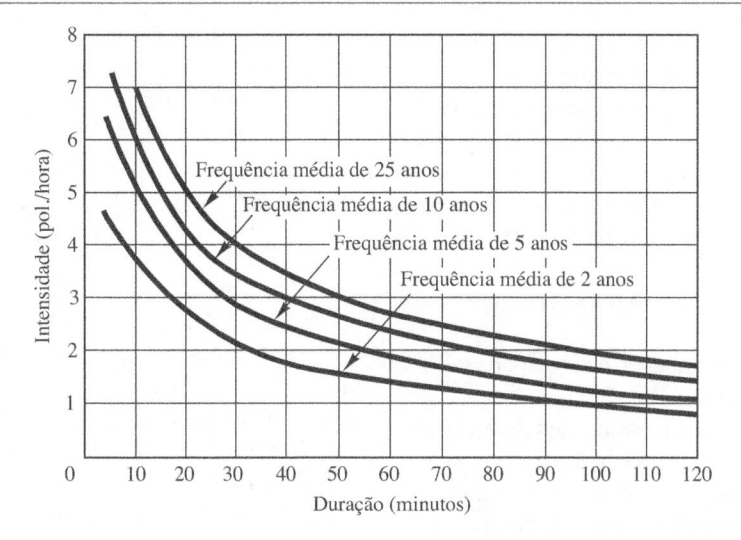

Figura 11.26 Curva de intensidade-duração-frequência (IDF) típica.

Exemplo 11.10

Estime a descarga de pico de 10 anos (Q_{10}) antes e depois do condomínio da bacia hidrográfica de 250 acres descrito no Exemplo 11.18. Assuma que a curva IDF na Figura 11.26 é apropriada para a localização da bacia hidrográfica.

Solução

A equação racional pode ser usada para estimar a descarga de pico ainda que a bacia hidrográfica seja maior do que 200 acres. Aplicando a Equação 11.19 para as condições anteriores à construção do condomínio, obtemos

$$Q_p = C\,I\,A = (0{,}35)(2{,}8\text{ pol./hora})(250\text{ acres}) = 245\text{ cfs}$$

onde C é encontrado usando-se a Tabela 11.10, e I é obtido a partir da Figura 11.26 (com duração de tempestade igual aos 45 minutos de tempo de concentração). É usado o valor de C para espaço aberto, e um valor superior da faixa é selecionado porque o solo é silte-argiloso e inclinado.

Para as condições depois da criação do condomínio, deve-se calcular um novo tempo de concentração. Aplicar a Equação 11.9,

$$T_c = [L^{0{,}8}(S+1)^{0{,}7}]/(1.140\,Y^{0{,}5})$$

requer uma determinação do potencial máximo de retenção (S). Assim, a partir da Equação 11.4,

$$S = (1.000/CN) - 10 = (1.000/80) - 10 = 2{,}50\text{ pol.}$$

onde o número da curva é encontrado na Tabela 11.4 (áreas residenciais, lotes de 1/2 acre, solo C). Substituindo o comprimento hidráulico e a declividade da bacia hidrográfica na Equação 11.9, obtemos

$$T_c = [(4.500)^{0{,}8}(2{,}50+1)^{0{,}7}]/[1.140(8)^{0{,}5}] =$$
$$= 0{,}624\text{ hora (37,4 minutos)}$$

Aplicando a Equação 11.19 novamente para as condições após a construção do condomínio, obtemos

$$Q_p = C\,I\,A = (0{,}45)(3{,}1\text{ pol./hora})(250\text{ acres}) = 349\text{ cfs}$$

onde C é encontrado usando-se a Tabela 11.10, e I é obtido a partir da Figura 11.26 (com duração de tempestade igual ao tempo de concentração de 37,4 minutos). É necessário um valor C para áreas residenciais. Os lotes de 1/2 acre são grandes, indicando um valor C na parte inferior da faixa, mas os solos argilosos e inclinados aumentam o valor de C. Assim, um valor de C na extremidade superior da faixa foi selecionado.

Observe que o condomínio aumentou a descarga de pico de 245 cfs para 349 cfs. Isso é resultado da combinação de mais escoamento (valor mais alto de C) a partir do aumento da área impermeável e da redução do tempo de concentração, visto que o escoamento chega mais rápido às correntes receptoras (correndo em sarjetas e calhas). Essas são consequências típicas das bacias hidrográficas de urbanização que levaram à criação de leis de gestão de águas pluviais e iniciativas de baixo impacto para aumentar a infiltração e diminuir a velocidade do escoamento.

11.8.1 Projeto de sistemas de coleta de águas pluviais

Os sistemas de coleta e transporte de águas pluviais representam um dos componentes mais caros e importantes de nossa infraestrutura urbana. Esses sistemas coletam o escoamento das chuvas e levam-no até a corrente, o rio, a bacia de retenção, o lago, o estuário ou o oceano mais próximo, de modo a minimizar os danos e inconveniências das enchentes urbanas. Os componentes dos sistemas de águas pluviais incluem sarjetas, coletores para drenagem de chuva, calhas, bueiros e, em alguns casos, canais, bacias, dispositivos de infiltração e pântanos construídos.

O custo dos sistemas de águas pluviais depende, em grande parte, da frequência das chuvas (ou intervalo de recorrência) as quais devem transportar. A frequência ótima de chuvas baseia-se puramente na economia: quando o custo da capacidade adicional excede os benefícios. Isso raramente é feito na prática porque a análise é cara e difícil. Em vez dela, agências governamentais locais definem um padrão de projeto, em geral uma tempestade de dez anos. Consequentemente, na média, o sistema ficará sobrecarregado uma vez a cada dez anos, o que resultará em uma pequena enchente. Áreas problemáticas podem demandar um padrão de projeto mais severo.

Os coletores para drenagem de chuva retiram a água das ruas. Os tipos mais comuns são as grades, as bocas de lobo e a combinação de ambas (Figura 11.27). A localização dos coletores constitui a primeira fase do projeto dos sistemas de águas pluviais. A quantidade de coletores, cada um atendido por um tubo, afeta diretamente o custo do sistema. Para minimizá-lo, o fluxo nas sarjetas precisa ser maximizado. Em geral, os coletores são posicionados nas seguintes localizações:

- em todas as fossas onde a água se acumule e onde não haja outra saída;
- ao longo do meio-fio quando a capacidade (altura) da sarjeta é excedida;
- ao longo do meio-fio quando a água se *espalha* pela rua a uma distância capaz de atrapalhar o fluxo ou a segurança do tráfego (muitos governos estabelecem *critérios de invasão de pavimento*);
- em todas as pontes (para evitar que congelem no tempo frio);
- ao longo do meio-fio antes de um cruzamento por razões de segurança no trânsito.

A localização dos coletores de modo a evitar que a água invada a rua combina a equação de Manning para a capacidade da sarjeta e a equação racional para a taxa de escoamento superficial. Dados a geometria da rua (informação da seção transversal e da declividade da rua), os critérios de invasão de pavimento (ou altura da sarjeta, dependendo dos limites de profundidade de fluxo no meio-fio) e o coeficiente de rugosidade de Manning, a capacidade da sarjeta é definida usando

$$Q = AV = (1{,}49/n)\, A R_h^{2/3} S_e^{1/2} \qquad (11.20)$$

com as variáveis definidas na Equação 11.8.

A área de drenagem que contribui com o fluxo para o coletor é calculada substituindo-se o fluxo da sarjeta encontrado anteriormente na equação racional, que é reorganizada da seguinte forma:

$$A = Q/(C\,I) \qquad (11.21)$$

Utilizando-se um mapa topográfico, a localização proposta para o coletor é movida para cima ou para baixo na rua até que a área que contribui com o fluxo para o coletor seja igual à área de drenagem calculada anteriormente. Embora isso pareça fácil, a equação racional requer certa intensidade de chuva, o que depende de um tempo de concentração. Se o coletor não foi posicionado, então o tempo de concentração não pode ser definido, e é necessário um processo iterativo. O exemplo a seguir esclarecerá o procedimento.

Exemplo 11.11

A Rua Barudi, que atende a uma vizinhança de casas familiares ($C = 0{,}35$), precisa de coletores tipo boca de lobo. Um mapa de contorno da área é mostrado na Figura 11.28 (escala de 1 pol. = 100 pés) juntamente com a geometria da seção transversal da rua. O asfalto da rua ($n = 0{,}015$) possui declividade transversal de 1/4 de polegada por pé, e a declividade longitudinal da rua é de 2,5 por cento. O governo local define chuva de projeto de 5 anos e permite 6 pés de invasão de pavimento em cada lado da rua de 30 pés de largura. Quão a oeste do divisor de águas o primeiro coletor deve estar para drenar adequadamente o lado norte da rua? A chuva

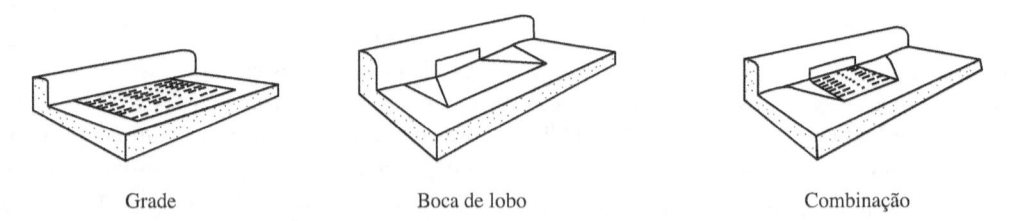

Figura 11.27 Coletores típicos para drenagem de chuva.

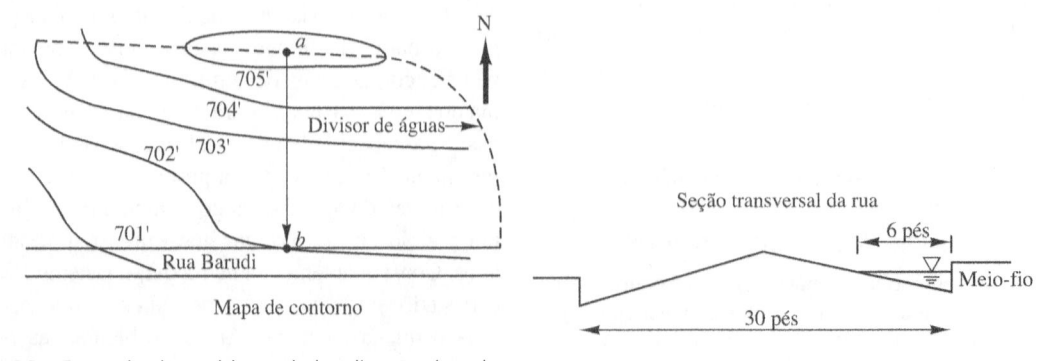

Figura 11.28 Exemplo do problema de localização do coletor.

de 24 horas durante 2 anos tem 3,2 polegadas, e a curva IDF na Figura 11.26 se aplica.

Solução

Com base na declividade transversal de 1/4 de polegada por pé e na limitação da invasão em 6 pés, a profundidade do fluxo na sarjeta é 1,5 polegada. Isso resulta em um perímetro molhado de 6,13 pés. (Desenhe a seção triangular de fluxo e comprove.) Aplicando a equação de Manning (11.20) obtemos uma capacidade de sarjeta de

$$Q = (1{,}49/n) A R_h^{2/3} S e^{1/2}$$

$$Q = (1{,}49/0{,}015)(0{,}375 \text{ pé}^2)(0{,}375/6{,}13)^{2/3}(0{,}025)^{1/2}$$

$$Q = 0{,}914 \text{ cfs}$$

Em seguida, aplicaremos a equação racional para determinar quanto da área de superfície pode ser drenada antes que a sarjeta alcance sua capacidade. A partir do mapa de contorno, parece que o tempo de concentração envolverá primeiro o tempo de fluxo superficial a partir da fronteira de drenagem para a rua com tempo muito pequeno de fluxo de sarjeta. A distância mais longa do fluxo superficial é cerca de 100 pés (linha de fluxo a, b no mapa de contorno; $s \approx 3$ por cento). Aplicando a Equação 11.5 para o fluxo laminar, obtemos

$$T_{t_1} = [0{,}007\,(n L)^{0{,}8}]/(P_2^{0{,}5}\, s^{0{,}4})$$

$$T_{t_1} = [0{,}007\,\{(0{,}15)(100)\}^{0{,}8}]/[(3{,}2)^{0{,}5}\,(0{,}03)^{0{,}4}]$$

$$T_{t_1} = 0{,}139 \text{ h} = 8{,}3 \text{ min}$$

A Tabela 11.6 disponibiliza o valor de n (grama curta), e o mapa de contorno forneceu a declividade da terra e a distância na equação anterior. Adicionar um pequeno tempo de fluxo de sarjeta ao tempo de fluxo laminar nos dá um tempo de concentração de aproximadamente 10 minutos, o que é igual à duração da tempestade para o método racional. Vale mencionar que algumas agências governamentais locais especificam um tempo de concentração para os projetos de sistemas de águas pluviais (por exemplo, 5 ou 10 minutos, dependendo do critério local de invasão de pavimento e da topografia). Usando a curva IDF na Figura 11.26, a duração de 10 minutos produz uma intensidade de 5,2 pol./hora para a tempestade de 5 anos. Substituindo na equação racional (Equação 11.21), temos

$$A = Q/(C\,I)$$

$$A = 0{,}914 \text{ cfs}/[(0{,}35)(5{,}2 \text{ pol./hora})]$$

$$A = 0{,}502 \text{ acre (aproximadamente 22.000 pés}^2)$$

Como a área de drenagem do lado norte da rua é praticamente retangular com largura de 100 pés, o coletor é posicionado a cerca de 220 pés a jusante a partir do divisor de águas.

A menos que esteja localizada em uma fossa, um coletor dificilmente capta todo o fluxo da sarjeta. O percentual de fluxo captado depende de aspectos como declividade da rua, declividade transversal, taxa de fluxo e tipo de coletor. Os fabricantes disponibilizam informações sobre a eficiência de seus coletores.

Um procedimento de projeto semelhante pode ser usado para posicionar um segundo coletor.

- A capacidade da sarjeta no local do segundo coletor é calculada com a equação de Manning.
- A capacidade da sarjeta é reduzida em um montante igual ao fluxo que passa pelo primeiro coletor.
- Com a equação racional, a área contribuindo com fluxo para a segunda entrada é determinada usando o fluxo reduzido que desviou do coletor. Um novo tempo de concentração deve ser calculado.

Se todos os fatores de projeto permanecerem os mesmos (valor de C, declividade e geometria da rua, critério de invasão de pavimento, tempo de concentração e eficiência de captura nos coletores) e a largura do divisor de águas permanecer constante, então o espaçamento entre o primeiro coletor e o segundo se repete por toda a rua até que se chegue a um cruzamento.

11.8.2 Projeto de tubulações para águas pluviais

A fase seguinte do projeto é o dimensionamento da tubulação para águas pluviais. A análise se inicia no primeiro coletor (mais alto) e segue até o ponto de saída. A equação racional é usada para calcular a taxa de fluxo projetada para cada tubo. A equação de Manning é usada para obter o tamanho do tubo capaz de transportar a descarga de pico enquanto estiver escoando quase cheio (sem estar sob pressão).

Os cálculos anteriores para determinar o fluxo de pico usando a equação racional para localização do coletor não podem ser usados para dimensionamento de tubos de águas pluviais exceto pelo primeiro coletor. O projeto de localização de coletores é responsável somente pelas contribuições de água de superfície locais. Os tubos de águas pluviais devem acomodar as contribuições de água de superfície locais também no coletor, bem como fluxos de todos os tubos a montante. Portanto, a equação racional usa toda a área de drenagem a montante. Além disso, o coeficiente de escoamento ponderado da área (C) pode ser necessário para a área de drenagem a montante. Por fim, o tempo de concentração é calculado usando a combinação mais longa do tempo de fluxo do coletor e do tempo de fluxo do tubo até o ponto de projeto (ou seja, a entrada para o tubo que está sendo dimensionado). Usando esse tempo de concentração, a intensidade da chuva é obtida a partir da curva IDF apropriada.

O projeto de tubos de águas pluviais não é difícil, mas requer um longo esforço de coleta de dados. A maioria dos dados necessários pode ser colhida de mapas de contorno de área. (Costuma ser necessário um intervalo de contorno de 2 pés ou menos.) Uma tabela ou planilha bem projetada ajuda a assimilar os dados e esclarecer os cálculos necessários. A equação racional (Equação 11.19) é usada para determinar o fluxo de pico (Q_p, em cfs) que cada tubo de águas pluviais deve transportar. A equação de Manning (Equação 11.20) é usada para determinar o diâmetro de tubo necessário (D_r, em pés) e pode ser escrita como

$$D_r = \left[\frac{nQ_p}{0{,}463\sqrt{S_o}}\right]^{3/8} \quad (11.22)$$

onde a declividade do tubo (S_o) é usada no lugar da declividade da linha de grade de energia (S_e). Como é possível que o diâmetro do tubo não esteja comercialmente disponível, o maior tamanho-padrão subsequente é escolhido para fins de projeto. (O tamanho-padrão dos tubos costuma aumentar em intervalos de 3 polegadas, variando de 12 a 24 pol., intervalos de 6 polegadas, variando de 24 a 48 pol., e intervalos de 1 pé e assim por diante.) Como o tempo de fluxo em cada tubo é necessário para dimensionar os tubos a jusante (ou seja, cálculos de tempo de concentração para a equação racional), serão necessárias as velocidades nos tubos parcialmente cheios. Logo, o diâmetro de tubo selecionado (D) é usado para determinar a área de fluxo cheio (A_f), o raio hidráulico de fluxo cheio (R_f) e a velocidade de fluxo cheio (V_f). As equações apropriadas são as seguintes:

$$A_f = \pi D^2/4 \qquad (11.23)$$

$$R_f = D/4 \qquad (11.24)$$

$$V_f = (1{,}49/n)\, R_f^{2/3}\, S_o^{1/2} \qquad (11.25)$$

Uma vez obtidas as condições de fluxo cheio, podem ser usados recursos de projeto como a Figura 11.29 para determinar a profundidade atual do fluxo (y), sua velocidade (V) e seu tempo (t) para a descarga de pico de projeto (Q_p) à medida que ele passa pelo tubo selecionado. O exemplo a seguir descreve o procedimento de projeto em detalhes.

O projeto de tubos de águas pluviais está sempre sujeito a determinados padrões de projeto estabelecidos por convenção ou por agências governamentais locais. Alguns padrões típicos são os seguintes:

- Como os tubos de águas pluviais estão enterrados, é necessária uma cobertura mínima (de 3 a 4 pés) sobre o topo do tubo por razões estruturais, entre outras.
- Sempre que possível, as declividades do tubo se combinam com as declividades sobrejacentes do solo para minimizar os custos de escavação.
- Na topografia plana, as declividades mínimas devem produzir velocidade de 2 a 3 pés/segundo quando os tubos estiverem cheios para minimizar a sedimentação.

Para evitar problemas de entupimento, é necessário um diâmetro mínimo de 12 ou 15 polegadas.

- Os tamanhos dos tubos nunca são reduzidos a jusante, mesmo se declividades acentuadas oferecerem a capacidade de fluxo ideal. Novamente, o entupimento é uma preocupação.
- Por razões de construção e manutenção, bueiros (ou coletores) são disponibilizados nas junções de tubos, mudanças de grade e alterações no alinhamento.
- Pode ser especificado um espaçamento máximo entre os bueiros em extensões retas (por exemplo, 400 pés) devido às limitações dos equipamentos de limpeza. Distâncias maiores são permitidas para tubos mais longos.
- Como o fluxo no bueiro produz uma pequena perda de altura, recomenda-se uma diminuição na elevação inversa do tubo de entrada até o tubo de saída (digamos, 1 pol. ou 0,1 pé). Para avaliação explícita, estão disponíveis equações para perdas menores em alguns padrões locais de projeto.

Exemplo 11.12

Projete os tubos de coleta de águas pluviais que atendem a uma parte da pequena cidade apresentada na Figura 11.30. Use a tempestade de projeto de 5 anos (curva IDF na Figura 11.26) e um tamanho mínimo de tubo de 15 pol. São exibidos o tempo dos coletores (em minutos), as áreas de drenagem (em acres) e os coeficientes de escoamento para cada coletor. Além disso, são fornecidas as elevações do solo em cada bueiro (em pés, NMM). Os comprimentos dos tubos de águas pluviais (concreto, $n = 0{,}013$) são fornecidos na tabela de cálculos.

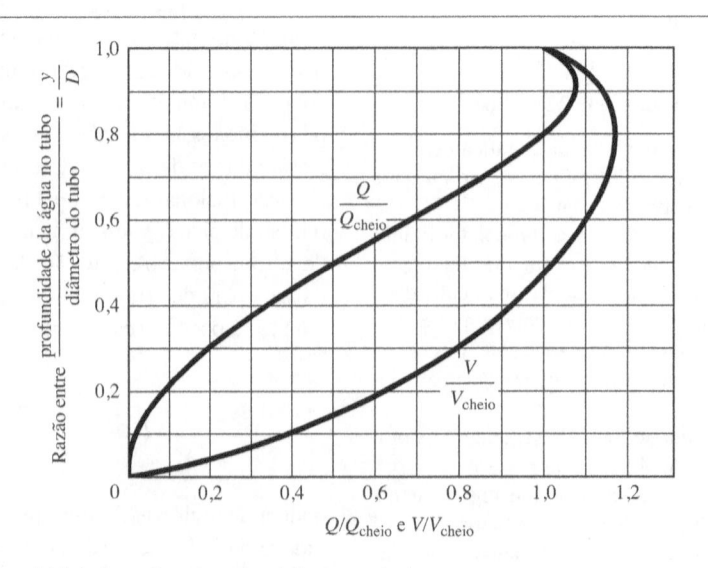

Figura 11.29 Características hidráulicas de tubos parcialmente cheios.

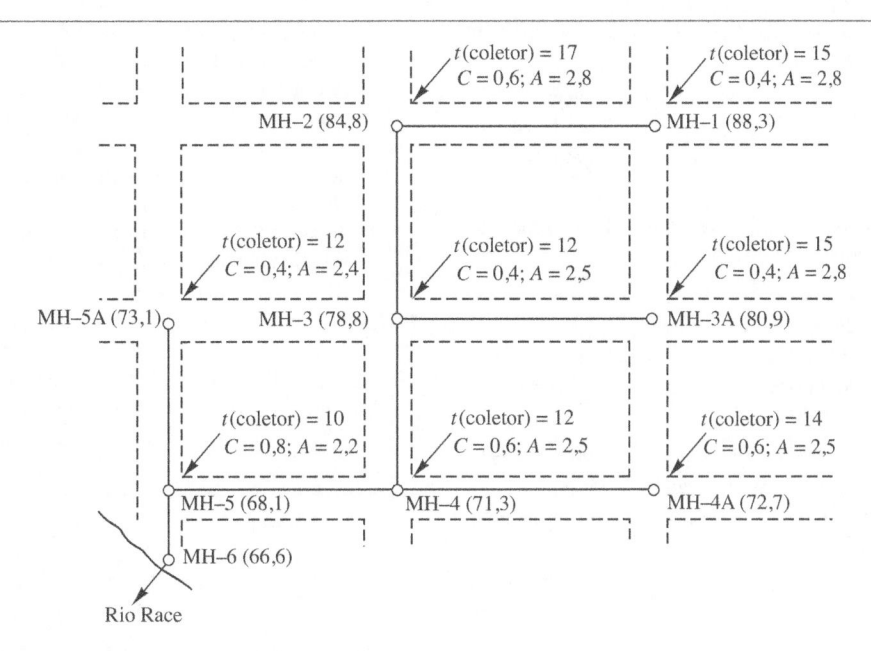

Figura 11.30 Exemplo do problema de projeto de tubos de águas pluviais.

Solução

A tabela a seguir facilita o projeto. O processo tem início no bueiro mais alto (que coleta o fluxo de dois coletores) e segue para o ponto de saída. Cada coluna representa os cálculos para um tubo. Siga de uma coluna para a seguinte até que cada tubo tenha sido projetado.

Tabela de cálculos: Projeto de tubos de águas pluviais

Tubo de águas pluviais	1–2	2–3	3A–3	3–4
Comprimento (pés)	350	300	350	250
Tempo do coletor (T_t) (min)	15	17	15	12
Tempo de concentração (T_c) (min)	15	17	15	17,5
Coeficiente de escoamento (C)	0,4	0,5	0,4	0,45
Intensidade R/F (I) (pol./hora)	4,3	4,1	4,3	4
Área de drenagem (A) (acres)	2,8	5,6	2,8	10,9
Descarga de pico (Q_p) (cfs)	**4,8**	**11,5**	**4,8**	**19,6**
Declividade (pés/pés)	0,01	0,02	0,006	0,03
Diâmetro de tubo necessário (D_r) (pol.)	13,4	16,3	14,8	18,5
Diâmetro de tubo de projeto (D) (pol.)	**15**	**18**	**15**	**24**
Área de tubo cheio (A_f) (pés²)	1,23	1,77	1,23	3,14
Velocidade de tubo cheio (V_f) (pés/s)	5,28	8,43	4,09	12,5
Fluxo de tubo cheio (Q_f) (cfs)	6,48	14,9	5,02	39,3
Q_p/Q_f (ou Q/Q_f)	0,74	0,77	0,96	0,5
y/D	0,63	0,65	0,78	0,5
V/V_f	1,11	1,13	1,17	1,02
Profundidade do fluxo (y) (pol.)	9,45	11,7	11,7	12
Velocidade do tubo (V) (pés/s)	5,86	9,52	4,78	12,8
Tempo de fluxo do tubo (min)	1	0,5	1,2	0,3

Descrição dos parâmetros:

Tubo de águas pluviais: Tubos designados pelo número do bueiro.

Comprimento: Comprimento dos tubos obtidos em mapas apropriados.

Tempo do coletor: tempo do coletor incluindo os tempos de fluxo laminar e de fluxo de sarjeta.

Tempo de concentração: O tempo de concentração é o tempo de fluxo mais longo até a entrada do tubo atual (ponto de projeto) por qualquer percurso de fluxo. Se não existirem tubos a montante, então T_c é o tempo do coletor. Senão, compare o tempo do coletor local a todos os outros T_c para bueiros a montante mais o tempo de fluxo do tubo do bueiro até o ponto de projeto. Deve-se ter o maior tempo como base. Para o tubo 2—3, o tempo do coletor de 17 minutos excede o T_c do tubo 1—2 e também seu tempo de percurso (15 + 1 = 16 min).

Coeficiente de escoamento: O coeficiente de escoamento ponderado da área é calculado para toda a área de drenagem a montante. Para o tubo 2—3, C = [(2,8)(0,4) + (2,8)(0,6)]/5,6 = 0,5.

Intensidade: A intensidade da tempestade é encontrada a partir da curva IDF (Figura 11.26).

Área de drenagem: A área de drenagem total contribuindo com fluxo para o tubo é determinada.

Descarga de pico: A descarga de pico racional é calculada usando a Equação 11.19: $Q = CIA$.

Declividade: A declividade do tubo é encontrada dividindo-se o comprimento do tubo pela diferença na elevação da superfície nas extremidades do tubo (bueiros). O tubo será enterrado o suficiente para atender aos requisitos de cobertura mínima. Se uma velocidade de fluxo cheio de 2 pés/s (ou mais rígida segundo critérios locais) não for alcançada, será necessária uma declividade maior.

Diâmetro de tubo necessário: Use a Equação 11.22 para determinar D_r e converta para polegadas.

Diâmetro de tubo de projeto: Tome o diâmetro do tubo de projeto D_r e use o maior tamanho comercialmente disponível. (Tamanho mínimo = 15 pol., 21 pol. não disponível.)

Área de tubo cheio: Resolva a Equação 11.23 usando o diâmetro do tubo de projeto, D (em pés).

Velocidade de tubo cheio: Resolva a Equação 11.25 $R_f = D/4$ (Equação 11.24 com D em pés.)

Fluxo de tubo cheio: Resolva a equação de continuidade: $Q = A_f V_f$.

Q_p/Q_f (ou Q/Q_f): Obtenha a razão entre o fluxo de pico racional (de projeto) dividido pelo fluxo de tubo cheio.

y/D: Usando Q/Q_f, obtenha a razão entre a profundidade do fluxo e o diâmetro do tubo a partir da Figura 11.29.

V/V_f: Usando a razão y/D e a Figura 11.29, obtenha a razão entre a velocidade do fluxo do tubo real (parcialmente cheio) e a velocidade do fluxo do tubo cheio.

Profundidade do fluxo: Usando a razão y/D e o diâmetro de fluxo de projeto, determine a profundidade de fluxo real (y).

Velocidade do tubo: Usando V/V_f e a velocidade de tubo cheio, determine a velocidade de tubo atual (V).

Tempo de fluxo do tubo: O tempo de fluxo do tubo é encontrado dividindo-se o comprimento do tubo por sua velocidade e convertendo o resultado para minutos.

Problemas
(Seção 11.1)

11.1.1 Os componentes do ciclo hidrológico podem ser classificados da seguinte forma:
(a) elementos para armazenamento da água;
(b) fases de transporte líquido;
(c) fases de transporte de vapor.

Usando a Figura 11.1, aplique um desses conceitos a cada componente do ciclo hidrológico. Você consegue pensar em outros componentes do ciclo hidrológico que não tenham sido mostrados? Qual dos três conceitos se aplica a eles?

11.1.2 À medida que a água se movimenta pelo ciclo hidrológico, são comuns alterações em sua qualidade devido a fenômenos naturais ou poluição antropogênica. Usando a Figura 11.1, descreva como ocorrem as alterações na qualidade da água em cada fase do ciclo hidrológico. Por exemplo, quando a água de um lago evapora, microelementos e sais são deixados para trás, produzindo uma alteração na qualidade da água.

11.1.3 Delimite uma bacia hidrográfica usando um mapa topográfico e o ponto de projeto definido por seu professor. Como alternativa, obtenha um mapa topográfico de exemplo no site do Serviço Geológico dos Estados Unidos (ou outro qualquer*), defina um ponto de projeto arbitrário ao longo da corrente e delimite a bacia hidrográfica contribuinte.

11.1.4 Uma piscina enterrada pode ter uma infiltração. Encheu-se a piscina de 30 por 10 pés com 5 pés de profundidade em 1º de junho. Em 13 de junho, uma mangueira, fluindo a uma taxa de 10 galões/minuto, é usada para acrescentar água à piscina. A mangueira é desligada depois de 1 hora. Durante o mês, caíram 4 polegadas de chuva. Em junho, a evaporação de um lago próximo foi de 8 polegadas. Estima-se que a piscina terá evaporação 25 por cento maior do que a do lago. Em 1º de julho, a piscina está 5 polegadas abaixo da borda. A piscina está com vazamento? Caso esteja, qual é a taxa de vazamento em galões/dia? Você confia o suficiente em sua avaliação para testemunhar como especialista em um tribunal?

11.1.5 Um reservatório de fornecimento de água foi revestido com argila para limitar o vazamento (infiltração) pelo fundo. É necessária uma avaliação da eficiência do revestimento para atender aos termos do contrato de construção. Os dados a seguir foram coletados em uma semana de teste:

Parâmetro	Dia						
	1	2	3	4	5	6	7
Fluxo de entrada da corrente (m³/s)	0	0,2	0,4	0,5	0,5	0,2	0,1
Fluxo de saída da corrente (m³/s)	0	0,1	0,3	0,2	0,1	0,1	0
Uso da cidade (m³/s)	0,3	0,2	0,3	0,2	0,3	0,3	0,3
Precipitação (cm)	0	1,5	7	2,5	0	0	0

A área de superfície do lago é de 40 hectares. A elevação da superfície do reservatório diminuiu 15,5 cm durante a semana. Se a evaporação para a semana for estimada em 3 cm, qual foi o montante de vazamento em metros cúbicos para a semana?

11.1.6 Um evento de chuva ocorre em uma bacia hidrográfica de 150 milhas quadradas. As profundidades incrementais dadas a seguir (de precipitação, interceptação e infiltração) são estimadas durante uma tempestade de 30 minutos em incrementos de 5 minutos. Determine o volume total da chuva (acres-pés) e o volume total de escoamento (acres-pés) que serão drenados para o reservatório na saída da bacia hidrográfica.

Parâmetro	Dia					
	1	2	3	4	5	6
Precipitação (pol.)	0,05	0,1	0,45	0,3	0,15	0,05
Interceptação (pol.)	0,05	0,03	0,02	0	0	0
Infiltração (pol.)	0	0,07	0,23	0,2	0,1	0,05

11.1.7 É necessário um orçamento anual para uma importante bacia de fornecimento de água. Durante o ano, os seguintes dados foram coletados sobre a bacia hidrográfica de 6.200 km²: precipitação = 740 mm; evaporação e transpiração = 350 mm; corrente de fluxo média anual deixando a bacia (fluxo de saída) = 75,5 m³/s; fluxo de saída subterrâneo = 0,2 km³ e fluxo de entrada subterrâneo (infiltração) = 0,56 km³. Determine a mudança do armazenamento na bacia hidrográfica (reservatórios de superfície) e na bacia de drenagem (reservatórios de superfície e águas subterrâneas juntos) em km³. (*Dica*:

---

* O IBGE e o INPE disponibilizam gratuitamente mapas topográficos em diferentes categorias – estaduais, regionais, específicos etc. Consulte <http://www.ibge.gov.br/home/geociencias/cartografia/default.shtm> e <http://www.dpi.inpe.br/spring/portugues/mapas.html>.

Esboce os volumes de controle; é necessário um diferente a cada solução.)

(Seção 11.2)

11.2.1 Quais são os mecanismos por meio dos quais massas de ar carregadas de vapor de água são suspensas, resultando no resfriamento e na precipitação? Quais são as categorias resultantes (tipos) de precipitação?

11.2.2 Consulte a Figura 11.4 e responda às seguintes perguntas:
(a) Por que chove mais na Virgínia do que no Kansas?
(b) Por que chove menos no Maine do que na Virgínia?
(c) Por que chove tanto no norte da Califórnia?
(d) Por que chove tão pouco em Nevada?
(e) Por que chove tanto no oeste da Carolina do Norte?
(f) Por que chove tão pouco nos estados da Rocky Mountain?

11.2.3 Uma grande bacia de drenagem pode ser dividida em quatro sub-bacias. As áreas dessas sub-bacias são 52 km^2, 77 km^2, 35 km^2 e 68 km^2. A precipitação anual média em cada uma delas é 124 mm, 114 mm, 126 mm e 99 mm, respectivamente. Determine a precipitação anual média (em centímetros) para toda a área de drenagem.

11.2.4 Um fazendeiro do Kansas deseja determinar a chuva média em sua plantação de girassóis. O campo dos girassóis ocupa uma seção inteira (um quadrado de 1 milha por lado, ou 640 acres). O fazendeiro possui pluviômetros localizados nas quatro extremidades e no centro do campo. As profundidades de chuva são as seguintes: nordeste = 3,2 pol.; noroeste = 3,6 pol.; sudeste = 3,8 pol.; sudoeste = 4 pol. e centro = 3,8 pol. Determine a profundidade média da chuva usando o método do polígono de Theissen. (*Observação*: Esboce em papel milimetrado e conte os quadrados para as áreas ou use um planímetro.)

11.2.5 Um fazendeiro do Kansas deseja determinar a chuva média em sua plantação de girassóis. O campo dos girassóis ocupa uma seção inteira (um quadrado de 1 milha por lado, ou 640 acres). O fazendeiro possui pluviômetros localizados nas quatro extremidades e no centro do campo. As profundidades de chuva são as seguintes: nordeste = 3,2 pol.; noroeste = 3,6 pol.; sudeste = 3,8 pol.; sudoeste = 4 pol.; e centro = 3,8 pol. Determine a profundidade média da chuva usando o método das isoietas. (*Observação*: Use um intervalo de isoieta de 0,2 pol. Esboce em papel milimetrado e conte os quadrados para as áreas ou use um planímetro.)

11.2.6 As profundidades das chuvas (em centímetros) em uma fazenda comercial durante uma tempestade no mês de julho são mostradas nas várias localizações de pluviômetros na Figura P11.2.6. (Observe que a localização exata de cada pluviômetro é representada por um ponto adjacente à profundidade da chuva.) Determine a profundidade média da chuva no campo usando o método do polígono de Thiessen. Estime as áreas contando os quadrados; cada um dos 225 quadrados representa 100 hectares.

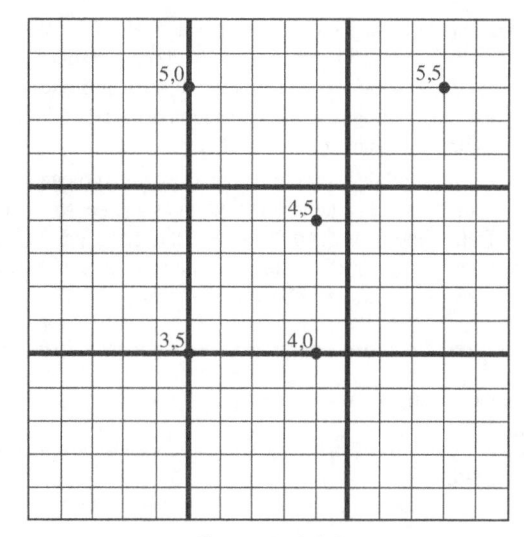

Figura P11.2.6

11.2.7 As profundidades das chuvas (em centímetros) em uma fazenda comercial durante uma tempestade no mês de julho são mostradas nas várias localizações de pluviômetros na Figura P11.2.6. (Observe que a localização exata de cada pluviômetro é representada por um ponto adjacente à profundidade da chuva.) Determine a profundidade média da chuva no campo usando o método das isoietas. Estime as áreas contando os quadrados; cada um dos 225 quadrados representa 100 hectares.

11.2.8 As profundidades das chuvas (em centímetros) em uma fazenda comercial durante uma tempestade no mês de julho são mostradas nas várias localizações de pluviômetros na Figura P11.2.6. (Observe que a localização exata de cada pluviômetro é representada por um ponto adjacente à profundidade da chuva.) Determine a profundidade média da chuva no campo usando o método da distância inversa ponderada. Estime as áreas contando os quadrados; cada um dos 225 quadrados representa 100 hectares.

11.2.9 A estação de precipitação X ficou inoperante por um mês. Durante esse tempo, ocorreu uma tempestade. As profundidades de precipitação registradas durante a tempestade em três estações próximas (A, B e C) foram 6,02 pol., 6,73 pol. e 5,51 pol., respectivamente. O montante normal de precipitação anual nas estações X, A, B e C são 53,9 pol., 61,3 pol., 72 pol. e 53,9 pol., respectivamente. Discuta dois métodos diferentes para estimar a profundidade da precipitação na estação X durante a tempestade perdida. Em qual método você confia mais? Explique.

(Seção 11.3)

11.3.1 Determine o hietograma para uma tempestade de 24 horas durante 10 anos em Virginia Beach, Virgínia, Estados Unidos, se a agência regulamentadora ordenar o uso da distribuição do tipo III no lugar do tipo II usado no Exemplo 11.3. Compare a intensidade de pico e o tempo dessa tempestade com a intensidade de pico e o tempo da tempestade para o tipo II.

11.3.2 Determine o hietograma para uma tempestade de 24 horas durante 10 anos em Miami, Flórida, Estados Unidos. Esboce um gráfico de barras para a tempestade (tempo *versus* intensidade da chuva).

11.3.3 O hietograma para uma tempestade de 24 horas durante 10 anos em Virginia Beach, Virgínia, Estados Unidos, foi determinado no Exemplo 11.3. A partir desses dados, estime o hietograma para uma tempestade de 6 horas durante 10 anos na mesma região.

11.3.4 As profundidades incrementais a seguir (polegadas) foram registradas durante uma tempestade de 45 minutos. Determine a profundidade total da chuva para a bacia hidrográfica de 150 milhas quadradas, a intensidade máxima (pol./hora) e a chuva total (acres-pés).

Tempo da tempestade (min)	0 a 6	6 a 18	18 a 21	21 a 30	30 a 36	36 a 45
Profundidade da chuva (pol.)	0,06	0,28	0,18	0,5	0,3	0,18

(Seção 11.4)

11.4.1 O Serviço Geológico norte-americano mantém uma rede de medidores de corrente na maioria dos principais rios e riachos dos Estados Unidos. Muitos desses medidores estão localizados em pontes. Quais são as vantagens de posicionar um medidor em uma ponte? Existem desvantagens?

11.4.2 O Serviço Geológico norte-americano publica informações sobre correntes de fluxo por estado e por medidor em seus relatórios anuais. Pesquise o site do serviço (www.usgs.gov) para encontrar informações sobre um medidor específico. Que informações estão disponíveis sobre as estações de medição individuais? Qual é a frequência de relato das correntes de fluxo? Que outras informações podem ser encontradas no relatório?

11.4.3 As velocidades (m/s) e profundidades (m) a seguir foram coletadas na seção transversal do rio mostrado na Figura 11.12, onde a largura de cada seção vertical é 1 m. Determine a descarga (m^3/s) do rio.

Velocidade	Número da seção (esquerda para direita)										
	1	2	3	4	5	6	7	8	9	10	11
Em 0,2 y	0,2[a]	2,3	3,3	4,3	4,5	4,7	4,8	4,4	4,2	3,8	3
Em 0,8 y		1,4	2,3	3,3	3,7	3,9	3,8	3,6	3,4	2	1,2
Profundidade[b]	1	1,6	1,8	2	2	2	2	2	2	1,6	0,6

[a] Medição de um ponto representando a velocidade média.
[b] As profundidades (em metros) dadas estão do lado direito das seções verticais.

11.4.4 As velocidades (pés/s) e profundidades (pés) a seguir foram coletadas na seção transversal do rio mostrado na Figura 11.12, onde a largura de cada seção vertical é 2 pés. Determine a descarga ($pés^3/s$) do rio.

Velocidade	Número da seção (esquerda para direita)										
	1	2	3	4	5	6	7	8	9	10	11
Em 0,2 y	0,1[a]	0,3	0,4	0,5	0,6	0,7	0,7	0,6	0,5	0,4	0,3
Em 0,8 y		0,1	0,2	0,3	0,4	0,5	0,5	0,4	0,3	0,2	0,1
Profundidade[b]	1,8	3,6	4,2	4,8	4,8	4,8	4,8	4,8	4,8	3,6	1

[a] Medição de um ponto representando a velocidade média.
[b] As profundidades (em pés) dadas estão do lado direito das seções verticais.

11.4.5 As informações a seguir sobre a corrente de fluxo e o estágio foram coletadas em uma estação de medição durante uma tempestade.

Estágio (pés)	1,2	3,6	6,8	10,4	12,1	14,5	18
Q (cfs)	8	28	64	98	161	254	356

(a) Esboce a curva de classificação com a descarga traçada na abscissa.

(b) Durante uma tempestade algum tempo mais tarde, foram registrados os estágios a seguir. Esboce um hidrograma (descarga *versus* tempo na abscissa) da tempestade usando a curva de classificação. Qual foi a taxa de descarga de pico durante a tempestade?

Hora	0500	0600	0700	0800	0900	1000	1100	1200	1300
Estágio (pés)	2,2	6,6	12,8	16,4	14,1	11,5	9,2	6,8	4,2

(Seção 11.5)

11.5.1 Consulte o Exemplo 11.4 para responder qualitativamente às perguntas a seguir.

(a) Você esperaria alterações nos fluxos medidos na bacia hidrográfica se a precipitação de 12,3 cm caísse no período de 6 horas, e não 24 horas? Caso afirmativo, explique.

(b) Por que a contribuição subterrânea para o fluxo pode aumentar depois da tempestade?

(c) Por que a soma dos fluxos na coluna de escoamento direto é multiplicada por 6 horas quando se obtém o volume de escoamento?

(d) O hidrograma unitário seria alterado se os fluxos fossem medidos em incrementos de 3 horas, e não 6 horas, mas os valores de 6 horas não fossem alterados?

11.5.2 A parte efetiva de uma chuva de 2,5 pol. (profundidade total) dura 4 horas em uma bacia hidrográfica de 5 milhas quadradas, produzindo os fluxos mostrados na tabela a seguir. Assumindo um fluxo de base que varia linearmente de 20 cfs (no tempo 0) a 40 cfs (no tempo 20), determine o hidrograma unitário de 4 horas para a bacia.

Tempo (hora)	0	2	4	6	8	10	12	14	16	18	20
Q (cfs)	20	90	370	760	610	380	200	130	90	60	40

11.5.3 O fluxo dado na tabela a seguir foi produzido por uma chuva de 1 cm (profundidade total). A parte efetiva da chuva durou 1 hora (do tempo 9 ao tempo 10). Considerando que a bacia hidrográfica mede 20 km², derive o hidrograma unitário de 1 hora para a bacia. Assuma que a contribuição subterrânea é linear de 1,4 m³/s (no tempo 9) a 3 m³/s (no tempo 17).

Tempo (hora)	8	9	10	11	12	13	14	15	16	17	18	19
Q (m³/s)	1,6	1,4	4,6	9,7	13	10,5	7,8	5,8	4,5	3	2,9	2,8

11.5.4 Ocorre uma chuva sobre uma bacia hidrográfica de 27 milhas quadradas. A chuva medida e o fluxo são apresentados nas tabelas a seguir. Derive o hidrograma unitário a partir dos dados. O resultado é um hidrograma unitário de 1 hora, 2 horas ou 3 horas? Que fração da precipitação aparece no escoamento? Assuma que a contribuição subterrânea é linear de 100 cfs (em $t = 0600$) a 160 cfs (em $t = 0200$).

11.5.5 Os dados de fluxo medidos em uma tempestade no Riacho Judith produzem uma forma de hidrograma praticamente triangular. O pico ocorre 3 horas a partir do início da tempestade e mede 504 cfs. Não existe fluxo de base antes do evento, portanto a descarga tem início no tempo zero, eleva-se até o pico em 3 horas e recua linearmente de volta a zero em outras 5 horas. A área de drenagem é de 1.000 acres, e grande parte do escoamento de 2,5 polegadas da chuva ocorre durante um período de 2 horas. Esboce o hidrograma da tempestade e determine o hidrograma unitário. O hidrograma unitário desenvolvido é de 1 hora, 2 horas ou 3 horas?

11.5.6 O hidrograma unitário de 1 hora do Riacho Lost no cruzamento da Avenida Chamberlain é mostrado na tabela a seguir. Determine a taxa de fluxo esperada no riacho na localização se uma tempestade de 2 horas produzir 2 cm de chuva na primeira hora e 2,5 cm de chuva na segunda hora. Assuma que as perdas de chuva são constantes em 0,5 cm/hora e o fluxo de base é constante em 5 m³/s.

Tempo (hora)	0	0,5	1	1,5	2	2,5	3	3,5	4	4,5
Q (m³/s)	0	10	30	70	120	100	70	40	20	0

11.5.7 Com relação ao Exemplo 11.5, determine o fluxo esperado a partir de uma nova tempestade que produz 6 cm de escoamento nas primeiras 24 horas e 4 cm de escoamento nas 12 horas seguintes. Assuma que o fluxo de base é o mesmo do Exemplo 11.4.

11.5.8 Um hidrograma unitário de 1 hora para a bacia hidrográfica do Riacho No Name (307 acres) é dado na tabela a seguir. Determine o fluxo que resultaria de uma tempestade na mesma bacia hidrográfica se o excesso de chuva (escoamento) em uma tempestade de 2 horas em incrementos de 30 minutos for 0,5 pol., 0,5 pol., 0,25 pol. e 0,25 pol. Assuma que o fluxo de base é de 10 cfs. Determine também o volume de escoamento em acres-pés.

Tempo (hora)	0	1	2	3	4	5	6
Q (cfs)	0	60	100	80	50	20	0

11.5.9 No Exemplo 11.4, é calculado um hidrograma unitário de 12 horas (HU_{12}). Utilizando esse hidrograma, calcule o hidrograma unitário de 24 horas (HU_{24}). (*Dica*: Um hidrograma unitário de 24 horas ainda produziria 1 pol. de escoamento – metade nas primeiras 12 horas e outra metade nas 12 horas seguintes. O hidrograma unitário de 6 horas pode ser calculado de modo semelhante?)

11.5.10 Uma tempestade de 2 horas (2 cm de escoamento) de intensidade uniforme produz o fluxo no Riacho Creek mostrado na tabela a seguir. Determine o fluxo de pico e o tempo de pico de uma tempestade de projeto de 4 horas que gera 1,5 cm de escoamento nas primeiras 2 horas e 3 cm de escoamento nas 2 horas subsequentes. Assuma um fluxo de base desprezível.

Tempo	5 às 6 horas	6 às 7 horas	7 às 8 horas	8 às 9 horas	9 às 10 horas
Chuva (pol.)	0,2	0,8	0,6	0,6	0,1

Tempo (hora)	0400	0600	0800	1000	1200	1400	1600	1800	2000	2200	2400	0200
Q (cfs)	110	100	1.200	2.000	1.600	1.270	1.000	700	500	300	180	160

Tempo (hora)	0400	0500	0600	0700	0800	0900	1000	1100	1200	1300	1400	1500
Q (m³/s)	0	160	440	920	860	720	580	460	320	180	60	0

(Seção 11.6)

11.6.1 Uma bacia hidrográfica de 200 acres perto de Chicago, Illinois, Estados Unidos, engloba 169 acres de espaço aberto com 90 por cento de cobertura de grama e 31 acres de um parque industrial. Nos testes granulométricos, o solo existente apresenta uma textura de grossa a fina. Determine a profundidade do escoamento (pol.) e o volume (acres-pés) para o evento de tempestade de 24 horas durante 10 anos.

11.6.2 Uma bacia hidrográfica de 100 hectares é formada por três usos distintos da terra: 20 hectares de circuito de golfe (40 por cento em solos Drexel e o restante em solos Bremer), 30 hectares de área comercial (solos Bremer) e 50 hectares de área residencial (lotes de meio acre e solos Donica). Determine o volume do escoamento (metros cúbicos) para uma tempestade de 15 cm. (*Observação*: Os solos Drexel são de greda que varia de grossa a fina, os solos Bremer têm textura fina, e os solos Donicas são arenosos.)

11.6.3 Determine o excesso de chuva (ou seja, o escoamento) resultante de uma tempestade de 24 horas durante 10 anos para a bacia hidrográfica do Exemplo 11.8. Essa operação ajuda a concluir as etapas 1, 2 e 3 do projeto descrito na Seção 11.6.4 e elaborado no Exemplo 11.6. O Condado de Albemarle, no oeste da Virgínia, Estados Unidos, recebe 6 pol. de chuva na tempestade de 24 horas durante 10 anos. Use um incremento de tempo de 2 horas. (*Dica*: Substitua as colunas de i e ΔP na Tabela 11.5 por P_1/P_T e P_2/P_T para a tempestade de tipo II na Tabela 11.1.)

11.6.4 O comprimento hidráulico (maior percurso de fluxo) para uma bacia hidrográfica é 2.800 pés. Ao longo desse percurso, o escoamento inicialmente trafega pela superfície (diminuindo 4 pés na elevação ao longo de 200 pés de comprimento pela grama curta) e então se junta a um fluxo superficial concentrado por uma distância de 600 pés com velocidade média de 2 pés/s. O restante do percurso se dá em um tubo (concreto) de 2 pés de diâmetro que está metade cheio em uma declividade de 1 por cento. Determine o tempo de concentração em minutos. A profundidade da chuva de 24 horas durante 2 anos é de 3,4 pol.

11.6.5 Uma bacia hidrográfica de 100 acres de solo do tipo B foi comercialmente desenvolvida. O comprimento do percurso de fluxo mais longo é de 3.000 pés, e a declividade média da bacia é de 2,5 por cento. Determine a descarga de pico e o tempo de pico para um hidrograma unitário adimensional SCS.

11.6.6 Consulte o Exemplo 11.8 e esboce o hidrograma unitário usando um software de planilha eletrônica. Determine o volume do escoamento em acres-pés e a profundidade do escoamento em polegadas.

11.6.7 Com relação ao Exemplo 11.8, determine o hidrograma unitário SCS após a criação do condomínio se metade da bacia hidrográfica for desenvolvida comercialmente e o restante for reservado a residências.

11.6.8 Uma bacia hidrográfica de 400 acres ao sul de Chicago, Estados Unidos, é atualmente cultivada com pequenos cereais. Os solos são principalmente argila; o comprimento hidráulico da bacia hidrográfica é cerca de 1 milha; e a declividade média da terra é 2 por cento. Determine o hidrograma unitário sintético do SCS antes das obras.

11.6.9 Determine as alterações no hidrograma unitário sintético do SCS do Problema 11.6.8 se a terra for transformada em um parque industrial.

(Seção 11.7)

11.7.1 Construa uma relação $2S/\Delta t + O$ versus O em incrementos de 0,2 m para uma bacia a qual se espera que alcance uma profundidade de 1 m sobre o topo do vertedouro de serviço (nível normal da bacia). A relação elevação-armazenamento para essa bacia é descrita por $S = 600\ h^{1,2}$, onde S = armazenamento na bacia em m³ e h = nível da água em metros acima do vertedouro de serviço. A descarga sobre o vertedouro é descrita por $O = k_w L(2g)^{0,5}\ h^{1,5}$, onde O = descarga em m³/s, $k_w = 0,45$ (coeficiente de descarga), $L = 0,3$ m (comprimento da crista do vertedouro) e g = aceleração da gravidade. Inicialmente, $h = 0$ e $S = 0$, e o intervalo de roteamento (Δt) é 8 minutos.

11.7.2 Construa uma relação $2S/\Delta t + O$ versus O em incrementos de meio pé para uma cisterna subterrânea com 2 pés de profundidade, 4 pés de comprimento e 3 pés de largura. Um dreno de fundo com 2 pol. de diâmetro atua como orifício com um coeficiente de descarga de 0,6. Assuma que o intervalo de roteamento é de 10 segundos.

11.7.3 Com relação ao Exemplo 11.9, dê continuidade aos cálculos na tabela de roteamento até o tempo 13:45. Os fluxos de entrada adicionais são dados na tabela a seguir. Esboce graficamente os hidrogramas do fluxo de entrada e do fluxo de saída no mesmo conjunto de eixos. Determine a elevação máxima e o armazenamento alcançado na bacia durante a tempestade de projeto.

Tempo	13:30	13:35	13:40	13:45	13:50
Fluxo de entrada (I_j), cfs	67	59	52	46	40

11.7.4 Uma tempestade ocorre antes de a bacia de armazenamento de um reservatório esvaziar. Dadas as informações nas tabelas a seguir, determine o fluxo de saída de pico durante a tempestade.

Estágio (m, NMM)	Fluxo de saída (O) (m³/s)	Armazenamento (S) (× 10³ m³)	(2S/Δt) + O (m³/s)
0,0	0,0	0	0
0,5	22,6	408	136
1,0	64,1	833	295
1,5	118,0	1.270	471
2,0	118,0	1.730	662

Tempo (hora)	Fluxo de entrada (I_i) (m³/s)	Fluxo de entrada (I_j) (m³/s)	(2S/Δt) − O (m³/s)	(2S/Δt) + O (m³/s)	Fluxo de saída O (m³/s)
0:00	5		40	50	5
2:00	8				
4:00	15				
6:00	30				
8:00	85				
10:00	160				
12:00	140				
14:00	95				
16:00	45				
18:00	15				

11.7.5 Uma parte de uma tabela de roteamento de um reservatório é exibida a seguir (90 minutos a partir do início da tempestade). Preencha os espaços em branco na tabela. Determine também: fluxo de saída de pico do reservatório, estágio (H) e volume no reservatório em 120 minutos. (*Observação*: 1 acre = 43.560 pés².)

Estágio (H) (pés)	Fluxo de saída (O) (cfs)	Armazenamento (S) (acre pés)	(2S/Δt) + O (cfs)
0	0	0	?
0,5	3	1	?
1	8	?	298
1,5	17	?	453
2	30	?	611

Tempo (min)	Fluxo de entrada (I_i) (cfs)	Fluxo de entrada (I_j) (cfs)	(2S/Δt) − O (cfs)	(2S/Δt) + O (cfs)	Fluxo de saída, O (cfs)
90	50	45	?	514	23
100	45	?	?	563	?
110	?	30	?	599	?
120	30	26	554	614	30

11.7.6 Com relação ao Exemplo 11.9, realize os cálculos do roteamento do armazenamento novamente usando um incremento de 10 minutos iniciando com o fluxo no tempo 11:30 e progredindo até 11:40, em seguida 11:50, e assim por diante, com os fluxos em cada um deles. Isso demandará uma nova relação (2S/Δt) + O *versus* O? Caso afirmativo, revise esse ponto antes de realizar os cálculos do roteamento. Compare o novo fluxo de saída de pico com aquele do Exemplo 11.9 (149 cfs).

11.7.7 A tabela a seguir apresenta os dados de elevação, fluxo de saída e armazenamento para um reservatório para controle de enchentes. Determine a elevação máxima da bacia e o fluxo de saída de pico durante uma tempestade de 6 dias que produz os valores a seguir de hidrograma de fluxo de entrada.

Elevação (pés, NMM)	Fluxo de saída (O) (cfs)	Armazenamento (S) (acres-pés)	Dia/Hora	Fluxo de entrada (cfs)	Dia/Hora	Fluxo de entrada (cfs)
865	0	0	1/meio-dia	2	4/meio-dia	366
870	20	140	meia-noite	58	meia-noite	302
875	50	280	2/meio-dia	118	5/meio-dia	248
880	130	660	meia-noite	212	meia-noite	202
885	320	1.220	3/meio-dia	312	6/meio-dia	122
			meia-noite	466	meia-noite	68

11.7.8 A relação estágio-armazenamento em uma bacia é descrita por $S = 600\, h^{1,2}$, onde S = armazenamento na bacia em m³ e h = nível da água em metros acima do vertedouro de serviço. A descarga sobre o vertedouro é descrita por $O = k_w L(2g)^{0,5} h^{1,5}$, onde O está em m³/s, $k_w = 0,45$ (coeficiente de descarga), $L = 0,3$ m (comprimento da crista do vertedouro) e $g = 9,81$ m/s² (aceleração da gravidade). Inicialmente, $h = 0$ e $S = 0$. Construa uma relação $2S/\Delta t + O$ versus O para os estágios da bacia em incrementos de 0,2 m até 1 m acima da crista do vertedouro. Realize os cálculos do roteamento do armazenamento para as informações do hidrograma do fluxo de entrada na tabela a seguir para determinar o fluxo de saída de pico e o estágio.

Tempo (min)	Fluxo de entrada (I_j) (m³/s)	Tempo (min)	Fluxo de entrada (I_j) (m³/s)
0	0	40	0,58
8	0,15	48	0,46
16	0,38	56	0,35
24	0,79	64	0,21
32	0,71	72	0,1

11.7.9 Um tanque vazio de armazenamento de água (forma cilíndrica) com diâmetro de 20 m e altura de 5 m está sendo cheio a uma taxa de 2,5 m³/s. Entretanto, ele também está perdendo água (por conta de um buraco no fundo do tanque) a uma taxa de $O = 0,7(h)^{0,6}$, onde h é a profundidade da água em metros e O é a taxa de fluxo de saída em m³/s. Determine a profundidade da água no tanque após 4 minutos. Use um intervalo de profundidade de 1 m para a relação $(2S/\Delta t) + O$ versus O e um intervalo de roteamento de 30 segundos. Qual seria a profundidade da água no tanque se não houvesse vazamento?

(Seção 11.8)

11.8.1 É preciso saber a descarga de pico de uma bacia hidrográfica de 20 acres para a instalação de um novo bueiro. A bacia montanhosa (declividade média de 7 por cento) é formada por terra pastoril com grama densa e solo argiloso. O comprimento hidráulico da bacia é 1.200 pés, e ela está condenada ao desenvolvimento comercial nos próximos dois anos. Usando a curva IDF da Figura 11.26, determine a descarga de pico de 10 anos antes e depois do desenvolvimento.

11.8.2 Um grande estacionamento circular com um diâmetro de 400 pés está sendo construído para abrigar o movimento das feiras do estado. Toda a água pluvial será drenada para o centro como fluxo laminar, entrará em um coletor e trafegará por um sistema de tubos até a corrente mais próxima. O estacionamento será de grama aparada (solo argiloso) com declividade de 2 por cento em direção ao centro. A chuva de 24 horas durante 2 anos é de 2,4 polegadas. Usando os procedimentos SCS para determinar o tempo de concentração e a curva IDF na Figura 11.26, determine a descarga de pico de 10 anos necessária para o projeto do sistema de tubos.

11.8.3 Determine a descarga de pico de 10 anos usando a equação racional para um estacionamento de concreto com 300 pés de largura por 600 pés de comprimento. O percurso de fluxo mais longo mede 300 pés de fluxo laminar ao longo do estacionamento em uma declividade de 0,5 por cento e 600 pés de fluxo superficial concentrado ao longo do comprimento do estacionamento em um canal pavimentado com declividade de 1,5 por cento. Use os procedimentos do SCS para determinar o tempo de concentração usando a chuva de 24 horas durante 2 anos de 2,4 polegadas. Use a Figura 11.26 para a intensidade da chuva na equação racional.

11.8.4 O estacionamento pavimentado mostrado na Figura P11.8.4 drena um fluxo laminar para um canal de drenagem de concreto. O canal retangular descarrega em uma bacia de gestão de águas pluviais. Determine a descarga de pico de 5 anos. Assuma que a chuva de 24 horas durante 2 anos é de 2,8 polegadas. Use a Figura 11.26 para a intensidade da chuva na equação racional. (*Dica*: Assuma que o canal escoa a uma profundidade de 1 pé para determinar o tempo de fluxo do canal.)

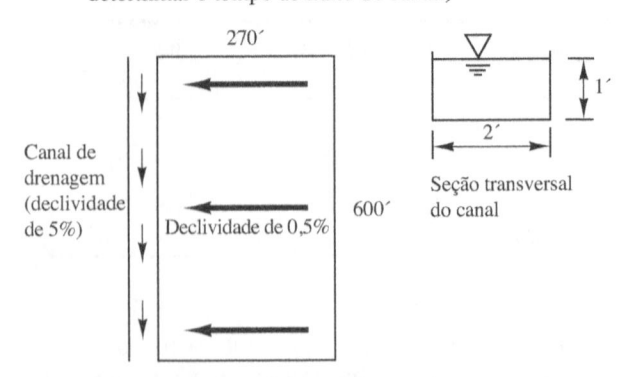

Figura P11.8.4

11.8.5 Uma bacia hidrográfica florestada de 150 acres com tempo de concentração de 90 minutos logo será transformada para os seguintes usos: 60 acres para casas familiares, 40 acres para apartamentos e o restante em floresta nativa. Após o desenvolvimento, o percurso mais longo é de 5.600 pés. Um segmento de fluxo laminar de 100 pés passa pela floresta com pequenos arbustos em uma declividade de 2 por cento. Um segmento de 1.200 pés de fluxo superficial concentrado ocorre em uma área não pavimentada com 1 por cento de declividade. O fluxo do canal ocorre ao longo da distância remanescente em uma declividade de 0,5 por cento em uma corrente natural pedregosa. Uma seção transversal típica da corrente possui 18 pés^2 de área de fluxo e 24 pés de perímetro molhado. A precipitação de 24 horas durante 2 anos é de 3,8 polegadas. Usando a curva IDF na Figura 11.26, determine a descarga de pico de 25 anos antes e depois do desenvolvimento usando a equação racional.

11.8.6 O estacionamento pavimentado mostrado na Figura P11.8.4 drena como fluxo laminar para um canal de concreto que descarrega em uma bacia de gestão de águas pluviais. O tempo de viagem ao longo do estacionamento como fluxo laminar é de 5 minutos, e o tempo de viagem por todo o canal de drenagem é de 2 minutos. Assim, o tempo de concentração para o estacionamento é de 7 minutos. Determine a descarga de pico resultante de uma tempestade de 5 minutos durante 5 anos com base na equação racional usando a Figura 11.26 para a intensidade da chuva.

11.8.7 Com relação ao Exemplo 11.11, descreva subjetivamente (sem nenhuma análise) de que maneira a localização do coletor seria alterada (uma mudança de cada vez, não coletivamente) se:

(a) A tempestade de 10 anos for o padrão.
(b) O critério de invasão do pavimento for definido em 8 pés.
(c) O campo for de grama-bermuda.
(d) A declividade longitudinal da rua for de 3 por cento.
(e) A declividade transversal da rua for de 3/8 de polegada por pé.

Além disso, são necessários coletores para o lado sul da rua? Justifique.

11.8.8 Com relação ao Exemplo 11.11, posicione o primeiro coletor se as seguintes alterações nas condições de projeto forem realizadas coletivamente:

(a) A tempestade de 10 anos for o padrão.
(b) O critério de invasão do pavimento for definido em 8 pés.
(c) O campo for de grama-bermuda.
(d) A declividade transversal da rua for de 3/8 de polegada por pé.

Todas as outras condições de projeto permanecem as mesmas.

11.8.9 Com relação ao Exemplo 11.11, posicione o próximo coletor a jusante. Assuma que a declividade da rua aumentou de 2,5 por cento para 3 por cento e que o primeiro coletor intercepta 75 por cento do fluxo da sarjeta. Todos os outros dados podem ser obtidos a partir do Exemplo 11.11.

11.8.10 Com relação ao Exemplo 11.11, determine o tamanho do tubo (concreto) que seria necessário para transporte do fluxo de projeto para longe do primeiro coletor. Se o menor tamanho de tubo especificado pelos padrões for 12 pol., qual será a profundidade do fluxo no tubo no fluxo de pico (0,914 cfs)? Qual será o tempo da viagem por 100 pés do tubo?

11.8.11 Com relação ao Exemplo 11.12, dimensione os tubos até o MH-4, dadas as seguintes alterações nas condições de projeto (tomadas coletivamente, não uma de cada vez):

(a) A tempestade de 10 anos é o padrão.
(b) Todos os tempos dos coletores são iguais a 15 minutos.
(c) O coeficiente de escoamento para o MH-3A é 0,5.

Todas as outras condições de projeto permanecem as mesmas.

11.8.12 Com relação ao Exemplo 11.12, termine o problema dimensionando os tubos de MH-4 a MH-6. Os comprimentos dos tubos são os seguintes: MH4A a 4, 350 pés; MH4 a 5, 320 pés; MH5A a 5,250 pés; MH-5 a 6, 100 pés.

11.8.13 Projete os tubos de coleta de águas pluviais (concreto; tamanho mínimo de 12 pol.) para a subdivisão domiciliar na Figura P11.8.13. Os dados para cada área de drenagem (bacia) contribuindo com fluxo para os bueiros são fornecidos na tabela a seguir, incluindo o tempo do coletor (T_i) e o coeficiente de escoamento (C). Além disso, são fornecidas as informações sobre os tubos de águas pluviais, incluindo a elevação subterrânea em cada bueiro.

A relação intensidade da chuva-duração para a chuva de projeto pode ser descrita por $i = 18/(t_d^{0,50})$, onde $i =$ intensidade em pol./hora, e $t_d =$ duração da chuva = tempo de concentração em minutos.

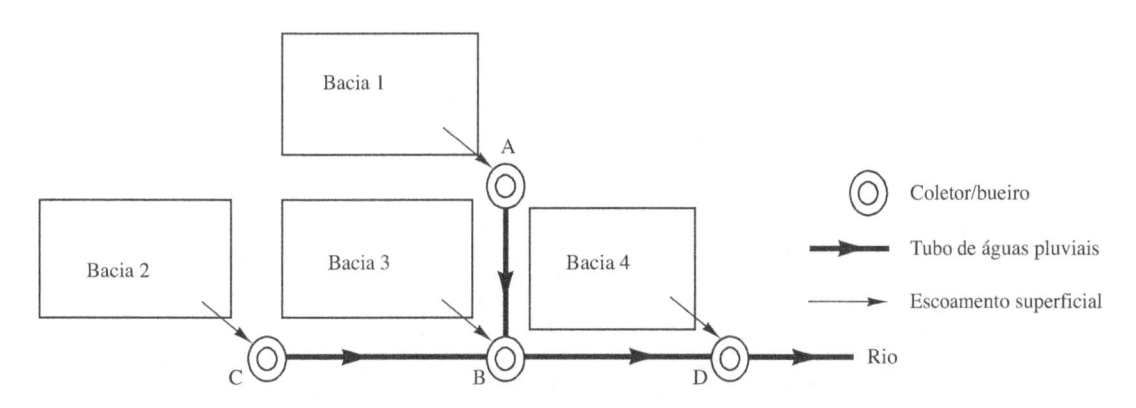

Figura P11.8.13

Bacia	Área (acres)	T_i (min.)	C	Tubo de águas pluviais	Comprimento (pés)	Elevação a montante (pés)	Elevação a jusante (pés)
1	2,2	12	0,3	AB	200	24,9	22,9
2	1,8	10	0,4	CB	300	24,4	22,9
3	2,2	13	0,3	BD	300	22,9	22,0
4	1,2	10	0,5	DR	200	22,0	21,6

11.8.14 Projete os tubos para coleta de águas pluviais no Problema 11.8.13, dadas as alterações a seguir. A elevação a montante para o tubo AB é 23,9 pés, e não 24,9 pés; o tempo do coletor para a bacia 1 é 14 minutos, e não 12 minutos; e o tempo do coletor para a bacia 3 é 10 minutos, e não 13 minutos.

11.8.15 Projete os tubos para coleta de águas pluviais no Problema 11.8.13, dadas as alterações a seguir. A elevação a montante para o tubo CB é 23,5 pés, e não 24,4 pés; o tempo do coletor para a bacia 2 é 14 minutos, e não 10 minutos; e a elevação a jusante para o tubo DR é 22 pés, e não 21,6 pés.

12 Métodos estatísticos na hidrologia

Os métodos estatísticos são ferramentas indispensáveis na hidrologia. Grande parte dos processos hidrológicos, como a chuva, não é passível de análise puramente determinística devido às incertezas naturais. Essas incertezas surgem da aleatoriedade dos processos naturais, da falta de dados em quantidade e qualidade suficientes e da falta de compreensão sobre todas as relações nos processos hidrológicos complexos. Os métodos estatísticos dão conta dessas incertezas, e as previsões competentes realizadas por meio desses métodos são sempre acompanhadas por alguma probabilidade de ocorrência ou predisposição. Na aplicação dos métodos estatísticos, presumimos que os processos naturais são governados por algumas regras matemáticas, e não por leis físicas subjacentes a esses processos. Ao permitir essa premissa, os métodos estatísticos podem ser utilizados para analisar diversos processos hidrológicos.

A abordagem dos métodos estatísticos feita aqui enfatiza as técnicas de análise de frequência e os conceitos nelas usados. O propósito de uma análise de frequência é extrair informações significativas de dados hidrológicos observados de modo a se poder tomar decisões com relação a eventos futuros. Como exemplo, suponha que uma série de dados hidrológicos contenha as descargas instantâneas em uma seção de corrente observadas durante os últimos 20 anos e que está sendo planejada uma ponte para essa corrente. A ponte deve ser projetada para passar uma descarga de projeto sem ser inundada. Que descarga deve ser usada no projeto? Quais são as chances de a ponte ser inundada durante sua existência se determinada descarga de projeto for utilizada? Um esboço das descargas de pico dos últimos 20 anos pode parecer um tanto irregular e não daria nenhuma resposta a essas perguntas. Somente depois de uma análise de frequência dos dados da corrente podemos responder a esses tipos de pergunta de modo inteligente.

Os dados hidrológicos utilizados em uma análise de frequência devem representar a situação em estudo; ou seja, o conjunto de dados deve ser *homogêneo*. Por exemplo, o futuro escoamento superficial de uma área desenvolvida urbanizada não pode ser determinado a partir de dados históricos do escoamento observados em condições de subdesenvolvimento. Outras modificações que afetam o conjunto de dados incluem medidores realocados, desvios de corrente e construção de barragens e reservatórios durante o período em que a observação foi feita.

Os dados hidrológicos disponíveis podem conter mais informações do que as necessárias para a análise de frequência. Nesse caso, os dados devem ser reduzidos a um formato útil. Por exemplo, imagine que mantemos um registro diário do escoamento no local de um medidor pelos últimos N anos. Tal registro seria denominado *série de duração completa*. Entretanto, grande parte de nosso interesse volta-se para os extremos, particularmente os altos escoamentos para estudo das cheias. Podemos formar uma *série anual excedente* considerando os valores mais altos de N registrados. Alternativamente, podemos obter a *série máxima anual* usando os valores mais altos de N que ocorrem em cada um dos N anos. Tanto a série anual excedente quanto a série máxima anual podem ser usadas na análise de frequência. Os resultados das duas abordagens se tornam muitos semelhantes quando são investigados eventos extremos de ocorrência rara. Em geral, contudo, usamos a série máxima anual porque os valores nela incluídos estão mais propensos a serem estatisticamente independentes, conforme assumido nos métodos de análise de frequência.

12.1 Conceitos de probabilidade

A compreensão dos conceitos de probabilidade requer a definição de alguns conceitos fundamentais: *variável aleatória*, *amostra*, *população*, *distribuição da probabilidade*. Uma *variável aleatória* é uma variável numérica que não pode ser precisamente prevista. Em métodos probabilísticos, tratamos todas as variáveis hidrológicas como variáveis aleatórias. Elas incluem taxas de chuva, escoamento, evaporação, velocidade do vento e armazenamento em reservatórios, entre outros. Um conjunto de observações de qualquer variável aleatória é denominado *amostra*. Por exemplo, os escoamentos anuais máximos observados em um determinado medidor durante os últimos N anos formam uma amostra. De modo análogo, os escoamentos máximos anuais que ocorrerão em algum período específico no futuro formam outra amostra. Consideramos que as amostras são retiradas de uma *população* hipotética infinita, que é definida como o montante total de todos os valores representando as variáveis aleatórias a serem investigadas. Em termos mais simples, a população de escoamentos máximos anuais em um local específico conteria os valores anuais máximos observados ao longo de um número infinito de anos. A *distribuição da probabilidade* é útil no cálculo das chances que uma variável aleatória retirada dessa população tem de pertencer a uma faixa específica de valores numéricos. Por exemplo, a distribuição da probabilidade dos escoamentos máximos anuais permite-nos estimar as chances de o escoamento máximo exceder uma magnitude específica em algum momento futuro.

12.2 Parâmetros estatísticos

A maioria das distribuições de probabilidade teóricas é expressa em termos de *parâmetros estatísticos* que caracterizam a população, tais como *média*, *desvio padrão* e *assimetria*. Não podemos determinar esses parâmetros precisamente porque não sabemos todos os valores incluídos em toda a população. Entretanto, podemos estimar esses parâmetros estatísticos a partir de uma amostra.

Imagine uma amostra que contém N valores observados de uma variável aleatória, x_i, com $i = 1, 2, ..., N$. Para uma série de escoamentos máximos anuais, x_i representaria o escoamento máximo observado durante ano i. A estimativa da amostra da média (m) é

$$m = \frac{1}{N} \sum_{i=1}^{N} x_i \quad (12.1)$$

Em resumo, m é a média de todos os valores observados incluídos na amostra.

A *variância* é uma medida da variabilidade dos dados. A raiz quadrada da variância é denominada *desvio padrão*. Uma estimativa da amostra do desvio padrão (s) é

$$s = \left[\frac{1}{N-1} \sum_{i=1}^{N} (x_i - m)^2 \right]^{1/2} \quad (12.2)$$

A obliquidade, ou *assimetria*, é uma medida da simetria de uma distribuição de probabilidade sobre a média. Podemos estimar o *coeficiente de assimetria* a partir de dados como

$$G = \frac{N \sum_{i=1}^{N} (x_i - m)^3}{(N-1)(N-2) s^3} \quad (12.3)$$

Na realização da análise de frequência com dados obtidos em estações de medição, G costuma ser denominada a *estação de assimetria* da amostra.

A experiência indica que logaritmos dos valores observados para muitas variáveis hidrológicas estão mais aptos a seguirem certas distribuições de probabilidade. Portanto, os parâmetros estatísticos já mencionados são calculados como

$$m_l = \frac{1}{N} \sum_{i=1}^{N} \log x_i \quad (12.4)$$

$$s_l = \left[\frac{1}{N-1} \sum_{i=1}^{N} (\log x_i - m_l)^2 \right]^{1/2} \quad (12.5)$$

$$G_l = \frac{N \sum_{i=1}^{N} (\log x_i - m_l)^3}{(N-1)(N-2) s_l^3} \quad (12.6)$$

onde m_l, s_l e G_l representam média, desvio padrão e coeficiente de assimetria dos logaritmos (base 10) dos valores dos dados observados. Ao longo do texto, *log* refere-se ao logaritmo comum (base 10) do operando, enquanto *ln* é usado para fazer referência ao logaritmo natural (base $e = 2,718$).

Exemplo 12.1

Descargas de pico anuais (Q_i) do Rio Meherrin em Emporia, Virgínia, Estados Unidos, estão tabuladas na coluna 2 da Tabela 12.1 para o período entre 1952 e 1990. Determine a média, o desvio padrão e o coeficiente de assimetria desses dados.

Solução

Serão usadas as equações 12.1, 12.2 e 12.3, substituindo-se Q_i por x_i. É melhor realizar os cálculos de maneira tabular (ou em uma planilha), conforme mostrado na Tabela 12.1. As somas das colunas necessárias aos cálculos são dadas na última linha da tabela. Todos os valores são dados com três casas decimais significativas de modo a combinarem com os fluxos originais. A média é calculada a partir da Equação 12.1 com $N = 39$:

$$m = \frac{1}{N} \sum_{i=1}^{N} Q_i = (3{,}83 \times 10^5)/39 = 9.820 \text{ cfs}$$

Em seguida, o desvio padrão é calculado a partir da Equação 12.2:

$$s = \left[\frac{1}{N-1} \sum_{i=1}^{N} (Q_i - m)^2 \right]^{1/2} = [(8{,}24 \times 10^8)/38]^{1/2} =$$
$$= 4.660 \text{ cfs}$$

Por fim, o coeficiente de assimetria é calculado usando-se a Equação 12.3:

$$G = \frac{N \sum_{i=1}^{N} (Q_i - m)^3}{(N-1)(N-2) s^3} =$$
$$= (39)(3{,}45 \times 10^{12})/[(38)(37)(4.660)^3] = 0{,}946$$

TABELA 12.1 Cálculos da média, do desvio padrão e da assimetria (fluxos de pico do Rio Meherrin).

Ano	Q_i	$Q_i - m$	$(Q_i - m)^2$	$(Q_i - m)^3$	$\log Q_i$	$(\log Q_i - m_l)$	$(\log Q_i - m_l)^2$	$(\log Q_i - m_l)^3$
1952	9,410	−4,08E+02	1,66E+05	−6,78E+07	3,97E+00	2,59E−02	6,70E−04	1,73E−05
1953	11,200	1,38E+03	1,91E+06	2,64E+09	4,05E+00	1,02E−01	1,03E−02	1,05E−03
1954	5,860	−3,96E+03	1,57E+07	−6,20E+10	3,77E+00	−1,80E−01	3,23E−02	−5,81E−03
1955	12,600	2,78E+03	7,74E+06	2,15E+10	4,10E+00	1,53E−01	2,33E−02	3,56E−03
1956	7,520	−2,30E+03	5,28E+06	−1,21E+10	3,88E+00	−7,15E−02	5,11E−03	−3,65E−04
1957	7,580	−2,24E+03	5,01E+06	−1,12E+10	3,88E+00	−6,80E−02	4,63E−03	−3,15E−04
1958	12,100	2,28E+03	5,21E+06	1,19E+10	4,08E+00	1,35E−01	1,82E−02	2,46E−03
1959	9,400	−4,18E+02	1,74E+05	−7,29E+07	3,97E+00	2,54E−02	6,46E−04	1,64E−05
1960	8,710	−1,11E+03	1,23E+06	−1,36E+09	3,94E+00	−7,69E−03	5,91E−05	−4,54E−07
1961	6,700	−3,12E+03	9,72E+06	−3,03E+10	3,83E+00	−1,22E−01	1,48E−02	−1,80E−03
1962	12,900	3,08E+03	9,50E+06	2,93E+10	4,11E+00	1,63E−01	2,65E−02	4,32E−03
1963	8,450	−1,37E+03	1,87E+06	−2,56E+09	3,93E+00	−2,08E−02	4,35E−04	−9,06E−06
1964	4,210	−5,61E+03	3,14E+07	−1,76E+11	3,62E+00	−3,23E−01	1,05E−01	−3,38E−02
1965	7,030	−2,79E+03	7,77E+06	−2,17E+10	3,85E+00	−1,01E−01	1,02E−02	−1,02E−03
1966	7,470	−2,35E+03	5,51E+06	−1,29E+10	3,87E+00	−7,44E−02	5,53E−03	−4,12E−04
1967	5,200	−4,62E+03	2,13E+07	−9,85E+10	3,72E+00	−2,32E−01	5,37E−02	−1,24E−02
1968	6,200	−3,62E+03	1,31E+07	−4,73E+10	3,79E+00	−1,55E−01	2,41E−02	−3,75E−03
1969	5,800	−4,02E+03	1,61E+07	−6,49E+10	3,76E+00	−1,84E−01	3,40E−02	−6,26E−03
1970	5,400	−4,42E+03	1,95E+07	−8,62E+10	3,73E+00	−2,15E−01	4,64E−02	−9,98E−03
1971	7,800	−2,02E+03	4,07E+06	−8,21E+09	3,89E+00	−5,56E−02	3,09E−03	−1,72E−04
1972	19,400	9,58E+03	9,18E+07	8,80E+11	4,29E+00	3,40E−01	1,16E−01	3,93E−02
1973	21,100	1,13E+04	1,27E+08	1,44E+12	4,32E+00	3,77E−01	1,42E−01	5,34E−02
1974	10,000	1,82E+02	3,32E+04	6,06E+06	4,00E+00	5,23E−02	2,73E−03	1,43E−04
1975	16,200	6,38E+03	4,07E+07	2,60E+11	4,21E+00	2,62E−01	6,85E−02	1,79E−02
1976	8,100	−1,72E+03	2,95E+06	−5,07E+09	3,91E+00	−3,92E−02	1,54E−03	−6,03E−05
1977	5,640	−4,18E+03	1,75E+07	−7,29E+10	3,75E+00	−1,96E−01	3,86E−02	−7,58E−03
1978	19,400	9,58E+03	9,18E+07	8,80E+11	4,29E+00	3,40E−01	1,16E−01	3,93E−02
1979	16,600	6,78E+03	4,60E+07	3,12E+11	4,22E+00	2,72E−01	7,42E−02	2,02E−02
1980	11,100	1,28E+03	1,64E+06	2,11E+09	4,05E+00	9,76E−02	9,53E−03	9,30E−04
1981	4,790	−5,03E+03	2,53E+07	−1,27E+11	3,68E+00	−2,67E−01	7,15E−02	−1,91E−02
1982	4,940	−4,88E+03	2,38E+07	−1,16E+11	3,69E+00	−2,54E−01	6,45E−02	−1,64E−02
1983	9,360	−4,58E+02	2,09E+05	−9,59E+07	3,97E+00	2,36E−02	5,56E−04	1,31E−05
1984	13,800	3,98E+03	1,59E+07	6,32E+10	4,14E+00	1,92E−01	3,69E−02	7,10E−03
1985	8,570	−1,25E+03	1,56E+06	−1,94E+09	3,93E+00	−1,47E−02	2,17E−04	−3,19E−06
1986	17,500	7,68E+03	5,90E+07	4,53E+11	4,24E+00	2,95E−01	8,72E−02	2,58E−02
1987	16,600	6,78E+03	4,60E+07	3,12E+11	4,22E+00	2,72E−01	7,42E−02	2,02E−02
1988	3,800	−6,02E+03	3,62E+07	−2,18E+11	3,58E+00	−3,68E−01	1,35E−01	−4,98E−02
1989	7,390	−2,43E+03	5,89E+06	−1,43E+10	3,87E+00	−7,91E−02	6,25E−03	−4,94E−04
1990	7,060	−2,76E+03	7,60E+06	−2,10E+10	3,85E+00	−9,89E−02	9,78E−03	−9,67E−04
Soma	3,83E+05	−3,27E−11	8,24E+08	3,45E+12	1,54E+02	3,11E−14	1,47E+00	6,53E−02

Exemplo 12.2

Considere as descargas do Rio Meherrin dadas no Exemplo 12.1. Calcule a média, o desvio padrão e o coeficiente de assimetria dos logaritmos das descargas observadas.

Solução

Primeiro, os logaritmos dos Qs são obtidos e tabulados na coluna 6 da Tabela 12.1. Os cálculos são realizados na forma tabular, como no Exemplo 12.1. Entretanto, neste caso, as equações 12.4, 12.5 e 12.6 são usadas, e $\log Q_i$ foi substituído pelos termos de $\log x_i$. Assim,

$$m_l = \frac{1}{N} \sum_{i=1}^{N} \log Q_i = (1{,}54 \times 10^2)/39 = 3{,}95$$

$$s_l = \left[\frac{1}{N-1} \sum_{i=1}^{N} (\log Q_i - m_l)^2\right]^{1/2} = [(1{,}47)/38]^{1/2} = 0{,}197$$

e

$$G_l = \frac{N \sum_{i=1}^{N} (\log Q_i - m_l)^3}{(N-1)(N-2) s_l^3} =$$

$$= (39)(6{,}53 \times 10^{-2})/[(38)(37)(0{,}197)^3] = 0{,}237$$

Observe que o fluxo médio para o conjunto de dados transformados em logaritmos pode ser encontrado tomando-se o antilogaritmo (algumas vezes denominado logaritmo inverso):

Q (média dos logaritmos) = $10^{3{,}95}$ = 8.910 cfs

que é muito inferior à média aritmética.

12.3 Distribuições de probabilidade

Dentre as muitas distribuições de probabilidade teóricas disponíveis, as mais usadas em hidrologia são as distribuições de probabilidade normal, log-normal, Gumbel e log-Pearson do tipo III.

12.3.1 Distribuição normal

A *distribuição normal*, também conhecida como *distribuição gaussiana*, é provavelmente o modelo mais comum de probabilidade. Contudo, dificilmente é usada em hidrologia. A principal limitação da distribuição normal é que ela permite que as variáveis aleatórias assumam valores de $-\infty$ a ∞, mas a maioria das variáveis hidrológicas, tal como a descarga da corrente, não é negativa. Em outras palavras, o fato é que, na realidade, não existe algo como descarga "negativa", como pode ser calculado pela distribuição normal.

A distribuição normal é escrita em termos da *função densidade da probabilidade*, $f_X(x)$, como

$$f_X(x) = \frac{1}{s\sqrt{2\pi}} \exp\left[-\frac{(x-m)^2}{2s^2}\right] \quad (12.7)$$

onde "exp" é a base dos logaritmos neperianos (ou seja, 2,71828...) elevada à potência do valor entre colchetes, e a média (m) e o desvio padrão (s) da amostra são usados como estimativas da média e do desvio padrão da população.

Para explicar o significado da função densidade da probabilidade, imagine que a variável aleatória X representa as descargas máximas anuais de uma corrente. Suponha que os parâmetros m e s tenham sido obtidos por meio da análise de uma série de descargas máximas anuais para essa corrente. Em seguida, imagine que desejamos determinar a probabilidade de uma descarga máxima futura estar entre dois valores especificados x_1 e x_2. Essa probabilidade pode ser calculada como

$$P[x_1 \leq X \leq x_2] = \int_{x_1}^{x_2} f_X(x)\, dx \quad (12.8)$$

Ou, em outras palavras, a probabilidade de um determinado valor de X estar entre dois valores, x_1 e x_2, pode ser calculada como uma integral definida de x_1 e x_2 da função densidade da probabilidade.

12.3.2 Distribuição log-normal

A transformação logarítmica de variáveis aleatórias hidrológicas está mais propensa a seguir a distribuição normal do que os valores originais. Em tais casos, considera-se que a variável aleatória segue uma distribuição log-normal. A função densidade da probabilidade para a *distribuição log-normal* é

$$f_X(x) = \frac{1}{(x)s_l\sqrt{2\pi}} \exp\left[\frac{-(\log x - m_l)^2}{2s_l^2}\right] \quad (12.9)$$

onde "exp" é a base dos logaritmos neperianos (ou seja, 2,71828...) elevada à potência do valor entre colchetes. Observe que a função logarítmica entre colchetes é o logaritmo comum (base 10) de x.

12.3.3 Distribuição Gumbel

A *distribuição Gumbel*, também conhecida como *distribuição de valor extremo do tipo I*, é comumente usada para análise de frequência de enchentes e chuvas máximas. A função densidade da probabilidade para essa distribuição é

$$f_X(x) = (y)\{\exp[-y(x-u) - \exp[-y(x-u)]]\} \quad (12.10)$$

na qual y e u são parâmetros intermediários definidos como

$$y = \frac{\pi}{s\sqrt{6}} \quad (12.11)$$

e

$$u = m - 0{,}45s \quad (12.12)$$

onde m e s representam a média e o desvio padrão, respectivamente, da amostra, conforme definido anteriormente.

12.3.4 Distribuição log-Pearson do tipo III

A *distribuição log-Pearson do tipo III* foi recomendada pelo Conselho de Recursos Hídricos dos Estados Unidos* para servir de modelo para as séries de escoamentos máximos anuais. As responsabilidades do conselho com relação às instruções para os estudos de frequência de enchentes foram assumidas em 1981, pelo *Interagency Advisory Committee on Water Data* – IACWD, do Serviço Geológico norte-americano. A função densidade da probabilidade para a distribuição log-Pearson do tipo III é

$$f_X(x) = \frac{\nu^b (\log x - r)^{b-1} \exp[-\nu (\log x - r)]}{x \, \Gamma(b)} \quad (12.13)$$

onde Γ é a função gama. Os valores dessa função podem ser encontrados em tabelas matemáticas padrão. Os parâmetros b, ν e r estão relacionados aos parâmetros estatísticos da amostra pelas expressões

$$b = \frac{4}{G_l^2} \quad (12.14)$$

$$\nu = \frac{s_l}{\sqrt{b}} \quad (12.15)$$

$$r = m_l - s_l \sqrt{b} \quad (12.16)$$

Os parâmetros estatísticos da amostra m_l, s_l e G_l são obtidos a partir das equações 12.4, 12.5 e 12.6, respectivamente.

O coeficiente de assimetria usado na distribuição log-Pearson do tipo III é sensível ao tamanho da amostra. Para amostras com até 100 valores de dados, o Conselho de Recursos Hídricos recomenda o uso de uma média ponderada do coeficiente de assimetria obtido a partir da amostra e dos mapas de assimetria generalizados dados na Figura 12.1. Seguindo o procedimento de ponderação descrito pelo IACWD,** o *coeficiente de assimetria ponderado* (para amostras com menos de 100 pontos de dados) é expresso como

$$g = \frac{0{,}3025 \, G_l + V_G G_m}{0{,}3025 + V_G} \quad (12.17)$$

Nessa expressão, G_l é o coeficiente de assimetria obtido a partir da amostra usando a Equação 12.6, G_m é o mapa de assimetria generalizado obtido na Figura 12.1 dependendo da localização geográfica, e V_G é o erro médio quadrático da obliquidade da amostra. Com base nos estudos de Wallis, Matalas e Slack,*** V_G pode ser aproximada como

$$V_G \approx 10^{A - B \log(N/10)} \quad (12.18)$$

onde N é o número de valores de dados na amostra, e

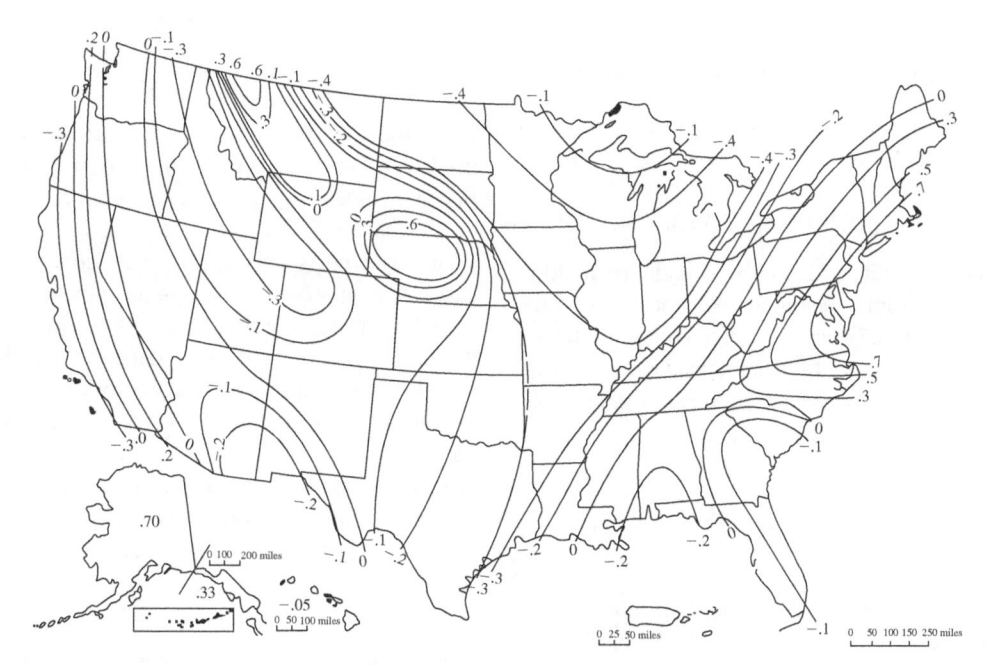

$$A = -0{,}33 + 0{,}08 \, |G_l| \quad \text{se } |G_l| \leq 0{,}90 \quad (12.19a)$$

Figura 12.1 Mapa de assimetria generalizado do Conselho de Recursos Hídricos dos Estados Unidos.
Fonte: *Interagency Advisory Committee on Water Data*, 1982.

---

* Water Resources Council, "A uniform technique for determining flood flow frequencies", *Boletim 15*. Washington, DC, U.S. Water Resources Council, 1967.
** Interagency Advisory Committee on Water Data, "Guidelines for determining flood flow frequency", *Boletim 17B*. Reston, VA, U.S. Department of the Interior, U.S. Geological Survey, Office of Water Data Coordination, 1982.
*** J. R. Wallis, N. C. Matalas e J. R. Slack, "Just a moment!", *Water Resources Research*, v. 10, n. 2, p. 211–221, 1974.

ou $A = -0{,}52 + 0{,}30\,|G_l|$ se $|G_l| > 0{,}90$ (12.19b)

$B = 0{,}94 - 0{,}26\,|G_l|$ se $|G_l| \le 1{,}50$ (12.19c)

ou $B = 0{,}55$ se $|G_l| > 1{,}50$ (12.19d)

Se a amostra tiver mais do que 100 pontos, então o coeficiente de assimetria a ser usado na distribuição log-Pearson de tipo III será simplesmente G_l (também denominado "estação de assimetria" nesse caso), que é calculado usando-se a Equação 12.6.

Exemplo 12.3

O coeficiente de assimetria para a transformação logarítmica da série de descargas de pico do Rio Meherrin foi calculado como $G_l = 0{,}237$ no Exemplo 12.2. Calcule o coeficiente de assimetria ponderado para esse rio.

Solução

O medidor do Rio Meherrin usado no Exemplo 12.2 está localizado em Emporia, Virgínia, Estados Unidos. A partir da Figura 12.1, o mapa de assimetria generalizado para essa localização é 0,7. A partir da Equação 12.19a com $G_l = 0{,}237$,

$$A = -0{,}33 + 0{,}08\,|0{,}237| = -0{,}311$$

e, a partir da Equação 12.19c, com $G_l = 0{,}237$,

$$B = 0{,}94 - 0{,}26\,|0{,}237| = 0{,}878$$

Então, usando a Equação 12.18 com $N = 39$,

$$V_G \approx 10^{-0{,}311 - 0{,}878\,\log(39/10)} = 10^{-0{,}830} = 0{,}148$$

e finalmente, a partir da Equação 12.17, o coeficiente de assimetria ponderado é

$$g = [0{,}3025(0{,}237) + 0{,}148(0{,}7)]/(0{,}3025 + 0{,}148) = 0{,}389$$

12.4 Período de retorno e risco hidrológico

As funções densidade da probabilidade para diferentes distribuições foram resumidas na Seção 12.3. As funções densidade cumulativas são mais úteis a partir do ponto de vista prático. Dada a função densidade da probabilidade $f_X(x)$, a função densidade cumulativa para qualquer distribuição pode ser escrita como

$$F_X(x) = \int_{-\infty}^{x} f_X(u)\, du \qquad (12.20)$$

onde u é a variável muda de integração. O limite inferior de integração deve ser alterado para zero se a distribuição permitir somente valores positivos.

O valor numérico de $F_X(x)$ representa a probabilidade de a variável aleatória que está sendo modelada assumir um valor menor do que x. Imagine que criamos a hipótese de que uma das variáveis discutidas na Seção 12.3 possa ser usada para descrever uma série de descargas máximas anuais de uma corrente. Utilizando a média da amostra, o desvio padrão, o coeficiente de assimetria e a função densidade da probabilidade escolhida, calculamos a Equação 12.20 com limite superior de integração de $x = 3.000$ cfs. Imagine também que a densidade cumulativa resultante, utilizando a Equação 12.20, resulta em 0,8. Podemos, então, dizer que a descarga máxima anual da corrente em estudo será menor do que 3.000 cfs com a probabilidade de 0,8, ou 80 por cento, em algum ano futuro. Vale observar que o valor numérico de $F_X(x)$ sempre estará entre zero e uma unidade. Ocasionalmente, $F_X(x)$ é denominada *probabilidade de não excedência*.

Hidrólogos que lidam com o estudo de enchentes costumam sempre estar mais interessados na *probabilidade de excedência* (p), que pode ser escrita como

$$p = 1 - F_X(x) \qquad (12.21)$$

Obviamente, p assumirá valores entre 0 e 1. No exemplo anterior, $p = 1 - 0{,}8 = 0{,}2$. Isso significa que em algum ano futuro a descarga máxima excederá $x = 3.000$ cfs com uma probabilidade de 0,2, ou 20 por cento. Algumas vezes, para expressar o mesmo resultado, os hidrólogos dizem que a probabilidade de excedência de 3.000 cfs é de 0,2, ou 20 por cento.

O *período de retorno*, também denominado *intervalo de recorrência*, é definido como o número médio de anos entre as ocorrências de um evento hidrológico com determinada magnitude ou mais. Representando o período de retorno por T,

$$T = \frac{1}{p} \qquad (12.22)$$

por definição. Por exemplo, no problema anterior, o período de retorno de 3.000 cfs será $1/0{,}2 = 5$ anos. Em outras palavras, a descarga máxima anual da corrente considerada excederá 3.000 cfs uma vez a cada 5 anos, em média. Podemos expressar o mesmo resultado dizendo que a descarga de 5 anos (ou a enchente de 5 anos) é 3.000 cfs.

As estruturas hidráulicas costumam ser dimensionadas para acomodar, em capacidade total, uma *descarga de projeto* com período de retorno especificado. Em geral, a estrutura não funcionará conforme o planejado se a descarga de projeto for excedida. O *risco hidrológico* é a probabilidade de que a descarga de projeto seja excedida uma ou mais vezes durante a vida útil do projeto. Representando o risco com R e a vida útil do projeto em anos com n,

$$R = 1 - (1 - p)^n \qquad (12.23)$$

Exemplo 12.4

Em uma rodovia, é necessário instalar um bueiro capaz de acomodar uma descarga de projeto que possui um período de retorno de 50 anos. A vida útil do bueiro é de 25 anos. Determine o risco hidrológico associado a esse projeto. Em outras palavras, qual a probabilidade de que a capacidade do bueiro seja excedida durante sua vida útil de 25 anos?

Solução

A partir da Equação 12.22, $p = 1/50 = 0,02$. Portanto, a partir da Equação 12.23,

$$R = 1 - (1 - 0,02)^{25} = 0,397 = 39,7\%$$

12.5 Análise de frequência

A intenção da análise de frequência de uma série de valores observados de uma variável hidrológica é determinar os valores futuros dessa variável correspondente a diferentes períodos de retorno de interesse. Para isso, precisamos determinar a distribuição de probabilidade que seja adequada aos dados hidrológicos disponíveis usando meios estatísticos. Somente depois de identificarmos uma distribuição de probabilidade que representa de maneira adequada a série de dados é que podemos, de modo inteligente, interpolar e extrapolar os valores de dados observados. Tanto os fatores de frequência quanto os papéis de gráfico especiais de probabilidade são úteis para esse fim.

12.5.1 Fatores de frequência

Para a maioria das distribuições teóricas usadas na hidrologia, não estão disponíveis expressões analíticas de forma fechada para as funções densidade cumulativas. Entretanto, Chow* demonstrou que a Equação 12.21 pode ser escrita de modo mais conveniente como

$$x_T = m + K_T s \qquad (12.24)$$

onde m e s são a média da amostra e o desvio padrão, respectivamente; x_T é a magnitude da variável hidrológica correspondente a um período de retorno específico T; e K_T é o fator de frequência para o período de retorno. Quando são usadas variáveis log-transformadas, como no caso das distribuições log-normal e log-Pearson do tipo III,

$$\log x_T = m_l + K_T s_l \qquad (12.25)$$

O valor do fator de frequência depende da distribuição de probabilidade a ser considerada.

Uma expressão analítica explícita para K_T está disponível somente na distribuição Gumbel:

$$K_T = \frac{-\sqrt{6}}{\pi}\left(0,5772 + \ln\left[\ln\left(\frac{T}{T-1}\right)\right]\right) \qquad (12.26)$$

Os fatores de frequência de Gumbel para diversos períodos de retorno estão tabulados na Tabela 12.2.

Para as distribuições normal e log-normal, conforme Abramowitz e Stegun,** podemos aproximar o fator de frequência em

$$K_T = z \qquad (12.27)$$

onde

$$z = w - \frac{2,515517 + 0,802853w + 0,010328\,w^2}{1 + 1,432788w + 0,189269w^2 + 0,001308w^3}$$

$$(12.28)$$

TABELA 12.2 Fatores de frequência para as distribuições Gumbel, normal e log-normal.

T (anos)	p	K_T (Gumbel)	K_T (normal)	K_T (log-normal)
1,11	0,9	−1,100	−1,282	−1,282
1,25	0,8	−0,821	−0,841	−0,841
1,67	0,6	−0,382	−0,253	−0,253
2	0,5	−0,164	0	0
2,5	0,4	0,074	0,253	0,253
4	0,25	0,521	0,674	0,674
5	0,2	0,719	0,841	0,841
10	0,1	1,305	1,282	1,282
20	0,05	1,866	1,645	1,645
25	0,04	2,044	1,751	1,751
40	0,025	2,416	1,960	1,960
50	0,02	2,592	2,054	2,054
100	0,01	3,137	2,327	2,327
200	0,005	3,679	2,576	2,576

* V. T. Chow, "A general formula for hydrologic frequency analysis", *Transactions of the American Geophysical Union*, v. 32, n. 2, p. 231–237, 1952.
** M. Abramowitz e I. A. Stegun, *Handbook of Mathematical Functions*, Nova York, Dover Publications, 1965.

e
$$w = \left[\ln(T^2)\right]^{1/2} \quad (12.29a)$$

ou

$$w = \left[\ln(1/p^2)\right]^{1/2} \quad (12.29b)$$

As equações de 12.27 a 12.29 são válidas para valores de p de 0,5 ou menos (ou seja, valores de T de 2 anos ou superiores). Para $p > 0,5$, $1 - p$ é substituído por p na Equação 12.29b, e um sinal negativo é inserido na frente do z na Equação 12.28. Os fatores de frequência listados para diversos períodos de retorno na Tabela 12.2 foram obtidos usando-se essas equações.

Para períodos de retorno entre 2 e 200 anos, podemos aproximar os fatores de frequência log-Pearson do tipo III usando uma relação desenvolvida por Kite* e escrita como

$$K_T = z + (z^2 - 1)k + (z^3 - 6z)\frac{k^2}{3} - (z^2 - 1)k^3 + zk^4 + \frac{k^5}{3} \quad (12.30)$$

onde

$$k = \frac{G_l}{6} \quad (12.31a)$$

e z é obtido a partir da Equação 12.28. Se o conceito de coeficiente de assimetria ponderado do Conselho de Recursos Hídricos dos Estados Unidos for usado,

$$k = \frac{g}{6} \quad (12.31b)$$

Os valores de K_T para os vários valores de g são dados na Tabela 12.3. Não é recomendável a interpolação linear desses fatores para os valores de g que não estão listados na tabela. Em vez disso, devem ser usadas as equações de 12.27 a 12.31. Observe que, para $g = 0$, os fatores de frequência para a distribuição log-Pearson do tipo III são os mesmos que os das distribuições log-normais. É importante ressaltar que os fatores de frequência apresentados nessas seções são úteis para estimar as magnitudes de eventos futuros somente se a distribuição de probabilidade for especificada. Os métodos para teste da adequação dos dados a uma distribuição de probabilidade serão discutidos na próxima seção.

Exemplo 12.5

Os parâmetros estatísticos da série de descargas máximas anuais do Rio Meherrin foram calculados em $m = 9.820$ cfs, $s = 4.660$ cfs, $m_l = 3,95$ e $s_l = 0,197$ nos exemplos 12.1 e 12.2. No Exemplo 12.3, determinamos também que o coeficiente de assimetria pon-

TABELA 12.3 Fatores de frequência (K_T) para distribuições log-Pearson do tipo III.

Coeficiente de assimetria (g)	Probabilidade de excedência, p				
	0,5	0,1	0,04	0,02	0,01
	Período de retorno, T (anos)				
	2	10	25	50	100
2,0	−0,307	1,302	2,219	2,912	3,605
1,5	−0,240	1,333	2,146	2,743	3,330
1,0	−0,164	1,340	2,043	2,542	3,022
0,8	−0,132	1,336	1,993	2,453	2,891
0,6	−0,099	1,328	1,939	2,359	2,755
0,4	−0,066	1,317	1,880	2,261	2,615
0,2	−0,033	1,301	1,818	2,159	2,472
0,1	−0,017	1,292	1,785	2,107	2,400
0,0	0,000	1,282	1,751	2,054	2,326
−0,1	0,017	1,270	1,716	2,000	2,252
−0,2	0,033	1,258	1,680	1,945	2,178
−0,4	0,066	1,231	1,606	1,834	2,029
−0,6	0,099	1,200	1,528	1,720	1,880
−0,8	0,132	1,166	1,448	1,606	1,733
−1,0	0,164	1,128	1,366	1,492	1,588
−1,5	0,240	1,018	1,157	1,218	1,257
−2,0	0,307	0,895	0,959	0,980	0,990

* G. W. Kite, *Frequency and Risk Analysis in Hydrology*. Fort Collins, CO, Water Resources Publications, 1977.

derado é $g = 0,389$. Determine a magnitude da descarga de 25 anos no Rio Meherrin se os dados são adequados (a) à distribuição normal, (b) à distribuição log-normal, (c) à distribuição Gumbel e (d) à distribuição log-Pearson do tipo III.

Solução

(a) Para resolver o item (a), primeiro obtemos $K_{25} = 1,751$ a partir da Tabela 12.2 para $p = 0,04$ (ou seja, $T = 25$ anos). Em seguida, a partir da Equação 12.24,

$$Q_{25} = m + K_{25}(s) = 9.820 + 1,751(4.660) = 18.000 \text{ cfs (normal)}$$

(b) Podemos usar o mesmo fator de frequência, $K_{25} = 1,751$, para resolver o item (b) do problema. A partir da Equação 12.25,

$$\log Q_{25} = m_l + K_T(s_l) = 3,95 + 1,751(0,197) = 4,29$$

Então, tomando o antilogaritmo de 4,29, obtemos $Q_{25} = 19.500$ cfs (log-normal).

(c) Para a distribuição Gumbel, primeiro obtemos $K_{25} = 2,044$ a partir da Tabela 12.2 para $p = 0,04$ (ou seja, $T = 25$ anos). Então, a partir da Equação 12.24,

$$Q_{25} = m + K_{25}(s) = 9.820 + 2,044(4.660) = 19.300 \text{ cfs (Gumbel)}$$

(d) Usamos as equações de 12.28 a 12.31 para resolver o item (d) para a distribuição log-Pearson do tipo III. A sequência das equações é 12.31b, 12.29a, 12.28 e 12.30:

$$k = g/6 = 0,389/6 = 0,0648$$

$$w = [\ln T^2]^{1/2} = [\ln (25)^2]^{1/2} = 2,54$$

$$z = w - \frac{2,515517 + 0,802853w + 0,010328w^2}{1 + 1,432788w + 0,189269w^2 + 0,001308w^3}$$

$$z = 2,54 - \frac{2,515517 + 0,802853(2,54) + 0,010328(2,54)^2}{1 + 1,432788(2,54) + 0,189269(2,54)^2 + 0,001308(2,54)^3} = 1,75$$

$$K_T = z + (z^2 - 1)k + (z^3 - 6z)(k^2/3) - (z^2 - 1)k^3 + zk^4 + k^5/3$$

$$K_T = 1,75 + (1,75^2 - 1)0,0648 + [1,75^3 - 6(1,75)](0,0648^2/3) - (1,75^2 - 1)0,0648^3 + 1,75(0,0648)^4 + 0,0648^5/3$$

$$K_T = 1,877$$

Agora, a partir da Equação 12.25,

$$\log Q_{25} = m_l + K_T(s_l) = 3,95 + 1,877(0,197) = 4,32$$

Tomando o antilogaritmo de 4,32, obtemos $Q_{25} = 20.900$ cfs (log-Pearson do tipo III).

12.5.2 Teste de aderência

O teste qui-quadrado é um procedimento estatístico para determinar a aderência dos dados a uma distribuição de probabilidade. Nesse teste, dividimos toda a faixa de valores possíveis da variável hidrológica em *intervalos de classe k*. Em seguida, comparamos o número real de valores de dados que pertencem a esses intervalos ao número de valores de dados esperados conforme a distribuição de probabilidade sendo testada. O número de intervalos de classe, k, é selecionado de modo que o número de valores de dados esperado em cada classe seja de pelo menos 3. Os limites dos intervalos das classes são determinados de modo que o número de valores de dados esperado seja o mesmo em cada intervalo. Os fatores de frequência discutidos na Seção 12.5.1 podem ser usados para determinar os limites das classes.

Para realizar um teste qui-quadrado, é necessário primeiro escolher um *nível de significância*, α. Normalmente, usa-se $\alpha = 0,1$ em hidrologia. O significado de α pode ser explicado da seguinte maneira: Se usarmos $\alpha = 0,1$, e como resultado do teste qui-quadrado rejeitarmos a distribuição de probabilidade considerada, então há 10 por cento de chance de termos rejeitado uma distribuição satisfatória.

A estatística do teste é calculada usando

$$\chi^2 = \sum_{i=1}^{k} \frac{(O_i - E_i)^2}{E_i} \quad (12.32)$$

onde O_i e E_i são os números de valores de dados observado e esperado no intervalo i. Então, aceitamos a distribuição testada se

$$\chi^2 < \chi_\alpha^2$$

e, caso contrário, a rejeitamos, onde χ_α^2 é o valor crítico de χ^2 no nível de significância α. Os valores de χ_α^2 para $\alpha = 0,05, 0,1$ e $0,5$ são dados na Tabela 12.4 como uma função de v onde

$$v = k - kk - 1 \quad (12.33)$$

TABELA 12.4 Valores de χ_α^2.

	Nível de significância		
v	$\alpha = 0,05$	$\alpha = 0,10$	$\alpha = 0,50$
1	3,84	2,71	0,455
2	5,99	4,61	1,39
3	7,81	6,25	2,37
4	9,49	7,78	3,36
5	11,1	9,24	4,35
6	12,6	10,6	5,35
7	14,1	12,0	6,35
8	15,5	13,4	7,34
9	16,9	14,7	8,34
10	18,3	16,0	9,34
15	25,0	22,3	14,3
20	31,4	28,4	19,3
25	37,7	34,4	24,3
30	43,8	40,3	29,3
40	55,8	51,8	39,3
50	67,5	63,2	49,3
60	79,1	74,4	59,3
70	90,5	85,5	69,3
80	101,9	96,6	79,3
90	113,1	107,6	89,3
100	124,3	118,5	99,3

e kk = o número de estatísticas de amostra, tais como média, desvio padrão e coeficiente de assimetria usados para descrever a distribuição de probabilidade em teste. Para as distribuições normal, log-normal e Gumbel, kk = 2; para a distribuição log-Pearson do tipo III, kk = 3. Novamente, k é o número de intervalos de classe usados no teste. Vale observar que o resultado de um teste qui-quadrado é sensível ao valor de k usado. Portanto, esse teste deve ser usado com cautela.

Exemplo 12.6

Considere as descargas máximas anuais (log-transformadas) no Rio Meherrin dadas no Exemplo 12.2 com estatísticas de amostra m_l = 3,95 e s_l = 0,197. Teste a aderência desses dados à distribuição log-normal em um nível de significância de α = 0,1. Use cinco intervalos de classe, ou seja, k = 5.

Solução

Como a probabilidade varia de 0 a 1, o incremento da probabilidade de excedência é $(1 - 0)/5 = 0,2$ para cada intervalo de classe. Consequentemente, os limites superior e inferior dos cinco intervalos de classe são determinados conforme listados na Tabela 12.5. As probabilidades de excedência de p = 0,8, 0,6, 0,4 e 0,2 correspondem aos períodos de retorno de T = 1,25, 1,67, 2,5 e 5 anos. Os fatores de frequência desses períodos de retorno para a distribuição log-normal são obtidos a partir da Tabela 12.2 como K_T = –0,841, –0,253, 0,253 e 0,841. As descargas correspondentes são determinadas por meio da Equação 12.25 com m_l = 3,95 e s_l = 0,197, sendo Q = 6.090, 7.940, 9.990 e 13.1000 cfs, respectivamente. Os limites de descarga superior e inferior listados na Tabela 12.5 baseiam-se nesses valores. Observe que, em termos de probabilidade de excedência, o limite superior corresponde ao limite inferior em termos da descarga para cada intervalo de classe. O número esperado de valores de dados é $E_i = N/5 = 39/5 = 7,8$ para cada intervalo. O número de valores observados (O_i) é obtido na Tabela 12.1. Por exemplo, a Tabela 12.1 contém somente nove valores entre 0 e 6.090 cfs para a classe 1. O valor na coluna 8 para a classe 1 é calculado como

$$\chi^2 = \frac{(9 - 7,8)^2}{7,8} = 0,185$$

As outras entradas na coluna 8 são calculadas da mesma maneira.

Calculamos a estatística de teste por meio da soma dos valores na coluna 8 da Tabela 12.5 e obtemos 0,872. Neste exemplo, k = 5 e kk = 2 (porque estamos usando a distribuição log-normal). Portanto, $v = 5 - 2 - 1 = 2$. Em seguida, a partir da Tabela 12.4 para α = 0,1, obtemos χ^2_α = 4,61. Como $\chi^2 < \chi^2_\alpha$ (ou seja, 0,872 < 4,61), concluímos que a distribuição log-normal realmente é adequada à série de dados sobre a descarga máxima anual (log-transformada) do Rio Meherrin.

12.5.3 Limites de confiança

Existem incertezas associadas às estimativas feitas usando os fatores de frequência. Em geral, apresentamos essas estimativas dentro de uma faixa denominada *intervalo de confiança*. Os limites superior e inferior de um intervalo de confiança são denominados *limites de confiança*. A largura do intervalo de confiança depende do tamanho da amostra e do *nível de confiança*. Diz-se que um intervalo tem um nível de confiança de 90 por cento se é esperado que o verdadeiro valor da variável hidrológica estimada esteja dentro dessa faixa de probabilidade de 0,9, ou 90 por cento. Os limites de confiança superior e inferior são expressos, respectivamente, como

$$U_T = m + K_{TU}(s) \quad (12.34)$$

$$L_T = m + K_{TL}(s) \quad (12.35)$$

onde K_{TU} e K_{TL} são fatores de frequência modificados desenvolvidos por Chow, Maidment e Mays.* Para amostras log-transformadas, as equações correspondentes são

$$\log U_T = m_l + K_{TU}(s_l) \quad (12.36)$$

$$\log L_T = m_l + K_{TL}(s_l) \quad (12.37)$$

As expressões aproximadas para os fatores de frequência modificados são

$$K_{TU} = \frac{K_T + \sqrt{K_T^2 - ab}}{a} \quad (12.38)$$

$$K_{TL} = \frac{K_T - \sqrt{K_T^2 - ab}}{a} \quad (12.39)$$

TABELA 12.5 Teste qui-quadrado para o Exemplo 12.6.

Intervalos de classe	Limites de probabilidade de excedência		Limites de descarga (cfs)				
i	Mais alto	Mais baixo	Inferior	Superior	E_i	O_i	$(O_i - E_i)^2/E_i$
1	1,0	0,8	0	6.090	7,8	9	0,185
2	0,8	0,6	6.090	7.940	7,8	9	0,185
3	0,6	0,4	7.940	9.990	7,8	7	0,082
4	0,4	0,2	9.990	13.100	7,8	6	0,415
5	0,2	0,0	13.100	Infinito	7,8	8	0,005
				Totais	39	39	0,872

* V. T. Chow, D. R. Maidment e L. W. Mays, *Applied Hydrology*. Nova York, McGraw-Hill, 1988.

onde K_T é o fator de frequência que aparece nas equações 12.24 e 12.25, e, para uma amostra do tamanho de N:

$$a = 1 - \frac{z^2}{2(N-1)} \quad (12.40)$$

$$b = K_T^2 - \frac{z^2}{N} \quad (12.41)$$

O valor do parâmetro z depende do nível de confiança. Na prática, um nível de confiança de 90 por cento é o mais comumente usado; nesse nível, $z = 1,645$. Para outros níveis de confiança, a Equação 12.28 pode ser usada para obtenção de z com

$$w = \left[\ln\left(\frac{2}{1-\beta}\right)^2\right]^{1/2} \quad (12.42)$$

onde β é o nível de confiança expresso como uma fração.

Exemplo 12.7

Os parâmetros estatísticos da série de descargas máximas anuais do Rio Meherrin foram calculados em $m = 9.820$ cfs, $s = 4.660$ cfs, $m_l = 3,95$ e $s_l = 0,197$ nos exemplos 12.1 e 12.2. Determinamos também o coeficiente de assimetria ponderado como sendo $g = 0,389$ no Exemplo 12.3. Determine os limites de confiança de 90 por cento para a descarga de 25 anos assumindo que os dados são adequados (a) à distribuição normal, (b) à distribuição log-normal, (c) à distribuição Gumbel e (d) à distribuição log-Pearson do tipo III.

Solução

No Exemplo 12.5, determinamos que $K_{25} = 1,751$ para as distribuições normal e log-normal; $K_{25} = 2,044$ para a distribuição Gumbel; e $K_{25} = 1,877$ para a distribuição log-Pearson do tipo III. Vimos também que, quando um nível de confiança de 90 por cento é usado, $z = 1,645$ para $\beta = 0,9$. A partir da Equação 12.40,

$$a = 1 - \frac{z^2}{2(N-1)} = 1 - \frac{(1,645)^2}{2(39-1)} = 0,9644$$

Para os itens (a) e (b) do problema, primeiro encontramos o parâmetro b usando a Equação 12.41 como

$$b = K_T^2 - \frac{z^2}{N} = (1,751)^2 - \frac{(1,645)^2}{39} = 2,997$$

Em seguida, com as equações 12.38 e 12.39,

$$K_{25U} = \frac{K_T + \sqrt{K_T^2 - ab}}{a} =$$

$$= \frac{1,751 + \sqrt{(1,751)^2 - (0,9644)(2,997)}}{0,9644} = 2,25$$

$$K_{25L} = \frac{K_T - \sqrt{K_T^2 - ab}}{a} =$$

$$= \frac{1,751 - \sqrt{(1,751)^2 - (0,9644)(2,997)}}{0,9644} = 1,38$$

Então, para a distribuição normal usando as equações 12.34 e 12.35, os limites de confiança são

$$U_{25} = m + K_{25U}(s) = 9.820 + 2,25(4.660) = 20.300 \text{ cfs}$$
$$L_{25} = m + K_{25L}(s) = 9.820 + 1,38(4.660) = 16.300 \text{ cfs}$$

Para a distribuição log-normal, os limites de confiança usando as equações 12.36 e 12.37 são

$$\log U_{25} = m_l + K_{25U}(s_l) = 3,95 + 2,25(0,197) = 4,39 \ (U_{25} = 24.500 \text{ cfs})$$
$$\log L_{25} = m_l + K_{25L}(s_l) = 3,95 + 1,38(0,197) = 4,22 \ (L_{25} = 16.600 \text{ cfs})$$

Os itens (c) e (d) podem ser resolvidos de modo semelhante. Para o item (c), usando a Equação 12.41,

$$b = K_T^2 - \frac{z^2}{N} = (2,044)^2 - \frac{(1,645)^2}{39} = 4,109$$

e, com as equações 12.38 e 12.39,

$$K_{25U} = \frac{K_T + \sqrt{K_T^2 - ab}}{a} =$$

$$= \frac{2,044 + \sqrt{(2,044)^2 - (0,9644)(4,109)}}{0,9644} = 2,60$$

$$K_{25L} = \frac{K_T - \sqrt{K_T^2 - ab}}{a} =$$

$$= \frac{2,044 - \sqrt{(2,044)^2 - (0,9644)(4,109)}}{0,9644} = 1,64$$

Então, para a distribuição Gumbel usando as equações 12.34 e 12.35, os limites de confiança são

$$U_{25} = m + K_{25U}(s) = 9.820 + 2,60(4.660) = 21.900 \text{ cfs}$$
$$L_{25} = m + K_{25L}(s) = 9.820 + 1,64(4.660) = 17.500 \text{ cfs}$$

Para resolver o item (d) deste problema, com $K_{25} = 1,877$ para a distribuição log-Pearson do tipo III, usando a Equação 12.41,

$$b = K_T^2 - \frac{z^2}{N} = (1,877)^2 - \frac{(1,645)^2}{39} = 3,454$$

e com as equações 12.38 e 12.39,

$$K_{25U} = \frac{K_T + \sqrt{K_T^2 - ab}}{a} =$$

$$= \frac{1,877 + \sqrt{(1,877)^2 - (0,9644)(3,454)}}{0,9644} = 2,40$$

$$K_{25L} = \frac{K_T - \sqrt{K_T^2 - ab}}{a} =$$

$$= \frac{1,877 - \sqrt{(1,877)^2 - (0,9644)(3,454)}}{0,9644} = 1,49$$

Para a distribuição log-Pearson do tipo III, os limites de confiança obtidos com as equações 12.36 e 12.37 são

$$\log U_{25} = m_l + K_{25U}(s_l) = 3,95 + 2,40(0,197) = 4,42 \ (U_{25} = 26.300 \text{ cfs})$$
$$\log L_{25} = m_l + K_{25L}(s_l) = 3,95 + 1,49(0,197) = 4,24 \ (L_{25} = 17.400 \text{ cfs})$$

Exemplo 12.8

Os parâmetros estatísticos da série de descargas máximas anuais do Rio Meherrin foram calculados em $m = 9.820$ cfs, $s = 4.660$ cfs, $m_l = 3,95$ e $s_l = 0,197$ nos exemplos 12.1 e 12.2. No Exemplo 12.6, vimos também que os dados do Rio Meherrin são adequados à distribuição log-normal. Determine as descargas de pico para períodos de 1,25, 2, 10, 25, 50, 100 e 200 anos e os limites de confiança de 90 por cento para o rio.

Solução

A solução é apresentada na Tabela 12.6. Os valores na coluna 2 são obtidos na Tabela 12.2, e a Equação 12.25 é usada para determinar as entradas na coluna 3. Os antilogaritmos dos valores na coluna 3 tornam-se as descargas listadas na coluna 4. As equações 12.40 e 12.41 são usadas para calcular os valores nas colunas 5 e 6, respectivamente.

Do mesmo modo, as equações 12.38 e 12.39 são usadas para determinar as entradas nas colunas 7 e 8. Os logaritmos dos limites de confiança superior e inferior listados nas colunas 9 e 10 são obtidos por meio das equações 12.36 e 12.37, respectivamente. Os antilogaritmos dessas colunas fornecem os limites superior e inferior listados nas colunas 11 e 12, respectivamente.

12.6 Análise de frequência usando gráficos de probabilidade

12.6.1 Gráficos de probabilidade

A representação gráfica de dados hidrológicos é uma ferramenta importante para a análise estatística. Geralmente, traçamos os dados em papel de probabilidade especialmente projetado. Em geral, a ordenada representa o valor da variável hidrológica, e a abscissa representa o período de retorno (T) ou a probabilidade de excedência (p). A escala da ordenada pode ser linear ou logarítmica, dependendo da distribuição de probabilidade usada. A escala da abscissa é projetada de modo que a Equação 12.24 ou a Equação 12.25 seja traçada como uma linha teórica reta. Quando desenhados, os pontos de dados devem cair sobre essa reta, ou próximos a ela, se a distribuição de probabilidade usada representar adequadamente a série de dados. Com essa relação linear, podemos facilmente interpolar e extrapolar os dados representados.

Os papéis de probabilidade para as distribuições normal, log-normal e Gumbel estão disponíveis comercialmente. A Figura 12.2 apresenta um exemplo do papel para a distribuição (de probabilidade) normal. Para a distribuição log-Pearson do tipo III, seria necessário um papel gráfico diferente para cada valor do coeficiente de assimetria. Por razões práticas, papéis de probabilidade para log-Pearson do tipo III não estão disponíveis comercialmente. Um papel de probabilidade log-normal pode ser usado para a distribuição log-Pearson do tipo III, mas a Equação 12.25 será esboçada como uma curva suave, e não como uma reta, e a extrapolação dos dados traçados será relativamente difícil.

12.6.2 Posições de plotagem

As *posições de plotagem* fazem referência ao período de retorno T (ou à probabilidade de excedência $p = 1/T$) atribuído a cada valor de dado que será plotado no papel de probabilidade. Entre os muitos métodos disponíveis na literatura, a maioria formada por métodos empíricos, o método de Weibull é o que adotamos. Nele, os valores de dados são listados em uma ordem de magnitude decrescente, e uma classificação (r) é atribuída a cada valor de dado. Em outras palavras, se existirem N valores de dados na série, $r = 1$ para o maior valor na série e $r = N$ para o menor. Então, a probabilidade de excedência atribuída a cada valor de dado para fins de plotagem é encontrada como

$$p = \frac{r}{N+1} \quad (12.43)$$

que é equivalente à fórmula da posição de plotagem adotada pelo Conselho de Recursos Hídricos dos Estados Unidos,* e

$$T = \frac{N+1}{r} \quad (12.44)$$

onde T é o período de retorno definido para fins de plotagem.

TABELA 12.6 Descargas de pico e limites de confiança de 90% para o Rio Meherrin.

1 T	2 K_T	3 $\log Q_T$	4 Q_T	5 a	6 b	7 K_{TU}	8 K_{TL}	9 $\log U_T$	10 $\log L_T$	11 U_T	12 L_T
1,25	−0,841	3,78	6,09E+03	0,964	0,638	−0,557	−1,187	3,840	3,716	6,92E+03	5,20E+03
2	0	3,95	8,91E+03	0,964	−0,069	0,268	−0,268	4,003	3,897	1,01E+04	7,89E+03
10	1,282	4,20	1,59E+04	0,964	1,574	1,697	0,962	4,284	4,140	1,92E+04	1,38E+04
25	1,751	4,29	1,97E+04	0,964	2,997	2,251	1,381	4,393	4,222	2,47E+04	1,67E+04
50	2,054	4,35	2,26E+04	0,964	4,150	2,613	1,647	4,465	4,274	2,92E+04	1,88E+04
100	2,327	4,41	2,56E+04	0,964	5,346	2,941	1,884	4,529	4,321	3,38E+04	2,10E+04
200	2,576	4,46	2,87E+04	0,964	6,566	3,242	2,100	4,589	4,364	3,88E+04	2,31E+04

* Interagency Advisory Committee on Water Data, "Guidelines for Determining Flood Flow Frequency", *Boletim 17B*. Reston, VA, U.S. Department of the Interior, U.S. Geological Survey, Office of Water Data Coordination, 1982.

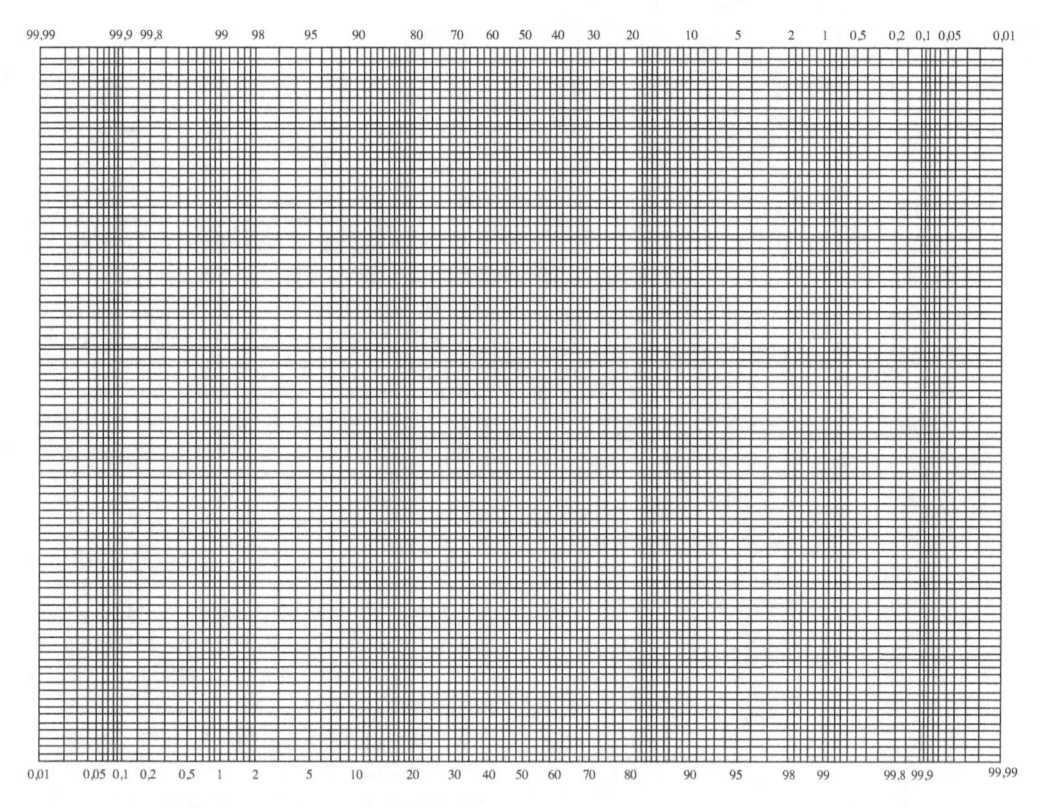

Figura 12.2 Papel gráfico de probabilidade (distribuição normal).

Exemplo 12.9

A série de descargas máximas anuais do Rio Meherrin foi tabulada em ordem cronológica na Tabela 12.1. Determine os períodos de retorno atribuídos a esses valores de dados para fins de plotagem.

Solução

Este problema pode ser resolvido de modo tabular. Conforme mostrado na Tabela 12.7, os valores observados para as descargas de pico anuais estão listados em ordem decrescente. Informa-se, então, uma classificação $r = 1$ a 39 na coluna 1. Em seguida, são calculados o período de retorno (T) e a probabilidade de excedência (p) de cada descarga usando as equações 12.43 e 12.44, e os valores são tabulados nas colunas 3 e 4, respectivamente.

12.6.3 Plotagem de dados e distribuição teórica

Conforme mencionado anteriormente, uma representação gráfica de uma série de dados hidrológicos pode ser obtida por meio da plotagem dos pontos de dados em papel de probabilidade especialmente projetado. O tipo do papel a ser usado depende da distribuição de probabilidade apropriada aos dados ou ao tipo de distribuição de probabilidade em teste. Os dados são plotados usando as posições de plotagem discutidas na seção anterior.

Uma reta teórica representando a distribuição de probabilidade pode ser traçada usando os fatores de frequência discutidos na Seção 12.5.1. Embora dois pontos sejam suficientes para traçar uma reta, é uma boa prática usar pelo menos três pontos, para detectar qualquer erro de cálculo. Para uma aderência perfeita, todos os pontos de dados devem estar sobre a reta. Nunca vemos uma aderência perfeita em aplicações reais; se os pontos de dados estiverem próximos o suficiente da reta teórica, então a distribuição de probabilidade em teste será aceitável. É possível quantificar e testar a adequação da distribuição a ser aplicada aos dados por meio de um teste estatístico de *aderência*, conforme descrito na Seção 12.5.2. Nesse caso, os limites superior e inferior dos intervalos de classe correspondentes aos limites de probabilidade selecionados podem ser determinados diretamente a partir do gráfico usando-se a distribuição de probabilidade da reta teórica.

Conforme observado na Seção 12.5.3, existem incertezas associadas às estimativas feitas usando métodos estatísticos, e geralmente apresentamos essas estimativas com uma faixa denominada *intervalo de confiança*. Um intervalo de confiança é obtido por meio da plotagem dos limites de confiança superior e inferior. Obtemos a fronteira inferior do intervalo de confiança desenhando uma reta pelos limites de confiança inferiores. A reta que demarca a fronteira superior passa pelos limites de confiança superiores calculados. Obviamente, a distribuição de probabilidade teórica deve estar dentro desse intervalo, cuja largura depende do nível de confiança discutido na Seção 12.5.3. É comum um nível de confiança de 90 por cento na hidrologia.

TABELA 12.7 Posições de plotagem para o Exemplo 12.9.

Classificação (r)	Q (cfs)	Posição de plotagem (p)	Posição de plotagem (T) (anos)
1	21.100	0,025	40,00
2	19.400	0,050	20,00
3	19.400	0,075	13,33
4	17.500	0,100	10,00
5	16.600	0,125	8,00
6	16.600	0,150	6,67
7	16.200	0,175	5,71
8	13.800	0,200	5,00
9	12.900	0,225	4,44
10	12.600	0,250	4,00
11	12.100	0,275	3,64
12	11.200	0,300	3,33
13	11.100	0,325	3,08
14	10.000	0,350	2,86
15	9.410	0,375	2,67
16	9.400	0,400	2,50
17	9.360	0,425	2,35
18	8.710	0,450	2,22
19	8.570	0,475	2,11
20	8.450	0,500	2,00
21	8.100	0,525	1,90
22	7.800	0,550	1,82
23	7.580	0,575	1,74
24	7.520	0,600	1,67
25	7.470	0,625	1,60
26	7.390	0,650	1,54
27	7.060	0,675	1,48
28	7.030	0,700	1,43
29	6.700	0,725	1,38
30	6.200	0,750	1,33
31	5.860	0,775	1,29
32	5.800	0,800	1,25
33	5.640	0,825	1,21
34	5.400	0,850	1,18
35	5.200	0,875	1,14
36	4.940	0,900	1,11
37	4.790	0,925	1,08
38	4.210	0,950	1,05
39	3.800	0,975	1,03

Exemplo 12.10

Prepare um esboço log-normal da série de descargas máximas anuais do Rio Meherrin. Desenhe a reta teórica da distribuição de probabilidade e o intervalo de confiança de 90 por cento.

Solução

A Figura 12.3 apresenta os dados do Rio Meherrin em papel de probabilidade log-normal. Os pontos de dados observados foram esboçados utilizando-se as posições de plotagem calculadas no Exemplo 12.9 e apresentadas na Tabela 12.7.

No Exemplo 12.8, as descargas correspondentes a vários períodos de retorno foram calculadas para uma distribuição log-normal. Esses são os valores teóricos e eles são usados para plotar a distribuição de probabilidade teórica. Somente dois pontos são necessários para traçar uma reta, mas usamos três pontos neste exemplo.

No que diz respeito ao intervalo de confiança, os limites de confiança superior e inferior também foram calculados no Exemplo 12.8 para diversos períodos de retorno. Plotando U_T contra T, obtemos a fronteira superior do intervalo de confiança. Do mesmo modo, um esboço de L_T contra T nos dará a fronteira inferior, conforme mostra a Figura 12.3.

12.6.4 Estimativa de magnitudes futuras

Quando uma distribuição estatística deve se adequar a uma série de dados e o intervalo de confiança é desenvolvido, as magnitudes futuras esperadas da variável hidrológica considerada podem ser estimadas de modo bastante fácil. Por exemplo, no Exemplo 12.6 mostramos que a série de descargas máximas anuais do Rio Meherrin é adequada à distribuição log-normal com a reta teórica correspondente e com o intervalo de confiança exibido na Figura 12.3. Então, podemos usar a Figura 12.3 para estimar a descarga para praticamente qualquer período de retorno, embora a série de dados original contenha somente 39 anos de dados.

Suponha que desejamos estimar a descarga que apresenta um período de retorno de 100 anos. Usando $T = 100$ anos e a reta teórica na Figura 12.3, podemos ler Q_{100} diretamente do gráfico log-normal ou, conforme calculado no Exemplo 12.8, $Q_{100} = 25.600$ cfs. Do mesmo modo, a partir do intervalo de confiança de 90 por cento, $U_{100} = 33.800$ cfs e $L_{100} = 21.000$ cfs, conforme calculado no Exemplo 12.8, mostrado na Tabela 12.6 e esboçado na Figura 12.3. Podemos, agora, interpretar esses resultados da seguinte maneira: Existe somente 5 por cento de chance de a descarga real de 100 anos ser maior do que 33.800 cfs. Analogamente, a probabilidade de o valor real ser menor do que 21.000 cfs é de 5por cento. O valor mais provável da descarga de 100 anos é 25.600 cfs.

A reta teórica do gráfico de probabilidade também pode ser usada para estimar o período de retorno de determinada magnitude de descarga em uma determinada localização. Por exemplo, um período de retorno de 20.000 cfs para qualquer lugar, tal como o Rio Meherrin, pode ser lido diretamente da Figura 12.2 como sendo 25 anos.

12.7 Relação intensidade-duração-frequência das chuvas

As técnicas de análise de frequência podem ser usadas para desenvolver relações entre a intensidade, a duração e o período de retorno médios das chuvas. Essas relações são

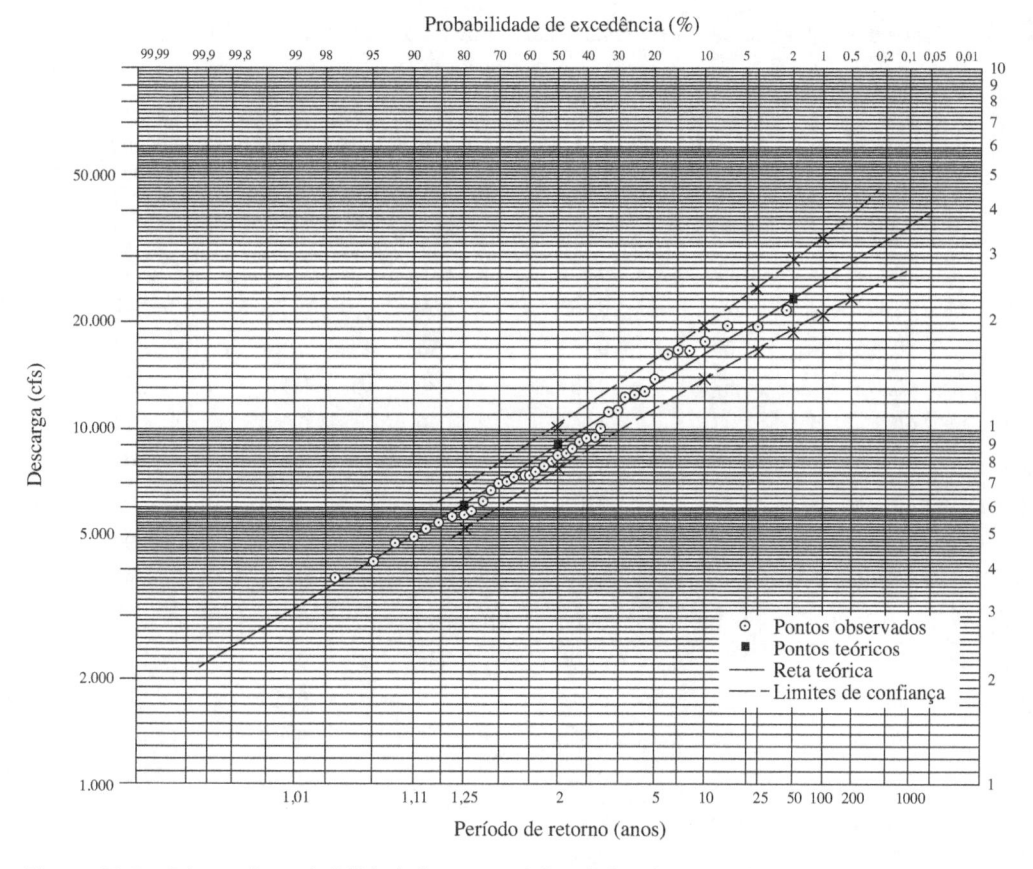

Figura 12.3 Esboço da probabilidade log-normal dos dados do Rio Meherrin.

sempre apresentadas na forma gráfica por meio das *curvas de intensidade-duração-frequência* (IDF). As curvas IDF são usadas na prática da engenharia para o projeto de uma variedade de estruturas hidráulicas urbanas.

Para desenvolver curvas IDF para determinada localização, primeiro extraímos dos registros de chuvas as profundidades máximas anuais correspondentes às durações selecionadas. Em seguida, as séries de dados para cada duração são adequadas às distribuições de probabilidade. Depois disso, os períodos de retorno são determinados para as diferentes profundidades de chuva usando essa distribuição. Finalmente, dividimos essas profundidades pela duração considerada para encontrar as relações IDF. Em geral, a distribuição Gumbel é usada para a análise de frequência de chuvas. O problema a seguir ajudará a esclarecer o procedimento.

Exemplo 12.11

A série de profundidades máximas anuais da chuva (P) para o período de 25 anos é dada nas colunas 2, 4, 6 e 8 da Tabela 12.8 para durações de tempestades (t_d) de 15, 30, 60 e 120 minutos, respectivamente. Desenvolva as curvas IDF assumindo que os dados são adequados à distribuição Gumbel. (Um exemplo semelhante fora apresentado por Akan e Houghtalen.*)

Solução

Os cálculos podem ser realizados de forma tabular. A média e o desvio padrão das profundidades das chuvas (para cada duração) são calculados na Tabela 12.8 usando as equações 12.1 e 12.2. As análises de frequência das profundidades das chuvas para as quatro durações de tempestades são realizadas separadamente. A Tabela 12.9 resume os cálculos. Os valores de K_T apresentados na coluna 2 da Tabela 12.9 são obtidos na Tabela 12.2 para a distribuição Gumbel. As profundidades das precipitações correspondentes são calculadas usando-se a Equação 12.24, conforme mostrado nas colunas 3, 5, 7 e 9 da Tabela 12.9. A intensidade média das chuvas, $i_{média}$, correspondente a cada profundidade de precipitação é calculada simplesmente dividindo-se P pela duração, t_d, em horas. Os resultados são esboçados na Figura 12.4.

12.8 Aplicabilidade dos métodos estatísticos

Os métodos estatísticos apresentados neste capítulo, em particular os procedimentos para análise de frequência, podem ser aplicados a uma ampla gama de problemas hidrológicos. A maior parte deste capítulo examinou a aplicação da análise de frequência a descargas em um rio. Entretanto, essas técnicas podem ser usadas para

---

* A. O. Akan e R. J. Houghtalen, *Urban Hydrology, Hydraulics and Stormwater Quality*. Hoboken, NJ, John Wiley and Sons, 2003.

TABELA 12.8 Média e desvio padrão das profundidades das chuvas para o Exemplo 12.11.

	t_d = 15 Minutos		t_d = 30 Minutos		t_d = 60 Minutos		t_d = 120 Minutos	
j	P_j (pol.)	$(P_j - m)^2$ (pol.)²	P_j (pol.)	$(P_j - m)^2$ (pol.)²	P_j (pol.)	$(P_j - m)^2$ (pol.)²	P_j (pol.)	$(P_j - m)^2$ (pol.)²
1	1,55	0,436	2,20	0,985	2,80	1,775	3,20	2,027
2	1,40	0,260	2,00	0,628	2,55	1,172	2,80	1,048
3	1,35	0,212	1,85	0,413	2,20	0,536	2,60	0,678
4	1,26	0,137	1,72	0,263	2,00	0,283	2,47	0,481
5	1,20	0,096	1,60	0,154	1,90	0,187	2,40	0,389
6	1,16	0,073	1,53	0,104	1,80	0,110	2,29	0,264
7	1,10	0,044	1,47	0,069	1,70	0,054	2,18	0,163
8	1,05	0,026	1,40	0,037	1,60	0,018	2,07	0,086
9	1,01	0,014	1,34	0,018	1,52	0,003	2,00	0,050
10	0,97	0,006	1,28	0,005	1,48	0,000	1,90	0,015
11	0,92	0,001	1,24	0,001	1,43	0,001	1,81	0,001
12	0,88	0,000	1,20	0,000	1,40	0,005	1,71	0,004
13	0,86	0,001	1,14	0,005	1,35	0,014	1,64	0,019
14	0,82	0,005	1,09	0,014	1,29	0,032	1,60	0,031
15	0,80	0,008	1,04	0,028	1,25	0,047	1,53	0,061
16	0,75	0,020	1,00	0,043	1,21	0,066	1,46	0,100
17	0,71	0,032	0,95	0,066	1,18	0,083	1,40	0,142
18	0,68	0,044	0,90	0,095	1,16	0,095	1,35	0,182
19	0,65	0,058	0,86	0,121	1,12	0,121	1,29	0,237
20	0,60	0,084	0,82	0,150	1,08	0,150	1,22	0,310
21	0,56	0,109	0,78	0,183	1,05	0,174	1,16	0,380
22	0,53	0,130	0,74	0,219	1,00	0,219	1,11	0,444
23	0,50	0,152	0,71	0,248	0,93	0,289	1,09	0,471
24	0,48	0,168	0,68	0,278	0,86	0,369	1,07	0,499
25	0,46	0,185	0,65	0,311	0,83	0,407	1,06	0,513
Σ	22,25	2,300	30,19	4,436	36,69	6,210	44,41	8,594
m	0,890		1,208		1,468		1,776	
s		0,310		0,430		0,509		0,598

TABELA 12.9 Cálculo da frequência das chuvas para o Exemplo 12.11.

		t_d = 15 min. m = 0,890 pol. s = 0,310 pol.		t_d = 30 min. m = 1,208 pol. s = 0,430 pol.		t_d = 60 min. m = 1,468 pol. s = 0,509 pol.		t_d = 120 min. s = 0,598 pol. m = 1,776 pol.	
T	K_T	P	$i_{média}$	P	$i_{média}$	P	$i_{média}$	P	$i_{média}$
5	0,719	1,113	4,450	1,517	3,033	1,833	1,833	2,207	1,103
10	1,305	1,294	5,176	1,769	3,537	2,131	2,131	2,557	1,279
25	2,044	1,523	6,091	2,086	4,173	2,507	2,507	3,000	1,500
50	2,592	1,692	6,770	2,322	4,644	2,786	2,786	3,327	1,664
100	3,137	1,861	7,444	2,556	5,112	3,063	3,063	3,654	1,827

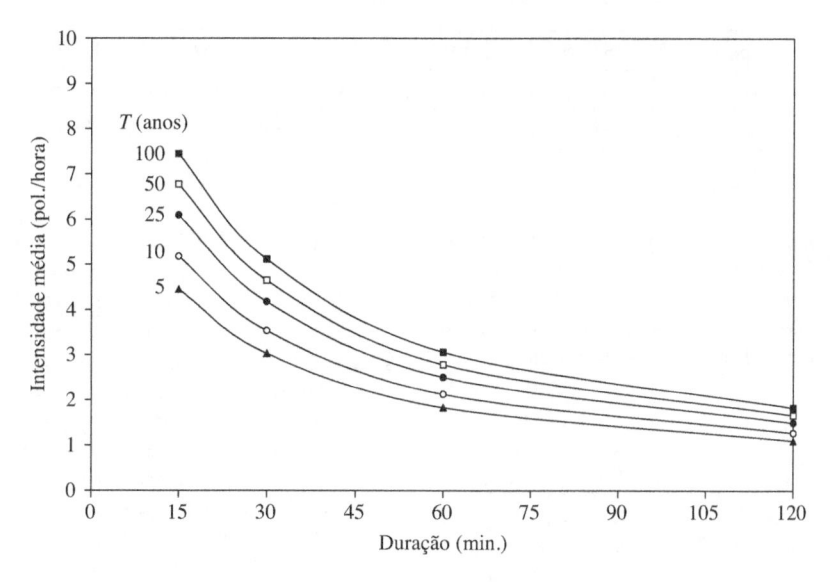

Figura 12.4 Curvas IDF para o Exemplo 12.11.

prever as elevações nos estágios das cheias e seus volumes de armazenamento, as profundidades das precipitações, os carregamentos de poluentes e muitos outros fenômenos hidrologicamente relacionados.

Para que as técnicas neste capítulo sejam usadas, deve ser dada uma série máxima anual ou de excedência. Não podemos, por exemplo, tomar 27 medições de descargas de 13 anos de dados de correntes e usar esses 27 valores como se tivéssemos 27 anos de dados. Além disso, é preciso que os dados representem *eventos hidrologicamente independentes* para que sejam analisados. Em outras palavras, a magnitude de um evento não pode ser dependente ou estar relacionada à magnitude de outro evento, tampouco pode ser parte de outro evento. Por exemplo, altas elevações nos estágios das cheias associadas a um grande evento de chuva que ocorre no final de um ano somente devem ser usadas para representar a elevação de pico em um dos dois anos.

Se a distribuição de frequência selecionada for apropriada para o tipo de análise executada, e as condições anteriores forem satisfeitas, os resultados estatísticos devem ser válidos. As distribuições Gumbel e log-Pearson do tipo III foram desenvolvidas para prever fluxos associados a tempestades. Elas não são particularmente boas na previsão de condições de seca. Independentemente do caso, podemos e devemos testar nossos resultados estatísticos usando um teste de aderência tal como o teste qui-quadrado.

Problemas
(Seção 12.2)

12.2.1 As medidas de precipitações anuais (P_i em polegadas) para Mythical City, Indiana,* ao longo de um período de 20 anos, são apresentadas na tabela a seguir. Determine a média, o desvio padrão e o coeficiente de assimetria para a série.

Ano	1989	1990	1991	1992	1993	1994	1995	1996	1997	1998
P_i	44,2	47,6	38,5	35,8	40,2	41,2	38,8	39,7	40,5	42,5
Ano	1999	2000	2001	2002	2003	2004	2005	2006	2007	2008
P_i	39,2	38,3	46,1	33,1	35	39,3	42	41,7	37,7	38,6

12.2.2 Determine a média, o desvio padrão e o coeficiente de assimetria para os valores de logaritmos da chuva anual em Mythical City, Indiana, dados no Problema 12.2.1. Determine também a precipitação média (em polegadas) dos dados log-transformados.

12.2.3 Um engenheiro forense está estudando o histórico de cheias em Wisconsin ao longo de períodos de 20 anos.

As descargas de cheias máximas anuais (Q_i em m³/s) para o Rio Wolf (tributário do Lago Michigan) em New London, Wisconsin, de 1950 a 1969, são dadas na tabela a seguir. Determine a média, o desvio padrão e o coeficiente de assimetria para essa série.

---

* Tanto a cidade citada quanto seus dados são fictícios.

Ano	1950	1951	1952	1953	1954	1955	1956	1957	1958	1959
Q_i	114	198	297	430	294	113	165	211	94	91
Ano	1960	1961	1962	1963	1964	1965	1966	1967	1968	1969
Q_i	222	376	215	250	218	98	283	147	289	175

12.2.4 Determine a média, o desvio padrão e o coeficiente de assimetria para os valores logarítmicos para as descargas de cheias máximas anuais para o Rio Wolf dados no Problema 12.2.3. Determine também a cheia média anual (em m³/s) do conjunto de dados log-transformados.

(Seção 12.3)

12.3.1 Usando os resultados dos exemplos 12.1 e 12.2, escreva a função densidade da probabilidade assumindo uma distribuição normal e uma distribuição log-normal para as descargas de pico anuais (Q_i) do Rio Meherrin, em Emporia, Virgínia, Estados Unidos.

12.3.2 Usando os resultados do Exemplo 12.1, escreva a função densidade da probabilidade assumindo uma distribuição Gumbel para as descargas de pico anuais (Q_i) do Rio Meherrin.

12.3.3 Usando os resultados dos exemplos 12.2 e 12.3, escreva a função densidade da probabilidade assumindo uma distribuição log-Pearson do tipo III para as descargas de pico anuais (Q_i) do Rio Meherrin em Emporia, Virgínia, Estados Unidos.

(Seção 12.4)

12.4.1 A proprietária de uma casa de praia foi comunicada que o primeiro andar, onde fica a garagem, está um pouco abaixo da elevação de cheia de cinco anos. Embora possua seguro, a proprietária gostaria de determinar o risco de deixar alguns pertences (que ela pretende vender em três anos) na garagem. Qual é a probabilidade de a garagem ser inundada no próximo ano? Qual é a probabilidade de a garagem ser inundada ao menos uma vez nos próximos três anos?

12.4.2 Com relação ao Exemplo 12.4, está evidente que existe aproximadamente 40 por cento de chance de a capacidade do bueiro ser excedida na vida útil de 25 anos. Determine o período de retorno para o qual o bueiro precisaria ser projetado de modo a reduzir para 20 por cento o risco de excedência de capacidade durante sua vida útil.

12.4.3 Uma cidade depende do fluxo de um rio próximo para seu abastecimento de água. Se a descarga ficar abaixo de um nível base de 30 m³/s, várias ações de emergência têm início. Após dois dias consecutivos de fluxo abaixo da base, um pequeno reservatório é acionado; após dez dias consecutivos de fluxo abaixo da base, é preciso bombear água de uma cidade vizinha. Os registros de descarga do rio foram avaliados para determinar a probabilidade de excedência de seca por dois dias (70 por cento) e por dez dias (20 por cento). Determine:

(a) A probabilidade de se ter de utilizar o reservatório pelo menos uma vez nos próximos dois anos;

(b) A probabilidade de não se ter de recorrer ao reservatório nos próximos dois anos;

(c) A probabilidade de se ter de utilizar o reservatório durante cada um dos próximos dois anos;

(d) A probabilidade de se ter de utilizar o reservatório exatamente uma vez nos próximos dois anos.

12.4.4 Uma cidade depende do fluxo de um rio próximo para seu abastecimento de água. Se a descarga ficar abaixo de um nível base de 30 m³/s, várias ações de emergência têm início. Após dois dias consecutivos de fluxo abaixo da base, um pequeno reservatório é acionado; após dez dias consecutivos de fluxo abaixo da base, é preciso bombear água de uma cidade vizinha. Os registros de descarga do rio foram avaliados para determinar a probabilidade de excedência de seca por dois dias (70 por cento) e por dez dias (20 por cento). Determine:

(a) A probabilidade de se ter de bombear água pelo menos uma vez nos próximos dois anos;

(b) A probabilidade de não se ter de bombear água nos próximos dois anos;

(c) A probabilidade de se ter de bombear água durante cada um dos próximos dois anos;

(d) A probabilidade de se ter de bombear água exatamente uma vez nos próximos dois anos.

12.4.5 Planeja-se construir uma estação de força praiana. Um compartimento estanque está sendo construído para proteger o local da construção da enchente de dez anos. Qual é a probabilidade de o local da construção ser inundado durante o primeiro ano do período de construção de quatro anos? Qual é o risco de haver inundação no período de construção de quatro anos? Qual é a probabilidade de não haver inundação no período de construção de quatro anos? Se os proprietários da estação de força desejarem reduzir para 25 por cento o risco de inundação durante o período de construção, em quantos anos a construção pode ser concluída?

(Seção 12.5)

12.5.1 As medidas para as precipitações anuais (P_i em polegadas) para Mythical City, Indiana, foram dadas no Problema 12.2.1. Os parâmetros estatísticos para essa série anual foram calculados em $m = 40$ pol., $s = 3{,}5$ pol. e $G = 0{,}296$. Determine a magnitude da profundidade da precipitação de dez anos se os dados são adequados (a) à distribuição normal e à (b) distribuição Gumbel. Quantas vezes o P_{10} (normal) foi excedido nos registros das precipitações anuais dados no Problema 12.2.1?

12.5.2 As medidas para as precipitações anuais (P_i em polegadas) para Mythical City, Indiana, foram dadas no Problema 12.2.1. No Problema 12.2.2, os parâmetros estatísticos para esta série anual foram calculados em $m_l = 1{,}6$, $s_l = 0{,}0379$ e $G_l = 0{,}0144$. Determine a magnitude da profundidade da precipitação de dez anos se os dados são adequados (a) à distribuição log-normal e (b) à distribuição log-Pearson do tipo III. Quantas vezes o P_{10} (normal) foi excedido nos registros das precipitações anuais dados no Problema 12.2.1?

12.5.3 As descargas de cheias máximas anuais (Q_i em m³/s) para o Rio Wolf (tributário do Lago Michigan) em New London, Wisconsin, Estados Unidos, de 1950 a 1969, foram dadas no Problema 12.2.3. Os parâmetros estatísticos para essa série anual foram calculados em $m = 214$ m³/s, $s = 94,6$ m³/s e $G = 0,591$. Determine o intervalo de retorno da cheia de 1953 (430 m³/s) se os dados são adequados (a) à distribuição normal e (b) à distribuição Gumbel.

12.5.4 As descargas de cheias máximas anuais (Q_i em m³/s) para o Rio Wolf (tributário do Lago Michigan) em New London, Wisconsin, Estados Unidos, de 1950 a 1969, foram dadas no Problema 12.2.3. No Problema 12.2.4, os parâmetros estatísticos para essa série anual foram calculados em $m_l = 2,29$, $s_l = 0,202$ e $G = -0,227$. Determine o intervalo de retorno da cheia de 1953 (430 m³/s) se os dados se adequarem (a) à distribuição log-normal e (b) à distribuição log-Pearson do tipo III.

12.5.5 No Exemplo 12.6, determinamos que os dados log-transformados do Rio Meherrin são adequados à distribuição normal em um nível de significância $\alpha = 0,1$. Nossa conclusão seria diferente para $\alpha = 0,05$ ou $\alpha = 0,5$?

12.5.6 No Exemplo 12.6, determinamos que os dados log-transformados do Rio Meherrin são adequados à distribuição log-normal em um nível de significância $\alpha = 0,1$. Quantos fluxos adicionais precisariam estar no primeiro intervalo de classe (fluxos mais baixos, transferidos do intervalo do meio) para que o teste falhasse no mesmo nível de significância? Quantos fluxos adicionais precisariam estar no primeiro intervalo de classe (fluxos mais baixos, transferidos do quinto intervalo ou dos fluxos maiores) para que o teste falhasse no mesmo nível de significância?

12.5.7 Considere as descargas máximas anuais do Rio Meherrin dadas no Exemplo 12.1 com estatísticas de amostra $m = 9.820$ cfs e $s = 4.660$ cfs. Realize o teste de aderência desses dados à distribuição normal em um nível de significância $\alpha = 0,1$. Use cinco intervalos de classe ($k = 5$).

12.5.8 Considere as descargas máximas anuais do Rio Meherrin dadas no Exemplo 12.1 com estatísticas de amostra $m = 9.820$ cfs e $s = 4.660$ cfs. Realize o teste de aderência desses dados à distribuição Gumbel em um nível de significância $\alpha = 0,5$. Use cinco intervalos de classe ($k = 5$).

12.5.9 As medidas de precipitações anuais (P_i em polegadas) para os registros de 20 anos em Mythical City, Indiana, foram dadas no Problema 12.2.1. Os parâmetros estatísticos para essa série anual foram calculados em $m = 40$ pol., $s = 3,50$ pol. e $G = 0,296$. Determine os limites de confiança de 90 por cento para a profundidade da precipitação de dez anos considerando que os dados são adequados (a) à distribuição normal e (b) à distribuição Gumbel.

12.5.10 As medidas de precipitações anuais (P_i em polegadas) para os registros de 20 anos em Mythical City, Indiana, foram dadas no Problema 12.2.1. No Problema 12.2.2, os parâmetros estatísticos para essa série anual foram calculados em $m_l = 1,60$, $s_l = 0,0379$ e $G_l = 0,0144$. Determine os limites de confiança de 90 por cento para a profundidade da precipitação de dez anos considerando que os dados são adequados (a) à distribuição log-normal e (b) à distribuição log-Pearson do tipo III.

12.5.11 Considere as descargas máximas anuais do Rio Meherrin dadas no Exemplo 12.1 com estatísticas de amostra $m = 9.820$ cfs e $s = 4.660$ cfs. No Problema 12.5.7 foi demonstrado que os dados do Rio Meherrin são adequados à distribuição normal. Determine as descargas de pico para períodos de 1,25, 2, 10, 25, 50, 100 e 200 anos e os limites de confiança de 90 por cento para o rio.

12.5.12 Considere as descargas máximas anuais do Rio Meherrin dadas no Exemplo 12.1 com estatísticas de amostra $m = 9.820$ cfs e $s = 4.660$ cfs. No Problema 12.5.8 foi demonstrado que os dados do Rio Meherrin são adequados à distribuição Gumbel. Determine as descargas de pico para períodos de 1,25, 2, 10, 25, 50, 100 e 200 anos e os limites de confiança de 90 por cento para o rio.

(Seção 12.6)

12.6.1 A descarga mais alta do Rio Meherrin registrada na estação de medição (Exemplo 12.10) durante o período de 39 anos foi 21.100 cfs. Com base na distribuição log-normal, determine o período de retorno para essa descarga de duas maneiras diferentes observando $m_l = 3,95$ e $s_l = 0,197$.

12.6.2 Uma ponte será construída sobre o Rio Meherrin próximo ao local onde as medidas das descargas foram tomadas no Exemplo 12.10. A vida útil da ponte proposta é de 50 anos. Se uma descarga de projeto de 25.500 cfs for usada para a ponte, com base na distribuição normal, (a) qual é a probabilidade de a ponte ser inundada em algum ano? (b) Qual é a probabilidade de a ponte ser inundada ao longo de sua vida útil?

12.6.3 As medidas de precipitações anuais (P_i em polegadas) para Mythical City, Indiana, ao longo de um período de 20 anos foram dadas no Problema 12.2.1. Determine os períodos de retorno atribuídos a esses valores de dados para fins de plotagem. Prepare um esboço da probabilidade (distribuição normal) da série de precipitações máximas anuais. Use o papel de probabilidade para a distribuição normal encontrado na Internet ou utilize a Figura 12.2. Além disso, desenhe a reta teórica da distribuição de probabilidade no esboço. Os parâmetros estatísticos para essa série anual foram calculados em $m = 40$ pol., $s = 3,50$ pol. e $G = 0,296$.

12.6.4 Obtenha profundidades anuais de precipitações na Internet (no Serviço Meteorológico Nacional,[*] por exemplo) para os registros completos de medidores em uma localização de seu interesse. Com esses dados, determine:

(a) A média, o desvio padrão e o coeficiente de assimetria para essa série de dados;

(b) A média, o desvio padrão e o coeficiente de assimetria para os dados log-transformados;

(c) A aderência desses dados à distribuição normal ($\alpha = 0,1$, $k = 5$);

(d) A aderência desses dados à distribuição log-normal ($\alpha = 0,1$, $k = 5$);

(e) As profundidades de precipitações de 2, 10, 25, 50 e 100 anos e os limites de confiança para as distribuições normal e log-normal;

(f) Um esboço da probabilidade normal da série de precipitações com a reta teórica da distribuição de probabilidade e o intervalo de confiança de 90 por cento;

---
[*] No Brasil, o órgão equivalente é o Instituto Nacional de Meteorologia (N.T.).

(g) Um esboço da probabilidade log-normal da série de precipitações com a reta teórica da distribuição de probabilidade e o intervalo de confiança de 90 por cento.

Observação: Em vários locais da Internet existe papel de probabilidade especial disponível.

12.6.5 Obtenha valores de descargas de pico anuais na Internet (no Serviço Geológico dos Estados Unidos*, por exemplo) para os registros completos de medidores em uma localização de seu interesse. Com esses dados, determine:

(a) A média, o desvio padrão e o coeficiente de assimetria para essa série de dados;

(b) A média, o desvio padrão e o coeficiente de assimetria para os dados log-transformados;

(c) A aderência desses dados à distribuição Gumbel ($\alpha = 0{,}1$, $k = 5$);

(d) A aderência desses dados à distribuição log-Pearson do tipo III ($\alpha = 0{,}1$, $k = 5$);

(e) Os valores das descargas de pico de 2, 10, 25, 50 e 100 anos e os limites de confiança para as distribuições Gumbel e log-Pearson do tipo III;

(f) Um esboço da probabilidade Gumbel da série de precipitações com a reta teórica da distribuição de probabilidade e o intervalo de confiança de 90 por cento;

(g) Um esboço da probabilidade log-Pearson do tipo III da série de precipitações com a reta teórica da distribuição de probabilidade e o intervalo de confiança de 90 por cento.

Observação: Em vários locais da Internet existe papel de probabilidade especial disponível.

---

* Como sugestão, visite o site do CPRM, Serviço Geológico do Brasil: <http://www.cprm.gov.br/> (N. T.)

Apêndice

Constantes e Conversões Comuns

Propriedades físicas da água

Sistema de unidades*	Peso específico (γ)	Densidade (ρ)	Viscosidade (μ)	Viscosidade cinética (ν)	Tensão de superfície (σ)	Pressão de vapor
Em condições normais [20,2°C(68,4°F) e 760 mm Hg (14,7 lb/pol.²)]						
SI	9.790 N/m³	998 kg/m³	$1,00 \times 10^{-3}$ N·s/m²	$1,00 \times 10^{-6}$ m²/s	$7,13 \times 10^{-2}$ N/m	$2,37 \times 10^{3}$ N/m²
BG	62,3 lb/pés³	1,94 slug/pés³	$2,09 \times 10^{-5}$ lb·s/pés²	$1,08 \times 10^{-5}$ pés²/s	$4,89 \times 10^{-3}$ lb/pés	$3,44 \times 10^{-1}$ lb/pol.²
Em condições padrão [4°C(39,2°F) e 760 mm Hg (14,7 lb/pol.²)]						
SI	9.810 N/m³	1.000 kg/m³	$1,57 \times 10^{-3}$ N·s/m²	$1,57 \times 10^{-6}$ m²/s	$7,36 \times 10^{-2}$ N/m	$8,21 \times 10^{2}$ N/m²
BG	62,4 lb/pés²	1,94 slug/pés³	$3,28 \times 10^{-5}$ lb·s/pés²	$1,69 \times 10^{-5}$ pés²/s	$5,04 \times 10^{-3}$ lb/pés	$1,19 \times 10^{-1}$ lb/pol.²

* Sistema internacional de unidades (SI) ou sistema britânico gravitacional de unidades (BG).

Módulo volumétrico de elasticidade, calor específico, calor de fusão/vaporização

Módulo volumétrico de elasticidade (água)* = $2,2 \times 10^{9}$ N/m² ($3,2 \times 10^{5}$ lb/pol.² ou psi)

Calor específico da água** = 1 cal/g · °C (1,00 BTU/lbm · °F)

Calor específico do gelo** = 0,465 cal/g · °C (0,465 BTU/lbm · °F)

Calor específico do vapor da água = 0,432 cal/g · °C (em pressão constante)

Calor específico do vapor da água = 0,322 cal/g · °C (em volume constante)

Calor de fusão (Calor latente) = 79,7 cal/g (144 BTU/lbm)

Calor de vaporização = 597 cal/g ($1,08 \times 10^{4}$ BTU/lbm)

* Para pressão e faixas de temperatura típicas.
** Sob pressão atmosférica padrão.

Constantes comuns

Constantes de projeto	SI	BG
Pressão atmosférica padrão	$1,014 \times 10^{5}$ N/m² (Pascais)	14,7 lb/pol.²
	760 mm Hg	29,9 pol. Hg
	10,3 m H$_2$O	33,8 pés H$_2$O
Constante gravitacional	9,81 m/s²	32,2 pés/s²

Conversões úteis

1 N (kg · m/s^2) = 100.000 dinas (g · cm/s^2)	1 hectare = 10.000 m^2 (100 m por 100 m)
1 acre = 43.560 pés^2	1 milha^2 = 640 acres
1 pé^3 = 7,48 galões	1 hp = 550 pés · lb/s
1 pé^3/s = 449 galões/min (gpm)	

Fatores de conversão: unidades SI para unidades BG

Unidade de medida	Para converter de	para	Multiplique por
Área	m^2	pés^2	$1,076 \times 10^1$
	cm^2	pol.^{2}	$1,55 \times 10^{-1}$
	hectares	acres	2,471
Densidade	kg/m^3	slugs/pés^3	$1,94 \times 10^{-3}$
Força	N	lb	$2,248 \times 10^{-1}$
Comprimento	m	pés	3,281
	cm	pol.	$3,937 \times 10^{-1}$
	km	mi	$6,214 \times 10^{-1}$
Massa	kg	slug	$6,852 \times 10^{-2}$
Potência	W	pés · lb/s	$7,376 \times 10^{-1}$
	kW	hp	$1,341 \times 10^1$
Energia	N · m (Joule)	pés · lb	$7,376 \times 10^{-1}$
Pressão	N/m^2 (Pascal)	lb/pés^2 (psf)	$2,089 \times 10^{-2}$
	N/m^2 (Pascal)	lb/pol.^{2} (psi)	$1,45 \times 10^{-4}$
Peso específico	N/m^3	lb/pés^3	$6,366 \times 10^{-3}$
Temperatura	°C	°F	$T_f = 1,8 \, T_c + 32°$
Velocidade	m/s	pés/s	3,281
Viscosidade	N · s/m^2	lb · s/pés^2	$2,089 \times 10^{-2}$
Viscosidade (cinética)	m^2/s	pés^2/s	$1,076 \times 10^1$
Volume	m^3	pés^3	$3,531 \times 10^1$
	litro	gal	$2,642 \times 10^{-1}$
Caudal volumétrico (descarga)	m^3/s	pés^3/s (cfs)	$3,531 \times 10^1$
	m^3/s	gal/min	$1,585 \times 10^4$

Simbologia

A	área de seção transversal, área da bacia hidrográfica	h	altura de elevação (posição), profundidade da água em um aquífero
b	extensão do canal, profundidade do aquífero confinado	h_b	perda na curva
BHP	cavalo a vapor	h_c	perda por contração
C	coeficiente de Chezy, celeridade (velocidade da onda de superfície), coeficiente da barragem, coeficiente de escoamento (método racional)	h_d	perda de descarga (saída)
		h_e	perda na entrada
		h_E	aumento da perda
C_d	coeficiente de descarga	h_L	perda de altura
C_{HW}	coeficiente de Hazen-Williams	h_f	perda por atrito
CN	número da curva do SCS	Σh_{fc}	perda por atrito no sentido horário
°C	grau Celsius	h_v	perda na válvula
D	diâmetro, profundidade hidráulica	Σh_{fcc}	perda por atrito no sentido anti-horário
d	profundidade da água (ocasionalmente), dimensão do espaço intersticial do solo	I	momento de inércia, impulso linear, infiltração, intensidade da chuva, fluxo de entrada no reservatório
E	energia por unidade de peso da água (altura de energia), elevação da superfície da água, evaporação	I_o	momento de inércia ao redor do eixo neutro (centroide)
E_b	módulo de elasticidade (*bulk*)		
E_c	módulo de elasticidade composto	K	coeficiente de permeabilidade, coeficiente de perda de energia
E_p	módulo de elasticidade (material do tubo)		
E_s	energia específica	K_p	constante do hidrograma unitário do SCS
EGL	linha de grade de energia	K_T	fator de frequência
e	altura da rugosidade, eficiência, espessura da parede do tubo	k	número de intervalos de classe
		kk	número de estatísticas de amostras
e_p, e_m	eficiência da bomba e do motor	L	comprimento hidráulico
F	força, canal de borda livre	L_T	limite de confiança inferior
F_s	força específica	L	litros
f	fator de atrito	M	momento, *momentum*, massa total
G	coeficiente de desvio	m	metro
g	aceleração gravitacional	m	massa, modelo, média, declividade lateral, número de canais de fluxo (rede de fluxos)
gr. esp.	gravidade específica		
H	altura total	M, N	expoentes da função de fluxo gradualmente variável
H_a	altura de aproximação	N	Newton
H_p	altura da bomba	N	número de valores na amostra
H_s	altura da pressão estática, aumento na elevação	N_f	número de Froude
H'_s	altura livre positiva de sucção	N_R	número de Reynolds
H_{SH}	altura do sistema	N_r	velocidade rotacional da bomba
H_v	altura de velocidade	N_S	velocidade específica da bomba
HGL	linha de grade hidráulica	N_w	número de Weber

NPSH	saldo positivo da carga na sucção
n	coeficiente de Manning, número de quedas equipotenciais (rede de fluxos)
O	fluxo de saída do reservatório
P	perímetro molhado, pressão, precipitação, profundidade cumulativa da chuva do SCS
P_i, P_o	potência de entrada, potência de saída
p	pressão, probabilidade
Q	taxa de fluxo volumétrica (descarga)
Q_i, Q_o	fluxo de entrada e fluxo de saída
q	descarga por unidade de comprimento
q_p	descarga de pico do hidrograma unitário do SCS
R	raio, risco (hidrológico), profundidade cumulativa de escoamento do SCS
R_h	raio hidráulico
r	raio variável, proporção homóloga, classificação dos números em uma listagem
r_i, r_o	raio interno, raio externo
r_o, r_w	raio de influência, raio do poço
S	declividade, número da forma, armazenamento, potencial máximo de retenção do SCS
S_c	declividade crítica, constante de armazenamento do aquífero
S_e	declividade da linha de grade de energia
S_f	declividade de energia (atrito)
S_o	declividade de canal
S_w	declividade da superfície da água
S_y	coeficiente de armazenamento não confinado
s	abaixamento do aquífero, desvio padrão
s_l	desvio padrão de logaritmos
SCS	Serviço de Conservação do Solo dos Estados Unidos
T	temperatura, comprimento máximo de um canal, transmissibilidade do aquífero, transpiração, torque, período de retorno do intervalo de recorrência
T_c	tempo de concentração
T_L	tempo de retardo do hidrograma
T_p	tempo de pico
T_{tl}	tempo de viagem do fluxo laminar
t	tempo
U_T	limite de confiança superior
u, v, w	velocidade nas direções x, y, z
u_i, u_o	velocidade de impulso (interior e exterior)
v_i, v_o	velocidade radial (interior e exterior)
v_{ti}, v_{to}	velocidade tangencial (interior e exterior)
V	velocidade média
V_G	erro quadrático médio da amostra do desvio
V_i, V_o	velocidade na entrada, velocidade na saída
V_s	velocidade de infiltração
Vol	volume
W	peso, trabalho
$W(u)$	função do poço
x, y, z	eixos de coordenadas
y, y_p	profundidade da água, profundidade até o centro de pressão
y_1, y_2	profundidade inicial, profundidade sequencial
y_n, y_c	profundidade normal, profundidade crítica
Y	declividade média da bacia hidrográfica
z	elevação, declividade (escoamento por unidade de elevação)
α	porosidade, coeficiente de energia, ângulo, nível de significância estatística
β	ângulo das palhetas, coeficiente do ímpeto, nível de confiança (como fração)
ΔD	duração efetiva da tempestade
ε	coeficiente de Poisson
γ	peso específico
μ	viscosidade absoluta
v	viscosidade cinética
θ	ângulo
ρ	densidade
σ	tensão de superfície, parâmetro de cavitação
τ	estresse de cisalhamento
τ_o	estresse de cisalhamento da parede
χ^2	teste estatístico qui-quadrado
ω	velocidade angular

Respostas para problemas selecionados

Capítulo 1

1.2.1 $E_{total} = 2{,}72 \times 10^7$ calorias
1.2.3 $E_{total} = 7{,}57 \times 10^4$ calorias
1.2.5   Tempo = 62,3 minutos
1.3.1 $Vol = 8{,}32 \times 10^{-2}$ m^3
1.3.3 $\gamma = 133$ kN/m^3; gr. esp. = 13,6
1.3.5 $m = 800$ kg, W (lua) = 1.310 N
1.3.7 $Vol_2 = 104{,}4$ m^3 (4,40%)
1.3.9 $7{,}376 \times 10^{-1}$ pés · lb
1.4.1 $[\mu_{ar}/\mu_{água}]_{20°C} = 1{,}813 \times 10^{-2}$,
        $[\nu_{ar}/\nu_{água}]_{20°C} = 15{,}04$ etc.
1.4.3   1 $poise = 2{,}088 \times 10^{-3}$ lb · s/pés^2,
        1 $stoke = 1{,}076 \times 10^{-3}$ pés^2/s
1.4.5   em $y = 0$ pé, $\tau = -9$ N/m^2,
        em $y = 1/3$ pé, $\tau = 27$ N/m^2 etc.
1.4.7 $\nu = 4{,}57 \times 10^{-3}$ pés/s
1.4.9 $\mu = 3{,}65 \times 10^{-1}$ N · s/m^2
1.5.1   para $h = 3$ cm, $D = 0{,}0971$ cm
        para $h = 2$ cm, $D = 0{,}146$ cm
        para $h = 1$ cm, $D = 0{,}291$ cm
1.5.3 $\sigma = 1{,}61 \times 10^{-3}$ lb/pés
1.5.5 $h_2 = 1{,}204(h_1)$, um aumento de 20%!
1.6.1 $E_b = 9{,}09 \times 10^9$ N/m^2
1.6.3 $W = 7.500$ lb, $\rho = 1{,}95$ slug/pés^3

Capítulo 2

2.2.1 $P = 7{,}37 \times 10^6$ N/m$^2 = 1.070$ psi (medidor)
2.2.3 $P_{atm} = 99{,}9$ kN/m^2; erro = 4,2%
2.2.5 $F = 2.110$ N, $F = 1.060$ N (lateral)
2.2.7 $P_{fundo} = 5{,}6 \times 10^4$ N/m^2, $h = 6{,}75$ m
2.2.9 $P_{ar} = 20$ psi (medidor), $P_{abs} = 34{,}7$ psi
2.4.1 $h_{óleo} = 61{,}5$ cm
2.4.3 $h = 74{,}2$ cm
2.4.5 $h = 3$ pés (manômetro correto)
2.4.7 $P = 11{,}5$ psi
2.4.9 $P_A - P_B = 7{,}85$ psi
2.4.11 $h = 0$
2.5.1 $F = 58{,}7$ kN, $y_p = 1{,}5$ m
2.5.3 $F = 7{,}69$ kN, $y_p = 1{,}46$ m
2.5.5 $h = 1{,}25$ m
2.5.7   Localize 0–0' 4,07 pés acima do fundo da abertura.
2.5.9 $F = 149$ kN, $y_p = 2{,}76$ m
2.5.11 $d = 8{,}77$ pés; qualquer valor inferior faz com que ele se feche.
2.5.13 $h_A = [(\gamma_B)/(\gamma_A)](h_B)$
2.6.1 $F = 1.470$ kN; $\theta = 48{,}1°$ ↘
2.6.3 $W = 3.520$ lb
2.6.5 $F = 3.650$ kN; $\theta = 14{,}4°$ ↘ através do ponto O
2.6.7 $F = 7.050$ lb (na extremidade do cilindro)
        $F = 22.700$ lb; $\theta = 8{,}93°$ ↘ passando pelo centro do tanque
2.6.9 $F_H = 5.980$ lb; $y_p = 9{,}5$ pés
        $F_{V_{Tri}} = 1.000$ lb; 1,33 pé a partir da parede
        $F_{V_{quad}} = 780$ lb; 1,7 pé a partir da parede
2.6.11 $\gamma_{cone} = 19.100$ N/m^3; gr. esp. = 1,95
2.8.1 $\gamma_{metal} = 6{,}14 \times 10^4$ N/m^3; gr. esp. = 6,27
2.8.3 $h = 1{,}45$ m
2.8.5 $T = 260$ lb
2.8.7 $\theta = 40{,}6°$
2.8.9 $h = 1{,}77$ m; $h_b = 1{,}37$ m; $H_g = 1{,}52$ m; $GM = 0{,}151$ m
2.8.11 $GM = 5{,}93$ pés; $M = 1{,}12 \times 10^6$ pés · lb

Capítulo 3

3.3.1 $F_x = 371$ N →
3.3.3 $V = 105$ pés/s
3.3.5 $P = 2{,}83 \times 10^5$ N/m^2 (pascais)
3.3.7 $F = 43{,}6$ kN; $\theta = 44{,}4°$ ↖
3.5.1 $f = 0{,}011$; turbulento – zona de transição
3.5.3 $\Delta P = 24{,}9$ kN/m^2
3.5.5 $h = 10{,}1$ m
3.5.7 $Q = 78{,}8$ m^3/s
3.5.9 $L = 1.340$ pés

3.5.11 $D = 1{,}52$ pé $\approx 1{,}5$ pé
3.5.15 $Q_{vazamento} = 8$ L/s
3.7.1 $h_f = 408$ m (DW), 337 m (HW), 469 (M)
3.7.3 $Q = 0{,}309$ m³/s (DW),
       $0{,}325$ m³/s (HW), $0{,}288$ m³/s (M)
3.7.5 $Q = 80{,}6$ m³/s (HW),
       $61{,}8$ m³/s (M)
3.7.7 $Q_{30} = 0{,}136$ m³/s; $Q_{20s} = 0{,}0934$ m³/s
3.7.9 $C_{HW} = 99{,}9$
3.11.1 $h_c = 0{,}606$ m; $h_E = 1{,}03$ m
3.11.3 $K_V = 3{,}16$
3.11.5 $Q = 0{,}43$ m³/s
3.11.7 $Q = 2{,}49$ pés³/s
3.11.9 $t = 485$ s
3.11.11 O coeficiente de expansão é sempre maior.
3.12.1 $[(D_E^{5{,}33}) / (n_E^2 L_E)]^{1/2}$
        $= \Sigma[(D_i^{5{,}33}) / (n_i^2 L_i)]^{1/2}$
3.12.3 $H_{f_{AF}} = 54$ pés;
        $Q_1 = 87{,}5$ cfs; $Q_2 = 32{,}5$ cfs
3.12.5 $H_{f_{AF}} = 73{,}8$ m; $Q_1 = 20{,}4$ m³/s; $Q_2 = 59{,}6$ m³/s
3.12.7 $L_E = 2.344$ m

Capítulo 4

4.1.3 $V = 1$ m/s e $D = 1$ m; para $V = 2$ m/s e $D = 0{,}5$ m etc.
4.1.5 $h_A = 786$ m
4.1.7 $Q = 10{,}2$ L/s
4.1.9 $Q_8 = 3{,}75$ cfs; $Q_{16} = 16{,}1$ cfs (+429%)
4.1.11 $D = 0{,}82$ pé
4.1.13 $P_0 = 43{,}9$ kPa
4.1.15 $Q_{AB} = Q_{CD} = 18$ cfs,
        $h_B = 209{,}7$ pés; $h_C = 117{,}1$ pés;
        $Q_{BC_1} = 6{,}84$ cfs e $Q_{BC_2} = 19{,}2$ cfs
4.2.1 $P_S/\gamma = -6{,}1$ m ($> -10{,}1$ m; nenhuma preocupação)
4.2.3 $P_S/\gamma = -34{,}9$ pés (ocorrerá cavitação)
4.2.5 $D_B = 0{,}174$ m $= 17{,}4$ cm
4.2.7 $L = 56$ m
4.2.9 $H_p = 75{,}1$ m
4.2.11 $P_0 = 28{,}6$ kPa
4.3.3 $Q_1 = 2{,}055$ m³/s,
       $Q_2 = 0{,}002$ m³/s,
       $Q_3 = 2{,}056$ m³/s, $(P/\gamma)_J = 10$ m
4.3.5 $Q_1 = 168$ pés³/s,
       $Q_2 = 52$ pés³/s,
       $Q_3 = 221$ pés³/s, Elev(J) $= 5.111{,}2$ pés
4.3.7 $h_3 = 3.143{,}9$ pés ≈ 3.144 pés
4.4.1 (a) $P_F = 167{,}4$ kPa, (b) nó F
4.4.3 (a) $Q_1 = 4{,}49$ L/s, $Q_2 = 7{,}51$ L/s, $h_f = 13{,}7$ m;
       (b) $Q_1 = 4{,}49$ L/s, $Q_2 = 7{,}51$ L/s, $h_f = 13{,}4$ m
4.4.5 $Q_{AB} = 506$ L/s, $Q_{AC} = 494$ L/s
       $Q_{BD} = 517$ L/s, $Q_{CE} = 483$ L/s
       $Q_{CB} = 11$ L/s, $Q_{ED} = 33$ L/s
4.4.7 $Q_{AB} = 10{,}9$ cfs, $Q_{AC} = 14{,}1$ cfs
       $Q_{BD} = 7{,}06$ cfs, $Q_{CE} = 7{,}13$ cfs
       $Q_{BF} = 3{,}81$ cfs, $Q_{CF} = 1$ cfs
       $Q_{FG} = 4{,}81$ cfs, $Q_{GD} = 0{,}94$ cfs
       $Q_{GE} = 3{,}87$ cfs; pressões corretas.
4.4.11 $Q_{AB} = 150$ L/s, $Q_{FA} = 50$ L/s
        $Q_{BC} = 15$ L/s, $Q_{BD} = 135$ L/s
        $Q_{DE} = 38$ L/s, $Q_{EC} = 15$ L/s
        $Q_{FG} = 250$ L/s, $Q_{GD} = 153$ L/s
        $Q_{GH} = 97$ L/s; $Q_{EH} = 23$ L/s
4.4.13 $Q_1 = 8{,}367$ cfs, $Q_2 = 0{,}515$ cfs
        $Q_3 = 1{,}852$ cfs, $Q_4 = 0{,}877$ cfs
        $Q_5 = 1{,}779$ cfs, $Q_6 = 1{,}983$ cfs
        $Q_7 = 6{,}387$ cfs, $Q_8 = 8{,}859$ cfs
4.5.3 $\Delta P = 574$ psi; $\Delta P = 383$ psi
4.5.5 $\Delta P = 10{,}1$ MPa
4.5.7 $e = 15{,}6$ mm ≈ 16 mm
4.5.9 $e = 1{,}63$ cm
4.6.3 $y_{max} \approx 9{,}80$ m
4.6.5 $D_s = 3{,}21$ m

Capítulo 5

5.1.1 $P_m = 62{,}3$ kW
5.1.3 $e = 0{,}588$ (58,8%)
5.1.5 $T = 298$ kN · m
5.1.7 $\omega = 185$ rpm, $P_i = 420$ hp
5.5.1 $h_v = 77{,}6$ pés; sistema não eficiente
5.5.3 $Q = 0{,}595$ m³/s, $V = 3$ m/s
5.5.5 $Q = 1{,}08$ L/s, $H_p = 15$ m
5.6.1 (d) Duas bombas em paralelo.
       (e) Quatro bombas, dois tubos em paralelo com duas bombas em série em cada tubo.
5.6.3 $Q \approx 37{,}5$ cfs; $H_p \approx 235$ pés; $V = 11{,}9$ pés/s; perdas menores não alterariam significativamente a resposta.
5.7.1 $Q_{sis} = 4{,}3$ m³/s; $H_p = 20{,}8$ m;
       $Q_1 = 3$ m³/s; $Q_2 = 1{,}3$ m³/s
5.7.3 $Q_1 \approx 22{,}5$ cfs; $Q_2 \approx 11{,}5$ cfs;
       $Q_3 \approx 34$ cfs; $H_{p_A} \approx 90$ pés
5.9.1 $h_p \leq 9{,}58$ pés
5.9.3 $h_p \leq -0{,}27$ m
5.9.5 $h_p \leq 4{,}97$ m
5.10.3 $e = 0{,}8$
5.10.5 $Q = 9{,}56$ m³/s, $e = 0{,}891$
5.11.1 $H_{max} = 41{,}5$ m quando $Q = 0$; o ponto de interseção é $Q = 69$ L/s; $H_p = 39{,}5$ m
5.11.3 O ponto de interseção é $\omega = 4.350$ rpm, $e \approx 61\%$, $Q \approx 120$ L/s, $H_p \approx 45$ m
5.11.5 $Q \approx 800$ gpm (1,78 cfs);
        $H_p \approx 102$ pés, $e_p \approx 82\%$, $P_i \approx 26$ hp;
        $P_o = \gamma Q H_p = 20{,}6$ hp;
        $e_p = P_o/P_i = 79\% \approx 82\%$
5.11.7 Melhor: Use duas bombas (IV) em paralelo
        $\omega = 3.550$ rpm, $e \approx 61\%$, $Q \approx 150$ L/s, $H_p = 30$ m

Capítulo 6

- 6.1.1 (a) instável, variado; (b) estável, variado
- 6.2.1 $n = 0,03$; $0,0275 < n < 0,033$
- 6.2.3 $Q = 22,8$ m³/s
- 6.2.5 $y_n = 0,875$ pé
- 6.2.7 $m = 3,34$ m/m (com $n = 0,022$)
- 6.2.9 $y_2 = 4,37$ m
- 6.3.1 $y = 7,6$ m; $b = 8,74$ m
- 6.3.3 $d_o = 0,952$ m
- 6.3.5 $m = 1$; $\theta = 45°$
- 6.4.1 $N_f = 0,233$ (subcrítico); $y_c = 1,37$ m; porque 1,37 m < 3,6 m, fluxo subcrítico
- 6.4.3 $V = 7,53$ pés/s; $N_f = 0,755$ (subcrítico)
- 6.4.5 $N_f = 1$ (fluxo crítico); $E = 9$ pés; $S = 0,0143$
- 6.4.7 $y_n = 6,92$ pés; $y_c = 3,9$ pés
- 6.4.9 $\Delta z = 0,39$ m
- 6.5.3 $\Delta E = 1,23$ m, $Q = 48,2$ m³/s, $N_{F_1} = 3,07$, $N_{F_2} = 0,403$
- 6.8.1 (a) S–2; (b) M–2; (c) M–1; (d) H–2 e M–2
- 6.8.3 M–2
- 6.8.5 M–2; 0,75 m
- 6.8.7 2,51 m, 2,42 m, dentro de 1% de y_n
- 6.8.9 M–1, 5,16 m, 4,2 m, 2,77 m, 1,1 m
- 6.8.11 M–1, 4,84 pés, 4,6 pés, 4,23 pés
- 6.8.13 S–1, 3,19 m, 2,98 m, 2,76 m
- 6.9.1 $b = 3,53$ pés e $y = 4,47$ pés
- 6.9.3 $y = 4,95$ pés, $b = 3$ pés

Capítulo 7

- 7.1.1 $\alpha = 0,378$
- 7.1.3 $\alpha = 0,338$
- 7.1.5 $t = 4.760$ s = 79,3 minutos ≈ 80 minutos/teste $t = 18,7$ horas (tempo do teste de marcação)
- 7.1.7 $t = 19,1$ horas
- 7.1.9 $Q = 0,315$ cfs (pé³/s)
- 7.2.3 $r_o = 1.790$ pés
- 7.2.5 $s = 9,6$ m (30 m do poço)
- 7.2.7 $T = 1.050$ m²/dia
- 7.2.9 $r_o = 453$ m
- 7.2.11 $Q = 4,36 \times 10^{-3}$ m³/s
- 7.3.1 $s = 5,19$ m, 6,71 m e 7,39 m
- 7.3.3 $r_2 = 392$ m
- 7.3.5 $s = 9,83$ m
- 7.4.1 $T = 4,39 \times 10^{-3}$ m²/s; $r_o = 785$ m
- 7.4.3 $T = 39$ m²/hora; $r = 381$ m
- 7.4.7 $T = 2,11$ m²/hora; $S = 8,04 \times 10^{-5}$; $s = 1,97$ m
- 7.4.9 $T = 1,53$ m²/hora; $S = 1,01 \times 10^{-4}$; $s = 5,16$ m
- 7.5.3 $s_{30} = 19,2$ m, $s_w = 23,9$ m
- 7.5.5 $Q = 1,30$ cfs
- 7.5.7 $s = 47,4$ pés; $t = 279$ h
- 7.8.1 $q = 41,2$ m³/dia por metro
- 7.8.3 $q = 0,0171$ m³/hora por metro; $V_S = 4,53 \times 10^{-6}$ m/s
- 7.8.5 $q = 3,56 \times 10^{-6}$ m³/s por metro, 20% de redução de infiltração
- 7.9.1 $Q = 0,509$ m³/dia, $V_S = 4,09 \times 10^{-8}$ m/s
- 7.9.3 $q = 0,994$ m³/dia–m
- 7.9.5 $Q = 98,8$ pés³/dia, $V_S = 1,99 \times 10^{-6}$ pés/s

Capítulo 8

- 8.3.1 $FR_{\text{deslizamento}} = 1,21$ (não é segura)
- 8.3.3 $FR_{\text{deslizamento}} = 2,11$ (segura); $FR_{\text{tombamento}} = 3,71$ (segura)
- 8.3.5 $P_T = 25$ kN/m²; $P_H = 638$ kN/m²
- 8.3.7 Dica: Faça $e = B/6$ na Equação 8.4
- 8.3.9 Na crista: $\sigma = 0$; na meia–altura: $\sigma = 3,46 \times 10^3$ kN/m²; na base: $\sigma = 4,83 \times 10^3$ kN/m²
- 8.5.1 $y_c = 0,313$ m, $Q = 2,19$ m³/s
- 8.5.3 $Q = 3,66$ m³/s, $V = 2,28$ m/s
- 8.5.5 $Q = 9,2$ m³/s, $Q = 10,1$ m³/s
- 8.5.7 $x = 2,1$ pés
- 8.6.1 (a) $Q = 625$ cfs; (b) $Q = 899$ cfs; (c) $Q = 902$ cfs
- 8.6.3 $V_a = 0,921\, H_s^{1/2}$
- 8.6.5 $L = 38$ m; $x_{P.T.} = 1,99$ m; $y_{P.T.} = -1,12$ m
- 8.7.1 $y = 7,45$ pés
- 8.7.3 $y = 3,87$ m
- 8.7.5 $y = 11,5$ m, 12,2 m e 12,4 m
- 8.8.1 $h_c - h_1 = 5,65$ m
- 8.8.3 $Q = 686$ cfs, $P_c/\gamma = -24,5$ pés
- 8.8.5 $P_c/\gamma = -37,5$ pés; sim, há perigo de cavitação.
- 8.8.7 $A = 1,65$ m²
- 8.9.1 (a) $h_L = 3,1$ m > 2,07 m (não vai funcionar); (b) $h_L = 3,1$ m > 2,35 m (não vai funcionar)
- 8.9.3 $Q = 10$ m³/s
- 8.9.5 (a) $D = 6,67$ pés; (b) $D = 5$ pés;
- 8.9.7 $D = 0,99$ m (ou 1 m)
- 8.10.1 $d_2 = 4,1$ pés; $L = 11,1$ pés; $\Delta E = 9,9$ pés; Eficiência = 0,31 ou 31%
- 8.10.3 Tipo II; $d_2 = 5,2$ m; $L = 22,4$ m; $\Delta E = 23,3$ m; Eficiência = 18%

Capítulo 9

- 9.1.1 gr. esp.$_{\text{(óleo)}} = 0,732$
- 9.1.3 gr. esp.$_{\text{(óleo)}} = 0,85$
- 9.2.1 $P = 31,3$ kPa; $V = 1,38$ m/s (não é a média)
- 9.2.3 $V = 20,3$ pés/s; $Q = 399$ cfs
- 9.2.5 $V = 10$ pés/s; $V = 38,9$ pés/s
- 9.3.1 $Q = 0,513$ m³/s
- 9.3.3 $\Delta P = 52,1 \times 10^3$ Pa = 52,1 kPa
- 9.3.5 $\Delta h = 0,661$ pé = 7,93 pol.
- 9.3.7 $\Delta h = 0,0526$ m = 5,26 cm
- 9.4.1 $Q = 13,3$ m³/s; $Q = 5,93$ m³/s
- 9.4.3 $L = 3,24$ m
- 9.4.5 $Q = 11$ m³/s
- 9.4.7 $\Delta h = 1,77$ pés
- 9.4.9 $p = 2,08$ m
- 9.4.11 BG: $q = 3,47 L H^{3/2}$ e $q = 2,46 L H^{3/2}$
- 9.4.13 $Q = 0,503 H^{2,61}$; BG: $Q = 0,810 H^{2,58}$

Capítulo 10

10.2.1 $y_m = 0,4$ m e $b_m = 0,8$ m
10.2.3 $L_p/L_m = 241+$ (use $L_r = 250$); assim, $L_m = 67,6$ pés e $Q_m = 1,70 \times 10^{-3}$ cfs
10.2.5 $Q_m = 0,024$ m³/s; $H_m = 10,8$ m
10.2.7 $F_r = 2,4 \times 10^4$; $Q_p = 3,29 \times 10^4$ cfs
10.2.9 $F_p/L_p = 510$ lb/pés
10.3.1 $V_m = 50$ m/s
10.3.3 $Q_m = 2,63$ cfs
10.3.5 $Q_m = 1,45$ m³/s
10.4.1 $T_m = 0,0316$ dia (45,5 min)
10.4.3 $Q_m = 44,6$ cfs, $V_p = 54,2$ pés/s, $V_m = 17,1$ pés/s
10.4.5 $Q_m = 0,848$ cfs, $V_m = 6,56$ pés/s, $N_f = 5,82$, $TW = 7,88$ pés $= y_2$
10.5.1 $Q_r = 0,0894$, $F_r = 0,2$
10.5.3 $Q_r = 1.000$, $E_r = 10.000$, $p_r = 0,01$, $P_r = 10$
10.7.1 $\mu_m = 9,01 \times 10^{-7}$ N·s/m²
10.7.3 $V_m = 0,15$ m/s
10.8.1 $n_m = 0,021$, $V_m = 0,394$ pé/s
10.8.3 $n_m = 0,013$, $V_m = 0,213$ m/s; $Q_m = 2,65 \times 10^{-4}$ m³/s $= 0,266$ L/s, $N_r = 1.940$ (não é mais turbulento)
10.8.5 $X_r = 116$, $T_r = 14,4$, $Q_m = 0,174$ cfs
10.9.1 $q = H^{3/2}g^{1/2}\emptyset'(h/H)$
10.9.3 $\Delta P_1 = (V^2\rho/D)\emptyset'(DV\rho/\mu)$
10.9.5 $V = (\mu/D\rho)\emptyset'[\mu/\{\rho(D^3g)^{1/2}\}]\emptyset''[D\rho\sigma/\mu^2]$
ou $V = (\mu/D\rho)\emptyset'''[\sigma/\{\rho gD^2\}]$

Capítulo 11

11.1.1 Nuvens – elemento contendo água (vapor); precipitação – transporte de líquido; interceptação/depressão de armazenamento/gelo condensado – contendo água (ou gelo) etc.
11.1.5 $I = 25.000$ m³ (vazamento)
11.1.7 $\Delta S = -0,52$ km³; $\Delta S = -0,16$ km³
11.2.3 $P_{médio} = 11,4$ cm
11.2.5 3,73 pol.
11.2.7 4,27 cm
11.2.9 $P_x = 6,09$ pol. (média); $P_x = 5,28$ pol. (média ponderada com base na precipitação anual)
11.3.1 $i_{(pico)} = 3,624$ pol./hora (vs. 4,56 pol./hora); ao mesmo tempo (11,5 até 12 horas)
11.4.3 $Q = 62,8$ m³/s
11.4.5 $Q_{(pico)} \approx 310$ cfs
11.5.3 Fluxos (m³/s) em incrementos de uma hora; $0 - 4,1 - 10,8 - 15,1 - 11,4 - 7,4 - 4,4 - 2,3 - 0$
11.5.5 O hidrograma unitário de duas horas desenvolvido tem um pico de 252 cfs no tempo de 3 horas.
11.5.7 $Q_{(pico)} = 1.021$ m³/s (na hora 36)
11.5.9 $Q_{(pico)} = 101,5$ m³/s (na hora 30)
11.6.1 $R = 1$ pol.; Vol. $= 16,7$ ac–pés
11.6.5 $T_p = 0,35$ h; $q_p = 216$ cfs
11.6.7 $Q_{(pico)} = 703$ cfs (no tempo 16 minutos)
11.6.9 $Q_{(pico)} = 516$ cfs (no tempo 35 minutos)
11.7.1 Em $h = 1$ m; fluxo de saída $= 0,6$ m³/s e armazenamento $= 600$ m³
11.7.3 $S_p = 4,49$ ac–pés; $Elev_p = 884,3$ pés, NMM
11.7.5 $Q_p = 30$ cfs; $S_p = 4$ ac–pés; $H_p = 2$ pés
11.7.7 $Q_p = 262$ cfs; $Elev_p = 883,5$ pés, NMM
11.7.9 $h \approx 1,55$ m; $h = 1,91$ m (sem vazamento)
11.8.1 $Q_{10} = 36,4$ cfs; $Q_{10} = 122$ cfs (depois)
11.8.3 $Q_{10} = 22,3$ cfs
11.8.5 $Q_{25} = 94,5$ cfs; $Q_{25} = 182$ cfs (depois)
11.8.9 A segunda entrada é posicionada distante cerca de 185 pés da primeira entrada.
11.8.11 Tamanho dos tubos (pol.): 15, 18, 18 e 21
11.8.13 Tamanho dos tubos (pol.): AB = 12, CB = 15, BD = 24 e DR = 30.
11.8.15 Tamanho dos tubos (pol.): AB = 12, CB = 18, BD = 24 e DR = 36.

Capítulo 12

12.2.1 $m = 40$ pol.; $s = 3,5$ pol.; $G = 0,296$
12.2.3 $m = 214$ m³/s; $s = 94,6$ m³/s; $G = 0,591$
12.4.1 $p = 0,2 = 20\%$; $R = 0,488 = 48,8\%$
12.4.3 (a) $R = 91\%$; (b) $p = 9\%$
12.4.5 (a) $p = 10\%$; (b) $R = 34,4\%$
12.5.1 (a) $P_{10} = 44,5$ pol.; (b) $P_{10} = 44,6$ pol.
12.5.3 (a) $T \approx 90$ anos; (b) $T \approx 35$ anos
12.5.7 Como $\chi^2 < \chi_\alpha^2$ (ou seja, como $4,462 < 4,61$), a distribuição normal adere aos dados das descargas máximas anuais.
12.5.9 $U_{10} = 46,7$ pol.; $L_{10} = 43$ pol. (normal); $U_{10} = 46,8$ pol.; $L_{10} = 43$ pol. (Gumbel)
12.5.11 $Q_{10} = 15.800$ cfs; $Q_{100} = 20.700$ cfs
12.6.1 $T = 33$ anos e $T \approx 35$ anos.

Índice remissivo

"N" de Manning, 41, 122
Abaixamento, 188
Ação capilar, 5
Aceleração angular, 227, 230
Aceleração gravitacional, 3
Acre-pés, 267
Água, 1
   compressibilidade,
   densidade, 2,3
   elasticidade, 8 6
   gravidade específica, 212
   martelo, 74- 90
   perfil de superfície, 195, 199
   peso específico, 2
   viscosidade, 4
Altura
   da rugosidade (tubo), 36, 112, 239
   de elevação, 34
   de escoamento, 57
   de sucção positiva, 115
   de sucção, 115
   metacêntrica, 20
   cinética, 227
   elevação, 34
   energia, 34, 200
   perda, 34-35
   sucção positiva na rede, 115
   pressão, 106, 197
   bomba, 91
   sucção, 115
   sistema, 98
   velocidade, 34
Amostra, 285-286
Análise dimensional, 225-239
Ancoragem da tubulação, 76
Aqueduto, 270
Aquífero, 149-159
   abaixamento, 188

coeficiente de armazenamento, 155
confinado, 149
costeiro, 169
determinação em campo das características, 159-164
fronteira de, 164-168
homogêneo, 285
isotrópico, 152
não confinado, 149
recuperação, 21, 158
transmissividade, 153
Área de drenagem, 374
Área de influência (poço), 153
Armazenagem, 155
Atolamento, 242, 261
Atrito na parede, 53, 60
Bacia de drenagem, 374
Bacia hidrográfica, 245
Bacias de drenagem, 242, 251
Barragem de terra, 175
Barragem, 175, 267
   soleira espessa, 334
   Cipolletti, 216
   lâmina aderente, 192
   submersa, 15
   trapezoidal, 216
   em arco, 186,
   funções e classificações, 183-184
Barragem, em arco, 183, 186-187
   contrafortes, 184
   aterro, 184
   de gravidade, 184-186
   dique simples, 188
   dique zoneado, 188
Barreira subsuperfície, 172
Bocal ASME, 213
Bomba
   a jato, 96

altura, 106
axial, 94
capacidade nominal, 97
cavalo-força, 110, 117
cavitação em, 106-107
centrífuga de Demour, 97
centrífuga, 91, 97
curvas características, 97
curvas de desempenho, 97
de baixa pressão, 108
de deslocamento positivo, 91
de fluxo axial, 94
deslocamento positivo, 91
eficiência, 125
escolha de, 110-111
invólucro, 91
lado de descarga, 58
lado de sucção, 58
multiestágio, 96
olho da, 106
potência, 97-98, 106-108
propulsora, 94-96, 144
semelhança, 108,225
turbo-hidráulica, 91
velocidade periférica, 93, 228
velocidade tangencial, 113
Bombeamento de poços, 160, 171
Borda livre, 125,143
Calha
   de Parshall, 217
   Venturi, 217
Calibragem (metro), 211
Calor (energia), 2
   específica, 2
   fusão, 2
   latente, 2
   vaporização, 2
Calor específico, 2

Caloria, 2
Canais abertos
　eficiência hidráulica, 125-126
　princípio de energia, 126-130
　classificação de fluxos em, 119
Canais prismáticos, 119, 137
Canais, 118
　Parshall, 217
　Venturi, 217
Canal adverso, 134
Canal crítico, 135
　profundidade, 122, 124, 127, 128, 131, 132
　fluxo, 118
Canal
　com limite rígido, 114-115
　de bombeamento, 172
　horizontal, 205
　íngreme, 192
　mediano, 133,
　retangular largo, 133
Cavalo-força, 111
Cavitação, 2, 57, 106,
Celeridade, 75
Centro de flutuabilidade, 19
Centro de gravidade, 19
Centro
　altura, 106, 197
　de pressão, 14, 15
　energia, 92
　estagnação, 210
　força, 14, 17
　hidrostática, 9, 14
　martelo d'água, 74, 75
　medição, 12, 23, 209, 210
　medidor, 22, 33, 52
　negativa, 56, 57
　referência zero, 118
　superfície de, 11
　vapor, 2
Centroide de áreas planas, 14
Chaveta, 185
Ciclo hidrológico, 240-243
Classificações para fluxos em canais abertos, 119
Coeficiente
　de armazenamento (aquífero), 155
　de escoamento, 270
　de obliquidade, 286
　de permeabilidade, 150
　de rugosidade (n de Manning), 41
Coeficientes (descarga)
　dispositivos de curva, 251
　medidores de bocal, 213
　medidores de orifício, 213
　medidores Venturi, 212

orifício, 213
　vertedouros, 192, 195
Coeficientes (perda de energia)
　curva (tubo), 97
Colapso da bolha, 57, 106, 196
Composição atmosférica, 1
Compressibilidade da água, 6
Condensação, 240, 243
Cone de depressão, 153
Confusor, 43
Conservação
　do *momentum* angular, 144
Corrente de fluxo, 251-252
Corrente secundária, 45
Curva
　característica (bomba), 97
　de altura do sistema, 98
　de classificação, 252, 278
　de desempenho (bomba), 97
　de remanso, 137, 205
　deformação, 4
　deslocamento, 227
　IDF, 410, 452
　ímpeto, 32
　velocidade, 30, 34, 108, 143
Densidade, 2
Depressão de armazenamento, 251
Desvio padrão, 286
Desvio padrão, 286
Diagrama de Moody, 37
Diagrama do corpo livre, 121
Difusor, 45
　difusor, 45
　perda na entrada, 43
　saída, 45
　válvula, 45
Dique, 187, 188
Dissipação da viscosidade, 31, 35
Distribuição
　de Gumbel, 288
　de probabilidade, 285
　log-normal, 288
　log-Pearson do tipo III, 289
　normal, 288
　Pearson do tipo III, 289
　Eficiência (bomba), 125
　(canal), 125
Elasticidade,
　água, 1
　módulo de 6
　materiais de tubos, 36
Energia, 2, 33, 34, 40, 118, 126, 127
　canais abertos, 118
　cinética, 227
　cinética, 34, 106, 126, 200
　dissipadores, 200

equação, 34
específica, 108
específica, 128, 131
fluxo do tubo, 275
ímpeto 32
latente, 2
linha de grade (EGL), 118, 132
massa, 2, 32, 80, 232
potencial, 33
pressão, 56
Entrada de abaixamento, 188
Entradas de drenagem de águas pluviais, 282
Equação
　da continuidade, 32
　de Bernoulli, 34
　de Colebrook, 39
　de continuidade, 32
　de Darcy-Weisbach, 39
　de fluxo radial, 152-157
　de Hazen-Williams, 40
　de junção, 64
　de Manning, 40,
　de orifício, 199, 206
　de Swamee-Jain, 39
　de Theis (fluxo de poço), 156
　de Von Karman, 37, 62
Erro de fechamento, 65
Escoamento
　direto, 251, 257
　subterrâneo, 251
Estabilidade de flutuação, 19
Estação de medição, 251
Evaporação, 2, 257
Evento de projeto (tempestade), 247
Excesso de chuva, 257
Extradorso, 186
Fases (da água), 1
Fator de atrito, 35
Fechamento
　lento (válvulas), 80
　rápido (válvulas), 80, 88
Fluido newtoniano, 4
Flutuabilidade, 19
Fluxo
　de base, 252
　de canal aberto, 260
　espiral, 76
　estável, 119
　gradualmente variado, 132
　instável, 119
　laminar concentrado, 260
　laminar, 260
　laminar, 260
　radial (aquífero), 153
　rapidamente variável, 119

Índice remissivo

rápido, 127
subcrítico, 142, 189
supercrítico, 127
turbulento, 36
uniforme, 119
variado, 119
Fonte de poluição não disseminada, 244
Força
centrífuga, 126, 127, 214
centrífuga, 91
corpo, 6
de flutuabilidade, 19
de resistência, 121, 185
do corpo, 7
do terremoto (represas), 185
dominante, 228
específica, 108
específica, 131
flutuabilidade, 19
hidrostática, 17
linha, 34
pressão, 9
resistência, 122
sedimentação, 203
superfície, 7
terremoto, 185
viscosa 229
Força de superfície, 7
escoamento, 270
de saturação, 175
tensão, 1,
onda, 200, 346, 357
Formação de contenção da água, 176
Forças
no escoamento de tubos, 32-33
Fórmula de Chezy, 122
Gravidade específica, 3
da água do mar, 169
da água, 12
do álcool, 12
do concreto, 28
do mercúrio, 12
Hidráulica, 1
condutividade, 150
eficiência, 125
linha de grade (HGL), 34
macaco, 10, 11, 22
profundidade, 122
raio, 40
salto, 119, 131-132
Hidrograma
unitário, 263
unitário sintético, 393
Hidrologia, 240
Hietograma, 248

Impulso linear, 94
Impulso-*momentum*, 95
Infiltração, 172-175
Interceptação, 240
Intervalo de recorrência, 290
Invasão da água do mar, 169
Invasão de pavimento (espalhamento), 272, 273
Inversão de outono, 1
Junção (tubos ramificados), 103
Junção de expansão, 53, 77
Largura máxima, 143
Lei da viscosidade de Newton, 4
Lei de Darcy, 150
Lei de Hagen-Poiseuille, 52
Lei de Pascal, 10
Limites de confiança, 294
Linearidade, 255
Linha de ação da força, 20
Linha e superfície freáticas, 175
Linhas equipotenciais, 173, 180
Manômetro, 12
aberto, 12
diferencial, 12
inclinado, 209
leitura única, 13
mercúrio, 12
Massa
densidade e peso específico, 2-3
virtual, 232
Média, 286
Medidor
de bocal, 212
de corrente, 252
de cotovelo, 223
de orifício, 213
de tubo de Bourdon, 209
Venturi, 212
Meio poroso, 150, 175
Melhor seção hidráulica, 125
Metacentro, 20
Método convencional, 142
Método da resistividade elétrica, 169
Método de Hardy Cross, 64
Método de imagens, 164
Método de Newton (redes de tubos), 72
Método de Thiessen, 245
Método direto, 137
Método logarítmico (tanques de compensação), 81
Método racional, 270
Modelo em escala, 227
Modelo, destorcido, 233
em escala, 233

leito fixo, 233
móvel, 233
não destorcido, 23
Módulo de elasticidade do volume, 6
Módulo de elasticidade, 6
Mola artesiana, 149
Momento, 92
de inércia, 15, 16, 21, 226
de recuperação, 34
linear, 21
recuperação, 21
Montagem com elevador e abóbada, 188
Newton, 72
Nível de significância, 293
Nível médio do mar, 30
Núcleo de condensação, 240
Número da curva, 257
Número da forma, 108
Número de Froude, 128, 230
Número de Reynolds, 30, 229
Número de Weber, 231
Obliquidade, 286
Olho da bomba, 106
Onda, 188
choque, 169
de perturbação, 200, 211
enchente, 128, 135
forças, 232
frente, 75, 76
gravidade, 185
período, 247
pressão negativa, 56
pressão, 2
sísmica, 169, 185
superfície, 7
velocidade, 208-210
Orçamento hidrológico, 276
Parede de corte, 174
Pascal, 1
Peneira, 59
Perda de altura, 45
atrito, 35
contração, 46
curva (tubo), 46
de descarga, 45
entrada, 43
expansão, 46
menor, 51
saída (descarga), 43
válvula, 46
Perda menor (altura), 51
Perda significativa (altura), 131
Perímetro molhado, 40
Período de retorno, 247
Peso específico, 2

Piezômetro, 59, 85
Poço, 155
   abaixamento, 188
   área de influência, 153
   artesiano, 149
   cone de depressão, 153
   de recarga, 165
   descarga, 154
   fluxo radial, 152
   função, 156
   raio de influência, 153
   recarga, 165
Poise, 4
Ponto de ebulição, 2
População, 286
Porosidade, 150
Posição de plotagem, 296
Potência (bomba), 106, 112,
Precipitação, 240, 243
   ciclônica, 244
   convectiva, 244
   orográfica, 244
Pressão
   de estagnação, 210
   vapor, 2
   atmosférica, 1,9
   absoluta, 9-10
   manométrica, 9-10
   hidrostática, 9, 14, 17
Princípio de Arquimedes, 19
Probabilidade
   de excedência, 290
   conceitos, 285-286
Problema dos três reservatórios, 59
Profundidade, 185
   alternativa, 119
   crítica, 127
   fluxo, 119
   hidráulica, 128
   inicial, 131
   normal, 122, 124, 132
   normal, 122, 132
   sequente, 131
   sequente, 131
   uniforme, 122, 132
   uniforme, 132
Propagação da onda sísmica, 169
Proporção de força contra deslizamento, 185
Proporção de força contra tombamento, 185
Protótipo, 225
Raio de influência, 153, 154, 177
Razão de Poisson, 77
Reação do contraforte, 204
Recarga artificial, 171

Rede de fluxos, 173
Referência de pressão zero, 118
Relação chuva-vazão, 257-264
Relação Ghyben-Herzberg, 171
Represa, 183
Resistência, 232
   da forma, 232
Revestimentos de canais, 143
Risco hidrológico, 290
Rugosidade do canal, 122
Rugosidade relativa, 36
Saída de nível baixo, 191
Seção de controle, 133, 135
Sedimentação, 182, 203, 204
Segunda lei do movimento de Newton, 4
Semelhança cinética, 227
   dinâmica, 228
   geométrica, 226
Séria máxima anual, 285
Série de excesso anual, 285
Sistema fechado, 241
Sistemas abertos, 241
Sistemas de tubos ramificados, 59
Slug, 3
Solução de Jacob, 162
Stoke, 4
Subcamada laminar, 37
Superfície
   de mesma pressão, 11
   piezométrica, 155, 158, 164
Superposição, 255
Tanques de compensação, 80
Tempo
   de concentração, 259
   de retardo, 261
   para pico, 261
Tensão de corte da parede, 121
Tensão de corte, 121
Tensão
   capilaridade, 5-6
   superficial, 5-6
Forças hidrostáticas
   sobre superfícies curvas, 17-19
Teorema Pi-Buckingham, 234
Teste da adequação, 292
Teste de desequilíbrio (aquíferos), 162
Teste de equilíbrio (aquíferos), 159
Teste qui-quadrado, 293
Tombamento (represas), 185
Tombamento
   coeficiente contra, 185
Transmissividade, 153
Transpiração, 240
Três fases da água, as, 1-2

Tubo de Pitot, 210
Tubo hidraulicamente liso, 37
Tubo hidraulicamente rugoso, 36
Tubo, 30
   atrito, 35
   elasticidade, 6
   equivalente, 49
   fluxo turbulento, 36
   rede, 54, 64
   rugosidade da parede, 31
   sistemas (ramificados), 24
Tubos de Pitot e Prandtl, 210
Tubos em paralelo, 49
Tubos em série, 49
Tubulação (em represas de terra), 54
Tubulação, 54
Umidade absoluta, 243
Umidade, 243
Variável aleatória, 285
Velocidade
   angular, 8, 92, 108, 230
   aparente, 150
   constante, 211
   da infiltração, 180
   distribuição (tubos), 285-289
   específica, 108
   média, 30
   periférica, 93
Vena contracta, 43,
Vertedor Cipolletti, 216
Vertedouro, 188-191
   de emergência, 189
   de soleira delgada, 190
   sem atrito, 190
Viga (represa em arco), 186
Viscosidade
   absoluta, 4
   cinética, 6, 52
   cinemática, 4, 39
   da água, 4-5
Volume de controle, 32, 121
Waterways Experiment Station, 192
Zona de transição (fluxo do tubo), 38
Roteamento de armazenamento, 264-270
Projeto hidráulico
   método racional, 270-276
Standard step method, 135-137
Direct step method, 137-141
Águas subterrâneas, movimento das, 150-152
Fluxo radial
   estável em aquíferos confinados, 154
   estável em aquíferos não confinados, 154-155
   instável para um poço, 155-159